C. G. J. JACOBI'S

GESAMMELTE WERKE.

HERAUSGEGEBEN AUF VERANLASSUNG DER KÖNIGLICH PREUSSISCHEN AKADEMIE DER WISSENSCHAFTEN.

SECHSTER BAND.

HERAUSGEGEBEN

VON

K. WEIERSTRASS.

BERLIN.
VERLAG VON GEORG REIMER.
1891.

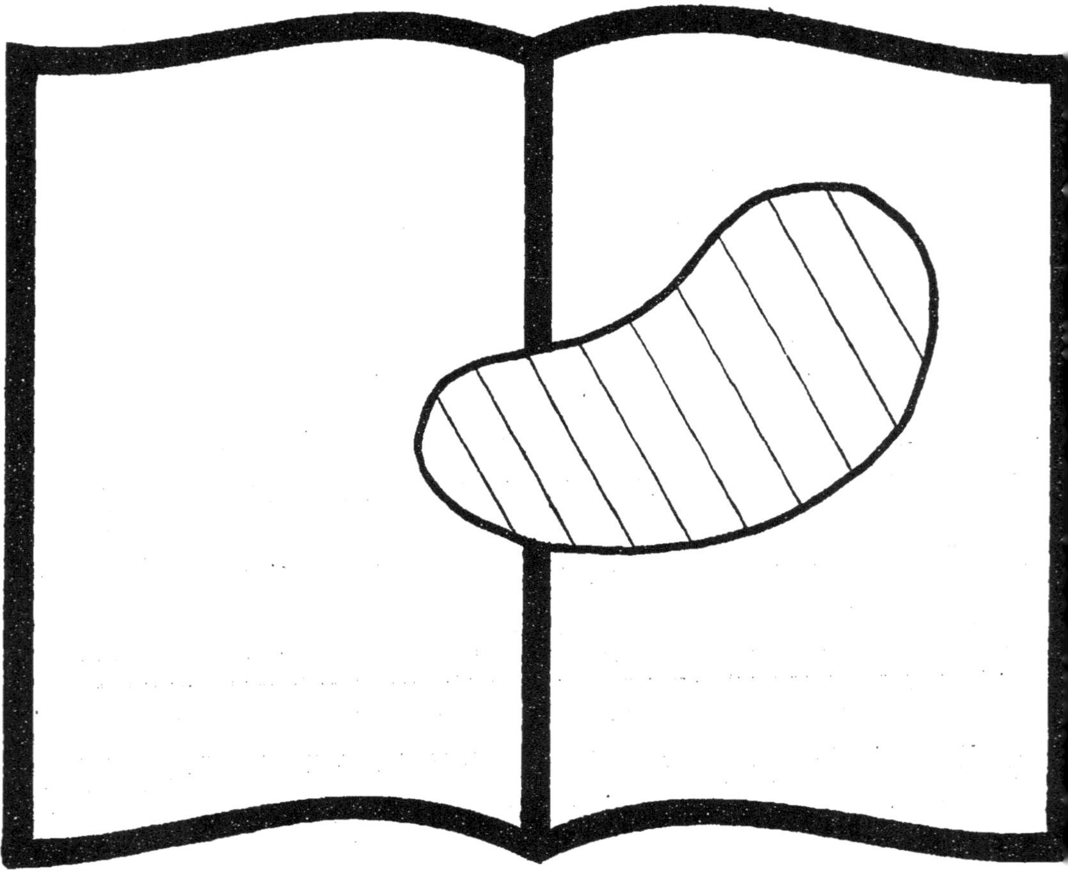

C. G. J. JACOBI'S

GESAMMELTE WERKE.

SECHSTER BAND.

C. G. J. JACOBI'S

GESAMMELTE WERKE.

HERAUSGEGEBEN AUF VERANLASSUNG DER KÖNIGLICH PREUSSISCHEN AKADEMIE DER WISSENSCHAFTEN.

SECHSTER BAND.

HERAUSGEGEBEN

VON

K. WEIERSTRASS.

BERLIN.
VERLAG VON GEORG REIMER.
1891.

VORWORT.

Der vorliegende sechste Band von Jacobi's Werken erscheint wenige Monate nach Vollendung des fünften Bandes. Daſs sich dies hat ermöglichen lassen und daſs auch der Schluſsband recht gut noch im Laufe dieses Jahres fertig gestellt werden kann, ist hauptsächlich das Verdienst meines Freundes und Collegen G. Hettner, der die Herausgabe der letzten beiden Bände, woran in der bisherigen Weise mich zu betheiligen der Zustand meiner Gesundheit mir nicht ferner gestattete, unter meiner Verantwortlichkeit bereitwilligst übernommen hat und, wie ich überzeugt bin, mit der ihm eigenen, bereits bei der von ihm allein besorgten Herausgabe der mathematischen Abhandlungen Borchardt's bewährten Sorgfalt, Umsicht und Gewissenhaftigkeit zu Ende führen wird.

Berlin, im März 1891.

Weierstrass.

INHALTSVERZEICHNISS DES SECHSTEN BANDES.

ABHANDLUNGEN ZUR THEORIE DER BESTIMMTEN INTEGRALE UND DER REIHEN.

NACHLASS.

ZAHLENTHEORETISCHE ABHANDLUNGEN.

NACHLASS.

ABHANDLUNGEN

ZUR

THEORIE DER BESTIMMTEN INTEGRALE

UND DER REIHEN.

UEBER GAUSS' NEUE METHODE, DIE WERTHE DER INTEGRALE NÄHERUNGSWEISE ZU FINDEN.

Crelle Journal für die reine und angewandte Mathematik, Bd. 1 p. 301—308.

1.

In den *Principiis* von Newton liest man eine Methode, wie man durch eine Anzahl gegebener Punkte eine parabolische Curve legen könne. Diese Aufgabe erscheint analytisch als Interpolationsproblem, aus mehreren Gliedern einer Reihe das allgemeine zu finden. Es ist der bekanntere Fall, wenn die Intervalle der Ordinaten der gegebenen Punkte gleich grofs sind oder, analytisch ausgedrückt, wenn die Werthe des reihenden Elements, für welche auch die Werthe der entsprechenden Glieder der Reihe gegeben sind, eine arithmetische Progression bilden. Aber der elegante, mit Unrecht weniger gekannte Algorithmus, den Newton giebt, erstreckt sich schon auf den allgemeineren Fall, wenn jene Intervalle der Ordinaten der gegebenen Punkte oder jene Werthe des reihenden Elements ganz beliebige sind. Newton hat hiervon eine Anwendung auf die Quadraturen gemacht. Durch mehrere Punkte der zu quadrirenden Curve, für welche die Ordinaten berechnet worden sind, legt er die parabolische Curve, und deren Quadratur zwischen denselben Grenzen, zwischen denen die gegebene Curve quadrirt werden sollte, giebt einen Näherungswerth.

Newton hat von jenem Interpolationsproblem und seiner Anwendung auf die Quadraturen ferner in einem Tractätchen gehandelt, welches *Methodus* *differentialis* betitelt ist und zuerst der Amsterdamer*) Ausgabe seiner *Principia*, v. J. 1723, nebst anderen Abhandlungen angehängt gefunden wird. Hier räth er unter Anderem, zum Behuf der leichteren Berechnung der Integrale für jede Zahl der berechneten Ordinaten, deren Intervalle er gleich grofs annimmt, Tafeln anzufertigen, von denen er auch selbst einen Anfang giebt, welchen hernach Roger Cotes in seiner *Harmonia mensurarum* fortgesetzt hat.

Aber Gaufs hat in den *Göttinger Commentarien* gezeigt, dafs man durch schickliche Wahl der Abscissen, für welche die Ordinaten berechnet werden, den Grad der Näherung auf das Doppelte treiben kann; und da solche Bestimmung unabhängig von der Natur der zu quadrirenden Curve geschieht, so ist es möglich, auch nach der so vervollkommneten Methode Tafeln zu verfertigen, von denen auch Gaufs eine Probe gegeben hat. Gaufs gelangt zu seinen Resultaten auf dem Wege einer schwierigen Induction, die durch die sogenannte Kästnersche Methode, wenn etwas für die Zahl n gilt, es auch für die Zahl $n+1$ zu erweisen, zur Allgemeinheit erhoben werden kann. Es ist also noch ein directer Beweis zu wünschen. Die grofse Einfachheit und Eleganz der Gaufsschen Resultate läfst einen einfachen Weg vermuthen. Auf einem solchen einfachen und directen Wege zu jenen Resultaten zu gelangen, mit denen Gaufs die Wissenschaft bereichert hat, ist der Zweck dieser Abhandlung.

2.

Es sei das Integral $\int y dx$ zwischen den Grenzen $x = 0$ und $x = 1$ zu nehmen. Andere Grenzen werden leicht auf diese zurückgeführt. Es seien ferner die Werthe von x, für welche y bekannt ist, α', α'', α''', ..., $\alpha^{(n)}$, so dafs, wenn man $y = f(x)$ setzt, die entsprechenden Werthe von y werden

$$f(\alpha'),\ f(\alpha''),\ f(\alpha'''),\ \ldots,\ f(\alpha^{(n)}).$$

Man bilde das Product

$$(x-\alpha')(x-\alpha'')(x-\alpha''')\ldots(x-\alpha^{(n)})$$

*) Von dieser Ausgabe ist die Curiosität zu erzählen, dafs sie auf Kosten des berühmten Philologen Richard Bentley veranstaltet worden ist, der in seinen englischen und lateinischen Predigten oft die *Principia* seines genauen Freundes Newton anpries, als ein Bollwerk gegen die Irreligiosität und eine Offenbarung der Gröfse Gottes.

und nenne es $\varphi(x)$, so hat man, wenn $y = f(x)$ eine ganze rationale Function vom $(n-1)^{\text{ten}}$ Grade ist, durch Zerfällung in Partialbrüche

$$\frac{f(x)}{\varphi(x)} = \frac{f(\alpha')}{\varphi'(\alpha')(x-\alpha')} + \frac{f(\alpha'')}{\varphi'(\alpha'')(x-\alpha'')} + \frac{f(\alpha''')}{\varphi'(\alpha''')(x-\alpha''')} + \cdots + \frac{f(\alpha^{(n)})}{\varphi'(\alpha^{(n)})(x-\alpha^{(n)})},$$

wo wir mit $\varphi'(\alpha^{(m)})$ den Werth von $\varphi'(x) = \frac{d\varphi(x)}{dx}$ für $x = \alpha^{(m)}$ bezeichnen. Vermittelst dieser Formel findet man durch Multiplication mit $\varphi(x)$ sogleich y aus den speciellen Werthen für

$$x = \alpha', \quad x = \alpha'', \quad x = \alpha''', \quad \ldots, \quad x = \alpha^{(n)}.$$

Uebersteigt aber y den $(n-1)^{\text{ten}}$ Grad, so giebt der Ausdruck zur rechten Seite des Gleichheitszeichens, welchen wir G nennen wollen, nur den echten Bruch, der in dem unechten $\frac{f(x)}{\varphi(x)}$ steckt; so dafs, wenn $f(x)$ z. B. vom $(n+p)^{\text{ten}}$ Grade ist und man $f(x) = U + V\varphi(x)$ hat, wo U höchstens vom $(n-1)^{\text{ten}}$, V vom p^{ten} Grade ist,

$$G = \frac{U}{\varphi(x)}, \quad \frac{f(x)}{\varphi(x)} = \frac{U}{\varphi(x)} + V = G + V.$$

Entwickelt man G und den Bruch $\frac{f(x)}{\varphi(x)}$ nach den absteigenden Potenzen von x, so enthält $G = \frac{U}{\varphi(x)}$ die negativen, V die positiven Potenzen von x, die sich in der Entwickelung von $\frac{f(x)}{\varphi(x)}$ befinden. Setzt man daher

$$f(x) = a + a'x + a''x^2 + \cdots + a^{(n)}x^n + a^{(n+1)}x^{n+1} + \cdots + a^{(2n)}x^{2n} + \cdots$$

und

$$\frac{1}{\varphi(x)} = \frac{A'}{x^n} + \frac{A''}{x^{n+1}} + \frac{A'''}{x^{n+2}} + \cdots + \frac{A^{(n+1)}}{x^{2n}} + \cdots,$$

so findet man

$$V = a^{(n)}A' + a^{(n+1)}(A'x + A'') + a^{(n+2)}(A'x^2 + A''x + A''') + \cdots$$
$$+ a^{(2n-1)}(A'x^{n-1} + A''x^{n-2} + \cdots + A^{(n)}) + \cdots$$

3.

Newton's Näherungsmethode besteht darin: statt $y = f(x)$ die Function $U = G\varphi(x)$ zu substituiren. Der Fehler oder die Differenz der Integrale der gegebenen und der substituirten Function wird dann

$$\Delta = \int y\,dx - \int U\,dx = \int \varphi(x) V\,dx.$$

Es wird jetzt die Aufgabe gestellt, die Gröſsen a', a'', a''', ..., $a^{(n)}$ so zu bestimmen, daſs der Fehler Δ möglichst gering oder die Näherung möglichst genau werde. In den Fällen, wo die Näherungsmethode mit Glück angewendet werden soll, müssen die Coefficienten der für y gesetzten Reihe rasch abnehmen. Je mehr daher von den ersten Coefficienten dieser Reihe, welche die hauptsächlichsten sind, in dem Ausdruck für den Fehler Δ verschwinden, desto kleiner wird er im Allgemeinen und desto gröſser die Näherung. Da nun schon, was auch die Gröſsen a', a'', a''', ..., $a^{(n)}$ waren, im Ausdrucke für $\Delta = \int\varphi(x)V dx$, wie aus dem für V gefundenen Ausdruck erhellt, die Coefficienten a, a', a'', ..., $a^{(n-1)}$ nicht mehr vorkommen, so wollen wir, vermittelst schicklicher Bestimmung jener Gröſsen, auch noch die mit $a^{(n)}$, $a^{(n+1)}$, ..., $a^{(2n-1)}$ behafteten Glieder verschwinden machen, wodurch ein doppelter Grad der Näherung erreicht wird. Es wird dieses immer möglich sein, da die Zahl der willkürlichen Gröſsen und der zu erfüllenden Bedingungen dieselbe ist. Man sieht sogleich aus dem für V gefundenen Ausdruck, daſs hierzu eine solche Bestimmung von $\varphi(x)$ erfordert wird, daſs die Integrale

$$\int\varphi(x)dx,\quad \int x\varphi(x)dx,\quad \int x^2\varphi(x)dx,\quad \ldots,\quad \int x^{n-1}\varphi(x)dx$$

zwischen den Grenzen $x=0$ und $x=1$, zwischen denen das Integral $\int y dx$ genommen werden soll, verschwinden. Diese Bestimmung ist jetzt die Aufgabe.

4.

Es läſst sich durch eine bekannte Reductionsformel das Integral $\int x^m\varphi(x)dx$ auf die vielfachen Integrale von $\varphi(x)$ zurückführen. Man hat nämlich allgemein

$$\int u v dx = u\int v dx - \int\left(\frac{du}{dx}\int v dx\right)dx,$$

$$\int\left(\frac{du}{dx}\int v dx\right)dx = \frac{du}{dx}\int^2 v dx^2 - \int\left(\frac{d^2u}{dx^2}\int^2 v dx^2\right)dx,$$

$$\int\left(\frac{d^2u}{dx^2}\int^2 v dx^2\right)dx = \frac{d^2u}{dx^2}\int^3 v dx^3 - \int\left(\frac{d^3u}{dx^3}\int^3 v dx^3\right)dx,$$

. . . .

$$\int\left(\frac{d^m u}{dx^m}\int^m v dx^m\right)dx = \frac{d^m u}{dx^m}\int^{m+1} v dx^{m+1} - \int\left(\frac{d^{m+1}u}{dx^{m+1}}\int^{m+1} v dx^{m+1}\right)dx,$$

wo man jede Formel aus der vorhergehenden erhält, indem man $\frac{du}{dx}$ statt u und $\int v dx$ statt v setzt. Hieraus folgt sogleich

$$\int uv dx = u\int v dx - \frac{du}{dx}\int^2 v dx^2 + \frac{d^2u}{dx^2}\int^3 v dx^3 - \cdots + (-1)^m \frac{d^m u}{dx^m}\int^{m+1} v dx^{m+1}$$
$$+ (-1)^{m+1}\int\left(\frac{d^{m+1}u}{dx^{m+1}}\int^{m+1} v dx^{m+1}\right)dx.$$

Setzt man $u = x^m$, $v = \varphi(x)$, so erhält man hieraus

$$\int x^m \varphi(x) dx = x^m \int \varphi(x) dx - m x^{m-1}\int^2 \varphi(x) dx^2 + m(m-1)x^{m-2}\int^3 \varphi(x) dx^3$$
$$- \cdots + (-1)^m m(m-1)(m-2)\ldots 1 \int^{m+1} \varphi(x) dx^{m+1}.$$

Giebt man dem m nach einander die Werthe $0, 1, 2, 3, \ldots, n-1$, so erhält man

$$\int \varphi(x) dx = \int \varphi(x) dx,$$
$$\int x\varphi(x) dx = x\int \varphi(x) dx - \int^2 \varphi(x) dx^2,$$
$$\int x^2\varphi(x) dx = x^2\int \varphi(x) dx - 2x\int^2 \varphi(x) dx^2 + 2\int^3 \varphi(x) dx^3,$$
$$\cdots\cdots\cdots\cdots\cdots\cdots$$
$$\int x^{n-1}\varphi(x) dx = x^{n-1}\int \varphi(x) dx - (n-1)x^{n-2}\int^2 \varphi(x) dx^2 + (n-1)(n-2)x^{n-3}\int^3 \varphi(x) dx^3$$
$$- \cdots + (-1)^{n-1}(n-1)(n-2)\ldots 1\int^n \varphi(x) dx^n.$$

Diese Formeln sind bekannt. Man sieht aus ihnen, dafs, wenn

$$\int \varphi(x) dx, \quad \int x\varphi(x) dx, \quad \int x^2\varphi(x) dx, \quad \ldots, \quad \int x^{n-1}\varphi(x) dx$$

zwischen gewissen Grenzen verschwinden sollen, zwischen denselben Grenzen auch

$$\int \varphi(x) dx, \quad \int^2 \varphi(x) dx^2, \quad \int^3 \varphi(x) dx^3, \quad \ldots, \quad \int^n \varphi(x) dx^n$$

verschwinden müssen, und umgekehrt.

5.

Unsere Aufgabe ist also jetzt darauf zurückgeführt, die Function $\varphi(x)$ so zu bestimmen, dafs ihr 1tes, 2tes, 3tes, ..., n^{tes} Integral, zwischen den Grenzen $x = 0$ und $x = 1$, verschwindet; d. h. wenn man die auf einander folgenden Integrale bis zum n^{ten} so bestimmt, dafs sie für $x = 0$ verschwinden, so sollen sie auch für $x = 1$ verschwinden.

Man setze $\int^n \varphi(x)dx^n = \pi(x)$, die auf einander folgenden Integrale so bestimmt, dafs jedes für $x = 0$ verschwindet, so kann man jetzt die Aufgabe so ausdrücken, eine Function $\pi(x)$ zu finden, die für $x = 0$ und für $x = 1$ zugleich mit ihrem 1ten, 2ten, 3ten, ..., $(n-1)^{\text{ten}}$ Differentiale verschwindet. Dieses erheischt, dafs die Function $\pi(x)$ die Factoren x^n und $(x-1)^n$ habe, und umgekehrt, jede Function, die den Factor $x^n(x-1)^n$ hat, erfüllt die verlangten Bedingungen. Es mufs daher gesetzt werden $\pi(x) = x^n(x-1)^n M$. Da nun

$$\varphi(x) = (x-\alpha')(x-\alpha'')(x-\alpha''') \dots (x-\alpha^{(n)}),$$

also eine ganze rationale Function von der n^{ten} Ordnung ist, so ist

$$\pi(x) = \int^n \varphi(x)dx^n$$

eine ganze rationale Function von der $2n^{\text{ten}}$ Ordnung, woraus folgt, dafs M für unseren Fall eine Constante ist. Auf diese Weise erhält man

$$\varphi(x) = M\frac{d^n x^n(x-1)^n}{dx^n}$$

$$= x^n - \frac{n^2}{2n}x^{n-1} + \frac{n^2(n-1)^2}{1.2.2n(2n-1)}x^{n-2} - \frac{n^2(n-1)^2(n-2)^2}{1.2.3.2n(2n-1)(2n-2)}x^{n-3}$$

$$+ \dots + (-1)^n \frac{n(n-1)(n-2)\dots 1}{2n(2n-1)(2n-2)\dots(n+1)},$$

wo

$$M = \frac{1}{2n(2n-1)(2n-2)\dots(n+1)}$$

gesetzt worden ist.

Die Wurzeln der Gleichung $\varphi(x) = 0$, für $\varphi(x)$ den eben gefundenen Ausdruck gesetzt, geben dann die Gröfsen α', α'', α''', ..., $\alpha^{(n)}$ so bestimmt, dafs der Grad der Näherung der möglichst gröfste sei. Da aus der Lehre von den Gleichungen bekannt ist, dafs, wenn die Wurzeln einer Gleichung $\pi(x) = 0$ alle reell sind, auch alle Wurzeln der Gleichung $\frac{d^m\pi(x)}{dx^m} = 0$ reell sind und zwischen den Wurzeln jener Gleichung liegen, so folgt hieraus, da die Wurzeln der Gleichung $\pi(x) = 0$ oder der Gleichung $x^n(x-1)^n = 0$ alle reell sind, und zwar n von ihnen $= 0$, die anderen $= 1$, dafs auch die Wurzeln der Gleichung $\varphi(x) = 0$, oder die Gröfsen α', α'', α''', ..., $\alpha^{(n)}$ alle reell sind und zwischen 0 und 1 liegen, wie es auch Gaufs in den berechneten Beispielen gefunden hat.

6.

In unserer (§. 4) gefundenen Formel

$$\int uv\,dx = u\int v\,dx - \frac{du}{dx}\int^2 v\,dx^2 + \frac{d^2u}{dx^2}\int^3 v\,dx^3 - \cdots + (-1)^m \frac{d^m u}{dx^m}\int^{m+1} v\,dx^{m+1}$$

$$+ (-1)^{m+1}\int\left(\frac{d^{m+1}u}{dx^{m+1}}\int^{m+1} v\,dx^{m+1}\right)dx$$

setze man $m = n-1$, $u = V$, $v = \varphi(x)$, so erhält man, da die n ersten Integrale von $v = \varphi(x)$ zwischen den Grenzen $x = 0$ und $x = 1$ verschwinden, und

$$\int^n \varphi(x)\,dx^n = \frac{x^n(x-1)^n}{2n(2n-1)\ldots(n+1)},$$

$$\Delta = \int \varphi(x)\,V\,dx = \frac{(-1)^n}{2n(2n-1)(2n-2)\ldots(n+1)}\int x^n(x-1)^n \frac{d^n V}{dx^n}\,dx,$$

welches Integral zwischen den Grenzen $x = 0$ und $x = 1$ zu nehmen ist.

Man setze ferner in der angeführten Formel $u = t^{m+1}$, und es verschwinde t für $x = l$, so wird auch u, $\frac{du}{dx}$, $\frac{d^2u}{dx^2}$, $\frac{d^3u}{dx^3}$, ..., $\frac{d^m u}{dx^m}$ für $x = l$ verschwinden. Es seien ferner die Integrale $\int v\,dx$, $\int^2 v\,dx^2$, $\int^3 v\,dx^3$, ..., $\int^{m+1} v\,dx^{m+1}$ so genommen, dafs sie insgesammt für $x = 0$ verschwinden; so verschwinden

$$u\int v\,dx,\quad \frac{du}{dx}\int^2 v\,dx^2,\quad \frac{d^2u}{dx^2}\int^3 v\,dx^3,\quad \ldots,\quad \frac{d^m u}{dx^m}\int^{m+1} v\,dx^{m+1}$$

zwischen den Grenzen $x = 0$ und $x = l$. Man erhält demnach, zwischen den Grenzen $x = 0$ und $x = l$,

$$\int uv\,dx = \int t^{m+1} v\,dx = (-1)^{m+1}\int\left(\frac{d^{m+1}t^{m+1}}{dx^{m+1}}\int^{m+1} v\,dx^{m+1}\right)dx.$$

Setzt man jetzt $t = 1-x$, $l = 1$, $m = n-1$, $v = x^n \frac{d^n V}{dx^n}$, so erhält man, zwischen den Grenzen $x = 0$ und $x = 1$,

$$\int (1-x)^n x^n \frac{d^n V}{dx^n}\,dx = 1.2.3\ldots n\int\left(\int^n x^n \frac{d^n V}{dx^n}\,dx^n\right)dx = 1.2.3\ldots n\int^{n+1} x^n \frac{d^n V}{dx^n}\,dx^{n+1}.$$

Man erhält auf diese Weise

$$\Delta = \frac{1.2.3\ldots n}{2n(2n-1)\ldots(n+1)} \int^{n+1} x^n \frac{d^n V}{dx^n} dx^{n+1},$$

wo die auf einander folgenden Integrale so zu nehmen sind, dafs sie für $x = 0$ verschwinden, und nach beendigter Integration $x = 1$ zu setzen ist. Unter dieser Form ist der Fehler Δ am leichtesten zu berechnen.

7.

Vermöge des (§. 2) findet man

$$\frac{d^n V}{dx^n} = \begin{cases} a^{(2n)}\, n(n-1)(n-2)\ldots 1\,.\,A' \\ + a^{(2n+1)}\,[(n+1)\,n\,(n-1)\ldots 2\,.\,A'x + n(n-1)(n-2)\ldots 1\,.\,A''] \\ + a^{(2n+2)}\,[(n+2)(n+1)\,n\ldots 3\,.\,A'x^2 + (n+1)\,n\,(n-1)\ldots 2\,.\,A''x \\ \qquad + n(n-1)(n-2)\ldots 1\,.\,A'''] \\ + a^{(2n+3)}\,[(n+3)(n+2)(n+1)\ldots 4\,.\,A'x^3 + (n+2)(n+1)\,n\ldots 3\,.\,A''x^2 \\ \qquad + (n+1)\,n\,(n-1)\ldots 2\,.\,A'''x + n(n-1)(n-2)\ldots 1\,.\,A''''] \\ + \ldots \end{cases}$$

Hieraus ergiebt sich

$$\Delta = \frac{1^2.2^2.3^2\ldots n^2}{(n+1)^2(n+2)^2\ldots(2n)^2(2n+1)} \cdot \begin{cases} a^{(2n)}A' + a^{(2n+1)}\left(\frac{(n+1)^2}{2n+2}A' + A''\right) \\ + a^{(2n+2)}\left(\frac{(n+1)^2(n+2)^2}{1.2.(2n+2)(2n+3)}A' + \frac{(n+1)^2}{2n+2}A'' + A'''\right) \\ + a^{(2n+3)}\left(\frac{(n+1)^2(n+2)^2(n+3)^2}{1.2.3.(2n+2)(2n+3)(2n+4)}A' \right. \\ \qquad \left. + \frac{(n+1)^2(n+2)^2}{1.2.(2n+2)(2n+3)}A'' + \frac{(n+1)^2}{2n+2}A''' + A''''\right) \\ + \ldots \end{cases}$$

Diese ersten Glieder des Fehlers Δ können zur Correctur dienen. Die Grössen A', A'', A''', A'''', ... bilden eine wiederkehrende Reihe, da sie aus der Entwickelung des Bruchs

$$\frac{1}{\varphi(x)} = \frac{1}{x^n - \frac{n^2}{2n}x^{n-1} + \frac{n^2(n-1)^2}{1.2.2n(2n-1)}x^{n-2} - \frac{n^2(n-1)^2(n-2)^2}{1.2.3.2n(2n-1)(2n-2)}x^{n-3} + \ldots + (-1)^n \frac{n(n-1)(n-2)\ldots 1}{2n(2n-1)(2n-2)\ldots(n+1)}}$$

entstanden sind, welche wir (§. 2)

$$\frac{A'}{x^n}+\frac{A''}{x^{n+1}}+\frac{A'''}{x^{n+2}}+\frac{A''''}{x^{n+3}}+\cdots$$

gesetzt hatten. Sie werden durch die Gleichungen gefunden

$$1 = A',$$

$$0 = A'\frac{n^2}{2n}-A'',$$

$$0 = A'\frac{n^2(n-1)^2}{1.2.2n(2n-1)}-A''\frac{n^2}{2n}+A''',$$

$$0 = A'\frac{n^2(n-1)^2(n-2)^2}{1.2.3.2n(2n-1)(2n-2)}-A''\frac{n^2(n-1)^2}{1.2.2n(2n-1)}+A'''\frac{n^2}{2n}-A''''$$

. . . .

Diese Resultate stimmen genau mit den von Gaufs gefundenen überein.

UEBER DEN AUSDRUCK DER VERSCHIEDENEN WURZELN EINER GLEICHUNG DURCH BESTIMMTE INTEGRALE.

Crelle Journal für die reine und angewandte Mathematik Bd. 2 p. 1—8.

1.

Im ersten Bande der *Mémoires des savants étrangers* vom Jahre 1805 hat Parseval die Lagrangesche Reihe, welche die Wurzel einer gegebenen Gleichung ausdrückt, mit Hülfe bestimmter Integrale zu summiren und die von ihm so gefundene Formel auf directem Wege zu beweisen versucht. Später hat Bessel in den *Abhandlungen der Berliner Akademie* vom Jahre 1816—17 eine berühmte Anwendung der bestimmten Integrale auf das Keplersche Problem gemacht. Da neuerdings die merkwürdigen Formeln, welche Cauchy im neunzehnten Hefte des *Journal de l'École Polytechnique* gegeben hat, wieder die Aufmerksamkeit der Analysten auf diese Art, die verschiedenen Wurzeln einer Gleichung zu bestimmen, gelenkt haben, so sei es mir vergönnt, die von Parseval angefangenen Untersuchungen wieder aufzunehmen und zu vervollständigen.

2.

Es sei eine Function $f(x)$ in eine convergirende Reihe entwickelt von der Form

$$\begin{aligned} &A + A' \cos x + A'' \cos 2x + A''' \cos 3x + \cdots \\ &+ B' \sin x + B'' \sin 2x + B''' \sin 3x + \cdots, \end{aligned}$$

so hat man bekanntlich, wenn man sich der von Fourier eingeführten Bezeichnung der bestimmten Integrale bedient,

$$A^{(n)} = \frac{1}{\pi}\int_{-\pi}^{+\pi} f(x)\cos nx\,dx,$$

$$B^{(n)} = \frac{1}{\pi}\int_{-\pi}^{+\pi} f(x)\sin nx\,dx.$$

Diese Formeln folgen sogleich aus der Betrachtung, daſs

$$\int_{-\pi}^{+\pi} \cos mx \sin nx\,dx = 0,$$

daſs ferner, wenn m und n ungleich sind, auch

$$\int_{-\pi}^{+\pi} \cos mx \cos nx\,dx = 0, \quad \int_{-\pi}^{+\pi} \sin mx \sin nx\,dx = 0,$$

hingegen, wenn $m = n$, beide Integrale $= \pi$ werden. Der Fall $m = n = 0$ macht eine Ausnahme, indem man dann 2π statt π erhält, daher auch

$$A = \frac{1}{2\pi}\int_{-\pi}^{+\pi} f(x)\,dx.$$

Diese Methode der Coefficientenbestimmung in der Entwickelung der Function $f(x)$ findet sich zuerst in einer Abhandlung von Euler vom Jahre 1777, die aber erst im Jahre 1798 im elften Bande der *Nova Acta* bekannt gemacht wurde, und deren sich seitdem mehrere Analysten zu jener Coefficientenbestimmung bedient haben. Umgekehrt sieht man, daſs, so oft eine Function $f(x)$ auf anderem Wege in eine convergirende Reihe von der angegebenen Form entwickelt werden kann, dieses zur Werthbestimmung der Integrale

$$\int_{-\pi}^{+\pi} f(x)\cos nx\,dx, \quad \int_{-\pi}^{+\pi} f(x)\sin nx\,dx$$

dient. So oft aber im Allgemeinen sich eine Function $\varphi(x)$ nach den positiven oder negativen Potenzen von x, oder nach beiden zugleich, in eine convergirende Reihe entwickeln läſst, erhält man, indem man statt x den Ausdruck

$$re^{\pm x\sqrt{-1}} = r(\cos x \pm \sin x\sqrt{-1})$$

setzt, für die Function $\varphi(re^{\pm x\sqrt{-1}})$ eine Reihenentwickelung, die nach den Vielfachen des Sinus und Cosinus des Winkels x fortschreitet und die immer convergirt, wenn r sich zwischen denselben Grenzen befindet, in welchen x

bei der Entwickelung der Function $\varphi(x)$ enthalten sein müſste, damit die Entwickelung eine convergirende Reihe gäbe. Jede solche convergirende Reihenentwickelung von $\varphi(x)$ nach den Potenzen von x führt uns also zur Werthbestimmung der Integrale

$$\int_{-\pi}^{+\pi} \varphi(r e^{\pm x\sqrt{-1}}) \cos nx\, dx, \quad \int_{-\pi}^{+\pi} \varphi(r e^{\pm x\sqrt{-1}}) \sin nx\, dx.$$

Die Combination dieser giebt die bestimmten Integrale

$$\int_{-\pi}^{+\pi} \left\{ \varphi(r e^{+x\sqrt{-1}}) + \varphi(r e^{-x\sqrt{-1}}) \right\} \begin{matrix} \cos nx\, dx \\ \sin nx\, dx, \end{matrix}$$

$$\int_{-\pi}^{+\pi} \left\{ \frac{\varphi(r e^{+x\sqrt{-1}}) - \varphi(r e^{-x\sqrt{-1}})}{\sqrt{-1}} \right\} \begin{matrix} \cos nx\, dx \\ \sin nx\, dx, \end{matrix}$$

aus welchen die imaginären Gröſsen verschwunden sind.

Man wird also, wenn die Function $\varphi(x)$, je nach den verschiedenen Grenzen, innerhalb welcher sich x befindet, anders entwickelt werden muſs, damit man convergirende Reihen erhalte, für jene bestimmten Integrale, nach den verschiedenen Werthen von r, oft wesentlich verschiedene Resultate erhalten müssen.

3.

Es sei jetzt $\varphi(x)$ der Logarithmus eines Polynoms

$$a + bx + cx^2 + dx^3 + \cdots + x^p.$$

Es seien ferner

$$x - \alpha', \quad x - \alpha'', \quad x - \alpha''', \quad \ldots, \quad x - \alpha^{(p)}$$

die Factoren dieses Polynoms, so ist sein Logarithmus gleich der Summe der Logarithmen dieser einzelnen Factoren. Diese einzelnen Logarithmen müssen nach den verschiedenen Grenzen, in denen x enthalten ist, verschieden entwickelt werden, um convergirende Reihen zu geben. Denkt man sich nämlich, es seien die Wurzeln

$$\alpha', \quad \alpha'', \quad \alpha''', \quad \ldots, \quad \alpha^{(p)}$$

so geordnet, wie sie ihrer absoluten Gröſse nach auf einander folgen, wobei bei jedem Paare imaginärer Wurzeln nur Rücksicht genommen werde auf die Quadratwurzel ihres Products, so müssen im Allgemeinen

1) wenn x gröfser ist als alle Wurzeln, alle Logarithmen nach absteigenden,
2) wenn x kleiner ist als alle Wurzeln, alle Logarithmen nach aufsteigenden,
3) wenn x im genannten Sinne sich zwischen den Wurzeln $a^{(k)}$ und $a^{(k+1)}$ befindet, die Logarithmen

$$\log(x-a'),\quad \log(x-a''),\quad \ldots,\quad \log(x-a^{(k)})$$

nach absteigenden, die übrigen nach aufsteigenden Potenzen von x entwickelt werden, damit man convergirende Reihen erhalte.

4.

Setzt man nun in

$$\varphi(x) = \log(a+bx+cx^2+\cdots+x^p)$$

statt x den Ausdruck $re^{\pm x\sqrt{-1}}$, so erhält man

$$\varphi(re^{+x\sqrt{-1}})+\varphi(re^{-x\sqrt{-1}})$$

$$= \log\{(a+br\cos x+cr^2\cos 2x+\cdots+r^p\cos px)^2+(br\sin x+cr^2\sin 2x+\cdots+r^p\sin px)^2\},$$

welchen Ausdruck wir mit $\log(U^2+V^2)$ bezeichnen wollen. Will man die unter dem Logarithmenzeichen begriffene Function entwickeln, so erhält man

$$U^2+V^2 = \begin{cases} a^2+b^2r^2+c^2r^4+\cdots+r^{2p} \\ +2r\cos x\;(ab+bcr^2+cdr^4+\cdots) \\ +2r^2\cos 2x\,(ac+bdr^2+cer^4+\cdots) \\ +2r^3\cos 3x\,(ad+ber^2+dfr^4+\cdots) \\ +\;\cdot\;\cdot\;\cdot\;\cdot\;\cdot\;\cdot\;\cdot\;\cdot\;\cdot\;\cdot\;\cdot\;\cdot\;\cdot \end{cases}$$

Aus dieser Formel erhellt im Vorbeigehen, dafs, wenn eine Reihe

$$f(x) = a+bx+cx^2+dx^3+\cdots$$

gegeben ist, die Reihen

$$\begin{array}{l} a^2+b^2r^2+c^2r^4+d^2r^6+\cdots, \\ ab+bcr^2+cdr^4+der^6+\cdots, \\ ac+bdr^2+cer^4+dfr^6+\cdots, \\ \cdot\;\cdot\;\cdot\;\cdot\;\cdot\;\cdot\;\cdot\;\cdot\;\cdot\;\cdot\;\cdot\;\cdot \end{array}$$

sich ausdrücken lassen durch die bestimmten Integrale

$$\frac{1}{2\pi}\int_{-\pi}^{+\pi} f(re^{+x\sqrt{-1}})\, f(re^{-x\sqrt{-1}})\, dx,$$

$$\frac{1}{2\pi r}\int_{-\pi}^{+\pi} f(re^{+x\sqrt{-1}})\, f(re^{-x\sqrt{-1}}) \cos x\, dx,$$

$$\frac{1}{2\pi r^2}\int_{-\pi}^{+\pi} f(re^{+x\sqrt{-1}})\, f(re^{-x\sqrt{-1}}) \cos 2x\, dx,$$

. . . .

5.

Die convergirende Reihenentwickelung von $\log(U^2+V^2)$ giebt,

1) wenn r gröfser ist als alle Wurzeln $\alpha', \alpha'', \alpha''', \ldots, \alpha^{(p)}$:

$$p\log r^2 - 2\sum_1^p\left(\frac{\alpha}{r}\cos x + \frac{\alpha^2}{2r^2}\cos 2x + \frac{\alpha^3}{3r^3}\cos 3x + \frac{\alpha^4}{4r^4}\cos 4x + \cdots\right);$$

2) wenn r kleiner ist als alle Wurzeln $\alpha', \alpha'', \alpha''', \ldots, \alpha^{(p)}$:

$$\log \alpha^2 - 2\sum_1^p\left(\frac{r}{\alpha}\cos x + \frac{r^2}{2\alpha^2}\cos 2x + \frac{r^3}{3\alpha^3}\cos 3x + \frac{r^4}{4\alpha^4}\cos 4x + \cdots\right);$$

3) wenn $\alpha^{(k)} < r < \alpha^{(k+1)}$ in dem angegebenen Sinne:

$$k\log r^2 - 2\sum_1^k\left(\frac{\alpha}{r}\cos x + \frac{\alpha^2}{2r^2}\cos 2x + \frac{\alpha^3}{3r^3}\cos 3x + \frac{\alpha^4}{4r^4}\cos 4x + \cdots\right)$$

$$+ 2\sum_{k+1}^p\left(\tfrac{1}{2}\log\alpha^2 - \frac{r}{\alpha}\cos x - \frac{r^2}{2\alpha^2}\cos 2x - \frac{r^3}{3\alpha^3}\cos 3x - \frac{r^4}{4\alpha^4}\cos 4x - \cdots\right),$$

wo man unter $\sum_m^n \psi(\alpha)$ die Summe der Ausdrücke versteht, die erhalten werden, wenn man in $\psi(\alpha)$ statt α nach einander $\alpha^{(m)}, \alpha^{(m+1)}, \alpha^{(m+2)}, \ldots, \alpha^{(n)}$ setzt.

Nach diesen drei verschiedenen Fällen erhält man

$$\frac{1}{2\pi}\int_{-\pi}^{+\pi}\log(U^2+V^2)\,dx = \begin{cases} p\log r^2 & \text{im ersten Falle,}\\ \log\alpha^2 & \text{im zweiten Falle,}\\ k\log r^2 + \log(\alpha^{(k+1)})^2 + \log(\alpha^{(k+2)})^2 + \cdots + \log(\alpha^{(p)})^2 & \text{im dritten Falle;}\end{cases}$$

$$\int_{-\pi}^{+\pi}\log(U^2+V^2)\cos nx\,dx = \begin{cases} \frac{1}{nr^n}\left((\alpha')^n+(\alpha'')^n+(\alpha''')^n+\cdots+(\alpha^{(p)})^n\right) & \text{im ersten Falle,} \\ \frac{r^n}{n}\left(\frac{1}{(\alpha')^n}+\frac{1}{(\alpha'')^n}+\frac{1}{(\alpha''')^n}+\cdots+\frac{1}{(\alpha^{(p)})^n}\right) & \text{im zweiten Falle,} \\ \frac{1}{nr^n}\left((\alpha')^n+(\alpha'')^n+(\alpha''')^n+\cdots+(\alpha^{(k)})^n\right)+\frac{r^n}{n}\left(\frac{1}{(\alpha^{(k+1)})^n}+\frac{1}{(\alpha^{(k+2)})^n}+\cdots+\frac{1}{(\alpha^{(p)})^n}\right) & \\ & \text{im dritten Falle.} \end{cases}$$

6.

Es ist bekanntlich

$$\frac{\log(u+v\sqrt{-1})-\log(u-v\sqrt{-1})}{2\sqrt{-1}} = \text{arc tang}\,\frac{v}{u}.$$

Hieraus folgt

$$\frac{1}{2\sqrt{-1}}\{\varphi(re^{+x\sqrt{-1}})-\varphi(re^{-x\sqrt{-1}})\} = \text{arc tang}\,\frac{br\sin x+cr^2\sin 2x+\cdots+r^p\sin px}{a+br\cos x+cr^2\cos 2x+\cdots+r^p\cos px},$$

welches wir mit $\text{arc tang}\,\frac{V}{U}$ bezeichnen. Man erhält so

$$\text{arc tang}\,\frac{V}{U} = \text{arc tang}\,\frac{r\sin x}{r\cos x-\alpha'}+\text{arc tang}\,\frac{r\sin x}{r\cos x-\alpha''}+\cdots+\text{arc tang}\,\frac{r\sin x}{r\cos x-\alpha^{(p)}}.$$

Die convergirenden Reihenentwickelungen für $\text{arc tang}\,\frac{V}{U}$ geben nach den verschiedenen Fällen

im ersten Falle: $$px+\Sigma_1^p\left(\frac{\alpha}{r}\sin x+\frac{\alpha^2}{2r^2}\sin 2x+\frac{\alpha^3}{3r^3}\sin 3x+\frac{\alpha^4}{4r^4}\sin 4x+\cdots\right),$$

im zweiten Falle: $$-\Sigma_1^p\left(\frac{r}{\alpha}\sin x+\frac{r^2}{2\alpha^2}\sin 2x+\frac{r^3}{3\alpha^3}\sin 3x+\frac{r^4}{4\alpha^4}\sin 4x+\cdots\right),$$

im dritten Falle: $$kx+\Sigma_1^k\left(\frac{\alpha}{r}\sin x+\frac{\alpha^2}{2r^2}\sin 2x+\frac{\alpha^3}{3r^3}\sin 3x+\frac{\alpha^4}{4r^4}\sin 4x+\cdots\right)$$
$$-\Sigma_{k+1}^p\left(\frac{r}{\alpha}\sin x+\frac{r^2}{2\alpha^2}\sin 2x+\frac{r^3}{3\alpha^3}\sin 3x+\frac{r^4}{4\alpha^4}\sin 4x+\cdots\right).$$

Bemerkt man ferner, daſs durch theilweise Integration

$$\int x\sin nx\,dx = -\frac{x\cos nx}{n}+\frac{1}{n}\int\cos nx\,dx = -\frac{x\cos nx}{n}+\frac{\sin nx}{n^2},$$

also

$$\frac{1}{\pi}\int_{-\pi}^{+\pi} x \sin nx dx = \pm\frac{2}{n}$$

folgt, wo das obere Zeichen gilt, wenn n ungerade, das untere, wenn n gerade ist, so findet man

$$\frac{1}{\pi}\int_{-\pi}^{+\pi} \operatorname{arc\,tang}\frac{V}{U}\sin nx\,dx = \begin{cases} \pm\frac{2p}{n}+\frac{1}{nr^n}\left((\alpha')^n+(\alpha'')^n+(\alpha''')^n+\cdots+(\alpha^{(p)})^n\right) & \text{im ersten Falle,} \\ -\frac{r^n}{n}\left(\frac{1}{(\alpha')^n}+\frac{1}{(\alpha'')^n}+\frac{1}{(\alpha''')^n}+\cdots+\frac{1}{(\alpha^{(p)})^n}\right) & \text{im zweiten Falle,} \\ \pm\frac{2k}{n}+\frac{1}{nr^n}\left((\alpha')^n+(\alpha'')^n+(\alpha''')^n+\cdots+(\alpha^{(k)})^n\right) & \\ -\frac{r^n}{n}\left(\frac{1}{(\alpha^{(k+1)})^n}+\frac{1}{(\alpha^{(k+2)})^n}+\cdots+\frac{1}{(\alpha^{(p)})^n}\right) & \text{im dritten Falle.} \end{cases}$$

7.

Für den dritten Fall also, wenn der absolute Werth von r zwischen die absoluten Werthe von $\alpha^{(k)}$ und $\alpha^{(k+1)}$ fällt, findet man aus §. 5:

$$\frac{1}{r^n}\left((\alpha')^n+(\alpha'')^n+\cdots+(\alpha^{(k)})^n\right)+r^n\left(\frac{1}{(\alpha^{(k+1)})^n}+\frac{1}{(\alpha^{(k+2)})^n}+\cdots+\frac{1}{(\alpha^{(p)})^n}\right)$$

$$= -\frac{n}{2\pi}\int_{-\pi}^{+\pi}\log(U^2+V^2)\cos nx\,dx;$$

aus §. 6:

$$\frac{1}{r^n}\left((\alpha')^n+(\alpha'')^n+\cdots+(\alpha^{(k)})^n\right)-r^n\left(\frac{1}{(\alpha^{(k+1)})^n}+\frac{1}{(\alpha^{(k+2)})^n}+\cdots+\frac{1}{(\alpha^{(p)})^n}\right)$$

$$= \mp 2k+\frac{n}{\pi}\int_{-\pi}^{+\pi}\operatorname{arc\,tang}\frac{V}{U}\sin nx\,dx.$$

Die Combination beider Formeln giebt

$$(\alpha')^n+(\alpha'')^n+(\alpha''')^n+\cdots+(\alpha^{(k)})^n$$

$$= \mp kr^n+\frac{nr^n}{2\pi}\int_{-\pi}^{+\pi}\left(\sin nx\operatorname{arc\,tang}\frac{V}{U}-\cos nx\log\sqrt{U^2+V^2}\right)dx;$$

$$\frac{1}{(\alpha^{(k+1)})^n}+\frac{1}{(\alpha^{(k+2)})^n}+\cdots+\frac{1}{(\alpha^{(\varrho)})^n}$$
$$=\pm\frac{k}{r^n}-\frac{n}{2\pi r^n}\int_{-\pi}^{+\pi}\left(\sin nx \operatorname{arc\,tang}\frac{V}{U}+\cos nx \log\sqrt{U^2+V^2}\right)dx.$$

Nimmt man eine neue Gröfse r' so an, dafs ihr absoluter Werth zwischen den absoluten Werthen von $\alpha^{(k-1)}$ und $\alpha^{(k)}$ liegt, so erhält man dadurch, dafs man in den bestimmten Integralen r' statt r setzt, die Werthe von

$$(\alpha')^n+(\alpha'')^n+(\alpha''')^n+\cdots+(\alpha^{(k-1)})^n,$$
$$\frac{1}{(\alpha^{(k)})^n}+\frac{1}{(\alpha^{(k+1)})^n}+\frac{1}{(\alpha^{(k+2)})^n}+\cdots+\frac{1}{(\alpha^{(\varrho)})^n}.$$

Nimmt man die Differenzen dieser Ausdrücke und der vorigen, so erhält man die Werthe von $(\alpha^{(k)})^n$ und $\frac{1}{(\alpha^{(k)})^n}$ als die Differenz zweier bestimmten Integrale, die blofs in einer Constante (r, r') von einander differiren. Wir haben also das merkwürdige Beispiel eines bestimmten Integrals, welches ganz verschiedene Werthe erhält nach den Grenzen, in welchen eine Constante desselben eingeschlossen ist, und in welchem zugleich der individuelle Werth dieser Constante gänzlich verschwunden ist. Bezeichnen wir das bestimmte Integral, welches uns den Werth von

$$(\alpha')^n+(\alpha'')^n+(\alpha''')^n+\cdots+(\alpha^{(k)})^n$$

giebt, mit

$$\int_{-\pi}^{+\pi}F(r)\,dx,$$

und das Differential von $F(r)$ nach r mit $F'(r)$, so können wir die gefundene Formel auch so ausdrücken, dafs die n^{te} Potenz der Wurzel $\alpha^{(k)}$ gleich ist dem doppelten Integral

$$\int F'(r)\,dx\,dr,$$

das Integral in Bezug auf x zwischen den Grenzen $-\pi$ und $+\pi$, und in Bezug auf r zwischen willkürlichen Grenzen genommen, die blofs der Bestimmung unterworfen sind, dafs zwischen ihnen, was ihre absolute Gröfse betrifft, nur die einzige Wurzel $\alpha^{(k)}$ liege. Im Allgemeinen wird jenes bestimmte Integral die Summe der n^{ten} Potenzen aller der Wurzeln geben, welche zwischen den willkürlichen Grenzen liegen, so dafs also, wenn zwischen ihnen keine Wurzel liegt, dieses doppelte Integral immer 0 wird, zwischen den Grenzen $r = 0$ und $r = \infty$ aber gleich der Summe der n^{ten} Potenzen aller Wurzeln sein wird. Solche Integrale zwischen willkürlichen Grenzen sind in den neuesten Zeiten öfters zur Sprache gekommen und haben durch die Arbeiten von Cauchy und Fourier grofses Interesse erregt. So drückt die berühmte Fouriersche Formel den Werth einer Function aus mehreren (n) Variabeln $f(x, y, z, \ldots)$ aus durch das vielfache Integral

$$\frac{1}{(2\pi)^n}\int \cos\alpha(x-\mu)\,.\cos\beta(y-\nu)\,.\cos\gamma(z-\omega)\ldots f(\mu,\nu,\omega,\ldots)\,d\alpha\,d\mu\,d\beta\,d\nu\,d\gamma\,d\omega\ldots,$$

wo die Integrale in Bezug auf α, β, γ etc. zwischen den Grenzen $-\infty$ und $+\infty$ zu nehmen sind, in Bezug auf μ, ν, ω etc. aber zwischen willkürlichen Grenzen, die nur dadurch bestimmt sind, dafs zwischen ihnen die den Gröfsen x, y, z etc. ertheilten Werthe liegen. Ist dieses nicht der Fall, so wird das Integral immer verschwinden. Die Betrachtung solcher Integrale, die eine eigenthümliche Analysis erfordert, dürfte vielleicht aus den hier gegebenen Formeln, die eine durchweg sichere Basis gewähren, einigen Vortheil ziehen.

Ich will nur noch bemerken, dafs man aus den gegebenen Formeln sogleich auch den Werth jeder Function einer Wurzel als bestimmtes Integral erhält. Es ist ferner zu bemerken, dafs die imaginären Wurzeln nicht selbst, sondern nur die Potenzsummen eines Paares auf diesem Wege gefunden werden können, woraus man dann freilich auf mannigfache Weise diese selbst darstellen kann. Um die Grenzen dieser Abhandlung nicht auszudehnen, enthalte ich mich alles weiteren Details, behalte mir aber vor, auf diesen Gegenstand zurückzukommen.

ÜBER EINE BESONDERE GATTUNG ALGEBRAISCHER FUNCTIONEN, DIE AUS DER ENTWICKELUNG DER FUNCTION $(1-2xz+z^2)^{-\frac{1}{2}}$ ENTSTEHEN.

Crelle Journal für die reine und angewandte Mathematik, Bd. 2 p. 223—226.

1.

Die merkwürdigen Eigenschaften dieser Functionen hat zuerst Legendre in seinen Untersuchungen über die Attraction der Sphäroide und die Gestalt der Planeten bekannt gemacht im zehnten Theile der *Mémoires des savants étrangers* und in den *Memoiren der Pariser Akademie* aus den Jahren 1784 und 1789; später hat er sie im zehnten Paragraphen des fünften Abschnittes seiner *Exercices de calcul intégral* zusammengestellt. Sie sind die Entwickelungscoefficienten X', X'', X''', ..., $X^{(n)}$ in

$$z = \frac{1}{\sqrt{1-2xz+z^2}} = 1 + X'z + X''z^2 + X'''z^3 + \cdots + X^{(n)}z^n + \cdots$$

Diese Functionen, als deren *fonction génératrice* $(1-2xz+z^2)^{-\frac{1}{2}}$ anzusehen ist, genießen unter anderen die Eigenschaft, daſs, wenn m und n ungleich sind, immer

$$\int_{-1}^{+1} X^{(m)} X^{(n)} dx = 0$$

ist, wenn aber $m = n$ ist, so findet sich

$$\int_{-1}^{+1} X^{(m)} X^{(n)} dx = \frac{2}{2n+1},$$

wodurch es möglich wird, wenn man eine Function von x nach diesen Coefficienten entwickeln will, die Coefficienten als bestimmte Integrale auszudrücken. Setzt man nämlich

$$F(x) = A + A'X' + A''X'' + A'''X''' + \cdots + A^{(n)}X^{(n)} + \cdots,$$

wo $A, A', A'', \ldots, A^{(n)}$ kein x enthalten, so wird

$$A^{(n)} = \frac{2n+1}{2}\int_{-1}^{+1} F(x).X^{(n)}dx,$$

welche Art der Entwickelung viel Ähnlichkeit mit derjenigen hat, welche Euler bei der Entwickelung einer Function nach den Sinus und Cosinus vielfacher Winkel gelehrt hat.

Es scheint mir aber Legendre die Fundamentaleigenschaft dieser Functionen übergangen zu haben. Sie ist in der Gleichung gegeben

$$X^{(n)} = \frac{1}{2^n}\cdot\frac{1}{1.2.3\ldots n}\cdot\frac{d^n(x^2-1)^n}{dx^n}.$$

Man kann diesen Satz leicht a posteriori prüfen, indem man die Entwickelung von z wirklich vornimmt, und auch das n^{te} Differential von $(x^2-1)^n$ entwickelt. Er findet sich aber direct so: Hat man nämlich eine Gleichung

$$y - x = zF(y),$$

so ist nach dem Lagrangeschen Lehrsatz

$$y = x + zF(x) + \frac{z^2}{1.2}\cdot\frac{d(F(x))^2}{dx} + \frac{z^3}{1.2.3}\cdot\frac{d^2(F(x))^3}{dx^2} + \cdots + \frac{z^n}{1.2.3\ldots n}\cdot\frac{d^{n-1}(F(x))^n}{dx^{n-1}} + \cdots,$$

woraus folgt

$$\frac{dy}{dx} = 1 + z\cdot\frac{dF(x)}{dx} + \frac{z^2}{1.2}\cdot\frac{d^2(F(x))^2}{dx^2} + \frac{z^3}{1.2.3}\cdot\frac{d^3(F(x))^3}{dx^3} + \cdots + \frac{z^n}{1.2.3\ldots n}\cdot\frac{d^n(F(x))^n}{dx^n} + \cdots$$

Setzt man nun

$$y - x = \frac{z}{2}(y^2-1),$$

wo $F(y) = \frac{1}{2}(y^2-1)$, so ist

$$1 - zy = \sqrt{1-2xz+z^2}.$$

Differentiirt man aber die gegebene Gleichung, so erhält man

$$\frac{dy}{dx}(1-zy) = 1,$$

woraus

$$\frac{dy}{dx}=\frac{1}{\sqrt{1-2xz+z^2}}=1+X'z+X''z^2+\cdots+X^{(n)}z^n+\cdots$$

Vergleicht man damit den oben für $\frac{dy}{dx}$ gefundenen Ausdruck, in welchem man $F(x)=\frac{1}{2}(x^2-1)$ setzt, so erhellt

$$X^{(n)}=\frac{1}{2^n}\cdot\frac{1}{1.2.3\ldots n}\cdot\frac{d^n(x^2-1)^n}{dx^n}.$$

Man sieht sogleich, dafs die vielfachen Integrale von $X^{(n)}$ bis zum n^{ten} zwischen den Grenzen $x=-1$ und $x=+1$ verschwinden, weil sie den Factor x^2-1 enthalten. Bemerkt man nun, dafs durch theilweise Integration, wenn y irgend eine Function von x bedeutet,

$$\int y\varphi(x)dx = y\int\varphi(x)dx-\frac{dy}{dx}\int^2\varphi(x)\,dx^2+\frac{d^2y}{dx^2}\int^3\varphi(x)\,dx^3-\cdots$$
$$+(-1)^{n-1}\frac{d^{n-1}y}{dx^{n-1}}\int^n\varphi(x)\,dx^n+(-1)^n\int\left(\frac{d^ny}{dx^n}\int^n\varphi(x)\,dx^n\right)dx$$

folgt, und setzt $\varphi(x)=X^{(n)}$, so erhält man augenblicklich, da

$$\int^n X^{(n)}dx^n=\frac{1}{2^n}\cdot\frac{(x^2-1)^n}{1.2.3\ldots n}$$

und die übrigen Glieder zwischen den angegebenen Grenzen verschwinden,

$$\int_{-1}^{+1}yX^{(n)}dx=\frac{1}{2^n}\cdot\frac{(-1)^n}{1.2.3\ldots n}\int_{-1}^{+1}\frac{d^ny}{dx^n}(x^2-1)^n dx.$$

Hat man daher

$$F(x)=A+A'X'+A''X''+A'''X'''+\cdots,$$

so erhält man sogleich

$$A+\tfrac{1}{3}A'z+\tfrac{1}{5}A''z^2+\tfrac{1}{7}A'''z^3+\cdots=\tfrac{1}{2}\int_{-1}^{+1}F(x-\tfrac{1}{2}z(x^2-1))dx.$$

2.

Es findet aber zwischen den Differentialquotienten von $(x^2-1)^n$ noch eine merkwürdige Relation statt, welche dann gleichfalls eine neue Eigenschaft der Functionen $X^{(n)}$ zu erkennen geben wird. Sie ist in der Gleichung enthalten

$$\frac{1}{1.2.3\ldots(n-r)}\frac{d^{n-r}(x^2-1)^n}{dx^{n-r}}=\frac{(x^2-1)^r}{1.2.3\ldots(n+r)}\frac{d^{n+r}(x^2-1)^n}{dx^{n+r}},\ (r\leqq n).$$

Ich gelange zu ihr durch folgende Methode, deren ich mich schon in meinen „*Disquisitiones analyticae de fractionibus simplicibus*" (Berlin bei Herbig, 1825; cfr. Bd. III p. 1—44 dieser Ausgabe) bedient habe.

Bezeichnet man in der Entwickelung einer Function von h, $F(h)$, den Coefficienten von h^n mit

$$[F(h)]_{h^n},$$

so hat man zufolge des Taylorschen Lehrsatzes

$$\frac{1}{1.2.3\ldots(n+r)}\cdot\frac{d^{n+r}(x^2-1)^n}{dx^{n+r}} = [(x^2-1+2xh+h^2)^n]_{h^{n+r}}$$

$$= (x^2-1)^n\left[\left(1+2x\frac{h}{x^2-1}+(x^2-1)\left(\frac{h}{x^2-1}\right)^2\right)^n\right]_{h^{n+r}}.$$

Indem man in der Entwickelung h mit dem Nenner x^2-1 behaftet läfst, wird der Coefficient von h^{n+r} mit dem Nenner $(x^2-1)^{n+r}$ behaftet sein. Zieht man diesen heraus, so erhält man

$$(x^2-1)^{-r}[1+2xh+h^2(x^2-1)]_{h^{n+r}}.$$

Setzt man statt h jetzt $\frac{1}{h}$, so geht der Ausdruck über in

$$(x^2-1)^{-r}\left[\left(1+\frac{2x}{h}+\frac{x^2-1}{h^2}\right)^n\right]_{h^{-(n+r)}}.$$

Die Multiplication mit h^{2n} giebt

$$(x^2-1)^{-r}[((x+h)^2-1)^n]_{h^{n-r}}.$$

Man hat also

$$[((x+h)^2-1)^n]_{h^{n+r}} = (x^2-1)^{-r}[((x+h)^2-1)^n]_{h^{n-r}},$$

oder

$$[((x+h)^2-1)^n]_{h^{n-r}} = (x^2-1)^r[((x+h)^2-1)^n]_{h^{n+r}},$$

welches so viel ist wie

$$\frac{1}{1.2.3\ldots(n-r)}\cdot\frac{d^{n-r}(x^2-1)^n}{dx^{n-r}} = \frac{(x^2-1)^r}{1.2.3\ldots(n+r)}\cdot\frac{d^{n+r}(x^2-1)^n}{dx^{n+r}}.$$

Nimmt man das r-fache Integral von $X^{(n)}$ so, dafs jedes genommene Integral für $x = -1$ oder für $x = +1$ verschwindet, so hat man

$$\int^r X^{(n)}dx^r = \frac{1}{2^n}\cdot\frac{1}{1.2.3\ldots n}\cdot\frac{d^{n-r}(x^2-1)^n}{dx^{n-r}},$$

Man kann die gefundene Eigenschaft in Bezug auf $X^{(n)}$ daher auch so ausdrücken:

$$\frac{\int^r X^{(n)} dx^r}{1.2.3\ldots(n-r)} = \frac{(x^2-1)^r}{1.2.3\ldots(n+r)} \frac{d^r X^{(n)}}{dx^r}.$$

Es ist zu bemerken, dafs im Allgemeinen die Functionen, welche man durch $\frac{d^n(x-a)^n(x-b)^n}{dx^n}$ darstellen kann, derselben Eigenschaften geniefsen, wenn man bei den Integrationen statt der Grenzen -1 und $+1$ die Grenzen a und b nimmt. Übrigens ist die Function $X^{(n)}$ dieselbe wie die Function, welche Gaufs in seiner Abhandlung „*Methodus nova integralium valores etc.*" mit U bezeichnet, und deren Wurzeln die Intervalle der zu berechnenden Ordinaten angeben, damit die Quadratur der durch die respectiven Punkte gelegten parabolischen Curve eine möglichst grofse Näherung gebe; wie ich denn auch in der Abhandlung über diese Methode die Function P, welche mit dieser zusammenhängt, rückwärts aus denselben Eigenschaften deducirt habe.

Königsberg in Preufsen, im August 1826.

DE RESOLUTIONE AEQUATIONUM PER SERIES INFINITAS.

Crelle Journal für die reine und angewandte Mathematik, Bd. 6 p. 257—286.

Theoriam resolutionis aequationum per series infinitas principiis novis superstruam, quae maxime in eo versantur, ut indagetur seriei eruendae functio *generatrix* sive functio, in cuius evolutione certa quadam ratione instituta inveniamus seriem, quae radicem exprimat ut certi cuiusdam termini coëfficientem. Ita videbimus, proposita aequatione $f(x) = 0$, series, quibus radix eius adeoque potestates radicis exprimantur, erui ex evolutione singulari expressionis $\log f(x)$ vel etiam $\frac{1}{f(x)} \frac{df(x)}{dx}$; propositis inter duas variabiles x, y duabus aequationibus $f(x, y) = 0$, $\varphi(x, y) = 0$, series, quibus radices x, y earumque potestates et producta exprimantur, erui ex evolutione singulari expressionis

$$\frac{f'(x)\varphi'(y) - f'(y)\varphi'(x)}{f.\varphi};$$

propositis inter tres variabiles x, y, z tribus aequationibus

$$f(x, y, z) = 0, \quad \varphi(x, y, z) = 0, \quad \psi(x, y, z) = 0,$$

series, quibus radices x, y, z earumque dignitates et producta exprimantur, erui ex evolutione singulari expressionis

$$\frac{f'(x)(\varphi'(y)\psi'(z) - \varphi'(z)\psi'(y)) + f'(y)(\varphi'(z)\psi'(x) - \varphi'(x)\psi'(z)) + f'(z))\varphi'(x)\psi'(y) - \varphi'(y)\psi'(x))}{f.\varphi.\psi};$$

quae, iam facile patet, quomodo ulterius continuentur.

Adnotare convenit, iam olim Ill. Lagrange in initio ipsius commentationis celeberrimae, qua theorema, quod ab eo nomen refert, condidit (*Hi-*

stoire de l'Académie de Berlin, Année 1768), generationem illam seriei, per quam radix aequationis $f(x) = 0$ exprimitur, animadvertisse, sed postea viam illam, qua theorema suum invenerat, dereliquisse. Namque et ipse et alii ejus, quam tum dederat, demonstrationis desiderabant rigorem. Aliis est principiis demonstratio nostra superstructa, quibus tamen magna intercedit similitudo cum iis, quibus sagacissimus Cauchy in calculo, quem vocavit *residuorum*, usus est. Attamen cum a nobis haud pauca adiecta, atque principia illa multo latius extensa adeoque ad resolutionem duarum vel plurium aequationum plures variabiles involventium applicata sint, hoc ipsum ad calculum illum residuorum, quo tam feliciter autor uti solet, ulterius promovendum facere potest.

Quia vero in sequentibus series, de quibus quaeritur, invenimus ut certarum expressionum certa quadam ratione evolutarum coëfficientes, notatione nobis opus erit, qua evolutionis propositae singuli coëfficientes exprimantur. Quem in finem eandem adhibebo, qua olim in commentatiuncula „*de fractionibus simplicibus*" (Berol. 1825; cfr. T. III p. 1—44 huius editionis) usus eram. Designante enim $f(x)$ functionem certa quadam ratione ad dignitates ipsius x evolutam, coëfficientem dignitatis x^n in ea evolutione designabo per characterem

$$[f(x)]_{x^n}.$$

Nec non functione plurium variabilium $f(x, y, z, \ldots)$ ad dignitates earum evoluta, coëfficientem termini $x^m y^n z^p \ldots$ designabo per characterem

$$[f(x, y, z, \ldots)]_{x^m y^n z^p \ldots}.$$

Observari quidem potest, quoties functio evoluta nonnisi dignitates positivas integras variabilium contineat, in locum notationis nostrae usitatam differentialium notationem restitui posse. Eo enim casu fit e. g.

$$[f(x)]_{x^n} = \frac{1}{\Pi(n)} \frac{d^n f(x)}{dx^n},$$

posito post differentiationem $x = 0$, et designante $\Pi(n)$ productum $1 . 2 . 3 \ldots n$. Idem locum habet, ubi $f(x)$ negativas adeo dignitates ipsius x continet, neque tamen in infinitum. Ubi enim, functione ea per x^m multiplicata, dignitates omnes positivae evadunt, fit

$$[f(x)]_{x^n} = \frac{1}{\Pi(m+n)} \frac{d^{m+n} x^m f(x)}{dx^{m+n}},$$

posito post differentiationem $x = 0$. Eadem de pluribus variabilibus valent. At in sequentibus etiam evolutiones, quae utrimque in infinitum excurrunt, considerabuntur, sive quae variabilium et positivas et negativas dignitates in infinitum continent, quarum coëfficientes per differentialium notationem exhiberi non possunt. Unde maxime ad notationem novam confugiendum erat.

Adnotandum autem est, in genere expressioni $[f(x)]_{x^n}$ certam notionem non subesse, nisi antea, quem evolutionis modum adhibere convenit, definitum erit. Fit enim, ut, quoties de evolutione functionis agitur, cuius argumentum pluribus nominibus seu terminis constat, veluti $\frac{1}{a+b+c+\cdots}$, $\log(a+b+c+\cdots)$, aliam aliamque seriem eruas, ubi secundum alius nominis $a, b, c, \ldots$ dignitates descendentes evolutionem instituis. Unde, nisi definito evolutionis modo, coëfficientes determinatae non erunt. Iis casibus, ut ipse adspectus doceat, quem evolutionis modum adhibere placet, nomen illud, secundum cuius dignitates descendentes evolutionem fieri supponitur, primum ordine exhibebo, sicuti in commentatione anteriore „*Exercitatio algebraica circa discerptionem singularem fractionum etc.*“ (cfr. T. III p. 67—90 hujus editionis) fecimus. Interim tamen, ubi commodum judicabitur, quem evolutionis modum adhibere conveniat, diserte adiicietur.

Jam principia, de quibus diximus, sequentibus lemmatibus exponemus.

Lemma I.

Ponamus, functionem $f(x)$ certo quodam modo evolutam alios terminos non continere, nisi qui ipsius x dignitates sint, neque igitur logarithmum ipsius x; differentiale eius $\frac{df(x)}{dx}$ termino $\frac{1}{x}$ carebit, quippe qui nonnisi e differentiatione termini $\log x$ provenire potuisset, qui in $f(x)$ non invenitur. Erit igitur

$$(1) \qquad \left[\frac{df(x)}{dx}\right]_{x^{-1}} = 0,$$

unde etiam, posito $\frac{1}{m+1} f(x)^{m+1}$ loco $f(x)$,

$$(2) \qquad \left[f(x)^m \frac{df(x)}{dx}\right]_{x^{-1}} = 0.$$

Formula (2) exceptionis casum habet, qui considerationem sibi peculiarem poscit, casum, quo $m = -1$. Quaeramus igitur coëfficientem ipsius $\frac{1}{x}$ in expressione

$$\frac{1}{f(x)}\frac{df(x)}{dx} = \frac{d\log f(x)}{dx}.$$

Sit terminus ipsius $f(x)$, secundum cuius dignitates descendentes $\log f(x)$ evolvatur, $a_\mu x^\mu$ et ponatur

$$f(x) = a_\mu x^\mu (1+U),$$

unde

$$\frac{d\log f(x)}{dx} = \frac{\mu}{x} + \frac{d\log(1+U)}{dx}.$$

Jam expressio

$$\log(1+U) = U - \frac{U^2}{2} + \frac{U^3}{3} - \frac{U^4}{4} + \cdots$$

e solis dignitatibus ipsius x constat, unde

$$\left[\frac{d\log(1+U)}{dx}\right]_{x^{-1}} = 0,$$

ideoque

$$(3) \qquad \left[\frac{d\log f(x)}{dx}\right]_{x^{-1}} = \left[\frac{1}{f(x)}\frac{df(x)}{dx}\right]_{x^{-1}} = \mu.$$

Videmus igitur, *ubi dignitates functionis $f(x)$ secundum dignitates descendentes termini $a_\mu x^\mu$ evolvantur, quem ponimus unam esse e terminis ipsius $f(x)$, in expressione*

$$f(x)^m \frac{df(x)}{dx}$$

coëfficientem termini $\frac{1}{x}$ esse $= 0$ sive expressionem illam termino $\frac{1}{x}$ omnino carere, nisi sit $m = -1$, quo casu terminus $\frac{1}{x}$ coëfficientem nanciscitur μ.

In applicationibus huius lemmatis, quas infra faciemus ad resolutionem aequationis per series, erit terminus, secundum cuius dignitates descendentes evolutio instituenda est, ax sive prima potestas variabilis; quo igitur casu statuemus

$$\left[\frac{1}{f(x)}\frac{df(x)}{dx}\right]_{x^{-1}} = 1.$$

Ponamus, $F(x)$ esse aliam functionem, quae evoluta et ipsa e solis dignitatibus ipsius x constet, erit e (1)

$$\left[\frac{dF(x)f(x)}{dx}\right]_{x^{-1}} = 0,$$

ideoque

$$(4)\qquad \left[F(x)\frac{df(x)}{dx}\right]_{x^{-1}} = -\left[f(x)\frac{dF(x)}{dx}\right]_{x^{-1}},$$

sive generalius

$$(5)\qquad \left[F(x)\frac{d^n f(x)}{dx^n}\right]_{x^{-1}} = (-1)^n\left[f(x)\frac{d^n F(x)}{dx^n}\right]_{x^{-1}},$$

qua formula interdum commode uteris.

Lemma II.

Ponamus, functiones $f(x, y)$, $\varphi(x, y)$ certo quodam modo evolutas alios terminos non continere, nisi qui ipsarum x, y dignitates dignitatumque producta sint, ideoque carere terminis $\log x$, $\log y$: sequitur e lemmate I., in expressionibus*)

$$\frac{\partial[\varphi f'(x)]}{\partial y}, \quad \frac{\partial[\varphi f'(y)]}{\partial x}$$

in altera terminos in $\frac{1}{y}$ ductos, in altera terminos in $\frac{1}{x}$ ductos deficere; unde in neutra invenietur terminus $\frac{1}{xy}$. Quarum igitur differentia quoque

$$\frac{\partial[\varphi f'(x)]}{\partial y} - \frac{\partial[\varphi f'(y)]}{\partial x} = f'(x)\varphi'(y) - f'(y)\varphi'(x)$$

cum termino $\frac{1}{xy}$ careat, eruimus theorema novum ac memorabile

$$(6)\qquad [f'(x)\varphi'(y) - f'(y)\varphi'(x)]_{x^{-1}y^{-1}} = 0.$$

*) Ubi commodum duco, differentialium partialium notationem, quam Ill. **Lagrange** proposuit, adhibebo.

Unde etiam, posito $\frac{1}{m+1}f^{m+1}$, $\frac{1}{n+1}\varphi^{n+1}$ loco f, φ, sequitur

$$(7)\qquad [f^m\varphi^n\{f'(x)\varphi'(y)-f'(y)\varphi'(x)\}]_{x^{-1}y^{-1}} = 0.$$

Quae formula exceptionis casum habet, ubi $m=-1$, $n=-1$, qui seorsim examinandus est.

Ac primum observo, ubi alter tantum numerus e. g. $m=-1$, formulam (7) non mutari, sive etiam expressionem

$$f^{-1}\varphi^n\{f'(x)\varphi'(y)-f'(y)\varphi'(x)\} = \varphi^n\left\{\frac{\partial \log f}{\partial x}\varphi'(y)-\frac{\partial \log f}{\partial y}\varphi'(x)\right\}$$

termino $\frac{1}{xy}$ carere. Ponamus enim, esse $ax^\mu y^\nu$ terminum ipsius $f(x,y)$, secundum cuius dignitates descendentes dignitates vel logarithmus eius evolvantur, continebit $\log f(x,y)$ terminos logarithmicos $\mu\log x+\nu\log y$; e differentialibus autem $\frac{f'(x)}{f}$, $\frac{f'(y)}{f}$ abeunt logarithmi, unde etiam expressiones

$$f^{-1}\varphi^{n+1}f'(x),\quad f^{-1}\varphi^{n+1}f'(y)$$

e solis dignitatibus et productis ipsarum x, y constant. Hinc sequitur, in differentialibus earum

$$\frac{\partial[f^{-1}\varphi^{n+1}f'(x)]}{\partial y},\quad \frac{\partial[f^{-1}\varphi^{n+1}f'(y)]}{\partial x}$$

respective terminos in $\frac{1}{y}$, $\frac{1}{x}$ ductos deficere; unde neutra habebit terminum $\frac{1}{xy}$, ideoque nec differentia earum

$$(n+1)f^{-1}\varphi^n\{f'(x)\varphi'(y)-f'(y)\varphi'(x)\},$$

sive erit

$$(8)\qquad [f^{-1}\varphi^n\{f'(x)\varphi'(y)-f'(y)\varphi'(x)\}]_{x^{-1}y^{-1}} = 0,$$

quod demonstrandum erat.

Jam vero videamus, quaenam evadat formula (7), ubi simul $m=-1$, $n=-1$, sive quaeramus coëfficientem termini $\frac{1}{xy}$ in expressione

$$\frac{f'(x)\varphi'(y)-f'(y)\varphi'(x)}{f\cdot\varphi} = \frac{\partial\log f}{\partial x}\cdot\frac{\partial\log\varphi}{\partial y}-\frac{\partial\log f}{\partial y}\cdot\frac{\partial\log\varphi}{\partial x}.$$

Ponamus, esse $ax^{\mu}y^{\nu}$, $bx^{\mu'}y^{\nu'}$ terminos ipsarum $f(x, y)$, $\varphi(x, y)$, secundum quorum dignitates descendentes potestates earum et logarithmi evolvantur, ac sit

$$f(x, y) = ax^{\mu}y^{\nu}(1+U), \quad \varphi(x, y) = bx^{\mu'}y^{\nu'}(1+V).$$

Ponatur porro brevitatis causa

$$L = \log(1+U) = U - \frac{U^2}{2} + \frac{U^3}{3} - \cdots,$$
$$M = \log(1+V) = V - \frac{V^2}{2} + \frac{V^3}{3} - \cdots,$$

quae expressiones e solis dignitatibus ipsarum x, y constant: invenitur

$$\frac{\partial \log f}{\partial x} \cdot \frac{\partial \log \varphi}{\partial y} - \frac{\partial \log f}{\partial y} \cdot \frac{\partial \log \varphi}{\partial x} = \left(\frac{\mu}{x} + \frac{\partial L}{\partial x}\right)\left(\frac{\nu'}{y} + \frac{\partial M}{\partial y}\right) - \left(\frac{\nu}{y} + \frac{\partial L}{\partial y}\right)\left(\frac{\mu'}{x} + \frac{\partial M}{\partial x}\right).$$

In aequationis dextra parte, uncis solutis, inveniuntur expressiones

$$\frac{\partial L}{\partial x}\frac{\partial M}{\partial y} - \frac{\partial L}{\partial y}\frac{\partial M}{\partial x}, \quad \frac{1}{y}\frac{\partial L}{\partial x}, \quad \frac{1}{y}\frac{\partial M}{\partial x}, \quad \frac{1}{x}\frac{\partial L}{\partial y}, \quad \frac{1}{x}\frac{\partial M}{\partial y},$$

quae ex theorematibus antecedentibus termino $\frac{1}{xy}$ carent omnes, unde in expressione antecedente coëfficientem ipsius $\frac{1}{xy}$ nanciscimur simpliciter $\mu\nu' - \mu'\nu$; sive fit

$$(9) \qquad \left[\frac{\partial \log f}{\partial x} \cdot \frac{\partial \log \varphi}{\partial y} - \frac{\partial \log f}{\partial y} \cdot \frac{\partial \log \varphi}{\partial x}\right]_{x^{-1}y^{-1}} = \left[\frac{f'(x)\varphi'(y) - f'(y)\varphi'(x)}{f \cdot \varphi}\right]_{x^{-1}y^{-1}}$$
$$= \mu\nu' - \mu'\nu.$$

Videmus igitur, *ubi dignitates functionum* $f(x, y)$, $\varphi(x, y)$, *quae e solis dignitatibus variabilium* x, y *constant, secundum dignitates descendentes terminorum*

$$ax^{\mu}y^{\nu}, \quad bx^{\mu'}y^{\nu'}$$

evolvuntur, quos in functionibus illis inveniri supponimus, in expressione

$$f^{m}\varphi^{n}\{f'(x)\varphi'(y) - f'(y)\varphi'(x)\}$$

coëfficientem termini $\frac{1}{xy}$ *esse* $= 0$, *sive termino* $\frac{1}{xy}$ *eam omnino carere; nisi sit simul* $m = -1$, $n = -1$, *quo casu terminus* $\frac{1}{xy}$ *coëfficientem nanciscitur* $\mu\nu' - \mu'\nu$.

In applicationibus huius theorematis, quas infra faciemus, evolutiones secundum dignitates descendentes terminorum ax, by instituentur, quo igitur casu $\mu = \nu' = 1$, $\mu' = \nu = 0$, ideoque

$$\left[\frac{f'(x)\,\varphi'(y) - f'(y)\,\varphi'(x)}{f\cdot\varphi}\right]_{x^{-1}y^{-1}} = 1.$$

Assumta tertia functione $F(x, y)$, facile probatur, esse

$$(10)\qquad F[f'(x)\,\varphi'(y) - f'(y)\,\varphi'(x)]$$

$$= f'(x)\frac{\partial[\varphi F]}{\partial y} - f'(y)\frac{\partial[\varphi F]}{\partial x} - \frac{\partial[f\varphi F'(y)]}{\partial x} + f\varphi\frac{\partial^2 F}{\partial x\,\partial y} + f\varphi'(x)F'(y) + \varphi f'(y)F'(x).$$

Jam quoties $F(x, y)$ et ipsa e solis variabilium x, y dignitatibus constat, e theorematibus antecedentibus expressiones

$$f'(x)\frac{\partial[\varphi F]}{\partial y} - f'(y)\frac{\partial[\varphi F]}{\partial x},\quad \frac{\partial[f\varphi F'(y)]}{\partial x}$$

termino $\frac{1}{xy}$ carent, unde e (10) prodit

$$(11)\qquad \begin{aligned}&[F(f'(x)\,\varphi'(y) - f'(y)\,\varphi'(x))]_{x^{-1}y^{-1}}\\ &= \left[f\varphi\frac{\partial^2 F}{\partial x\,\partial y} + f\varphi'(x)F'(y) + \varphi f'(y)F'(x)\right]_{x^{-1}y^{-1}},\end{aligned}$$

cuius theorematis infra usus erit. Adnotandum est, quoties F constans, abire (11) in (6).

Lemma III.

Ut similia eruamus de tribus functionibus, tres variabiles x, y, z involventibus, $f(x, y, z)$, $\varphi(x, y, z)$, $\psi(x, y, z)$, adnotetur aequatio identica

$$(12)\qquad \begin{aligned}&\frac{\partial(\varphi'(y)\,\psi'(z) - \varphi'(z)\,\psi'(y))}{\partial x} + \frac{\partial(\varphi'(z)\,\psi'(x) - \varphi'(x)\,\psi'(z))}{\partial y}\\ &+ \frac{\partial(\varphi'(x)\,\psi'(y) - \varphi'(y)\,\psi'(x))}{\partial z} = 0,\end{aligned}$$

quam differentiationibus exactis facile probas. E qua, posito brevitatis causa

$$\Delta = f'(x)(\varphi'(y)\psi'(z) - \varphi'(z)\psi'(y)) + f'(y)(\varphi'(z)\psi'(x) - \varphi'(x)\psi'(z)) \\ + f'(z)(\varphi'(x)\psi'(y) - \varphi'(y)\psi'(x)),$$

fluit sequens:

$$(13) \quad \frac{\partial f(\varphi'(y)\psi'(z) - \varphi'(z)\psi'(y))}{\partial x} + \frac{\partial f(\varphi'(z)\psi'(x) - \varphi'(x)\psi'(z))}{\partial y} + \frac{\partial f(\varphi'(x)\psi'(y) - \varphi'(y)\psi'(x))}{\partial z} = \Delta.$$

Ponamus, in functione $f(x, y, z)$ evoluta praeter dignitates x, y, z alios terminos non inveniri, ideoque eam et a logarithmis earum vacuam esse; porro duas reliquas functiones $\varphi(x, y, z)$, $\psi(x, y, z)$ evolutas sive et ipsas solis dignitatibus variabilium x, y, z constare, sive praeter illas adhuc continere terminos logarithmicos

$$\mu' \log x + \nu' \log y + \omega' \log z, \quad \mu'' \log x + \nu'' \log y + \omega'' \log z,$$

designantibus μ', ν' etc. constantes. Patet, expressiones

$$\varphi'(y)\psi'(z) - \varphi'(z)\psi'(y), \quad \varphi'(z)\psi'(x) - \varphi'(x)\psi'(z), \quad \varphi'(x)\psi'(y) - \varphi'(y)\psi'(x)$$

certe a logarithmis vacuas esse, ideoque etiam expressionum

$$\frac{\partial f(\varphi'(y)\psi'(z) - \varphi'(z)\psi'(y))}{\partial x}, \quad \frac{\partial f(\varphi'(z)\psi'(x) - \varphi'(x)\psi'(z))}{\partial y}, \quad \frac{\partial f(\varphi'(x)\psi'(y) - \varphi'(y)\psi'(x))}{\partial z}$$

primam terminis in $\frac{1}{x}$, secundam in $\frac{1}{y}$, tertiam in $\frac{1}{z}$ ductis carere; unde earum nulla continebit terminum $\frac{1}{xyz}$, ideoque nec summa earum, quam e (13) vidimus esse $= \Delta$. Nanciscimur igitur theorema fundamentale

$$(14) \quad [\Delta]_{x^{-1}y^{-1}z^{-1}} = 0.$$

Ponamus iam, etiam primam functionem $f(x, y, z)$ terminos logarithmicos continere $\mu \log x + \nu \log y + \omega \log z$, designantibus μ, ν, ω constantes, ita ut, posito

$$f(x, y, z) = \mu \log x + \nu \log y + \omega \log z + U,$$

U solis variabilium x, y, z dignitatibus constet. Qua expressione loco $f(x, y, z)$ substituta in ipsa Δ, fit

$$\Delta = \frac{\partial U}{\partial x}(\varphi'(y)\psi'(z)-\varphi'(z)\psi'(y))+\frac{\partial U}{\partial y}(\varphi'(z)\psi'(x)-\varphi'(x)\psi'(z))+\frac{\partial U}{\partial z}(\varphi'(x)\psi'(y)-\varphi'(y)\psi'(x))$$

$$+\frac{\mu}{x}(\varphi'(y)\psi'(z)-\varphi'(z)\psi'(y))+\frac{\nu}{y}(\varphi'(z)\psi'(x)-\varphi'(x)\psi'(z))+\frac{\omega}{z}(\varphi'(x)\psi'(y)-\varphi'(y)\psi'(x)).$$

Jam e (14) pars prima huius expressionis

$$\frac{\partial U}{\partial x}(\varphi'(y)\psi'(z)-\varphi'(z)\psi'(y))+\frac{\partial U}{\partial y}(\varphi'(z)\psi'(x)-\varphi'(x)\psi'(z))+\frac{\partial U}{\partial z}(\varphi'(x)\psi'(y)-\varphi'(y)\psi'(x))$$

termino $\frac{1}{xyz}$ caret; porro e lemmate II facile obtinemus, in expressionibus

$$\varphi'(y)\psi'(z)-\varphi'(z)\psi'(y), \quad \varphi'(z)\psi'(x)-\varphi'(x)\psi'(z), \quad \varphi'(x)\psi'(y)-\varphi'(y)\psi'(x)$$

coëfficientes terminorum $\frac{1}{yz}$, $\frac{1}{zx}$, $\frac{1}{xy}$ respective esse

$$\nu'\omega''-\nu''\omega', \quad \omega'\mu''-\omega''\mu', \quad \mu'\nu''-\mu''\nu',$$

unde prodit theorema, *siquidem functiones f, φ, ψ evolutae praeter dignitates variabilium x, y, z adhuc contineant terminos logarithmicos*

$$\mu\log x+\nu\log y+\omega\log z, \quad \mu'\log x+\nu'\log y+\omega'\log z, \quad \mu''\log x+\nu''\log y+\omega''\log z,$$

fore

(15) $$[\Delta]_{x^{-1}y^{-1}z^{-1}} = \mu(\nu'\omega''-\nu''\omega')+\nu(\omega'\mu''-\omega''\mu')+\omega(\mu'\nu''-\mu''\nu').$$

Rursus ponamus, functiones $f(x, y, z)$, $\varphi(x, y, z)$, $\psi(x, y, z)$, certo quodam modo evolutas, solis variabilium x, y, z dignitatibus constare, earumque dignitates et logarithmos ad dignitates descendentes terminorum

$$a x^{\mu} y^{\nu} z^{\omega}, \quad b x^{\mu'} y^{\nu'} z^{\omega'}, \quad c x^{\mu''} y^{\nu''} z^{\omega''},$$

qui in iis inveniri supponuntur, evolvi: logarithmi earum evoluti praeter dignitates variabilium continebunt terminos

$$\mu\log x+\nu\log y+\omega\log z, \quad \mu'\log x+\nu'\log y+\omega'\log z, \quad \mu''\log x+\nu''\log y+\omega''\log z.$$

Hinc ubi in ipsa Δ loco f, φ, ψ substituimus vel f^{m+1}, φ^{n+1}, ψ^{p+1} vel $\log f$, $\log\varphi$, $\log\psi$, e (14), (15) fluit theorema, *siquidem non simul $m = n = p = -1$, fieri*

(16) $$[f^m\varphi^n\psi^p.\Delta]_{x^{-1}y^{-1}z^{-1}} = 0;$$

quoties vero simul $m = n = p = -1$, *fieri*

$$(17) \qquad \left[\frac{\Delta}{f\varphi\psi}\right]_{x^{-1}y^{-1}z^{-1}} = \mu(\nu'\omega''-\nu''\omega')+\nu(\omega'\mu''-\omega''\mu')+\omega(\mu'\nu''-\mu''\nu').$$

In applicationibus, quas infra faciemus, evolutiones ad dignitates descendentes terminorum ax, by, cz instituentur, quo igitur casu $\mu = \nu' = \omega'' = 1$, reliqui autem $\mu' = \mu'' = \nu'' = \nu = \omega = \omega' = 0$, ideoque

$$\left[\frac{\Delta}{f\varphi\psi}\right]_{x^{-1}y^{-1}z^{-1}} = 1.$$

Ut formulae (11) lemmatis II similem eruam, assumta quarta functione $F(x, y, z)$, quae et ipsa solis variabilium dignitatibus constat, transformo expressionem $[F.\Delta]_{x^{-1}y^{-1}z^{-1}}$ in aliam $[P]_{x^{-1}y^{-1}z^{-1}}$, in qua P differentialia functionis f secundum x, functionis φ secundum y, functionis ψ secundum z sumta non contineat. Quod transigitur hunc in modum. Posito enim fF loco f in expressione ipsius Δ, formula (14) in hanc abit:

$$[F.\Delta]_{x^{-1}y^{-1}z^{-1}} =$$

$$-[fF'(x)(\varphi'(y)\psi'(z)-\varphi'(z)\psi'(y))+fF'(y)(\varphi'(z)\psi'(x)-\varphi'(x)\psi'(z))+fF'(z)(\varphi'(x)\psi'(y)-\varphi'(y)\psi'(x))]_{x^{-1}y^{-1}z^{-1}}$$

Porro e (11) sequitur

$$[fF'(x)(\varphi'(y)\psi'(z)-\varphi'(z)\psi'(y))]_{x^{-1}y^{-1}z^{-1}}$$

$$= \left[\varphi\psi\frac{\partial^2[fF'(x)]}{\partial y\,\partial z}+\varphi\psi'(y)\frac{\partial[fF'(x)]}{\partial z}+\psi\varphi'(z)\frac{\partial[fF'(x)]}{\partial y}\right]_{x^{-1}y^{-1}z^{-1}};$$

nec non e (4)

$$-[fF'(y)\varphi'(x)\psi'(z)]_{z^{-1}} = \left[\psi\frac{\partial[fF'(y)\varphi'(x)]}{\partial z}\right]_{z^{-1}},$$

$$-[fF'(z)\varphi'(y)\psi'(x)]_{y^{-1}} = \left[\varphi\frac{\partial[fF'(z)\psi'(x)]}{\partial y}\right]_{y^{-1}}.$$

Quibus in aequationem superiorem substitutis, prodit

$$-[F.\Delta]_{x^{-1}y^{-1}z^{-1}}$$

$$= \left\{\begin{matrix} \varphi\psi\dfrac{\partial^2[fF'(x)]}{\partial y\,\partial z}+\varphi\psi'(y)\dfrac{\partial[fF'(x)]}{\partial z}+\psi\varphi'(z)\dfrac{\partial[fF'(x)]}{\partial y} \\ +\psi\dfrac{\partial[fF'(y)\varphi'(x)]}{\partial z}+\varphi\dfrac{\partial[fF'(z)\psi'(x)]}{\partial y}+fF'(y)\varphi'(z)\psi'(x)+fF'(z)\varphi'(x)\psi'(y)\end{matrix}\right\}_{x^{-1}y^{-1}z^{-1}}.$$

Quae formula facile in hanc abit:

$$(18)\qquad -[F.\Delta]_{x^{-1}y^{-1}z^{-1}} = \left\{\begin{array}{l} f\varphi\psi\dfrac{\partial^3 F}{\partial x\,\partial y\,\partial z} \\ +f\dfrac{\partial[\varphi\psi]}{\partial x}\dfrac{\partial^2 F}{\partial y\,\partial z}+\varphi\dfrac{\partial[\psi f]}{\partial y}\dfrac{\partial^2 F}{\partial z\,\partial x}+\psi\dfrac{\partial[f\varphi]}{\partial z}\dfrac{\partial^2 F}{\partial x\,\partial y} \\ +F'(x)\left[\varphi\psi\dfrac{\partial^2 f}{\partial y\,\partial z}+\varphi\psi'(y)f'(z)+\psi\varphi'(z)f'(y)\right] \\ +F'(y)\left[\psi f\dfrac{\partial^2\varphi}{\partial z\,\partial x}+\psi f'(z)\varphi'(x)+f\psi'(x)\varphi'(z)\right] \\ +F'(z)\left[f\varphi\dfrac{\partial^2\psi}{\partial x\,\partial y}+f\varphi'(x)\psi'(y)+\varphi f'(y)\psi'(x)\right] \end{array}\right\}_{x^{-1}y^{-1}z^{-1}}.$$

E formulis (11), (18) videbimus infra theoremata, quae Ill. Laplace de resolutione duarum aequationum inter duas, trium inter tres variabiles propositarum olim exhibuit, sponte demanare, quas igitur hoc loco antemittere placuit, quo facilius nostra cum illius inventis conciliari possint.

Indicata via, quae de duabus, tribus functionibus eruimus, ad maiorem functionum numerum facile extenduntur.

De reversione serierum, sive resolutione aequationis propositae per series infinitas.

Lemmatum traditorum primam applicationem ad casum simplicissimum ac saepius tractatum faciamus, quo de radice aequationis propositae in seriem evolvenda quaeritur. Videbimus, ex evolutione logarithmi ipsius expressionis, quae nihilo aequatur, certa quadam ratione instituta, seriem quaesitam eiusque et potestates et logarithmos profluere, quippe quae in evolutione illa ut coëfficientes invenientur.

Quaestio de radice aequationis in seriem evolvenda omnibus casibus ad *reversionem serierum* revocari potest, qua id agitur, ut, proposita serie

$$X = a_1 x + a_2 x^2 + a_3 x^3 + a_4 x^4 + \cdots,$$

alia indagetur series, qua vice versa x per X exprimatur,

$$x = b_1 X + b_2 X^2 + b_3 X^3 + b_4 X^4 + \cdots,$$

unde, proposita aequatione

$$y = a_1 x + a_2 x^2 + a_3 x^3 + a_4 x^4 + \cdots,$$

invenitur radix

$$x = b_1 y + b_2 y^2 + b_3 y^3 + b_4 y^4 + \cdots$$

Aequatione identica

$$x = b_1 X + b_2 X^2 + b_3 X^3 + b_4 X^4 + \cdots$$

differentiata et post differentiationem per X^n divisa, obtinetur

$$\frac{1}{X^n} = \frac{dX}{dx}\left[\frac{b_1}{X^n} + \frac{2b_2}{X^{n-1}} + \frac{3b_3}{X^{n-2}} + \cdots + \frac{nb_n}{X} + (n+1)b_{n+1} + \cdots\right].$$

Evolvamus in hac aequatione singulas dignitates ipsius X ad dignitates ascendentes ipsius x ideoque ad dignitates descendentes termini $a_1 x$, qui in ipsa X invenitur: sequitur e lemmate I, in altera parte aequationis, dictum in modum evoluta, terminum $\frac{1}{x}$ nonnisi in expressione $nb_n \frac{1}{X}\frac{dX}{dx}$ inveniri; porro ex eodem lemmate fit

$$\left[\frac{1}{X}\frac{dX}{dx}\right]_{x^{-1}} = 1,$$

unde iam

$$\left[\frac{1}{X^n}\right]_{x^{-1}} = nb_n \quad \text{sive} \quad b_n = \frac{1}{n}\left[\frac{1}{X^n}\right]_{x^{-1}}.$$

Quae est determinatio generalis coëfficientium evolutionis quaesitae.

Eadem omnino methodo, posito

$$x^m = y^m[\overset{m}{b}_1 + \overset{m}{b}_2 y + \overset{m}{b}_3 y^2 + \overset{m}{b}_4 y^3 + \cdots],$$

coëfficientes $\overset{m}{b}_n$ determinas. Differentiata enim aequatione, quae identica fieri debet,

$$x^m = \overset{m}{b}_1 X^m + \overset{m}{b}_2 X^{m+1} + \overset{m}{b}_3 X^{m+2} + \overset{m}{b}_4 X^{m+3} + \cdots,$$

et post differentiationem divisione facta per X^{m+n-1}: altera pars aequationis e lemmate I in unica expressione $(m+n-1)\overset{m}{b}_n \frac{1}{X}\frac{dX}{dx}$ terminum $\frac{1}{x}$ habet, unde fit

$$\left[\frac{mx^{m-1}}{X^{m+n-1}}\right]_{x^{-1}} = (m+n-1)\overset{m}{b}_n \left[\frac{1}{X}\frac{dX}{dx}\right]_{x^{-1}} = (m+n-1)\overset{m}{b}_n$$

sive, cum generaliter sit

$$[x^{m-1}f(x)]_{x^{-1}} = [f(x)]_{x^{-m}},$$

fit

$$\text{(19)} \qquad \overset{m}{b}_n = \frac{m}{m+n-1}\left[\frac{1}{X^{m+n-1}}\right]_{x^{-n}}.$$

Quoties m est integer negativus et $n = -m+1$, quo casu (19) indeterminata evadit, in locum eius formulae haec substitui debet:

$$\text{(20)} \qquad \overset{-m}{b}_{m+1} = m[\log X]_{x^m},$$

quod facile probatur. Eadem porro methodo, posito

$$\log x = \log y + \log b_1 + \overset{0}{b}_1 y + \overset{0}{b}_2 y^2 + \overset{0}{b}_3 y^3 + \cdots,$$

invenitur

$$\text{(21)} \qquad \overset{0}{b}_n = \frac{1}{n}\left[\frac{1}{X^n}\right]_{x^0}.$$

Ubi m est integer positivus, sequitur e (19)

$$\frac{x^m}{m} = \left[\frac{y^m}{mX^m} + \frac{y^{m+1}}{(m+1)X^{m+1}} + \frac{y^{m+2}}{(m+2)X^{m+2}} + \cdots\right]_{x^{-m}}$$

sive, cum neque $\log X$, neque $\frac{1}{X}, \frac{1}{X^2}, \ldots, \frac{1}{X^{m-1}}$ evolutae terminum x^{-m} contineant,

$$\text{(22)} \qquad \frac{x^m}{m} = -[\log(X-y)]_{x^{-m}}.$$

Ex eadem formula, collata (20), fit

$$-\frac{1}{mx^m} = -\left[\frac{X^m}{my^m} + \frac{X^{m-1}}{(m-1)y^{m-1}} + \cdots + \frac{X}{y} + \log X - \frac{y}{X} - \frac{y^2}{2X^2} - \cdots\right]_{x^m}$$

sive, cum in $X^{m+1}, X^{m+2}, \ldots$ nonnisi dignitates ipsius x altiores quam m^{ta} inveniantur,

$$\text{(23)} \qquad -\frac{1}{mx^m} = [\log(y-X) - \log(X-y)]_{x^m}.$$

Porro ex (21) fit

$$\log x = \log b_1 + \log y + \left[\frac{y}{X} + \frac{y^2}{2X^2} + \frac{y^3}{3X^3} + \cdots\right]_{x^0}$$

sive, cum $\log b_1 = -\log a_1 = -[\log X]_{x^0}$,

$$(24) \qquad \log x = \log y - [\log(X-y)]_{x^0}.$$

In locum formularum (22), (24) substitui possunt hae:

$$(25) \qquad \frac{x^m}{m} = [\log(y-X) - \log(X-y)]_{x^{-m}},$$

$$(26) \qquad \log x = [\log(y-X) - \log(X-y)]_{x^0},$$

cum expressio $\log(y-X)$ negativas ipsius x dignitates omnino non contineat; unde formulam (25) valere videmus pro omnibus valoribus numeri m et positivis et negativis.

Quae ne praepostere intelligantur formulae, revocare placet, secundum ea, quae supra monuimus, pro diverso modo, quo binomium, cuius logarithmus evolvendus proponitur, scribatur sive $y-X$ sive $X-y$, nos denotare per expressiones $\log(y-X)$, $\log(X-y)$ series diversas

$$\log(y-X) = \log y - \frac{X}{y} - \frac{X^2}{2y^2} - \frac{X^3}{3y^3} - \frac{X^4}{4y^4} - \cdots,$$

$$\log(X-y) = \log X - \frac{y}{X} - \frac{y^2}{2X^2} - \frac{y^3}{3X^3} - \frac{y^4}{4X^4} - \cdots,$$

in quibus porro dignitates et logarithmus ipsius X ad dignitates ascendentes ipsius x evolvendae sunt. Quibus bene intellectis, docent formulae (25), (26), *in eadem expressione* $\log(y-X) - \log(X-y)$, *dictum in modum evoluta, in qua evolutione praeter logarithmum ipsius x dignitates eius et positivae et negativae in infinitum inveniuntur, coëfficientes dignitatum negativarum exhibere dignitates positivas, dignitatum positivarum negativas, constantem logarithmum seriei, qua radix x aequationis $X = y$ exprimitur.*

Ponatur

$$b_1 y + b_2 y^2 + b_3 y^3 + b_4 y^4 + \cdots = Y,$$

ita ut ex aequatione $X = y$ fiat $x = Y$, e (25), (26) obtines aequationes identicas

$$(27) \qquad \frac{Y^m}{m} = [\log(y-X) - \log(X-y)]_{x^{-m}},$$

$$(28) \qquad \log Y = [\log(y-X) - \log(X-y)]_{x^0}.$$

E quibus formulis, ubi evolutionem expressionis $\log(y-X)-\log(X-y)$ secundum dignitates ipsius x ordinas, invenis

$$\log(y-X)-\log(X-y) = -\log x+\frac{Y}{x}+\frac{Y^2}{2x^2}+\frac{Y^3}{3x^3}+\cdots$$
$$+\log Y-\frac{x}{Y}-\frac{x^2}{2Y^2}-\frac{x^3}{3Y^3}-\cdots$$

sive, quod idem est,

$$(29)\qquad \log(y-X)-\log(X-y) = \log(Y-x)-\log(x-Y).$$

Quae formula mirae simplicitatis immutata manet, ubi x, X cum y, Y permutantur; quod pro reciprocitatis lege, quae inter aequationes $y=X$, $x=Y$ intercedit, cum ex illa haec, ex hac illa sequatur, locum habere debet. Quo rectius perspiciatur, quam notionem subesse volumus formulae (29), quae in hac theoria ut canonica spectari potest, proponamus eam ut

Theorema.

Proposita serie

$$X = a_1x+a_2x^2+a_3x^3+a_4x^4+\cdots,$$

sit

$$Y = b_1y+b_2y^2+b_3y^3+b_4y^4+\cdots$$

series, quae e reversione propositae nascitur, ita ut, posito $X=y$, *fiat* $Y=x$: *erit identice*

$$\log(y-X)-\log(X-y) = \log(Y-x)-\log(x-Y)$$

sive

$$\left.\begin{matrix}\log y-\frac{X}{y}-\frac{X^2}{2y^2}-\frac{X^3}{3y^3}-\cdots\\ -\log X+\frac{y}{X}+\frac{y^2}{2X^2}+\frac{y^3}{3X^3}+\cdots\end{matrix}\right\}=\left\{\begin{matrix}\log Y-\frac{x}{Y}-\frac{x^2}{2Y^2}-\frac{x^3}{3Y^3}-\cdots\\ -\log x+\frac{Y}{x}+\frac{Y^2}{2x^2}+\frac{Y^3}{3x^3}+\cdots,\end{matrix}\right.$$

siquidem in aequationis parte prima singulae dignitates et logarithmus ipsius X *ad ascendentes dignitates ipsius* x, *in parte secunda singulae dignitates et logarithmus ipsius* Y *ad ascendentes dignitates ipsius* y *evolvuntur. Quod docet theorema, in eadem evolutione expressionis*

$$\log(y-X)-\log(X-y) = \log(Y-x)-\log(x-Y),$$

secundum dignitates elementi y ordinata, inveniri ut coëfficientes dignitates et logarithmum seriei propositae, secundum dignitates elementi x ordinata, dignitates et logarithmum seriei inversae.

Theorema curiosum, quod iam proposuimus, propter eam, qua gaudet, concinnitatem alia adhuc demonstratione maxime expedita comprobare operae pretium est.

Ponatur $X = f(x)$, atque evolvantur expressiones

$$\log[f(x)-f(y)] = \log f(x) - \frac{f(y)}{f(x)} - \tfrac{1}{2}\left(\frac{f(y)}{f(x)}\right)^2 - \tfrac{1}{3}\left(\frac{f(y)}{f(x)}\right)^3 - \cdots,$$

$$\log[f(y)-f(x)] = \log f(y) - \frac{f(x)}{f(y)} - \tfrac{1}{2}\left(\frac{f(x)}{f(y)}\right)^2 - \tfrac{1}{3}\left(\frac{f(x)}{f(y)}\right)^3 - \cdots$$

ad descendentes dignitates ipsius a_1, unde altera $\log[f(x)-f(y)]$ solas positivas dignitates ipsius y, altera $\log[f(y)-f(x)]$ solas positivas dignitates ipsius x, neutra positivas ipsius a_1 continebit. Quibus conditionibus evolutionis ratio omnino definita est. Jam sit

$$\frac{f(x)-f(y)}{x-y} = a_1 + a_2(x+y) + a_3(x^2+xy+y^2) + \cdots = U,$$

erit

$$\log[f(x)-f(y)] = \log(x-y) + \log U = \log U + \log x - \frac{y}{x} - \frac{y^2}{2x^2} - \frac{y^3}{3x^3} - \cdots,$$

$$\log[f(y)-f(x)] = \log(y-x) + \log U = \log U + \log y - \frac{x}{y} - \frac{x^2}{2y^2} - \frac{x^3}{3y^3} - \cdots$$

In utraque expressione $\log U$ eodem modo evolvi debet, videlicet ad dignitates descendentes ipsius a_1, unde subductione facta prodit

$$(30) \qquad \log[f(x)-f(y)] - \log[f(y)-f(x)] = \log(x-y) - \log(y-x).$$

Jam in hac aequatione loco y substituatur Y, quo facto, cum sit $f(Y) = y$, formula (30) in hanc abit:

$$\log[f(x)-y] - \log[y-f(x)] = \log(x-Y) - \log(Y-x),$$

quod, posito $f(x) = X$, est theorema demonstrandum.

Ponatur

$$F(x) = A + A'x + A''x^2 + A'''x^3 + \cdots$$
$$+ \frac{B'}{x} + \frac{B''}{x^2} + \frac{B'''}{x^3} + \cdots,$$

aequatione

$$\log(y-X)-\log(X-y) = \log(Y-x)-\log(x-Y)$$

multiplicata per $F(x)$, invenimus coëfficientem termini $\frac{1}{x}$

$$AY+\tfrac{1}{2}A'Y^2+\tfrac{1}{3}A''Y^3+\tfrac{1}{4}A'''Y^4+\cdots+B'\log Y-\frac{B''}{Y}-\tfrac{1}{2}\frac{B'''}{Y^2}-\cdots$$

sive

$$[\{\log(y-X)-\log(X-y)\}F(x)]_{x^{-1}} = \int F(Y)dY,$$

vel, posito $F(x) = \frac{d\varphi(x)}{dx} = \varphi'(x)$, cum sit $Y = x$,

$$(31) \qquad \varphi(x) = [\{\log(y-X)-\log(X-y)\}\varphi'(x)]_{x^{-1}}.$$

Ubi in $\varphi(x)$ invenitur constans, ea dextrae parti aequationis adiicienda erit.

Quoties $\varphi(x)$ solis positivis dignitatibus ipsius x constat, (31) simplicius ita exhibetur

$$(32) \qquad \varphi(x) = \varphi(0)-[\varphi'(x)\log(X-y)]_{x^{-1}}.$$

Posito igitur

$$\varphi(x) = P+P'y+P''y^2+P'''y^3+\cdots,$$

fit $P = \varphi(0)$, atque

$$(33) \qquad P^{(n)} = \frac{1}{n}\left[\frac{\varphi'(x)}{X^n}\right]_{x^{-1}}.$$

Sit aequatio proposita

$$\alpha-z+yf(z) = 0,$$

atque evolvatur $\psi(z)$ in seriem

$$\psi(z) = P+P'y+P''y^2+P'''y^3+\cdots$$

Posito $z = \alpha+x$, aequatio proposita abit in $y = \frac{x}{f(\alpha+x)}$, $\psi(z)$ in $\psi(\alpha+x)$; ubi igitur in (33) ponimus

$$X = \frac{x}{f(\alpha+x)}, \quad \varphi(x) = \psi(\alpha+x),$$

fit

$$P^{(n)} = \frac{1}{n}\left[\frac{\psi'(\alpha+x)f(\alpha+x)^n}{x^n}\right]_{x^{-1}} = \frac{1}{n}[\psi'(\alpha+x)f(\alpha+x)^n]_{x^{n-1}}$$

sive e theoremate Tayloriano

$$(34)\qquad P^{(n)} = \frac{1}{\Pi(n)}\cdot\frac{d^{n-1}[\psi'(\alpha)f(\alpha)^n]}{d\alpha^{n-1}},$$

unde

$$(35)\quad \psi(z) = \psi(\alpha)+y\psi'(\alpha)f(\alpha)+\frac{y^2}{1.2}\cdot\frac{d[\psi'(\alpha)f(\alpha)^2]}{d\alpha}+\frac{y^3}{1.2.3}\cdot\frac{d^2[\psi'(\alpha)f(\alpha)^3]}{d\alpha^2}+\cdots,$$

quae est series **Lagrangiana.**

Non generalior est aequatio, quam Ill. **Laplace** sibi resolvendam proposuit,

$$z = F(\alpha+yf(z)),$$

quippe quae, posito $z = F(u)$, in formam supra adhibitam redit

$$u = \alpha+yf(F(u)),$$

quod adnotare convenit.

Inventa functione generatrice seriei, qua radix aequationis propositae sive functio radicis exprimitur, id commodi nacti sumus, ut eadem expressio omnibus modis, quibus evolutionem ordinare placet, facile accommodetur, ideoque etiam casui maxime generali, quo, proposita aequatione $f(x, y) = 0$, functio $\psi(x, y)$ ad dignitates ipsius y evolvenda est. Data enim aequatione

$$0 = f(x, y) = a'y+a''y^2+\cdots+x(b+b'y+b''y^2+\cdots)+x^2(c+c'y+c''y^2+\cdots)+\cdots,$$

proponatur functio

$$\psi(x, y) = A+A'y+A''y^2+\cdots+x(B+B'y+B''y^2+\cdots)+x^2(C+C'y+C''y^2+\cdots)+\cdots$$

in seriem evolvenda

$$\psi(x, y) = P+P'y+P''y^2+P'''y^3+\cdots;$$

ut eruatur $P^{(n)}$, observo, e formulis nostris esse

$$(36)\qquad \psi(x, y) = \psi(0, y)-\left[\frac{\partial\psi(x, y)}{\partial x}\log f(x, y)\right]_{x^{-1}};$$

iam expressionibus $\psi(0, y)$, $\frac{\partial\psi(x, y)}{\partial x}\log f(x, y)$ ad dignitates ipsius y evolutis, sint termini generales

$$A^{(n)}y^n, \qquad T^{(n)}y^n,$$

erit

(87) $$P^{(n)} = A^{(n)} - [T^{(n)}]_{x^{-1}}.$$

Dedit olim Ill. Laplace in ipsa commentatione, qua seriem Lagrangianam primus rigorosa eaque elegantissima demonstratione munivit (*Hist. Acad. Par., ad annum* 1777), sine demonstratione theorema curiosum huc pertinens, quod cum attentionem Geometrarum fugisse videatur, ipsis autoris verbis apponam locum integrum. Postquam enim e consideratione aequationis $\frac{\partial x}{\partial \alpha} = z\frac{\partial x}{\partial t}$, in qua z data functio ipsius x, resolutionem aequationis $x = \varphi(t+\alpha z)$ adeoque plurium eiusmodi aequationum inter plures variabiles deduxerat, haec commentationi ad calcem adiicit:

„Consideratis aliis aequationibus ad differentias partiales inter x, α, t, per methodum praecedentem functionem quamlibet u ipsius x in seriem evolvere liceret, et invenirentur eo modo innumerae aequationes inter x et α, pro quibus evolutio ista succedit; at satis longe adhuc a solutione abessemus problematis generalis, quaecunque sit aequatio inter x et α proposita, functionem quamlibet ipsarum x et α, si fieri possit, ad dignitates integras positivas ipsius α evolvere. Quod ut resolvatur problema, iam theorema proponam propter eam, qua gaudet, et generalitatem et simplicitatem attentione Analystarum dignum."

„Sit $\varphi(x, \alpha) = 0$ aequatio inter x et α proposita, et u functio ipsius x et α in seriem evolvenda; posito $\alpha = 0$, abit aequatio proposita in $\varphi(x, 0) = 0$, qua resoluta habebuntur radices inter se diversae, quibus series diversae, in quas u evolvi potest, respondent; sit $x - a = 0$ una e radicibus illis, expressio $\varphi(x, 0)$ factorem habebit potestatem positivam ipsius $x-a$, quam ponimus esse $(x-a)^i$; quibus statutis, ubi nominatur $\alpha^n q_n$ terminus generalis evolutionis functionis u, quae radici $x-a = 0$ respondet: erit

$$q_n = \frac{1}{1.2.3\ldots n}\frac{\partial^n u}{\partial \alpha^n} - \frac{1}{1.2.3\ldots(n-1)i}\,\frac{\partial^{n-1}\left(\frac{(x-a)^n}{1.2.3\ldots n}\cdot\frac{\partial^n\left(\frac{\partial u}{\partial x}\log\varphi(x,\alpha)\right)}{\partial\alpha^n}\right)}{\partial x^{n-1}},$$

siquidem in altera parte aequationis 1° binae variabiles x et α ut independentes considerantur, 2° post differentiationes secundum α factas ponitur $\alpha = 0$ et post differentiationes omnes $x = a$."

Hoc theorema per formulam nostram (37) facile probatur casu, quo $i = 1$; casu vero, quo i non $= 1$, invenitur idem egregie falsum esse. Eo enim casu factori $(x-a)^i$ respondent i radices aequationis $\varphi(x, \alpha) = 0$ inter se diversae nec, nisi posito $\alpha = 0$, inter se aequales; neque formula ab Ill. Laplace apposita ad functionem unius radicis, sed ad summam functionum, quae singulis illis i radicibus respondent, pertinet. Locus ille hunc in modum emendandus erit:

„Sint radices aequationis $\varphi(x, \alpha) = 0$, quae factori $(x-a)^i$ respondent, $x_1, x_2, x_3, \ldots, x_i$; porro valores, quos functio u induit, posito $x = x_1, x_2, \ldots, x_i$, sint $u_1, u_2, \ldots, u_i$; siquidem ponimus

$$u_1 + u_2 + u_3 + \cdots + u_i = \Sigma q_n \alpha^n,$$

erit

$$(38) \qquad q_n = \frac{i}{\Pi(n)} \frac{\partial^n u}{\partial \alpha^n} - \frac{1}{\Pi(in-1)} \cdot \frac{\partial^{in-1}\left(\dfrac{(x-a)^{in}}{\Pi(n)} \dfrac{\partial^n\left(\dfrac{\partial u}{\partial x} \log \varphi(x, \alpha)\right)}{\partial \alpha^n}\right)}{\partial x^{in-1}},$$

post differentiationes transactas posito $\alpha = 0$, $x = a$."

Demonstrationem huius theorematis hoc loco praetermitto.

Per formulam nostram (37) facile etiam problema resolvitur, data aequatione $\varphi(x, y) = 0$, ubi y ut functionem ipsius x spectemus, exhibere generaliter n^{tum} differentiale functionis $\psi(x, y)$; fit enim, ubi simpliciter $\psi(x,y) = y$,

$$(39) \qquad \frac{\partial^n y}{\partial x^n} = -\frac{1}{\Pi(n-1)} \cdot \frac{\partial^{n-1}\left(i^n \cdot \dfrac{\partial^n \log \varphi(x+h, y+i)}{\partial h^n}\right)}{\partial i^{n-1}},$$

post differentiationes posito $h = 0$, $i = 0$; sive generalius, ubi $\psi^{(n)} = \dfrac{\partial^n \psi}{\partial x^n}$, $\psi_1 = \dfrac{\partial \psi}{\partial y}$,

$$(40) \qquad \frac{\partial^n \psi(x, y)}{\partial x^n} = \psi^{(n)} - \frac{1}{\Pi(n-1)} \cdot \frac{\partial^{n-1}\left(i^n \cdot \dfrac{\partial^n \psi_1(x+h, y+i) \log \varphi(x+h, y+i)}{\partial h^n}\right)}{\partial i^{n-1}},$$

post differentiationes posito $h = 0$, $i = 0$. E quibus formulis per regulas notas facile deducis formationes combinatorias sive terminorum formationem, quibus expressio quaesita constat, et numeros, qui terminos illos afficiunt.

De resolutione duarum aequationum inter duas variabiles propositarum per series infinitas.

Datis aequationibus inter duas variabiles

$$\tau = a'x + a_1 y + a''x^2 + a'_1 xy + a_2 y^2 + \cdots,$$
$$\upsilon = b'x + b_1 y + b''x^2 + b'_1 xy + b_2 y^2 + \cdots,$$

ponendo

$$b_1 a_n^{(m)} - a_1 b_n^{(m)} = \alpha_n^{(m)}, \quad a' b_n^{(m)} - b' a_n^{(m)} = \beta_n^{(m)}, \quad a' b_1 - a_1 b' = \Delta,$$
$$b_1 \tau - a_1 \upsilon = t, \quad a' \upsilon - b' \tau = u,$$

transformo eas in has simpliciores:

$$t = \Delta x + \alpha'' x^2 + \alpha'_1 xy + \alpha_2 y^2 + \alpha''' x^3 + \cdots,$$
$$u = \Delta y + \beta'' x^2 + \beta'_1 xy + \beta_2 y^2 + \beta''' x^3 + \cdots$$

Jam ubi functio radicum $f(x, y)$ evolvenda est in seriem

$$f(x, y) = \Sigma C_n^{(m)} t^m u^n,$$

posito

$$X = \Delta x + \alpha'' x^2 + \alpha'_1 xy + \alpha_2 y^2 + \alpha''' x^3 + \cdots,$$
$$Y = \Delta y + \beta'' x^2 + \beta'_1 xy + \beta_2 y^2 + \beta''' x^3 + \cdots,$$

fieri debet identice

$$f(x, y) = \Sigma C_n^{(m)} X^m Y^n,$$

quod determinationem coëfficientium $C_n^{(m)}$ suggerit. Quorum expressionem generalem per lemma II ita invenio:

Posito enim brevitatis causa $X' = \frac{\partial X}{\partial x}$, $X_1 = \frac{\partial X}{\partial y}$, $Y' = \frac{\partial Y}{\partial x}$, $Y_1 = \frac{\partial Y}{\partial y}$, in evolutione expressionis $\frac{X'Y_1 - X_1 Y'}{X^m Y^n}$ secundum dignitates descendentes ipsius Δ instituta, inveniuntur elementorum x, y et positivae et negativae dignitates, neque tamen, uti in lemmate II vidimus, terminus $\frac{1}{xy}$, nisi sit simul $m = 1$, $n = 1$, eo autem casu, in eo lemmate vidimus, ipsius $\frac{1}{xy}$ coëfficientem esse $= 1$. Itaque multiplicata aequatione identica

$$f(x, y) = \Sigma C_n^{(m)} X^m Y^n$$

per expressionem

$$\frac{X'Y_1 - X_1Y'}{X^{p+1}Y^{q+1}},$$

e lemmate II in altera aequationis parte terminus $\frac{1}{xy}$ non invenietur nisi in ea expressione, in qua $m = p$, $n = q$, quae fit

$$C_q^{(p)} \cdot \frac{X'Y_1 - X_1Y'}{XY},$$

in qua porro ex eodem lemmate termini $\frac{1}{xy}$ coëfficientem habes $C_q^{(p)}$. Unde iam

$$C_q^{(p)} = \left[f(x, y)\frac{X'Y_1 - X_1Y'}{X^{p+1}Y^{q+1}}\right]_{x^{-1}y^{-1}}. \tag{41}$$

Qua formula generali completa problematis solutio continetur.

Ubi $f(x, y) = x^m y^n$, (41) facile in hanc formulam abit:

$$C_q^{(p)} = \left[\frac{X'Y_1 - X_1Y'}{X^{p+1}Y^{q+1}}\right]_{x^{-(m+1)}y^{-(n+1)}}. \tag{42}$$

Ut exemplum adsit, quomodo e formulis traditis formatio combinatoria termini generalis evolutionis quaesitae inveniatur, formationem ipsius $C_q^{(p)}$ in (42), qualem formula illa suggerit, indicabo.

Apparebit primum, $C_q^{(p)}$ formam induere

$$C_q^{(p)} = \frac{A}{\Delta^{p+q}} - \frac{A_1}{\Delta^{p+q+1}} + \frac{A_2}{\Delta^{p+q+2}} - \cdots \pm \frac{A_{p+q-m-n}}{\Delta^{2p+2q-m-n}},$$

in quibus A_λ functio integra positiva coëfficientium aequationum propositarum α'', α'_1, α_2, ..., β'', β'_1, ... Sit terminus ipsius A_λ

$$(\alpha_{r_\prime}^{r'})^{\mu'}(\alpha_{r_{\prime\prime}}^{r''})^{\mu''}\cdots(\beta_{s_\prime}^{s'})^{\nu'}(\beta_{s_{\prime\prime}}^{s''})^{\nu''}\cdots,$$

fieri debet

$$\mu' + \mu'' + \cdots + \nu' + \nu'' + \cdots = \lambda;$$

porro posito

$$\mu' + \mu'' + \cdots = a, \quad \nu' + \nu'' + \cdots = b, \quad \text{unde } a + b = \lambda,$$
$$\mu'r' + \mu''r'' + \cdots = M, \quad \nu's' + \nu''s'' + \cdots = N,$$
$$\mu'r_\prime + \mu''r_{\prime\prime} + \cdots = M', \quad \nu's_\prime + \nu''s_{\prime\prime} + \cdots = N',$$

fieri debet

$$M+N = p+a-m, \quad M'+N' = q+b-n.$$

Coëfficientem autem numericum nancisceris:

$$(nN+mM'+mn)\frac{\Pi(p+a-1)\,\Pi(q+b-1)}{\Pi(p)\,\Pi(q)}\cdot\frac{\Pi(a)}{\Pi(\mu')\,\Pi(\mu'')\ldots}\cdot\frac{\Pi(b)}{\Pi(\nu')\,\Pi(\nu'')\ldots}.$$

Simul autem in ipsa A_λ terminos omnes invenis, qui conditionibus assignatis satisfaciunt.

Observo, ubi formas pleniores adhibuissemus

$$\tau = a'x + a_1 y + a''x^2 + a_1' xy + a_2 y^2 + \cdots,$$
$$\upsilon = b'x + b_1 y + b''x^2 + b_1' xy + b_2 y^2 + \cdots,$$

formulam nostram generalem

$$C_q^{(p)} = \left[f(x,y)\frac{X'Y_1 - X_1 Y'}{X^{p+1}\,Y^{q+1}}\right]_{x^{-1}y^{-1}}$$

adhuc locum habuisse, siquidem expressio

$$\frac{1}{X^{p+1}\,Y^{q+1}}$$

ad dignitates descendentes elementorum a', b_1 evoluta fuisset; tum vero $C_q^{(p)}$ e pluribus seriebus infinitis compositam fuisse, quae ex evolutione expressionis

$$\frac{1}{(a'x+a_1 y)^m}\cdot\frac{1}{(b_1 y + b'x)^n},$$

ad descendentes dignitates ipsarum a', b_1 instituta, ortum ducunt. Quas in commentatione „*Exercitatio algebraica circa discerptionem singularem fractionum etc.*“ (cfr. T. III p. 67—90 hujus editionis) vidimus omnes summari posse per fractiones, quarum denominatores eiusdem quantitatis $\Delta = a'b_1 - a_1 b'$ dignitates sunt. Cui igitur summationi per transformationem aequationum propositarum indicatam, qua in terminis primae dimensionis altera variabilis tollitur, omnino supersedemus, et via directa expressionem ipsius $C_q^{(p)}$ in terminis finitis obtinemus. Ceterum idem assequeris, ubi loco x, y variabiles ξ, υ inducis, ponendo

$$x = b_1\xi - a_1\upsilon, \quad y = a'\upsilon - b'\xi,$$

unde termini lineares fiunt

$$a'x + a_1 y = \Delta\xi, \quad b'x + b_1 y = \Delta\upsilon.$$

Docet formula nostra generalis (41), termini generalis evolutionis quaesitae

$$C_q^{(p)} t^p u^q$$

functionem generatricem esse

$$f(x, y) \frac{X' Y_1 - X_1 Y'}{X^{p+1} Y^{q+1}} t^p u^q;$$

cuius formulae ope facile etiam totius seriei, qua $f(x, y)$ exprimitur, functionem generatricem assignas. Ubi enim evolutio quaesita nonnisi positivas dignitates ipsarum t, u continet, tribuendo numeris p, q valores omnes a 0 usque ad ∞ obtines

$$(43) \qquad f(x, y) = \left[f(x, y) \frac{X' Y_1 - X_1 Y'}{(X-t)(Y-u)}\right]_{x^{-1} y^{-1}}.$$

Quoties vero evolutio etiam dignitatibus negativis ipsarum t, u affecta est, poni debet, quae formula etiam illum casum amplectitur,

$$(44) \quad f(x, y) = \left[f(x, y)(X' Y_1 - X_1 Y')\left(\frac{1}{X-t} + \frac{1}{t-X}\right)\left(\frac{1}{Y-u} + \frac{1}{u-Y}\right)\right]_{x^{-1} y^{-1}},$$

ubi e more nostro per expressionem

$$\left(\frac{1}{X-t} + \frac{1}{t-X}\right)\left(\frac{1}{Y-u} + \frac{1}{u-Y}\right)$$

denotamus seriem utrimque infinitam

$$\Sigma \frac{t^p u^q}{X^{p+1} Y^{q+1}},$$

tribuendo numeris p, q valores omnes a $-\infty$ ad $+\infty$. (Conf. comm. supra cit.) Posito $f(x, y) = x^m y^n$, fit e (44)

$$(45) \quad x^m y^n = \left[(X' Y_1 - X_1 Y')\left(\frac{1}{X-t} + \frac{1}{t-X}\right)\left(\frac{1}{Y-u} + \frac{1}{u-Y}\right)\right]_{x^{-(m+1)} y^{-(n+1)}}.$$

Inventa seriei quaesitae functione generatrice, id commodi nacti sumus, ut iam eadem expressio omnibus modis accommodari possit, quibus evolutionem functionis radicum ordinare placet. Sint enim coëfficientes aequationum propositarum $X - t = 0$, $Y - u = 0$ et ipsae functiones aliarum variabilium v, w, ubi functionem radicum, quae et ipsa variabiles v, w involvit, $\varphi(x, y, v, w)$

secundum dignitates ipsarum v, w evolvere placet, evolvatur functio generatrix secundum has ipsas variabiles; quo facto, ubi terminus generalis illius evolutionis est

$$P_q^{(p)} v^p w^q,$$

in quo $P_q^{(p)}$ solas variabiles x, y continet, erit terminus generalis evolutionis quaesitae

$$\left[P_q^{(p)}\right]_{x^{-1}y^{-1}} . v^p w^q.$$

Quae est solutio problematis maxime generalis, datis aequationibus

$$\varphi(x, y, v, w) = 0, \quad \psi(x, y, v, w) = 0,$$

functionem $f(x, y, v, w)$ in seriem secundum dignitates ipsarum v, w progredientem evolvere.

Sint series, quibus radices x, y exprimuntur,

$$x = T, \quad y = U,$$

quibus loco x, y in formula (45) substitutis, obtinetur aequatio identica

$$T^m U^n = \left[(X'Y_1 - X_1 Y')\left(\frac{1}{X-t} + \frac{1}{t-X}\right)\left(\frac{1}{Y-u} + \frac{1}{u-Y}\right)\right]_{x^{-(m+1)} y^{-(n+1)}},$$

quae docet aequatio, in evolutione expressionis

$$(X'Y_1 - X_1 Y')\left(\frac{1}{X-t} + \frac{1}{t-X}\right)\left(\frac{1}{Y-u} + \frac{1}{u-Y}\right),$$

ad dignitates ipsarum x, y ordinata, terminum generalem esse

$$\frac{T^m U^n}{x^{m+1} y^{n+1}},$$

quae expressio perinde ad valores omnes positivos atque negativos numerorum m, n pertinet. Tribuendo igitur numeris m, n valores omnes a $-\infty$ usque ad $+\infty$, eruimus aequationem identicam memorabilem

$$(46) \qquad \begin{aligned} &(X'Y_1 - X_1 Y')\left(\frac{1}{X-t} + \frac{1}{t-X}\right)\left(\frac{1}{Y-u} + \frac{1}{u-Y}\right) \\ &= \left(\frac{1}{x-T} + \frac{1}{T-x}\right)\left(\frac{1}{y-U} + \frac{1}{U-y}\right). \end{aligned}$$

Propter correlationem, quae inter aequationes $X - t = 0$, $Y - u = 0$ et aequationes $T-x=0$, $U-y=0$ obtinet, qua efficitur, ut ex illis hae, ex his illae sequantur, in theoremate modo invento elementa x, y, X, Y cum elementis t, u, T, U permutari poterunt; quod ut ex ipso theoremate appareat, haec adnoto.

Sequitur enim e formula tradita (46) haec:

$$\left(\frac{1}{X-t}+\frac{1}{t-X}\right)\left(\frac{1}{Y-u}+\frac{1}{u-Y}\right) = \frac{1}{X'Y_1-X_1Y'}\left(\frac{1}{x-T}+\frac{1}{T-x}\right)\left(\frac{1}{y-U}+\frac{1}{U-y}\right).$$

Secundum ea autem, quae iam in commentatione supra citata observavi, expressionem quidem huiusmodi

$$\frac{1}{x-T}+\frac{1}{T-x}$$

non pro evanescente habemus, sed pro symbolo certae cuiusdam evolutionis; eadem autem expressio, ducta in $x-T$ sive in potestatem altiorem ipsius $x-T$, evanescet. Eodem modo expressio

$$\left(\frac{1}{x-T}+\frac{1}{T-x}\right)\left(\frac{1}{y-U}+\frac{1}{U-y}\right),$$

ducta in expressionem eiusmodi $(x-T)^m(y-U)^n$, in qua m, n numeri positivi, evanescit. Hinc ubi $\frac{1}{X'Y_1-X_1Y'}$ ad dignitates ascendentes ipsarum $x-T$, $y-U$ evolvimus, reiici poterunt dignitates et producta ipsarum $x-T$, $y-U$, nec remanebit nisi terminus primus evolutionis, sive in expressione

$$\frac{1}{X'Y_1-X_1Y'}\left(\frac{1}{x-T}+\frac{1}{T-x}\right)\left(\frac{1}{y-U}+\frac{1}{U-y}\right)$$

in factore $\frac{1}{X'Y_1-X_1Y'}$ loco x, y substitui poterit T, U. Jam vero, posito $x=T$, $y=U$, fit $X=t$, $Y=u$; unde, posito

$$\frac{\partial T}{\partial t}=T',\quad \frac{\partial T}{\partial u}=T_1,\quad \frac{\partial U}{\partial t}=U',\quad \frac{\partial U}{\partial u}=U_1,$$

differentiando secundum t, u eruitur

$$X'T'+X_1U'=1,\quad Y'T'+Y_1U'=0,$$
$$X'T_1+X_1U_1=0,\quad Y'T_1+Y_1U_1=1,$$

ideoque

$$X' = \frac{U_1}{T'U_1 - T_1 U'}, \quad Y' = \frac{-U'}{T'U_1 - T_1 U'},$$

$$X_1 = \frac{-T_1}{T'U_1 - T_1 U'}, \quad Y_1 = \frac{T'}{T'U_1 - T_1 U'}.$$

E quibus formulis sequitur, ubi sit $x = T$, $y = U$, fore

$$X'Y_1 - X_1 Y' = \frac{1}{T'U_1 - T_1 U'} \text{ sive } \frac{1}{X'Y_1 - X_1 Y'} = T'U_1 - T_1 U'.$$

Cuius aequationis ope obtinemus formulam

$$\left(\frac{1}{X-t}+\frac{1}{t-X}\right)\left(\frac{1}{Y-u}+\frac{1}{u-Y}\right) = (T'U_1 - T_1 U')\left(\frac{1}{x-T}+\frac{1}{T-x}\right)\left(\frac{1}{y-U}+\frac{1}{U-y}\right),$$

quae etiam e theoremate proposito (46) prodit, elementis x, y, X, Y cum t, u, T, U permutatis. Quam igitur ipsum theorema docet locum habere posse permutationem.

Restat, ut formula (46)

$$(X'Y_1 - X_1 Y')\left(\frac{1}{X-t}+\frac{1}{t-X}\right)\left(\frac{1}{Y-u}+\frac{1}{u-Y}\right) = \left(\frac{1}{x-T}+\frac{1}{T-x}\right)\left(\frac{1}{y-U}+\frac{1}{U-y}\right),$$

quam pro theoremate canonico in hac quaestione habere possumus, ex ipsa natura evolutionum instituendarum, inter quas illa identitatem sistit, comprobetur. Supra quidem in quaestione de reversione serierum sive resolutione aequationis singularis facile succedit idem, quia ex expressione $f(x)-f(y)$ factor $x-y$ extrahi potuit; quomodo vero in systemate duarum aequationum simile quid praestari possit, non ita statim patet. Quae tamen accuratius perpendenti hunc in modum succedunt.

Ponatur $X = f(x, y)$, $Y = \varphi(x, y)$, ac consideretur expressio

$$\left(\frac{1}{f(x,y)-f(t,u)} + \frac{1}{f(t,u)-f(x,y)}\right)\left(\frac{1}{\varphi(x,y)-\varphi(t,u)} + \frac{1}{\varphi(t,u)-\varphi(x,y)}\right).$$

Quae expressio evolvatur ad dignitates descendentes ipsius Δ, ita ut

$\dfrac{1}{f(x,y)-f(t,u)}$ dignitates negativas unius elementi x, reliquarum positivas

$\dfrac{1}{f(t,u)-f(x,y)}$ » » » » t, » »

$\dfrac{1}{\varphi(x,y)-\varphi(t,u)}$ » » » » y, » »

$\dfrac{1}{\varphi(t,u)-\varphi(x,y)}$ » » » » u, » »

contineant. Quibus conditionibus singulas expressiones evolvendi modus omnino definitus est. Jam poni poterit

$$f(x,y)-f(t,u) = A(x-t)+B(y-u),$$
$$\varphi(x,y)-\varphi(t,u) = C(x-t)+D(y-u),$$

designantibus A, B, C, D functiones integras positivas elementorum x, y sive series infinitas, in quibus nonnisi positivae integrae dignitates elementorum x, y inveniuntur. Quibus observatis, e praescripto evolvendi modo fit

$$\frac{1}{f(x,y)-f(t,u)}+\frac{1}{f(t,u)-f(x,y)} = \Sigma\frac{B^p}{A^{p+1}}(u-y)^p\left(\frac{1}{(x-t)^{p+1}}+\frac{(-1)^p}{(t-x)^{p+1}}\right),$$
$$\frac{1}{\varphi(x,y)-\varphi(t,u)}+\frac{1}{\varphi(t,u)-\varphi(x,y)} = \Sigma\frac{C^q}{D^{q+1}}(t-x)^q\left(\frac{1}{(y-u)^{q+1}}+\frac{(-1)^q}{(u-y)^{q+1}}\right),$$

quibus in summis numeris p, q tribuuntur valores omnes a 0 usque ad ∞. Vix opus est, ut repetam, e notatione, de qua convenimus, series, quas per $\frac{1}{(x-t)^{p+1}}$, $\frac{1}{(t-x)^{p+1}}$ repraesentamus, eo inter se differre, quod altera secundum negativas ipsius x, altera secundum negativas ipsius t dignitates procedat. Unde expressionem

$$\frac{1}{(x-t)^{p+1}}+\frac{(-1)^p}{(t-x)^{p+1}}$$

non pro evanescente habemus, quae tamen, per dignitatem ipsius $x-t$ altiorem quam p^{tam} multiplicata, evanescit. Eodem modo expressio

$$\frac{1}{(y-u)^{q+1}}+\frac{(-1)^q}{(u-y)^{q+1}},$$

per dignitatem ipsius $y-u$ altiorem quam q^{tam} multiplicata, evanescit. Unde in summa

$$\Sigma\frac{B^pC^q}{A^{p+1}D^{q+1}}(u-y)^p(t-x)^q\left(\frac{1}{(x-t)^{p+1}}+\frac{(-1)^p}{(t-x)^{p+1}}\right)\left(\frac{1}{(y-u)^{q+1}}+\frac{(-1)^q}{(u-y)^{q+1}}\right)$$
$$=\left(\frac{1}{f(x,y)-f(t,u)}+\frac{1}{f(t,u)-f(x,y)}\right)\left(\frac{1}{\varphi(x,y)-\varphi(t,u)}+\frac{1}{\varphi(t,u)-\varphi(x,y)}\right)$$

evanescent termini omnes, in quibus sive $p>q$ sive $q>p$, quibus reiectis nonnisi remanent, in quibus $p=q$. Unde expressio proposita fit

$$\Sigma \frac{B^p C^p}{A^{p+1} D^{p+1}} \left(\frac{1}{x-t}+\frac{1}{t-x}\right)\left(\frac{1}{y-u}+\frac{1}{u-y}\right)$$

sive*)

$$\frac{1}{AD-BC}\left(\frac{1}{x-t}+\frac{1}{t-x}\right)\left(\frac{1}{y-u}+\frac{1}{u-y}\right).$$

Jam ex iis, quae supra observavimus, ubi $\frac{1}{AD-BC}$ ad dignitates positivas ipsarum $x-t$, $y-u$ evolvimus, terminum primum eius evolutionis sive a dignitatibus earum vacuum in locum eius factoris $\frac{1}{AD-BC}$ substituere possumus. Patet autem ex aequationibus

$$f(x,y)-f(t,u) = A(x-t)+B(y-u),$$
$$\varphi(x,y)-\varphi(t,u) = C(x-t)+D(y-u),$$

ubi loco t, u scribimus $x-(x-t)$, $y-(y-u)$, atque $f(t,u)$, $\varphi(t,u)$ secundum dignitates ipsarum $x-t$, $y-u$ evolvimus, terminos a $x-t$, $y-u$ vacuos in evolutione ipsarum A, B, C, D fore respective $f'(x)$, $f'(y)$, $\varphi'(x)$, $\varphi'(y)$; unde loco $\frac{1}{AD-BC}$ scribere licet

$$\frac{1}{f'(x)\varphi'(y)-f'(y)\varphi'(x)} = \frac{1}{X'Y_1-X_1Y'},$$

quo facto fit

$$\left(\frac{1}{f(x,y)-f(t,u)}+\frac{1}{f(t,u)-f(x,y)}\right)\left(\frac{1}{\varphi(x,y)-\varphi(t,u)}+\frac{1}{\varphi(t,u)-\varphi(x,y)}\right)$$
$$= \frac{1}{X'Y_1-X_1Y'}\left(\frac{1}{x-t}+\frac{1}{t-x}\right)\left(\frac{1}{y-u}+\frac{1}{u-y}\right).$$

In hac aequatione loco t, u ponamus series T, U, quibus loco x, y in $f(x,y)$, $\varphi(x,y)$ substitutis, fit

$$f(T,U) = t,\quad \varphi(T,U) = u;$$

*) Theorema, quo hic pervenimus,

$$\left(\frac{1}{A(x-t)+B(y-u)}+\frac{1}{A(t-x)+B(u-y)}\right)\left(\frac{1}{D(y-u)+C(x-t)}+\frac{1}{D(u-y)+C(t-x)}\right)$$
$$= \frac{1}{AD-BC}\left(\frac{1}{x-t}+\frac{1}{t-x}\right)\left(\frac{1}{y-u}+\frac{1}{u-y}\right)$$

alio modo in commentatione supra citata probatum est.

ubi insuper ponitur $f(x, y) = \mathbf{X}$, $\varphi(x, y) = Y$, formula antecedens in sequentem abit:

$$\left(\frac{1}{X-t}+\frac{1}{t-X}\right)\left(\frac{1}{Y-u}+\frac{1}{u-Y}\right)=\frac{1}{X'Y_1-X_1Y'}\left(\frac{1}{x-T}+\frac{1}{T-x}\right)\left(\frac{1}{y-U}+\frac{1}{U-y}\right)$$

quae per $X'Y_1-X_1Y'$ multiplicata theorema probandum suggerit.

Methodi a nobis traditae non eo casu circumscribuntur, quo evolutio quaesita e solis dignitatibus ipsarum t, u constat, quem unum hactenus consideravimus. In genere autem per artificia particularia reliqui casus ad illum revocantur. Ponamus e. g., evolvendam esse functionem $\log x \log y$, quae habebit evolutio formam

$$\log t \log u + A \log t + B \log u + C,$$

designantibus A, B, C series ad solas dignitates ipsarum t, u progredientes.

Jam ex aequationibus propositis $t = \mathbf{X}$, $u = Y$ sequitur

$$\log x \log y = \log\frac{tx}{\mathbf{X}}\log\frac{uy}{Y} = \log t \log u + \log t \log\frac{y}{Y} + \log u \log\frac{x}{\mathbf{X}} + \log\frac{y}{Y}\log\frac{x}{\mathbf{X}},$$

qua in expressione $\log\frac{y}{Y}$, $\log\frac{x}{\mathbf{X}}$ ad solas dignitates ipsarum x, y, ideoque etiam ipsarum t, u evolvi poterunt, ideoque in casum anteriorem redeunt. Unde e formulis propositis obtinetur

$$A = \left[\frac{X'Y_1-X_1Y'}{X-t}\left(\frac{1}{Y-u}+\frac{1}{u-Y}\right)\log\frac{y}{Y}\right]_{x^{-1}y^{-1}} = \log\frac{y}{u},$$

$$B = \left[\frac{X'Y_1-X_1Y'}{Y-u}\left(\frac{1}{X-t}+\frac{1}{t-X}\right)\log\frac{x}{X}\right]_{x^{-1}y^{-1}} = \log\frac{x}{t},$$

$$C = \left[(X'Y_1-X_1Y')\log\frac{x}{X}\log\frac{y}{Y}\left(\frac{1}{X-t}+\frac{1}{t-X}\right)\left(\frac{1}{Y-u}+\frac{1}{u-Y}\right)\right]_{x^{-1}y^{-1}} = \log\frac{y}{u}\log\frac{x}{t}$$

Quae obiter monuisse sufficiat.

Formulam generalem supra traditam

$$C_q^{(p)} = \left[f(x,y)\frac{X'Y_1-X_1Y'}{X^{p+1}Y^{q+1}}\right]_{x^{-1}y^{-1}}$$

per formulam (11) lemmatis II etiam hunc in modum repraesentare licet:

$$(47) \qquad C_q^{(p)} = \left[\frac{f_1'}{pqX^pY^q} - \frac{X_1f'}{qX^{p+1}Y^q} - \frac{Y'f_1}{pX^pY^{q+1}}\right]_{x^{-1}y^{-1}},$$

siquidem $f_1' = \frac{\partial^2 f}{\partial x \partial y}$, $f' = \frac{\partial f}{\partial x}$, $f_1 = \frac{\partial f}{\partial y}$. De theoremate sub illa forma proposito facile etiam decurrit, quod Ill. **Laplace** olim de resolutione aequationum

$$x = t + \alpha\varphi(x, y), \quad y = u + \beta\psi(x, y)$$

invenit. Ponatur enim $x = t + \xi$, $y = u + \upsilon$, aequationes propositae in sequentes mutantur:

$$\alpha = \frac{\xi}{\varphi(t+\xi, u+\upsilon)}, \quad \beta = \frac{\upsilon}{\psi(t+\xi, u+\upsilon)}.$$

Quoties iam functio $f(x, y) = f(t+\xi, u+\upsilon)$ in seriem secundum dignitates ipsarum α, β progredientem evolvenda est, cuius terminus generalis

$$C_q^{(p)} \alpha^p \beta^q,$$

fit e formula antecedente

$$C_q^{(p)} = \left[\frac{1}{pq}\varphi^p\psi^q \frac{\partial^2 f}{\partial\xi\partial\upsilon} + \frac{1}{q}\varphi^{p-1}\psi^q \frac{\partial\varphi}{\partial\upsilon}\frac{\partial f}{\partial\xi} + \frac{1}{p}\varphi^p\psi^{q-1}\frac{\partial\psi}{\partial\xi}\frac{\partial f}{\partial\upsilon}\right]_{\xi^{p-1}\upsilon^{q-1}},$$

brevitatis causa loco $\varphi(t+\xi, u+\upsilon)$, $\psi(t+\xi, u+\upsilon)$, $f(t+\xi, u+\upsilon)$ posito φ, ψ, f. Quae e theoremate **Tayloriana** fit

$$(48) \quad C_q^{(p)} = \frac{1}{\Pi(p-1)\Pi(q-1)} \frac{\partial^{p+q-2}\left[\frac{1}{pq}\varphi^p\psi^q\frac{\partial^2 f}{\partial x\partial y} + \frac{1}{q}\varphi^{p-1}\psi^q\frac{\partial\varphi}{\partial y}\frac{\partial f}{\partial x} + \frac{1}{p}\varphi^p\psi^{q-1}\frac{\partial\psi}{\partial x}\frac{\partial f}{\partial y}\right]}{\partial x^{p-1}\partial y^{q-1}},$$

in qua formula φ, ψ, f designant functiones $\varphi(x, y)$, $\psi(x, y)$, $f(x, y)$, atque post differentiationes exactas ponendum est $x = t$, $y = u$. Quod cum theoremate ab Ill. **Laplace** tradito convenit. Aequationes enim, quas ille considerat,

$$x = F(t + \alpha\varphi(x, y)), \quad y = \Pi(u + \beta\psi(x, y)),$$

posito $x = F(x_1)$, $y = \Pi(y_1)$, revocantur ad formam a nobis adhibitam.

Observo adhuc, datis aequationibus $\varphi(x, y, t, u) = 0$, $\psi(x, y, t, u) = 0$, ubi x, y ut functiones ipsarum t, u considerantur, differentialia functionis $f(x, y, t, u)$, secundum t, u sumta, per formulas nostras generaliter inveniri. Ponamus enim, loco t, u posito $t+h$, $u+i$, mutari x, y in $x+H$, $y+I$, unde aequationes propositae fiunt

$$\varphi(x+H, y+I, t+h, u+i) - \varphi(x, y, t, u) = 0,$$
$$\psi(x+H, y+I, t+h, u+i) - \psi(x, y, t, u) = 0,$$

in quibus H, I ut incognitas sive radices consideramus. Quarum functionum $f(x+H, y+I, t+h, u+i)$ per methodos supra traditas in seriem evolvere possumus. Quibus ad dignitates ipsarum h, i ordinatis, ubi terminum generalem invenis $C_q^{(p)} h^p i^q$, erit

$$\frac{\partial^{p+q} f(x, y, t, u)}{\partial t^p \partial u^q} = \Pi(p)\Pi(q)\, C_q^{(p)}.$$

Pauca adhuc de systemate trium aequationum inter tres variabiles propositarum adiiciamus.

De resolutione trium aequationum inter tres variabiles propositarum per series infinitas.

Propositis aequationibus

$$\begin{aligned}
\sigma &= ax+by+cz+dx^2+exy+\cdots,\\
\tau &= a'x+b'y+c'z+d'x^2+e'xy+\cdots,\\
\upsilon &= a''x+b''y+c''z+d''x^2+e''xy+\cdots,
\end{aligned}$$

transformo eas in alias hujus formae

$$\begin{aligned}
s &= \Delta x+\alpha x^2+\beta xy+\gamma y^2+\cdots,\\
t &= \Delta y+\alpha' x^2+\beta' xy+\gamma' y^2+\cdots,\\
u &= \Delta z+\alpha'' x^2+\beta'' xy+\gamma'' y^2+\cdots,
\end{aligned}$$

in quibus

$$\begin{aligned}
s &= (b'c''-b''c')\sigma+(b''c-bc'')\tau+(bc'-b'c)\upsilon,\\
t &= (c'a''-c''a')\sigma+(c''a-ca'')\tau+(ca'-c'a)\upsilon,\\
u &= (a'b''-a''b')\sigma+(a''b-ab'')\tau+(ab'-a'b)\upsilon,\\
\Delta &= a(b'c''-b''c')+b(c'a''-c''a')+c(a'b''-a''b').
\end{aligned}$$

Jam ubi radicum x, y, z functio $f(x, y, z)$ in seriem evolvenda est, cuius terminus generalis $C_{p,q,r} s^p t^q u^r$, ipsam $C_{p,q,r}$ ope lemmatis III ita invenio:

Posito

$$\begin{aligned}
X &= \Delta x+\alpha x^2+\beta xy+\gamma y^2+\cdots,\\
Y &= \Delta y+\alpha' x^2+\beta' xy+\gamma' y^2+\cdots,\\
Z &= \Delta z+\alpha'' x^2+\beta'' xy+\gamma'' y^2+\cdots,
\end{aligned}$$

$$\nabla = \frac{\partial X}{\partial x}\left(\frac{\partial Y}{\partial y}\frac{\partial Z}{\partial z}-\frac{\partial Y}{\partial z}\frac{\partial Z}{\partial y}\right)+\frac{\partial X}{\partial y}\left(\frac{\partial Y}{\partial z}\frac{\partial Z}{\partial x}-\frac{\partial Y}{\partial x}\frac{\partial Z}{\partial z}\right)+\frac{\partial X}{\partial z}\left(\frac{\partial Y}{\partial x}\frac{\partial Z}{\partial y}-\frac{\partial Y}{\partial y}\frac{\partial Z}{\partial x}\right),$$

et evoluta expressione $X^m Y^n Z^p \nabla$ ad dignitates descendentes ipsius Δ, vidimus in lemmate III in evolutione illa coëfficientem termini $\frac{1}{xyz}$ esse $= 0$, nisi sit $m = n = p = -1$, quo casu terminus $\frac{1}{xyz}$ nanciscitur coëfficientem 1. Jam, ubi

$$f(x, y, z) = \sum C_{p,q,r} s^p t^q u^r,$$

fieri debet identice

$$f(x, y, z) = \sum C_{p,q,r} X^p Y^q Z^r,$$

unde e lemmate citato

$$C_{p,q,r} = \left[\frac{f(x, y, z)\nabla}{X^{p+1} Y^{q+1} Z^{r+1}}\right]_{x^{-1}y^{-1}z^{-1}}. \tag{49}$$

Expressio $C_{p,q,r}$ cum dignitates negativas ipsius Δ contineat, observo, si loco aequationum transformatarum $s = X$, $t = Y$, $u = Z$ formas pleniores adhibuisses, quas initio proposuimus, expressionem illam $C_{p,q,r}$, quam formula (47) suppeditat, e pluribus seriebus valde complexis compositam fuisse, quae ex evolutione dignitatum negativarum ipsius Δ proveniunt.

Totam seriem, ubi e solis positivis ipsarum s, t, u dignitatibus constat, invenis

$$f(x, y, z) = \left[\frac{f(x, y, z)\nabla}{(X-s)(Y-t)(Z-u)}\right]_{x^{-1}y^{-1}z^{-1}}, \tag{50}$$

quae formula id commodi habet, quod aliis quibuslibet modis se accommodet, quibus evolutionem functionis $f(x, y, z)$ ordinare placet.

E formula (18) lemmatis III formulam pro $C_{p,q,r}$ inventam etiam hunc in modum repraesentare licet:

$$pqr C_{p,q,r} = \left\{\begin{aligned} &\frac{1}{X^p Y^q Z^r}\frac{\partial^3 f}{\partial x \partial y \partial z} \\ &+\frac{1}{X^p}\frac{\partial Y^{-q}Z^{-r}}{\partial x}\frac{\partial^2 f}{\partial y \partial z}+\frac{1}{Y^q}\frac{\partial Z^{-r}X^{-p}}{\partial y}\frac{\partial^2 f}{\partial z \partial x}+\frac{1}{Z^r}\frac{\partial X^{-p}Y^{-q}}{\partial z}\frac{\partial^2 f}{\partial x \partial y} \\ &+\frac{\partial f}{\partial x}\left[\frac{1}{Y^q Z^r}\frac{\partial^2 X^{-p}}{\partial y \partial z}+\frac{1}{Y^q}\frac{\partial Z^{-r}}{\partial y}\frac{\partial X^{-p}}{\partial z}+\frac{1}{Z^r}\frac{\partial Y^{-q}}{\partial z}\frac{\partial X^{-p}}{\partial y}\right] \\ &+\frac{\partial f}{\partial y}\left[\frac{1}{Z^r X^p}\frac{\partial^2 Y^{-q}}{\partial z \partial x}+\frac{1}{Z^r}\frac{\partial X^{-p}}{\partial z}\frac{\partial Y^{-q}}{\partial x}+\frac{1}{X^p}\frac{\partial Z^{-r}}{\partial x}\frac{\partial Y^{-q}}{\partial z}\right] \\ &+\frac{\partial f}{\partial z}\left[\frac{1}{X^p Y^q}\frac{\partial^2 Z^{-r}}{\partial x \partial y}+\frac{1}{X^p}\frac{\partial Y^{-q}}{\partial x}\frac{\partial Z^{-r}}{\partial y}+\frac{1}{Y^q}\frac{\partial X^{-p}}{\partial y}\frac{\partial Z^{-r}}{\partial x}\right] \end{aligned}\right\}_{x^{-1}y^{-1}z^{-1}}. \tag{51}$$

Cuius formulae ope theorema ab Ill. Laplace de resolutione trium aequationum inter tres variabiles propositarum olim exhibitum facile probatur.

Datis enim aequationibus

$$\xi = s + \alpha f(\xi, \upsilon, \zeta),$$
$$\upsilon = t + \beta\varphi(\xi, \upsilon, \zeta),$$
$$\zeta = u + \gamma\psi(\xi, \upsilon, \zeta),$$

quam ille formam adhibet, ponatur

$$\xi = s + x, \quad \upsilon = t + y, \quad \zeta = u + z,$$

unde aequationes datae in has abeunt:

$$\alpha = \frac{x}{f(s+x, t+y, u+z)},$$
$$\beta = \frac{y}{\varphi(s+x, t+y, u+z)},$$
$$\gamma = \frac{z}{\psi(s+x, t+y, u+z)}.$$

Jam ubi ponitur esse

$$F(\xi, \upsilon, \zeta) = F(s+x, t+y, u+z) = \sum C_{p,q,r}\, \alpha^p \beta^q \gamma^r,$$

e formula (51), ponendo $X = \frac{x}{f}$, $Y = \frac{y}{\varphi}$, $Z = \frac{z}{\psi}$, et adhibita pro notatione nostra vulgari differentialium notatione, prodit

$$(52) \qquad C_{p,q,r} = \frac{1}{\Pi(p)\,\Pi(q)\,\Pi(r)} \, \frac{\partial^{p+q+r-3} M}{\partial x^{p-1} \partial y^{q-1} \partial z^{r-1}},$$

ubi

$$M = \left\{\begin{array}{l} f^p \varphi^q \psi^r \dfrac{\partial^3 F}{\partial x \partial y \partial z} \\ + f^p \dfrac{\partial \varphi^q \psi^r}{\partial x} \dfrac{\partial^2 F}{\partial y \partial z} + \varphi^q \dfrac{\partial \psi^r f^p}{\partial y} \dfrac{\partial^2 F}{\partial z \partial x} + \psi^r \dfrac{\partial f^p \varphi^q}{\partial z} \dfrac{\partial^2 F}{\partial x \partial y} \\ + \dfrac{\partial F}{\partial x}\left[\varphi^q \psi^r \dfrac{\partial^2 f^p}{\partial y \partial z} + \varphi^q \dfrac{\partial \psi^r}{\partial y} \dfrac{\partial f^p}{\partial z} + \psi^r \dfrac{\partial \varphi^q}{\partial z} \dfrac{\partial f^p}{\partial y}\right] \\ + \dfrac{\partial F}{\partial y}\left[\psi^r f^p \dfrac{\partial^2 \varphi^q}{\partial z \partial x} + \psi^r \dfrac{\partial f^p}{\partial z} \dfrac{\partial \varphi^q}{\partial x} + f^p \dfrac{\partial \psi^r}{\partial x} \dfrac{\partial \varphi^q}{\partial z}\right] \\ + \dfrac{\partial F}{\partial z}\left[f^p \varphi^q \dfrac{\partial^2 \psi^r}{\partial x \partial y} + f^p \dfrac{\partial \varphi^q}{\partial x} \dfrac{\partial \psi^r}{\partial y} + \varphi^q \dfrac{\partial f^p}{\partial y} \dfrac{\partial \psi^r}{\partial x}\right] \end{array}\right\},$$

et loco $f(x, y, z)$, $\varphi(x, y, z)$, $\psi(x, y, z)$, $F(x, y, z)$ simpliciter scripsimus f, φ, ψ, F, et post differentiationes exactas ponendum est $x = s$, $y = t$, $z = u$. Quam dedit Ill. Laplace formulam in commentatione supra citata p. 120. Aequationes enim, quas ille adhibet, formam tenentes

$$\xi = \Pi(s+\alpha f(\xi, \upsilon, \zeta)),$$
$$\upsilon = \mathrm{X}(t+\beta\varphi(\xi, \upsilon, \zeta)),$$
$$\zeta = \Omega(u+\gamma\psi(\xi, \upsilon, \zeta)),$$

ponendo $\xi = \Pi(\xi')$, $\upsilon = \mathrm{X}(\upsilon')$, $\zeta = \Omega(\zeta')$ in formam supra adhibitam redeunt.

Nec non ubi, datis aequationibus

$$f(x, y, z, t, u, v) = 0,$$
$$\varphi(x, y, z, t, u, v) = 0,$$
$$\psi(x, y, z, t, u, v) = 0,$$

x, y, z ideoque etiam functio $F(x, y, z, t, u, v)$ ut functio ipsarum t, u, v consideratur, atque ea suppositione facta differentialia partialia ipsius F secundum t, u, v sumta eruenda sunt, expressionem

$$\frac{\partial^{p+q+r} F}{\partial t^p \partial u^q \partial v^r}$$

per formulas nostras generaliter exhibere licet.

Quae autem hactenus de duabus, tribus aequationibus inter duas, tres variabiles propositis protulimus, eadem facilitate ad numerum quemlibet aequationum et variabilium extenduntur.

DEMONSTRATIO FORMULAE

$$\int_0^1 w^{a-1}(1-w)^{b-1}dw = \frac{\int_0^\infty e^{-x}x^{a-1}dx\int_0^\infty e^{-x}x^{b-1}dx}{\int_0^\infty e^{-x}x^{a+b-1}dx} = \frac{\Gamma(a)\Gamma(b)}{\Gamma(a+b)}.$$

Crelle Journal für die reine und angewandte Mathematik, Bd. 11 p. 307.

Quoties variabilibus x, y valores omnes positivi tribuuntur inde a 0 usque ad $+\infty$, posito

$$x+y=r,\quad x=rw,$$

variabili novae r valores conveniunt omnes positivi a 0 usque ad $+\infty$, variabili w valores omnes positivi a 0 usque ad $+1$. Fit simul

$$dx\,dy = r\,dr\,dw.$$

Sit iam e notatione nota

$$\Gamma(a) = \int_0^\infty e^{-x}x^{a-1}dx,$$

habetur

$$\Gamma(a)\Gamma(b) = \iint e^{-x-y}x^{a-1}y^{b-1}dx\,dy,$$

variabilibus x, y tributis valoribus omnibus positivis a 0 usque ad $+\infty$. Posito autem

$$x+y=r,\quad x=rw,$$

integrale duplex propositum ex antecedentibus altero quoque modo in duos factores discerpitur

$$\Gamma(a)\Gamma(b) = \int_0^\infty e^{-r} r^{a+b-1} dr \int_0^1 w^{a-1}(1-w)^{b-1} dw,$$

unde

$$\int_0^1 w^{a-1}(1-w)^{b-1} dw = \frac{\Gamma(a)\Gamma(b)}{\Gamma(a+b)}.$$

Quod est theorema fundamentale, quo integralium Eulerianorum, quae ill. Legendre vocavit, altera species per alteram exhibetur.

23. Aug. 1833.

DE USU LEGITIMO FORMULAE SUMMATORIAE MACLAURINIANAE*).

Crelle Journal für die reine und angewandte Mathematik, Bd. 12 p. 263—272.

1.

Series semiconvergentes, quibus Geometrae ante hos centum annos computare docuerunt summas, quae magno vel infinito numero terminorum constant, eo maxime se commendant, quod signis alternantibus procedere solcant; ita ut series usque ad n^{tum} et usque ad $(n+1)^{\text{tum}}$ terminum computata, alter eius valor maior, alter minor sit valore summae quaesito. Unde cognoscuntur limites, quos excedere non potest error commissus, si in certo termino seriei summatoriae computationem sistis. Frequenter illud observatum, tantum casibus specialibus, ni fallor, demonstratum est. Quod quoties locum habet, tuto ac legitime ad calculandum summae valorem numericum seriei uti licet, quamvis constet post certum terminorum numerum eam fieri divergentem. Hinc operae pretium videtur, paucis demonstrare, quomodo, quae est observatio precaria, ad certam et accuratam regulam revocetur.

Nota est formula

$$(1)\quad \phi(x+h) = \phi(x)+\phi'(x)h+\phi''(x)\frac{h^2}{1.2}+\cdots+\phi^{(n)}(x)\frac{h^n}{\Pi(n)}+\int_0^h\frac{(h-t)^n}{\Pi(n)}\phi^{(n+1)}(x+t)\,dt,$$

in qua positum est

$$\Pi(n) = 1.2.3\ldots n,\quad \phi^{(m)}(x) = \frac{d^m\phi(x)}{dx^m}.$$

Posito $-h$ loco h, simulque $-t$ loco t, formula illa abit in hanc:

*) C. Maclaurin, *treatise on fluxions*, p. 672 §. 828.

$$(2)\quad \begin{aligned}\psi(x-h) &= \psi(x)-\psi'(x)h+\psi''(x)\frac{h^2}{1.2}-\cdots+(-1)^n\psi^{(n)}(x)\frac{h^n}{\Pi(n)}\\ &\quad+(-1)^{n+1}\int_0^h\frac{(h-t)^n}{\Pi(n)}\psi^{(n+1)}(x-t)\,dt.\end{aligned}$$

Sit

$$\psi(x) = \int_a^x f(x)\,dx,\quad \psi(x)-\psi(x-h) = \varphi(x),$$

ac supponamus, esse $x-a$ multiplum ipsius h, quod in sequentibus semper positivum accipimus, erit

$$(3)\qquad \varphi(a+h)+\varphi(a+2h)+\cdots+\varphi(x) = \psi(x)-\psi(a) = \psi(x),$$

quam summam generaliter designemus per

$$\sum\nolimits_a^x\varphi(x) = \varphi(a+h)+\varphi(a+2h)+\varphi(a+3h)+\cdots+\varphi(x),$$

excluso valore infimo $\varphi(a)$, incluso extremo $\varphi(x)$. Qua adhibita notatione, est e (3)

$$(4)\qquad \sum\nolimits_a^x\varphi(x) = \psi(x) = \int_a^x f(x)\,dx.$$

Habetur autem e (2)

$$(5)\quad \begin{aligned}\varphi(x) &= \psi(x)-\psi(x-h)\\ &= \psi'(x)h-\psi''(x)\frac{h^2}{1.2}+\cdots+(-1)^{n-1}\psi^{(n)}(x)\frac{h^n}{\Pi(n)}+(-1)^n\int_0^h\frac{(h-t)^n}{\Pi(n)}\psi^{(n+1)}(x-t)\,dt\end{aligned}$$

sive, cum sit

$$\psi'(x) = f(x),$$

ac generaliter

$$\psi^{(m+1)}(x) = f^{(m)}(x),$$

erit, divisione simul per h facta,

$$(6)\quad \begin{aligned}\frac{\varphi(x)}{h} &= f(x)-f'(x)\frac{h}{2}+f''(x)\frac{h^2}{2.3}-\cdots+(-1)^{n-1}f^{(n-1)}(x)\frac{h^{n-1}}{\Pi(n)}\\ &\quad+(-1)^n\int_0^h\frac{(h-t)^n}{h\Pi(n)}f^{(n)}(x-t)\,dt.\end{aligned}$$

Si in hac formula loco x ponimus $a+h$, $a+2h$, $a+3h$, ..., x, atque summationem instituimus, obtinemus e (4)

$$\Sigma_a^x \frac{\varphi(x)}{h} = \int_a^x \frac{f(x)}{h}\,dx$$

$$(7) \quad = \Sigma_a^x \left\{ f(x) - f'(x)\frac{h}{2} + f''(x)\frac{h^2}{2.3} - \cdots + (-1)^{n-1} f^{(n-1)}(x)\frac{h^{n-1}}{\Pi(n)} \right\}$$

$$+ (-1)^n \int_0^h \frac{(h-t)^n}{h\,\Pi(n)} \Sigma_a^x f^{(n)}(x-t)\,dt.$$

2.

Sit iam, evolutione facta,

$$(8) \qquad \tfrac{1}{2}\frac{e^{\frac{1}{2}h} + e^{-\frac{1}{2}h}}{e^{\frac{1}{2}h} - e^{-\frac{1}{2}h}} = \tfrac{1}{2} + \frac{1}{e^h - 1} = \frac{1}{h} + \alpha_1 h - \alpha_2 h^3 + \alpha_3 h^5 - \cdots;$$

multiplicatione facta per

$$e^h - 1 = h + \frac{h^2}{\Pi(2)} + \frac{h^3}{\Pi(3)} + \frac{h^4}{\Pi(4)} + \cdots,$$

nanciscimur relationes sequentes, quibus coëfficientes α_m aliae post alias determinantur, et singulae quidem ex antecedentibus binis modis diversis,

$$\frac{1}{\Pi(3)} - \tfrac{1}{2}\frac{1}{\Pi(2)} + \alpha_1 = 0,$$

$$\frac{1}{\Pi(4)} - \tfrac{1}{2}\frac{1}{\Pi(3)} + \frac{\alpha_1}{\Pi(2)} = 0,$$

$$\frac{1}{\Pi(5)} - \tfrac{1}{2}\frac{1}{\Pi(4)} + \frac{\alpha_1}{\Pi(3)} - \alpha_2 = 0,$$

$$(9) \qquad \frac{1}{\Pi(6)} - \tfrac{1}{2}\frac{1}{\Pi(5)} + \frac{\alpha_1}{\Pi(4)} - \frac{\alpha_2}{\Pi(2)} = 0,$$

. . . .

$$\frac{1}{\Pi(2m+1)} - \tfrac{1}{2}\frac{1}{\Pi(2m)} + \frac{\alpha_1}{\Pi(2m-1)} - \frac{\alpha_2}{\Pi(2m-3)} + \cdots + (-1)^{m+1}\alpha_m = 0,$$

$$\frac{1}{\Pi(2m+2)} - \tfrac{1}{2}\frac{1}{\Pi(2m+1)} + \frac{\alpha_1}{\Pi(2m)} - \frac{\alpha_2}{\Pi(2m-2)} + \cdots + (-1)^{m+1}\frac{\alpha_m}{\Pi(2)} = 0.$$

Harum relationum beneficio fit, ut, si in formula (7) loco $f(x)$ ponimus

$$f(x),\quad \tfrac{1}{2}f'(x)h,\quad \alpha_1 f''(x)h^2,\quad -\alpha_2 f''''(x)h^4,\quad \ldots,\quad (-1)^{m+1}\alpha_m f^{(2m)}(x)h^{2m}$$

atque simul loco n ponimus

$$n,\quad n-1,\quad n-2,\quad n-4,\quad \ldots,\quad n-2m,$$

instituta additione, in altera aequationis parte sub signo summatorio, quod extra signum integrationis invenitur, abeant termini ducti in

$$f'(x)h,\quad f''(x)h^2,\quad f'''(x)h^3,\quad \ldots,\quad f^{(2m+1)}(x)h^{2m+1}.$$

Unde, si statuimus

$$n = 2m+2,$$

post factam additionem indicatam evanescit summa integra, quae in altera parte aequationis (7) extra signum integrationis invenitur, excepto termino primo $\sum_a^x f(x)$, atque prodit formula memorabilis

$$(10)\quad \begin{aligned} &\int_a^x dx \left\{ \frac{f(x)}{h} + \tfrac{1}{2} f'(x) + \alpha_1 f''(x)h - \alpha_2 f''''(x)h^3 + \cdots + (-1)^{m+1}\alpha_m f^{(2m)}(x)h^{2m-1} \right\} \\ &= \sum_a^x f(x) + \int_0^h T_m \sum_a^x f^{(2m+2)}(x-t)\,dt, \end{aligned}$$

posito

$$(11)\quad \begin{aligned} T_m = &\frac{(h-t)^{2m+2}}{h\Pi(2m+2)} - \tfrac{1}{2}\frac{(h-t)^{2m+1}}{\Pi(2m+1)} + \alpha_1\frac{(h-t)^{2m}h}{\Pi(2m)} - \alpha_2\frac{(h-t)^{2m-2}h^3}{\Pi(2m-2)} \\ &+ \alpha_3\frac{(h-t)^{2m-4}h^5}{\Pi(2m-4)} - \cdots + (-1)^{m+1}\alpha_m\frac{(h-t)^2 h^{2m-1}}{\Pi(2)}. \end{aligned}$$

Seriem ad laevam aequationis (10) Cl. Maclaurin olim ad valorem summae $\sum_a^x f(x)$ computandum proposuit. Aequatio nostra insuper errorem assignat commissum, si in certo termino seriem sistis. Qui error cum per integrale definitum exprimatur, plerisque casibus de magnitudine eius indicare licet.

Numeros α_m notum est omnes esse positivos. Facta enim integratione, sequitur e (8)

$$(12)\quad \begin{aligned} \log(e^{\frac{1}{2}h} - e^{-\frac{1}{2}h}) &= \log h + \tfrac{1}{2}\alpha_1 h^2 - \tfrac{1}{4}\alpha_2 h^4 + \tfrac{1}{6}\alpha_3 h^6 - \cdots \\ &= \log h + \log\left[1 + \frac{1}{\Pi(3)}\left(\frac{h}{2}\right)^2 + \frac{1}{\Pi(5)}\left(\frac{h}{2}\right)^4 + \cdots\right] \end{aligned}$$

sive, expressione $e^{\frac{1}{2}h} - e^{-\frac{1}{2}h}$ in factores infinitos resoluta,

$$(13)\quad \tfrac{1}{2}\alpha_1 h^2 - \tfrac{1}{4}\alpha_2 h^4 + \tfrac{1}{6}\alpha_3 h^6 - \cdots = \sum_1^\infty \log\left(1 + \frac{h^2}{4p^2\pi^2}\right),$$

ipsi p tributis valoribus 1, 2, 3, . . ., usque ad infinitum. Hinc habetur

$$(14)\quad \tfrac{1}{2}\alpha_m = \frac{1}{(2\pi)^{2m}}\sum_1^\infty \frac{1}{p^{2m}} = \frac{1}{(2\pi)^{2m}}\left[1+\frac{1}{2^{2m}}+\frac{1}{3^{2m}}+\frac{1}{4^{2m}}+\cdots\right].$$

Unde facile etiam assignas limites, quibus quantitates α_m includuntur. Habetur enim

$$\sum_1^\infty \frac{1}{p^{2m+2}} < 1+\frac{1}{2^{2m}}\left(\sum_1^\infty \frac{1}{p^2}-1\right)$$

sive, cum sit

$$\sum_1^\infty \frac{1}{p^2} = \tfrac{1}{6}\pi^2,$$

erit

$$\sum_1^\infty \frac{1}{p^{2m+2}} < 1+\frac{1}{2^{2m}}\left(\frac{\pi^2}{6}-1\right),$$

unde

$$(15)\quad \frac{1}{(2\pi)^{2m}} < \tfrac{1}{2}\alpha_m < \frac{1}{(2\pi)^{2m}}\left[1+\frac{1}{2^{2m}}\left(\frac{\pi^2}{6}-1\right)\right].$$

Qui limites facile, quantum placet, arctiores redduntur.

3.

Accuratius examinemus expressionem T_m. Quae, posito

$$(16)\quad \chi_{2m+1}(x) = \frac{x^{2m+2}}{\Pi(2m+2)}+\tfrac{1}{2}\frac{x^{2m+1}}{\Pi(2m+1)}+\alpha_1\frac{x^{2m}}{\Pi(2m)}-\alpha_2\frac{x^{2m-2}}{\Pi(2m-2)}+\cdots+(-1)^{m+1}\alpha_m\frac{x^2}{\Pi(2)}$$

fit

$$(17)\quad T_m = h^{2m+1}\chi_{2m+1}\left(\frac{t-h}{h}\right).$$

Notum est, et facile e (10) demonstratur, designante x quemlibet numerum integrum, esse

$$(18)\quad \chi_{2m+1}(x) = \sum_0^x \frac{x^{2m+1}}{\Pi(2m+1)},$$

siquidem argumenti x incrementum $h = 1$ statuimus. Casu vero nostro, quo

$$x = \frac{t-h}{h},$$

atque per integrationem t valores omnes a 0 usque ad h induit, erit x quantitas fracta negativa, inter 0 et -1 posita. Quo casu non amplius definire licet expressionem $\chi_{2m+1}(x)$ ut summam. Nihilo tamen minus valet aequatio

(19) $$\chi_{2m+1}(x+1) = \chi_{2m+1}(x) + \frac{(x+1)^{2m+1}}{\Pi(2m+1)},$$

quicunque sit valor ipsius x. Nam cum aequatio illa, designante x integrum, e (18) sponte pateat, ideoque pro diversis ipsius x valoribus innumeris valeat, identica illa esse debet. Statuto autem $x = \frac{t-h}{h}$, et multiplicatione per h^{2m+1} facta, fit ea e (17)

(20) $$h^{2m+1}\chi_{2m+1}\left(\frac{t}{h}\right) = T_m + \frac{t^{2m+1}}{\Pi(2m+1)},$$

unde

(21) $$T_m = \frac{t^{2m+2}}{h\Pi(2m+2)} - \tfrac{1}{2}\frac{t^{2m+1}}{\Pi(2m+1)} + \alpha_1\frac{t^{2m}h}{\Pi(2m)} - \alpha_2\frac{t^{2m-2}h^3}{\Pi(2m-2)} + \cdots + (-1)^{m+1}\alpha_m\frac{t^2h^{2m-1}}{\Pi(2)}.$$

Qua expressione ipsius T_m collata cum superiore (11), videmus, ita comparatam esse ipsam T_m, ut, posito $h-t$ loco t, immutata maneat. Habetur igitur

(22) $$T_m = h^{2m+1}\chi_{2m+1}\left(\frac{t-h}{h}\right) = h^{2m+1}\chi_{2m+1}\left(-\frac{t}{h}\right)$$

sive

$$\chi_{2m+1}(x-1) = \chi_{2m+1}(-x).$$

Quae abunde nota sunt. Et constat, facile exprimi ipsum T_m per solas dignitates pares ipsius $t-\frac{h}{2}$, quae, posito $h-t$ loco t, non mutantur. Quam obtinent expressionem per formulam, quae sponte patet,

(23) $$\sum\nolimits_a^x[f(x), h] = \sum\nolimits_a^x[f(x+\tfrac{1}{2}h), \tfrac{1}{2}h] - \sum\nolimits_a^x[f(x+\tfrac{1}{2}h), h],$$

ubi per signum $\sum[f(x), h]$ intelligo, argumenti x accipiendum esse h incrementum. De qua formula, posito

$$f(x) = \frac{x^{2m+1}}{\Pi(2m+1)}, \quad a = 0, \quad x = \frac{t-h}{h},$$

obtines

(24) $$T_m = \frac{\left(t-\frac{h}{2}\right)^{2m+2}}{h\Pi(2m+2)} - \tfrac{1}{2}\alpha_1\frac{\left(t-\frac{h}{2}\right)^{2m}h}{\Pi(2m)} + \tfrac{7}{8}\alpha_2\frac{\left(t-\frac{h}{2}\right)^{2m-2}h^3}{\Pi(2m-2)} - \cdots$$
$$+ (-1)^m\left(1-\frac{1}{2^{2m-1}}\right)\alpha_m\frac{\left(t-\frac{h}{2}\right)^2h^{2m-1}}{\Pi(2)} + h^{2m+1}\,\text{Const.}$$

Addo, cum T_m, posito $h-t$ loco t, non mutetur, theorema nostrum (10) etiam ita exhiberi posse:

$$\int_a^x dx\left\{\frac{f(x)}{h}+\tfrac{1}{2}f'(x)+\alpha_1 f''(x)h-\alpha_2 f''''(x)h^3+\cdots+(-1)^{m+1}\alpha_m f^{(2m)}(x)h^{2m-1}\right\}$$

$$(25)\qquad =\Sigma_a^x f(x)+\int_0^h T_m \Sigma_a^x f^{(2m+2)}(x-h+t)\,dt$$

$$=\Sigma_a^x f(x)+\int_0^{\frac{1}{2}h} T_m \Sigma_a^x [f^{(2m+2)}(x-t)+f^{(2m+2)}(x-h+t)]\,dt.$$

4.

In theoremate nostro (10) seu (25) cum valores ipsius t tantum inter 0 et h positi considerentur, iam demonstrabimus, in quo cardo rei nostrae vertitur, pro omnibus illis valoribus ipsius t ipsum T_m signum non mutare. Quam ita adornare licet demonstrationem.

Habetur

$$(26)\qquad \tfrac{1}{2}\left\{\frac{1-e^{xs}}{1-e^{s}}-\frac{1-e^{-xs}}{1-e^{-s}}\right\}=s\chi_1(x-1)+s^3\chi_3(x-1)+s^5\chi_5(x-1)+\cdots$$

Quae, designante x integrum, sponte patet evolutio e (18), cum sit

$$\frac{1-e^{xs}}{1-e^{s}}=\Sigma_0^x e^{s(x-1)},$$

ipsius x incremento $=1$ posito. Unde cum aequatio (26) pro innumeris ipsius x valoribus valeat, pro natura functionum $\chi(x)$, quae sunt rationales, integrae, finitae, eadem pro quolibet ipsius x valore valet. Sit iam

$$x'=1-x,$$

erit

$$(27)\qquad \frac{1-e^{xs}}{1-e^{s}}-\frac{1-e^{-xs}}{1-e^{-s}}=\frac{1-e^{xs}}{1-e^{s}}+\frac{e^{s}-e^{x's}}{1-e^{s}}=\frac{(1-e^{xs})(1-e^{x's})}{1-e^{s}}$$

$$=-\frac{(e^{\frac{1}{2}xs}-e^{-\frac{1}{2}xs})(e^{\frac{1}{2}x's}-e^{-\frac{1}{2}x's})}{e^{\frac{1}{2}s}-e^{-\frac{1}{2}s}}.$$

Unde fit e (26), si expressionem hanc in factores infinitos resolvis,

$$(28)\quad -zxx'\Pi\frac{\left(1+\frac{x^2z^2}{4p^2\pi^2}\right)\left(1+\frac{x'^2z^2}{4p^2\pi^2}\right)}{\left(1+\frac{z^2}{4p^2\pi^2}\right)} = 2\,[z\chi_1(x-1)+z^3\chi_3(x-1)+\cdots],$$

siquidem in producto praefixo Π denotato ipsi p valores 1, 2, 3, . . ., ∞ tribuis.

Ponamus

$$y = -\frac{z^2}{4p^2\pi^2},$$

erit expressio sub signo multiplicatorio in (28)

$$(29)\quad \begin{aligned}\frac{(1-x^2y)(1-x'^2y)}{(1-y)} &= 1+(1-x^2-x'^2)y+\frac{(1-x^2)(1-x'^2)y^2}{1-y}\\ &= 1+2xx'y+xx'(2+xx')\frac{y^2}{1-y}.\end{aligned}$$

Quae expressio evoluta in seriem secundum dignitates ascendentes ipsius y seu $(-z^2)$, coëfficientes omnes habet positivos, si xx' positivum est. Quo casu igitur etiam productum Π, e factoribus (29) conflatum, si ad dignitates ipsius $(-z^2)$ evolvitur, coëfficientes omnes habebit positivos; sive cum in expressione (28) productum Π adhuc ducatur in $-xx'z$, coëfficientes expressionis illius evolutae, $2\chi_{2m+1}(x-1)$, erunt positivi, si m est impar, negativi, si m est numerus par.

Fit autem $xx' = x(1-x)$ positivum pro iis valoribus ipsius x omnibus, qui sunt inter 0 et 1 positi, neque pro ullis aliis. Unde

„*erit* $\chi_{2m+1}(x-1)$ *pro valoribus ipsius* x *omnibus inter* 0 *et* 1 *positis positivum,*
„*si* m *est numerus impar, negativum, si* m *est par.*"

Unde, cum, posito $x = \frac{t}{h}$, sit t inter 0 et h, si x inter 0 et 1, sequitur e (17), incremento h semper positivo accepto,

„*pro omnibus ipsius* t *valoribus inter* 0 *et* h *positis, esse* T_m *positivum, si* m
„*sit numerus impar, negativum, si* m *sit par.*"

5.

Et hinc profecti sine ullo negotio iam de formula nostra (10) deducimus hoc theorema:

Theorema.

„*Proposita summa*

$$\sum_a^x f(x) = f(a+h) + f(a+2h) + f(a+3h) + \cdots + f(x),$$

„*quoties expressio*

$$\sum_a^x f^{(2m+2)}(x-t) = \sum_a^x \frac{\partial^{2m+2} f(x-t)}{\partial x^{2m+2}}$$

„*pro valoribus omnibus ipsius t inter* 0 *et h positis neque in infinitum abit, neque*
„*signum mutat: excessus seriei summatoriae usque ad $(m+2)^{\text{tum}}$ terminum productae*
„*super valorem summae propositae*

$$\int_a^x dx \left\{ \frac{f(x)}{h} + \tfrac{1}{2} f'(x) + \alpha_1 f''(x) h - \alpha_2 f''''(x) h^3 + \cdots + (-1)^{m+1} \alpha_m f^{(2m)}(x) h^{2m-1} \right\} - \sum_a^x f(x)$$

„*idem signum habet atque $\sum_a^x f^{(2m+2)}(x-t)$, si m est numerus impar, signum con-*
„*trarium, si m est numerus par.*“

Quod est de re, quae satis vagis ratiociniis tractari solet, theorema rigorosum et accuratum.

Vocemus S_m valorem seriei Maclaurinianae usque ad $(m+2)^{\text{tum}}$ terminum productae:

$$S_m = \int_a^x dx \left\{ \frac{f(x)}{h} + \tfrac{1}{2} f'(x) + \alpha_1 f''(x) h - \alpha_2 f''''(x) h^3 + \cdots + (-1)^{m+1} \alpha_m f^{(2m)}(x) h^{2m-1} \right\}.$$

Sequitur e theoremate invento hoc:

„*Si utraque expressio*

$$\sum_a^x f^{(2m)}(x-t), \quad \sum_a^x f^{(2m+2)}(x-t)$$

„*pro valoribus omnibus ipsius t inter* 0 *et h positis neque in infinitum abit neque*
„*signum mutat, idemque utrique signum suppetit, summae propositae $\sum_a^x f(x)$ va-*
„*lor inclusus est inter valores S_{m-1} et S_m.*“

Idem extenditur ad casum generaliorem, quo indicum m differentia est numerus quilibet impar.

Facile patet, esse generaliter

$$(30) \qquad \int_a^x \varphi(x)\, dx = \int_0^h \sum_a^x \varphi(x-t)\, dt.$$

Unde, si $\sum_a^x f^{(2m+2)}(x-t)$, quoties t inter 0 et h, neque signum mutat neque in infinitum abit, idem etiam signum erit integrali

$$\int_a^x f^{(2m+2)}(x)\,dx;$$

porro e theoremate invento idem signum est expressioni

$$(-1)^{m+1}[S_m - \sum_a^x f(x)].$$

Hinc habemus theorema:

„*Si* $\sum_a^x f^{(2m+2)}(x-t)$, *quoties* t *inter* 0 *et* h, *neque signum mutat neque in* „*infinitum abit, excessus* $S_m - \sum_a^x f(x)$ *signum contrarium habet atque terminus* „*seriei Maclaurinianae, qui ipsam* S_m *proxime continuat,*

$$(-1)^m a_{m+2}\int_a^x f^{(2m+2)}(x)\,dx.\text{“}$$

Casibus, quibus prae ceteris applicatur series summatoria Maclauriniana, conditionibus antecedentibus stabilitis satisfieri solet. Quibus igitur casibus de erroris limitibus tibi constabit, atque seriei tutus et legitimus usus erit.

Corollarium.

Apponam summas dignitatum imparium numerorum naturalium sive functionum $\Pi(2m+1)\chi_{2m+1}(x)$, expressas per quantitatem

$$u = x(x+1).$$

Fit

$$\sum_0^x x^3 = \tfrac{1}{4}u^2,$$

$$\sum_0^x x^5 = \tfrac{1}{6}u^2\left(u-\tfrac{1}{2}\right),$$

$$\sum_0^x x^7 = \tfrac{1}{8}u^2\left(u^2-\tfrac{4}{3}u+\tfrac{2}{3}\right),$$

$$\sum_0^x x^9 = \tfrac{1}{10}u^2\left(u^3-\tfrac{5}{2}u^2+3u-\tfrac{3}{2}\right),$$

$$\sum_0^x x^{11} = \tfrac{1}{12}u^2\left(u^4-4u^3+\tfrac{17}{2}u^2-10u+5\right),$$

$$\sum_0^x x^{13} = \tfrac{1}{14}u^2\left(u^5-\tfrac{35}{6}u^4+\tfrac{287}{15}u^3-\tfrac{118}{3}u^2+\tfrac{691}{15}u-\tfrac{691}{30}\right),$$

. . . .

Quae expressiones maxime in inferiorum dignitatum summis eo se commendant, quod earum terminorum numerus duobus minor sit atque vulgarium formularum.

Ad continuandas expressiones observo, si

$$\sum_0^x x^{2p-3} = \frac{1}{2p-2}[u^{p-1} - a_1 u^{p-2} + a_2 u^{p-3} - \cdots + (-1)^{p-1} a_{p-3} u^2],$$

$$\sum_0^x x^{2p-1} = \frac{1}{2p}[u^p - b_1 u^{p-1} + b_2 u^{p-2} - \cdots + (-1)^p b_{p-2} u^2],$$

haberi

$$2p(2p-1)a_1 = (2p-2)(2p-3)b_1 - p(p-1),$$

$$2p(2p-1)a_2 = (2p-4)(2p-5)b_2 - (p-1)(p-2)b_1,$$

$$2p(2p-1)a_3 = (2p-6)(2p-7)b_3 - (p-2)(p-3)b_2,$$

$$\cdots\cdots\cdots\cdots\cdots\cdots$$

$$2p(2p-1)a_{p-3} = 5.6\, b_{p-3} - 3.4\, b_{p-4},$$

$$0 = 3.4\, b_{p-2} - 2.3\, b_{p-3}.$$

Harum relationum ope, cognitis a_m, coëfficientes b_m aliae post alias computantur. Calculus et retro institui potest, cum coëfficientem postremum eundem habeas atque in forma vulgari, quae secundum dignitates ipsius x procedit.

Expressiones similes summarum parium dignitatum obtines ex antecedentibus differentiando, cum sit

$$\sum_0^x x^{2p} = \frac{1}{2p+1}\frac{d\sum_0^x x^{2p+1}}{dx}.$$

Relationes antecedentes inter quantitates a et b facile e noto theoremate inveniuntur, quod summa numerorum naturalium ad dignitatem imparem elatorum bis differentiata, reiectaque constante et per constantem divisione facta, prodeat summa numerorum naturalium ad dignitatem imparem proxime minorem elatorum.

Ex iisdem relationibus ipso conspectu demonstratur, expressiones propositas, sicuti in exemplis appositis videre est, alternantibus signis procedere. Quippe quod, ubi in ulla valet, e natura relationum istarum etiam de subsequentibus omnibus valebit. Unde quoties u est quantitas negativa, expres-

signum termini omnes signum idem habent, quod e signo dignitatis supremae determinatur. Hinc petitur demonstratio nova magis elementaris theorematis supra propositi, expressionem T_m pro ipsius t valoribus omnibus inter 0 et h positis signum idem servare.

Residui seriei summatoriae Maclaurinianae expressionem a nostra diversam dedit ill. Poisson in commentatione egregia „*Sur le calcul numérique des Intégrales définies*“ (*Mémoires de l'Académie des Sciences de Paris, Vol. VI pag.* 571 *sqq.*).

D. 2. Junii 1834.

DE FRACTIONE CONTINUA, IN QUAM INTEGRALE $\int_x^\infty e^{-xx}dx$ EVOLVERE LICET.

Crelle Journal für die reine und angewandte Mathematik, Bd. 12 p. 346—347.

Integrale propositum, cuius in refractionibus coelestibus aliisque quaestionibus usus est, ill. Laplace (*Traité de Mécanique céleste*, *T. IV*, *L. X*) in fractionem continuam evolutum dedit sequentem, posito $q = \frac{1}{2xx}$,

$$(1) \qquad \int_x^\infty e^{-xx}dx = \frac{e^{-xx}}{2x} \cdot \cfrac{1}{1 + \cfrac{q}{1 + \cfrac{2q}{1 + \cfrac{3q}{1 + 4q}}}} \cdots$$

Demonstratio tamen viri, cum per series divergentes procedat, hodie vix probabitur; quae hoc modo accuratior redditur:

Statuamus

$$(2) \qquad v = e^{xx}\int_x^\infty e^{-xx}dx,$$

habemus differentiando

$$(3) \qquad \frac{dv}{dx} = 2xv - 1.$$

Qua aequatione iterum n vicibus differentiata, prodit

$$(4) \qquad \frac{d^{n+1}v}{dx^{n+1}} = 2x\frac{d^n v}{dx^n} + 2n\frac{d^{n-1}v}{dx^{n-1}}$$

sive, posito

$$(5)\qquad v_n = \frac{1}{1.2.3\ldots n}\frac{d^n v}{dx^n},$$

fit

$$(6)\qquad (n+1)v_{n+1} = 2xv_n + 2v_{n-1},\quad v_1 = 2xv - 1.$$

Porro posito

$$(-1)^n 2x^{n+1} v_n = y_{n+1},\quad q = \frac{1}{2xx},$$

fit e (6)

$$(7)\qquad y_n = y_{n+1} + (n+1)q\,y_{n+2},\quad 1 = y_1 + qy_2.$$

Unde profluit

$$\frac{1}{y_1} = 1 + \frac{qy_2}{y_1} = 1 + \cfrac{q}{1 + \cfrac{2qy_3}{y_2}} = 1 + \cfrac{q}{1 + \cfrac{2q}{1 + \cfrac{3qy_4}{y_3}}}$$

seu generaliter

$$(8)\qquad \frac{1}{y_1} = 1 + \cfrac{q}{1 + \cfrac{2q}{1 + \cfrac{3q}{1 + \cdots + \cfrac{nq}{1 + \cfrac{(n+1)qy_{n+2}}{y_{n+1}}}}}},$$

ubi

$$(9)\qquad \begin{aligned} y_1 &= 2xe^{xx}\int_x^\infty e^{-xx}dx = 2xv, \\ y_{n+1} &= (-1)^n \frac{2x^{n+1}}{1.2.3\ldots n}\frac{d^n v}{dx^n}. \end{aligned}$$

Ill. Laplace asserit, valorem quaesitum ipsius $\frac{1}{y_1}$ semper contineri inter duos valores fractionis continuae se proxime insequentes; quod ut locum habere intelligatur, probare debebat, quotientes neglectos

$$\frac{(n+1)q\,y_{n+2}}{y_{n+1}}$$

idem signum servare. Quod per evolutiones in seriem non ita facile probas; sed contigit, si differentialia ipsius v per integralia definita exhibes. Habetur enim e (2)

$$(10)\quad v = e^{xx}\int_x^\infty e^{-tt}dt = e^{xx}\int_0^\infty e^{-(t+x)^2}dt = \int_0^\infty dt e^{-tt}e^{-2tx},$$

unde

$$(11)\quad \frac{d^n v}{dx^n} = \int_0^\infty dt(-2t)^n e^{-tt}e^{-2tx} = e^{xx}\int_0^\infty dt(-2t)^n e^{-(t+x)^2}$$

sive

$$(12)\quad \frac{d^n v}{dx^n} = (-2)^n e^{xx}\int_x^\infty dt(t-x)^n e^{-tt},$$

unde etiam

$$(13)\quad y_{n+1} = \frac{(2x)^{n+1}e^{xx}}{1.2.3\ldots n}\int_x^\infty dt(t-x)^n e^{-tt},$$

quae semper est quantitas positiva. Unde sponte fluit, quod probari debebat, quotientem neglectum et ipsum semper esse positivum.

Reg. 30 Juni 1834.

DATO SYSTEMATE n AEQUATIONUM LINEARIUM INTER n INCOGNITAS, VALORES INCOGNITARUM PER INTEGRALIA DEFINITA $(n-1)$ TUPLICIA EXHIBENTUR.

Crelle Journal für die reine und angewandte Mathematik, Bd. 14 p. 51—55.

1.

Designabo, uti saepius, per expressionem

$$\Sigma \pm a_{1,1}\, a_{2,2}\, a_{3,3} \dots a_{n,n}$$

aggregatum omnium terminorum, qui ex uno

$$a_{1,1}\, a_{2,2} \dots a_{n,n}$$

proveniunt, indicibus omnibus aut prioribus aut posterioribus omnimodis inter se permutatis, semissi terminorum praefixo signo $+$, alteri semissi praefixo signo $-$, lege signorum ita determinata, ut ex indicibus, aut posterioribus aut prioribus binis quibuslibet permutatis, termini positivi omnes in negativos abeant, et vice versa. Cuiusmodi aggregatorum est notissima formatio et tritissimus usus in resolutione algebraica aequationum linearium; cui igitur rei non immoramur, optime olim ab ill. Laplace ante hos sexaginta annos expositae. Hoc unum adiicis, in sequentibus nos in aggregato assignato terminum

$$a_{1,1}\, a_{2,2} \dots a_{n,n}$$

positive sumtum accipere, unde tota expressio prorsus definita est.

Porro designo per expressionem

$$\Sigma a_{\varkappa,\lambda} x_\varkappa x_\lambda$$

aggregatum terminorum omnium, qui ex uno termino sub signo summatorio posito proveniunt, si utrique simul indici $\varkappa$, λ valores omnes tribuis $1, 2, 3, \ldots, n$. Statuo porro

$$a_{\varkappa,\lambda} = a_{\lambda,\varkappa},$$

unde in expressione apposita termini, in quibus $\varkappa = \lambda$, sive qui in quadrata variabilium $x_\varkappa$ ducuntur, semel, reliqui omnes bis inveniuntur. Ponamus denique, radicali positive accepto,

$$x_n = \sqrt{1 - x_1 x_1 - x_2 x_2 - \cdots - x_{n-1} x_{n-1}};$$

dedi in Commentatione de integralibus multiplicibus (*Diar. Crell. Vol. XII, pag. 64*; cfr. T. III p. 262 hujus editionis) formulam

$$\text{(1)} \qquad \int^{n-1} \frac{dx_1 dx_2 \ldots dx_{n-1}}{x_n (\Sigma a_{\varkappa,\lambda} x_\varkappa x_\lambda)^{\frac{1}{2}n}} = \frac{2^{n-1} S}{\sqrt{\Sigma \pm a_{1,1} a_{2,2} \ldots a_{n,n}}},$$

in qua integrale extenditur ad valores reales omnes et positivos et negativos variabilium $x_1, x_2, \ldots, x_{n-1}$, pro quibus x_n valorem realem servat, seu pro quibus

$$x_1 x_1 + x_2 x_2 + \cdots + x_{n-1} x_{n-1} \leqq 1,$$

et S designat numerum

$$S = \frac{1}{2.4.6\ldots(n-2)} \left(\frac{\pi}{2}\right)^{\frac{n}{2}},$$

si n par, aut

$$S = \frac{1}{1.3.5\ldots(n-2)} \left(\frac{\pi}{2}\right)^{\frac{n-1}{2}},$$

si n impar. Numerum 2^{n-1} loco 2^n, quod in loco citato legitur, scripsi, quia illo loco valor duplus integralis subintelligitur. Porro supponitur in formula antecedente, valorem expressionis

$$\Sigma a_{\varkappa,\lambda} x_\varkappa x_\lambda$$

esse positivum pro omnibus valoribus realibus ipsorum $x_1, x_2, \ldots, x_n$.

Statuamus iam, datum esse systema n aequationum linearium

$$
(2)\qquad
\begin{aligned}
a_{1,1}y_1+a_{1,2}y_2+a_{1,3}y_3+\cdots+a_{1,n}y_n &= m_1,\\
a_{2,1}y_1+a_{2,2}y_2+a_{2,3}y_3+\cdots+a_{2,n}y_n &= m_2,\\
a_{3,1}y_1+a_{3,2}y_2+a_{3,3}y_3+\cdots+a_{3,n}y_n &= m_3,\\
\cdots\cdots\cdots\cdots\cdots\cdots\cdots\cdots\cdots\\
a_{n,1}y_1+a_{n,2}y_2+a_{n,3}y_3+\cdots+a_{n,n}y_n &= m_n;
\end{aligned}
$$

sit porro brevitatis causa

$$\Sigma \pm a_{1,1}a_{2,2}\ldots a_{n,n} = N.$$

Iam observavi in Commentatione citata pag. 20 (cfr. T. III p. 214 hujus editionis), si quantitates $a_{\varkappa,\lambda}$ omnes diversae sint, valores incognitarum exprimi per differentialia partialia ipsius N ope aequationum

$$
(3)\qquad
\begin{aligned}
Ny_1 &= \frac{\partial N}{\partial a_{1,1}}m_1+\frac{\partial N}{\partial a_{2,1}}m_2+\frac{\partial N}{\partial a_{3,1}}m_3+\cdots+\frac{\partial N}{\partial a_{n,1}}m_n,\\
Ny_2 &= \frac{\partial N}{\partial a_{1,2}}m_1+\frac{\partial N}{\partial a_{2,2}}m_2+\frac{\partial N}{\partial a_{3,2}}m_3+\cdots+\frac{\partial N}{\partial a_{n,2}}m_n,\\
Ny_3 &= \frac{\partial N}{\partial a_{1,3}}m_1+\frac{\partial N}{\partial a_{2,3}}m_2+\frac{\partial N}{\partial a_{3,3}}m_3+\cdots+\frac{\partial N}{\partial a_{n,3}}m_n,\\
\cdots\cdots\cdots\cdots\cdots\cdots\cdots\cdots\cdots\\
Ny_n &= \frac{\partial N}{\partial a_{1,n}}m_1+\frac{\partial N}{\partial a_{2,n}}m_2+\frac{\partial N}{\partial a_{3,n}}m_3+\cdots+\frac{\partial N}{\partial a_{n,n}}m_n.
\end{aligned}
$$

Si vero $a_{\varkappa,\lambda}=a_{\lambda,\varkappa}$, uti in formula (1) supponitur, differentiale partiale secundum $a_{\varkappa,\lambda}$ sumtum, quoties non $\varkappa=\lambda$, obtinetur, si primum $a_{\varkappa,\lambda}$ et $a_{\lambda,\varkappa}$ diversae statuuntur, atque differentialia partialia secundum $a_{\varkappa,\lambda}$ et secundum $a_{\lambda,\varkappa}$ sumta iunguntur, ac deinde $a_{\varkappa,\lambda}=a_{\lambda,\varkappa}$ statuitur; quo facto cum utraque differentialia aequalia fiant, casu quo $a_{\varkappa,\lambda}=a_{\lambda,\varkappa}$ valor duplus emergit eius, qui in formulis (3) locum habere debet. Hinc casu, quo $a_{\varkappa,\lambda}=a_{\lambda,\varkappa}$, qui in antecedentibus supponitur, loco formularum (3) statuendae sunt sequentes:

$$
(4)\quad
\begin{aligned}
Ny_1 &= \frac{\partial N}{\partial a_{1,1}} m_1 + \tfrac{1}{2}\frac{\partial N}{\partial a_{2,1}} m_2 + \tfrac{1}{2}\frac{\partial N}{\partial a_{3,1}} m_3 + \cdots + \tfrac{1}{2}\frac{\partial N}{\partial a_{n,1}} m_n,\\
Ny_2 &= \tfrac{1}{2}\frac{\partial N}{\partial a_{1,2}} m_1 + \frac{\partial N}{\partial a_{2,2}} m_2 + \tfrac{1}{2}\frac{\partial N}{\partial a_{3,2}} m_3 + \cdots + \tfrac{1}{2}\frac{\partial N}{\partial a_{n,2}} m_n,\\
Ny_3 &= \tfrac{1}{2}\frac{\partial N}{\partial a_{1,3}} m_1 + \tfrac{1}{2}\frac{\partial N}{\partial a_{2,3}} m_2 + \frac{\partial N}{\partial a_{3,3}} m_3 + \cdots + \tfrac{1}{2}\frac{\partial N}{\partial a_{n,3}} m_n,\\
&\cdots\cdots\cdots\cdots\cdots\cdots\\
Ny_n &= \tfrac{1}{2}\frac{\partial N}{\partial a_{1,n}} m_1 + \tfrac{1}{2}\frac{\partial N}{\partial a_{2,n}} m_2 + \tfrac{1}{2}\frac{\partial N}{\partial a_{3,n}} m_3 + \cdots + \frac{\partial N}{\partial a_{n,n}} m_n.
\end{aligned}
$$

Harum formularum ope deducis e valore ipsius $\frac{1}{\sqrt{N}}$, quem formula (1) dedimus, has expressiones incognitarum:

$$
(5)\quad
\begin{aligned}
\frac{2^{n-1}S}{n}\cdot\frac{y_1}{\sqrt{N}} &= \int^{n-1} \frac{x_1(m_1x_1+m_2x_2+\cdots+m_nx_n)\,dx_1\,dx_2\ldots dx_{n-1}}{x_n(\Sigma a_{\varkappa,\lambda}x_\varkappa x_\lambda)^{\frac{1}{2}(n+2)}},\\
\frac{2^{n-1}S}{n}\cdot\frac{y_2}{\sqrt{N}} &= \int^{n-1} \frac{x_2(m_1x_1+m_2x_2+\cdots+m_nx_n)\,dx_1\,dx_2\ldots dx_{n-1}}{x_n(\Sigma a_{\varkappa,\lambda}x_\varkappa x_\lambda)^{\frac{1}{2}(n+2)}},\\
&\cdots\cdots\cdots\cdots\cdots\cdots\\
\frac{2^{n-1}S}{n}\cdot\frac{y_n}{\sqrt{N}} &= \int^{n-1} \frac{x_n(m_1x_1+m_2x_2+\cdots+m_nx_n)\,dx_1\,dx_2\ldots dx_{n-1}}{x_n(\Sigma a_{\varkappa,\lambda}x_\varkappa x_\lambda)^{\frac{1}{2}(n+2)}}.
\end{aligned}
$$

Quae sunt expressiones quaesitae.

2.

Formulae (5) duplicem conditionem poscunt, et ut sit $a_{\varkappa,\lambda} = a_{\lambda,\varkappa}$, et ut expressio

$$\Sigma a_{\varkappa,\lambda}x_\varkappa x_\lambda$$

pro omnibus valoribus realibus ipsarum $x_1, x_2, \ldots, x_n$ valorem positivum servet. Hinc systema aequationum linearium propositarum (2), quarum solutio formulis (5) exhibetur, tamquam minus generale considerari debet. Sed facile ad eas formulae generales revocantur.

Sit systema generale n aequationum linearium inter n incognitas $z_1, z_2, \ldots, z_n$ propositarum

$$(6)\qquad \begin{aligned} b_{1,1} z_1 + b_{1,2} z_2 + \cdots + b_{1,n} z_n &= m_1, \\ b_{2,1} z_1 + b_{2,2} z_2 + \cdots + b_{2,n} z_n &= m_2, \\ \cdot \quad \cdot \quad \cdot \quad \cdot \quad \cdot \quad \cdot \quad \cdot \quad \cdot \\ b_{n,1} z_1 + b_{n,2} z_2 + \cdots + b_{n,n} z_n &= m_n, \end{aligned}$$

nulla conditione de coëfficientibus adiecta. Statuatur porro

$$(7)\qquad \begin{aligned} z_1 &= b_{1,1} y_1 + b_{2,1} y_2 + \cdots + b_{n,1} y_n, \\ z_2 &= b_{1,2} y_1 + b_{2,2} y_2 + \cdots + b_{n,2} y_n, \\ \cdot \quad \cdot \quad \cdot \quad \cdot \quad \cdot \quad \cdot \quad \cdot \quad \cdot \\ z_n &= b_{1,n} y_1 + b_{2,n} y_2 + \cdots + b_{n,n} y_n. \end{aligned}$$

Quibus ipsarum $z_1, z_2, \ldots, z_n$ valoribus substitutis in (6), ponamus, obtineri systema aequationum (2). Unde generaliter habetur

$$(8)\qquad a_{\varkappa,\lambda} = b_{\varkappa,1} b_{\lambda,1} + b_{\varkappa,2} b_{\lambda,2} + \cdots + b_{\varkappa,n} b_{\lambda,n}.$$

Qui ipsorum $a_{\varkappa,\lambda}$ valores tales sunt, ut utrique conditioni supra propositae satisfiant. Ipso enim intuitu patet e (8), fieri

$$a_{\varkappa,\lambda} = a_{\lambda,\varkappa},$$

et habetur

$$\begin{aligned} \Sigma a_{\varkappa,\lambda} x_\varkappa x_\lambda = \quad & (b_{1,1} x_1 + b_{2,1} x_2 + \cdots + b_{n,1} x_n)^2 \\ & + (b_{1,2} x_1 + b_{2,2} x_2 + \cdots + b_{n,2} x_n)^2 \\ & + \cdot \quad \cdot \quad \cdot \quad \cdot \quad \cdot \quad \cdot \\ & + (b_{1,n} x_1 + b_{2,n} x_2 + \cdots + b_{n,n} x_n)^2; \end{aligned}$$

quam expressionem patet pro omnibus valoribus realibus ipsarum $x_1, x_2, \ldots, x_n$ valores semper positivos habere. Unde pro valoribus ipsorum $a_{\varkappa,\lambda}$, quos formula (8) exhibet, formulis (5) tuto uti licet. Hinc, si insuper observas formulam notam seu probatu facilem

$$(9)\qquad \Sigma \pm a_{1,1} a_{2,2} \ldots a_{n,n} = (\Sigma \pm b_{1,1} b_{2,2} \ldots b_{n,n})^2,$$

habemus e (7) theorema sequens:

Theorema.

„Sit propositum inter n incognitas $z_1, z_2, \ldots, z_n$ systema n aequationum linearium

$$\begin{aligned} b_{1,1} z_1 + b_{1,2} z_2 + \cdots + b_{1,n} z_n &= m_1, \\ b_{2,1} z_1 + b_{2,2} z_2 + \cdots + b_{2,n} z_n &= m_2, \\ \cdot \quad \cdot \quad \cdot \quad \cdot \quad \cdot \quad \cdot \quad \cdot \quad \cdot \\ b_{n,1} z_1 + b_{n,2} z_2 + \cdots + b_{n,n} z_n &= m_n; \end{aligned}$$

statuamus

$$\begin{aligned} X = \quad & (b_{1,1} x_1 + b_{2,1} x_2 + \cdots + b_{n,1} x_n)^2 \\ & + (b_{1,2} x_1 + b_{2,2} x_2 + \cdots + b_{n,2} x_n)^2 \\ & + \quad \cdot \quad \cdot \quad \cdot \quad \cdot \quad \cdot \quad \cdot \\ & + (b_{1,n} x_1 + b_{2,n} x_2 + \cdots + b_{n,n} x_n)^2; \end{aligned}$$

porro

$$M = m_1 x_1 + m_2 x_2 + \cdots + m_n x_n,$$

ubi

$$x_n = \sqrt{1 - x_1 x_1 - x_2 x_2 - \cdots - x_{n-1} x_{n-1}},$$

radicali positive accepto; porro ponamus

$$\Delta = \pm (\Sigma \pm b_{1,1} b_{2,2} \ldots b_{n,n}),$$

signo ancipiti, ante ipsum Σ posito, ita determinato, ut valor ipsius Δ positivus prodeat. Quibus omnibus positis, erit

$$\frac{2^{n-1} S}{n} \cdot \frac{z_1}{\Delta} = \int^{n-1} \frac{M(b_{1,1} x_1 + b_{2,1} x_2 + \cdots + b_{n,1} x_n)\, dx_1\, dx_2 \ldots dx_{n-1}}{x_n \, X^{\frac{1}{2}(n+2)}},$$

$$\frac{2^{n-1} S}{n} \cdot \frac{z_2}{\Delta} = \int^{n-1} \frac{M(b_{1,2} x_1 + b_{2,2} x_2 + \cdots + b_{n,2} x_n)\, dx_1\, dx_2 \ldots dx_{n-1}}{x_n \, X^{\frac{1}{2}(n+2)}},$$

$$\cdot \quad \cdot \quad \cdot \quad \cdot \quad \cdot \quad \cdot \quad \cdot \quad \cdot \quad \cdot \quad \cdot \quad \cdot \quad \cdot \quad \cdot \quad \cdot$$

$$\frac{2^{n-1} S}{n} \cdot \frac{z_n}{\Delta} = \int^{n-1} \frac{M(b_{1,n} x_1 + b_{2,n} x_2 + \cdots + b_{n,n} x_n)\, dx_1\, dx_2 \ldots dx_{n-1}}{x_n \, X^{\frac{1}{2}(n+2)}},$$

integralibus $(n-1)$ tuplicibus extensis ad omnes valores reales ipsorum $x_1, x_2, \ldots, x_{n-1}$ et positivos et negativos, pro quibus etiam x_n realis fit, sive pro quibus

$$x_1 x_1 + x_2 x_2 + \cdots + x_{n-1} x_{n-1} \leqq 1;$$

et designante S aut

$$\frac{1}{2.4.6\ldots(n-2)}\left(\frac{\pi}{2}\right)^{\frac{n}{2}} \text{ aut } \frac{1}{1.3.5\ldots(n-2)}\left(\frac{\pi}{2}\right)^{\frac{n-1}{2}},$$

prout n aut par aut impar."

D. 3. Dec. 1834.

FORMULA TRANSFORMATIONIS INTEGRALIUM DEFINITORUM.

Crelle Journal für die reine und angewandte Mathematik, Bd. 15 p. 1—26.

1.

Est theorema notum et maximi momenti, evoluta functione U secundum cosinus aut sinus multiplorum anguli x, coëfficientes evolutionis determinari per integralia definita

$$\int_0^{2\pi} U \cos ix\,dx, \quad \int_0^{2\pi} U \sin ix\,dx.$$

Quorum integralium valores cum semper per quadraturas certe inveniri possint, habetur methodus generalis, eiusmodi evolutiones peragendi.

Evolutio si bene convergit, valores integralium crescente i rapide decrescunt; quod quomodo fiat, facile intelligitur. Pro maioribus enim numeris i, valores functionum sub signo positivi et negativi rapidius se excipiunt, seque invicem maiorem partem destruunt. Hinc autem nascitur quoddam methodi incommodum; valorem enim quantitatis perparvae quaesitum determinandum esse videmus per differentias quantitatum magnarum. Quo incommodo in astronomicis determinatio magnarum inaequalitatum maxime premitur.

Casu speciali, quo evolvenda proponitur expressio

$$\frac{1}{\sqrt{1-2a\cos x+a^2}},$$

prodidit olim ill. Legendre ingeniosam integralium, quibus coëfficientes evolutionis exhibentur, transformationem, qua incommodo illi obveniatur. Quae continetur formula

$$\int_0^\pi \frac{\cos ix\,dx}{\sqrt{1-2a\cos x+a^2}} = a^i \int_0^\pi \frac{\sin^{2i}x\,dx}{\sqrt{1-a^2\sin^2 x}}.$$

Integrale transformatum ductum est in factorem constantem parvum a^i; praeterea etiam sub signo invenitur factor parvus $\sin^{2i}x$; ita ut, si integrali transformato quadraturas applicas, valorem integralis parvum invenis ut summam quantitatum positivarum parvarum; quod calculum expeditum et idoneum suppeditat. Putabat ill. Legendre, illam transformationis formulam unicam sui generis esse*). Sed incidi nuper in formulam generalem, qua, proposita evolutione functionis in seriem secundum cosinus multiplorum anguli procedentem, integralia, quibus coëfficientes evolutionis exhibentur, transformantur in alia, in quibus sub signo loco $\cos ix$ invenitur factor $\sin^{2i}x$, et loco functionis evolvendae i^{tum} eius differentiale, secundum $\cos x$ sumtum. Si functio evolvenda est plurium angulorum, ex. gr. x, y, transformatione alteri variabili post alteram adhibita, integralia duplicia, quibus coëfficientes evolutionis exhibentur, commutantur in alia, in quibus loco factoris $\cos ix \cos i'y$ invenitur factor $\sin^{2i}x \sin^{2i'}y$ et loco functionis differentiale eius, i vicibus secundum $\cos x$, i' vicibus secundum $\cos y$ sumtum. Quae eiusdem generis est transformationis formula, atque illa olim ab ill. Legendre proposita. Rem sequentibus exponam et variis exemplis illustrabo.

2.

Designantibus m, n numeros integros positivos, habentur formulae notae

$$(1)\quad \int_0^{\frac{1}{2}\pi} \sin^{2m}x\cos^{2n}x\,dx = \frac{(2m-1)(2m-3)\dots 1.(2n-1)(2n-3)\dots 1}{(2m+2n)(2m+2n-2)\dots 2}\cdot\frac{\pi}{2},$$

$$(2)\quad \begin{aligned}\int_0^{\frac{1}{2}\pi} \cos^{2m}x\cos 2nx\,dx &= (-1)^n\int_0^{\frac{1}{2}\pi}\sin^{2m}x\cos 2nx\,dx\\ &= \frac{1}{2^{2m}}\cdot\frac{2m(2m-1)\dots(m+n+1)}{1.2\dots(m-n)}\cdot\frac{\pi}{2},\end{aligned}$$

*) *Traité des Fonctions elliptiques, T. II. pag. 536:* nous saisirons cette occasion de démontrer une formule assez remarquable et qui paraît ne se rattacher à aucune autre formule du même genre.

$$(3)\qquad \begin{aligned}\int_0^{\frac{1}{2}\pi} \cos^{2m+1} x \cos(2n+1)x\,dx &= (-1)^n \int_0^{\frac{1}{2}\pi} \sin^{2m+1} x \sin(2n+1)x\,dx \\ &= \frac{1}{2^{2m+1}} \cdot \frac{(2m+1)\,2m \ldots (m+n+2)}{1.2 \ldots (m-n)} \cdot \frac{\pi}{2}.\end{aligned}$$

Formulas duas postremas amplectitur unica sequens, quae valet, quoties $p-i$ numerum parem positivum designat:

$$(4)\qquad \int_0^{\frac{1}{2}\pi} \cos^p x \cos ix\,dx = \frac{1}{2^p} \cdot \frac{p(p-1)\ldots\left(\frac{p+i}{2}+1\right)}{1.2\ldots\left(\frac{p-i}{2}\right)} \cdot \frac{\pi}{2},$$

quam formulam etiam sic exhibere licet:

$$\int_0^{\frac{1}{2}\pi} \cos^p x \cos ix\,dx$$

$$= \frac{p(p-1)\ldots(p-i+1)}{1.3\ldots(2i-1)} \cdot \frac{(p-i-1)(p-i-3)\ldots 1.(2i-1)(2i-3)\ldots 1}{2.4.6\ldots(p+i)} \cdot \frac{\pi}{2},$$

unde e (1) prodit formula

$$(5)\qquad \int_0^{\frac{1}{2}\pi} \cos^p x \cos ix\,dx = \frac{p(p-1)\ldots(p-i+1)}{1.3\ldots(2i-1)} \int_0^{\frac{1}{2}\pi} \sin^{2i} x \cos^{p-} x\,dx.$$

Quae formula ut etiam pro numero $p-i$ impari valeat, utrumque integrale a 0 usque ad π extendamus; quo facto pro impari $p-i$ utrumque evanescit. *Designantibus igitur p, i numeros positivos integros, erit*

$$(6)\qquad \int_0^{\pi} \cos^p x \cos ix\,dx = \frac{p(p-1)\ldots(p-i+1)}{1.3\ldots(2i-1)} \int_0^{\pi} \sin^{2i} x \cos^{p-i} x\,dx.$$

3.

Supponamus, ipsius z functionem $f(z)$ secundum positivas integras ipsius z dignitates evolvi posse, evolutamque fieri

$$f(z) = \Sigma A_p z^p;$$

ponamus porro cum ill. Lagrange

$$\frac{d^i f(z)}{dz^i} = f^{(i)}(z),$$

unde

$$f^{(i)}(z) = \Sigma p(p-1)\ldots(p-i+1)A_p z^{p-i};$$

erit e (6)

$$\int_0^\pi f(\cos x)\cos ix\,dx = \Sigma A_p \int_0^\pi \cos^p x \cos ix\,dx$$

$$= \frac{1}{1.3\ldots(2i-1)}\int_0^\pi dx \sin^{2i} x \{\Sigma p\,(p-1)\ldots(p-i+1)A_p \cos^{p-i} x\}$$

sive

$$(7) \qquad \int_0^\pi f(\cos x)\cos ix\,dx = \frac{1}{1.3\ldots(2i-1)}\int_0^\pi f^{(i)}(\cos x)\sin^{2i} x\,dx.$$

Quae formula integralis definiti transformationem propositam suggerit.

4.

Formula (7), antecedentibus inventa, etiam demonstrari potest ope lemmatis, per se memorabilis:

„*Differentiale* $(i-1)^{tum}$ *ipsius* $\sin^{2i-1} x$, *secundum* $\cos x$ *sumtum*, *fieri*

$$(-1)^{i-1}\,1.3.5\ldots(2i-1)\frac{\sin ix}{i},$$

„*sive*, *posito* $\cos x = z$, *haberi*

$$\frac{d^{i-1}(1-z^2)^{\frac{2i-1}{2}}}{dz^{i-1}} = (-1)^{i-1}1.3.5\ldots(2i-1)\frac{\sin ix}{i}.“$$

Quod ut demonstretur, observo, posito

$$p = a+bz+cz^2, \qquad q = b+2cz,$$

haberi generaliter

$$\frac{d^n p^r}{dz^n} = r(r-1)\ldots(r-n+1)p^{r-n}q^n\left\{\begin{aligned}&1+\frac{n(n-1)}{r-n+1}\frac{cp}{q^2}+\frac{n(n-1)(n-2)(n-3)}{(r-n+1)(r-n+2).2}\frac{c^2p^2}{q^4}\\&+\frac{n(n-1)(n-2)(n-3)(n-4)(n-5)}{(r-n+1)(r-n+2)(r-n+3).2.3}\frac{c^3p^3}{q^6}+\ldots,\end{aligned}\right.$$

cf. Lacroix, *Traité du calcul différentiel et du calcul intégral*, *Seconde édition*, *T. I. pag. 183.* Unde, substitutis valoribus

$$p = a + bz + cz^2 = 1 - z^2 = \sin^2 x, \quad q = -2z = -2\cos x,$$

$$c = -1, \quad r = \frac{2i-1}{2}, \quad n = i-1,$$

provenit

$$\frac{d^{i-1}(1-z^2)^{\frac{2i-1}{2}}}{dz^{i-1}}$$

$$= (-1)^{i-1} 3.5\ldots(2i-1)\Big[\cos^{i-1}x\sin x - \frac{(i-1)(i-2)}{2.3}\cos^{i-3}x\sin^3 x$$

$$+ \frac{(i-1)(i-2)(i-3)(i-4)}{2.3.4.5}\cos^{i-5}x\sin^5 x - \ldots\Big]$$

sive per formulas notas trigonometricas

$$(8) \qquad \frac{d^{i-1}(1-z^2)^{\frac{2i-1}{2}}}{dz^{i-1}} = (-1)^{i-1} 3.5\ldots(2i-1)\frac{\sin ix}{i},$$

quod demonstrandum erat.

Demonstrato lemmate, formula (7) facile probatur integratione per partes, i vicibus repetita. Quoties enim functio aliqua w eiusque differentialia usque ad $(i-1)^{\text{tum}}$ in limitibus integrationis evanescant, notum est, haberi integrando per partes

$$\int w \frac{d^i v}{dz^i} dz = (-1)^i \int v \frac{d^i w}{dz^i} dz.$$

Unde, posito

$$v = f(z), \quad w = (1-z^2)^{\frac{2i-1}{2}},$$

atque integratione a -1 usque ad $+1$ extensa, prodit

$$\int_{-1}^{+1} f^{(i)}(z)(1-z^2)^{\frac{2i-1}{2}} dz = (-1)^i \int_{-1}^{+1} f(z)\frac{d^i(1-z^2)^{\frac{2i-1}{2}}}{dz^i} dz.$$

Ipsum enim $(1-z^2)^{\frac{2i-1}{2}}$ eiusque differentialia usque ad $(i-1)^{\text{tum}}$ in limitibus $z=-1$, $z=+1$ evanescunt. Differentiata autem (8) secundum z, habemus

$$\frac{d^i(1-z^2)^{\frac{2i-1}{2}}}{dz^i}\,dz = (-1)^{i-1}3.5\ldots(2i-1)\cos ix\,dx.$$

Unde, posito $z = \cos x$, formula antecedens abit in sequentem:

$$\int_0^\pi f^{(i)}(\cos x)\sin^{2i}x\,dx = 3.5\ldots(2i-1)\int_0^\pi f(\cos x)\cos ix\,dx,$$

quae est formula proposita (7).

Demonstratio antecedens nil supponit, nisi quod functio $f(\cos x)$ eiusque differentialia usque ad i^{tum} intra limites integrationis assignatos non in infinitum abeant; neque illa supponit, quod prior demonstratio, functionem $f(\cos x)$ secundum dignitates *integras* ipsius $\cos x$ evolvi posse. Ad quem igitur casum formula (7) non restringitur. Unde, posito $f(\cos x) = \cos^p x$, patet, *formulam* (6) *valere etiam si* p *non sit numerus integer, dummodo* $p > i$.

5.

His iungimus considerationes sequentes. Statuamus brevitatis causa

$$B_i = \frac{1.3\ldots(2i-1)}{2.4\ldots2i},$$

erit e (7)

$$B_i\int_0^\pi f(\cos x)\cos ix\,dx = \int_0^\pi \frac{f^{(i)}(\cos x)\sin^{2i}x\,dx}{2^i.1.2.3\ldots i}.$$

Unde, cum, designante h constantem unitate minorem, sit

$$\tfrac{1}{2}\left\{\frac{1}{\sqrt{1-he^{x\sqrt{-1}}}}+\frac{1}{\sqrt{1-he^{-x\sqrt{-1}}}}\right\} = 1+B_1h\cos x+B_2h^2\cos 2x+B_3h^3\cos 3x+\cdots,$$

invenitur per theorema Taylorianum

$$(9)\quad \tfrac{1}{2}\int_0^\pi dx\,f(\cos x)\left\{\frac{1}{\sqrt{1-he^{x\sqrt{-1}}}}+\frac{1}{\sqrt{1-he^{-x\sqrt{-1}}}}\right\} = \int_0^\pi f\left(\cos x+\frac{h\sin^2 x}{2}\right)dx.$$

Quam formulam etiam sic exhibere licet:

$$(10)\qquad \tfrac{1}{2}\int_0^{2\pi}\frac{f(\cos x)\,dx}{\sqrt{1-he^{x\sqrt{-1}}}} = \int_0^\pi f\left(\cos x+\frac{h\sin^2 x}{2}\right)dx.$$

Formula (9) etiam e transformatione indefinita deduci potest. Posito enim

$$\cos\eta = \cos x + \frac{h\sin^2 x}{2},$$

sequitur

$$\sqrt{1-2h\cos\eta+h^2} = 1-h\cos x,$$

unde

$$\sqrt{1-2h\cos\eta+h^2}-(1-h\cos\eta) = \frac{h^2\sin^2 x}{2}.$$

De qua aequatione, extractis radicibus, provenit haec:

$$\sqrt{1-he^{\eta\sqrt{-1}}}-\sqrt{1-he^{-\eta\sqrt{-1}}} = -h\sin x\sqrt{-1}.$$

Qua ducta in

$$\sqrt{1-he^{\eta\sqrt{-1}}}+\sqrt{1-he^{-\eta\sqrt{-1}}},$$

ac divisione per h facta, prodit

$$2\sin\eta = \sin x\left\{\sqrt{1-he^{\eta\sqrt{-1}}}+\sqrt{1-he^{-\eta\sqrt{-1}}}\right\}.$$

Iam differentiata aequatione proposita, nanciscimur

$$\sin\eta\, d\eta = \sin x\,[1-h\cos x]\,dx.$$

Ex antecedentibus autem fit

$$\frac{2\sin\eta}{\sin x\,[1-h\cos x]} = \frac{1}{\sqrt{1-he^{\eta\sqrt{-1}}}}+\frac{1}{\sqrt{1-he^{-\eta\sqrt{-1}}}};$$

unde videmus, *posito*

(11) $$\cos\eta = \cos x + \frac{h\sin^2 x}{2},$$

fieri

(12) $$dx = \tfrac{1}{2}\left\{\frac{1}{\sqrt{1-he^{\eta\sqrt{-1}}}}+\frac{1}{\sqrt{1-he^{-\eta\sqrt{-1}}}}\right\}d\eta,$$

ideoque etiam

(13) $$\int f\left(\cos x+\frac{h\sin^2 x}{2}\right)dx = \tfrac{1}{2}\int f(\cos\eta)\left\{\frac{1}{\sqrt{1-he^{\eta\sqrt{-1}}}}+\frac{1}{\sqrt{1-he^{-\eta\sqrt{-1}}}}\right\}d\eta.$$

Quoties h unitate minor, crescente x a 0 usque ad π, expressio $\cos x+\frac{h\sin^2 x}{2}$

inde a 1 usque ad -1 continuo decrescit, quippe cuius differentiale $-\sin x\,[1-h\cos x]$ valorem semper negativum servat; unde simul etiam angulus η a 0 usque ad π continuo crescit. Hinc patet, in formula (13), altero integrali a 0 usque ad π extenso, etiam alterum a 0 usque ad π extendi. Quod formulam (9) suppeditat.

Observo adhuc, e formulis traditis

$$\sqrt{1-2h\cos\eta+h^2} = 1-h\cos x,$$

$$\sqrt{1-he^{\eta\sqrt{-1}}}-\sqrt{1-he^{-\eta\sqrt{-1}}} = -h\sin x\sqrt{-1},$$

sequi

$$(14)\quad \begin{cases} \left\{1-\sqrt{1-he^{\eta\sqrt{-1}}}\right\}\left\{1+\sqrt{1-he^{-\eta\sqrt{-1}}}\right\} = he^{x\sqrt{-1}}, \\ \left\{1+\sqrt{1-he^{\eta\sqrt{-1}}}\right\}\left\{1-\sqrt{1-he^{-\eta\sqrt{-1}}}\right\} = he^{-x\sqrt{-1}}. \end{cases}$$

E formula (12) habetur integrando expressio anguli x

$$(15)\quad x = \eta+\frac{1}{2}h\sin\eta+\frac{1.3}{2.4}\,\frac{h^2\sin 2\eta}{2}+\frac{1.3.5}{2.4.6}\,\frac{h^3\sin 3\eta}{3}+\cdots$$

Idem etiam deducitur e theoremate **Lagrangiano**, data aequatione

$$\alpha-z+\varphi(z) = 0,$$

fieri

$$\psi(z) = \psi(\alpha)+\varphi(\alpha)\psi'(\alpha)+\frac{1}{2}\,\frac{d[\varphi(\alpha)^2\psi'(\alpha)]}{d\alpha}+\frac{1}{2.3}\,\frac{d^2[\varphi(\alpha)^3\psi'(\alpha)]}{d\alpha^2}+\frac{1}{2.3.4}\,\frac{d^3[\varphi(\alpha)^4\psi'(\alpha)]}{d\alpha^3}+\cdots$$

Quippe e qua serie, posito

$$\psi(z) = \arccos z,\quad \alpha = \cos\eta,\quad \varphi(z) = -\frac{h(1-z^2)}{2},$$

et advocata (8), formula (15) provenit. Vice versa e formula (15) per theorema **Lagrangianum** ipsa (8) deduci potest.

6.

Ut de formula generali (7) deducatur formula supra citata, ab ill. **Legendre** condita,

$$\int_0^\pi \frac{\cos ix\, dx}{\sqrt{1-2a\cos x+a^2}} = a^i \int_0^\pi \frac{\sin^{2i}x\, dx}{\sqrt{1-a^2\sin^2 x}},$$

ita agere licet:

Posito

$$f(\cos x) = [1-2a\cos x+a^2]^{-\frac{1}{2}},$$

habetur

$$\frac{f^{(i)}(\cos x)}{1.3\ldots(2i-1)} = a^i[1-2a\cos x+a^2]^{-\frac{2i+1}{2}},$$

unde e (7) fit

(16) $$\int_0^\pi \frac{\cos ix\, dx}{\sqrt{1-2a\cos x+a^2}} = a^i \int_0^\pi \frac{\sin^{2i}x\, dx}{(1-2a\cos x+a^2)^{\frac{1}{2}(2i+1)}}.$$

Iam posito

(17) $$\sin y = \frac{\sin x}{\sqrt{1-2a\cos x+a^2}},$$

obtinetur, quae nota est transformatio integralium ellipticorum **Landeniana**,

(18) $$\frac{dy}{\sqrt{1-a^2\sin^2 y}} = \frac{dx}{\sqrt{1-2a\cos x+a^2}}.$$

Limites ipsius x ubi sunt 0 et π, ipsius y quoque limites 0 et π habentur; unde e (17), (18) fit

(19) $$\int_0^\pi \frac{\sin^{2i}x\, dx}{(1-2a\cos x+a^2)^{\frac{1}{2}(2i+1)}} = \int_0^\pi \frac{\sin^{2i}y\, dy}{\sqrt{1-a^2\sin^2 y}},$$

quod substitutum in (16) formulam propositam suggerit.

Data occasione adnotabo transformationem indefinitam, quae formulae **Legendrianae** veram indolem aperit. In qua demonstranda signis et notationibus, in fundamentis meis propositis, utar.

Quoties $f(u)$ est functio periodica, hoc est, quae valorem non mutat, aucto argumento u certa quadam constante, quam indicem periodi vocamus: integrale

$$\int f(u)\, du,$$

inter binos quoscunque limites sumtum, quarum differentia indici periodi aequalis est, eundem valorem servat, argumento u quantitate qualibet sive reali sive imaginaria aucto, dummodo intra limites integrationis functio integranda non in infinitum abit.

Hinc, si statuimus

$$f(u) = \sin^{2n} \operatorname{am} u,$$

erit, designante i quantitatem imaginariam $\sqrt{-1}$,

$$\int_0^{2\pi} \frac{\sin^{2n}\varphi\, d\varphi}{\sqrt{1-k^2\sin^2\varphi}} = \int_0^{4K} \sin^{2n} \operatorname{am} u\, du = \int_0^{4K} \sin^{2n}\operatorname{am}\left(u+\frac{iK'}{2}\right) du.$$

Posito $\operatorname{am} u = \varphi$, $\operatorname{am} a = \alpha$, habetur e theoremate Euleriano

$$\sin\operatorname{am}(u+a) = \frac{\cos\alpha\,\Delta\alpha\sin\varphi + \sin\alpha\cos\varphi\,\Delta\varphi}{1-k^2\sin^2\alpha\sin^2\varphi},$$

qua in formula posito $a = \frac{iK'}{2}$, unde

$$\sin\alpha = \frac{i}{\sqrt{k}}, \qquad \cos\alpha = \sqrt{\frac{1+k}{k}}, \qquad \Delta\alpha = \sqrt{1+k},$$

eruitur

$$\sqrt{k}\sin\operatorname{am}\left(u+\frac{iK'}{2}\right) = \frac{(1+k)\sin\varphi + i\cos\varphi\,\Delta\varphi}{1+k\sin^2\varphi}.$$

Iam statuamus

$$\frac{(1+k)\sin\varphi}{1+k\sin^2\varphi} = \sin\psi, \qquad \frac{2\sqrt{k}}{1+k} = \lambda,$$

unde etiam

$$\frac{\cos\varphi\,\Delta\varphi}{1+k\sin^2\varphi} = \cos\psi, \qquad \frac{1-k\sin^2\varphi}{1+k\sin^2\varphi} = \Delta(\psi,\lambda),$$

$$du = \frac{d\varphi}{\Delta\varphi} = \frac{d\psi}{(1+k)\,\Delta(\psi,\lambda)} = \frac{d\psi}{\sqrt{1+2k\cos 2\psi + k^2}}.$$

Quae est substitutio, qua ill. Gauss exhibuit transformationem Landenianam iunctam *bisectioni*. Substitutis formulis antecedentibus, provenit

$$\sqrt{k}\sin\operatorname{am}\left(u+\frac{iK'}{2}\right) = ie^{-i\psi},$$

ideoque

(20) $$\int \frac{\cos 2n\psi - i \sin 2n\psi}{\sqrt{1+2k\cos 2\psi + k^2}} d\psi = (-k)^n \int \sin^{2n} \mathrm{am}\left(u + \frac{iK'}{2}\right) du.$$

Quae est transformatio indefinita, e qua pro limitibus definitis formula ill. Legendre fluit.

Crescente enim u a 0 usque ad $4K$ sive φ a 0 usque ad 2π, etiam ψ a 0 usque ad 2π crescit, inter quos limites evanescit pars imaginaria in $\sin 2n\psi$ ducta; unde prodit

$$(-k)^n \int_0^{2\pi} \frac{\sin^{2n}\varphi\, d\varphi}{\sqrt{1-k^2\sin^2\varphi}} = (-k)^n \int_0^{4K} \sin^{2n} \mathrm{am}\, u\, du = (-k)^n \int_0^{4K} \sin^{2n} \mathrm{am}\left(u + \frac{iK'}{2}\right) du$$

$$= \int_0^{2\pi} \frac{\cos 2n\psi\, d\psi}{\sqrt{1+2k\cos 2\psi + k^2}},$$

quae formula posito $k = -a$, $n = i$ in propositam abit.

7.

Formula

$$\int_0^{\pi} \frac{\cos ix\, dx}{\sqrt{1-2a\cos x + a^2}} = a^i \int_0^{\pi} \frac{\sin^{2i} x\, dx}{\sqrt{1-a^2\sin^2 x}}$$

commode adhibetur, si agitur de evolutione integralis

$$\int_0^{\pi} \frac{\cos ix\, dx}{\sqrt{1-2a\cos x + a^2}}$$

in seriem, quae pro magnis ipsius i valoribus rapide convergat. Nam cum sit e (1)

$$\int_0^{\pi} \sin^{2i} x \cos^{2n} x\, dx = \frac{1.3.5\ldots(2i-1).1.3.5\ldots(2n-1)}{2.4.6\ldots(2i+2n)} \pi$$

$$= \frac{1.3\ldots(2i-1)}{2.4\ldots 2i} \cdot \frac{1.3\ldots(2n-1)}{(2i+2)(2i+4)\ldots(2i+2n)} \pi$$

nec non habeatur

$$\frac{1}{\sqrt{1-a^2\sin^2 x}} = \frac{1}{\sqrt{1-a^2+a^2\cos^2 x}}$$

$$= \frac{1}{\sqrt{1-a^2}} \left[1 - \frac{1}{2}\,\frac{a^2\cos^2 x}{1-a^2} + \frac{1.3}{2.4}\,\frac{a^4\cos^4 x}{(1-a^2)^2} - \frac{1.3.5}{2.4.6}\,\frac{a^6\cos^6 x}{(1-a^2)^3} + \cdots\right],$$

eruitur

$$(21)\qquad \int_0^\pi \frac{\cos ix\,dx}{\sqrt{1-2a\cos x+a^2}}$$

$$= \frac{1.3.5\ldots(2i-1)}{2.4.6\ldots 2i}\frac{\pi a^i}{\sqrt{1-a^2}}\Big\{1-\frac{1}{2}\frac{1}{2i+2}\frac{a^2}{1-a^2}+\frac{1.3}{2.4}\frac{1.3}{(2i+2)(2i+4)}\frac{a^4}{(1-a^2)^2}$$
$$-\frac{1.3.5}{2.4.6}\frac{1.3.5}{(2i+2)(2i+4)(2i+6)}\frac{a^6}{(1-a^2)^3}+\ldots\Big\}$$

quam seriem patet pro magnis ipsius i valoribus celerrime convergere.

Ill. Legendre invenit evolutionem generaliorem memorabilem

$$(22)\qquad \int_0^\pi \frac{\cos ix\,dx}{(1-2a\cos x+a^2)^n}$$

$$= \frac{n(n+1)\ldots(n+i-1)}{1.2\ldots i}\frac{\pi a^i}{(1-a^2)^n}\Big\{1+\frac{n(n-1)}{1.(i+1)}\frac{a^2}{1-a^2}+\frac{(n+1)n(n-1)(n-2)}{1.2.(i+1)(i+2)}\frac{a^4}{(1-a^2)^2}$$
$$+\frac{(n+2)(n+1)n(n-1)(n-2)(n-3)}{1.2.3.(i+1)(i+2)(i+3)}\frac{a^6}{(1-a^2)^3}+\ldots\Big\},$$

quam et ipsam patet pro magnis ipsius i valoribus celerrime convergere. Quam evolutionem ut indagaret, ill. Legendre, explorato per artificium particulare primo seriei termino, assumpsit seriei formam sequentem:

$$\int_0^\pi \frac{\cos ix\,dx}{(1-2a\cos x+a^2)^n} = \pi P_i$$

$$= \frac{n(n+1)\ldots(n+i-1)}{1.2\ldots i}\frac{\pi a^i}{(1-a^2)^n}\Big[1+\frac{c'}{i+1}+\frac{c''}{(i+1)(i+2)}+\frac{c'''}{(i+1)(i+2)(i+3)}+\ldots\Big],$$

ipsis c', c'', c''', ... a numero i non pendentibus. Quo facto, per relationem linearem, quae inter tres terminos P_{i-1}, P_i, P_{i+1} intercedit,

$$(i+1-n)P_{i+1}-\frac{1+a^2}{a}iP_i+(i-1+n)P_{i-1}=0$$

terminos c', c'', c''', ... alios post alios determinavit.

Demonstrationem formulae (22) fortasse magis directam ope theorematis nostri (7) obtines modo sequente:

Posito

$$f(\cos x) = (1-2a\cos x+a^2)^{-n},$$

habetur

$$f^{(i)}(\cos x) = (2a)^i.n(n+1)\ldots(n+i-1).(1-2a\cos x+a^2)^{-(n+i)},$$

unde e (7)

$$(23)\quad \int_0^\pi \frac{\cos ix\,dx}{(1-2a\cos x+a^2)^n} = \frac{n(n+1)\ldots(n+i-1)}{1.3\ldots(2i-1)}(2a)^i \int_0^\pi \frac{\sin^{2i}x\,dx}{(1-2a\cos x+a^2)^{n+i}}.$$

Ponamus $\sqrt{1-2a\cos x+a^2} = R$, $\frac{\sin x}{R} = \sin y$, erit

$$\frac{\sin^{2i}x\,dx}{(1-2a\cos x+a^2)^{n+i}} = -\frac{1}{(2n-1)a}\sin^{2i-1}y\,dR^{-(2n-1)},$$

quod, inter limites 0 et π secundum utramque variabilem integratum, suggerit

$$\int_0^\pi \frac{\sin^{2i}x\,dx}{(1-2a\cos x+a^2)^{n+i}} = -\frac{1}{(2n-1)a}\int_0^\pi \sin^{2i-1}y\,\frac{dR^{-(2n-1)}}{dy}\,dy.$$

Evolvamus expressionem $R^{-(2n-1)}$ secundum ipsius $\cos y$ dignitates ascendentes. Eum in finem observo, haberi

$$R^2-\sin^2 x = (\cos x-a)^2 = \cos^2 y.R^2,$$

ideoque, cum sit $2a(\cos x-a) = 1-a^2-R^2$, fit

$$R^2+2aR\cos y = 1-a^2.$$

Unde habetur evolutio quaesita *)

$$(24)\qquad R^{-(2n-1)} = \sqrt{(1-2a\cos x+a^2)^{-(2n-1)}}$$

$$= \frac{2n-1}{\sqrt{(1-a^2)^{2n-1}}}\Big[\frac{1}{2n-1}+\frac{a\cos y}{\sqrt{1-a^2}}+\frac{2n-1}{2}\,\frac{a^2\cos^2 y}{\sqrt{(1-a^2)^2}}+\frac{(2n-2).2n}{2.3}\,\frac{a^3\cos^3 y}{\sqrt{(1-a^2)^3}}$$
$$+\frac{(2n-3)(2n-1)(2n+1)}{2.3.4}\,\frac{a^4\cos^4 y}{\sqrt{(1-a^2)^4}}+\cdots\Big],$$

unde

$$-\frac{\sin^{2i-1}y}{(2n-1)a}\,\frac{dR^{-(2n-1)}}{dy}$$

$$= (1-a^2)^{-n}\sin^{2i}y\Big[1+(2n-1)\frac{a\cos y}{\sqrt{1-a^2}}+\frac{(2n-2).2n}{1.2}\,\frac{a^2\cos^2 y}{\sqrt{(1-a^2)^2}}$$
$$+\frac{(2n-3)(2n-1)(2n+1)}{1.2.3}\,\frac{a^3\cos^3 y}{\sqrt{(1-a^2)^3}}+\cdots\Big].$$

---

*) V. Lacroix, *Traité du calcul différentiel et du calcul intégral, Seconde édition, T. I p. 286,* ubi ponas loco α, β, γ, y, m, n expressiones $1-a^2$, 1, $-2a\cos y$, R^2, $\frac{1}{2}$, $-\frac{2n-1}{2}$.

Qua expressione secundum y integrata a 0 usque ad π, termini in potestates impares ipsius $\cos y$ ducti evanescunt; pro reliquis fit e (1)

$$\frac{(2n-2m)(2n-2m+2)\dots(2n+2m-2)}{1.2.3\dots 2m}\int_0^\pi \sin^{2i} y \cos^{2m} y\, dy$$
$$=\frac{1.3\dots(2i-1)}{2.4\dots 2i}\cdot\frac{(n-m)(n-m+1)\dots(n+m-1)}{1.2\dots m.(i+1)(i+2)\dots(i+m)}\pi,$$

unde

$$\int_0^\pi \frac{\sin^{2i} x\, dx}{(1-2a\cos x+a^2)^{n+i}} = -\frac{1}{(2n-1)a}\int_0^\pi \sin^{2i-1} y\, \frac{dR^{-(2n-1)}}{dy}dy$$
$$=\frac{1.3\dots(2i-1)}{2.4\dots 2i}(1-a^2)^{-n}\pi\left[1+\frac{(n-1)n}{1.(i+1)}\frac{a^2}{1-a^2}+\frac{(n-2)(n-1)n(n+1)}{1.2.(i+1)(i+2)}\frac{a^4}{(1-a^2)^2}+\cdots\right],$$

quod, substitutum in (23), formulam (22) ab ill. Legendre propositam suggerit.

8.

E formula (23) facile etiam deducis Euleri formulam memorabilem. Posito enim in (23) $2x$ loco x, $-a$ loco a, fit

$$\int_0^\pi \frac{\cos 2ix\, dx}{(1+2a\cos 2x+a^2)^n} = \frac{n(n+1)\dots(n+i-1)}{1.3\dots(2i-1)}(-2a)^i\int_0^\pi \frac{\sin^{2i} 2x\, dx}{(1+2a\cos 2x+a^2)^{n+i}};$$

ponamus in altero integrali

$$\frac{1-a}{1+a}\tang x = \tang y,$$

unde

$$\frac{(1-a^2)\sin 2x}{1+2a\cos 2x+a^2} = \sin 2y,\quad 1+2a\cos 2x+a^2 = \frac{(1-a^2)^2}{1-2a\cos 2y+a^2},$$
$$\frac{(1-a^2)\,dx}{1+2a\cos 2x+a^2} = dy,$$

ideoque

$$\int_0^\pi \frac{\cos 2ix\, dx}{(1+2a\cos 2x+a^2)^n}$$
$$=\frac{n(n+1)\dots(n+i-1)}{1.3\dots(2i-1)}\cdot\frac{(-2a)^i}{(1-a^2)^{2n-1}}\int_0^\pi (1-2a\cos 2y+a^2)^{n-i-1}\sin^{2i} 2y\, dy.$$

Posito autem in (23) $1-n$ loco n, prodit

$$\int_0^\pi (1-2a\cos 2x+a^2)^{n-1}\cos 2ix\,dx$$

$$=\frac{(n-1)(n-2)\dots(n-i)}{1.3\dots(2i-1)}(-2a)^i\int_0^\pi (1-2a\cos 2y+a^2)^{n-i-1}\sin^{2i}2y\,dy,$$

qua formula in antecedente substituta, obtinetur

$$\int_0^\pi \frac{\cos 2ix\,dx}{(1+2a\cos 2x+a^2)^n}$$

$$=\frac{n(n+1)\dots(n+i-1)}{(n-1)(n-2)\dots(n-i)}\cdot\frac{1}{(1-a^2)^{2n-1}}\int_0^\pi (1-2a\cos 2x+a^2)^{n-1}\cos 2ix\,dx,$$

quae est egregia formula, in qua Eulerus olim multum occupatus erat.

9.

Sint ε, μ, e anomalia excentrica, anomalia media, excentricitas, unde

$$\mu=\varepsilon-e\sin\varepsilon.$$

Cosinus et sinus multipli anomaliae excentricae in series infinitas evolvantur, quae secundum cosinus aut sinus multiplorum anomaliae mediae procedunt,

$$\cos n\varepsilon=p_n+2p_n'\cos\mu+2p_n''\cos 2\mu+2p_n'''\cos 3\mu+\cdots,$$
$$\sin n\varepsilon=\quad q_n'\sin\mu+q_n''\sin 2\mu+q_n'''\sin 3\mu+\cdots,$$

erit

$$p_n^{(i)}=\frac{1}{\pi}\int_0^\pi \cos i\mu\cos n\varepsilon\,d\mu=\frac{n}{i\pi}\int_0^\pi \sin i\mu\sin n\varepsilon\,d\varepsilon$$
$$=\frac{n}{2i\pi}\int_0^\pi d\varepsilon\left[\cos((i-n)\varepsilon-ie\sin\varepsilon)-\cos((i+n)\varepsilon-ie\sin\varepsilon)\right],$$

$$q_n^{(i)}=\frac{2}{\pi}\int_0^\pi \sin i\mu\sin n\varepsilon\,d\mu=\frac{2n}{i\pi}\int_0^\pi \cos i\mu\cos n\varepsilon\,d\varepsilon$$
$$=\frac{n}{i\pi}\int_0^\pi d\varepsilon\left[\cos((i-n)\varepsilon-ie\sin\varepsilon)+\cos((i+n)\varepsilon-ie\sin\varepsilon)\right],$$

quae integralium transformationes integrando per partes obtinentur. Si cum ill. Bessel ponimus

$$\frac{1}{\pi}\int_0^\pi \cos(i\varepsilon-k\sin\varepsilon)\,d\varepsilon=I_k^{(i)},$$

erit

$$p_n^{(i)} = \frac{n}{2i}(I_{ie}^{(i-n)} - I_{ie}^{(i+n)}),$$

$$q_n^{(i)} = \frac{n}{i}(I_{ie}^{(i-n)} + I_{ie}^{(i+n)}).$$

Prout i par aut impar, habetur etiam

$$I_k^{(2i)} = \frac{1}{\pi}\int_0^\pi \cos(k\sin\varepsilon)\cos 2i\varepsilon\, d\varepsilon \quad = \frac{(-1)^i}{\pi}\int_0^\pi \cos(k\cos\varepsilon)\cos 2i\varepsilon\, d\varepsilon,$$

$$I_k^{(2i+1)} = \frac{1}{\pi}\int_0^\pi \sin(k\sin\varepsilon)\sin(2i+1)\varepsilon\, d\varepsilon = \frac{(-1)^i}{\pi}\int_0^\pi \sin(k\cos\varepsilon)\cos(2i+1)\varepsilon\, d\varepsilon,$$

unde transcendentes $I_k^{(2i)}$, $I_k^{(2i+1)}$ sunt coëfficientes evolutionis ipsorum $\cos(k\cos\varepsilon)$, $\sin(k\cos\varepsilon)$, secundum cosinus multiplorum ipsius ε institutae,

$$\cos(k\cos\varepsilon) = I_k^{(0)} - 2I_k^{(2)}\cos 2\varepsilon + 2I_k^{(4)}\cos 4\varepsilon - 2I_k^{(6)}\cos 6\varepsilon + \cdots,$$

$$\sin(k\cos\varepsilon) = 2I_k^{(1)}\cos\varepsilon \quad - 2I_k^{(3)}\cos 3\varepsilon + 2I_k^{(5)}\cos 5\varepsilon - \cdots$$

Si cosinus et sinus multipli anomaliae mediae secundum cosinus et sinus multiplorum excentricae evolvendi sunt, ponatur

$$\cos i\mu = k^{(i)} + 2k_1^{(i)}\cos\varepsilon + 2k_2^{(i)}\cos 2\varepsilon + 2k_3^{(i)}\cos 3\varepsilon + \cdots,$$

$$\sin i\mu = \qquad l_1^{(i)}\sin\varepsilon + \quad l_2^{(i)}\sin 2\varepsilon + \quad l_3^{(i)}\sin 3\varepsilon + \cdots,$$

erit

$$k_n^{(i)} = \frac{1}{\pi}\int_0^\pi \cos i\mu\cos n\varepsilon\, d\varepsilon = \frac{1}{2\pi}\int_0^\pi d\varepsilon\,[\cos((i-n)\varepsilon - ie\sin\varepsilon) + \cos((i+n)\varepsilon - ie\sin\varepsilon)],$$

$$l_n^{(i)} = \frac{2}{\pi}\int_0^\pi \sin i\mu\sin n\varepsilon\, d\varepsilon = \frac{1}{\pi}\int_0^\pi d\varepsilon\,[\cos((i-n)\varepsilon - ie\sin\varepsilon) - \cos((i+n)\varepsilon - ie\sin\varepsilon)]$$

sive

$$k_n^{(i)} = \tfrac{1}{2}(I_{ie}^{(i-n)} + I_{ie}^{(i+n)}) = \frac{i}{2n}q_n^{(i)},$$

$$l_n^{(i)} = \quad I_{ie}^{(i-n)} - I_{ie}^{(i+n)} \quad = \frac{2i}{n}p_n^{(i)}.$$

Transcendentium $I_k^{(i)}$ naturam variosque usus in determinandis integralibus definitis exposuit ill. Bessel in commentatione celeberrima *De perturbationibus, quae a motu solis pendent* (*Acad. Berol. ad annum* 1824). In qua demonstravit, functiones $I_k^{(0)}$, $I_k^{(1)}$, $I_k^{(2)}$, $I_k^{(3)}$, ... omnes per duas ex earum numero lineariter exprimi. Unde patet, cognitis coëfficientibus evolutionis ipsorum $\cos\varepsilon$, $\sin\varepsilon$, secundum multipla anomaliae mediae institutae, coëfficientes evolutionis ipsorum $\cos n\varepsilon$, $\sin n\varepsilon$ ex iis lineariter determinari. Eaedem transcendentes cum in theoria motus caloris obveniant, etiam viri illustres, qui de calore egerunt, varias earum proprietates passim adnotaverunt.

Sed his missis factis, transformemus integrale $I_k^{(i)}$ per formulam (7). Cuius ope, posito respective $f(z) = \cos(kz)$, $f(z) = \sin(kz)$, eruitur

$$\pi I_k^{(2i)} = (-1)^i \int_0^\pi \cos(k\cos\varepsilon)\cos 2i\varepsilon\, d\varepsilon$$

$$= \frac{k^{2i}}{1.3.5\ldots(4i-1)} \int_0^\pi \cos(k\cos\varepsilon)\sin^{4i}\varepsilon\, d\varepsilon,$$

$$\pi I_k^{(2i+1)} = (-1)^i \int_0^\pi \sin(k\cos\varepsilon)\cos(2i+1)\varepsilon\, d\varepsilon$$

$$= \frac{k^{2i+1}}{1.3.5\ldots(4i+1)} \int_0^\pi \cos(k\cos\varepsilon)\sin^{4i+2}\varepsilon\, d\varepsilon,$$

unde, sive i par sit, sive impar,

$$\pi I_k^{(i)} = \frac{k^i}{1.3\ldots(2i-1)} \int_0^\pi \cos(k\cos\varepsilon)\sin^{2i}\varepsilon\, d\varepsilon.$$

Quam transcendentis $I_k^{(i)}$ expressionem et ipse ill. Bessel (l. c. form. 53) per artificia particularia demonstravit.

10.

Addam exemplum de integrali duplici transformando, quod et ipsum in astronomicis utile esse potest. Sit

$$f^{(i,i')}(\cos x, \cos x') = \frac{\partial^{i+i'} f(y,z)}{\partial y^i \partial z^{i'}},$$

si post differentiationes factas ponitur $y = \cos x$, $z = \cos x'$: obtinetur e formula (7), variabilibus x, x' alteri post alteram applicata,

$$(25)\qquad \int_0^\pi\int_0^\pi f(\cos x, \cos x')\cos ix \cos i'x' dx\, dx'$$

$$= \frac{1}{1.3\ldots(2i-1).1.3\ldots(2i'-1)}\int_0^\pi\int_0^\pi f^{(i,i')}(\cos x, \cos x')\sin^{2i}x \sin^{2i'}x'\, dx\, dx'.$$

Sit

$$f(\cos x, \cos x') = (l+2l'\cos x+2l''\cos x')^{-n},$$

erit e (25)

$$(26)\qquad \int_0^\pi\int_0^\pi \frac{\cos ix \cos i'x'\, dx\, dx'}{(l+2l'\cos x+2l''\cos x')^n}$$

$$= (-2)^{i+i'}(l')^i(l'')^{i'}\frac{n(n+1)(n+2)\ldots(n+i+i'-1)}{1.3\ldots(2i-1).1.3\ldots(2i'-1)}\int_0^\pi\int_0^\pi \frac{\sin^{2i}x \sin^{2i'}x'\, dx\, dx'}{(l+2l'\cos x+2l''\cos x')^{n+i+i'}}.$$

Sint duarum planetarum orbitae circulares, radii a, a', inclinatio I, anomaliae φ, φ'. Quarum planetarum distantiae reciprocae n^{ta} potestas evolvenda proponatur secundum multipla ipsorum $\varphi+\varphi'$, $\varphi-\varphi'$; quae sit evolutio

$$\frac{1}{[a^2-2aa'(\cos\varphi\cos\varphi'+\cos I\sin\varphi\sin\varphi')+a'^2]^{\frac{1}{2}n}} = \Sigma p_{i,i'}\cos i(\varphi-\varphi')\cos i'(\varphi+\varphi'),$$

summa extensa ad numeros i, i' et positivos et negativos a $-\infty$ usque ad $+\infty$. Posito $\frac{1}{2}n$ loco n, porro

$$l = a^2+a'^2,\qquad l' = -aa'\cos^2(\tfrac{1}{2}I),\qquad l'' = -aa'\sin^2(\tfrac{1}{2}I),$$

$$\varphi-\varphi' = x,\qquad \varphi+\varphi' = x',$$

erit e (26)

$$p_{i,i'} = \frac{1}{\pi^2}\int_0^\pi\int_0^\pi \frac{\cos ix\cos i'x'\, dx\, dx'}{[a^2-2aa'(\cos^2(\frac{1}{2}I)\cos x+\sin^2(\frac{1}{2}I)\cos x')+a'^2]^{\frac{1}{2}n}}$$

$$(27)\qquad = \frac{n(n+2)(n+4)\ldots(n+2i+2i'-2)}{1.3\ldots(2i-1).1.3\ldots(2i'-1)}a^{i+i'}a'^{i+i'}\cos^{2i}(\tfrac{1}{2}I)\sin^{2i'}(\tfrac{1}{2}I)$$

$$\cdot\frac{1}{\pi^2}\int_0^\pi\int_0^\pi \frac{\sin^{2i}x\sin^{2i'}x'\, dx\, dx'}{[a^2-2aa'(\cos^2(\frac{1}{2}I)\cos x+\sin^2(\frac{1}{2}I)\cos x')+a'^2]^{\frac{1}{2}n+i+i'}}.$$

Quae posterior expressio, cum et ordinem coëfficientis $p_{i,i'}$ bene manifestet, et, si computus per quadraturas placet, commoda sit, in perturbationibus usui esse potest, si inclinatio, uti recentiorum planetarum, maiuscula est.

11.

Formula (7) etiam adhiberi potest valori integralis $\int_0^\pi U \cos i\varphi\, d\varphi$ determinando, si i in infinitum crescit. Quae poscitur determinatio, ut, evoluta U in seriem secundum cosinus multiplorum ipsius φ procedentem, de convergentia seriei iudicari possit. Transformato enim per (7) integrali proposito $\int_0^\pi U \cos i\varphi\, d\varphi$ in formam $\int_0^\pi V \sin^{2i}\varphi\, d\varphi$, huic pro i infinito determinando applicari potest methodus **Laplaciana** pro integralibus, quae sub signo integrationis magnis exponentibus afficiuntur, proxime determinandis.

Sit ex. gr.

$$A = \int_0^\pi \frac{\cos ix\, dx}{(l+2l'\cos x)^n},$$

erit e (7)

$$A = \frac{n(n+1)\ldots(n+i-1)}{1.3\ldots(2i-1)}(-2l')^i \int_0^\pi \left(\frac{\sin^2 x}{l+2l'\cos x}\right)^i \frac{dx}{(l+2l'\cos x)^n}.$$

Quaeramus valorem maximum expressionis, sub signo integrationis ad i^{tam} dignitatem elatae, quae, posito $\cos x = y$, fit

$$\frac{\sin^2 x}{l+2l'\cos x} = \frac{1-y^2}{l+2l'y}.$$

Cuius differentiali $= 0$ posito, fit

$$0 = y(l+2l'y) + l'(1-y^2) = l' + ly + l'y^2,$$

unde prodeunt duo ipsius y valores

$$y = \frac{-l \pm \sqrt{l^2 - 4l'^2}}{2l'},$$

quorum productum cum sit $= 1$, alter unitate absolute maior erit, alter absolute minor. Posterior eligi debet, cum $y = \cos x$ ideoque unitate absolute minor; qui valor, si, quod supponimus, l positiva, radicali positivo respondet. Habetur autem pro valore illo

$$\frac{1-y^2}{l+2l'y} = \frac{y(1-y^2)}{ly+2l'y^2} = -\frac{y}{l'} = \frac{l-\sqrt{l^2-4l'^2}}{2l'^2} = \frac{2}{l+\sqrt{l^2-4l'^2}},$$

qui est valor maximus quaesitus. Differentiale secundum expressionis

$$\frac{1-y^2}{l+2l'y} = \frac{4l'^2-l^2}{4l'^2(l+2l'y)} + \frac{l}{2l'^2} - \frac{l+2l'y}{4l'^2},$$

respectu ipsius y sumtum, fit pro valore ipsius y assignato

$$-\frac{2(l^2-4l'^2)}{(l+2l'y)^3} = -\frac{2}{\sqrt{l^2-4l'^2}}.$$

Unde, posito

$$y = \frac{-l+\sqrt{l^2-4l'^2}}{2l'} - \frac{t}{\sqrt{i}},$$

provenit

$$\frac{1-y^2}{l+2l'y} = \frac{2}{l+\sqrt{l^2-4l'^2}} - \frac{t^2}{i\sqrt{l^2-4l'^2}} + \frac{\alpha t^3}{\sqrt{i^3}} + \cdots$$

ideoque pro i infinito

$$\left(\frac{1-y^2}{l+2l'y}\right)^i = \left(\frac{2}{l+\sqrt{l^2-4l'^2}}\right)^i e^{-\frac{l+\sqrt{l^2-4l'^2}}{2\sqrt{l^2-4l'^2}}t^2}.$$

Porro fit pro i infinito

$$\frac{dx}{(l+2l'\cos x)^n} = -\frac{dy}{\sqrt{1-y^2}(l+2l'y)^n} = \left(\frac{l+\sqrt{l^2-4l'^2}}{2}\right)^{\frac{1}{2}}(l^2-4l'^2)^{-\frac{2n+1}{4}}\frac{dt}{\sqrt{i}}.$$

Integralis limites pro i infinito sumere licet a $-\infty$ usque ad $+\infty$; inter quos limites habetur

$$\left(\frac{l+\sqrt{l^2-4l'^2}}{2}\right)^{\frac{1}{2}}\int_{-\infty}^{+\infty} e^{-\frac{l+\sqrt{l^2-4l'^2}}{2\sqrt{l^2-4l'^2}}t^2}\,dt = \sqrt[4]{l^2-4l'^2}\sqrt{\pi}.$$

Quibus omnibus substitutis, prodit pro i infinito

$$(28)\qquad A = \frac{n(n+1)\dots(n+i-1)}{1.3\dots(2i-1)}(l^2-4l'^2)^{-\frac{1}{2}n}\left(\frac{-4l'}{l+\sqrt{l^2-4l'^2}}\right)^i\sqrt{\frac{\pi}{i}}.$$

Si statuitur $l = 1+a^2$, $l' = a$, fit e (28)

$$(29)\qquad A = \frac{n(n+1)\dots(n+i-1)}{1.3\dots(2i-1)}(1-a^2)^{-n}(-2a)^i\sqrt{\frac{\pi}{i}}.$$

Eadem expressio habetur e formula (22) ill. Legendre

$$(30)\qquad A = \frac{n(n+1)\ldots(n+i-1)}{1.2\ldots i}(1-a^2)^{-n}(-a)^i\pi.$$

Utraque (29), (30) inter se comparata, prodit pro i infinito

$$(31)\qquad \frac{1.3\ldots(2i-1)}{2.4\ldots2i} = \frac{1}{\sqrt{i\pi}},$$

quae Wallisii nota est formula.

12.

Quaeramus iam valorem duplicis integralis

$$B = \int_0^\pi\int_0^\pi \frac{\cos ix\cos i'x'dx\,dx'}{(l+2l'\cos x+2l''\cos x')^n}$$

primum, si alter numerorum i, i' infinitus; *deinde*, si uterque in infinitum abit.

Sit igitur i infinitus, i' finitus; ponendo $l+2l''\cos x'$ loco l in (28), obtinemus

$$B = \frac{n(n+1)\ldots(n+i-1)}{1.3\ldots(2i-1)}\sqrt{\frac{\pi}{i}}(-4l')^i\int_0^\pi \frac{[(l+2l''\cos x')^2-4l'^2)]^{-\frac{1}{2}n}\cos i'x'dx'}{[l+2l''\cos x'+\sqrt{(l+2l''\cos x')^2-4l'^2}]^i}.$$

Expressionis sub signo integrationis ad i^{tam} dignitatem elatae valor maximus respondet, siquidem l'' positiva, valori $x'=\pi$. Posito igitur $x'=\pi-\frac{t}{\sqrt{i}}$, fit

$$l+2l''\cos x'+\sqrt{(l+2l''\cos x')^2-4l'^2}$$

$$= l-2l''+\sqrt{(l-2l'')^2-4l'^2}+\frac{l-2l''+\sqrt{(l-2l'')^2-4l'^2}}{\sqrt{(l-2l'')^2-4l'^2}}\,\frac{l''t^2}{i}+\frac{\alpha t^4}{i^2}+\cdots,$$

unde pro i infinito

$$[l+2l''\cos x'+\sqrt{(l+2l''\cos x')^2-4l'^2}]^{-i}$$

$$= [l-2l''+\sqrt{(l-2l'')^2-4l'^2}]^{-i}\,e^{-\frac{l''t^2}{\sqrt{(l-2l'')^2-4l'^2}}}.$$

Cum π sit alter limes integrationis propositae neque ulterius x' extendatur, limites respectu ipsius t erunt 0 et ∞. Facta integratione, pro i infinito, i' finito, prodit

$$\text{(32)}\qquad \int_0^\pi\int_0^\pi \frac{\cos ix\cos i'x'\,dx\,dx'}{(l+2l'\cos x+2l''\cos x')^n}$$

$$=(-1)^{i+i'}\frac{n(n+1)\dots(n+i-1)}{1.3\dots(2i-1)}\,\frac{\pi}{2i}\,\frac{[(l-2l'')^2-4l'^2]^{-\frac{2n-1}{4}}}{\sqrt{l''}}\left(\frac{4l'}{l-2l''+\sqrt{(l-2l'')^2-4l'^2}}\right)^i,$$

siquidem l'' positiva accipitur. Numerum i' videmus in valore apposito tantum signum afficere. Eandem formulam e (31) etiam sic repraesentare licet:

$$\frac{1.2.3\dots i.1.2.3\dots i}{1.3\dots(2i-1).n(n+1)\dots(n+i-1)}\,\frac{1}{\pi^2}\int_0^\pi\int_0^\pi\frac{\cos ix\cos i'x'\,dx\,dx'}{(l+2l'\cos x+2l''\cos x')^n}$$

$$\text{(33)}\qquad =(-1)^{i+i'}\frac{[(l-2l'')^2-4l'^2]^{-\frac{2n-1}{4}}}{2\sqrt{l''}}\left(\frac{l'}{l-2l''+\sqrt{(l-2l'')^2-4l'^2}}\right)^i.$$

Si i' eiusdem ordinis est atque $\sqrt{i}$, ponatur

$$\frac{i'}{\sqrt{i}}=r,$$

quae erit quantitas finita; fit

$$\cos i'x' = \cos i'\left(\pi-\frac{t}{\sqrt{i}}\right)=(-1)^{i'}\cos rt.$$

Unde, cum habeatur nota formula

$$\int_0^\infty dt\cos rt\, e^{-a^2t^2}=\frac{\sqrt{\pi}}{2a}e^{-\frac{r^2}{4a^2}}=e^{-\frac{r^2}{4a^2}}\int_0^\infty dt\,e^{-a^2t^2},$$

altera pars aequationis (32) vel (33) adhuc multiplicanda erit per

$$e^{-\frac{r^2\sqrt{(l-2l'')^2-4l'^2}}{4l''}}.$$

Iam ad alterum casum pergamus, quo $\frac{i'}{i}$ quantitas finita.

13.

Sit igitur $\frac{i'}{i} = r$ quantitas finita: per formulam (25) invenimus (26)

$$B = \int_0^\pi \int_0^\pi \frac{\cos ix \cos i'x' dx\, dx'}{(l + 2l' \cos x + 2l'' \cos x')^n}$$

$$= (-2)^{i+i'} \frac{n(n+1)\dots(n+i+i'-1)}{1.3\dots(2i-1).1.3\dots(2i'-1)} (l')^i (l'')^{i'} \int_0^\pi \int_0^\pi \left(\frac{\sin^2 x \sin^{2r} x'}{(l+2l'\cos x+2l''\cos x')^{1+r}}\right)^i \frac{dx\, dx'}{(l+2l'\cos x+2l''\cos x'}$$

Sit $\cos x = y$, $\cos x' = z$, ac quaeramus expressionis

$$\frac{\sin^2 x \sin^{2r} x'}{(l+2l'\cos x+2l''\cos x')^{1+r}} = \frac{(1-y^2)(1-z^2)^r}{(l+2l'y+2l''z)^{1+r}}$$

valorem maximum. Expressione et secundum y et secundum z differentiata, et differentialibus nihilo aequiparatis, prodeunt aequationes

$$(34) \qquad \begin{aligned} (1+r)l' + \ ly + (1-r)l'y^2 &= -2l''yz, \\ (1+r)l'' + rlz - (1-r)l''z^2 &= -2rl'yz; \end{aligned}$$

a quibus ipsarum y, z valores, qui expressionem propositam maximam reddant, petendi sunt. Quibus inventis, habetur, si ex aequatione priore z eliminas sive e posteriore y,

$$l + 2l'y + 2l''z = -(1+r)l' \frac{1-y^2}{y} = -\frac{(1+r)l''}{r} \frac{1-z^2}{z},$$

ideoque valor maximus quaesitus

$$(35) \qquad \frac{(1-y^2)(1-z^2)^r}{(l+2l'y+2l''z)^{1+r}} = \left(-\frac{1}{1+r}\right)^{1+r} \frac{r^r}{l'(l'')^r} yz^r.$$

Observo, quod natura problematis poscit, aequationum (34) alteram in alteram abire, permutatis l' et l'', y et z, simulque posito $\frac{1}{r}$ loco r.

Sint $y = a$, $z = b$ valores quaesiti, erit e (34)

$$al + [1 + r + (1-r)a^2]l' + 2abl'' = 0,$$

$$rbl + 2rabl' + [1 + r - (1-r)b^2]l'' = 0,$$

unde

$$(36)\qquad l:l':l'' = \frac{1+a^2}{1-a^2}+r\frac{1+b^2}{1-b^2} : -\frac{a}{1-a^2} : -\frac{br}{1-b^2}.$$

Quibus aequationibus si pro datis ipsarum a, b valoribus satisfit, iisdem etiam pro valoribus eorum reciprocis satisfieri patet.

In locum formulae (36), accito multiplicatore p, substituamus aequationes

$$\frac{1+a^2}{1-a^2}+r\frac{1+b^2}{1-b^2} = pl, \qquad -\frac{a}{1-a^2} = pl', \qquad -\frac{br}{1-b^2} = pl'',$$

unde, posito

$$\frac{1+a^2}{1-a^2} = \sqrt{1+4p^2l'^2} = A, \qquad r\frac{1+b^2}{1-b^2} = \sqrt{r^2+4p^2l''^2} = B,$$

eruitur

$$A+B = pl;$$

qua aequatione per $A-B$ multiplicata, fit

$$pl(A-B) = 1-r^2+4p^2(l'l'-l''l''),$$

unde

$$2plA = 1-r^2+p^2(ll+4l'l'-4l''l''),$$
$$2plB = -(1-r^2)+p^2(ll-4l'l'+4l''l'').$$

Quarum aequationum alterutra quadrata, prodit

$$0 = (1-r^2)^2-2[(1+r^2)ll-4(1-r^2)(l'l'-l''l'')]p^2+Ep^4,$$

siquidem brevitatis causa ponitur

$$E = (l+2l'+2l'')(l+2l'-2l'')(l-2l'+2l'')(l-2l'-2l'').$$

Integrale propositum ne inter limites integrationis in infinitum abeat, statui debet, summam ipsarum $2l'$, $2l''$ positive acceptarum ipsa l minorem esse; unde E semper erit positiva. Quo casu habentur ipsius p^2 duo valores positivi, dati per aequationem

$$Ep^2 = M+2l\sqrt{R}$$

sive

$$p^2 = \frac{(1-r^2)^2}{M-2l\sqrt{R}} = \frac{M+2l\sqrt{R}}{E},$$

si brevitatis causa statuitur

$$M = (1+r^2)ll-4(1-r^2)(l'l'-l''l''),$$
$$R = r^2ll-4(1-r^2)(r^2l'l'-l''l'').$$

E formulis, quibus pA, pB rationaliter per p^2 exhibuimus, fit

$$\frac{pA}{1-r^2} = \frac{l-\sqrt{R}}{M-2l\sqrt{R}}, \quad \frac{pB}{1-r^2} = -\frac{r^2 l-\sqrt{R}}{M-2l\sqrt{R}},$$

sive, cum sit

$$p = \frac{1-r^2}{\sqrt{M-2l\sqrt{R}}},$$

provenit

$$A = \frac{l-\sqrt{R}}{\sqrt{M-2l\sqrt{R}}}, \quad B = -\frac{r^2 l-\sqrt{R}}{\sqrt{M-2l\sqrt{R}}},$$

unde

$$a = -\frac{A-1}{2l'p} = -\frac{l-\sqrt{R}-\sqrt{M-2l\sqrt{R}}}{2(1-r^2)l'},$$

$$b = -\frac{B-r}{2l''p} = \frac{r^2 l-\sqrt{R}+r\sqrt{M-2l\sqrt{R}}}{2(1-r^2)l''}$$

sive etiam

$$a = -\frac{2l'p}{A+1} = -\frac{2(1-r^2)l'}{l-\sqrt{R}+\sqrt{M-2l\sqrt{R}}},$$

$$b = -\frac{2l''p}{B+r} = -\frac{2(1-r^2)l''}{\sqrt{R}-r^2 l+r\sqrt{M-2l\sqrt{R}}}.$$

In expressionibus antecedentibus duo inveniuntur radicalia; $\sqrt{R}$ et $\sqrt{M-2l\sqrt{R}}$, e quorum duplici signo quatuor prodeunt systemata valorum ipsarum a, b. In expressionibus autem A, B, p, a, b radicalia illa eodem signo accipienda sunt; quo facto valores eorum correspondentes sine omni ambiguitate determinantur.

Si radicalis $\sqrt{M-2l\sqrt{R}}$ signum in oppositum mutas, eodem manente $\sqrt{R}$, abit p in $-p$, simulque a, b in $\frac{1}{a}$, $\frac{1}{b}$. Quod patet e formulis

$$A = \frac{1+a^2}{1-a^2} = \frac{l-\sqrt{R}}{\sqrt{M-2l\sqrt{R}}}, \quad B = r\frac{1+b^2}{1-b^2} = -\frac{r^2 l-\sqrt{R}}{\sqrt{M-2l\sqrt{R}}}$$

sive etiam ex ipsarum a, b valoribus, cum sit

$$M-R = ll-4(1-r^2)^2 l'l',$$

$$r^2 M-R = r^4 ll-4(1-r^2)^2 l''l''.$$

Quantitates E, M, R semper sunt positivae, porro, cum sit

$$M^2-4llR=(1-r^2)^2E,$$

erit expressionum $M\pm 2l\sqrt{R}$ utraque positiva. Supponamus, quod licet, $r=\frac{i'}{i}<1$, sequitur ex aequationibus

$$R=ll-(1-r^4)[ll+4r^2l'l'-4l''l''],$$

$$R=r^4ll+(1-r^4)[r^2(ll-4l'l')+4l''l''],$$

esse

$$l>\pm\sqrt{R}>r^2l.$$

Unde liquet, si $\sqrt{R}$ positive accipiatur, expressiones

$$A=\frac{1+a^2}{1-a^2}=\frac{l-\sqrt{R}}{\sqrt{M-2l\sqrt{R}}},\quad B=r\,\frac{1+b^2}{1-b^2}=\frac{\sqrt{R}-r^2l}{\sqrt{M-2l\sqrt{R}}}$$

eodem signo affectas esse, et quidem, si $\sqrt{M-2l\sqrt{R}}$ positiva, utramque fore positivam, ideoque utramque a, b unitate absolute minorem; si $\sqrt{M-2l\sqrt{R}}$ negativa, utramque A, B fore negativam, ideoque utramque a, b unitate absolute maiorem. Porro, si $\sqrt{R}$ negativa, prout $\sqrt{M-2l\sqrt{R}}$ aut positiva aut negativa, fore aut A positivam, B negativam, ideoque a unitate absolute minorem, b unitate absolute maiorem; aut A negativam, B positivam, ideoque a unitate absolute maiorem, b unitate absolute minorem.

Sequitur ex antecedentibus, siquidem summa ipsarum $2l'$, $2l''$ positive acceptarum ipsa l inferior est, quod in integrali proposito supponi debet, semper dari systema et unicum quidem valorum $y=a$, $z=b$, unitate absolute minorem; qui valores, si $r<1$, quod supponere licet, radicalibus $\sqrt{R}$, $\sqrt{M-2l\sqrt{R}}$ positivis respondent. Eodem modo probatur, si $r>1$, valores illos respondere $\sqrt{R}$ positivo, $\sqrt{M-2l\sqrt{R}}$ negativo.

Valores ipsarum y, z, quorum in quaestione proposita usus est, unitate absolute minores esse debent, cum sit $y=\cos x$, $z=\cos x'$. Unde expressio proposita

$$\frac{\sin^2 x\,\sin^{2r}x'}{(l+2l'\cos x+2l''\cos x')^{1+r}}$$

nonnisi *unum* maximum habet. Quod invenitur e (35), si $r<1$,

$$\frac{r^r[2(1-r)]^{1+r}}{(l-\sqrt{R}+\sqrt{M-2l\sqrt{R}})(\sqrt{R}-r^2l+r\sqrt{M-2l\sqrt{R}})^r}=\mu,$$

utroque radicali positive accepto.

Si $r=1$, fit

$$p=\frac{2l}{\sqrt{E}},\quad A=\frac{ll+4l'l'-4l''l''}{\sqrt{E}},\quad B=\frac{ll-4l'l'+4l''l''}{\sqrt{E}},$$

$$a=-\frac{4ll'}{ll+4l'l'-4l''l''+\sqrt{E}},\quad b=-\frac{4ll''}{ll-4l'l'+4l''l''+\sqrt{E}};$$

maximum quaesitum fit

$$\mu=\frac{2}{ll-4l'l'-4l''l''+\sqrt{E}}.$$

Quaeramus iam valores, quos induunt differentialia secunda expressionis

$$u=\frac{(1-y^2)(1-z^2)^r}{(l+2l'y+2l''z)^{1+r}},$$

si post differentiationes ponitur $y=a$, $z=b$. Differentialia prima ipsius u habemus

$$\frac{\partial u}{\partial y}=-\frac{2u}{(1-y^2)(l+2l'y+2l''z)}[(1+r)l'+ly+(1-r)l'y^2+2l''yz],$$

$$\frac{\partial u}{\partial z}=-\frac{2u}{(1-z^2)(l+2l'y+2l''z)}[(1+r)l''+rlz-(1-r)l''z^2+2rl'yz].$$

Quibus iterum differentiatis, cum pro valoribus substituendis $y=a$, $z=b$ evanescant

$$(1+r)l'+ly+(1-r)l'y^2+2l''yz,$$

$$(1+r)l''+rlz-(1-r)l''z^2+2rl'yz,$$

prodit

$$\frac{\partial^2 u}{\partial y^2}=-\frac{2\mu[l+2(1-r)l'a+2l''b]}{(1-a^2)(l+2l'a+2l''b)},$$

$$\frac{\partial^2 u}{\partial z^2}=-\frac{2\mu[rl-2(1-r)l''b+2rl'a]}{(1-b^2)(l+2l'a+2l''b)},$$

$$\frac{\partial^2 u}{\partial y\partial z}=-\frac{4\mu l''a}{(1-a^2)(l+2l'a+2l''b)}=-\frac{4\mu rl'b}{(1-b^2)(l+2l'a+2l''b)}.$$

Quae expressiones e formulis inventis abeunt in sequentes:

$$\frac{1}{2}\frac{\partial^2 u}{\partial y^2} = -\frac{\mu[1+r-(1-r)a^2]}{(1+r)(1-a^2)^2} = -\mu\alpha,$$

$$\frac{1}{2}\frac{\partial^2 u}{\partial z^2} = -\frac{\mu r[1+r+(1-r)b^2]}{(1+r)(1-b^2)^2} = -\mu\gamma,$$

$$\frac{\partial^2 u}{\partial y\,\partial z} = \frac{4\mu r ab}{(1+r)(1-a^2)(1-b^2)} = 2\mu\beta,$$

unde

$$\alpha\gamma-\beta\beta = \frac{r[1+r-(1-r)(a^2-b^2)-(1+r)a^2b^2]}{(1+r)(1-a^2)^2(1-b^2)^2}$$

$$= \frac{(B+r^2A)}{(1+r)(1-a^2)(1-b^2)} = \frac{p\sqrt{R}}{(1+r)(1-a^2)(1-b^2)}.$$

Ponamus iam

$$\cos x = y = a-\frac{t}{\sqrt{i}},\quad \cos x' = z = b-\frac{t'}{\sqrt{i}},$$

erit

$$\frac{\sin^2 x\sin^{2r}x'}{(l+2l'\cos x+2l''\cos x')^{1+r}} = \mu\left(1-\frac{\alpha tt-2\beta tt'+\gamma t't'}{i}+\frac{\delta}{\sqrt{i^3}}+\cdots\right),$$

unde pro i infinito

$$\left[\frac{\sin^2 x\sin^{2r}x'}{(l+2l'\cos x+2l''\cos x')^{1+r}}\right]^i = \frac{\sin^{2i}x\sin^{2i'}x}{(l+2l'\cos x+2l''\cos x')^{i+i'}} = \mu^i e^{-(\alpha tt-2\beta tt'+\gamma t't')}.$$

Fit porro pro i infinito

$$\frac{dx\,dx'}{(l+2l'\cos x+2l''\cos x')^n}$$

$$= \frac{1}{\sqrt{(1-a^2)(1-b^2)}}\,\frac{1}{(l+2l'a+2l''b)^n}\,\frac{dt\,dt'}{i} = \frac{p^n\,dt\,dt'}{i(1+r)^n\sqrt{(1-a^2)(1-b^2)}}.$$

Integrationis limites respectu ipsarum t, t' fiunt $-\infty$ et $+\infty$; inter quos limites habetur

$$\iint dt\,dt'\,e^{-(\alpha tt-2\beta tt'+\gamma t't')} = \frac{\pi}{\sqrt{\alpha\gamma-\beta\beta}} = \frac{\pi\sqrt{1+r}\,\sqrt{(1-a^2)(1-b^2)}}{\sqrt{p}\,\sqrt[4]{R}}.$$

Unde tandem *pro i, i' infinitis evadit valor integralis*

$$\int_0^\pi\int_0^\pi \frac{\cos ix\cos i'x'\,dx\,dx'}{(l+2l'\cos x+2l''\cos x')^n},$$

si i', i in ratione finita manent $\frac{i'}{i} = r$,

$$\frac{(-4)^{i+i'}\pi}{i}\,\frac{n(n+1)\ldots(n+i+i'-1)}{1.3\ldots(2i-1).1.3\ldots(2i'-1)}\,\frac{1}{\sqrt[4]{R}\,(M-2l\sqrt{R})^{\frac{1}{2}(2n-1)}}$$

$$\cdot\frac{r^{i'}(1-r)^{i+i'+\frac{1}{2}(2n-1)}(l')^{i}(l'')^{i'}}{\left(l-\sqrt{R}+\sqrt{M-2l\sqrt{R}}\right)^{i}\left(\sqrt{R}-r^{2}l+r\sqrt{M-2l\sqrt{R}}\right)^{i'}},$$

ubi

$$R = r^{2}ll-4(1-r^{2})(r^{2}l'l'-l''l''),$$
$$M = (1+r^{2})ll-4(1-r^{2})(l'l'-l''l''),$$

radicalibus positive acceptis.

Factorem numericum e (31) etiam sic exhibere licet:

$$\frac{(-4)^{i+i'}\pi}{i}\,\frac{n(n+1)\ldots(n+i+i'-1)}{1.3\ldots(2i-1).1.3\ldots(2i'-1)} = \pi^{2}(-2)^{i+i'}\,\frac{n(n+1)\ldots(n+i+i'-1)}{1.2\ldots i.1.2\ldots i'}\sqrt{r}.$$

Casu speciali, quo $i = i'$, $r = 1$, *fit pro i infinito*

$$\int_0^{\pi}\int_0^{\pi}\frac{\cos ix\cos ix'\,dx\,dx'}{(l+2l'\cos x+2l''\cos x')^{n}}$$

$$= 2^{i}\,\frac{n(n+1)\ldots(n+2i-1)}{1.2\ldots i.1.2\ldots i}\,\frac{l^{n-1}}{E^{\frac{1}{2}(2n-1)}}\,\frac{(l')^{i}(l'')^{i}\pi^{2}}{(ll-4l'l'-4l''l''+\sqrt{E})^{i}},$$

posito

$$E = (l+2l'+2l'')(l+2l'-2l'')(l-2l'+2l'')(l-2l'-2l'').$$

Si statuitur

$$l = \frac{1+a^{2}}{1-a^{2}}+\frac{1+b^{2}}{1-b^{2}},\quad l' = -\frac{a}{1-a^{2}},\quad l'' = -\frac{b}{1-b^{2}},$$

fit

$$ll-4l'l'-4l''l'' = \frac{4(1+a^{2}b^{2})}{(1-a^{2})(1-b^{2})},\quad \sqrt{E} = 2l = \frac{4(1-a^{2}b^{2})}{(1-a^{2})(1-b^{2})},$$

unde, *designantibus a, b quantitates reales unitate absolute minores, habetur pro i infinito*

$$\int_0^{\pi}\int_0^{\pi}\frac{\cos ix\cos ix'\,dx\,dx'}{\left(\frac{1-2a\cos x+a^{2}}{2(1-a^{2})}+\frac{1-2b\cos x'+b^{2}}{2(1-b^{2})}\right)^{n}}$$

$$= \frac{n(n+1)(n+2)\ldots(n+2i-1)}{2.4\ldots 2i.2.4\ldots 2i}\sqrt{\frac{(1-a^{2})(1-b^{2})}{1-a^{2}b^{2}}}\,a^{i}b^{i}\pi^{2}.$$

Quae satis simplices sunt formulae.

14.

Data occasione, addam pauca de integralibus

$$\int_0^\pi\int_0^\pi \frac{\cos ix \cos i'x' dx\, dx'}{(l+2l'\cos x+2l''\cos x')^n}$$

eorumque similibus; quae alio loco demonstrabo. Ac primum observo generaliter, quod est theorema magni momenti, *designante* Δ *functionem ipsarum* $\cos x$, $\sin x$, $\cos x'$, $\sin x'$ *rationalem quamcumque, semper positivam, integralia*

$$\int_0^\pi\int_0^\pi \frac{\cos ix \cos i'x' dx\, dx'}{\Delta^n}, \quad \int_0^\pi\int_0^\pi \frac{\cos ix \sin i'x' dx\, dx'}{\Delta^n},$$

$$\int_0^\pi\int_0^\pi \frac{\sin ix \cos i'x' dx\, dx'}{\Delta^n}, \quad \int_0^\pi\int_0^\pi \frac{\sin ix \sin i'x' dx\, dx'}{\Delta^n}$$

pro diversis ipsarum i, i' *valoribus integris omnia per numerum eorum finitum lineariter exprimi.* Et per eadem lineariter exprimuntur integralia illa pro exponentibus ipsius Δ a proposito n numero integro quolibet differentibus.

Integralia

$$\int_0^\pi\int_0^\pi \frac{\cos ix \cos i'x' dx\, dx'}{(l+2l'\cos x+2l''\cos x')^n}$$

omnia per *quatuor* ex eorum numero lineariter exprimi possunt. Si

$$\begin{aligned}\Delta = a+b\cos x+c\sin x+\cos x'(a'+b'\cos x+c'\sin x)\\ +\sin x'(a''+b''\cos x+c''\sin x),\end{aligned}$$

integralia

$$\int_0^\pi\int_0^\pi \frac{\cos ix \cos i'x' dx\, dx'}{\Delta^n}, \quad \int_0^\pi\int_0^\pi \frac{\cos ix \sin i'x' dx\, dx'}{\Delta^n},$$

$$\int_0^\pi\int_0^\pi \frac{\sin ix \cos i'x' dx\, dx'}{\Delta^n}, \quad \int_0^\pi\int_0^\pi \frac{\sin ix \sin i'x' dx\, dx'}{\Delta^n}$$

omnia per *septem* ex eorum numero lineariter exprimi possunt. Statuamus expressioni antecedenti ipsius Δ accedere duos terminos $d\cos 2x+d'\cos 2x'$, forma ipsius Δ convenit quadrato distantiae duarum planetarum, per anomalias earum excentricas expressae. Quo casu habetur theorema:

„*Duarum planetarum, quae in orbitis ellipticis moventur, distantia, ad pote-*

„statem quamcumque elata, si in seriem infinitam evolvenda proponitur, secun- „dum cosinus ac sinus multiplorum anomaliarum earum excentricarum proce- „dentem: evolutionis coëfficientes numero dupliciter infinitae omnes per q u i n- *„* d e c i m *ex earum numero lineariter exprimi possunt.“*

Casu, quo summa ipsarum $2l'$, $2l''$ positive acceptarum ipsam l aequat, integralia

$$\int_0^{\pi}\int_0^{\pi}\frac{\cos ix\cos i'x'dx\,dx'}{(l+2l'\cos x+2l''\cos x')^{\frac{1}{2}}}$$

revocare contigit ad productum duorum integralium ellipticorum, quorum moduli alter alterius complementum. Sint enim l', l'' positivae, $l=2(l'+l'')$, ac statuatur

$$\varkappa^2=\frac{\sqrt{l'+l''}-\sqrt{l''}}{\sqrt{l'+l''}+\sqrt{l''}},\qquad \varkappa'^2=\frac{2\sqrt{l''}}{\sqrt{l'+l''}+\sqrt{l''}},$$

$$\lambda^2=\frac{\sqrt{l'+l''}-\sqrt{l'}}{\sqrt{l'+l''}+\sqrt{l'}},\qquad \lambda'^2=\frac{2\sqrt{l'}}{\sqrt{l'+l''}+\sqrt{l'}},$$

inveni, quoties $i'\geqq i$,

$$\frac{4}{\pi^2}\,\frac{1^2.3^2\ldots(2i-1)^2}{(2i'+2i-1)(2i'+2i-3)\ldots(2i'-2i+1)}\int_0^{\pi}\int_0^{\pi}\frac{\cos ix\cos i'x'\,dx\,dx'}{(l+2l'\cos x+2l''\cos x')^{\frac{1}{2}}}$$

$$=\frac{(-1)^{i+i'}}{\sqrt{l'+l''}+\sqrt{l''}}\int_0^{\frac{1}{2}\pi}\sin^{2i'-2i}\varphi\cos^{2i}\varphi\,(1-\varkappa^2\sin^2\varphi)^{2i-1}d\varphi$$

$$\cdot\int_0^{\frac{1}{2}\pi}\sin^{2i}\varphi\cos^{2i}\varphi\,(1-\varkappa'^2\sin^2\varphi)^{2i'-2i-1}d\varphi;$$

quoties $i\geqq i'$,

$$\frac{4}{\pi^2}\,\frac{1^2.3^2\ldots(2i'-1)^2}{(2i+2i'-1)(2i+2i'-3)\ldots(2i-2i'+1)}\int_0^{\pi}\int_0^{\pi}\frac{\cos ix\cos i'x'dx\,dx'}{(l+2l'\cos x+2l''\cos x')^{\frac{1}{2}}}$$

$$=\frac{(-1)^{i+i'}}{\sqrt{l'+l''}+\sqrt{l'}}\int_0^{\frac{1}{2}\pi}\sin^{2i-2i'}\varphi\cos^{2i'}\varphi\,(1-\lambda^2\sin^2\varphi)^{2i'-1}d\varphi$$

$$\cdot\int_0^{\frac{1}{2}\pi}\sin^{2i'}\varphi\cos^{2i'}\varphi\,(1-\lambda'^2\sin^2\varphi)^{2i-2i'-1}d\varphi.$$

Cum sit $\lambda=\frac{1-\varkappa}{1+\varkappa}$, modulus λ e modulo $\varkappa'$ per transformationem L a n d e- n i a n a m provenit. Si

$$l+2l'\cos x+2l''\cos x' = 1+2a(\cos^2(\tfrac{1}{2}I)\cos x+\sin^2(\tfrac{1}{2}I)\cos x')+a^2,$$

eruitur casu, quo $a=1$,

$$\varkappa = \operatorname{tang}(45^0-\tfrac{1}{4}I), \qquad \lambda = \operatorname{tang}(\tfrac{1}{4}I),$$

$$\frac{1}{\sqrt{l'+l''}+\sqrt{l''}} = \frac{1}{1+\sin(\frac{1}{2}I)}, \qquad \frac{1}{\sqrt{l'+l''}+\sqrt{l'}} = \frac{1}{1+\cos(\frac{1}{2}I)}.$$

Quae formulae casum concernunt, quo duarum planetarum distantiae mediae a sole inter se aequales existunt. Quo casu evolutiones vulgares secundum inclinationis potestates deficiunt.

E formulis antecedentibus, quae satis difficiles indagatu erant, aliae multae et ipsae valde memorabiles fluunt; de quibus omnibus alio loco nobis agendum erit. Si $i=i'$, duae prodeunt duplicis integralis repraesentationes per simplicia, quae per substitutionem

$$\cos\varphi\,\Delta(\lambda,\varphi) = \sin 2\psi$$

altera ad alteram revocantur.

15.

Si in formula (7) substituimus loco $\sin^{2i}x$ eius evolutionem secundum cosinus multiplorum ipsius $2x$, provenit

$$(37) \qquad \int_0^\pi f(\cos x)\cos ix\,dx$$

$$= \frac{1}{2.4.6\ldots 2i}\int_0^\pi f^{(i)}(\cos x)\left[1-2\frac{i}{i+1}\cos 2x+2\frac{i(i-1)}{(i+1)(i+2)}\cos 4x-\cdots\right]dx.$$

Ubi singula integralia rursus per eandem (37) transformantur, posito successive $i=2, 4, 6, \ldots$, prodit

$$2.4.6\ldots 2i\int_0^\pi f(\cos x)\cos ix\,dx$$

$$= \int_0^\pi dx\Big[f^{(i)}-2\frac{i}{i+1}\,\frac{f^{(i+2)}}{2.4}\left(1-\frac{4}{3}\cos 2x+\frac{1}{3}\cos 4x\right)$$

$$+2\frac{i(i-1)}{(i+1)(i+2)}\,\frac{f^{(i+4)}}{2.4.6.8}\left(1-\frac{8}{5}\cos 2x+\frac{4}{5}\cos 4x-\frac{8}{5.7}\cos 6x+\frac{1}{5.7}\cos 8x\right)+\cdots\Big].$$

Qua repetita transformatione, pervenimus ad seriem infinitam, per quam integrale propositum repraesentare licet,

$$(38)\qquad \int_0^\pi f(\cos x)\cos ix\,dx = \int_0^\pi dx(\alpha f^{(i)} - \beta f^{(i+2)} + \gamma f^{(i+4)} - \delta f^{(i+6)} + \cdots),$$

ubi $f^{(m)}$ designat ipsius $\frac{d^m f(z)}{dz^m}$ valorem pro $z = \cos x$, atque $\alpha, \beta, \gamma, \delta, \ldots$ sunt numeri constantes.

Sit $f(z) = \cos(\varkappa z)$, i numerus par, erit e (38)

$$\int_0^\pi \cos(\varkappa\cos x)\cos ix\,dx$$

$$= (-1)^{\frac{1}{2}i}\varkappa^i \int_0^\pi dx\cos(\varkappa\cos x)[\alpha + \beta\varkappa^2 + \gamma\varkappa^4 + \delta\varkappa^6 + \cdots].$$

Sit $f(z) = \sin(\varkappa z)$, i numerus impar, erit e (38)

$$\int_0^\pi \sin(\varkappa\cos x)\cos ix\,dx$$

$$= (-1)^{\frac{1}{2}(i-1)}\varkappa^i \int_0^\pi dx\cos(\varkappa\cos x)[\alpha + \beta\varkappa^2 + \gamma\varkappa^4 + \delta\varkappa^6 + \cdots].$$

Unde pro i sive pari sive impari fit e §. 9

$$(39)\qquad \alpha + \beta\varkappa^2 + \gamma\varkappa^4 + \delta\varkappa^6 + \cdots = \frac{I_\varkappa^{(i)}}{\varkappa^i I_\varkappa^{(0)}}$$

$$= \frac{1}{2.4.6\ldots 2i}\cdot\frac{1 - \frac{\varkappa^2}{2.(2i+2)} + \frac{\varkappa^4}{2.4.(2i+2)(2i+4)} - \frac{\varkappa^6}{2.4.6.(2i+2)(2i+4)(2i+6)} + \cdots}{1 - \frac{\varkappa^2}{2^2} + \frac{\varkappa^4}{2^2.4^2} - \frac{\varkappa^6}{2^2.4^2.6^2} + \cdots},$$

de qua formula numerorum $\alpha, \beta, \gamma, \delta, \ldots$ determinatio peti potest.

9. Juli 1835.

DE EVOLUTIONE EXPRESSIONIS $(l + 2l' \cos\varphi + 2l'' \cos\varphi')^{-n}$ IN SERIEM INFINITAM SECUNDUM COSINUS MULTIPLORUM UTRIUSQUE ANGULI φ, φ' PROCEDENTEM.

Crelle Journal für die reine und angewandte Mathematik, Bd. 15 p. 205—228.

1.

Egregiam olim in *Exercitiis calculi integralis*, repetitam deinde in opere de *Functionibus ellipticis*, conscripsit ill. Legendre disquisitionem de evolutione expressionis

$$(1 - 2a\cos\varphi + a^2)^{-n}$$

in seriem infinitam, secundum cosinus multiplorum ipsius φ procedentem. Facile perspicis, principia disquisitionis extendi posse ad evolutionem dignitatum expressionis magis complicatae, ex. gr. ad evolvendam expressionem

$$(a + b\cos\varphi + c\sin\varphi + d\cos^2\varphi + e\cos\varphi\sin\varphi + f\sin^2\varphi)^{-n};$$

quam quaestionem valde utilem sollerti nuper discipulo commisi, qui mox ea perfunctus erit. Quamvis vero in his quoque rebus gravia restent, in quibus tractandis a novis principiis proficisci debes, hoc loco ad alius generis disquisitionem methodos viri illustris applicabo, videlicet ad evolutionem dignitatum expressionis *duos* angulos involventis, secundum utriusque anguli multipla instituendam. Expressionem autem, ut in re minus nota, simplicissimam elegi hanc

$$(l + 2l'\cos\varphi + 2l''\cos\varphi')^{-n},$$

in cuius evolutione hoc loco acquiescam; theoremata quaedam de expressionibus complicatioribus a me inventa in alia nuper commentatione indicavi.

Evolutionum secundum multipla unius anguli procedentium coëfficientes omnes ad numerum earum finitum revocari possunt. In evolutionibus secundum multipla duorum angulorum procedentibus, cum coëfficientes sint numero dupliciter infinitae, dubium oriri potest, an una pluresve series coëfficientium simpliciter infinitae cognitae esse debeant, e quibus reliquae determinentur, sive et hoc casu numerus coëfficientium finitus reliquis omnibus determinandis sufficiat. Nam si evolutionem secundum multipla alterius anguli ordinas, et per methodum vulgarem relationem inter coëfficientes quaeris, videbis, coëfficientes evolutionis propositae formare series *dupliciter recurrentes*, quarum termini assignari omnes non possunt, nisi eorum infiniti numero dati sint. Sed cum evolutionem secundum alterum quoque angulum ordinare liceat, alteram eruis relationem ab antecedente diversam; quo intelligitur, *coëfficientes evolutionis propositae formare series dupliciter recurrentes secundum duas scalas inter se diversas.* Generaliter quidem eiusmodi series dupliciter recurrentes formari non possunt, quae duabus simul scalis quibuscunque satisfaciant. Est enim problema plus quam determinatum, sive unusquisque terminus ad antecedentia pluribus modis revocari poterit, unde fieri potest, ut ex aequationibus inter coëfficientes, quas duae illae scalae suppeditant, aliae aliis contradicant. Si vero, ut in quaestione nostra, eiusmodi series re vera dantur, aequationes, quas duae scalae suppeditant, cum sibi ipsae contradicere nequeant, aliae aliis contineri debent, sive complures ex earum numero erunt abundantes. Videbimus igitur, per alteram scalam coëfficientes numero dupliciter infinito ad series earum unam pluresve simpliciter infinitas revocari; aequationum deinde, quas altera scala suppeditat, pars ulteriori reductioni adhiberi poterit, pars abundabit. Qua reductione ulteriori, facile tibi persuadebis, quaecunque sit expressio cosinuum vel sinuum duorum angulorum rationalis finita, cuius potestas secundum multipla utriusque anguli evolvenda proponatur, perveniri ad coëfficientes numero finitas, ad quas reliquae omnes revocari possint.

In casu simplici, quem hic consideramus, habentur duae relationum scalae inter quinque coëfficientes

$$p_{i,i'},\quad p_{i-1,i'},\quad p_{i+1,i'},\quad p_{i,i'-1},\quad p_{i,i'+1},$$

e quibus, unam eliminando, quinque alias deducere licet, quarum binae reliquarum locum tenent. Alterius relationis ope coëfficientes omnes ad duas earum series simpliciter infinitas $p_{i,0}$, $p_{i,1}$ revocari possunt; quarum deinde termini omnes per alteram relationum scalam ulterius reducuntur ad quatuor, ex. gr. ad hos

$$p_{0,0},\quad p_{0,1},\quad p_{1,0},\quad p_{1,1}.$$

Praeterea aequationes ex altera scala proveniunt numero dupliciter infinito abundantes. Quae quomodo reliquis contineantur, accurata ratiocinatione demonstravi.

Numerus coëfficientium, ad quas reliquae omnes revocari possunt, constare nequit, nisi antea constet, quaenam aequationum, quae inter coëfficientes evolutionis locum habent, abundent seu ex reliquis sponte fluant. Nam unaquaque aequatione, quae reliquis non continetur, ille numerus unitate minuitur. Sive autem ad calculum coëfficientium illis reductionibus uti placet, sive non, id semper gravissimi momenti est, ut bene scias, ad quemnam earum numerum omnes revocare liceat. Distinctio ista in aequationes ad reductionem coëfficientium necessarias et in aequationes abundantes seu superfluas in casu nostro simplici sine magna difficultate transigebatur; sed in casibus magis complicatis fieri vix potest propter calculos inextricabiles, ut generaliter ex ipsis aequationibus cognoscatur, quaenam reliquis contineantur. Qua de re ipsas examinavi aequationes duas differentiales, e quibus relationum scalae petuntur; quo facto, regulam generalem inveni, qua aequationes abundantes a necessariis distinguantur, quamvis complicatae illae sint expressiones, quarum potestas evolvenda proponitur. Seiunctis igitur aequationibus abundantibus, in reductionibus per reliquas efficiendis non metuendum est, ut in aequationes incidas identicas, sed regulae illius beneficio tuto et sine omni ambiguitate omnibus casibus numerum minimum coëfficientium assignare vales, quibus reliquae omnes determinantur.

Ex aequationibus, quae e duabus relationum scalis sequuntur, aliae innumerae formari possunt, quarum eas prae caeteris consideravi, quae alterum indicem eundem habent, sive ordinata evolutione secundum cosinus multiplorum alterius anguli, qui in functiones alterius anguli multiplicantur secundum cosinus multiplorum eius procedentes, relationes inter coëfficientes harum functionum unius anguli investigavi. Relationum scala, quae invenitur, est inter quinque terminos se proxime insequentes, qua omnes, uti fieri debet, ad quatuor revocantur. E qua deinde scala aequationes differentiales deduxi, quibus functiones illae satisfacere debent; quae tertii ordinis inveniuntur. Ubi vero aequationes illae differentiales directa via de aequationibus duabus differentialibus deducuntur, e quibus duae relationum scalae fluunt, aequationes differentiales assurgunt tantum ad ordinem secundum. Sed accidit, ut relationes inter coëfficientes functionum illarum unius anguli ex aequationibus differentialibus secundi ordinis magis complicatae evadant, quam quae ex aequationibus differentialibus tertii ordinis prodibant.

Sub finem adstruxi formulas, quibus coëfficientes evolutionis expressionis $(l+2l'\cos\varphi+2l''\cos\varphi')^{-(n+1)}$, quas $q_{i,i'}$ dicemus, per ipsas $p_{i,i'}$ sive per coëfficientes evolutionis ipsius $(l+2l'\cos\varphi+2l''\cos\varphi')^{-n}$ exprimantur. Quod fieri posse, facile patet. Harum enim expressiones per illas facillime inveniuntur, sola multiplicatione per $l+2l'\cos\varphi+2l''\cos\varphi'$ facta. Unde quatuor coëfficientes $p_{i,i'}$ si per ipsas $q_{i,i'}$ exhibemus, quae et ipsae ad quatuor revocari possunt, singulas $q_{i,i'}$ ex ipsis $p_{i,i'}$ per resolutionem quatuor aequationum linearium obtines. Qua in re circumspectione quadam agendum est, ne in calculos prolixiores incidas. Per considerationem valde facilem et directam inveni quatuor aequationes lineares simplicissimas, quibus $p_{i,i'}$, $p_{i-1,i'}$, $p_{i,i'-1}$, $p_{i-1,i'-1}$ per $q_{i,i'}$, $q_{i-1,i'}$, $q_{i,i'-1}$, $q_{i-1,i'-1}$ exprimuntur. Quae formam curiosam habent

$$aw+bx+cy+dz = t,$$
$$bw+ax+dy+cz = t',$$
$$cw+dx+ay+bz = t'',$$
$$dw+cx+by+az = t''',$$

in quibus adeo $d=0$; quod aequationum genus per solas additiones et subtractiones eleganter resolvitur.

Quoties problema a resolutione aequationum linearium pendet, hodie seorsim examinare solemus casum, quo resolutio fit illusoria, sive quo denominator valoribus incognitarum algebraicis communis evanescit. Qui casus in hac quaestione obvenit, quoties valor absolutus ipsius l aequat summam valorum absolutorum ipsarum $2l'$, $2l''$. Quo casu memorabili ducimur ad novam relationem inter quatuor coëfficientes, ad quas reliquae omnes revocari possunt. Unde eo casu coëfficientes omnes revocari possunt ad tres. Iam ipsas formulas apponamus.

2.

Propositum sit, expressionem

$$\Delta^{-n} = (l+2l'\cos\varphi+2l''\cos\varphi')^{-n}$$

in seriem infinitam evolvere, secundum cosinus multiplorum utriusque anguli φ, φ' procedentem; quam seriem repraesentemus per formulam

$$\Delta^{-n} = \Sigma p_{i,i'}\, e^{(i\varphi+i'\varphi')\sqrt{-1}},$$

designante e basin logarithmorum naturalium, atque indicibus i, i' tributis valoribus omnibus a $-\infty$ usque ad $+\infty$. Cum in evolutione proposita tantum *cosinus* angulorum inveniantur, fieri debet

$$p_{i,i'} = p_{i,-i'} = p_{-i,i'} = p_{-i,-i'},$$

unde, si ipsis i, i' valores tribuuntur a 1 usque ad ∞, seriem propositam etiam hoc modo repraesentare possumus:

$$\Delta^{-n} = p_{0,0}+2\,\Sigma p_{i,0}\cos i\varphi+2\Sigma p_{0,i'}\cos i'\varphi'+4\Sigma p_{i,i'}\cos i\varphi\cos i'\varphi'.$$

Coëfficientium $p_{i,i'}$ habetur expressio per integralia definita

$$(1)\qquad p_{i,i'} = \frac{1}{\pi^2}\int_0^\pi\int_0^\pi \frac{\cos i\varphi\cos i'\varphi'\,d\varphi\,d\varphi'}{(l+2l'\cos\varphi+2l''\cos\varphi')^n}.$$

Quae integralia demonstravi nuper transformari posse in has:

$$p_{i,i'} = \frac{(-2)^{i+i'}}{\pi^2}\,\frac{n(n+1)(n+2)\ldots(n+i+i'-1)}{1.3\ldots(2i-1).1.3\ldots(2i'-1)}\,(l')^i(l'')^{i'}\int_0^\pi\int_0^\pi \frac{\sin^{2i}\varphi\sin^{2i'}\varphi'\,d\varphi\,d\varphi'}{(l+2l'\cos\varphi+2l''\cos\varphi')^{n+i+i'}}.$$

Relationes inter coëfficientes evolutionis $p_{i,i'}$ nanciscimur hoc modo:

Statuamus $U=\Delta^{-n}$, erit

$$(3)\quad \begin{aligned} \Delta\frac{\partial U}{\partial\varphi}+n\frac{\partial\Delta}{\partial\varphi}U &= \frac{\partial\Delta U}{\partial\varphi}+(n-1)\frac{\partial\Delta}{\partial\varphi}U = 0,\\ \Delta\frac{\partial U}{\partial\varphi'}+n\frac{\partial\Delta}{\partial\varphi'}U &= \frac{\partial\Delta U}{\partial\varphi'}+(n-1)\frac{\partial\Delta}{\partial\varphi'}U = 0.\end{aligned}$$

In quibus aequationibus substituamus expressiones

$$U=\Sigma p_{i,i'}e^{(i\varphi+i'\varphi')\sqrt{-1}},\quad \Delta=l+l'(e^{\varphi\sqrt{-1}}+e^{-\varphi\sqrt{-1}})+l''(e^{\varphi'\sqrt{-1}}+e^{-\varphi'\sqrt{-1}}),$$

$$\frac{\partial\Delta}{\partial\varphi}=\sqrt{-1}\,l'(e^{\varphi\sqrt{-1}}-e^{-\varphi\sqrt{-1}}),\quad \frac{\partial\Delta}{\partial\varphi'}=\sqrt{-1}\,l''(e^{\varphi'\sqrt{-1}}-e^{-\varphi'\sqrt{-1}});$$

quo facto, si statuimus, prodire

$$(4)\quad \begin{aligned} 0 &= \frac{\partial\Delta U}{\partial\varphi}+(n-1)\frac{\partial\Delta}{\partial\varphi}U=\sqrt{-1}\;\Sigma g_{i,i'}e^{(i\varphi+i'\varphi')\sqrt{-1}},\\ 0 &= \frac{\partial\Delta U}{\partial\varphi'}+(n-1)\frac{\partial\Delta}{\partial\varphi'}U=\sqrt{-1}\;\Sigma h_{i,i'}e^{(i\varphi+i'\varphi')\sqrt{-1}},\end{aligned}$$

invenitur

$$(5)\quad \begin{aligned} 0=g_{i,i'} &= i[lp_{i,i'}+l'(p_{i-1,i'}+p_{i+1,i'})+l''(p_{i,i'-1}+p_{i,i'+1})]\\ &\qquad +(n-1)l'[p_{i-1,i'}-p_{i+1,i'}],\\ 0=h_{i,i'} &= i'[lp_{i,i'}+l'(p_{i-1,i'}+p_{i+1,i'})+l''(p_{i,i'-1}+p_{i,i'+1})]\\ &\qquad +(n-1)l''[p_{i,i'-1}-p_{i,i'+1}]\end{aligned}$$

sive

$$(6)\quad \begin{aligned} 0=g_{i,i'} &= i\,[lp_{i,i'}+l''(p_{i,i'-1}+p_{i,i'+1})]+l'\,[(i+n-1)p_{i-1,i'}+(i-n+1)p_{i+1,i'}],\\ 0=h_{i,i'} &= i'[lp_{i,i'}+l'\,(p_{i-1,i'}+p_{i+1,i'})]+l''\,[(i'+n-1)p_{i,i'-1}+(i'-n+1)p_{i,i'+1}].\end{aligned}$$

E (5) facile sequitur

$$(7)\quad 0=f_{i,i'}=\frac{i'g_{i,i'}-ih_{i,i'}}{n-1}=i'l'(p_{i-1,i'}-p_{i+1,i'})-il''(p_{i,i'-1}-p_{i,i'+1}),$$

de qua aequatione exponentem n et constantem l prorsus abiisse videmus. Porro sequitur e (6), (7)

$$0 = \quad f_{i,i'}+h_{i,i'} = i'[lp_{i,i'}+2l'\,p_{i-1,i'}]+l''[(i'-i+n-1)p_{i,i'-1}+(i'+i-n+1)p_{i,i'+1}],$$

$$0 = -f_{i,i'}+h_{i,i'} = i'[lp_{i,i'}+2l'\,p_{i+1,i'}]+l''[(i'+i+n-1)p_{i,i'-1}+(i'-i-n+1)p_{i,i'+1}],$$

$$0 = -f_{i,i'}+g_{i,i'} = i\,[lp_{i,i'}+2l''p_{i,i'-1}]+l'\,[(i-i'+n-1)p_{i-1,i'}+(i+i'-n+1)p_{i+1,i'}],$$

$$0 = \quad f_{i,i'}+g_{i,i'} = i\,[lp_{i,i'}+2l''p_{i,i'+1}]+l'\,[(i+i'+n-1)p_{i-1,i'}+(i-i'-n+1)p_{i+1,i'}].$$

Duae aequationes (5) sive (6), in quas primum incidimus, sunt inter quinque terminos $p_{i,i'}$, $p_{i-1,i'}$, $p_{i+1,i'}$, $p_{i,i'-1}$, $p_{i,i'+1}$; quarum unam si eliminamus, quod quinque modis fieri potest, pervenimus ad quinque aequationes (7), (8), quae tantum inter quatuor terminos sunt. Septem aequationes (6), (7), (8) omnes e duabus quibuslibet ex earum numero proveniunt. Si vero datum supponis, haberi $p_{i,i'}=p_{-i,i'}$, aut $p_{i,i'}=p_{i,-i'}$, sufficit unica aequatio. Nam si $p_{i,i'}=p_{-i,i'}$, mutato i in $-i$, aequationum (8) duae priores; si $p_{i,i'}=p_{i,-i'}$, mutato i' in $-i'$, aequationum (8) duae posteriores in se invicem abeunt.

Formulae (7), (8) exceptionem pati videntur, si $n=1$; eo enim casu duae aequationes (5) seu (6) in eandem abeunt, neque fieri potest, ut reliquae ex iis deriventur. Sed observo, aequationem (7) etiam directe derivari posse ex aequatione differentiali, quae generaliter valet, quaecunque sit U ipsius Δ functio,

$$\frac{\partial\Delta}{\partial\varphi}\frac{\partial U}{\partial\varphi'}-\frac{\partial\Delta}{\partial\varphi'}\frac{\partial U}{\partial\varphi}=0, \tag{9}$$

quippe quae casu nostro, substitutis ipsarum Δ, U expressionibus, facile suppeditat

$$\frac{\partial\Delta}{\partial\varphi}\frac{\partial U}{\partial\varphi'}-\frac{\partial\Delta}{\partial\varphi'}\frac{\partial U}{\partial\varphi}=-\Sigma f_{i,i'}\,e^{(i\varphi+i'\varphi')\sqrt{-1}}=0, \tag{10}$$

unde etiam pro $n=1$ habetur $f_{i,i'}=0$, quae est aequatio (7). Cuius ope deinde reliquae aequationes (8) demonstrantur. Casu igitur $n=1$ habentur e (6), (7) inter coëfficientes evolutionis ipsius

$$\frac{1}{l+2l'\cos\varphi+2l''\cos\varphi'}=\Sigma p_{i,i'}\,e^{(i\varphi+i'\varphi')\sqrt{-1}}$$

aequationes

$$(11)\quad \begin{aligned} 0 &= lp_{i,i'}+l'(p_{i-1,i'}+p_{i+1,i'})+l''(p_{i,i'-1}+p_{i,i'+1}),\\ 0 &= \qquad i'l'(p_{i-1,i'}-p_{i+1,i'})-i\,l''(p_{i,i'-1}-p_{i,i'+1}),\end{aligned}$$

quarum prior etiam de aequatione $\Delta U=1$ derivari potest, quae simul eius exceptionem indicat, quae pro $i=i'=0$ locum habet. Quo casu aequationis illius expressio ad dextram non evanescit, sed unitati aequalis fit, sive habetur

$$(12)\qquad 1=l\,p_{0,0}+2l'p_{1,0}+2l''p_{0,1}.$$

Videamus iam, quinam sit numerus minimus coëfficientium $p_{i,i'}$, ad quem per relationes inventas reliquae omnes revocari possint.

3.

Ex altera aequationum (6), ex. gr. e prima $g_{i,i'}=0$, patet, coëfficientes omnes $p_{i,i'}$ lineariter exprimi posse per $p_{i,0}$ et $p_{i,1}$; quippe quae formula generaliter docet, quomodo per coëfficientes $p_{i,i'-1}$, $p_{i,i'}$ coëfficientes $p_{i,i'+1}$ sive etiam per $p_{i,i'+1}$, $p_{i,i'}$ ipsae $p_{i,i'-1}$ lineariter exprimantur. Ut vero coëfficientes $p_{i,0}$, $p_{i,1}$ ulterius reducamus, advocanda est altera aequationum (6) $h_{i,i'}=0$. In qua si primum ponimus $i'=0$, prodit $p_{i,-1}=p_{i,1}$, unde, si idem facimus in aequatione $g_{i,i'}=0$, prodit

$$(13)\qquad 0=i[l p_{i,0}+2l''p_{i,1}]+l'[(i+n-1)p_{i-1,0}+(i-n+1]p_{i+1,0}],$$

cuius formulae ope coëfficientes $p_{i,1}$ iam ad coëfficientes $p_{i,0}$ revocantur. Porro in aequatione $h_{i,i'}=0$ statuamus $i'=1$: ex aequationibus $g_{i,1}=0$, $h_{i,1}=0$ derivantur quatuor aequationes (8), in quibus $i'=1$ ponatur. Quarum tertia suppeditat

$$(14)\qquad 0=i[l p_{i,1}+2l''p_{i,0}]+l'[(i+n-2)p_{i-1,1}+(i-n+2)p_{i+1,1}],$$

cuius aequationis ope vice versa coëfficientes $p_{i,0}$ per ipsas $p_{i,1}$ exhibentur. Utraque (13), (14) iunctim adhibita, facile e quatuor coëfficientibus $p_{0,0}$, $p_{0,1}$, $p_{1,0}$, $p_{1,1}$ reliquae $p_{i,0}$, $p_{i,1}$ determinantur, in quibus $i>1$. Posito enim in (13), (14) $i=1$, habentur $p_{2,0}$, $p_{2,1}$; posito deinde $i=2$, habentur $p_{3,0}$, $p_{3,1}$ et ita porro. Nec non ex aequationibus appositis facile demonstratur, quod natura evolutionis propositae poscit, haberi generaliter

$$p_{i,i'}=p_{-i,i'}=p_{i,-i'}=p_{-i,-i'}.$$

Unde quaestionem restringere licet ad eum casum, quo i, i' valores positivos habent.

Prorsus eadem ratione ope aequationum $g_{i,i'}=0$, $h_{0,i'}=0$, $h_{1,i'}=0$ coëfficientes $p_{i,i'}$ omnes ad quatuor reducuntur. Nam e $g_{i,i'}=0$ omnes ad $p_{0,i'}$, $p_{1,i'}$ revocantur; porro e $g_{0,i'}=0$ fit $p_{-1,i'}=p_{1,i'}$, unde ex aequatione $h_{0,i'}=0$ revocatur $p_{1,i'}$ ad $p_{0,i'}$; denique si e $g_{1,i'}=0$, $h_{1,i'}=0$ deducimus primam (8), etiam $p_{0,i'}$ ad $p_{1,i'}$ revocari potest. Utraque aequatione

$$0=i'[lp_{0,i'}+2l'p_{1,i'}]+l''[(i'+n-1)p_{0,i'-1}+(i'-n+1)p_{0,i'+1}],$$

$$0=i'[lp_{1,i'}+2l'p_{0,i'}]+l''[(i'+n-2)p_{1,i'-1}+(i'-n+2)p_{1,i'+1}]$$

iunctim adhibita, coëfficientes $p_{0,i'}$, $p_{1,i'}$, ad quas reliquae omnes $p_{i,i'}$ revocatae sunt, rursus ad quatuor $p_{0,0}$, $p_{0,1}$, $p_{1,0}$, $p_{1,1}$, sicuti supra, revocantur.

4.

Aequationibus $g_{i,i'}=0$, $h_{i,0}=0$, $h_{i,1}=0$ vidimus coëfficientes $p_{i,i'}$ omnes per quatuor determinari; sed ut certum sit, hunc esse numerum minimum coëfficientium, ad quas reliquae revocari possint, insuper demonstrandum est, aequationes reliquas $h_{i,i'}=0$ ex illis sponte fluere. Nam si, ope aequationum illarum ipsis $p_{i,i'}$ expressis per quatuor ex earum numero, vel una aequationum $h_{i,i'}=0$, in quibus $i'>1$, sive $i'<0$, non evaderet *identica*, haberetur nova inter quatuor illas coëfficientes relatio, neque is foret minimus coëfficientium numerus, per quas reliquae determinentur.

In finem propositum demonstrabo, si aequationum (6) altera valeat pro omnibus ipsius i' valoribus, altera vero loco i' posito et i' et $i'-1$, eandem valere, loco i' posito $i'+1$. Quoties vero aequationes (6) valent, loco i' posito et i' et $i'-1$, pro iisdem ipsius i' valoribus valebunt aequationes (7), (8); et vice versa, si demonstratum erit, unam aliquam aequationum (7), (8) valere, loco i' posito $i'+1$, cum altera aequationum (6) pro omnibus ipsius i' valoribus valeat, etiam altera aequationum (6) valebit, si loco i' ponitur $i'+1$.

Proficiscimur ab aequationibus, quae e (7), (8) proveniunt,

$$0=-f_{i-1,i'}+h_{i-1,i'}$$

$$(a)\quad =i'[lp_{i-1,i'}+2l'p_{i,i'}]+l''[(i'+i+n-2)p_{i-1,i'-1}+(i'-i-n+2)p_{i-1,i'+1}],$$

$$(b)\quad \begin{aligned} 0 &= f_{i,i'-1}+g_{i,i'-1}\\ &= i\,[l p_{i,i'-1}+2l''p_{i,i'}]+l'\,[(i+i'+n-2)p_{i-1,i'-1}+(i-i'-n+2)p_{i+1,i'-1}], \end{aligned}$$

$$(c)\quad 0 = f_{i,i'} = i'l'[p_{i-1,i'}-p_{i+1,i'}]-il''(p_{i,i'-1}-p_{i,i'+1}),$$

$$(d)\quad \begin{aligned} 0 &= f_{i+1,i'}+h_{i+1,i'}\\ &= i'[l p_{i+1,i'}+2l'p_{i,i'}]+l''[(i'-i+n-2)p_{i+1,i'-1}+(i'+i-n+2)p_{i+1,i'+1}]. \end{aligned}$$

E (*a*), (*b*) sequitur

$$\begin{aligned} 0 = {} & 2(i'l'^2-il''^2)p_{i,i'}+i'll'p_{i-1,i'}-ill''p_{i,i'-1}\\ & +l'l''[(i'-i-n+2)p_{i-1,i'+1}-(i-i'-n+2)p_{i+1,i'-1}], \end{aligned}$$

quae formula e (*c*) in hanc mutari potest:

$$\begin{aligned} 0 = {} & 2(i'l'^2-il''^2)p_{i,i'}+i'll'p_{i+1,i'}-ill''p_{i,i'+1}\\ & +l'l''[(i'-i-n+2)p_{i-1,i'+1}-(i-i'-n+2)p_{i+1,i'-1}], \end{aligned}$$

quae tandem e (*d*) fit

$$\begin{aligned} 0 = {} & -2il''^2p_{i,i'}-ill''p_{i,i'+1}\\ & +l'l''[(i'-i-n+2)p_{i-1,i'+1}-(i'+i-n+2)p_{i+1,i'+1}] \end{aligned}$$

sive, divisione per l'' facta,

$$(e)\quad \begin{aligned} 0 &= f_{i,i'+1}-g_{i,i'+1}\\ &= -i(l p_{i,i'+1}+2l''p_{i,i'})+l'[(i'-i-n+2)p_{i-1,i'+1}-(i'+i-n+2)p_{i+1,i'+1}]. \end{aligned}$$

Videmus igitur, ex aequationibus (*a*), (*b*), (*c*), (*d*) sequi aequationem (*e*), unde, si pro omnibus ipsius i valoribus habetur $g_{i,i'-1}=0$, $g_{i,i'}=0$, $g_{i,i'+1}=0$, $h_{i,i'-1}=0$, $h_{i,i'}=0$, ideoque e (7) $f_{i,i'-1}=0$, $f_{i,i'}=0$, erit etiam $f_{i,i'+1}=0$ sive $h_{i,i'+1}=0$, q. d. e. Et cum etiam ex aequationibus (*a*), (*c*), (*d*), (*e*) sequatur (*b*), eodem modo videmus, ex aequationibus $g_{i,i'-1}=0$, $g_{i,i'}=0$, $g_{i,i'+1}=0$, $h_{i,i'+1}=0$, $h_{i,i'}=0$ sequi $h_{i,i'-1}=0$. Unde, si valent aequationes $g_{i,i'}=0$ pro omnibus ipsorum i, i' valoribus, porro habentur pro omnibus ipsius i valoribus aequationes $h_{i,0}=0$, $h_{i,1}=0$, generaliter etiam pro omnibus ipsorum i, i' valoribus (et positivis et negativis) valebunt aequationes $h_{i,i'}=0$. Hinc, cum ope aequationum $g_{i,i'}=0$, $h_{i,0}=0$, $h_{i,1}=0$ coëfficientes $p_{i,i'}$ omnes ad quatuor ex earum numero reducantur, patet, eum numerum per reliquas aequationes $h_{i,i'} = 0$ ulterius reduci non posse, quippe quae ex illis sponte fluunt. Unde etiam, si per aequationes $g_{i,i'} = 0$, $h_{i,0} = 0$, $h_{i,1} = 0$ coëfficientes omnes per quatuor exprimimus, earumque valores ita expressos in aequationibus $h_{i,i'} = 0$ substituimus, in quibus $i' > 1$, sive $i' < 0$, aequationes illae identicae evadere debent.

5.

Ut ex ipsis $p_{0,0}$, $p_{0,1}$, $p_{1,0}$, $p_{1,1}$ deducantur valores ipsarum $p_{i,i'}$, quae indices proxime maiores habent, adhiberi possunt aequationes, quae e (8) fluunt,

$$\begin{aligned}
(n-2)l''p_{0,2} &= \;\; lp_{0,1}+2l'p_{1,1}+nl''p_{0,0},\\
(n-2)l'p_{2,0} &= \;\; lp_{1,0}+2l''p_{1,1}+nl'p_{0,0},\\
(n-3)l''p_{1,2} &= \;\; lp_{1,1}+2l'p_{0,1}+(n-1)l''p_{1,0},\\
(n-3)l'p_{2,1} &= \;\; lp_{1,1}+2l''p_{1,0}+(n-1)l'p_{0,1},\\
(n-3)l''p_{0,3} &= 2lp_{0,2}+4l'p_{1,2}+(n+1)l''p_{0,1},\\
(n-3)l'p_{3,0} &= 2lp_{2,0}+4l''p_{2,1}+(n+1)l'p_{1,0},\\
(n-4)l''p_{2,2} &= \;\; lp_{2,1}+2l'p_{1,1}+(n-2)l''p_{2,0},\\
(n-4)l'p_{2,2} &= \;\; lp_{1,2}+2l''p_{1,1}+(n-2)l'p_{0,2},\\
&\cdots\cdots
\end{aligned}\tag{15}$$

Si in duabus aequationibus postremis substituimus ipsarum $p_{0,2}$, $p_{2,0}$, $p_{1,2}$, $p_{2,1}$ valores per $p_{0,0}$, $p_{0,1}$, $p_{1,0}$, $p_{1,1}$ expressos, quales per aequationes antecedentes exhibentur, duo ipsius $p_{2,2}$ valores, qui inde prodeunt, erunt identici; unde earum aequationum altera abundat.

Quatuor coëfficientes, e quibus reliquae determinantur, generalius statui possunt

$$p_{i,i'},\quad p_{i,i'-1},\quad p_{i-1,i'},\quad p_{i-1,i'-1}\quad \text{sive}\quad p_{i,i'},\quad p_{i,i'+1},\quad p_{i+1,i'},\quad p_{i+1,i'+1},$$

sive quatuor, quae alterum indicem eundem habent, ex. gr.

$$p_{0,0},\quad p_{0,1},\quad p_{0,2},\quad p_{0,3}\quad \text{sive}\quad p_{0,0},\quad p_{1,0},\quad p_{2,0},\quad p_{3,0},$$

sive generalius quatuor quaecunque $p_{\alpha,\alpha'}$, $p_{\beta,\beta'}$, $p_{\gamma,\gamma'}$, $p_{\delta,\delta'}$, inter quas nulla habetur relatio. His enim per $p_{0,0}$, $p_{0,1}$, $p_{1,0}$, $p_{1,1}$ expressis, hae vice versa per illas exprimi possunt. Quibus expressionibus substitutis in valore coëfficientis cuiuslibet $p_{i,i'}$, per $p_{0,0}$, $p_{0,1}$, $p_{1,0}$, $p_{1,1}$ exhibito, habebis $p_{i,i'}$ per $p_{\alpha,\alpha'}$, $p_{\beta,\beta'}$, $p_{\gamma,\gamma'}$, $p_{\delta,\delta'}$ expressum.

At quatuor illae coëfficientes, e quibus reliquae determinentur, non eligi possunt e numero coëfficientium

$$p_{i,i'},\quad p_{i-1,i'},\quad p_{i+1,i'},\quad p_{i,i'-1},\quad p_{i,i'+1},$$

inter quas duas aequationes (6) invenimus. Nam inter quaternas ex earum numero una habetur relatio, neque ex iis ullam aliam determinare licet nisi quintam.

Casu speciali, quo n numerus integer positivus aut negativus, alia insuper excludere debes coëfficientium systemata. Ex. gr., si $n = 2$ aut $n = 3$, excludere debes systema coëfficientium $p_{0,0}$, $p_{0,1}$, $p_{1,0}$, $p_{1,1}$, quippe inter quas e (15), si $n = 2$, duae habentur relationes

$$0 = l p_{0,1} + 2l' p_{1,1} + 2l'' p_{0,0}, \qquad 0 = l p_{1,0} + 2l'' p_{1,1} + 2l' p_{0,0},$$

si $n = 3$, una relatio

$$0 = l p_{1,1} + 2l' p_{0,1} + 2l'' p_{1,0}.$$

Innumera alia systemata *trium* coëfficientium, inter quas relatio linearis habetur, eo casu obtines ponendo in (8) $i' = i+n-1$, unde fit

$$(16) \qquad 0 = l p_{i,i+n-1} + 2l' p_{i+1,i+n-1} + 2l'' p_{i,i+n-2}.$$

Neque igitur, si n numerus integer positivus aut negativus, e quatuor coëfficientibus, per quas reliquae exprimantur, esse possunt tres, quae in (16) inveniuntur.

Statuamus, coëfficientes omnes $p_{i,i'}$ per quatuor ex earum numero p, p', p'', p''' expressas esse ope aequationum

$$p_{i,i'} = H_{i,i'}\,p + H'_{i,i'}\,p' + H''_{i,i'}\,p'' + H'''_{i,i'}\,p''',$$

aequationes omnes (6) et quae ex iis deduci possunt (7), (8), substitutis illis ipsarum $p_{i,i'}$ valoribus, identicae fieri debent, sive termini in p, p', p'', p''' ducti seorsim evanescere debent. Hinc sequitur, aequationes (6), nec non (7), (8) adhuc valere, si in iis loco p scribatur aut H aut H' aut H'' aut H'''.

Habentur igitur e (6) inter ipsas $H_{i,i'}$ aequationes

$$(17)\quad \begin{aligned} 0 &= i\,[lH_{i,i'}+l''(H_{i,i'-1}+H_{i,i'+1})]+l'\,[(i+n-1)H_{i-1,i'}+(i-n+1)H_{i+1,i'}],\\ 0 &= i'[lH_{i,i'}+l'(H_{i-1,i'}+H_{i+1,i'})]+l''[(i'+n-1)H_{i,i'-1}+(i'-n+1)H_{i,i'+1}]. \end{aligned}$$

Quarum aequationum ope quantitates omnes $H_{i,i'}$ per formulas plane easdem atque $p_{i,i'}$ e quatuor ex earum numero determinantur. Et aequationes plane easdem habemus inter quantitates $H'_{i,i'}$, $H''_{i,i'}$, $H'''_{i,i'}$. Si statuimus

$$p=p_{0,0},\quad p'=p_{1,0},\quad p''=p_{0,1},\quad p'''=p_{1,1},$$

erit

$$\begin{aligned} H_{0,0} &= 1, & H'_{0,0} &= H''_{0,0} = H'''_{0,0} = 0,\\ H'_{1,0} &= 1, & H_{1,0} &= H''_{1,0} = H'''_{1,0} = 0,\\ H''_{0,1} &= 1, & H_{0,1} &= H'_{0,1} = H'''_{0,1} = 0,\\ H'''_{1,1} &= 1, & H_{1,1} &= H'_{1,1} = H''_{1,1} = 0. \end{aligned}$$

Qui valores omnibus $H_{i,i'}$, $H'_{i,i'}$, $H''_{i,i'}$, $H'''_{i,i'}$ determinandis sufficiunt.

6.

Vidimus antecedentibus, relationes omnes, quae inter coëfficientes evolutionis propositae locum habent, et quae ex aequationibus differentialibus (3) proveniunt, distribui posse in duas classes, quarum altera eas continet relationes, quae ad reductionem coëfficientium ad minimum earum numerum necessariae sunt, et quarum nulla reliquis continetur; altera classis continet relationes abundantes seu quae ex illis deduci possunt. Cum vero pro expressionibus ipsius Δ magis complicatis ista deductio valde molesta sit, demonstremus, quomodo pro expressione ipsius Δ quacunque distributionem relationum inventarum in necessarias et superfluas ex ipsis aequationibus differentialibus petere licet, e quibus relationes illae proveniunt. Antemittimus observationes sequentes.

Sint Δ, U functiones ipsarum φ, φ' quaecunque, ac statuantur

$$\begin{aligned} \Phi &= \Delta\frac{\partial U}{\partial\varphi}+n\frac{\partial\Delta}{\partial\varphi}U = \frac{\partial\Delta U}{\partial\varphi}+(n-1)\frac{\partial\Delta}{\partial\varphi}U,\\ \Phi' &= \Delta\frac{\partial U}{\partial\varphi'}+n\frac{\partial\Delta}{\partial\varphi'}U = \frac{\partial\Delta U}{\partial\varphi'}+(n-1)\frac{\partial\Delta}{\partial\varphi'}U, \end{aligned}$$

erit

$$\frac{\partial\Phi}{\partial\varphi'}-\frac{\partial\Phi'}{\partial\varphi}=(n-1)\left[\frac{\partial\Delta}{\partial\varphi}\frac{\partial U}{\partial\varphi'}-\frac{\partial\Delta}{\partial\varphi'}\frac{\partial U}{\partial\varphi}\right],$$

$$\frac{\partial\Delta}{\partial\varphi}\Phi'-\frac{\partial\Delta}{\partial\varphi'}\Phi=\Delta\left[\frac{\partial\Delta}{\partial\varphi}\frac{\partial U}{\partial\varphi'}-\frac{\partial\Delta}{\partial\varphi'}\frac{\partial U}{\partial\varphi}\right],$$

ideoque

$$(n-1)\left[\frac{\partial\Delta}{\partial\varphi}\Phi'-\frac{\partial\Delta}{\partial\varphi'}\Phi\right]=\Delta\left[\frac{\partial\Phi}{\partial\varphi'}-\frac{\partial\Phi'}{\partial\varphi}\right]$$

sive

$$(18)\qquad \Delta\frac{\partial\Phi}{\partial\varphi'}+(n-1)\frac{\partial\Delta}{\partial\varphi'}\Phi=\Delta\frac{\partial\Phi'}{\partial\varphi}+(n-1)\frac{\partial\Delta}{\partial\varphi}\Phi'.$$

Si $U=\Delta^{-n}$, habetur identice $\Phi=0$, $\Phi'=0$, e quibus aequationibus, posito

$$U=\Sigma p_{i,i'}e^{(i\varphi+i'\varphi')\sqrt{-1}},$$

duo proveniunt systemata aequationum, quae inter ipsas $p_{i,i'}$ locum habere debent. Sed ubi per alterum systema iam identice habetur $\Phi=0$, erit etiam e (18)

$$(19)\qquad 0=\Delta\frac{\partial\Phi'}{\partial\varphi}+(n-1)\frac{\partial\Delta}{\partial\varphi}\Phi'.$$

Ope huius aequationis, posito

$$\Phi'=\Sigma P_i e^{i\varphi\sqrt{-1}},$$

coëfficientes P_i ad certum earum numerum revocantur P_α, P_β, P_γ, ...; quibus evanescentibus, omnes P_i sponte evanescunt. Unde in altero aequationum systemate numero i tantum valores α, β, γ, ... tribuantur necesse est. Eidem aequationi (19) etiam satisfit, si loco Φ' ponitur $\Delta^{-(n-1)}$, unde, posito

$$\Delta^{-(n-1)}=\Sigma H_i e^{i\varphi\sqrt{-1}},$$

etiam ipsae H_i omnes ad H_α, H_β, H_γ, ... revocari possunt. Qua de re habetur haec regula generalis:

„*Designante* Δ *expressionem ipsarum* $\cos\varphi$, $\sin\varphi$, $\cos\varphi'$, $\sin\varphi'$ *quamcunque rationalem, integram, finitam, sit* $U=\Delta^{-n}$ *in seriem evoluta* $\Sigma p_{i,i'}e^{(i\varphi+i'\varphi')\sqrt{-1}}$, *qua substituta expressione, prodeat*

$$\Delta\frac{\partial U}{\partial\varphi}+n\frac{\partial\Delta}{\partial\varphi}U=\Sigma g_{i,i'}e^{(i\varphi+i'\varphi')\sqrt{-1}},$$

$$\Delta\frac{\partial U}{\partial\varphi'}+n\frac{\partial\Delta}{\partial\varphi'}U=\Sigma h_{i,i'}e^{(i\varphi+i'\varphi')\sqrt{-1}};$$

statuamus porro, posito

$$\Delta^{-(n-1)} = \Sigma H_i e^{i\varphi\sqrt{-1}},$$

coëfficientes, ad quas reliquae H_i omnes revocari possunt, esse H_α, H_β, H_γ, ..., tum ex aequationibus, quae inter ipsas $p_{i,i'}$ locum habent, $g_{i,i'} = 0$, $h_{\alpha,i'} = 0$, $h_{\beta,i'} = 0$, $h_{\gamma,i'} = 0$, ... reliquae $h_{i,i'} = 0$ sponte fluunt; illae autem, nisi casibus specialibus exceptis, omnes a se independentes sunt."

Quoties Δ formam habet $A+B\cos\varphi+C\sin\varphi$, ubi A, B, C sunt functiones ipsius φ', si ponitur

$$\Delta^{-(n-1)} = \Sigma H_i e^{i\varphi\sqrt{-1}},$$

notum est, e H_0, H_1 reliquas omnes H_i determinari; quo igitur casu, sicuti in nostra quaestione, ad reductionem ipsarum $p_{i,i'}$ aequationes $g_{i,i'} = 0$, $h_{0,i'} = 0$, $h_{1,i'} = 0$ et sufficiunt et necessariae sunt; reliquae $h_{i,i'} = 0$ illis continentur.

Si $n = 1$, aequationes, e quibus relationes inter ipsas $p_{i,i'}$ peti debent, sunt

$$\Delta U = 1, \qquad \frac{\partial\Delta}{\partial\varphi'}\frac{\partial U}{\partial\varphi} - \frac{\partial\Delta}{\partial\varphi}\frac{\partial U}{\partial\varphi'} = 0.$$

Statuatur

$$\Delta U - 1 = \Phi, \qquad \frac{\partial\Delta}{\partial\varphi'}\frac{\partial U}{\partial\varphi} - \frac{\partial\Delta}{\partial\varphi}\frac{\partial U}{\partial\varphi'} = \Phi',$$

erit

$$\frac{\partial\Delta}{\partial\varphi'}\frac{\partial\Phi}{\partial\varphi} - \frac{\partial\Delta}{\partial\varphi}\frac{\partial\Phi}{\partial\varphi'} = \Delta\Phi'.$$

Hinc, ubi per alterum aequationum systema satisfactum est aequationi $\Phi = 0$, sponte etiam habetur

$$\Delta\Phi' = 0.$$

Huius aequationis ope, si statuitur

$$\Phi' = \Sigma H_i e^{i\varphi\sqrt{-1}},$$

coëfficientes H_i ad certum earum numerum H_α, H_β, H_γ, ... revocantur, quibus evanescentibus, omnes reliquae H_i sponte evanescunt; unde in altero systemate aequationum, quod e $\Phi' = 0$ provenit, indici i isti tantum valores α, β, γ, ... tribuantur necesse est, cum conditiones, quae reliquis ipsius i valoribus respondent, ex illis sponte demanent. Quae est regulae generalis modificatio quaedam, quae casu $n = 1$ locum habet.

Si per regulam appositam vel ullo alio modo aequationum, quae inter ipsas $p_{i,i'}$ locum habent, distributio in necessarias et abundantes facta est, numerum ipsarum $p_{i,i'}$, ad quas reliquae omnes revocari possunt, et quae ipsae irreductibiles sunt, *sine omni ambiguitate* determinas. Quo numero invento, si ex aequationibus $g_{i,i'}=0$, $h_{i,i'}=0$ ullum aliud systema eligere placet, cuius ope omnes $p_{i,i'}$ ad illum numerum revocare licet, has quoque ut necessarias considerare licet, ac certo scis, reliquas illis contineri. Alioquin haberetur nova relatio, qua coëfficientes, ad quas reliquae omnes revocatae sunt, ulterius reducerentur, quod fieri non posse suppositum est.

7.

Per quartam aequationum (8)

$$0=i[2l''p_{i,i'+1}+lp_{i,i'}]+l'[(i'+i+n-1)p_{i-1,i'}-(i'-i+n-1)p_{i+1,i'}]$$

termini, quorum secundus index $i'+1$, per alios exprimuntur, quorum secundus index proxime antecedens i'. Quas expressiones si substituimus in aequatione

$$0=i[2l''p_{i,i'}+lp_{i,i'+1}]+l'[(i-i'+n-2)p_{i-1,i'+1}+(i'+i-n+2)p_{i+1,i'+1}],$$

quae obtinetur e tertia aequationum (8) ponendo $i'+1$ loco i': provenit aequatio linearis inter eas tantum coëfficientes $p_{i,i'}$, quibus alter index i' idem est. Quae, indice omnibus coëfficientibus communi omisso, post leves reductiones fit

$$\begin{aligned}0=\;&l'l'[(i+1)(i+i'+n-2)(i-i'+n-2)p_{i-2}+(i-1)(i-i'-n+2)(i+i'-n+2)p_{i+2}]\\ &+(i^2-1)ll'[(2i+2n-3)p_{i-1}+(2i-2n+3)p_{i+1}]\\ &+i[2(i'^2-(n-1)^2)l'l'+(i^2-1)(ll+2l'l'-4l''l'')]p_i.\end{aligned}\tag{20}$$

Cuius aequationis ope terminus quilibet p_i e quatuor antecedentibus determinatur; per quam igitur omnes ad quatuor p_0, p_1, p_2, p_3 revocare licet. Permutando l' et l'', i et i', e (20) aliam eruis aequationem inter quinque coëfficientes $p_{i,i'-2}$, $p_{i,i'-1}$, $p_{i,i'}$, $p_{i,i'+1}$, $p_{i,i'+2}$, quibus prior index i idem est.

Aequationem (20) etiam sic exhibere licet:

$$i'^2 l'l'[(i+1)p_{i-2}+(i-1)p_{i+2}-2ip_i]$$
$$=l'l'[(i+1)(i+n-2)^2 p_{i-2}+(i-1)(i-n+2)^2 p_{i+2}-2(n-1)^2 ip_i]$$
$$+(i^2-1)\{ll'[(2i+2n-3)p_{i-1}+(2i-2n+3)p_{i+1}]+i(l^2+2l'^2-4l''^2)p_i\}.$$

Casu $n=\frac{3}{2}$ forma etiam haec ei conciliari potest:

$$(i'^2-\tfrac{1}{4})l'^2[(i+1)p_{i-2}+(i-1)p_{i+2}-2ip_i]$$
$$=i(i^2-1)[l'^2(p_{i-2}+p_{i+2})+2ll'(p_{i-1}+p_{i+1})+(l^2+2l'^2-4l''^2)p_i],$$

quae paullo simplicior est.

Posito

$$\Delta^{-n}=U=\Sigma P_{i'}e^{i'\varphi'\sqrt{-1}},$$

cum sit e notatione adhibita, omisso posteriore indice i',

$$P_{i'}=p+2p_1\cos\varphi+2p_2\cos 2\varphi+2p_3\cos 3\varphi+\cdots,$$

functionem $P_{i'}$ ope relationum (20), quae inter coëfficientes p_i locum habent, per aequationem differentialem linearem definire licet. Quam hoc modo inquirimus.

Aequationem (20) si in formam redigimus sequentem:

$$\begin{aligned}0=\;&[a+a'(i+2)+a''(i+2)^2+(i+2)^3]\,l'l'p_{i+2}\\&-[a-a'(i-2)+a''(i-2)^2-(i-2)^3]\,l'l'p_{i-2}\\&+[b'(i+1)+b''(i+1)^2+2(i+1)^3]\,ll'p_{i+1}\\&+[b'(i-1)-b''(i-1)^2+2(i-1)^3]\,ll'p_{i-1}+[c'i+c'''i^3]p_i,\end{aligned}$$

erit

$$a=3(i'^2-n^2),\qquad a'=-(i'^2-n^2-6n),\qquad a''=-(2n+3),$$
$$b'=2(2n-1),\qquad b''=-(2n+3),$$
$$c'=2[i'^2-(n-1)^2]l'l'-(ll+2l'l'-4l''l''),\qquad c'''=ll+2l'l'-4l''l''.$$

Iam statuamus

$$al'l'(p_{i+2}-p_{i-2})=L_i,$$

$$a'l'l'[(i+2)p_{i+2}+(i-2)p_{i-2}]+b'll'[(i+1)p_{i+1}+(i-1)p_{i-1}]+c'ip_i = L_i',$$

$$a''l'l'[(i+2)^2p_{i+2}-(i-2)^2p_{i-2}]+b''ll'[(i+1)^2p_{i+1}-(i-1)^2p_{i-1}] = L_i'',$$

$$l'l'[(i+2)^3p_{i+2}+(i-2)^3p_{i-2}]+2ll'[(i+1)^3p_{i+1}+(i-1)^3p_{i-1}]+c'''i^3p_i = L_i,$$

erit aequatio proposita

$$(21)\qquad 0 = L_i+L_i'+L_i''+L_i'''.$$

Habetur autem, ipsi i valores omnes a $-\infty$ usque ad $+\infty$ tribuendo,

$$P_{i'} = \Sigma p_i\cos i\varphi,\quad \frac{dP_{i'}}{d\varphi} = -\Sigma ip_i\sin i\varphi,$$

$$\frac{d^2P_{i'}}{d\varphi^2} = -\Sigma i^2p_i\cos i\varphi,$$

$$\frac{d^3P_{i'}}{d\varphi^3} = +\Sigma i^3p_i\sin i\varphi,$$

unde

$$-2al'l'\sin 2\varphi\, P_{i'} = \Sigma L_i\sin i\varphi,$$

$$-[2a'l'l'\cos 2\varphi+2b'll'\cos\varphi+c']\frac{dP_{i'}}{d\varphi} = \Sigma L_i'\sin i\varphi,$$

$$2[a''l'l'\sin 2\varphi+b''ll'\sin\varphi]\frac{d^2P_{i'}}{d\varphi^2} = \Sigma L_i''\sin i\varphi,$$

$$[2l'l'\cos 2\varphi+4ll'\cos\varphi+c''']\frac{d^3P_{i'}}{d\varphi^3} = \Sigma L_i'''\sin i\varphi.$$

Quibus summatis, simulque ipsarum a, a', ... valoribus substitutis, prodit e (21) aequatio differentialis quaesita, qua functionem $P_{i'}$ definire licet,

$$(22)\qquad 0 = MP_{i'}+M'\frac{dP_{i'}}{d\varphi}+M''\frac{d^2P_{i'}}{d\varphi^2}+M'''\frac{d^3P_{i'}}{d\varphi^3},$$

siquidem statuitur

$$M = -6(i'^2-n^2)l'l'\sin 2\varphi,$$

$$M' = 2(i'^2-n^2-6n)l'l'\cos 2\varphi-4(2n-1)ll'\cos\varphi$$
$$-2[i'^2-(n-1)^2]l'l'+ll+2l'l'-4l''l'',$$

$$M'' = -2(2n+3)l'[l\sin\varphi+l'\sin 2\varphi]$$
$$= -2(2n+3)l'\sin\varphi(l+2l'\cos\varphi),$$

$$M''' = 2l'l'\cos 2\varphi+4ll'\cos\varphi+ll+2l'l'-4l''l''$$
$$= (l+2l'\cos\varphi)^2-4l''l''.$$

Expressionem M' etiam hoc modo repraesentare licet:

$$M' = (l+2l'\cos\varphi)^2-4l''^2-4[i'^2-(n+1)^2]l'^2\sin^2\varphi-8nl'\cos\varphi(l+2l'\cos\varphi).$$

Permutatis in aequatione differentiali l' et l'', i et i', φ et φ', alteram eruis, qua definiuntur functiones ipsius φ', quae in evolutione proposita in cosinus multiplorum ipsius φ multiplicantur.

Integratio completa aequationis differentialis tertii ordinis propositae non nisi casibus specialibus succedit; sed eius unum integrale primum obtinebimus sequentibus.

8.

Operae pretium est, ex ipsis aequationibus (3)

$$\Delta\frac{\partial U}{\partial\varphi}+n\frac{\partial\Delta}{\partial\varphi}U=0,\qquad \Delta\frac{\partial U}{\partial\varphi'}+n\frac{\partial\Delta}{\partial\varphi'}U=0$$

via directa derivare aequationem differentialem, qua functio $P_{i'}$ definiatur. Quae simul methodus casibus, quibus Δ formam magis complicatam habet, adhiberi poterit, quibus casibus methodus, qua antecedentibus usi sumus, nimis molesta foret.

Sit rursus

$$\Delta^{-n} = U = \Sigma P_{i'}e^{i'\varphi'\sqrt{-1}}$$

ac ponatur

$$l+2l'\cos\varphi = A,\qquad \Delta = A+2l''\cos\varphi',$$

unde etiam

$$P_{i'} = \frac{1}{\pi}\int_0^\pi \frac{\cos i'\varphi'\,d\varphi'}{(A+2l''\cos\varphi')^n}.$$

Expressionibus ipsarum Δ, U substitutis in duabus aequationibus differentialibus, habentur aequationes duae

$$0 = i'[AP_{i'}+l''(P_{i'-1}+P_{i'+1})]+(n-1)l''(P_{i'-1}-P_{i'+1}),$$

$$0 = A\frac{dP_{i'}}{d\varphi}+l''\left(\frac{dP_{i'-1}}{d\varphi}+\frac{dP_{i'+1}}{d\varphi}\right)+n\frac{dA}{d\varphi}P_{i'}.$$

Quarum priore differentiata, ope posterioris provenit

$$i'\frac{dA}{d\varphi}P_{i'} = l''\left(\frac{dP_{i'-1}}{d\varphi}-\frac{dP_{i'+1}}{d\varphi}\right).$$

Statuamus

$$\frac{dA}{d\varphi}=A',\qquad \frac{d^2A}{d\varphi^2}=A'',\qquad \frac{d^3A}{d\varphi^3}=A''',$$

$$\frac{dP}{d\varphi}=P',\qquad \frac{d^2P}{d\varphi^2}=P'',\qquad \frac{d^3P}{d\varphi^3}=P''',$$

e duabus aequationibus proxime antecedentibus provenit

$$2l''P'_{i'-1}=-AP'_{i'}+(i'-n)A'P_{i'},$$

$$2l''P'_{i'+1}=-AP'_{i'}-(i'+n)A'P_{i'}.$$

Si in priore loco i' ponimus $i'+1$, prodit

$$2l''P'_{i'}=-AP'_{i'+1}+(i'-n+1)A'P_{i'+1};$$

ex hac et posteriore eliminata $P'_{i'+1}$, prodit

$$-2l''(i'-n+1)A'P_{i'+1}=(A^2-4l''^2)P'_{i'}+(i'+n)AA'P_{i'}$$

sive

$$-2l''(i'-n+1)P_{i'+1}=\frac{A^2-4l''^2}{A'}P'_{i'}+(i'+n)AP_{i'},$$

qua differentiata obtinemus

$$\frac{A^2-4l''^2}{A'}P''_{i'}+\left[-\frac{A''(A^2-4l''^2)}{A'^2}+(i'+n+2)A\right]P'_{i'}+(i'+n)A'P_{i'}$$
$$=-2l''(i'-n+1)P'_{i'+1}=(i'-n+1)[AP'_{i'}+(i'+n)A'P_{i'}],$$

unde, multiplicatione per A'^2 facta,

$$(23)\quad 0=(A^2-4l''^2)A'P''_{i'}+[-(A^2-4l''^2)A''+(2n+1)AA'^2]P'_{i'}$$
$$-(i'^2-n^2)A'^3P_{i'},$$

quae est aequatio differentialis linearis secundi ordinis, cui functio $P_{i'}$ satisfacit.

Aequatio (23) valet, quaecunque in expressione

$$\Delta=A+2l''\cos\varphi'$$

sit A ipsius φ functio; casu nostro substituendum est

$$A=l+2l'\cos\varphi,\qquad A'=-2l'\sin\varphi,\qquad A''=-2l'\cos\varphi.$$

Quo casu ut e (23) aequatio tertii ordinis (22), supra per aliam methodum inventa, deducatur, aequatio (23) rursus differentietur, quo facto, cum sit $A''' = -A'$, termini omnes per A' dividi poterunt, unde prodit

$$(24)\quad \begin{aligned} 0 &= (A^2-4l''^2)P'''_{i'}+(2n+3)AA'P''_{i'} \\ &+[A^2-4l''^2-(i'^2-(n+1)^2)A'^2+4nAA'']P'_{i'}-3(i'^2-n^2)A'A''P_{i'}, \end{aligned}$$

quae cum aequatione (22) convenit. Cuius igitur vice versa integrale est aequatio secundi ordinis (23).

Aequatio (23), quamvis inferioris ordinis sit atque illa supra inventa (22), tamen condendis relationibus inter coëfficientes evolutionis ipsius $P_{i'}$ minus idonea est. Nam e (22) petuntur relationes lineares (20) inter *quinque* coëfficientes p_i se proxime insequentes; contra relationes lineares, quae e (23) petuntur, inter *septem* erunt. Generaliter, designante P seriem infinitam secundum cosinus sinusve multiplorum anguli φ procedentem, quae aequationi differentiali lineari satisfacit: simplicitas relationum inter coëfficientes ipsius P, quae ex aequatione illa differentiali petuntur, nullo modo pendet ab ordine aequationis differentialis, sed tantum a simplicitate expressionum ipsius φ, per quas in aequatione differentiali ipsa P eiusque differentialia multiplicantur. Quae expressiones in (22) simpliciores evadunt propter divisionem omnium terminorum, quam per A' sive $\sin\varphi$ facere licuit.

9.

Demonstremus iam, quomodo, posito

$$\Delta^{-n} = \Sigma p_{i,i'} e^{(i\varphi+i'\varphi')\sqrt{-1}}, \qquad \Delta^{-(n+1)} = \Sigma q_{i,i'} e^{(i\varphi+i'\varphi')\sqrt{-1}},$$

termini $q_{i,i'}$ ex ipsis $p_{i,i'}$ commodissime determinentur. Ad quam determinationem hanc viam inire licet.

Habetur, integralibus a 0 usque ad π extensis,

$$p_{i,i'} = \frac{1}{\pi^2}\iint \frac{\cos i\varphi \cos i'\varphi' \, d\varphi \, d\varphi'}{\Delta^n},$$

$$q_{i,i'} = \frac{1}{\pi^2}\iint \frac{\cos i\varphi \cos i'\varphi' \, d\varphi \, d\varphi'}{\Delta^{n+1}},$$

unde etiam integrando per partes

$$i p_{i,i'} = -\frac{n}{\pi^2}\iint \frac{2l'\sin\varphi\sin i\varphi\cos i'\varphi'\,d\varphi\,d\varphi'}{\Delta^{n+1}},$$

$$i' p_{i,i'} = -\frac{n}{\pi^2}\iint \frac{2l''\sin\varphi'\sin i'\varphi'\cos i\varphi\,d\varphi\,d\varphi'}{\Delta^{n+1}},$$

ideoque, cum sit

$$n p_{i,i'} = \frac{n}{\pi^2}\iint \frac{(l+2l'\cos\varphi+2l''\cos\varphi')\cos i\varphi\cos i'\varphi'\,d\varphi\,d\varphi'}{\Delta^{n+1}},$$

erit

$$(n-i-i')p_{i,i'}$$

$$= \frac{n}{\pi^2}\iint \frac{[l\cos i\varphi\cos i'\varphi'+2l'\cos(i-1)\varphi\cos i'\varphi'+2l''\cos(i'-1)\varphi'\cos i\varphi]\,d\varphi\,d\varphi'}{\Delta^{n+1}}$$

sive

$$\frac{n-i-i'}{n}p_{i,i'} = l q_{i,i'} + 2l' q_{i-1,i'} + 2l'' q_{i,i'-1}.$$

Ponamus in formula antecedente primum $1-i$ loco i, deinde $1-i'$ loco i', denique simul $1-i$ loco i, $1-i'$ loco i'; unde, cum $p_{i,i'}$, $q_{i,i'}$ non mutentur, indicum signis in opposita mutatis, prodit systema quatuor aequationum

$$(25)\quad \begin{aligned}
\frac{n-i-i'}{n}p_{i,i'} &= l q_{i,i'} + 2l' q_{i-1,i'} + 2l'' q_{i,i'-1},\\
\frac{n-1+i-i'}{n}p_{i-1,i'} &= 2l' q_{i,i'} + l q_{i-1,i'} + 2l'' q_{i-1,i'-1},\\
\frac{n-1+i'-i}{n}p_{i,i'-1} &= 2l'' q_{i,i'} + l q_{i,i'-1} + 2l' q_{i-1,i'-1},\\
\frac{n-2+i+i'}{n}p_{i-1,i'-1} &= 2l'' q_{i-1,i'} + 2l' q_{i,i'-1} + l q_{i-1,i'-1}.
\end{aligned}$$

Quarum aequationum resolutione coëfficientes $q_{i,i'}$ per $p_{i,i'}$ determinantur, quod propositum erat.

Ipsam resolutionem modo sequente non ineleganter transigis. Statuatur

$$l+2l'+2l''=k,\quad l+2l'-2l''=k',\quad l-2l'+2l''=k'',\quad l-2l'-2l''=k''';$$

per solas additiones et subtractiones e quatuor aequationibus propositis obtines

(26)

$$k(q_{i,i'}+q_{i-1,i'}+q_{i,i'-1}+q_{i-1,i'-1})$$
$$=\frac{n-i-i'}{n}p_{i,i'}+\frac{n-1+i-i'}{n}p_{i-1,i'}+\frac{n-1+i'-i}{n}p_{i,i'-1}+\frac{n-2+i+i'}{n}p_{i-1,i'-1},$$

$$k'(q_{i,i'}+q_{i-1,i'}-q_{i,i'-1}-q_{i-1,i'-1})$$
$$=\frac{n-i-i'}{n}p_{i,i'}+\frac{n-1+i-i'}{n}p_{i-1,i'}-\frac{n-1+i'-i}{n}p_{i,i'-1}-\frac{n-2+i+i'}{n}p_{i-1,i'-1},$$

$$k''(q_{i,i'}-q_{i-1,i'}+q_{i,i'-1}-q_{i-1,i'-1})$$
$$=\frac{n-i-i'}{n}p_{i,i'}-\frac{n-1+i-i'}{n}p_{i-1,i'}+\frac{n-1+i'-i}{n}p_{i,i'-1}-\frac{n-2+i+i'}{n}p_{i-1,i'-1},$$

$$k'''(q_{i,i'}-q_{i-1,i'}-q_{i,i'-1}+q_{i-1,i'-1})$$
$$=\frac{n-i-i'}{n}p_{i,i'}-\frac{n-1+i-i'}{n}p_{i-1,i'}-\frac{n-1+i'-i}{n}p_{i,i'-1}+\frac{n-2+i+i'}{n}p_{i-1,i'-1}.$$

Quibus aequationibus respective per k, k', k'', k''' divisis, rursus per solas additiones et subtractiones, posito

(27)

$$\frac{1}{k}+\frac{1}{k'}+\frac{1}{k''}+\frac{1}{k'''}=4h,$$

$$\frac{1}{k}+\frac{1}{k'}-\frac{1}{k''}-\frac{1}{k'''}=4h',$$

$$\frac{1}{k}-\frac{1}{k'}+\frac{1}{k''}-\frac{1}{k'''}=4h'',$$

$$\frac{1}{k}-\frac{1}{k'}-\frac{1}{k''}+\frac{1}{k'''}=4h''',$$

obtines

(28)

$$q_{i,i'}=h\,\frac{n-i-i'}{n}p_{i,i'}+h'\,\frac{n-1+i-i'}{n}p_{i-1,i'}+h''\,\frac{n-1+i'-i}{n}p_{i,i'-1}+h'''\,\frac{n-2+i+i'}{n}p_{i-1,i'-1},$$

$$q_{i-1,i'}=h'\,\frac{n-i-i'}{n}p_{i,i'}+h\,\frac{n-1+i-i'}{n}p_{i-1,i'}+h'''\,\frac{n-1+i'-i}{n}p_{i,i'-1}+h''\,\frac{n-2+i+i'}{n}p_{i-1,i'-1},$$

$$q_{i,i'-1}=h''\,\frac{n-i-i'}{n}p_{i,i'}+h'''\,\frac{n-1+i-i'}{n}p_{i-1,i'}+h\,\frac{n-1+i'-i}{n}p_{i,i'-1}+h'\,\frac{n-2+i+i'}{n}p_{i-1,i'-1},$$

$$q_{i-1,i'-1}=h'''\,\frac{n-i-i'}{n}p_{i,i'}+h''\,\frac{n-1+i-i'}{n}p_{i-1,i'}+h'\,\frac{n-1+i'-i}{n}p_{i,i'-1}+h\,\frac{n-2+i+i'}{n}p_{i-1,i'-1}.$$

Quae aequationes omnes ex una derivari possunt, ponendo $1-i$ loco i, $1-i'$ loco i' vel simul utrumque. Statuto

$$N = kk'k''k''' = (l+2l'+2l'')(l+2l'-2l'')(l-2l'+2l'')(l-2l'-2l''),$$

ipsae h, h', h'', h''' per l, l', l'' exhibentur per formulas

$$(29)\quad \begin{aligned} h &= \frac{l(k'k''+kk''')}{2N} = \frac{l(l^2-4l'^2-4l''^2)}{N}, \\ h' &= -\frac{l'(kk''+k'k''')}{N} = -\frac{2l'(l^2-4l'^2+4l''^2)}{N}, \\ h'' &= -\frac{l''(kk'+k''k''')}{N} = -\frac{2l''(l^2+4l'^2-4l''^2)}{N}, \\ h''' &= \frac{l(k'k''-kk''')}{2N} = \frac{8ll'l''}{N}. \end{aligned}$$

Docent formulae antecedentes, quomodo terminos quatuor $p_{i,i'}$, $p_{i-1,i'}$, $p_{i,i'-1}$, $p_{i-1,i'-1}$ per quatuor terminos iisdem indicibus affectos $q_{i,i'}$, $q_{i-1,i'}$, $q_{i,i'-1}$, $q_{i-1,i'-1}$ et vice versa hos per illos exprimere liceat.

Pervenimus hac occasione ad systema quatuor aequationum linearium, quae formam curiosam habent:

$$\begin{aligned} aw+bx+cy+dz &= m, \\ bw+ax+dy+cz &= n, \\ cw+dx+ay+bz &= p, \\ dw+cx+by+az &= q. \end{aligned}$$

Casu nostro est $d=0$; sed methodus eadem casui applicatur generaliori, quo d non evanescit. Et aequationes inversae, quibus w, x, y, z per m, n, p, q exhibentur, rursus eadem forma gaudent.

Si $i=0$, $i'=0$, formulae inventae evadunt

$$(30)\quad \begin{aligned} q_{0,0} &= h\,p_{0,0}+\frac{n-1}{n}h'p_{1,0}+\frac{n-1}{n}h''p_{0,1}+\frac{n-2}{n}h'''p_{1,1}, \\ q_{1,0} &= h'p_{0,0}+\frac{n-1}{n}h\,p_{1,0}+\frac{n-1}{n}h'''p_{0,1}+\frac{n-2}{n}h''p_{1,1}, \\ q_{0,1} &= h''p_{0,0}+\frac{n-1}{n}h'''p_{1,0}+\frac{n-1}{n}h\,p_{0,1}+\frac{n-2}{n}h'p_{1,1}, \\ q_{1,1} &= h'''p_{0,0}+\frac{n-1}{n}h''p_{1,0}+\frac{n-1}{n}h'p_{0,1}+\frac{n-2}{n}h\,p_{1,1}. \end{aligned}$$

Ex aequatione

$$k(q_{i,i'}+q_{i-1,i'}+q_{i,i'-1}+q_{i-1,i'-1})$$
$$=\frac{n-i-i'}{n}p_{i,i'}+\frac{n-1+i-i'}{n}p_{i-1,i'}+\frac{n-1+i'-i}{n}p_{i,i'-1}+\frac{n-2+i+i'}{n}p_{i-1,i'-1}$$

observo reliquas tres appositas eius similes per considerationem deduci potuisse, quae facile patet, mutato l' in $-l'$, ipsas $p_{i,i'}$, $q_{i,i'}$ immutatas manere, si i par, valores oppositos induere, si i impar, eodemque modo, mutato l'' in $-l''$, ipsas $p_{i,i'}$, $q_{i,i'}$ immutatas manere, si i' par, valores oppositos induere, si i' impar.

Aequationem, qua supra $p_{i,i'}$ per ipsas $q_{i,i'}$ expressimus, etiam hoc modo deducere licet. Ex aequationibus enim

$$\frac{\partial\Delta^{-n}}{\partial\varphi}=\sqrt{-1}\,\Sigma\, i p_{i,i'}e^{(i\varphi+i'\varphi')\sqrt{-1}}=2nl'\sin\varphi\,\Sigma\, q_{i,i'}e^{(i\varphi+i'\varphi')\sqrt{-1}},$$
$$\frac{\partial\Delta^{-n}}{\partial\varphi'}=\sqrt{-1}\,\Sigma\, i' p_{i,i'}e^{(i\varphi+i'\varphi')\sqrt{-1}}=2nl''\sin\varphi'\,\Sigma\, q_{i,i'}e^{(i\varphi+i'\varphi')\sqrt{-1}}$$

sequitur

$$(31)\qquad -p_{i,i'}=\frac{n}{i}l'(q_{i-1,i'}-q_{i+1,i'})=\frac{n}{i'}l''(q_{i,i'-1}-q_{i,i'+1}).$$

Habetur autem ex aequationum (8) prima, posito $n+1$ loco n, q loco p,

$$0=i'(lq_{i,i'}+2l'q_{i-1,i'})-l''[(i-i'-n)q_{i,i'-1}-(i+i'-n)q_{i,i'+1}]$$

sive

$$i'(lq_{i,i'}+2l'q_{i-1,i'}+2l''q_{i,i'-1})=(i+i'-n)l''(q_{i,i'-1}-q_{i,i'+1}),$$

unde prodit

$$l\,q_{i,i'}+2l'q_{i-1,i'}+2l''q_{i,i'-1}=\frac{n-i-i'}{n}p_{i,i'},$$

quae est aequatio supra alia methodo inventa.

10.

Seorsim considerari debet casus, quo $N=kk'k''k'''=0$, sive una e quantitatibus k, k', k'', k''' evanescit, quippe quo casu solutio quatuor aequationum linearium propositarum fit illusoria. Et facile determinatur, quaenam e quatuor quantitatibus illis evanescere possit; nam, cum in hac quaestione supponi debeat, ipsum $\Delta = l+2l'\cos\varphi+2l''\cos\varphi'$ negativum fieri non posse, ipsum l minor esse non potest, quam summa ipsorum $2l'$, $2l''$ positive acceptorum; unde, quoties $l\pm 2l'\pm 2l''=0$, bina signa $\pm$ ita determinata esse debent, ut utrumque $\pm l'$, $\pm l''$ sit negativum. Statuamus l', l'' positiva, quod licet, quia mutando φ in $\varphi+\pi$, φ' in $\varphi'+\pi$ eorum signa mutare possumus: erit in casu, quem consideramus, particulari et qui limitem constituit, quo Δ semper positivum etiam evanescere potest, e quatuor illis quantitatibus ea, quae evanescere potest,

$$k''' = l-2l'-2l'' = 0.$$

Unde prodit e formulis antecedentibus

$$(32)\qquad \begin{aligned}(n-i-i')p_{i,i'}-(n-1+i-i')p_{i-1,i'}-(n-1+i'-i)p_{i,i'-1}\\ +(n-2+i+i')p_{i-1,i'-1}=0.\end{aligned}$$

Quae aequatio, posito $i=0$, $i'=0$, in hanc abit:

$$(33)\qquad np_{0,0}-(n-1)(p_{1,0}+p_{0,1})+(n-2)p_{1,1}=0.$$

Quae docet, e quatuor terminis $p_{0,0}$, $p_{1,0}$, $p_{0,1}$, $p_{1,1}$ unum ad reliquos tres revocari posse, et cum termini omnes per quatuor illos lineariter determinentur, habetur theorema:

„*In casu limite, quo* $\Delta = l+2l'\cos\varphi+2l''\cos\varphi'$, *quod pro omnibus ipsorum* φ, φ' *valoribus semper positivum manere supponitur, etiam evanescere potest, coëfficientes evolutionis ipsius* Δ^{-n}, *secundum cosinus multiplorum utriusque* φ, φ' *factae, omnes per tres ex earum numero lineariter exhiberi possunt.*“

Ut in illo casu limite, quo $l=2l'+2l''$, coëfficientes finitae maneant, esse debet $n<1$. Erit enim eo casu, integrationibus a 0 usque ad π extensis,

$$p_{i,i'} = \frac{1}{\pi^2}\iint\frac{\cos i\varphi\cos i'\varphi'\,d\varphi\,d\varphi'}{[2l'(1+\cos\varphi)+2l''(1+\cos\varphi')]^n}$$

sive, posito $4l'=m^2$, $4l''=m'^2$, $\varphi=2\psi$, $\varphi'=2\psi'$, erit

$$p_{i,i'} = \frac{4}{\pi^2}\int_0^{\frac{1}{2}\pi}\int_0^{\frac{1}{2}\pi}\frac{\cos 2i\psi\cos 2i'\psi'\,d\psi\,d\psi'}{(m^2\cos^2\psi+m'^2\cos^2\psi')^n}.$$

Functio integranda, si n positiva, infinita evadit pro iis ipsorum ψ, ψ' valoribus, qui a $\frac{\pi}{2}$ infinite parvo discrepant; ut videamus, an ipsum quoque integrale, ad valores illos extensum, infinitum evadat, statuamus

$$\psi=\frac{\pi}{2}-\frac{x}{w},\qquad \psi'=\frac{\pi}{2}-\frac{x'}{w},$$

ubi w infinite magnum; qua substitutione fit

$$p_{i,i'}=(-1)^{i+i'}\frac{4}{\pi^2 w^2}\iint\frac{\cos\frac{2ix}{w}\cos\frac{2i'x'}{w}\,dx\,dx'}{\left(m^2\sin^2\frac{x}{w}+m'^2\sin^2\frac{x'}{w}\right)^n}.$$

Quod integrale, extensum a $x=0$, $x'=0$ usque ad ipsorum x, x' valores quantumvis magnos, eos tamen, pro quibus $\frac{x}{w}$, $\frac{x'}{w}$ infinite parva maneant, aequivalet parti integralis propositi, quae ad ipsorum ψ, ψ' valores angulo recto infinite propinquos extenditur et quae sola in infinitum abire potest, ab ipso autem valore integralis propositi $p_{i,i'}$ tantum quantitate finita discrepat. Quam partem, cum $\frac{x}{w}$, $\frac{x'}{w}$ semper infinite parva maneant, exhibere possumus per expressionem simpliciorem

$$(-1)^{i+i'}\frac{4w^{2n-2}}{\pi^2}\iint\frac{dx\,dx'}{(m^2x^2+m'^2x'^2)^n}.$$

Quae, posito

$$mx=r\cos\varphi,\qquad m'x'=r\sin\varphi,$$

integratione secundum φ extensa a 0 usque ad $\frac{\pi}{2}$, secundum r a r_1 usque ad r, abit in hanc:

$$\frac{(-1)^{i+i'}}{mm'}\frac{4w^{2n-2}}{\pi^2}\iint\frac{r\,dr\,d\varphi}{r^{2n}}=\frac{(-1)^{i+i'}}{mm'}\frac{2}{\pi}\frac{w^{2n-2}}{2-2n}\left\{\frac{1}{r^{2n-2}}-\frac{1}{r_1^{2n-2}}\right\},$$

quae, cum $\frac{w}{r}$ infinite magnum sit, fit, posito $r_1=0$, infinite parva, si $n<1$, valorem definitum non habet si $n\geqq 1$. Unde ipsum quoque integrale propositum $p_{i,i'}$, cum ab expressione antecedente tantum quantitate finita discrepet, finitum manet, si $n<1$, valorem definitum non induit, si $n\geqq 1$.

Aequationem

$$(n-i-i')p_{i,i'}-(n-1+i-i')p_{i-1,i'}-(n-1+i'-i)p_{i,i'-1}$$
$$+(n-2+i+i')p_{i-1,i'-1}=0$$

concludimus ex aequatione

$$(n-i-i')p_{i,i'}-(n-1+i-i')p_{i-1,i'}-(n-1+i'-i)p_{i,i'-1}+(n-2+i+i')p_{i-1,i'-1}$$
$$= nk'''(q_{i,i'}-q_{i-1,i'}-q_{i,i'-1}+q_{i-1,i'-1})$$

casu, quo $k'''=l-2l'-2l''$ evanescit. Hinc dubium nasci potest, an aequatio illa valeat, si n inter 0 et 1; nam quia tum $n+1$ inter 1 et 2, coëfficientes omnes $q_{i,i'}$ infinitae evadunt simul cum k''' evanescente, ita ut fieri posse videatur, ut expressio

$$k'''(q_{i,i'}-q_{i-1,i'}-q_{i,i'-1}+q_{i-1,i'-1}),$$

quam simul cum k''' evanescere statuimus, eo casu finita evadat aut adeo in infinitum abeat. Qua de re ut certiores fiamus, quaerendum est, quinam sit casu, quo $1<n<2$, ordo infiniti, in quod $p_{i,i'}$ abit, simul atque $k'''=l-2l'-2l''$ infinite parva fit.

Rursus designante w infinite magnum, sit $k'''=l-2l'-2l''=\frac{1}{w^2}$, sit porro rursus $4l'=m^2$, $4l''=m'^2$, $\varphi=2\psi$, $\varphi'=2\psi'$, erit

$$p_{i,i'}=\frac{4}{\pi^2}\int_0^{\frac{1}{2}\pi}\int_0^{\frac{1}{2}\pi}\frac{\cos 2i\psi\cos 2i'\psi' d\psi\, d\psi'}{\left(\frac{1}{w^2}+m^2\cos^2\psi+m'^2\cos^2\psi'\right)^n}.$$

Rursus ponamus $\psi=\frac{\pi}{2}-\frac{x}{w}$, $\psi'=\frac{\pi}{2}-\frac{x'}{w}$, sequitur per ratiocinia eadem atque antecedentibus usi sumus, valorem ipsius $p_{i,i'}$ quantitate finita discrepare a valore integralis

$$(-1)^{i+i'}\frac{4}{\pi^2}w^{2n-2}\int\int\frac{dx\,dx'}{(1+m^2x^2+m'^2x'^2)^n},$$

integrationibus extensis a $x=0$, $x'=0$ usque ad valores ipsorum x, x' infinitos, pro quibus tamen $\frac{x}{w}$, $\frac{x'}{w}$ infinite parva maneant. Statuo rursus $mx=r\cos\varphi$, $m'x'=r\sin\varphi$, expressio antecedens, a $\varphi=0$, $r=0$ usque ad $\varphi=\frac{\pi}{2}$, $r=r$ integrata, abit in hanc:

$$\frac{(-1)^{i+i'}}{mm'}\frac{4}{\pi^2}w^{2n-2}\int\int\frac{r\,dr\,d\varphi}{(1+r^2)^n}=\frac{(-1)^{i+i'}}{mm'}\frac{2}{\pi}\frac{w^{2n-2}}{2-2n}\left\{\left(\frac{1}{1+r^2}\right)^{n-1}-1\right\},$$

quae expressio, per $k'''=l-2l'-2l''=\frac{1}{w^2}$ multiplicata, si n inter 1 et 2, evanescit pro w infinito. Unde, cum $p_{i,i'}$ ab expressione illa tantum quantitate finita differat, etiam $k'''p_{i,i'}$, si n inter 1 et 2, sive, quod idem est, $k'''q_{i,i'}$, si n inter 0 et 1, simul cum w infinito sive k''' evanescente evanescit. Unde videmus, quoties $k'''=0$, etiam si n inter 0 et 1, recte statui

$$(n-i-i')p_{i,i'}-(n-1+i-i')p_{i-1,i'}-(n-1+i'-i)p_{i,i'-1}+(n-2+i+i')p_{i-1,i'-1}$$
$$= nk'''(q_{i,i'}-q_{i-1,i'}-q_{i,i'-1}+q_{i-1,i'-1}) = 0.$$

Regiom. d. 9. Oct. 1835.

ÜBER DIE ENTWICKELUNG DES AUSDRUCKS
$(aa - 2aa'[\cos\omega\cos\varphi + \sin\omega\sin\varphi\cos(\vartheta - \vartheta')] + a'a')^{-\frac{1}{2}}$.

Crelle Journal für die reine und angewandte Mathematik, Bd. 26 p. 81—87.

1.

Man kann einen Ausdruck von der Form

$$V = \frac{1}{\sqrt{AA + BB + CC}}$$

durch das bestimmte Integral

$$\frac{1}{2\pi}\int_0^{2\pi} \frac{d\eta}{A + iB\cos\eta + iC\sin\eta},$$

wo $i = \sqrt{-1}$ ist, darstellen. Setzt man in dieser Formel

$$A = a\cos\omega - a'\cos\varphi,$$
$$B = a\sin\omega\cos\theta - a'\sin\varphi\cos\theta',$$
$$C = a\sin\omega\sin\theta - a'\sin\varphi\sin\theta',$$

so erhält man den zur Entwickelung vorgelegten Ausdruck durch das bestimmte Integral

$$V = \frac{1}{\sqrt{aa - 2aa'[\cos\omega\cos\varphi + \sin\omega\sin\varphi\cos(\theta - \theta')] + a'a'}}$$
$$= \frac{1}{2\pi}\int_0^{2\pi} \frac{d\eta}{a[\cos\omega + i\sin\omega\cos(\theta - \eta)] - a'[\cos\varphi + i\sin\varphi\cos(\theta' - \eta)]}$$

ausgedrückt. Es wird daher, wenn man

$$V = Y_0\frac{1}{a}+Y_1\frac{a'}{a^2}+Y_2\frac{a'^2}{a^3}+\cdots$$

setzt, das allgemeine Glied der Entwickelung Y_n durch das bestimmte Integral

$$Y_n = \frac{1}{2\pi}\int_0^{2\pi}\frac{[\cos\varphi+i\sin\varphi\cos(\vartheta'-\eta)]^n\,d\eta}{[\cos\omega+i\sin\omega\cos(\vartheta-\eta)]^{n+1}}$$

gegeben. Setzt man

$$[\cos\varphi+i\sin\varphi\cos(\vartheta'-\eta)]^n \quad = X_n+2iX_n'\cos(\vartheta'-\eta)-2X_n''\cos 2(\vartheta'-\eta)-\cdots,$$

$$[\cos\omega+i\sin\omega\cos(\vartheta-\eta)]^{-(n+1)} = P_n+2iP_n'\cos(\vartheta-\eta)-2P_n''\cos 2(\vartheta-\eta)-\cdots,$$

so giebt die vorstehende Formel

$$Y_n = P_nX_n-2P_n'X_n'\cos(\vartheta-\vartheta')+2P_n''X_n''\cos 2(\vartheta-\vartheta')-\cdots$$

Die Gröfsen P_n, P_n', ... hängen nur von ω, die Gröfsen X_n, X_n', ... nur von φ ab. Sie müssen ferner dieselben Functionen respective von ω und φ oder nur um einen Zahlenfactor verschieden sein, da V und also auch Y_n ungeändert bleibt, wenn man φ und ω mit einander vertauscht.

Setzt man $\omega = 0$, so erhält man aus dem Vorigen

$$Y_n = \frac{1}{2\pi}\int_0^{2\pi}[\cos\varphi+i\sin\varphi\cos(\vartheta'-\eta)]^n d\eta = X_n,$$

$$\frac{1}{\sqrt{aa-2aa'\cos\varphi+a'a'}} = X_0\frac{1}{a}+X_1\frac{a'}{a^2}+X_2\frac{a'^2}{a^3}+\cdots$$

Setzt man $\varphi = 0$, so erhält man

$$Y_n = \frac{1}{2\pi}\int_0^{2\pi}[\cos\omega+i\sin\omega\cos(\vartheta-\eta)]^{-(n+1)}d\eta = P_n,$$

$$\frac{1}{\sqrt{aa-2aa'\cos\omega+a'a'}} = P_0\frac{1}{a}+P_1\frac{a'}{a^2}+P_2\frac{a'^2}{a^3}+\cdots,$$

wo die ersten Coefficienten $X_0 = P_0 = 1$ werden, wie sich ergiebt, wenn man $a' = 0$ setzt. In den beiden Integralen, durch welche X_n und P_n bestimmt werden, kann man für $\vartheta'-\eta$, $\vartheta-\eta$ blofs η schreiben. Da die beiden Radicale gleich werden, wenn man $\varphi = \omega$ setzt, so folgt, dafs P_n und X_n genau dieselben Functionen respective von ω und φ sind.

Die im Vorhergehenden bewiesenen Formeln geben folgenden Satz:

„Wenn

$$\frac{1}{\sqrt{aa-2aa'\cos\varphi+a'a'}} = \frac{1}{a}+X_1\frac{a'}{a^2}+X_2\frac{a'^2}{a^3}+\cdots$$

und P_n dieselbe Function von ω wie X_n von φ ist, so hat man

$$\frac{1}{2\pi}\int_0^{2\pi}\frac{d\vartheta}{\sqrt{aa-2aa'[\cos\omega\cos\varphi+\sin\omega\sin\varphi\cos(\vartheta-\vartheta')]+a'a'}}$$
$$= \frac{1}{a}+P_1X_1\frac{a'}{a^2}+P_2X_2\frac{a'^2}{a^3}+\cdots\text{“}$$

Dieses schöne, von Legendre gefundene, Resultat und die Anwendungen, die er davon gemacht, haben den Anstofs zu Laplace's tiefsinnigen Untersuchungen über die Entwickelung der Functionen zweier Winkel gegeben.

2.

Die Ausdrücke von X_n, X'_n, ..., P_n, P'_n, ... findet man mit Hülfe des Taylorschen Lehrsatzes und einer häufig anwendbaren Ausdehnung desselben auf Entwickelungen, welche nicht blofs die ganzen positiven Potenzen des Increments enthalten. Setzt man nämlich

$$\cos\varphi = x, \qquad i\sin\varphi\, e^{i\eta} = z,$$

so hat man die merkwürdige Gleichung

$$\begin{aligned} 2z(\cos\varphi+i\sin\varphi\cos\eta) &= z(2\cos\varphi+i\sin\varphi\, e^{i\eta}+i\sin\varphi\, e^{-i\eta}) \\ &= 2xz+zz-\sin^2\varphi \\ &= (x+z)^2-1, \end{aligned}$$

und daher

$$\begin{aligned} [(x+z)^2-1]^n &= 2^nz^n(\cos\varphi+i\sin\varphi\cos\eta)^n \\ &= 2^nz^n(X_n+iX'_ne^{i\eta}-X''_ne^{2i\eta}-iX'''_ne^{3i\eta}+\cdots \\ &\qquad +iX'_ne^{-i\eta}-X''_ne^{-2i\eta}-iX'''_ne^{-3i\eta}+\cdots) \\ &= 2^nz^n\Big(X_n+X'_n\frac{z}{\sin\varphi}+X''_n\frac{z^2}{\sin^2\varphi}+X'''_n\frac{z^3}{\sin^3\varphi}+\cdots \\ &\qquad -X'_n\sin\varphi\, z^{-1}+X''_n\sin^2\varphi\, z^{-2}-X'''_n\sin^3\varphi\, z^{-3}+\cdots\Big). \end{aligned}$$

Hier ist $X_n^{(m)}$ in die beiden Ausdrücke

$$\frac{2^n}{\sin^m\varphi}z^{n+m} \quad \text{und} \quad (-1)^m 2^n \sin^m\varphi\, z^{n-m}$$

multiplicirt. Nach dem Taylorschen Lehrsatze sind aber die Coefficienten von z^{n+m} und z^{n-m} in der Entwickelung von $[(x+z)^2-1]^n$

$$\frac{1}{\Pi(n+m)}\frac{d^{n+m}(x^2-1)^n}{dx^{n+m}}, \qquad \frac{1}{\Pi(n-m)}\frac{d^{n-m}(x^2-1)^n}{dx^{n-m}},$$

wo $\Pi(k)=1.2\ldots k$. Man hat daher für $X_n^{(m)}$ die beiden Ausdrücke

$$X_n^{(m)} = \frac{\sin^m\varphi}{2^n}\cdot\frac{1}{\Pi(n+m)}\frac{d^{n+m}(x^2-1)^n}{dx^{n+m}} = \frac{(-1)^m}{2^n\sin^m\varphi}\frac{1}{\Pi(n-m)}\frac{d^{n-m}(x^2-1)^n}{dx^{n-m}}.$$

Für $m=0$ geben beide

$$X_n = \frac{1}{2^n\Pi(n)}\frac{d^n(x^2-1)^n}{dx^n}.$$

Man kann daher für den ersten der beiden Ausdrücke von $X_n^{(m)}$ setzen

$$X_n^{(m)} = \frac{\Pi(n)}{\Pi(n+m)}(1-xx)^{\frac{1}{2}m}\frac{d^m X_n}{dx^m}.$$

Führt man, um den Ausdruck von $P_n^{(m)}$ zu finden, die ähnlichen Bezeichnungen

$$\cos\omega = p, \qquad i\sin\omega\, e^{i\eta} = z$$

ein, so erhält man wieder

$$[(p+z)^2-1]^{-(n+1)} = (2z)^{-(n+1)}(\cos\omega+i\sin\omega\cos\eta)^{-(n+1)}$$
$$= (2z)^{-(n+1)}\Big(P_n + P_n'\frac{z}{\sin\omega} + P_n''\frac{z^2}{\sin^2\omega} + P_n'''\frac{z^3}{\sin^3\omega} + \cdots$$
$$- P_n'\sin\omega\, z^{-1} + P_n''\sin^2\omega\, z^{-2} - P_n'''\sin^3\omega\, z^{-3} + \cdots\Big).$$

Die Coefficienten von $z^{-(n+1-m)}$, $z^{-(n+1+m)}$ werden hier

$$\frac{2^{-(n+1)}}{\sin^m\omega}P_n^{(m)}, \quad (-1)^m 2^{-(n+1)}\sin^m\omega\, P_n^{(m)}.$$

Um die Coefficienten derselben Potenzen von z aus der Entwickelung von

$[(p+z)^2-1]^{-(n+1)}$ zu erhalten, bemerke ich, dafs man dasselbe Princip, welches die Taylorsche Reihe giebt, dafs nämlich die nach p und z genommenen partiellen Differentialquotienten einer Function von $p+z$ einander gleich sind, auch mit Vortheil auf Entwickelungen anwenden kann, welche, wie die hier vorliegenden, positive und negative Potenzen von z in's Unendliche enthalten. Ist u_k der Coefficient von z^k, so wird der Coefficient von z^{k+m}, je nachdem k positiv oder negativ ist,

$$\frac{\Pi(k)}{\Pi(k+m)}\frac{d^m u_k}{dp^m} \quad \text{oder} \quad (-1)^m \frac{\Pi(-k-m-1)}{\Pi(-k-1)}\frac{d^m u_k}{dp^m}$$

und der Coefficient von z^{k-m}

$$\frac{\Pi(k)}{\Pi(k-m)}\int^m u_k\,dp^m \quad \text{oder} \quad (-1)^m \frac{\Pi(-k+m-1)}{\Pi(-k-1)}\int^m u_k\,dp^m.$$

Nun kann man der Natur der Sache nach keinen Uebergang von den ganzen positiven zu den ganzen negativen Potenzen von z machen und umgekehrt. Denn da in der Entwickelung kein Logarithmus von z vorkommt, so kann auch der nach z genommene Differentialquotient nicht den Term $\frac{1}{z}$ enthalten. Es kann daher auch der ihm gleiche partielle Differentialquotient nach p nicht den Term $\frac{1}{z}$ enthalten, oder: *der Coefficient von $\frac{1}{z}$ in einer von* $\log z$ *freien Entwickelung einer Function von $p+z$ ist immer eine Constante.* Hieraus folgt allgemein, dafs der Coefficient von $z^{-(1+k)}$ eine ganze rationale Function von p von der k^{ten} Ordnung ist.

In dem vorliegenden Problem ist P_n und daher der Coefficient von $z^{-(n+1)}$ gegeben. Denn da P_n dieselbe Function von p wie X_n von x ist, so hat man auch

$$P_n = \frac{1}{2^n\Pi(n)}\frac{d^n(pp-1)^n}{dp^n}.$$

Da $2^{-(n+1)}P_n$ der Coefficient von $z^{-(n+1)}$ ist, so wird nach dem Vorhergehenden, wenn man $k = -n-1$ setzt, der Coefficient von $z^{-(n+1)+m}$

$$(-1)^m 2^{-(n+1)}\frac{\Pi(n-m)}{\Pi(n)}\frac{d^m P_n}{dp^m}$$

und der Coefficient von $z^{-(n+1)-m}$

$$(-1)^m 2^{-(n+1)} \frac{\Pi(n+m)}{\Pi(n)} \int^m P_n dp^m,$$

wo die nach einander zu bildenden Integrale für $p=\pm 1$ verschwinden müssen, da für $p=\pm 1$ die zu entwickelnde Function gleich $z^{-(n+1)}(\pm 2+z)^{-(n+1)}$ wird, deren Entwickelung keine höheren negativen Potenzen als die $-(n+1)^{\text{te}}$ enthält. Man hat daher für $P_n^{(m)}$ die beiden Ausdrücke

$$P_n^{(m)} = (-1)^m \frac{\Pi(n-m)}{\Pi(n)} \sin^m\omega \frac{d^m P_n}{dp^m}$$

$$= \frac{\Pi(n+m)}{\Pi(n)} \frac{1}{\sin^m\omega} \int^m P_n dp^m.$$

Vergleicht man die für $P_n^{(m)}$ und $X_n^{(m)}$ gefundenen Ausdrücke, so sieht man, daſs man $P_n^{(m)}$ aus $X_n^{(m)}$ erhält, wenn man p für x setzt und mit

$$(-1)^m \frac{\Pi(n+m)\,\Pi(n-m)}{\Pi(n)\,\Pi(n)}$$

multiplicirt. Man hat daher zwischen den bestimmten Integralen, durch welche man $X_n^{(m)}$ aus $P_n^{(m)}$ ausdrücken kann, die Relation

$$\frac{1}{\pi}\int_0^\pi \frac{\cos m\eta\, d\eta}{(\cos\omega+i\sin\omega\cos\eta)^{n+1}}$$

$$= (-1)^m \frac{\Pi(n+m)\,\Pi(n-m)}{\Pi(n)\,\Pi(n)} \frac{1}{\pi}\int_0^\pi (\cos\omega+i\sin\omega\cos\eta)^n \cos m\eta\, d\eta$$

$$= (-1)^m 2^{-n} \frac{\Pi(n-m)}{\Pi(n)\,\Pi(n)} \sin^m\omega \frac{d^{n+m}(pp-1)^n}{dp^{n+m}},$$

wo $p=\cos\omega$ und $n \geqq m$. Einer meiner jüngeren Freunde, Herr Dr. Heine, hat bemerkt, daſs die hier zwischen den bestimmten Integralen gefundene Relation in der Eulerschen Formel

$$\int_0^\pi \frac{\cos mx\, dx}{(aa+2ab\cos x+bb)^{n+1}}$$

$$= (-1)^m \frac{\Pi(n+m)\,\Pi(n-m)}{\Pi(n)\,\Pi(n)} \frac{1}{(aa-bb)^{2n+1}} \int_0^\pi (aa+2ab\cos x+bb)^n \cos mx\, dx$$

enthalten ist, wenn man $a = \cos\frac{1}{2}\varphi$, $b = i\sin\frac{1}{2}\varphi$ setzt.

Substituirt man die für $X_n^{(m)}$, $P_n^{(m)}$ gefundenen Werthe

$$X_n^{(m)} = \frac{\Pi(n)\sin^m\varphi}{\Pi(n+m)}\frac{d^m X_n}{dx^m},$$

$$P_n^{(m)} = (-1)^m \frac{\Pi(n-m)\sin^m\omega}{\Pi(n)}\frac{d^m P_n}{dp^m}$$

in den für Y_n gefundenen Ausdruck

$$Y_n = P_n X_n - 2P_n' X_n' \cos(\vartheta-\vartheta') + 2P_n'' X_n'' \cos 2(\vartheta-\vartheta') - \cdots,$$

so erhält man

$$Y_n = P_n X_n + \frac{2\Pi(n-1)\sin\omega\sin\varphi}{\Pi(n+1)}\frac{dP_n}{dp}\frac{dX_n}{dx}\cos(\vartheta-\vartheta')$$

$$+\frac{2\Pi(n-2)\sin^2\omega\sin^2\varphi}{\Pi(n+2)}\frac{d^2P_n}{dp^2}\frac{d^2X_n}{dx^2}\cos 2(\vartheta-\vartheta') + \cdots,$$

welches die von Laplace auf ganz verschiedenem Wege gefundene Reihe ist.

Wir fanden allgemein für den Coefficienten von z^{-n-1-m} in der Entwickelung von $[(z+p)^2-1]^{-n-1}$

$$(-1)^m 2^{-n-1}\sin^m\omega\, P_n^{(m)} = \frac{(-1)^m\Pi(n+m)}{2^{n+1}\Pi(n)}\int^m P_n dp^m.$$

Setzt man für P_n seinen Werth, so kann man denselben, wenn $m > n$, so darstellen:

$$\frac{(-\sin\omega)^m P_n^{(m)}}{2^{n+1}} = \frac{(-1)^m\Pi(n+m)}{2^{2n+1}\Pi(n)\Pi(n)}\int^{m-n}(pp-1)^n dp^{m-n}.$$

Der Coefficient von z^{-n-1+m} war

$$\frac{P_n^{(m)}}{2^{n+1}\sin^m\omega};$$

er findet sich daher durch die vorstehende Gleichung gleich

$$\frac{(-1)^m\Pi(n+m)}{2^{2n+1}\Pi(n)\Pi(n)}\cdot\frac{1}{(pp-1)^m}\int^{m-n}(pp-1)^n dp^{m-n}.$$

Diese Formel giebt die Coefficienten aller positiven Potenzen von z in der vorgelegten Entwickelung. Setzt man in derselben $m = n+1$, so erhält man den von z freien Term

$$\frac{P_n^{(n+1)}}{2^{n+1}\sin^{n+1}\omega} = \frac{(-1)^{n+1}\Pi(2n+1)}{2^{2n+1}\Pi(n)\Pi(n)}\frac{1}{(pp-1)^{n+1}}\int(pp-1)^n dp.$$

Aber durch dieselbe Betrachtung, welche die Taylorsche Reihe giebt, findet man auch hier den Coefficienten der positiven Potenz z^{m-n-1}, wenn man den von z freien Term $(m-n-1)$-mal nach p differentiirt und durch $\Pi(m-n-1)$ dividirt. Man erhält daher für diesen Coefficienten, wenn $m > n+1$, den doppelten Ausdruck

$$\frac{P_n^{(m)}}{2^{n+1}\sin^m\omega} = \frac{(-1)^m\Pi(n+m)}{2^{2n+1}\Pi(n)\Pi(n)}\frac{1}{(pp-1)^m}\int^{m-n}(pp-1)^n dp^{m-n}$$

$$= \frac{(-1)^{n+1}\Pi(2n+1)}{2^{2n+1}\Pi(n)\Pi(n)\Pi(m-n-1)}\frac{d^{m-n-1}[(pp-1)^{-n-1}\int(pp-1)^n dp]}{dp^{m-n-1}}.$$

Die Vergleichung dieser beiden Formen ergiebt die Gleichung

$$\int^{m-n}(pp-1)^n dp^{m-n}$$

$$= (-1)^{m-n-1}\frac{\Pi(2n+1)(pp-1)^m}{\Pi(n+m)\Pi(m-n-1)}\frac{d^{m-n-1}[(pp-1)^{-n-1}\int(pp-1)^n dp]}{dp^{m-n-1}}.$$

Um eine convergirende Entwickelung zu erhalten, mufs man die beiden Factoren des vorgelegten Ausdrucks

$$\frac{1}{[(z+p)^2-1]^{n+1}} = \frac{1}{(p+1+z)^{n+1}}\frac{1}{(z+p-1)^{n+1}},$$

und zwar den ersten nach aufsteigenden, den zweiten nach absteigenden Potenzen von z entwickeln, wenn p zwischen 0 und 1 liegt, und umgekehrt, wenn p sich zwischen 0 und -1 befindet. So lange p in den angegebenen Intervallen bleibt, bleibt auch die Entwickelung dieselbe. Da nun für $p = +1$ und für $p = -1$ keine höheren negativen Potenzen als die $-(n+1)^{\text{te}}$ in der Entwickelung vorkommen, so hat man in den für $P_n^{(m)}$ angegebenen Werthen die Integrale so zu nehmen, dafs sie für $p = 1$ oder für $p = -1$ verschwinden, je nachdem p positiv oder negativ ist. Wenn $m \leqq n$, werden beide Bedingungen gleichzeitig erfüllt.

Königsberg, am 29. Mai 1843.

ÜBER DEN WERTH, WELCHEN DAS BESTIMMTE INTEGRAL
$$\int_0^{2\pi}\frac{d\varphi}{1-A\cos\varphi-B\sin\varphi}$$
FÜR BELIEBIGE IMAGINÄRE WERTHE VON A UND B ANNIMMT.

Crelle Journal für die reine und angewandte Mathematik, Bd. 32 p. 8—13.

Ich will im Folgenden den Werth untersuchen, welchen das bestimmte Integral

$$\int_0^{2\pi}\frac{d\varphi}{1-A\cos\varphi-B\sin\varphi}$$

annimmt, wenn die Constanten A und B beliebige imaginäre Werthe haben, welche jedoch nicht so beschaffen sein dürfen, daſs die Function unter dem Integralzeichen für einen reellen Werth von φ unendlich werden kann. Wenn die Constanten A und B reell sind, ist bekanntlich die Bedingung $AA+BB<1$ erforderlich, damit der Ausdruck unter dem Integralzeichen für keinen reellen Werth des Winkels φ unendlich werden kann. Wenn man aber den Fall der Realität von A und B ausschlieſst und

$$A = a+a'\sqrt{-1}, \qquad B = b+b'\sqrt{-1}$$

setzt, wo a, a', b, b' reell sind und a' und b' nicht beide gleichzeitig verschwinden, so kann für einen reellen Werth von φ der Ausdruck unter dem Integralzeichen nur unendlich werden oder der Nenner

$$1-(a+a'\sqrt{-1})\cos\varphi-(b+b'\sqrt{-1})\sin\varphi$$

verschwinden, wenn zu gleicher Zeit

$$a\cos\varphi + b\sin\varphi = 1, \qquad a'\cos\varphi + b'\sin\varphi = 0$$

wird. Setzt man also

$$\cos\varphi = \frac{b'}{\sqrt{a'a'+b'b'}}, \qquad \sin\varphi = -\frac{a'}{\sqrt{a'a'+b'b'}},$$

so mufs

$$ab' - a'b = \sqrt{a'a'+b'b'}$$

werden. Dies ist also die Bedingung, welche stattfinden mufs, damit für einen reellen Werth des Winkels φ der Nenner $1 - A\cos\varphi - B\sin\varphi$ verschwinden kann. Man kann dieselbe auch so darstellen:

$$aa' + bb' = \sqrt{a'a'+b'b'}\,\sqrt{aa+bb-1}.$$

Schliefst man also den Fall aus, wo diese Gleichung zwischen den Constanten a, b etc. stattfindet, wie es nöthig ist, damit das zu betrachtende Integral nicht unendlich oder unbestimmt werde, so wird der absolute Werth der Gröfse $ab' - a'b$ entweder gröfser oder kleiner als $\sqrt{a'a'+b'b'}$ sein. Ich will im Folgenden diese Gröfse mit

$$\Delta = ab' - a'b$$

bezeichnen und, was erlaubt ist, *positiv* annehmen. Wenn nämlich Δ nicht positiv ist, so kann man es leicht dazu machen, indem man blofs $2\pi - \varphi$ für φ setzt, wodurch die Grenzen der Integration und a und a' ungeändert bleiben, während gleichzeitig b und b' und also auch Δ das Zeichen ändern.

Ich bemerke zunächst folgende identische Gleichung:

$$\frac{1}{1-(a+a'\sqrt{-1})\cos\varphi-(b+b'\sqrt{-1})\sin\varphi} = \frac{1}{n-n'\sqrt{-1}}\left\{\frac{1}{1-Ce^{\varphi\sqrt{-1}}} + \frac{1}{1-C'e^{-\varphi\sqrt{-1}}} - 1\right\},$$

wo

$$n - n'\sqrt{-1} = \sqrt{1-AA-BB} = \sqrt{1-(a+a'\sqrt{-1})^2-(b+b'\sqrt{-1})^2},$$

ferner

$$C = \frac{a+b'+(a'-b)\sqrt{-1}}{1+n-n'\sqrt{-1}} = \frac{A-B\sqrt{-1}}{1+\sqrt{1-AA-BB}},$$

$$C' = \frac{a-b'+(a'+b)\sqrt{-1}}{1+n-n'\sqrt{-1}} = \frac{A+B\sqrt{-1}}{1+\sqrt{1-AA-BB}}.$$

Das Zeichen der Wurzelgröfse, deren Werth durch $n-n'\sqrt{-1}$ ausgedrückt wird, ist willkürlich; ich werde annehmen, dafs es so bestimmt ist, *dass ihr reeller Theil n einen positiven Werth erhält.*

Es ist jetzt zu untersuchen, ob die *Moduln* von C unh C' gröfser oder kleiner als 1 sind, dieses Wort in dem Sinne von Cauchy genommen. Hierzu bemerke ich, dafs

$$CC' = \frac{1-n+n'\sqrt{-1}}{1+n-n'\sqrt{-1}};$$

es ist also das Product der Moduln von C und C'

$$\sqrt{\frac{(1-n)^2+n'n'}{(1+n)^2+n'n'}},$$

da n positiv angenommen worden, kleiner als 1. Mithin können nicht beide Moduln gleichzeitig gröfser als 1 sein, sondern der kleinere von beiden wird nothwendig < 1. Es sind aber die Moduln von C und C' respective die Gröfsen

$$\sqrt{\frac{aa+a'a'+bb+b'b'+2\Delta}{(1+n)^2+n'n'}}, \qquad \sqrt{\frac{aa+a'a'+bb+b'b'-2\Delta}{(1+n)^2+n'n'}},$$

von denen, da Δ positiv angenommen worden, die letztere die kleinere ist, und es ist daher *der Modul von C' immer < 1.* Es handelt sich also nur noch darum, ob der Modul von C oder die erste der beiden vorstehenden Gröfsen gröfser oder kleiner als 1 ist. Man findet hierfür ein einfaches Kriterium durch folgende Betrachtungen.

Das Product aus den Quadraten der Moduln von C und C' ist

$$\frac{(aa+a'a'+bb+b'b')^2-4\Delta\Delta}{(1+nn+n'n'+2n)^2} = \frac{1+nn+n'n'-2n}{1+nn+n'n'+2n}.$$

Es wird daher

$$(aa+a'a'+bb+b'b')^2-4\Delta\Delta = (1+nn+n'n')^2-4nn.$$

Aus dieser Gleichung folgt, dafs, je nachdem Δ kleiner oder gröfser als n ist, auch $aa+a'a'+bb+b'b'$ kleiner oder gröfser als $1+nn+n'n'$ und daher *a fortiori* auch $aa+a'a'+bb+b'b'+2\Delta$ kleiner oder gröfser als $1+nn+n'n'+2n$

ist. *Es wird daher der Modul von C kleiner oder grösser als 1, je nachdem Δ kleiner oder grösser als n ist.*

Da

$$(n-n'\sqrt{-1})^2 = 1-(a+a'\sqrt{-1})^2-(b+b'\sqrt{-1})^2,$$

so werden die Gröſsen n und n' durch die beiden folgenden Gleichungen bestimmt:

$$nn-n'n' = 1-aa+a'a'-bb+b'b', \quad nn' = aa'+bb'.$$

Aus dieser Gleichung folgt

$$(\Delta\Delta+n'n')(\Delta\Delta-nn) = \Delta^4+\Delta^2(aa+bb-a'a'-b'b')-(aa+bb)(a'a'+b'b')$$
$$= (\Delta\Delta+aa+bb)(\Delta\Delta-a'a'-b'b').$$

Man ersieht hieraus den Satz, daſs Δ kleiner oder gröſser als n oder gleich n ist, je nachdem Δ kleiner oder gröſser als $\sqrt{a'a'+b'b'}$ oder gleich $\sqrt{a'a'+b'b'}$ ist. Das gefundene Kriterium kann man daher so ausdrücken: *je nachdem $(ab'-a'b)^2$ kleiner oder grösser als $a'a'+b'b'$, wird der Modul von C kleiner oder grösser als* 1. Den Fall $\Delta = \sqrt{a'a'+b'b'}$ haben wir oben ausgeschlossen.

Da der Modul von C' immer < 1, so wird

$$\frac{1}{1-C'e^{-\varphi\sqrt{-1}}} = 1+C'e^{-\varphi\sqrt{-1}}+C'^2e^{-2\varphi\sqrt{-1}}+C'^3e^{-3\varphi\sqrt{-1}}+\cdots$$

Es wird ferner, je nachdem der Modul von C kleiner oder gröſser als 1,

$$\frac{1}{1-Ce^{\varphi\sqrt{-1}}}-1 = Ce^{\varphi\sqrt{-1}}+C^2e^{2\varphi\sqrt{-1}}+C^3e^{3\varphi\sqrt{-1}}+\cdots,$$

oder

$$\frac{1}{1-Ce^{\varphi\sqrt{-1}}}-1 = -\left\{1+C^{-1}e^{-\varphi\sqrt{-1}}+C^{-2}e^{-2\varphi\sqrt{-1}}+C^{-3}e^{-3\varphi\sqrt{-1}}+\cdots\right\}.$$

Je nachdem daher $(ab'-a'b)^2$ kleiner oder grösser als $a'a'+b'b'$, muss man, um eine convergirende Reihe zu haben, entweder

$$\frac{n-n'\sqrt{-1}}{1-(a+a'\sqrt{-1})\cos\varphi-(b+b'\sqrt{-1})\sin\varphi} = 1+Ce^{\varphi\sqrt{-1}}+C^2e^{2\varphi\sqrt{-1}}+C^3e^{3\varphi\sqrt{-1}}+\cdots$$
$$+C'e^{-\varphi\sqrt{-1}}+C'^2e^{-2\varphi\sqrt{-1}}+C'^3e^{-3\varphi\sqrt{-1}}+\cdots,$$

oder

$$\frac{n-n'\sqrt{-1}}{1-(a+a'\sqrt{-1})\cos\varphi-(b+b'\sqrt{-1})\sin\varphi}$$
$$=(C'-C^{-1})e^{-\varphi\sqrt{-1}}+(C'^2-C^{-2})e^{-2\varphi\sqrt{-1}}+(C'^3-C^{-3})e^{-3\varphi\sqrt{-1}}+\cdots$$

setzen. Man erhält hieraus folgende Sätze:

I. *Wenn a, a', b, b' beliebige reelle Grössen sind, welche die Ungleichheit*

$$(ab'-a'b)^2>a'a'+b'b'$$

erfüllen, so wird

$$\int_0^{2\pi}\frac{d\varphi}{1-(a+a'\sqrt{-1})\cos\varphi-(b+b'\sqrt{-1})\sin\varphi}=0,$$

und allgemein, wenn $ab'-a'b$ positiv ist, für jedes ganze positive i

$$\int_0^{2\pi}\frac{\cos i\varphi\, d\varphi}{1-(a+a'\sqrt{-1})\cos\varphi-(b+b'\sqrt{-1})\sin\varphi}=\sqrt{-1}\int_0^{2\pi}\frac{\sin i\varphi\, d\varphi}{1-(a+a'\sqrt{-1})\cos\varphi-(b+b'\sqrt{-1})\sin\varphi}.$$

II. *Wenn a, a', b, b' beliebige reelle Grössen sind, welche die Ungleichheit*

$$(ab'-a'b)^2<a'a'+b'b'$$

erfüllen, so wird

$$\int_0^{2\pi}\frac{d\varphi}{1-(a+a'\sqrt{-1})\cos\varphi-(b+b'\sqrt{-1})\sin\varphi}=\frac{2\pi}{\sqrt{1-(a+a'\sqrt{-1})^2-(b+b'\sqrt{-1})^2}},$$

wenn man die Wurzelgrösse so bestimmt, dass ihr reeller Theil positiv wird.

Die Gröfse C^{-1} wird vermittelst des oben für CC' gegebenen Werthes

$$C^{-1}=\frac{1+n-n'\sqrt{-1}}{1-n+n'\sqrt{-1}}C'=\frac{a-b'+(a'+b)\sqrt{-1}}{1-n+n'\sqrt{-1}}.$$

Es wird daher

$$\frac{C'-C^{-1}}{n-n'\sqrt{-1}}=-\frac{2[a-b'+(a'+b)\sqrt{-1}]}{(a+a'\sqrt{-1})^2+(b+b'\sqrt{-1})^2}=-\frac{2}{a+b'+(a'-b)\sqrt{-1}}.$$

Man hat daher den Satz:

III. *Wenn a, a', b, b' beliebige reelle Grössen sind, welche die Ungleichheit $(ab'-a'b)^2>a'a'+b'b'$ erfüllen, und $ab'-a'b$ positiv ist, so wird*

$$\int_0^{2\pi}\frac{\cos\varphi\,d\varphi}{1-(a+a'\sqrt{-1})\cos\varphi-(b+b'\sqrt{-1})\sin\varphi} = \sqrt{-1}\int_0^{2\pi}\frac{\sin\varphi\,d\varphi}{1-(a+a'\sqrt{-1})\cos\varphi-(b+b'\sqrt{-1})\sin\varphi}$$
$$= -\frac{2\pi}{a+b'+(a'-b)\sqrt{-1}}.$$

Setzt man

$$a+b'+(a'-b)\sqrt{-1} = D,$$
$$a-b'+(a'+b)\sqrt{-1} = D',$$

so wird

$$n-n'\sqrt{-1} = \sqrt{1-DD'}$$

und daher

$$C = \frac{D}{1+\sqrt{1-DD'}} = \frac{1-\sqrt{1-DD'}}{D'},$$
$$C' = \frac{D'}{1+\sqrt{1-DD'}} = \frac{1-\sqrt{1-DD'}}{D}.$$

Wendet man diese Ausdrücke an, so erhält man aus den oben gegebenen Reihenentwickelungen die folgenden allgemeinen Sätze:

IV. *Es seien a, a', b, b' beliebige reelle Grössen, welche jedoch nicht die Gleichung $(ab'-a'b)^2 = a'a'+b'b'$ erfüllen; es sei ferner $ab'-a'b$ positiv und*

$$a+b'+(a'-b)\sqrt{-1} = D, \qquad a-b'+(a'+b)\sqrt{-1} = D';$$

ist $(ab'-a'b)^2 < a'a'+b'b'$, so wird für ein ganzes positives i

$$\int_0^{2\pi}\frac{\cos i\varphi\,d\varphi}{1-(a+a'\sqrt{-1})\cos\varphi-(b+b'\sqrt{-1})\sin\varphi} = \frac{\pi}{\sqrt{1-DD'}}\cdot\frac{D^i+D'^i}{\{1+\sqrt{1-DD'}\}^i},$$
$$\int_0^{2\pi}\frac{\sin i\varphi\,d\varphi}{1-(a+a'\sqrt{-1})\cos\varphi-(b+b'\sqrt{-1})\sin\varphi} = \frac{\pi\sqrt{-1}}{\sqrt{1-DD'}}\cdot\frac{D^i-D'^i}{\{1+\sqrt{1-DD'}\}^i};$$

wenn dagegen $(ab'-a'b)^2 > a'a'+b'b'$ ist, so wird für ein ganzes positives i

$$\int_0^{2\pi}\frac{\cos i\varphi\,d\varphi}{1-(a+a'\sqrt{-1})\cos\varphi-(b+b'\sqrt{-1})\sin\varphi} = \sqrt{-1}\int_0^{2\pi}\frac{\sin i\varphi\,d\varphi}{1-(a+a'\sqrt{-1})\cos\varphi-(b+b'\sqrt{-1})\sin\varphi}$$
$$= -\pi\frac{\{1+\sqrt{1-DD'}\}^i-\{1-\sqrt{1-DD'}\}^i}{D^i\sqrt{1-DD'}},$$

wo die Wurzelgrösse $\sqrt{1-DD'}$ immer so zu bestimmen ist, dass ihr reeller Theil positiv wird.

Man ersieht aus dem vorstehenden Theorem, dafs für den Fall, wo $(ab'-a'b)^2 < a'a'+b'b'$, genau dieselben Formeln wie für reelle Werthe von A und B gelten; dafs dagegen für den anderen Fall, wo $(ab'-a'b)^2 > a'a'+b'b'$, ganz verschiedene Resultate stattfinden. Um diese Resultate unmittelbar durch die Gröfsen A und B darzustellen, braucht man in den vorstehenden Formeln nur die Werthe $D = A-B\sqrt{-1}$, $D' = A+B\sqrt{-1}$ zu substituiren. Giebt man dem Nenner durch Multiplication mit einer imaginären Constante die Form

$$\alpha+\alpha'\sqrt{-1}-(\beta+\beta'\sqrt{-1})\cos\varphi-(\gamma+\gamma'\sqrt{-1})\sin\varphi,$$

wo α, α', β etc. reell sind, so werden die beiden zu unterscheidenden Fälle die, wo $(\beta\gamma'-\beta'\gamma)^2$ kleiner und wo es gröfser als $(\alpha\beta'-\alpha'\beta)^2+(\alpha\gamma'-\alpha'\gamma)^2$ ist. Man wird also z. B. den Satz haben, dafs, *wenn für reelle Grössen* α, α', β *etc. die Ungleichheit*

$$(\beta\gamma'-\beta'\gamma)^2 > (\alpha\beta'-\alpha'\beta)^2+(\alpha\gamma'-\alpha'\gamma)^2$$

stattfindet, das bestimmte Integral

$$\int_0^{2\pi}\frac{d\varphi}{\alpha+\alpha'\sqrt{-1}-(\beta+\beta'\sqrt{-1})\cos\varphi-(\gamma+\gamma'\sqrt{-1})\sin\varphi}$$

verschwindet.

Berlin, den 14. Februar 1846.

ÜBER EINIGE DER BINOMIALREIHE ANALOGE REIHEN.

Crelle Journal für die reine und angewandte Mathematik, Bd. 32 p. 197—204.

Wenn man der Binomialreihe ähnliche Reihen bildet, indem man statt des p^{ten} Binomialcoefficienten den analogen Ausdruck

$$v_p = \frac{(1-v)(1-xv)(1-x^2v)\dots(1-x^{p-1}v)}{(1-x)(1-x^2)(1-x^3)\dots(1-x^p)}$$

setzt, so erhält der Quotient zweier solcher, verschiedenen Werthen von v entsprechenden, Reihen wiederum dieselbe Form. Man hat nämlich, wenn $u = wv^{-1}$,

$$(1)\quad \begin{aligned} \frac{1+w_1z+w_2z^2+w_3z^3+\cdots}{1+v_1z+v_2z^2+v_3z^3+\cdots} &= 1+u_1vz+u_2v^2z^2+u_3v^3z^3+\cdots \\ &= 1+\frac{v-w}{1-x}z+\frac{(v-w)(v-xw)}{(1-x)(1-x^2)}z^2+\frac{(v-w)(v-xw)(v-x^2w)}{(1-x)(1-x^2)(1-x^3)}z^3+\cdots \end{aligned}$$

Bedeutet i eine unendlich grofse Grösse und setzt man

$$x = e^{-\frac{1}{i}},\quad v = e^{\frac{m}{i}},\quad w = e^{\frac{m+n}{i}},$$

so verwandelt sich diese Formel in

$$\frac{(1-z)^{m+n}}{(1-z)^m} = (1-z)^n,$$

wenn man statt der Potenzen von $1-z$ ihre Entwickelungen setzt. Aus (1) folgt, *dass der reciproke Werth der Reihe*

$$1+\frac{v-w}{1-x}z+\frac{(v-w)(v-xw)}{(1-x)(1-x^2)}z^2+\frac{(v-w)(v-xw)(v-x^2w)}{(1-x)(1-x^2)(1-x^3)}z^3+\cdots$$

durch blosse Vertauschung von v und w erhalten wird. Bezeichnet man diese Reihe mit

$$[w,v]=1+\frac{v-w}{1-x}z+\frac{(v-w)(v-xw)}{(1-x)(1-x^2)}z^2+\frac{(v-w)(v-xw)(v-x^2w)}{(1-x)(1-x^2)(1-x^3)}z^3+\cdots,$$

so wird die Fundamentaleigenschaft der Function $[w,v]$ durch die Gleichung

$$(2)\qquad [w,v]=\frac{[w,1]}{[v,1]}$$

gegeben. Setzt man iv, iw, $i^{-1}z$ für v, w, z, so ändert sich $[w,v]$ nicht. Nimmt man i unendlich, so verwandeln sich v_p und w_p in

$$\frac{(-i)^p x^{\frac{1}{2}(pp-p)}v^p}{(1-x)(1-x^2)\dots(1-x^p)},\qquad \frac{(-i)^p x^{\frac{1}{2}(pp-p)}w^p}{(1-x)(1-x^2)\dots(1-x^p)},$$

und es wird daher $[w,v]$ zufolge (1) gleich dem Bruche

$$\frac{1-\frac{wz}{1-x}+\frac{xw^2z^2}{(1-x)(1-x^2)}-\frac{x^3w^3z^3}{(1-x)(1-x^2)(1-x^3)}+\frac{x^6w^4z^4}{(1-x)\dots(1-x^4)}-\cdots}{1-\frac{vz}{1-x}+\frac{xv^2z^2}{(1-x)(1-x^2)}-\frac{x^3v^3z^3}{(1-x)(1-x^2)(1-x^3)}+\frac{x^6v^4z^4}{(1-x)\dots(1-x^4)}-\cdots}.$$

Der Zähler und Nenner desselben wird aus der Formel Euler's

$$(1+xz)(1+x^2z)(1+x^3z)(1+x^4z)\dots$$
$$=1+\frac{xz}{1-x}+\frac{x^3z^2}{(1-x)(1-x^2)}+\frac{x^6z^3}{(1-x)(1-x^2)(1-x^3)}+\cdots$$

erhalten, wenn man $-x^{-1}wz$ und $-x^{-1}vz$ für z setzt. Hieraus folgt

$$(3)\qquad \begin{aligned}[w,v]&=1+\frac{v-w}{1-x}z+\frac{(v-w)(v-xw)}{(1-x)(1-x^2)}z^2+\frac{(v-w)(v-xw)(v-x^2w)}{(1-x)(1-x^2)(1-x^3)}z^3+\cdots\\&=\frac{(1-wz)(1-xwz)(1-x^2wz)(1-x^3wz)\dots}{(1-vz)(1-xvz)(1-x^2vz)(1-x^3vz)\dots}.\end{aligned}$$

Um die Formel (3) zu beweisen, setze ich

$$\begin{aligned}\varphi(z)&=\frac{(1-wz)(1-xwz)(1-x^2wz)(1-x^3wz)\dots}{(1-vz)(1-xvz)(1-x^2vz)(1-x^3vz)\dots}\\&=1+A_1z+A_2z^2+A_3z^3+A_4z^4+\cdots,\end{aligned}$$

wo die Coefficienten A_1, A_2 etc. die Gröfse z nicht enthalten sollen. Aus der Relation

$$\varphi(z)-\varphi(xz) = z\{v\varphi(z)-w\varphi(xz)\},$$

welche unmittelbar aus der von $\varphi(z)$ gegebenen Definition folgt, erhält man die Werthe von A_1, A_2 etc. mittelst der Gleichungen

$$(1-x)A_1 = v-w,\quad (1-x^2)A_2 = (v-xw)A_1,\quad (1-x^3)A_3 = (v-x^2w)A_2,\ \ldots$$

Durch Substitution dieser Werthe in die für $\varphi(z)$ angenommene Reihe ergiebt sich die Formel (3), aus welcher sogleich auch die Formel (1) folgt.

Wenn man die Formel (1) mit

$$1+v_1z+v_2z^2+v_3z^3+\cdots$$

multiplicirt und hierauf nach den Potenzen von z entwickelt, so giebt die Vergleichung der auf beiden Seiten in z^p multiplicirten Terme, die Formel

$$(4)\qquad \frac{(1-w)(1-xw)(1-x^2w)\ldots(1-x^{p-1}w)}{(1-x)\,(1-x^2)\,(1-x^3)\,\ldots\,(1-x^p)}$$

$$= \frac{(1-v)(1-xv)(1-x^2v)\ldots(1-x^{p-1}v)}{(1-x)(1-x^2)\,(1-x^3)\,\ldots\,(1-x^p)} + \frac{v-w}{1-x}\,\frac{(1-v)(1-xv)\ldots(1-x^{p-2}v)}{(1-x)\,(1-x^2)\ldots\,(1-x^{p-1})}$$

$$+\frac{(v-w)(v-xw)}{(1-x)\,(1-x^2)}\,\frac{(1-v)(1-xv)\ldots(1-x^{p-3}v)}{(1-x)(1-x^2)\ldots(1-x^{p-2})}+\cdots+\frac{(v-w)(v-xw)\ldots(v-x^{p-1}w)}{(1-x)(1-x^2)\ldots\,(1-x^p)},$$

welche dem sogenannten binomischen Lehrsatz für Facultäten entspricht. Man findet diese Formel in der *Analysis* von Schweins (*Heidelberg* 1820, *pg.* 292—293), nur dafs dort für v und w beliebige ganze Potenzen von x gesetzt sind. Es folgt aus derselben durch Division mit dem ersten Terme des rechts vom Gleichheitszeichen befindlichen Ausdrucks

$$\frac{(1-w)(1-xw)(1-x^2w)\ldots(1-x^{p-1}w)}{(1-v)(1-xv)(1-x^2v)\ldots(1-x^{p-1}v)}$$

$$(5)\qquad = 1+\frac{v-w}{1-x}\,\frac{1-x^p}{1-x^{p-1}v}+\frac{(v-w)(v-xw)}{(1-x)\,(1-x^2)}\,\frac{(1-x^p)(1-x^{p-1})}{(1-x^{p-1}v)(1-x^{p-2}v)}$$

$$+\cdots+\frac{(v-w)(v-xw)\ldots(v-x^{p-1}w)}{(1-x^{p-1}v)(1-x^{p-2}v)\ldots(1-v)}.$$

Setzt man $x^{p-1}v = r$, $x^{p-1}w = u$, und dann $\frac{1}{x}$ für x, so verwandelt sich die vorstehende Gleichung in

$$
\begin{aligned}
&\frac{(1-u)(1-xu)(1-x^2u)\dots(1-x^{p-1}u)}{(1-r)(1-xr)(1-x^2r)\dots(1-x^{p-1}r)} \\
(6)\quad &= 1-\frac{u-r}{1-x}\,\frac{1-x^p}{1-r}+\frac{(u-r)(u-xr)}{(1-x)(1-x^2)}\,\frac{(1-x^p)(1-x^{p-1})}{(1-r)\,(1-xr)}\,x-\cdots \\
&\pm\frac{(u-r)(u-xr)\dots(u-x^{p-1}r)}{(1-x)(1-x^2)\dots\,(1-x^p)}\,\frac{(1-x^p)(1-x^{p-1})\dots\,(1-x)}{(1-r)\,(1-xr)\,\dots(1-x^{p-1}r)}\,x^{\frac{1}{2}p(p-1)}.
\end{aligned}
$$

Setzt man hierin $u = x^m r$, so erhält man

$$
\begin{aligned}
&\frac{(1-x^m r)(1-x^{m+1}r)\dots(1-x^{m+p-1}r)}{(1-r)\,(1-xr)\dots(1-x^{p-1}r)} = \frac{(1-x^p r)(1-x^{p+1}r)\dots(1-x^{p+m-1}r)}{(1-r)\,(1-xr)\dots(1-x^{m-1}r)} \\
(7)\quad &= 1+\frac{(1-x^m)(1-x^p)}{(1-x)(1-r)}\,r+\frac{(1-x^m)(1-x^{m-1})(1-x^p)(1-x^{p-1})}{(1-x)(1-x^2)(1-r)(1-xr)}\,x^2r^2+\cdots,
\end{aligned}
$$

wo die einzelnen Terme die Factoren $x^\beta r^\alpha$ haben, in welchen die Exponenten α und β die natürlichen und die pronischen (doppelten dreieckigen) Zahlen sind. Wenn man ferner in (6) r für u und $x^m r$ für r setzt, so erhält man

$$
\begin{aligned}
&\frac{(1-r)(1-xr)\dots(1-x^{p-1}r)}{(1-x^m r)(1-x^{m+1}r)\dots(1-x^{m+p-1}r)} = \frac{(1-r)(1-xr)\dots(1-x^{m-1}r)}{(1-x^p r)(1-x^{p+1}r)\dots(1-x^{p+m-1}r)} \\
(8)\quad &= 1-\frac{(1-x^m)(1-x^p)}{(1-x)(1-x^m r)}\,r+\frac{(1-x^m)(1-x^{m+1})(1-x^p)(1-x^{p-1})}{(1-x)(1-x^2)(1-x^m r)(1-x^{m+1}r)}\,xr^2+\cdots,
\end{aligned}
$$

wo die Exponenten α und β in den Factoren $r^\alpha x^\beta$ die natürlichen und die dreieckigen Zahlen sind. Diese Gleichung wird auch aus der vorigen erhalten, wenn man $-m$ für m und dann $x^m r$ für r setzt.

Setzt man in (5) $v = r$, $w = x^m r$ oder $v = x^m r$, $w = r$, so erhält man für die Ausdrücke (7) und (8) andere Entwickelungen

$$
\begin{aligned}
&\frac{(1-x^m r)(1-x^{m+1}r)\dots(1-x^{m+p-1}r)}{(1-r)(1-xr)\dots(1-x^{p-1}r)} = \frac{(1-x^p r)(1-x^{p+1}r)\dots(1-x^{p+m-1}r)}{(1-r)(1-xr)\dots(1-x^{m-1}r)} \\
(9)\quad &= 1+\frac{(1-x^m)(1-x^p)}{(1-x)(1-x^{p-1}r)}\,r+\frac{(1-x^m)(1-x^{m+1})(1-x^p)(1-x^{p-1})}{(1-x)(1-x^2)(1-x^{p-1}r)(1-x^{p-2}r)}\,r^2+\cdots,
\end{aligned}
$$

(10)
$$\frac{(1-r)(1-xr)\dots(1-x^{p-1}r)}{(1-x^m r)(1-x^{m+1}r)\dots(1-x^{m+p-1}r)} = \frac{(1-r)(1-xr)\dots(1-x^{m-1}r)}{(1-x^p r)(1-x^{p+1}r)\dots(1-x^{p+m-1}r)}$$
$$= 1-\frac{(1-x^m)(1-x^p)}{(1-x)(1-x^{m+p-1}r)}r+\frac{(1-x^m)(1-x^{m-1})(1-x^p)(1-x^{p-1})}{(1-x)(1-x^2)(1-x^{m+p-1}r)(1-x^{m+p-2}r)}xr^2+\cdots$$

In der letzten Formel sind wieder in den Factoren $r^\alpha x^\beta$ die Exponenten α und β die natürlichen und die dreieckigen Zahlen. In den Reihen (8) und (9) mufs man m und p, wenn sie beide ganze positive Zahlen sind, mit einander vertauschen können, wie aus der in diesem Falle geltenden doppelten Darstellung der ihnen gleichen Producte erhellt. Wenn aber diese Producte für andere Werthe von m und p eine Bedeutung zu haben aufhören, so bleibt doch die Gleichheit der durch Vertauschung von m und p erhaltenen Reihen für jeden Werth von m und p gültig. Denn wenn man die Reihen, welche für ganze positive Werthe von m und p einander gleich sind, nach den aufsteigenden Potenzen von r entwickelt, und die in dieselben Potenzen von r multiplicirten Terme vergleicht, so erhält man zwischen den Gröfsen x^m und x^p, die man als zwei Unbekannte ansehen kann, Gleichungen von einer endlichen Ordnung, die für unendlich viele Werthe der Unbekannten erfüllt werden, nämlich immer, wenn man für dieselben beliebige ganze positive Potenzen von x setzt. Es mufs also jede dieser Gleichungen identisch sein, in welchem Falle aber auch die Gleichungen zwischen den Reihen gelten, wenn man für x^m und x^p beliebige Gröfsen setzt. Man erhält auf diese Weise, wenn man für x^m und x^p die Gröfsen s und t substituirt, die beiden Gleichungen

(11)
$$1+\frac{(1-s)(1-t)r}{(1-x)(1-x^{-1}tr)}+\frac{(1-s)(1-xs)(1-t)(1-x^{-1}t)r^2}{(1-x)(1-x^2)(1-x^{-1}tr)(1-x^{-2}tr)}+\cdots$$
$$=1+\frac{(1-s)(1-t)r}{(1-x)(1-x^{-1}sr)}+\frac{(1-t)(1-xt)(1-s)(1-x^{-1}s)r^2}{(1-x)(1-x^2)(1-x^{-1}sr)(1-x^{-2}sr)}+\cdots,$$

(12)
$$1-\frac{(1-s)(1-t)r}{(1-x)(1-sr)}+\frac{(1-s)(1-xs)(1-t)(1-x^{-1}t)xr^2}{(1-x)(1-x^2)(1-sr)(1-xsr)}-\cdots$$
$$=1-\frac{(1-s)(1-t)r}{(1-x)(1-tr)}+\frac{(1-t)(1-xt)(1-s)(1-x^{-1}s)xr^2}{(1-x)(1-x^2)(1-tr)(1-xtr)}-\cdots,$$

in deren letzterer der $(i+1)^{\text{te}}$ Term den Factor $x^{\frac{1}{2}i(i-1)}$ hat. Weil bei dem

Beweise dieser beiden Gleichungen eine Entwickelung nach den aufsteigenden Potenzen von r vorausgesetzt worden ist, so mufs man in der ersten derselben $x > 1$, in der zweiten $x < 1$ annehmen. Auch sieht man, wie die eine in die andere übergeht, wenn man xr für r und dann $\frac{1}{x}$ für x setzt.

Will man das Product

$$(1-r)(1-xr)(1-x^2r)\dots(1-x^{m-1}r),$$

in welchem x kleiner als 1 angenommen werden soll, *interpoliren*, d. h. will man einen Ausdruck haben, welcher die Fundamental-Eigenschaft dieses Productes besitzt und sich für ein ganzes positives m auf dieses Product selbst reducirt, so dient hierzu der in's Unendliche fortlaufende Ausdruck

(18) $$\frac{1-r}{1-x^m r}\cdot\frac{1-xr}{1-x^{m+1}r}\cdot\frac{1-x^2r}{1-x^{m+2}r}\cdot\frac{1-x^3r}{1-x^{m+3}r}\cdots = (1-r)(1-xr)(1-x^2r)\dots(1-x^{m-1}r).$$

Denn wenn man denselben bis zum n^{ten} Factor fortsetzt, wodurch man das Product

$$\frac{(1-r)(1-xr)(1-x^2r)\dots(1-x^{n-1}r)}{(1-x^m r)(1-x^{m+1}r)\dots(1-x^{m+n-1}r)}$$

erhält, so wird für ein ganzes positives m das Verhältnifs dieses zu dem vorgelegten Product

$$\frac{(1-r)(1-xr)(1-x^2r)\dots(1-x^{n-1}r)}{(1-r)(1-xr)(1-x^2r)\dots(1-x^{m+n-1}r)} = \frac{1}{(1-x^n r)(1-x^{n+1}r)\dots(1-x^{n+m-1}r)},$$

eine Gröfse, die sich mit wachsendem n, und zwar sehr schnell, der Einheit nähert. Die Fundamental-Eigenschaft des vorgelegten Productes, das ich mit $F(r)$ bezeichnen will, ist durch die Gleichung

$$\frac{(1-r)F(xr)}{(1-x^m r)F(r)} = 1$$

ausgedrückt. Substituirt man für $F(r)$ das unendliche Product, so wird der Ausdruck links vom Gleichheitszeichen

$$\frac{1-xr}{1-x^{m+1}r}\cdot\frac{(1-x^2r)(1-x^{m+1}r)}{(1-xr)(1-x^{m+2}r)}\cdot\frac{(1-x^3r)(1-x^{m+2}r)}{(1-x^2r)(1-x^{m+3}r)}\cdots;$$

setzt man dieses Product bis zum n^{ten} Factor fort, so erhält man

$$\frac{1-x^n r}{1-x^{m+n} r},$$

welche Gröfse sich für jedes m mit wachsendem n sehr schnell der Einheit nähert.

Für ganze positive Werthe von m und p kann man den Ausdruck (7)

$$\frac{(1-x^p r)(1-x^{p+1} r)\ldots(1-x^{p+m-1} r)}{(1-r)(1-xr)\ldots(1-x^{m-1} r)} = \frac{(1-x^m r)(1-x^{m+1} r)\ldots(1-x^{m+p-1} r)}{(1-r)(1-xr)\ldots(1-x^{p-1} r)}$$

auch durch die Formel

$$\frac{(1-r)(1-xr)(1-x^2 r)\ldots(1-x^{m+p-1} r)}{(1-r)(1-xr)\ldots(1-x^{m-1} r).(1-r)(1-xr)\ldots(1-x^{p-1} r)}$$

darstellen. Will man diese Formel interpoliren, so geschieht dies nach dem Vorigen durch das unendliche Product

$$(14)\quad \begin{aligned} &\frac{(1-x^m r)(1-x^p r)}{(1-r)(1-x^{m+p} r)}\cdot\frac{(1-x^{m+1} r)(1-x^{p+1} r)}{(1-xr)(1-x^{m+p+1} r)}\cdot\frac{(1-x^{m+2} r)(1-x^{p+2} r)}{(1-x^2 r)(1-x^{m+p+2} r)}\cdots \\ &= \frac{(1-x^p r)(1-x^{p+1} r)\ldots(1-x^{p+m-1} r)}{(1-r)(1-xr)\ldots(1-x^{m-1} r)}. \end{aligned}$$

Die Formel (7) gilt für ein ganzes positives p, aber für ein beliebiges m. Die dort gegebene Reihe

$$1+\frac{(1-x^m)(1-x^p)}{(1-x)(1-r)}r+\frac{(1-x^m)(1-x^{m-1})(1-x^p)(1-x^{p-1})}{(1-x)(1-x^2)(1-r)(1-xr)}r^2 x^2+\cdots$$

behält aber ihre Bedeutung, wenn man für beide Potenzen x^m und x^p beliebige Gröfsen setzt, während das Product eine Bedeutung zu haben aufhört, wenn nicht wenigstens eine der Gröfsen m und p eine ganze positive Zahl ist. Ersetzt man aber das Product durch seine Interpolationsformel (14), so bleibt die Gleichung (7) für ein beliebiges m und p bestehen. Setzt man nämlich wieder

$$x^m = s,\qquad x^p = t,$$

so ist zufolge des bereits Gefundenen die Formel

$$
\begin{aligned}
&1+\frac{(1-s)(1-t)}{(1-x)(1-r)}r+\frac{(1-s)(x-s)(1-t)(x-t)}{(1-x)(1-x^2)(1-r)(1-xr)}r^2\\
(15)\quad &+\frac{(1-s)(x-s)(x^2-s)(1-t)(x-t)(x^2-t)}{(1-x)(1-x^2)(1-x^3)(1-r)(1-xr)(1-x^2r)}r^3+\cdots\\
&=\frac{(1-sr)(1-tr)}{(1-r)(1-str)}\cdot\frac{(1-xsr)(1-xtr)}{(1-xr)(1-xstr)}\cdot\frac{(1-x^2sr)(1-x^2tr)}{(1-x^2r)(1-x^2str)}\cdots
\end{aligned}
$$

immer gültig, wenn wenigstens die eine der beiden Gröfsen s oder t eine ganze positive Potenz von x ist. Es sei der erste Factor des unendlichen Productes, in eine Reihe nach den aufsteigenden Potenzen von r entwickelt,

$$\frac{(1-sr)(1-tr)}{(1-r)(1-str)}=1+c_1r+c_2r^2+c_3r^3+\cdots,$$

so wird das unendliche Product die Grenze, welcher sich der Ausdruck

$$
\begin{aligned}
&(1+c_1r+c_2r^2+c_3r^3+\cdots)\\
&\cdot(1+c_1xr+c_2x^2r^2+c_3x^3r^3+\cdots)\\
&\cdot(1+c_1x^2r+c_2x^4r^2+c_3x^6r^3+\cdots)\\
&\quad\cdot\quad\cdot\quad\cdot\quad\cdot\quad\cdot\quad\cdot\quad\cdot\quad\cdot\\
&\cdot(1+c_1x^nr+c_2x^{2n}r^2+c_3x^{3n}r^3+\cdots)
\end{aligned}
$$

nähert, wenn man n in's Unendliche wachsen läfst. Bezeichnet man diese Grenze mit

$$1+C_1r+C_2r^2+C_3r^3+\cdots,$$

so ist C_ι eine endliche ganze rationale Function der Gröfsen $c_1, c_2, \ldots, c_\iota$, also auch eine endliche ganze rationale Function der Gröfsen s und t. Ist die unendliche Reihe links vom Gleichheitszeichen in der Formel (15), nach den aufsteigenden Potenzen von r entwickelt,

$$1+K_1r+K_2r^2+K_3r^3+\cdots,$$

so wird K_ι ebenfalls eine endliche ganze rationale Function der Gröfsen s und t, und es gilt die Gleichung

$$C_\iota=K_\iota$$

für ein beliebiges s und für unendlich viele Werthe von t, nämlich wenn man für t beliebige ganze positive Potenzen von x setzt. Aber dies ist nur möglich, wenn die Gleichung $C_t = K_t$ identisch ist, also auch für jeden Werth von t gilt, in welchem Falle auch die Gleichung (15) für jeden Werth von t gilt. Es ist hierbei nur erforderlich, dafs die Gröfsen x, r und $s\,t\,r$ kleiner als 1 sind, weil nur unter dieser Bedingung die nach den aufsteigenden Potenzen von r angestellten Entwickelungen convergent sind.

Man erhält ganz auf dieselbe Weise aus der Formel (8) für den inversen Werth des Ausdrucks (7) die Formel

$$(16)\quad \begin{aligned} & 1-\frac{(1-s)(1-t)r}{(1-x)(1-sr)}+\frac{(1-s)(1-xs)(1-t)(x-t)r^2}{(1-x)(1-x^2)(1-sr)(1-xsr)} \\ & -\frac{(1-s)(1-xs)(1-x^2s)(1-t)(x-t)(x^2-t)r^3}{(1-x)(1-x^2)(1-x^3)(1-sr)(1-xsr)(1-x^2sr)}+\cdots \\ & =\frac{(1-r)(1-str)}{(1-sr)(1-tr)}\cdot\frac{(1-xr)(1-xstr)}{(1-xsr)(1-xtr)}\cdot\frac{(1-x^2r)(1-x^2str)}{(1-x^2sr)(1-x^2tr)}\cdots, \end{aligned}$$

in welcher nur vorausgesetzt wird, dafs x, sr und tr kleiner als 1 sind. Da das unendliche Product in Bezug auf s und t symmetrisch ist, und auch die Grenzbedingungen für s und t dieselben sind, so mufs es auch in der Reihe links vom Gleichheitszeichen verstattet sein, s und t zu vertauschen, wodurch man die oben besonders bewiesene Formel (12) erhält.

In dem besonderen Fall, wenn sich alle vier Gröfsen x, r, s, t gleichzeitig ihrer gemeinschaftlichen Grenze 1 unendlich nähern, gehen die Reihen (15) und (16) in die Form

$$1+\frac{\alpha.\beta}{1.\gamma}+\frac{\alpha(\alpha+1).\beta(\beta+1)}{1.2.\gamma(\gamma+1)}+\cdots$$

über. Dieser Grenzfall ist schwieriger zu behandeln als der allgemeine, in welchem x um eine beliebige endliche Gröfse kleiner als 1 ist, und es sind die Gröfsen α, β, γ noch, wie man weifs, gewissen besonderen Bedingungen zu unterwerfen, damit die Reihe convergire.

Die hier gegebene Interpolationsformel (13) ist der Eulerschen Interpolationsformel des Productes $1.2.3\ldots n$ analog, aber sie ist einfacher und, wenn man will, elementarer als diese. Die Eulersche Interpolationsformel, und zwar in ihrer noch heute gebräuchlichen Form, gehört zu seinen ersten bekannt gewordenen Arbeiten. In der von Herrn Staatsrath von Fufs herausgegebenen Correspondenz findet sich nämlich in dem ersten Briefe Euler's an Goldbach vom 13. October 1729 das Product $1.2.3\ldots m$ bereits durch das unendliche Product

$$\frac{1.2^m}{1+m}\cdot\frac{2^{1-m}.3^m}{2+m}\cdot\frac{3^{1-m}.4^m}{3+m}\cdot\frac{4^{1-m}.5^m}{4+m}\cdots$$

ersetzt. Euler hat in dem zweiten Theil seiner Differentialrechnung im 16ten Kapitel „*Von der Differentiation der inexplicabeln Functionen*" §. 382 die allgemeine Regel gegeben, dafs das Product $A.B.C\ldots X$, wo X der x^{te} Factor, X', X'' etc. die auf X folgenden sind, durch das unendliche Product

$$\frac{A}{X'}\cdot\frac{B}{X''}\cdot\frac{C}{X'''}\cdot\frac{D}{X''''}\cdots$$

interpolirt wird, wenn $\log X$ für ein unendliches x verschwindet; dagegen durch das unendliche Product

$$\frac{A^x}{X'}\cdot\frac{B^x A^{1-x}}{X''}\cdot\frac{C^x B^{1-x}}{X'''}\cdots,$$

wenn erst die ersten Differenzen der Reihe $\log X$, $\log X'$ etc. für ein unendliches x verschwinden. Im folgenden Capitel „*Von der Interpolation der Reihen*" §. 399 giebt er noch für den Fall, wo erst die zweiten Differenzen der Reihe $\log X$, $\log X'$, $\log X''$ etc. für ein unendliches x verschwinden, die Interpolationsformel

$$A.B.C\ldots X$$

$$= A^{\frac{1}{2}x(3-x)}B^{\frac{1}{2}x(x-1)}\cdot\frac{A^{\frac{1}{2}(x-1)(x-2)}B^{x(2-x)}C^{\frac{1}{2}x(x-1)}}{X'}\cdot\frac{B^{\frac{1}{2}(x-1)(x-2)}C^{x(2-x)}D^{\frac{1}{2}x(x-1)}}{X''}\cdots$$

Der hier betrachtete Fall gehört zu der einfachsten Classe, weil der Factor $\log(1-rx^n)$ selbst schon für ein unendliches n verschwindet, während der Grenzfall, wo r und x sich der Einheit unendlich nähern, zu dem nächst folgenden schwierigeren gehört, wo erst die ersten Differenzen der Logarithmen der unendlich entfernten Factoren verschwinden.

Ich erwähne gelegentlich, dafs Euler in dem nächst folgenden Briefe vom 8ten Januar 1730 die Darstellung der Interpolationsformel von $1.2.3\ldots n$ durch das bestimmte Integral $\int dx(-\log x)^n$ und die Formel

$$\overline{.2.3\ldots p}\left[\left(\frac{2p}{q}+1\right)\left(\frac{3p}{q}+1\right)\cdots\left(\frac{qp}{q}+1\right)\right]\cdot\left[\int dx(x-xx)^{\frac{p}{q}}\int dx(xx-x^3)^{\frac{p}{q}}\cdots\int dx(x^{q-1}-x^q)^{\frac{p}{q}}\right]$$
$$=\int dx(-\log x)^{\frac{p}{q}}$$

giebt, wo die Integrale immer zwischen den Grenzen 0 und 1 zu nehmen sind. Er bemerkt, wie für $p=1$, $q=2$ mittelst dieser Formel der Werth von $\int dx(-\log x)^{\frac{1}{2}}$ durch die Kreisperipherie erhalten wird.

28. Juni 1846.

DE SERIEBUS AC DIFFERENTIIS OBSERVATIUNCULAE.

Crelle Journal für die reine und angewandte Mathematik, Bd. 36 p. 135—142.

Proponatur series

$$A_0, A_1, A_2, A_3, \ldots,$$

eiusque aliae post alias formentur differentiarum series, ac denotetur $(n+1)^{\text{tus}}$ terminus m^{tae} differentiarum seriei signo

$$\Delta^m A_n.$$

Constat, inter terminos $\Delta^m A_n$ innumeras locum habere relationes *lineares*. Scilicet ex arbitrio sumtis inter binas quantitates A et $A-1$ aequationibus ipsius A respectu identicis, quae sane habentur numero infinitae, singulae e singulis oriuntur aequationes inter terminos $\Delta^m A_n$. Etenim cum functionem quantitatum x et y rationalem integram quamcunque $f(x, y)$ habere liceat pro aggregato terminorum $x^n y^m$ lineari, si statuitur

$$F(x,y) = (x-y-1)f(x,y),$$

erit $F(x,y)$ huiusmodi terminorum $x^n y^m$ aggregatum tale, quod evanescit ponendo $x-y-1 = 0$ sive

$$x = A, \quad y = A-1.$$

Jam dico, quod per principia nota demonstratur, aequationem $F(x,y) = 0$ sive $F(A, A-1) = 0$ tum quoque locum habere, si singulis productis $A^n(A-1)^m$ singuli substituantur termini differentiales $\Delta^m A_n$. Unde hoc habetur theorema:

Theorema I.

Ex unaquaque aequatione inter quantitates A et $A-1$, ut aequatione lineari inter terminos $A^n(A-1)^m$ spectata, emergit formula differentialis, dummodo singulis terminis $A^n(A-1)^m$ substituantur termini differentiales $\Delta^m A_n$.

Theorema reciprocum eo patet, quod, posito $A_n = A^n$, fiat

$$\Delta^m A_n = A^n(A-1)^m.$$

Theorema antecedens etiam tum valet, si termini $\Delta^m A_n$ in infinitum excurrunt, dummodo certo ordine progredientes convergant.

E quaque aequatione inter quantitates A et $A-1$ identica, si ipsi A substituitur $-(A-1)$, similis derivatur identica inter quantitates $-(A-1)$ et $-A$. Unde si aequationi identicae propositae forma induitur aequationis inter quantitates $A^n(A-1)^m$ linearis, ex ea alia obtinetur ponendo cuiusque termini $A^n(A-1)^m$ loco terminum $(-1)^{m+n}A^m(A-1)^n$. Hinc sequens fluit

Theorema II.

Ex unaquaque relatione lineari inter differentias $\Delta^m A_n$ altera obtinetur, si in locum cuiusque termini $\Delta^m A_n$ ponitur terminus

$$(-1)^{m+n}\Delta^n A_m.$$

Formulae duae elementares

$$\Delta^m A_0 = A_m - m A_{m-1} + \frac{m(m-1)}{1.2} A_{m-2} - \cdots \pm A_0,$$

$$A_m = \Delta^m A_0 + m\Delta^{m-1}A_0 + \frac{m(m-1)}{1.2}\Delta^{m-2}A_0 + \cdots + A_0,$$

per theorema II altera ex altera fluunt. Secundum theorema I altera ex evolutione potestatis $(A-1)^m$, altera ex evolutione potestatis $A^m = (A-1+1)^m$ eruitur. Alia varia praetereo exempla, quibus theorema generale I illustrari possit. Addam tantum concinnam demonstrationem duarum insignium formularum, quas Eulerus olim in *Calculo differentiali* tradidit. Invenit Eulerus, posito

$$x = \frac{y}{1+y} \qquad \text{sive} \qquad y = \frac{x}{1-x},$$

fieri

$$A_0 x + A_1 x^2 + A_2 x^3 + A_3 x^4 + \cdots = A_0 y + \Delta A_0 . y^2 + \Delta^2 A_0 . y^3 + \Delta^3 A_0 . y^4 + \cdots$$

Quae transformatio sequitur e formula

$$\frac{x}{1-Ax} = \frac{y}{1-(A-1)y},$$

functione altera secundum ipsius x, altera secundum ipsius y potestates ascendentes evoluta, et secundum theorema I in locum quantitatum A^n et $(A-1)^n$ terminis A_n et $\Delta^n A_0$ positis.

Secundo loco, posito

$$f(x) = a + bx + cx^2 + dx^3 + \cdots,$$

atque

$$S = a A_0 + b A_1 x + c A_2 x^2 + d A_3 x^3 + \cdots,$$

invenit Eulerus, fieri

$$S = A_0 f(x) + \Delta A_0 . x \frac{d f(x)}{dx} + \frac{1}{1.2} \Delta^2 A_0 . x^2 \frac{d^2 f(x)}{dx^2} + \frac{1}{1.2.3} \Delta^3 A_0 . x^3 \frac{d^3 f(x)}{dx^3} + \cdots$$

Demonstratio transformationis prodit e formula

$$f(Ax) = f(x + (A-1)x),$$

parte altera secundum ipsius Ax, altera theorematis Tayloriani ope secundum ipsius $(A-1)x$ potestates evoluta, ac deinde ipsis A^n, $(A-1)^n$ mutatis in A_n, $\Delta^n A_0$.

Serie

$$1, \quad \frac{\beta}{\gamma}, \quad \frac{\beta(\beta+1)}{\gamma(\gamma+1)}, \quad \frac{\beta(\beta+1)(\beta+2)}{\gamma(\gamma+1)(\gamma+2)}, \ldots$$

proposita, fit differentiarum series *prima*

$$\frac{\beta-\gamma}{\gamma}, \quad \frac{\beta-\gamma}{\gamma}\frac{\beta}{\gamma+1}, \quad \frac{\beta-\gamma}{\gamma}\frac{\beta(\beta+1)}{(\gamma+1)(\gamma+2)}, \quad \frac{\beta-\gamma}{\gamma}\frac{\beta(\beta+1)(\beta+2)}{(\gamma+1)(\gamma+2)(\gamma+3)}, \ldots,$$

secunda

$$\frac{(\beta-\gamma)(\beta-\gamma-1)}{\gamma(\gamma+1)},\quad \frac{(\beta-\gamma)(\beta-\gamma-1)}{\gamma(\gamma+1)}\,\frac{\beta}{\gamma+2},\quad \frac{(\beta-\gamma)(\beta-\gamma-1)}{\gamma(\gamma+1)}\,\frac{\beta(\beta+1)}{(\gamma+2)(\gamma+3)},\ \ldots,$$

et ita porro. Generaliter si seriei propositae terminos denotamus per

$$A_n = \frac{\beta(\beta+1)\ldots(\beta+n-1)}{\gamma(\gamma+1)\ldots(\gamma+n-1)},$$

erit

$$\Delta^m A_0 = \frac{(\beta-\gamma)(\beta-\gamma-1)\ldots(\beta-\gamma-m+1)}{\gamma(\gamma+1)\ldots(\gamma+m-1)},$$

ac generalius

$$\Delta^m A_n = \frac{(\beta-\gamma)(\beta-\gamma-1)\ldots(\beta-\gamma-m+1).\beta(\beta+1)\ldots(\beta+n-1)}{\gamma(\gamma+1)(\gamma+2)\ldots(\gamma+m+n-1)}.$$

Hinc eruitur

Theorema III.

Quaecunque inter quantitates $A^n(A-1)^m$ habetur aequatio linearis, iusta manet, si in ea ipsis $A^n(A-1)^m$ substituuntur quantitates

$$\frac{(\beta-\gamma)(\beta-\gamma-1)\ldots(\beta-\gamma-m+1).\beta(\beta+1)\ldots(\beta+n-1)}{\gamma(\gamma+1)(\gamma+2)\ldots(\gamma+m+n-1)},$$

designantibus β et γ quantitates quascunque.

Applicemus hanc propositionem ad aequationem, quae nascitur evolutione fractionum aequalium

$$\frac{1}{(1-Ax)^\alpha} = \frac{1}{(1-x-(A-1)x)^\alpha},$$

vel, si placet, in theoremate Euleriano posteriore ponamus $f(x) = (1-x)^{-\alpha}$ ipsisque A_n, $\Delta^m A_0$ valores supra traditos tribuamus: venit nota formula

$$1+\frac{\alpha.\beta}{1.\gamma}x+\frac{\alpha(\alpha+1).\beta(\beta+1)}{1.2.\gamma(\gamma+1)}x^2+\frac{\alpha(\alpha+1)(\alpha+2).\beta(\beta+1)(\beta+2)}{1.2.3.\gamma(\gamma+1)(\gamma+2)}x^3+\ldots$$

$$=\frac{1}{(1-x)^\alpha}\left\{1+\frac{\alpha.(\beta-\gamma)}{1.\gamma}\,\frac{x}{1-x}+\frac{\alpha(\alpha+1).(\beta-\gamma)(\beta-\gamma-1)}{1.2.\gamma(\gamma+1)}\,\frac{x^2}{(1-x)^2}+\ldots\right\}.$$

Series uncis inclusa e proposita provenit ponendo α loco β, $\gamma-\beta$ loco α, $\frac{x}{x-1}$ loco x. Qua igitur similiter atque proposita transformata, obtinetur

$$1+\frac{\alpha.(\beta-\gamma)}{1.\gamma}\frac{x}{1-x}+\frac{\alpha(\alpha+1).(\beta-\gamma)(\beta-\gamma-1)}{1.2.\gamma(\gamma+1)}\frac{x^2}{(1-x)^2}+\cdots$$

$$=\frac{1}{(1-x)^{\beta-\gamma}}\left\{1+\frac{(\beta-\gamma).(\alpha-\gamma)}{1.\gamma}x+\frac{(\beta-\gamma)(\beta-\gamma-1).(\alpha-\gamma)(\alpha-\gamma-1)}{1.2.\gamma(\gamma+1)}x^2+\cdots\right\}.$$

Duabus iunctis transformationibus, eruitur formula celebris Euleriana

$$1+\frac{\alpha.\beta}{1.\gamma}x+\frac{\alpha(\alpha+1).\beta(\beta+1)}{1.2.\gamma(\gamma+1)}x^2+\frac{\alpha(\alpha+1)(\alpha+2).\beta(\beta+1)(\beta+2)}{1.2.3.\gamma(\gamma+1)(\gamma+2)}x^3+\cdots$$

$$=\frac{1}{(1-x)^{\alpha+\beta-\gamma}}\left\{1+\frac{(\beta-\gamma).(\alpha-\gamma)}{1.\gamma}x+\frac{(\beta-\gamma)(\beta-\gamma-1).(\alpha-\gamma)(\alpha-\gamma-1)}{1.2.\gamma(\gamma+1)}x^2+\cdots\right\}.$$

(*V. Institutiones calculi integralis*, *T.* IV *pag.* 245; *Nova Acta Academiae scientiarum Petropolitanae*, *T.* XII *pag.* 58.)

Demonstratio harum transformationum antecedentibus tradita in eam redit, quam dedit Cl. Pfaff ineunte anno 1797 in Commentatione *Observationes analyticae ad L. Euleri institutionum calculi integralis Vol.* IV, *Supplem.* II *et* IV, quae *Supplemento Historiae tomi* XI *Novorum Actorum Academiae scientiarum Petropolitanae* inserta est. Idem vir eodem loco alteram Eulerianae formulae addidit demonstrationem, innixam lemmati eleganti:

pro numero l integro positivo positoque $s=l+m+n+p-1$, fieri

$$1+\frac{l.m.n}{1.p.s}+\frac{l(l-1).m(m-1).n(n-1)}{1.2.p(p+1).s(s-1)}+\cdots$$

$$=\frac{(p+m)(p+m+1)\ldots(p+m+l-1).(p+n)(p+n+1)\ldots(p+n+l-1)}{p(p+1)\ldots(p+l-1).(p+m+n)(p+m+n+1)\ldots(p+m+n+l-1)}$$

$$=\frac{\Pi(p-1)\,\Pi(s-l)\,\Pi(s-m)\,\Pi(s-n)}{\Pi(p+l-1)\,\Pi(p+m-1)\,\Pi(p+n-1)\,\Pi(s)}.$$

Quod lemma, Cl. Pfaff demonstravit, si pro aliquo ipsius l valore valeat, valere idem pro valore ipsius l unitate maiore, unde pro ipsius l valore integro positivo quocunque valere sequitur, cum pro $l=1$ facile pateat. Eius autem lemmatis ope Cl. Pfaff ipsam transigendo multiplicationem per factorem $(1-x)^{\gamma-\alpha-\beta}$ in seriem evolutum prodire formulam Eulerianam demonstravit.

Lemma commemoratum, quod facile patet ad valores ipsius l integros positivos non restringi, peti potest e transformatione seriei generalioris

$$1+\frac{\alpha.\beta.\lambda}{1.\gamma.\nu}+\frac{\alpha(\alpha+1).\beta(\beta+1).\lambda(\lambda+1)}{1.2.\gamma(\gamma+1).\nu(\nu+1)}+\cdots,$$

quam dedit Cl. Kummer in *Diar. Crell. T.* XV *pag.* 172. Placuit autem, data occasione, commentationem Cl^{i}. Pfaff nimis latente loco publicatam ab oblivione vindicasse. Addo, eum ibidem modo concinno traditas transformationes transcendentis

$$1+\frac{\alpha.\beta}{1.\gamma}x+\frac{\alpha(\alpha+1).\beta(\beta+1)}{1.2.\gamma(\gamma+1)}x^2+\cdots$$

exhibere, scilicet formulis, duarum quantitatum r et r' commutationem permittentibus,

$$\frac{1}{(1+x)^r}\left\{1+\frac{r.(p+r')}{1.p}x+\frac{r(r-1).(p+r')(p+r'+1)}{1.2.p(p+1)}x^2+\cdots\right\}$$

$$=\frac{1}{(1+x)^{r'}}\left\{1+\frac{r'.(p+r)}{1.p}x+\frac{r'(r'-1).(p+r)(p+r+1)}{1.2.p(p+1)}x^2+\cdots\right\}$$

$$=1+\frac{r.r'}{1.p}\,\frac{x}{1+x}+\frac{r(r-1).r'(r'-1)}{1.2.p(p+1)}\,\frac{x^2}{(1+x)^2}+\cdots$$

Quae transformationes pro valoribus saltem constantium certos limites non egredientibus de luculenta etiam fluunt transcendentis expressione per integralia definita, ab Eulero in *Inst. Calc. Int.* tradita.

Antecedentibus obiter adnotatis, iam de seriebus ac differentiis theorema hoc propono, propositione I generalius:

Theorema IV.

Proponatur series

$$A_l,\ A_{l+1},\ \ldots,\ A_{l+m},$$

eiusque designetur m^{ta} *differentia per* $A_{l,m}$*; seriei*

$$A_{l,m},\ A_{l,m+1},\ \ldots,\ A_{l,m+n}$$

designetur n^{ta} *differentia per* $A_{l,m,n}$*; seriei*

$$A_{l,m,n},\ A_{l,m,n+1},\ \ldots,\ A_{l,m,n+p}$$

designetur p^{ta} *differentia per* $A_{l,m,n,p}$, *et ita porro: quibus positis, in aequa-*

tione identica quacunque, inter quantitates

$$A, \quad A-1, \quad A-2, \quad A-3, \ldots$$

locum habente atque ut aequatione lineari inter quantitates huiusmodi

$$A^l(A-1)^m(A-2)^n(A-3)^p \ldots$$

exhibita, quantitatibus illis substituere licet terminos

$$A_{l,m,n,p\ldots}.$$

Theorema traditum paucis exemplis illustrabo.

Posito

$$y = \log(1+x),$$

fit

$$e^{Ay} = 1 + Ay + A^2\frac{y^2}{2} + A^3\frac{y^3}{2.3} + \cdots$$

$$= 1 + Ax + A(A-1)\frac{x^2}{2} + A(A-1)(A-2)\frac{x^3}{2.3} + \cdots$$

$$= (1+x)\left\{1 + (A-1)x + (A-1)(A-2)\frac{x^2}{2} + (A-1)(A-2)(A-3)\frac{x^3}{2.3} + \cdots\right\}$$

$$= (1+x)^2\left\{1 + (A-2)x + (A-2)(A-3)\frac{x^2}{2} + (A-2)(A-3)(A-4)\frac{x^3}{2.3} + \cdots\right\},$$

et ita porro. Hinc secundum propositionem traditam sequitur, posito $y = \log(1+x)$, fieri

$$1 + A_1 y + A_2\frac{y^2}{2} + A_3\frac{y^3}{2.3} + \cdots$$

$$= 1 + A_1 x + A_{1,1}\frac{x^2}{2} + A_{1,1,1}\frac{x^3}{2.3} + \cdots$$

$$= (1+x)\left\{1 + A_{0,1}x + A_{0,1,1}\frac{x^2}{2} + A_{0,1,1,1}\frac{x^3}{2.3} + \cdots\right\}$$

$$= (1+x)^2\left\{1 + A_{0,0,1}x + A_{0,0,1,1}\frac{x^2}{2} + A_{0,0,1,1,1}\frac{x^3}{2.3} + \cdots\right\},$$

et ita porro.

Cl. Stirling olim in *Methodo differentiali* dedit formulas

$$\frac{1}{x-A} = \frac{1}{x} + \frac{A}{x^2} + \frac{A^2}{x^3} + \frac{A^3}{x^4} + \cdots$$

$$= \frac{1}{x} + \frac{A}{x(x-1)} + \frac{A(A-1)}{x(x-1)(x-2)} + \frac{A(A-1)(A-2)}{x(x-1)(x-2)(x-3)} + \cdots$$

$$= \frac{1}{x-1} + \frac{A-1}{(x-1)(x-2)} + \frac{(A-1)(A-2)}{(x-1)(x-2)(x-3)} + \frac{(A-1)(A-2)(A-3)}{(x-1)(x-2)(x-3)(x-4)} + \cdots$$

$$= \frac{1}{x-2} + \frac{A-2}{(x-2)(x-3)} + \frac{(A-2)(A-3)}{(x-2)(x-3)(x-4)} + \frac{(A-2)(A-3)(A-4)}{(x-2)(x-3)(x-4)(x-5)} + \cdots,$$

et ita porro. E quibus per propositionem traditam emergunt sequentes:

$$\frac{1}{x} + \frac{A_1}{x^2} + \frac{A_2}{x^3} + \frac{A_3}{x^4} + \cdots$$

$$= \frac{1}{x} + \frac{A_1}{x(x-1)} + \frac{A_{1,1}}{x(x-1)(x-2)} + \frac{A_{1,1,1}}{x(x-1)(x-2)(x-3)} + \cdots$$

$$= \frac{1}{x-1} + \frac{A_{0,1}}{(x-1)(x-2)} + \frac{A_{0,1,1}}{(x-1)(x-2)(x-3)} + \frac{A_{0,1,1,1}}{(x-1)(x-2)(x-3)(x-4)} + \cdots$$

$$= \frac{1}{x-2} + \frac{A_{0,0,1}}{(x-2)(x-3)} + \frac{A_{0,0,1,1}}{(x-2)(x-3)(x-4)} + \frac{A_{0,0,1,1,1}}{(x-2)(x-3)(x-4)(x-5)} + \cdots,$$

et ita porro. Generalior formula sic eruitur.

Data functione $f(x)$, formetur series

$$f(x),\quad f(2x),\quad f(3x),\quad f(4x),\ \ldots$$

eiusque differentiarum series prima, secunda, tertia etc. Quarum serierum termini primi si designantur per

$$\nabla^1 f(x),\quad \nabla^2 f(x),\quad \nabla^3 f(x),\ \ldots,$$

habetur nota interpolationis formula

$$f(Ax) = f(x) + (A-1)\,\nabla^1 f(x) + \frac{(A-1)(A-2)}{1.2}\,\nabla^2 f(x) + \cdots$$

Unde theorematis IV ope fluit hoc

Theorema V.

Detur quaecunque series

$$A_0,\quad A_1,\quad A_2,\quad A_3,\ \ldots,$$

sitque

$$a + a_1 x + a_2 x^2 + a_3 x^3 + \cdots = f(x),$$

porro sit

$$A_0 a + A_1 a_1 x + A_2 a_2 x^2 + A_3 a_3 x^3 + \cdots = S;$$

datis valoribus quantitatum

$$f(x), \quad f(2x), \quad f(3x), \quad f(4x), \ldots,$$

earum quantitatum formentur differentiarum series prima, secunda, tertia etc.; quarum termini primi si vocantur

$$\nabla^1 f(x), \quad \nabla^2 f(x), \quad \nabla^3 f(x), \ldots,$$

fit

$$S = A_0 f(x) + A_{0,1} \nabla^1 f(x) + \frac{1}{1.2} A_{0,1,1} \nabla^2 f(x) + \frac{1}{1.2.3} A_{0,1,1,1} \nabla^3 f(x) + \cdots$$

Formula, antecedente theoremate proposita, analoga est Eulerianae supra traditae, quippe *differentialium* functionis $f(x)$ in formula Euleriana locum in hac formula tenent primi termini serierum *differentiarum*, quae de serie $f(x)$, $f(2x)$, $f(3x)$ etc. derivantur. Theoremate V patet, ponendo

$$\Delta^i A_0 = B_i, \quad \Delta^i B_0 = C_i, \quad \Delta^i C_0 = D_i, \ldots,$$

si unquam perveniatur ad seriem sive totam evanescentem sive in quantitates evanescentes desinentem, seriei S obtineri summam finitam.

Berol. 25. Juli 1847.

PROBLÈMES D'ANALYSE.

Crelle Journal für die reine und angewandte Mathematik, Bd. 6 p. 212.

Problème d'analyse.

Soit donnée l'équation $\frac{dy}{dx} = \varphi(x, y)$, on pourra trouver successivement les différentielles des ordres supérieurs: $\frac{d^2y}{dx^2}$, $\frac{d^3y}{dx^3}$ etc. On demande l'expression générale de $\frac{d^ny}{dx^n}$.

Problème d'analyse indéterminée.

Soient $r, r', r'', \ldots, r^{(n)}$ des nombres irrationnels donnés par autant de décimales qu'on voudra, et soit donnée l'équation

$$Ar + A'r' + A''r'' + \cdots + A^{(n)}r^{(n)} = 0,$$

$A, A', A'', \ldots, A^{(n)}$ étant des nombres *entiers* inconnus. On demande une méthode générale et directe de trouver ces nombres.

UNTERSUCHUNGEN ÜBER DIE DIFFERENTIALGLEICHUNG DER HYPERGEOMETRISCHEN REIHE.

(Aus den hinterlassenen Papieren C. G. J. Jacobi's mitgetheilt durch E. Heine.)

Borchardt Journal für die reine und angewandte Mathematik, Bd. 56 p. 149—165.

§. 1.

Es ist seit Euler bekannt, dafs das bestimmte Integral

$$y = \int_0^1 V du,$$

in welchem

$$V = u^{\beta-1}(1-u)^{\gamma-\beta-1}(1-xu)^{-\alpha}$$

gesetzt ist, der Differentialgleichung

$$(1) \qquad x(1-x)y'' + (\gamma-(\alpha+\beta+1)x)y' - \alpha\beta y = 0$$

genügt. Um dies nach dem Vorgange Euler's (*Institutiones calculi integralis, Vol.* II, *Sect.* I, *Cap.* X, *Problema* 130) zu beweisen, hat man nur nöthig, in die linke Seite von (1) für y das unbestimmte Integral $\int V du$ zu setzen, durch Differentiation unter dem Integrale y' und y'', d. h. $\frac{dy}{dx}$ und $\frac{d^2y}{dx^2}$, zu bilden, und endlich zu reduciren. Dann erhält man auf der rechten Seite zunächst nicht 0, sondern den Ausdruck*)

*) Dies kann man auch mit Euler so ausdrücken, dafs der nach u genommene Differentialquotient

$$-\alpha \frac{d}{du}\left[\frac{u(1-u)}{1-xu} V\right]$$

$$-\alpha u^{\beta}(1-u)^{\gamma-\beta}(1-xu)^{-\alpha-1} = -\alpha\frac{u(1-u)}{1-xu}V.$$

Da derselbe für $u=0$ und $u=1$ verschwindet, natürlich β und $\gamma-\beta$ positiv gedacht, so wird das bestimmte Integral $y=\int_0^1 V\,du$, wenn es einen Sinn hat, (1) integriren.

Es ist früher nicht beachtet worden, daſs der erwähnte Ausdruck auch für $u=\pm\infty$ verschwindet, wenn $\gamma-\alpha-1$ negativ ist, so daſs alsdann auſser den Grenzen 0 und 1 auch die Grenzen 0 und $-\infty$, 1 und ∞ Integrale von (1) verschaffen. Mit Hinzuziehung hiervon hat man das Resultat:

„Es genügt $y=\int_g^h V\,du$ der Gleichung (1), wenn g und h zwei von den Werthen 0, 1, $\pm\infty$ bezeichnen, und

$$\left[\frac{u(1-u)}{1-xu}V\right]_g^h = 0$$

ist; vorausgesetzt, daſs das Integral eine Bedeutung hat."

Wir bedienen uns der bekannten Bezeichnung, nach der $[f(u)]_g^h$ die Differenz $f(h)-f(g)$ vorstellt.

Mit Rücksicht auf die Zusammensetzung des Ausdrucks V lag es nahe, zu den soeben betrachteten Werthen der Grenzen des Integrals $\int V\,du$, von denen die beiden ersten die Gröſsen u und $1-u$ gleich Null machen, den Werth $\frac{1}{x}$ hinzuzufügen, für welchen $1-xu$ verschwindet. Indem zunächst in die linke Seite von (1) $y=\int_g^{\frac{\varepsilon}{x}} V\,du$ gesetzt wurde, wo ε eine Constante bedeutet, ergab sich nach gehöriger Reduction

$$-(\gamma-\beta-1)\varepsilon^{\beta}(1-\varepsilon)^{1-\alpha}x^{1-\gamma}(x-\varepsilon)^{\gamma-\beta-2}+\alpha g^{\beta}(1-g)^{\gamma-\beta}(1-xg)^{-\alpha-1},$$

und hieraus wurde für $\varepsilon=1$ geschlossen, daſs auch

$$y=\int_g^{\frac{1}{x}} V\,du$$

---

unter der Form

$$A\frac{d^2V}{dx^2}+B\frac{dV}{dx}+CV$$

darstellbar ist, wo A, B, C die von u unabhängigen in Gleichung (1) vorkommenden Gröſsen $x(1-x)$, $\gamma-(\alpha+\beta+1)x$, $-\alpha\beta$ sind.

der Gleichung (1) genügt, wenn

$$\frac{u(1-u)}{1-xu} V$$

für $u = g$ verschwindet, und $1-\alpha$ positiv ist; dafs das Integral einen Werth haben mufs, ist vorausgesetzt.

Man hat demnach sechs, als bestimmte Integrale auftretende und, wie leicht zu zeigen ist, *verschiedene* Lösungen der Gleichung (1) (d. h. solche, von denen nicht zwei einen constanten Quotienten haben). Indem wir uns hier, wie auch im Folgenden, x immer positiv denken, auf welchen Fall der eines negativen x leicht zurückzuführen ist, stellen wir diese Lösungen mit Hinzufügung der Bedingungen, unter denen sie der Gleichung (1) genügen, zusammen:

1) wenn β und $\gamma-\beta$ positiv ist, $y = \int_0^1 V du$,

2) „ β „ $\alpha+1-\gamma$ „ „ $y = \int_0^{-\infty} V du$,

3) „ $\gamma-\beta$ „ $\alpha+1-\gamma$ „ „ $y = \int_1^{\infty} V du$,

4) „ β „ $1-\alpha$ „ „ $y = \int_0^{\frac{1}{x}} V du$,

5) „ $\alpha+1-\gamma$ „ $1-\alpha$ „ „ $y = \int_{\frac{1}{x}}^{\infty} V du$,

6) „ $\gamma-\beta$ „ $1-\alpha$ „ „ $y = \int_1^{\frac{1}{x}} V du$.

Um die Bedeutung dieser Integrale besser zu übersehen, kann man sie durch hypergeometrische Reihen ausdrücken. Man weifs nämlich, dass $\int_0^1 u^{\lambda}(1-u)^{\mu}(1-au)^{\nu} du$, abgesehen von einem constanten Factor, der hypergeometrischen Reihe gleich ist, welche nach Gaufs mit $F(-\nu, \lambda+1, \lambda+\mu+2, a)$ bezeichnet wird. Ferner übersieht man leicht, dafs sich die Grenzen der sechs Integrale durch geeignete Substitutionen in 0 und 1 verwandeln lassen, ohne dafs die Function unter dem Integrale ihre Form $u^p(1-u)^q(1-bu)^r du$ verliert. Ich stelle die sechs, in hypergeometrische Reihen ausgedrückten, Lösungen, auf die man so nach einander kommt, mit den Substitutionen zusammen, welche angewandt wurden:

1) $F(\alpha, \beta, \gamma, x)$, Substitution $u = v$,

2) $x^{-\alpha} F(\alpha, \alpha+1-\gamma, \alpha+\beta+1-\gamma, \frac{x-1}{x})$, " $u = \frac{v-1}{v}$,

3) $x^{-\alpha} F(\alpha, \alpha+1-\gamma, \alpha+1-\beta, \frac{1}{x})$, " $u = \frac{1}{v}$,

4) $x^{-\beta} F(\beta, \beta+1-\gamma, \beta+1-\alpha, \frac{1}{x})$, " $u = \frac{v}{x}$,

5) $x^{1-\gamma} F(\alpha+1-\gamma, \beta+1-\gamma, 2-\gamma, x)$, " $u = \frac{1}{xv}$,

6) $x^{\alpha-\gamma}(1-x)^{\gamma-\alpha-\beta} F(\gamma-\alpha, 1-\alpha, \gamma+1-\alpha-\beta, \frac{x-1}{x})$, " $u = \frac{1}{x+(1-x)v}$.

Zu jeder dieser Lösungen findet man drei gleiche, nur der Form nach verschiedene, wenn man, nachdem die Grenzen der Integrale bereits durch obige Substitutionen auf 0 und 1 gebracht sind, noch drei neue Substitutionen anwendet, welche die Grenzen ungeändert lassen, nämlich die folgenden:

$$u = 1-v; \quad u = \frac{v}{1-x+vx}; \quad u = \frac{1-v}{1-vx}.$$

Durch diese geht $V du$ resp. in

$$(1-x)^{-\alpha} v^{\gamma-\beta-1}(1-v)^{\beta-1}(1-\frac{xv}{x-1})^{-\alpha} dv,$$

$$(1-x)^{-\beta} v^{\beta-1}(1-v)^{\gamma-\beta-1}(1-\frac{xv}{x-1})^{\alpha-\gamma} dv,$$

$$(1-x)^{\gamma-\alpha-\beta} v^{\gamma-\beta-1}(1-v)^{\beta-1}(1-vx)^{\alpha-\gamma} dv$$

über; sie führen also von $F(\alpha, \beta, \gamma, x)$ auf

$$(1-x)^{-\alpha} F(\alpha, \gamma-\beta, \gamma, \frac{x}{x-1}),$$

$$(1-x)^{-\beta} F(\gamma-\alpha, \beta, \gamma, \frac{x}{x-1}),$$

$$(1-x)^{\gamma-\alpha-\beta} F(\gamma-\alpha, \gamma-\beta, \gamma, x).$$

Stellen wir nun die in hypergeometrische Reihen übertragenen Integrale zusammen, so haben wir sechs Classen, von denen jede vier gleichbedeutende Lösungen enthält:

Classe I.

1) $F(\alpha, \beta, \gamma, x)$,

2) $(1-x)^{\gamma-\alpha-\beta} F(\gamma-\alpha, \gamma-\beta, \gamma, x)$,

3) $(1-x)^{-\alpha} F(\alpha, \gamma-\beta, \gamma, \frac{x}{x-1})$,

4) $(1-x)^{-\beta} F(\beta, \gamma-\alpha, \gamma, \frac{x}{x-1})$.

Classe II.

1) $x^{-\alpha} F(\alpha, \alpha+1-\gamma, \alpha+\beta+1-\gamma, \frac{x-1}{x})$,

2) $x^{-\beta} F(\beta, \beta+1-\gamma, \alpha+\beta+1-\gamma, \frac{x-1}{x})$,

3) $F(\alpha, \beta, \alpha+\beta+1-\gamma, 1-x)$,

4) $x^{1-\gamma} F(\alpha+1-\gamma, \beta+1-\gamma, \alpha+\beta+1-\gamma, 1-x)$.

Classe III.

1) $x^{-\alpha} F(\alpha, \alpha+1-\gamma, \alpha+1-\beta, \frac{1}{x})$,

2) $x^{\beta-\gamma} (1-x)^{\gamma-\alpha-\beta} F(1-\beta, \gamma-\beta, \alpha+1-\beta, \frac{1}{x})$,

3) $(1-x)^{-\alpha} F(\alpha, \gamma-\beta, \alpha+1-\beta, \frac{1}{1-x})$,

4) $x^{1-\gamma} (1-x)^{\gamma-\alpha-1} F(\alpha+1-\gamma, 1-\beta, \alpha+1-\beta, \frac{1}{1-x})$.

Classe IV.

1) $x^{-\beta} F(\beta, \beta+1-\gamma, \beta+1-\alpha, \frac{1}{x})$,

2) $x^{\alpha-\gamma} (1-x)^{\gamma-\alpha-\beta} F(1-\alpha, \gamma-\alpha, \beta+1-\alpha, \frac{1}{x})$,

3) $(1-x)^{-\beta} F(\beta, \gamma-\alpha, \beta+1-\alpha, \frac{1}{1-x})$,

4) $x^{1-\gamma} (1-x)^{\gamma-\beta-1} F(\beta+1-\gamma, 1-\alpha, \beta+1-\alpha, \frac{1}{1-x})$.

Classe V.

1) $x^{1-\gamma} F(\alpha+1-\gamma, \beta+1-\gamma, 2-\gamma, x)$,

2) $x^{1-\gamma}(1-x)^{\gamma-\alpha-\beta} F(1-\alpha, 1-\beta, 2-\gamma, x)$,

3) $x^{1-\gamma}(1-x)^{\gamma-\alpha-1} F(\alpha+1-\gamma, 1-\beta, 2-\gamma, \frac{x}{x-1})$,

4) $x^{1-\gamma}(1-x)^{\gamma-\beta-1} F(\beta+1-\gamma, 1-\alpha, 2-\gamma, \frac{x}{x-1})$.

Classe VI.

1) $x^{\alpha-\gamma}(1-x)^{\gamma-\alpha-\beta} F(\gamma-\alpha, 1-\alpha, \gamma+1-\alpha-\beta, \frac{x-1}{x})$,

2) $x^{\beta-\gamma}(1-x)^{\gamma-\alpha-\beta} F(\gamma-\beta, 1-\beta, \gamma+1-\alpha-\beta, \frac{x-1}{x})$,

3) $(1-x)^{\gamma-\alpha-\beta} F(\gamma-\alpha, \gamma-\beta, \gamma+1-\alpha-\beta, 1-x)$,

4) $x^{1-\gamma}(1-x)^{\gamma-\alpha-\beta} F(1-\alpha, 1-\beta, \gamma+1-\alpha-\beta, 1-x)$.

Diese 24 Reihen sind dieselben, welche Kummer im §. 8 seiner Arbeit über die hypergeometrische Reihe im 15ten Bande des Crelleschen Journals aufgeführt hat, über deren Bedeutung man an jener Stelle das Nähere findet. Die hier vorliegende Untersuchung giebt also das neue Resultat, dafs die bestimmten Integrale, die jenen Reihen gleich sind, sämmtlich durch Integration desselben Ausdrucks zwischen zweien der Grenzen 0, 1, $\pm\infty$, $\frac{1}{x}$ erhalten werden.

§. 2.

Eine ganz andere Art von Beziehungen zwischen Integralen der Gleichung (1) erhält man durch Verallgemeinerung der Untersuchungen, welche Gaufs in seiner Arbeit über mechanische Quadraturen führt. Es tritt dort (Art. 8) eine Function T vom $(n+1)^{\text{ten}}$ Grade auf, deren Zusammenhang mit $\int_{-1}^{+1} \frac{T dt}{t-a}$ Anlafs zur Auffindung des folgenden Satzes gab:

„Ist $y = f(x)$ ein Integral der Differentialgleichung (1), so wird

$$(2) \qquad z = \int_g^h \frac{t^{\gamma-1}(1-t)^{\alpha+\beta-\gamma}}{(t-x)^{\varrho}} f(t)\, dt = \int_g^h W f(t)\, dt$$

ein Integral der Differentialgleichung

$$(3)\qquad x(1-x)z''+(\rho+1-\gamma-(2\rho+1-\alpha-\beta)x)z'-(\rho-\alpha)(\rho-\beta)z = 0,$$

wenn sowohl g als h einen der Werthe 0, 1, $\pm\infty$ hat, und

$$(2^a)\qquad \left[\frac{t^\gamma(1-t)^{\alpha+\beta+1-\gamma}}{(t-x)^\rho}\left(f'(t)+\rho\frac{f(t)}{t-x}\right)\right]_g^h = 0$$

ist. Man kann auch $h = x$ setzen; alsdann mufs aber der Ausdruck in der Parenthese für $t = g$ verschwinden und $1-\rho$ positiv sein."

Um diesen Satz zu beweisen, kann man davon ausgehen, dafs $f(t)$ der Differentialgleichung

$$t(1-t)f''(t)+(\gamma-(\alpha+\beta+1)t)f'(t) = \alpha\beta f(t)$$

genügt, welche, mit $t^{\gamma-1}(1-t)^{\alpha+\beta-\gamma}$ multiplicirt, die Form annimmt

$$\alpha\beta t^{\gamma-1}(1-t)^{\alpha+\beta-\gamma}f(t) = \frac{d(t^\gamma(1-t)^{\alpha+\beta+1-\gamma}f'(t))}{dt}.$$

Dies, in das Integral auf der rechten Seite der Gleichung (2) eingesetzt, giebt nach einer theilweisen Integration

$$\alpha\beta z = \left[\frac{t^\gamma(1-t)^{\alpha+\beta+1-\gamma}f'(t)}{(t-x)^\rho}\right]_g^h+\rho\int_g^h\frac{t^\gamma(1-t)^{\alpha+\beta+1-\gamma}f'(t)}{(t-x)^{\rho+1}}dt$$

und nach einer zweiten theilweisen Integration

$$\alpha\beta z = \left[t(1-t)W\left(f'(t)+\frac{\rho f(t)}{t-x}\right)\right]_g^h-\rho\int_g^h\frac{d}{dt}\left(\frac{t(1-t)}{t-x}W\right)f(t)dt.$$

Wendet man nun die in der Anmerkung des §. 1 gegebene Transformation an, nach welcher, wenn $u = \frac{1}{t}$, $u^2V = W$ gesetzt wird,

$$-\rho\frac{d}{dt}\left(\frac{t(1-t)}{t-x}W\right)$$

$$= x(1-x)\frac{d^2W}{dx^2}+(\rho+1-\gamma-(2\rho+1-\alpha-\beta)x)\frac{dW}{dx}-\rho(\rho-\alpha-\beta)W$$

ist, so findet man den oben aufgestellten Satz.

Das in demselben enthaltene Ergebnifs läfst sich in eine andere Form bringen, und zwar durch Vergleichung der beiden Lösungen $F(\alpha, \beta, \gamma, x)$ und $x^{1-\gamma}(1-x)^{\gamma-\alpha-\beta} F(1-\alpha, 1-\beta, 2-\gamma, x)$ der Gleichung (1), welche in den Ausdrücken 1) der I[ten] Classe und 2) der V[ten] Classe gegeben sind. Da nämlich $F(1-\alpha, 1-\beta, 2-\gamma, x)$ eine Lösung ζ von

$$(1^a) \qquad x(1-x)\zeta'' + (2-\gamma-(3-\alpha-\beta)x)\zeta' - (1-\alpha)(1-\beta)\zeta = 0$$

ist, so läfst sich das Resultat jener Vergleichung in der Art aussprechen, dafs eine Lösung ζ von (1^a), multiplicirt mit $x^{1-\gamma}(1-x)^{\gamma-\alpha-\beta}$, eine Lösung von (1) giebt. Läfst man an die Stelle von (1^a) die Gleichung (3) treten, indem man α, β, γ um $1-\rho$ vermehrt, so folgt mit Hülfe des obigen Satzes unmittelbar, dafs

$$(4) \qquad Z = x^{\rho-\gamma}(1-x)^{\rho+\gamma-\alpha-\beta-1}\int_g^h \frac{t^{\gamma-1}(1-t)^{\alpha+\beta-\gamma}}{(t-x)^{\rho}} f(t)\,dt$$

eine Lösung derjenigen Gleichung wird, in welche gleichzeitig (1) übergeht, d. h. von

$$(5) \quad x(1-x)Z'' + (\gamma+1-\rho-(\alpha+\beta+3-2\rho)x)Z' - (\alpha+1-\rho)(\beta+1-\rho)Z = 0.$$

Setzt man hier insbesondere $\rho = 1$, so wird (5) mit (1) identisch, und man erhält aus einem Integrale $f(x)$ der Gleichung (1) ein zweites

$$(6) \qquad x^{1-\gamma}(1-x)^{\gamma-\alpha-\beta}\int_g^h \frac{t^{\gamma-1}(1-t)^{\alpha+\beta-\gamma}}{t-x} f(t)\,dt.$$

§. 3.

Die letzte Formel giebt ein besonders interessantes Resultat, wenn $f(t)$ eine endliche Reihe, also eine solche hypergeometrische Reihe ist, deren erstes oder zweites Element eine negative ganze Zahl $-n$ wird. Ueber die Eigenschaften solcher endlichen Reihen soll in diesem und den folgenden Paragraphen, bis §. 6 einschliefslich, gehandelt werden.

Differentiirt man die Gleichung (1)

$$x(1-x)y'' + (\gamma-(\alpha+\beta+1)x)y' - \alpha\beta y = 0$$

mehrere Male hinter einander nach x, so erhält man

$$x(1-x)y''' + (\gamma+1-(\alpha+\beta+3)x)y'' - (\alpha+1)(\beta+1)y' = 0,$$
$$x(1-x)y'''' + (\gamma+2-(\alpha+\beta+5)x)y''' - (\alpha+2)(\beta+2)y'' = 0,$$
$$\cdot\quad\cdot\quad\cdot\quad\cdot\quad\cdot\quad\cdot\quad\cdot\quad\cdot\quad\cdot\quad\cdot\quad\cdot\quad\cdot$$

Das durch $(n-1)$-malige Differentiation gewonnene Resultat wird durch Multiplication mit

$$x^{\gamma+n-2}(1-x)^{\alpha+\beta-\gamma+n-1}$$

auf die Form gebracht

$$\frac{d\{x^n(1-x)^n M y^{(n)}\}}{dx} = (\alpha+n-1)(\beta+n-1)\,x^{n-1}(1-x)^{n-1} M y^{(n-1)},$$

wo

$$M = x^{\gamma-1}(1-x)^{\alpha+\beta-\gamma}.$$

Indem man diese Gleichung noch ferner $(n-1)$-mal differentiirt, erhält man

$$\frac{d^n\{x^n(1-x)^n M y^{(n)}\}}{dx^n} = (\alpha+n-1)(\beta+n-1)\frac{d^{n-1}\{x^{n-1}(1-x)^{n-1} M y^{(n-1)}\}}{dx^{n-1}},$$

und durch wiederholte Anwendung ergiebt sich hieraus für jedes ganze positive n die Gleichung

$$\frac{d^n\{x^n(1-x)^n M y^{(n)}\}}{dx^n} = \alpha(\alpha+1)\ldots(\alpha+n-1).\beta(\beta+1)\ldots(\beta+n-1)\,M y,$$

in welcher M denselben Werth, wie oben, bezeichnet.

Ist nun y eine bei der n^{ten} Potenz von x abbrechende hypergeometrische Reihe, setzt man also $\beta = -n$, während α und γ beliebig bleiben, so wird

$$y = F(-n, \alpha, \gamma, x)$$

und nach obiger Gleichung

$$F(-n, \alpha, \gamma, x) = \frac{x^{1-\gamma}(1-x)^{\gamma+n-\alpha}}{\gamma(\gamma+1)\ldots(\gamma+n-1)}\,\frac{d^n\{x^{\gamma+n-1}(1-x)^{\alpha-\gamma}\}}{dx^n},$$

oder, wenn man $\alpha+n$ für α setzt,

$$(7)\quad F(-n, \alpha+n, \gamma, x) = \frac{x^{1-\gamma}(1-x)^{\gamma-\alpha}}{\gamma(\gamma+1)\ldots(\gamma+n-1)}\,\frac{d^n\{x^{\gamma+n-1}(1-x)^{\alpha+n-\gamma}\}}{dx^n}.$$

Dieser Ausdruck zeigt einerseits, daſs sich jede endliche hypergeometrische Reihe in die elegante Form der rechten Seite von (7) bringen läſst, und giebt andererseits dem häufig vorkommenden Differentialausdrucke der rechten Seite die entwickelte Form eines Productes von Potenzen in eine einfache hypergeometrische Reihe. Für $\alpha = \gamma = 1$ erhält man

$$\frac{1}{1.2\ldots n}\frac{d^n\{x^n(1-x)^n\}}{dx^n} = F(-n, n+1, 1, x),$$

und setzt man $x = \frac{1-\xi}{2}$,

$$\frac{1}{2^n.1.2\ldots n}\frac{d^n(\xi^2-1)^n}{d\xi^n} = F(-n, n+1, 1, \frac{1-\xi}{2}),$$

also links die bekannte Function, welche durch Entwickelung von $\frac{1}{\sqrt{1-2h\xi+h^2}}$ nach Potenzen von h entsteht. Den Ausdruck derselben durch die Reihe auf der rechten Seite findet man bei Dirichlet (*Crelle's Journal, Bd.* 17, *S.* 39). Auf ähnliche Art erhält man eine Entwickelung des n^{ten} Differentialquotienten $\frac{d^n(1-\xi^2)^{n-\frac{1}{2}}}{d\xi^n}$, welcher bekanntlich für $\xi = \cos\varphi$ mit $\cos n\varphi$ zusammenhängt.

§. 4.

Es macht keine Schwierigkeit, die erzeugende Function der durch (7) gegebenen Ausdrücke in derselben Art aufzufinden, wie es in *Crelle's Journal, Bd.* 2, *S.* 224 (p. 22 und 23 dieses Bandes), in dem schon §. 3 erwähnten besonderen Falle $\alpha = \gamma = 1$ geschehen ist. Man kann sich dazu der Lagrangeschen Formel bedienen, nach der

$$\chi(y)\frac{dy}{dx} = \chi(x) + \frac{h}{1}\frac{d[f(x)\chi(x)]}{dx} + \frac{h^2}{1.2}\frac{d^2[f(x)^2\chi(x)]}{dx^2} + \cdots$$

ist, wenn zwischen x und y die Gleichung

$$y - x = hf(y)$$

besteht, und hat nur

$$f(x) = x(1-x), \quad \chi(x) = x^{\gamma-1}(1-x)^{\alpha-\gamma}$$

zu setzen. Macht man

$$F(-n, \alpha+n, \gamma, x) = X_n$$

und, wie oben, $2x = 1-\xi$, so erhält man

$$\frac{x^{1-\gamma}(1-x)^{\gamma-\alpha}\{h-1+\sqrt{1-2h\xi+h^2}\}^{\gamma-1}\{h+1-\sqrt{1-2h\xi+h^2}\}^{\alpha-\gamma}}{(2h)^{\alpha-1}\sqrt{1-2h\xi+h^2}}$$

$$= \sum_{n=0}^{n=\infty} \frac{\gamma(\gamma+1)\dots(\gamma+n-1)}{1.2\dots n} h^n X_n.$$

Diese Formel, welche sich nicht durch Einfachheit zu empfehlen schien, ist nicht weiter verfolgt worden, sondern zunächst nur ein besonderer Fall derselben.

§. 5.

Man entwickele nämlich mit Hülfe des binomischen Lehrsatzes

$$(1-2h\xi+h^2)^{-c}$$

nach aufsteigenden Potenzen von h. Setzt man die so entstehende Reihe gleich

$$\sum_{n=0}^{n=\infty} h^n Y_n,$$

so wird

$$Y_n = \frac{2c(2c+1)\dots(2c+n-1)}{1.2\dots n} F(-n, 2c+n, \frac{2c+1}{2}, x),$$

wenn x und ξ wie im vorigen Paragraphen zusammenhängen, also auch

$$Y_n = 4^n \frac{c(c+1)\dots(c+n-1)}{(2c+n)(2c+n+1)\dots(2c+2n-1)} \frac{[x(1-x)]^{\frac{1}{2}(1-2c)}}{\Pi(n)} \frac{d^n[x(1-x)]^{\frac{1}{2}(2c+2n-1)}}{dx^n}.$$

§. 6.

Nach den im §. 4 mit $\mathbf{X}_n$ bezeichneten Ausdrücken läſst sich, wenigstens so lange γ und $\alpha+1-\gamma$ positiv sind, eine Function $\varphi(x)$ nur auf *eine* Art entwickeln, so daſs also, wenn man $\varphi(x) = \sum_{n=0}^{n=\infty} a_n \mathbf{X}_n$ setzt, die Constanten a_n vollständig bestimmt sind. Man hat zum Beweise dieses Satzes nur zu zeigen, daſs

$$J_{m,n} = \int_0^1 X_m X_n x^{\gamma-1}(1-x)^{\alpha-\gamma} dx$$

verschwindet, sobald die ganzen Zahlen m und n von einander verschieden sind. Es genügt aber $\mathbf{X}_n$ der Differentialgleichung

$$x(1-x)X_n'' + (\gamma-(\alpha+1)x)X_n' = -n(n+\alpha)\mathbf{X}_n,$$

so dafs

$$-n(n+\alpha)J_{m,n} = \int_0^1 X_m \frac{d[x^\gamma(1-x)^{\alpha+1-\gamma}X'_n]}{dx}dx$$

$$= \int_0^1 X_n \frac{d[x^\gamma(1-x)^{\alpha+1-\gamma}X'_m]}{dx}dx,$$

also gleich $-m(m+\alpha)J_{m,n}$ wird, woraus man schliefst, dafs $J_{m,n}$ verschwindet. Ist $m=n$, so läfst sich der Werth dieser Constanten leicht angeben, da offenbar

$$n(n+\alpha)J_{n,n} = \int_0^1 X'_n X'_n x^\gamma(1-x)^{\alpha+1-\gamma}dx$$

ist, ferner

$$(n-1)(n+\alpha+1)\int_0^1 X'_n X'_n x^\gamma(1-x)^{\alpha+1-\gamma}dx = \int_0^1 X''_n X''_n x^{\gamma+1}(1-x)^{\alpha+2-\gamma}dx$$

etc., so dafs man für $J_{n,n}$ den Werth

$$\frac{1}{\alpha+2n}\,\frac{\Pi(n)[\Pi(\gamma-1)]^2\Pi(\alpha+n-\gamma)}{\Pi(\alpha+n-1)\Pi(\gamma+n-1)}$$

erhält.

§. 7.

Für ein zweites Integral der Differentialgleichung, deren erstes X_n ist, erhält man durch die Formel (6) des §. 2 den Werth

$$x^{1-\gamma}(1-x)^{\gamma-\alpha}\int_g^h \frac{t^{\gamma-1}(1-t)^{\alpha-\gamma}}{t-x}F(-n,\alpha+n,\gamma,t)\,dt,$$

welcher für $\alpha=\gamma=1$ in den am Anfange des §. 2 erwähnten übergeht, wenn man $n+1$ für n und $g=0$, $h=1$ setzt.

Nach §. 3 kann der obige Werth auch durch

$$x^{1-\gamma}(1-x)^{\gamma-\alpha}\int_g^h \frac{d^n[t^{\gamma+n-1}(1-t)^{\alpha+n-\gamma}]}{dt^n}\,\frac{dt}{t-x}$$

ersetzt werden, also auch, wenn die Werthe γ, α eine Integration durch Theile gestatten, durch

(8) $$Z_n = x^{1-\gamma}(1-x)^{\gamma-\alpha}\int_g^h \frac{t^{\gamma+n-1}(1-t)^{\alpha+n-\gamma}}{(t-x)^{n+1}}\,dt.$$

Die Differentialgleichung ist dann durch

$$aX_n + bZ_n$$

vollständig integrirt, wenn a und b willkürliche Constanten bezeichnen.

§. 8.

Die Resultate, welche Gaufs durch Vergleichung von T und $\int_0^1 \frac{T\,dt}{t-a}$ für die Kettenbruchentwickelung der logarithmischen Reihe gefunden hat, lassen sich durch Vergleichung von X_n und Z_n auf die besondere hypergeometrische Reihe $F(\alpha, 1, \gamma, x)$ übertragen. Man erhält auf diesem Wege fast ohne Rechnung die Resultate über die Werthe der Näherungsbrüche von Kettenbrüchen, die zuerst durch Auflösung linearer Gleichungen gefunden worden sind (*Crelle's Journal Bd.* 32, *S.* 208, sowie *Bd.* 34, *S.* 297).

Es seien $\alpha+1-\gamma$ und γ positiv, ferner $x > 1$; bezeichnet man den Werth von X_n für $x = t$ mit T_n und setzt

$$-W_n = \int_0^1 t^{\gamma-1}(1-t)^{\alpha-\gamma} \frac{T_n - X_n}{t-x} dt,$$

so dafs W_n eine ganze Function $(n-1)^{\text{ten}}$ Grades von x ist, so hat man offenbar die Gleichung

$$X_n \int_0^1 \frac{t^{\gamma-1}(1-t)^{\alpha-\gamma}}{t-x} dt = W_n + \int_0^1 \frac{t^{\gamma-1}(1-t)^{\alpha-\gamma}}{t-x} T_n dt$$

und hieraus, wenn man mit a und b leicht zu berechnende Constanten bezeichnet,

$$\frac{a}{x} X_n F(\gamma, 1, \alpha+1, \frac{1}{x}) = W_n + b\int_0^1 \frac{t^{\gamma+n-1}(1-t)^{\alpha+n-\gamma}}{(t-x)^{n+1}} dt.$$

Das mit b multiplicirte Integral, nach absteigenden Potenzen von x entwickelt, fängt mit x^{-n-1} an (der Grad ist $-(n+1)$); wir haben also eine Function n^{ten} Grades X_n, die, mit $F(\gamma, 1, \alpha+1, \frac{1}{x})$ multiplicirt, eine ganze Function $x W_n$ und einen Rest vom $(-n)^{\text{ten}}$ Grade giebt. Seit der Arbeit von Gaufs über mechanische Quadraturen ist es bekannt, wie diese Eigenschaft der X_n es möglich macht, sofort die Nenner der Näherungsbrüche des Kettenbruches für $F(\alpha, 1, \gamma, \frac{1}{x})$, wie er sich aus der Abhandlung von Gaufs über die hypergeometrische Reihe (Art. 13) ergiebt, nämlich nach der dortigen Bezeichnung von

$$\cfrac{x}{x-\cfrac{a}{1-\cfrac{b}{x-\cfrac{c}{1-\text{etc.}}}}},$$

anzugeben. Der Nenner Q_{2n} des $(2n)^{\text{ten}}$ Näherungswerthes ist nämlich von der Form

$$Q_{2n} = x^n + b_1 x^{n-1} + b_2 x^{n-2} + \cdots + b_n,$$

der des $(2n+1)^{\text{ten}}$

$$Q_{2n+1} = x(x^n + c_1 x^{n-1} + c_2 x^{n-2} + \cdots + c_n),$$

wenn wir x als den ersten, $x-a$ als den zweiten zählen. Ferner mufs Q_{2n} oder Q_{2n+1}, mit $F(\alpha, 1, \gamma, \frac{1}{x})$ multiplicirt, gleich einer ganzen Function von x, vermehrt um einen Rest vom Grade $-n$, sein. Es können sich daher Q_{2n} und Q_{2n+1} nur durch constante Factoren von $F(-n, \gamma+n-1, \alpha, x)$ und $xF(-n, \gamma+n, \alpha+1, x)$ unterscheiden; bestimmt man diese gehörig, nämlich so, dafs die höchste Potenz von x die Einheit zum Factor erhält, so entsteht

$$Q_{2n} = x^n F(-n, 1-\alpha-n, 2-\gamma-2n, \frac{1}{x}),$$

$$Q_{2n+1} = x^{n+1} F(-n, -\alpha-n, 1-\gamma-2n, \frac{1}{x}).$$

Haben γ und $\alpha+1-\gamma$ andere Zeichen, so kann sich an den Resultaten offenbar nichts ändern.

§. 9.

Wir gehen nun zu der letzten Untersuchung über, nämlich zur Beantwortung der Frage, ob es für jeden endlichen Werth der Elemente möglich ist, die Differentialgleichung (1) durch einfache bestimmte Integrale vollständig zu integriren. Dafs die sechs bestimmten Integrale des §. 1 nicht zugleich gelten, sieht man ohne Weiteres ein; indem ich nun nicht nur, wie früher,

$$V = u^{\beta-1}(1-u)^{\gamma-\beta-1}(1-xu)^{-\alpha},$$

sondern auch

$$W = u^{\alpha-1}(1-u)^{\gamma-\alpha-1}(1-xu)^{-\beta}$$

setze, sollen in der folgenden Tabelle die Fälle angegeben werden, in denen $\int V\,du$ oder $\int W\,du$ eine Lösung von (1) verschafft. Es ist dabei nach den Vorzeichen von α, β, $\gamma-\alpha$, $\gamma-\beta$ eingetheilt und, um die Anzahl der Fälle zu beschränken, angenommen worden, dafs $\beta-\alpha$ nicht negativ ist.

					Lösungen			
	β	$\gamma-\beta$	α	$\gamma-\alpha$	$x>1$		$x<1$	
1.	+	+	+	+			$\int_0^1 V\,du$	
2.	+	+	−	+	$\int_{\frac{1}{x}}^1 V\,du$	$\int_0^{\frac{1}{x}} V\,du$	$\int_0^1 V\,du$	$\int_1^{\frac{1}{x}} V\,du$
3.	+	−	+	+	$\int_0^{-\infty} W\,du$	$\int_1^{\infty} W\,du$	$\int_0^1 W\,du$	$\int_0^{-\infty} W\,du$
4.	+	−	+	−	$\int_0^{-\infty} V\,du$		$\int_0^{-\infty} V\,du$	
5.	+	−	−	+	$\int_0^{\frac{1}{x}} V\,du$			
6.	+	−	−	−	$\int_0^{-\infty} V\,du$	$\int_0^{\frac{1}{x}} V\,du$	$\int_{\frac{1}{x}}^{\infty} V\,du$	$\int_0^{-\infty} V\,du$
7.	−	+	−	+	$\int_{\frac{1}{x}}^1 V\,du$		$\int_1^{\frac{1}{x}} V\,du$	
8.	−	−	−	+	$\int_{\frac{1}{x}}^1 W\,du$	$\int_1^{\infty} W\,du$	$\int_1^{\frac{1}{x}} W\,du$	$\int_{\frac{1}{x}}^{\infty} W\,du$
9.	−	−	−	−			$\int_{\frac{1}{x}}^{\infty} V\,du$	

Da sowohl für den Fall, daſs $x > 1$, als auch für den, daſs $x < 1$, zwei verschiedene Lösungen angegeben werden müssen, so erkennt man in der Tabelle leicht, wann noch Lösungen zu suchen sind.

§. 10.

Um solche aufzufinden, kann man sich des im §. 2 aufgestellten Satzes bedienen. Dieser giebt nämlich die Beziehungen zwischen den Differentialgleichungen zweier hypergeometrischen Reihen, deren Elemente α, β, γ und $\rho-\alpha$, $\rho-\beta$, $\rho+1-\gamma$ sind. Man wende ihn an, indem man an die Stelle von α, β, γ respective $\rho-\alpha$, $\rho-\beta$, $\rho+1-\gamma$ setzt, so daſs zugleich $\rho-\alpha$, $\rho-\beta$, $\rho+1-\gamma$ respective in

$$\rho-(\rho-\alpha) = \alpha, \quad \rho-(\rho-\beta) = \beta, \quad \rho+1-(\rho+1-\gamma) = \gamma$$

übergehen. Nimmt man nun ρ so, daſs $\rho-\alpha$ gleich einer negativen ganzen Zahl $-n$ wird, so ist ein Integral der ersten Differentialgleichung eine endliche Reihe

$$F(-n, \alpha-\beta-n, \alpha+1-\gamma-n, x) = f(x);$$

die zweite Differentialgleichung ist jetzt die Differentialgleichung (1) selbst, nach (2) findet man also ein Integral von (1) durch die Formel

$$z = \int_g^h \frac{t^{\alpha-\gamma-n}(1-t)^{\gamma-\beta-n-1}}{(t-x)^{\alpha-n}} f(t)\,dt,$$

oder, mit Benutzung der im §. 3 gegebenen Umformung, durch die Formel

$$(9) \qquad Z = \int_g^h \frac{d^n\{t^{\alpha-\gamma}(1-t)^{\gamma-\beta-1}\}}{dt^n}(t-x)^{n-\alpha}\,dt,$$

vorausgesetzt, daſs bei constantem g und h

$$\left[\frac{t^{\alpha+1-\gamma-n}(1-t)^{\gamma-\beta-n}}{(t-x)^{\alpha-n}}\left(f'(t)+\frac{\alpha-n}{t-x}f(t)\right)\right]_g^h = 0$$

ist, und daſs, wenn $h = x$, der Ausdruck in der Parenthese für $t = g$ verschwindet und $n+1-\alpha$ positiv ist.

Dieses Resultat läſst sich übrigens leicht verificiren, und ähnliche lassen sich eben so leicht auffinden, wenn man erwägt, daſs nach Integration durch

Theile auf der rechten Seite unter dem Integrale

$$t^{\alpha-\gamma}(1-t)^{\gamma-\beta-1}(t-x)^{-\alpha}\,dt$$

übrig bleibt, wenn diese Operation erlaubt ist. Dieser Ausdruck, zwischen g und h integrirt, ist aber eine Lösung von (1); sind z. B. g und h gleich 0 und 1, so giebt die Integration eine Lösung der dritten Classe. Man schliefst hieraus unmittelbar, dafs auch, wenn die Integration durch Theile nicht gestattet ist, Z eine Lösung von (1) ist, wenn nur das Integral einen Werth hat.

§. 11.

Wir können nun die Tafel des §. 9 vervollständigen.

1) Im ersten Falle fehlen zwei Integrale, wenn $x > 1$; man kann offenbar folgende hinzufügen:

$$\int_x^\infty \frac{d^n\{t^{\beta-\gamma}(1-t)^{\gamma-\alpha-1}\}}{dt^n}(t-x)^{n-\beta}\,dt,$$

$$\int_x^\infty \frac{d^n\{t^{\alpha-\gamma}(1-t)^{\gamma-\beta-1}\}}{dt^n}(t-x)^{n-\alpha}\,dt,$$

wenn n so grofs genommen wird, dafs respective $n+1-\beta$ oder $n+1-\alpha$ positiv ist. Darf $n=0$ genommen werden, so sind diese Integrale respective von der III[ten] und IV[ten] Classe.

Ist $x<1$, so fehlt ein Integral, welches man jedenfalls gleich $(1-x)^{-\beta}\zeta$ setzen kann, wo ζ der Differentialgleichung (1) genügt, wenn man in ihr α, β, γ, x mit β, $\gamma-\alpha$, $\beta+1-\alpha$, $\frac{1}{1-x}$ vertauscht. Man vergleiche Form 3) der IV[ten] Classe. Hieraus folgt, dafs als fehlendes Integral

$$(1-x)^{-\beta}\int_{\frac{1}{1-x}}^\infty \frac{d^n\{t^{\gamma-\beta-1}(1-t)^{-\alpha}\}}{dt^n}\left(t-\frac{1}{1-x}\right)^{\alpha+n-\gamma}dt$$

betrachtet werden kann, wenn $\alpha+n+1-\gamma$ positiv ist. Für $n=0$ erhält man ein Integral II[ter] Classe.

2) Im vierten Falle, wenn $x>1$, kann offenbar

$$\int_x^\infty \frac{d^n\{t^{\beta-\gamma}(1-t)^{\gamma-\alpha-1}\}}{dt^n}(t-x)^{n-\beta}\,dt$$

mit der Bedingung, dafs $n+1-\beta$ positiv ist, als Lösung genommen werden.

Ist $x<1$, so mache man mit Beachtung der Form 1) der II[ten] Classe das fehlende Integral gleich $x^{-\alpha}\zeta$, wo ζ der Differentialgleichung genügt, in welche (1) übergeht, wenn für α, β, γ, x resp. $\alpha, \alpha+1-\gamma, \alpha+\beta+1-\gamma, \frac{x-1}{x}$ gesetzt wird. Dadurch erhält man als Lösung

$$x^{-\alpha}\int_{\frac{x-1}{x}}^{-\infty}\frac{d^n\{t^{\gamma-\beta-1}(1-t)^{\beta-1}\}}{dt^n}\left(t-\frac{x-1}{x}\right)^{n-\alpha}dt$$

mit der Bedingung, dafs $n+1-\alpha$ positiv sein mufs. Für $n=0$ erhält man Integrale der III[ten] und V[ten] Classe.

3) Im fünften Falle mufs man ein Integral suchen, wenn $x>1$. Mit Berücksichtigung des vierten Integrals I[ter] Classe setze man $z=(1-x)^{-\beta}\zeta$ und vertausche, ähnlich wie oben, α, β, γ, x mit $\gamma-\alpha, \beta, \gamma, \frac{x}{x-1}$, so findet man

$$(1-x)^{-\beta}\int_{\frac{x}{x-1}}^{\infty}\frac{d^n\{t^{\beta-\gamma}(1-t)^{\alpha-1}\}}{dt^n}\left(t-\frac{x}{x-1}\right)^{n-\beta}dt$$

mit der Bedingung, dafs $n+1-\beta$ positiv sei.

Ist $x<1$, so erhält man zwei Integrale

$$(1-x)^{-\beta}\int_{\frac{x}{x-1}}^{-\infty}\frac{d^n\{t^{\beta-\gamma}(1-t)^{\alpha-1}\}}{dt^n}\left(t-\frac{x}{x-1}\right)^{n-\beta}dt,$$

$$x^{-\beta}\int_{\frac{1}{x}}^{\infty}\frac{d^n\{t^{\alpha-\gamma}(1-t)^{-\alpha}\}}{dt^n}\left(t-\frac{1}{x}\right)^{\gamma+n-\beta-1}dt$$

resp. mit den Bedingungen, dafs $n+1-\beta$ und $\gamma+n-\beta$ positiv sein müssen. Für $n=0$ verwandeln sich die Integrale in solche der VI[ten], VI[ten] und I[ten] Classe.

4) Im siebenten Falle findet man für $x>1$

$$x^{1-\gamma}(1-x)^{\gamma-\alpha-\beta}\int_{x}^{\infty}\frac{d^n\{t^{\gamma-\beta-1}(1-t)^{\alpha-\gamma}\}}{dt^n}(t-x)^{n+\beta-1}dt$$

und für $x<1$

$$x^{\alpha-\gamma}(1-x)^{\gamma-\alpha-\beta}\int_{\frac{x-1}{x}}^{-\infty}\frac{d^n\{t^{\beta-\gamma}(1-t)^{-\beta}\}}{dt^n}\left(t-\frac{x-1}{x}\right)^{n+\alpha-1}dt$$

resp. mit den Bedingungen, dafs $n+\beta$ und $n+\alpha$ positiv sein müssen. Für $n=0$ entstehen Integrale der IV[ten] und I[ten] Classe.

5) Im neunten Falle erhält man für $x>1$

$$x^{1-\gamma}\int_x^\infty \frac{d^n\{t^{\beta-1}(1-t)^{-\alpha}\}}{dt^n}(t-x)^{\gamma+n-\beta-1}dt$$

und

$$x^{1-\gamma}\int_x^\infty \frac{d^n\{t^{\alpha-1}(1-t)^{-\beta}\}}{dt^n}(t-x)^{\gamma+n-\alpha-1}dt,$$

endlich für $x<1$

$$x^{1-\gamma}(1-x)^{\gamma-\beta-1}\int_{\frac{1}{1-x}}^\infty \frac{d^n\{t^{-\beta}(1-t)^{\gamma-\alpha-1}\}}{dt^n}\left(t-\frac{1}{1-x}\right)^{n+\alpha-1}dt.$$

Die Bedingungen sind resp., dafs $\gamma+n-\beta$, $\gamma+n-\alpha$ und $n+\alpha$ positiv sein müssen; für $n=0$ entstehen Integrale der III[ten], IV[ten] und II[ten] Classe.

ÜBER REIHENENTWICKELUNGEN, WELCHE NACH DEN POTENZEN EINES GEGEBENEN POLYNOMS FORTSCHREITEN UND ZU COEFFICIENTEN POLYNOME EINES NIEDEREREN GRADES HABEN.

(Aus den hinterlassenen Papieren C. G. J. Jacobi's mitgetheilt durch C. W. Borchardt.)

Borchardt Journal für die reine und angewandte Mathematik, Bd. 53 p. 103—126.

§. 1.

Lösung der Aufgabe nach der Methode der Entwickelungs-Coefficienten.

Wenn man eine Function von x nach den Potenzen eines endlichen Polynoms

$$P = p + p_1 x + p_2 x^2 + \cdots + p_n x^n$$

entwickelt, so kann diese Entwickelung

$$(1) \qquad \alpha + \alpha_1 P + \alpha_2 P^2 + \alpha_3 P^3 + \cdots = f(x),$$

wenn $\alpha, \alpha_1, \alpha_2, \ldots$ constante, nicht vieldeutige, Coefficienten bedeuten, für jeden gegebenen Werth von P nur für *einen* der n Werthe von x gültig sein, welche dem gegebenen Werthe von P entsprechen. Convergirt nämlich die Reihe für einen gegebenen Werth $P = b$, so hat sie einen vollkommen bestimmten Werth; die Function $f(x)$ aber erhält, wenn man für x die verschiedenen Wurzeln der Gleichung $P = b$ setzt, n verschiedene Werthe, und es kann nur einer derselben mit dem Werthe der Reihe

$$\alpha + \alpha_1 b + \alpha_2 b^2 + \cdots$$

übereinstimmen.

Wenn aber die Coefficienten keine Constanten, sondern Polynome des $(n-1)^{\text{ten}}$ Grades von x bedeuten, so kann die Gleichung (1) für alle n Werthe von x gelten, welche demselben Werthe von P entsprechen. Bezeichnet man in diesem Falle mit

$$X, \quad X_1, \quad X_2, \quad \ldots, \quad X_{n-1}$$

Polynome vom $(n-1)^{\text{ten}}$ Grade, so kann man der Reihe (1) immer die Form

$$XS + X_1 S_1 + \cdots + X_{n-1} S_{n-1} = f(x)$$

geben, in welcher S, S_1, ..., S_{n-1} nach den Potenzen von P fortschreitende Reihen mit *constanten* Coefficienten bedeuten, und es wird die Gleichung (1) für alle Werthe von x gelten, für welche die Gröfse P solche Werthe erhält, dafs die n Reihen S, S_1, ... convergiren.

Wenn die Function $f(x)$ ebenfalls ein endliches Polynom ist, so wird die Reihe (1) immer abbrechen.

Man findet dann den Coefficienten a als Rest der Division von $f(x)$ durch P; nennt man den Quotienten dieser Division $f_1(x)$, so findet man a_1 als Rest der Division von $f_1(x)$ durch P, u. s. f.

Diese Methode, die Coefficienten a, a_1 etc. zu bestimmen, ist aber nicht mehr anwendbar, wenn $f(x)$ nach den Potenzen von x *in's Unendliche* fortschreitet.

Für diesen Fall kann man den Coefficienten des allgemeinen Gliedes a_i, wenn man die Möglichkeit der Entwickelung (1) voraussetzt, durch folgende Betrachtungen finden.

Man dividire nämlich die Gleichung (1), in welcher $f(x)$ eine nach den ganzen positiven Potenzen von x entwickelte Reihe bedeute, durch P^{i+1} und entwickele jeden Term des hierdurch erhaltenen Ausdrucks

$$(2) \qquad \frac{a}{P^{i+1}} + \frac{a_1}{P^i} + \cdots + \frac{a_i}{P} + a_{i+1} + a_{i+2} P + \cdots = \frac{f(x)}{P^{i+1}}$$

nach den *absteigenden* Potenzen von x, so erhält man aus der Entwickelung der Terme

$$a_{i+1} + a_{i+2} P + \cdots$$

gar keine negativen Potenzen von x; die aus der Entwickelung von $\frac{a_i}{P}$ entstehenden negativen Potenzen von x beginnen mit $\frac{1}{x}$, weil die Polynome a, a_1 etc. um einen Grad niedriger als P sein sollen; die aus der Entwickelung von $\frac{a_{i-1}}{P^i}$ hervorgehenden negativen Potenzen von x beginnen mit $\frac{1}{x^{n+1}}$, u. s. f.

In dem Producte

$$f(x)\frac{1}{P^{i+1}},$$

in welchem der eine Factor $f(x)$ nach den aufsteigenden, der andere $\frac{1}{P^{i+1}}$ nach den absteigenden Potenzen von x entwickelt ist, kann daher das Aggregat derjenigen Terme, welche in

$$\frac{1}{x}, \quad \frac{1}{x^2}, \ldots, \quad \frac{1}{x^n}$$

multiplicirt sind, nur aus der Entwickelung eines einzigen Terms des dem Bruche $\frac{f(x)}{P^{i+1}}$ gleichen Ausdrucks (2), nämlich des Terms $\frac{a_i}{P}$, hervorgehen, weil, wie man gesehen hat, jeder Term $\frac{a_{i+k}}{P^{1-k}}$ nur positive Potenzen von x und jeder Term $\frac{a_{i-k}}{P^{1+k}}$ nur höhere Potenzen von $\frac{1}{x}$ als $\frac{1}{x^n}$ giebt.

Wenn man demnach dieses Aggregat mit

$$\frac{A_1}{x}+\frac{A_2}{x^2}+\cdots+\frac{A_n}{x^n}$$

bezeichnet, so hat man

$$\text{(3)} \qquad \frac{a_i}{P}=\frac{A_1}{x}+\frac{A_2}{x^2}+\cdots+\frac{A_n}{x^n}+\cdots,$$

wo die auf $\frac{A_n}{x^n}$ folgenden Glieder nur höhere Potenzen von $\frac{1}{x}$ als die n^{te} enthalten. *Multiplicirt man daher den Theil der Entwickelung von* $\frac{f(x)}{P^{i+1}}$, *welcher nur die negativen Potenzen von x enthält, mit P und behält in dem Producte nur die positiven Potenzen von x bei, so erhält man den gesuchten Coefficienten* a_i. Denn dieser Theil der Entwickelung von $\frac{f(x)}{P^{i+1}}$ weicht, dem Vorstehenden zufolge, von der Entwickelung von $\frac{a_i}{P}$ nur in den Potenzen von $\frac{1}{x}$ ab, welche höher als die n^{te} sind, und diese geben, mit P multiplicirt, keine positive Potenz von x.

Wenn $F(x)$ eine Reihe ist, welche gleichzeitig positive und negative Potenzen von x enthält, so kann man den blos die negativen Potenzen von x enthaltenden Theil dieser Reihe besonders darstellen. Derselbe wird nämlich, wie ich in den *Disquisitiones analyticae de fractionibus simplicibus* (cfr. Bd. III p. 1 dieser Ausgabe) gezeigt habe, der Coefficient von $\frac{1}{h}$ in der Entwickelung des Bruches

$$\frac{F(h)}{x-h},$$

wenn man diese Entwickelung nach den aufsteigenden Potenzen von h, den absteigenden von x anstellt.

Hiernach wird für unseren Fall der Theil der Entwickelung von $\frac{f(x)}{P^{i+1}}$, welcher nur die negativen Potenzen von x enthält, der Coefficient von $\frac{1}{h}$ in der Entwickelung des Bruches

$$\frac{f(h)}{[P(h)]^{i+1}(x-h)}.$$

Um α_i zu erhalten, hat man diesen Ausdruck, zufolge des im Vorstehenden Bewiesenen, mit P zu multipliciren, und im Producte

$$\frac{P}{x-h} = P\left(\frac{1}{x}+\frac{h}{x^2}+\frac{h^2}{x^3}+\frac{h^3}{x^4}+\cdots\right)$$

nur die positiven Potenzen von x, die Constante mit eingeschlossen, beizubehalten. Wenn man

$$\begin{aligned} P_1 &= p_1+p_2x+p_3x^2+\cdots+p_nx^{n-1},\\ P_2 &= p_2+p_3x+p_4x^2+\cdots+p_nx^{n-2},\\ &\cdot\quad\cdot\quad\cdot\quad\cdot\quad\cdot\quad\cdot\quad\cdot\quad\cdot\\ P_n &= p_n \end{aligned}$$

setzt, so folgt hieraus, dafs α_i der Coefficient von $\frac{1}{h}$ in der Entwickelung von

$$\{P_1+P_2h+P_3h^2+\cdots+P_nh^{n-1}\}\frac{f(h)}{[P(h)]^{i+1}}$$

ist. Giebt man demnach dem Polynome $(n-1)^{\text{ten}}$ Grades, welchem der gesuchte Coefficient α_i gleich ist, die Form

$$\begin{aligned} &\beta_1^{(i)}\{p_1+p_2x+p_3x^2+\cdots+p_nx^{n-1}\}+\beta_2^{(i)}\{p_2+p_3x+p_4x^2+\cdots+p_nx^{n-2}\}\\ &\quad+\beta_3^{(i)}\{p_3+p_4x+\cdots+p_nx^{n-3}\}+\cdots+\beta_n^{(i)}p_n = \alpha_i, \end{aligned}$$

wo $\beta_1^{(i)}, \beta_2^{(i)}, \ldots, \beta_n^{(i)}$ Constanten sind, so wird $\beta_k^{(i)}$ der Coefficient von $\frac{1}{h^k}$ in der Entwickelung von

$$\frac{f(h)}{[P(h)]^{i+1}},$$

oder, wenn man x für h schreibt, gleich *dem Coefficienten von* $\frac{1}{x^k}$ *in der Entwickelung des Bruchs*

$$\frac{f(x)}{P^{i+1}}.$$

Wenn $f(x)$ eine unendliche Reihe ist, so wird $f(x)\frac{1}{P^{i+1}}$ ein Product, dessen einer Factor nach den positiven, der andere nach den negativen Potenzen von x in's Unendliche fortschreitet, und daher jeder Coefficient dieses Productes ebenfalls eine unendliche Reihe. Man kann aber, wenn man die Factorenzerfällung von P kennt, die Coefficienten der negativen Potenzen in diesem Producte, oder die Gröfsen $\beta_k^{(i)}$, auf folgende Art durch einen endlichen Ausdruck darstellen. Zufolge der von mir in den angeführten Untersuchungen über Partialbrüche gegebenen Sätze wird nämlich der Theil der Entwickelung von $\frac{f(x)}{P^{i+1}}$, welcher blofs die negativen Potenzen von x enthält, der Coefficient von $\frac{1}{h}$ in der Entwickelung der Summe

$$\Sigma \frac{f(x_1+h)}{[P(x_1+h)]^{i+1}(x-x_1-h)},$$

wenn man diese Summe über alle Wurzeln x_1 der Gleichung $P=0$ ausdehnt, und die Entwickelung nach den aufsteigenden Potenzen von h, den absteigenden von x anstellt*). Es wird daher der Coefficient von $\frac{1}{x^k}$ in der Entwickelung von $\frac{f(x)}{P^{i+1}}$, oder die Gröfse $\beta_k^{(i)}$, gleich dem Coefficienten von $\frac{1}{h}$ in der Entwickelung von

$$\Sigma \frac{(x_1+h)^{k-1}f(x_1+h)}{[P(x_1+h)]^{i+1}}.$$

*) Aehnliche Sätze hat Hr. Cauchy fast um dieselbe Zeit in seinen *Exercices d'Analyse* aufgestellt und ihnen eine sehr grofse Entwickelung gegeben, so dafs er es für nöthig gehalten hat, dafür neue Benennungen und Zeichen einzuführen, und daraus einen eigenen Calcul zu machen, den er *Calcul des Résidus* nennt.

Setzt man

$$P = p_n(x-x_1)(x-x_2)\dots(x-x_n),$$

so wird $\beta_k^{(i)}$ gleich dem Coefficienten von h^i in der Entwickelung von

$$\frac{1}{p_n^{i+1}}\sum\frac{(x_1+h)^{k-1}f(x_1+h)}{[(x_1+h-x_2)(x_1+h-x_3)\dots(x_1+h-x_n)]^{i+1}},$$

oder

$$\beta_k^{(i)} = \frac{1}{p_n^{i+1}}\sum\frac{1}{1.2\dots i}\,\frac{\partial^i \dfrac{x_1^{k-1}f(x_1)}{[(x_1-x_2)(x_1-x_3)\dots(x_1-x_n)]^{i+1}}}{\partial x_1^i},$$

wo man während der Differentiationen nach einer der Gröſsen $x_1, x_2, \dots, x_n$ immer die anderen sämmtlich als constant anzusehen hát.

§. 2.

Lösung der Aufgabe mittelst der Lagrangeschen Reihe.

Man kann zu diesen Resultaten auch durch folgende Betrachtungen mit Hülfe der Lagrangeschen Reihe gelangen.

Wenn man das Polynom

$$P = y$$

setzt, so erhält die vorgelegte Entwickelung von $f(x)$ die Form einer ganzen Function von x vom $(n-1)^{\text{ten}}$ Grade, deren Coefficienten nach den ganzen positiven Potenzen von y aufsteigende Reihen sind. Das Eigenthümliche dieser Entwickelung besteht darin, daſs sie gültig bleiben soll, wenn man für denselben Werth von y für die Gröſse x jede Wurzel der Gleichung $P = y$ setzt. Bezeichnet man daher die n Wurzeln der Gleichung $P = y$ mit

$$X_1, \quad X_2, \quad \dots, \quad X_n,$$

so erfordert die hier vorgelegte Aufgabe, zuerst eine ganze Function von x vom $(n-1)^{\text{ten}}$ Grade zu bestimmen, welche, wenn man für x nach einander die Werthe $X_1, X_2, \dots, X_n$ setzt, respective die Werthe

$$f(X_1), \quad f(X_2), \quad \dots, \quad f(X_n)$$

annimmt; die Coefficienten dieser Function, welche auf bekannte Art durch die Gröfsen

$$X_1,\ X_2,\ \ldots,\ X_n,\ f(X_1),\ f(X_2),\ \ldots,\ f(X_n)$$

ausgedrückt werden, sind dann mittelst der Gleichung $P = y$ nach den ganzen positiven Potenzen von y zu entwickeln, was, wie ich zeigen will, mit Hülfe des Lagrangeschen Lehrsatzes geschehen kann.

Aus der Gleichung

$$P-y = p+p_1x+p_2x^2+\cdots+p_nx^n-y = p_n(x-X_1)(x-X_2)\ldots(x-X_n)$$

folgt

$$\begin{aligned}\frac{P-y}{x-X_1} &= p_n(x-X_2)(x-X_3)\ldots(x-X_n)\\ &= p_1+p_2x+\cdots+p_nx^{n-1}+X_1(p_2+p_3x+\cdots+p_nx^{n-2})\\ &\quad +X_1^2(p_3+p_4x+\cdots+p_nx^{n-3})+\cdots+p_nX_1^{n-1}.\end{aligned}$$

Setzt man $P'(x) = \frac{dP}{dx}$, so wird

$$P'(X_1) = p_n(X_1-X_2)(X_1-X_3)\ldots(X_1-X_n).$$

Mittelst dieser und der ähnlich gebildeten Gleichungen kann die bekannte Lagrangesche Formel, durch welche eine ganze Function vom $(n-1)^{\text{ten}}$ Grade ausgedrückt wird, welche für $x = X_1, X_2, \ldots, X_n$ respective die Werthe $f(X_1), f(X_2), \ldots, f(X_n)$ annimmt,

$$\begin{aligned}& f(X_1)\frac{(x-X_2)(x-X_3)\ldots(x-X_n)}{(X_1-X_2)(X_1-X_3)\ldots(X_1-X_n)}\\ &+f(X_2)\frac{(x-X_1)(x-X_3)\ldots(x-X_n)}{(X_2-X_1)(X_2-X_3)\ldots(X_2-X_n)}\\ &+\ \ldots\ldots\ldots\ldots\\ &+f(X_n)\frac{(x-X_1)(x-X_2)\ldots(x-X_{n-1})}{(X_n-X_1)(X_n-X_2)\ldots(X_n-X_{n-1})}\end{aligned}$$

folgendermafsen dargestellt werden:

$$(p_1+p_2x+\cdots+p_nx^{n-1})\left\{\frac{f(X_1)}{P'(X_1)}+\frac{f(X_2)}{P'(X_2)}+\cdots+\frac{f(X_n)}{P'(X_n)}\right\}$$

$$+(p_2+p_3x+\cdots+p_nx^{n-2})\left\{\frac{X_1f(X_1)}{P'(X_1)}+\frac{X_2f(X_2)}{P'(X_2)}+\cdots+\frac{X_nf(X_n)}{P'(X_n)}\right\}$$

$$+(p_3+p_4x+\cdots+p_nx^{n-3})\left\{\frac{X_1^2f(X_1)}{P'(X_1)}+\frac{X_2^2f(X_2)}{P'(X_2)}+\cdots+\frac{X_n^2f(X_n)}{P'(X_n)}\right\}$$

$$+\quad\cdot\quad\cdot\quad\cdot\quad\cdot\quad\cdot\quad\cdot\quad\cdot\quad\cdot\quad\cdot\quad\cdot\quad\cdot\quad\cdot$$

$$+p_n\left\{\frac{X_1^{n-1}f(X_1)}{P'(X_1)}+\frac{X_2^{n-1}f(X_2)}{P'(X_2)}+\cdots+\frac{X_n^{n-1}f(X_n)}{P'(X_n)}\right\}.$$

Die n Summen rechter Hand hat man nach den ganzen positiven Potenzen von y zu entwickeln. Der Coefficient von y^i in der Entwickelung der Summe

$$\frac{X_1^{k-1}f(X_1)}{P'(X_1)}+\frac{X_2^{k-1}f(X_2)}{P'(X_2)}+\cdots+\frac{X_n^{k-1}f(X_n)}{P'(X_n)}$$

ist die im §. 1 mit $\beta_k^{(i)}$ bezeichnete Gröfse.

Setzt man

$$\int x^{k-1}f(x)dx=\psi_k(x)$$

und bezeichnet man mit Y_k die Summe

$$\psi_k(X_1)+\psi_k(X_2)+\cdots+\psi_k(X_n)=Y_k,$$

so erhält der obige Ausdruck, durch welchen $f(x)$ dargestellt worden ist, die einfachere Form

$$(p_1+p_2x+\cdots+p_nx^{n-1})\frac{dY_1}{dy}+(p_2+p_3x+\cdots+p_nx^{n-2})\frac{dY_2}{dy}+\cdots+p_n\frac{dY_n}{dy}=f(x).$$

Es wird daher $\beta_k^{(i)}$ der Coefficient von y^i in der Entwickelung von $\frac{dY_k}{dy}$, oder *man erhält* $\beta_k^{(i)}$, *wenn man den Coefficienten von* y^{i+1} *in der Entwickelung von* Y_k *mit* $i+1$ *multiplicirt.*

Um jeden der einzelnen Terme

$$\psi_k(X_1),\quad\psi_k(X_2),\quad\ldots,\quad\psi_k(X_n),$$

deren Aggregat mit Y_k bezeichnet worden ist, nach den ganzen positiven Potenzen von y entwickeln zu können, mufs man, wenn man hierzu den Lagrangeschen Lehrsatz benutzen will, die Gleichung $P = y$ auf verschiedene Arten auf die von Lagrange zu Grunde gelegte Form

$$\alpha - x + y\varphi(x) = 0$$

bringen. Die Lagrangesche Entwickelung bezieht sich nämlich auf diejenige Wurzel dieser Gleichung, welche für $y = 0$ den Werth α erhält oder einen solchen Werth, für welchen nicht zugleich die Function $\varphi(x)$ unendlich wird. Setzt man

$$P = p_n(x-x_1)(x-x_2)\ldots(x-x_n),$$

so reduciren sich die Wurzeln der Gleichung $P = y$ für $y = 0$ auf $x_1, x_2, \ldots, x_n$, und ich will $\mathbf{X}_m$ diejenige nennen, welche für $y = 0$ den Werth x_m erhält. Um eine auf diese Wurzel $\mathbf{X}_m$ bezügliche Entwickelung mittelst des Lagrangeschen Lehrsatzes zu erhalten, mufs man der obigen Bemerkung zufolge die Gleichung $P = y$ folgendermafsen darstellen:

$$x_m - x + \frac{y}{p_n(x-x_1)\ldots(x-x_{m-1})(x-x_{m+1})\ldots(x-x_n)} = 0,$$

so dafs für die verschiedenen Wurzeln $\mathbf{X}_1, \mathbf{X}_2, \ldots, \mathbf{X}_n$ die Gröfse α in der Lagrangeschen Gleichung respective die Werthe $x_1, x_2, \ldots, x_n$ erhält, und für $\varphi(x)$ die Functionen

$$\frac{x-x_1}{P}, \quad \frac{x-x_2}{P}, \quad \ldots, \quad \frac{x-x_n}{P}$$

zu setzen sind.

Die Lagrangesche Reihe giebt, wenn $\psi(x)$ eine beliebige Function von x und $\psi'(x) = \dfrac{d\psi(x)}{dx}$ ist,

$$\psi(x) = \psi(\alpha) + y\varphi(\alpha)\psi'(\alpha) + \frac{y^2}{2}\frac{d[\varphi(\alpha)^2\psi'(\alpha)]}{d\alpha} + \frac{y^3}{2.3}\frac{d^2[\varphi(\alpha)^3\psi'(\alpha)]}{d\alpha^2} + \cdots$$

Setzt man hierin

$$\psi(x) = \psi_k(x) = \int x^{k-1}f(x)\,dx,$$

so erhält man

$$\psi_k(x) = \psi_k(\alpha) + y\alpha^{k-1}f(\alpha)\varphi(\alpha) + \frac{y^2}{2}\frac{d[\alpha^{k-1}f(\alpha)\varphi(\alpha)^2]}{d\alpha} + \frac{y^3}{2.3}\frac{d^2[\alpha^{k-1}f(\alpha)\varphi(\alpha)^3]}{d\alpha^2} + \cdots$$

Setzt man in der Reihe rechts vom Gleichheitszeichen

$$\alpha = x_1, \quad \varphi(x) = \frac{1}{p_n(x-x_2)(x-x_3)\ldots(x-x_n)},$$

so erhält man die Entwickelung von $\psi(X_1)$ und auf ähnliche Art die Entwickelung von $\psi(X_2)$, $\psi(X_3)$, ..., $\psi(X_n)$. Die Summe aller auf diese Art erhaltenen Reihen giebt die Entwickelung von Y_k. Multiplicirt man den Coefficienten von y^i in dieser letzteren mit $i+1$, so erhält man

$$\beta_k^{(i)} = \sum \frac{1}{1.2.3\ldots i} \frac{\partial^i \dfrac{x_1^{k-1} f(x_1)}{p_n^{i+1}[(x_1-x_2)(x_1-x_3)\ldots(x_1-x_n)]^{i+1}}}{\partial x_1^i},$$

wenn man während der Differentiation nach x_1 die Gröfsen $x_2, x_3, \ldots, x_n$ als constant betrachtet und die Summation noch auf die $n-1$ anderen Ausdrücke erstreckt, die aus dem unter dem Summenzeichen befindlichen durch Vertauschung von x_1 mit $x_2, x_3, \ldots, x_n$ erhalten werden, welches das im ersten Paragraph gefundene Resultat ist.

Hat P den Factor $(x-x_1)^\mu$ und ist durch keine höhere Potenz von $x-x_1$ theilbar, so erhalten für $y=0$ gleichzeitig μ Wurzeln der Gleichung $P=y$ den Werth x_1. Bezeichnet man diese Wurzeln mit

$$X_1, \quad X_2, \quad \ldots, \quad X_\mu,$$

so mufs man, um durch den Lagrangeschen Lehrsatz die Summe

$$\psi(X_1)+\psi(X_2)+\cdots+\psi(X_\mu)$$

nach den ganzen positiven Potenzen von y zu entwickeln, aus der Gleichung $P=y$ durch Ausziehung der μ^{ten} Wurzel die Gleichung

$$x_1 - x + \frac{y^{\frac{1}{\mu}}}{p_n^{\frac{1}{\mu}}[(x-x_2)(x-x_3)\ldots(x-x_n)]^{\frac{1}{\mu}}} = 0$$

ableiten, welche für die verschiedenen Werthe der μ^{ten} Wurzel μ verschiedene Gleichungen von der Form

$$\alpha - x + y^{\frac{1}{\mu}}\varphi(x) = 0$$

giebt, die sich auf die verschiedenen Wurzeln $X_1, X_2, \ldots, X_\mu$ beziehen.

Der Lagrangesche Lehrsatz giebt die Entwickelung einer beliebigen Function von jeder dieser Wurzeln nach den ganzen positiven Potenzen von $y^{\frac{1}{\mu}}$, und man erhält aus einer dieser Entwickelungen sämmtliche μ, wenn man für $y^{\frac{1}{\mu}}$ seine μ Werthe setzt. Die Entwickelung der Summe

$$\psi(X_1) + \psi(X_2) + \cdots + \psi(X_\mu)$$

erhält man daher vermöge der bekannten Eigenschaften der Wurzeln der Einheit, wenn man in der Entwickelung einer der Functionen

$$\psi(X_1),\quad \psi(X_2),\quad \ldots,\quad \psi(X_\mu)$$

die gebrochenen Potenzen von y fortläfst und die ganzen Potenzen von y mit μ multiplicirt. Der Coefficient von y^{i+1} in der Entwickelung dieser Summe, mit $i+1$ multiplicirt, wird daher

$$\frac{1}{1.2\ldots(\mu i+\mu-1)} \frac{\partial^{\mu i+\mu-1} \dfrac{x_1^{k-1} f(x_1)}{p_n^{i+1}[(x_1-x_2)(x_1-x_3)\ldots(x_1-x_n)]^{i+1}}}{\partial x_1^{\mu i+\mu-1}},$$

was mit dem im §. 1 gegebenen Resultate übereinstimmt.

Wenn die Function $f(x)$ vieldeutig ist, so kann man willkürlich darüber bestimmen, welchen ihrer verschiedenen Werthe sie für jede der Wurzeln der Gleichung $P = 0$ annehmen soll, und für jede dieser Annahmen werden die Coefficienten α_i der polynomischen Entwickelung verschieden. Wenn ν die Zahl der Werthe ist, die $f(x)$ für einen gegebenen Werth von x annehmen kann, so erhält man so, den verschiedenen möglichen Annahmen entsprechend, ν^n verschiedene Entwickelungen.

§. 3.

Anwendung auf rationale gebrochene Functionen.

Wenn die Function, welche nach den Potenzen eines Polynoms P entwickelt werden soll, eine rationale Function ist, so werden die Gröfsen $\beta_k^{(i)}$ rationale symmetrische Functionen der Wurzeln der Gleichung $P = 0$ und können daher durch die Coefficienten des Polynoms P rational dargestellt werden, so dafs es in diesem Falle der Factorenzerfällung von P nicht bedarf. Man kann aber in diesem Falle die vorgelegte Entwickelung auch durch die folgende, ganz verschiedene, Methode erhalten.

Es sei die zu entwickelnde Function

$$\frac{U}{V} = f(x),$$

wo U und V ganze rationale Functionen von x sind. Jede dieser Functionen stelle man durch endliche, nach den Potenzen von P fortschreitende, Ausdrücke dar

$$U_0 + U_1 P + U_2 P^2 + \cdots = U,$$
$$V_0 + V_1 P + V_2 P^2 + \cdots = V,$$

in welchen die Coefficienten U_0, U_1, ..., V_0, V_1, ... Polynome von niedererem Grade als P sind. Es seien M und N zwei andere ganze rationale Functionen von x von der Beschaffenheit, dafs

$$MV - NP = 1.$$

Diese Functionen M und N können durch die Methode der unbestimmten Coefficienten oder durch die Verwandlung des Bruches $\frac{V}{P}$ in einen Kettenbruch gefunden werden.

Wenn die Factorenzerfällung von P gegeben ist, findet man M auch dadurch, dafs man $\frac{1}{PV}$ in Partialbrüche zerfällt und alle Partialbrüche, welche aus den Factoren von P hervorgehen, in *einen* Bruch vereinigt. Der Zähler dieses Bruches wird die Function M. Man hat daher, wenn man die Werthe von V für $x = x_1, x_2, \ldots, x_n$ mit

$$V_1, \quad V_2, \quad \ldots, \quad V_n$$

bezeichnet,

$$M = P\left\{\frac{1}{P'(x_1)V_1(x-x_1)} + \frac{1}{P'(x_2)V_2(x-x_2)} + \cdots + \frac{1}{P'(x_n)V_n(x-x_n)}\right\}.$$

Hat man auf irgend eine Weise die Function M vom $(n-1)^{\text{ten}}$ Grade bestimmt, so bringe man die Producte MU und MV auf die Form

$$u_0 + u_1 P + u_2 P^2 + \cdots = MU,$$
$$1 + v_1 P + v_2 P^2 + \cdots = MV,$$

in welcher die sämmtlichen Coefficienten $u_0, u_1, u_2, \ldots, v_1, v_2, \ldots$ Polynome von niedererem Grade als P sind. Der zu entwickelnde Bruch wird dann

$$\frac{u_0 + u_1 P + u_2 P^2 + \cdots}{1 + v_1 P + v_2 P^2 + \cdots} = \frac{U}{V}.$$

Entwickelt man den Ausdruck links nach den Potenzen von P, so werden die Coefficienten ganze rationale Functionen von $u_0, u_1, \ldots, v_1, v_2, \ldots,$ welche man wieder als Aggregate von Potenzen von P, die in Polynome niedereren Grades multiplicirt sind, darstellen kann, wodurch man die verlangte Entwickelung erhält.

Man kann aber auch bei der Bildung der Coefficienten dieser Entwickelung ein recurrirendes Verfahren befolgen. Ist die gesuchte Entwickelung

$$f_0 + f_1 P + f_2 P^2 + f_3 P^3 + \cdots = \frac{u_0 + u_1 P + u_2 P^2 + \cdots}{1 + v_1 P + v_2 P^2 + \cdots} = \frac{U}{V},$$

wo $f_0, f_1, \ldots$ Polynome $(n-1)^{\text{ten}}$ Grades sind, und kennt man bereits die Coefficienten $f_0, f_1, \ldots, f_i$, so findet man aus ihnen den unmittelbar folgenden f_{i+1}. Ist nämlich $a_{m,k}$ der Rest und $b_{m,k}$ der Quotient der Division von $f_m v_k$ durch P, so daſs

$$f_m v_k = a_{m,k} + b_{m,k} P,$$

so sind die Functionen

$$a_{0,k},\ a_{1,k},\ \ldots,\ a_{i,k};\ b_{0,k},\ b_{1,k},\ \ldots,\ b_{i,k}$$

gegeben, wenn die Coefficienten $f_0, f_1, \ldots, f_i$ bereits bekannt sind, und man findet aus ihnen den nächst folgenden Coefficienten

$$\begin{aligned} f_{i+1} = u_{i+1} &- \{a_{i,1} + a_{i-1,2} + a_{i-2,3} + \cdots + a_{0,i+1}\} \\ &- \{b_{i-1,1} + b_{i-2,2} + b_{i-3,3} + \cdots + b_{0,i}\}. \end{aligned}$$

Mittelst dieser Formel kann man aus dem ersten Coefficienten $f_0 = u_0$ die übrigen finden.

Wenn P und V einen gemeinschaftlichen Factor haben, kann die Gleichung

$$MV - NP = 1$$

nicht erfüllt werden, und es kann in der That dann auch die verlangte Entwickelung nicht statthaben.

Die Aufgabe, einen rationalen Bruch in eine nach den Potenzen eines Polynoms fortschreitende Reihe zu entwickeln, deren Coefficienten Polynome niedereren Grades sind, findet eine Anwendung, wenn man einen Bruch

$$\frac{L}{P^i Q^k R^l \dots},$$

in welchem L, P, Q, R, ... ganze rationale Functionen sind, in eine ganze Function und in andere Brüche zerlegen will, welche die Potenzen von P, Q, R, ... bis zur i^{ten}, k^{ten}, l^{ten}, ... zu Nennern und Zähler von respective niedererer Ordnung als P, Q, R, ... haben. Man erhält nämlich die aus dem Factor P^i hervorgehenden Brüche, wenn man die rationale Function

$$\frac{L}{Q^k R^l \dots}$$

in der im Vorhergehenden aus einander gesetzten Weise in eine nach den Potenzen von P aufsteigende Reihe entwickelt, deren Coefficienten von niedererem Grade als P sind, diese Entwickelung aber nur bis zur $(i-1)^{\text{ten}}$ Potenz von P fortsetzt und durch P dividirt. Verfährt man ebenso in Bezug auf Q, R, ..., so ist das auf diese Weise erhaltene Aggregat von Brüchen dem vorgelegten Bruche gleich, oder, wenn der Zähler des vorgelegten Bruches von höherem Grade als der Nenner ist, von demselben nur um eine ganze Function verschieden, welche der Quotient der Division des Zählers L durch den Nenner $P^i Q^k R^l$ ... ist. Ist L' der Rest dieser Division, so werden die Brüche, in welche der vorgelegte Bruch zerlegt wird, dieselben, wenn man statt des Zählers L den einfacheren L' setzt.

Man kann hiervon bei der Integration der rationalen Functionen Gebrauch machen, wenn der Nenner imaginäre lineare Factoren hat, und man, um die imaginären Gröfsen zu vermeiden, die reellen trinomischen Factoren und ihre Potenzen zu Nennern der Partialbrüche nimmt.

§. 4.

Anwendung auf gebrochene Potenzen rationaler Functionen.

Ich will jetzt die im Vorhergehenden gegebene Methode auf die Entwickelung einer *gebrochenen* Potenz einer rationalen Function anwenden. Wie man zufolge einer oben gemachten Bemerkung voraussehen kann, wird dies nicht möglich sein, ohne die Wurzeln der Gleichung $P=0$ zu kennen, indem die Entwickelung nur dann bestimmt ist, wenn man festgesetzt hat, welchen ihrer Werthe die zu entwickelnde irrationale Gröfse für jede der verschiedenen Wurzeln der Gleichung $P=0$ annehmen soll.

Um der Aufgabe sogleich eine gröfsere Allgemeinheit zu geben, werde ich annehmen, die zu entwickelnde irrationale Function habe die Form

$$\sqrt[\nu]{\frac{U^{m\nu-\alpha}\, U_1^{m_1\nu-\alpha_1}\, U_2^{m_2\nu-\alpha_2}\ldots}{V^{\beta}\, V_1^{\beta_1}\, V_2^{\beta_2}}} = f(x),$$

wo

$$U,\ U_1,\ U_2,\ldots;\ V,\ V_1,\ V_2,\ldots$$

ganze rationale Functionen und

$$\nu,\ m,\ m_1,\ m_2,\ldots;\ \alpha,\ \alpha_1,\ \alpha_2,\ldots;\ \beta,\ \beta_1,\ \beta_2,\ldots$$

ganze positive Zahlen und aufserdem $\alpha,\ \alpha_1,\ \alpha_2,\ldots$ kleiner als ν sein sollen. *Man suche eine ganze rationale Function M vom $(n-1)^{\text{ten}}$ Grade, welche einer Gleichung von der Form*

$$M^{\nu}\, U^{\alpha}\, U_1^{\alpha_1}\, U_2^{\alpha_2}\ldots V^{\beta}\, V_1^{\beta_1}\, V_2^{\beta_2}\ldots = 1-NP$$

genügt, wo N ebenfalls eine ganze rationale Function sein soll und P das gegebene Polynom ist, nach dessen Potenzen die Entwickelung angestellt werden soll. Vermittelst der vorstehenden Gleichung sind die Werthe der Function M für die n Wurzeln der Gleichung $P=0$ gegeben, und da diese Function den $(n-1)^{\text{ten}}$ Grad nicht übersteigen soll, ist sie durch diese Werthe bestimmt, oder hat nur diejenige Unbestimmtheit, die aus der Wahl der Werthe hervorgeht, welche die gegebene irrationale Function für die verschiedenen Wurzeln der Gleichung $P=0$ annehmen kann. Umgekehrt genügt jede der so bestimmten Functionen M, deren Anzahl ν^n ist, einer Gleichung der angegebenen Art. Denn wenn die Function M auf die angegebene Art bestimmt ist, so verschwindet die ganze rationale Function

$$1-M^{\nu}\, U^{\alpha}\, U_1^{\alpha_1}\, U_2^{\alpha_2}\ldots V^{\beta}\, V_1^{\beta_1}\, V_2^{\beta_2}\ldots$$

für jede der Wurzeln der Gleichung $P = 0$ und ist daher durch P theilbar, oder sie erhält die Form NP, wo N eine ganze rationale Function ist, wie verlangt wird. Bei dieser Bestimmung von M wird nur vorausgesetzt, dafs die ganzen Functionen $U, U_1, \ldots, V, V_1, \ldots$ mit P keinen gemeinschaftlichen Factor haben, welches die Bedingung ist, unter welcher allein die verlangte Entwickelung statthaben kann.

Hat man die Function M gefunden, so kann man die gegebene irrationale Function auf die Form

$$\frac{M U^m U_1^{m_1} U_2^{m_2} \ldots}{\sqrt[n]{1-NP}} = f(x)$$

bringen, in welcher sie sich nun ohne weitere Schwierigkeit auf die verlangte Art entwickeln läfst. Stellt man nämlich den Zähler des vorstehenden Bruches und die Function N wieder als Aggregate von Potenzen von P dar, welche in Polynome $(n-1)^{\text{ten}}$ Grades multiplicirt sind, so erhält $f(x)$ die Form

$$f(x) = \frac{u_0 + u_1 P + u_2 P^2 + \cdots}{\sqrt[n]{1 - v_1 P - v_2 P^2 - \cdots}},$$

wo $u_0, u_1, \ldots, v_1, v_2, \ldots$ ganze Functionen $(n-1)^{\text{ten}}$ Grades sind. Entwickelt man diesen Ausdruck nach den Potenzen von P, so werden die Coefficienten ganze rationale Functionen von $u_0, u_1, \ldots, v_1, v_2, \ldots$, welche man wieder als Aggregate von Potenzen von P, welche in Polynome $(n-1)^{\text{ten}}$ Grades multiplicirt sind, darzustellen hat, wodurch man schliefslich die verlangte Entwickelung erhält.

Wenn P einen Factor $(x-x_1)^\mu$ hat, so kann man mittelst der Gleichung, durch welche M bestimmt wird, für $x = x_1$ nicht blofs den Werth von M selbst, sondern auch die Werthe seiner ersten $\mu - 1$ Differentialquotienten bestimmen. Man kann daher immer die Partialbrüche angeben, in welche sich der Bruch $\frac{M}{P}$ zerfällen läfst, und erhält dann durch Multiplication mit P die Function M selbst.

§. 5.

Anwendung auf irrationale Functionen im Allgemeinen.

Man kann durch die im Vorhergehenden angewandte Methode auch allgemein jede *algebraische* Function von x in eine nach den Potenzen eines Polynoms P fortschreitende Reihe entwickeln, deren Coefficienten Polynome niedereren Grades sind.

Es sei ζ durch eine algebraische Gleichung $\varphi(x, \zeta) = 0$ gegeben, deren Coefficienten ganze rationale Functionen von x sind. Man soll ζ in eine Reihe

$$\alpha + \alpha_1 P + \alpha_2 P^2 + \cdots = \zeta$$

entwickeln, in welcher $\alpha, \alpha_1, \ldots$ ganze Functionen von x vom $(n-1)^{\text{ten}}$ Grade sind, und welche so beschaffen ist, dafs sie immer gleichzeitig für alle n Werthe von x gültig ist, für welche P einen gegebenen Werth erhält. Wenn P verschwindet, was geschieht, wenn man der Gröfse x die Werthe

$$x_1, \quad x_2, \quad \ldots, \quad x_n$$

giebt, so wird ζ respective eine Wurzel der Gleichungen

$$\varphi(x_1, \zeta) = 0, \quad \varphi(x_2, \zeta) = 0, \quad \ldots, \quad \varphi(x_n, \zeta) = 0.$$

Es steht ganz in unserem Belieben zu bestimmen, welcher Wurzel ζ jedesmal gleich werden soll. Nennt man $\zeta_1, \zeta_2, \ldots, \zeta_n$ *beliebige* Wurzeln dieser verschiedenen Gleichungen, so dafs ζ_i eine beliebige Wurzel der Gleichung $\varphi(x_i, \zeta) = 0$ ist, so kann die gesuchte Entwickelung von ζ so bestimmt werden, dafs sie die Werthe $\zeta_1, \zeta_2, \ldots, \zeta_n$ erhält, wenn x die Werthe $x_1, x_2, \ldots, x_n$ annimmt, wobei wieder, wenn die Gleichung $\varphi = 0$ in Bezug auf ζ vom ν^{ten} Grade ist, ν^n Combinationen stattfinden können, welche verschiedene Entwickelungen geben, die immer anderen Werthen der algebraischen Function entsprechen. Die hier zu findende Entwickelung wird für die der Gröfse x_1 benachbarten Werthe von x die der Gröfse ζ_1 benachbarten Werthe von ζ, für die der Gröfse x_2 benachbarten Werthe von x die der Gröfse ζ_2 benachbarten Werthe von ζ u. s. f. darstellen. Man kann dieselbe auf folgende Art erhalten.

Es sei α eine ganze rationale Function von x vom $(n-1)^{\text{ten}}$ Grade, welche, wenn x die Werthe $x_1, x_2, \ldots, x_n$ annimmt, die Werthe $\zeta_1, \zeta_2, \ldots, \zeta_n$ erhält. Substituirt man in $\varphi(x, \zeta)$ für ζ die Function α, so wird die Function $\varphi(x, \alpha)$, die man erhält, immer durch P theilbar. Denn zufolge der gemachten Voraussetzungen verschwinden die Gröfsen

$$\varphi(x_1, \zeta_1), \quad \varphi(x_2, \zeta_2), \ldots, \quad \varphi(x_n, \zeta_n),$$

und da α, wenn x die Werthe $x_1, x_2, \ldots, x_n$ annimmt, gleichzeitig die Werthe $\zeta_1, \zeta_2, \ldots, \zeta_n$ erhält, so verschwindet auch $\varphi(x, \alpha)$ für alle diese Werthe von x und ist daher durch

$$(x-x_1)(x-x_2)\ldots(x-x_n) = P$$

theilbar. Man setze jetzt

$$\zeta = \alpha + z,$$

so verwandelt sich die Gleichung $\varphi(x, \zeta) = 0$ in eine andere von der Form

$$AP + A_1 z + A_2 z^2 + A_3 z^3 + \cdots = 0,$$

in welcher $A, A_1, A_2, \ldots$ endliche ganze Functionen von x sind. Wenn man die beiden ganzen Functionen K und B_1 sucht, welche der Gleichung

$$KA_1 - B_1 P = 1$$

genügen, so erhält diese Gleichung durch Multiplication mit K die Form

$$BP + (1 + B_1 P)z + B_2 z^2 + B_3 z^3 + \cdots = 0.$$

Durch Umkehrung erhält man hieraus

$$z = C_1 P + C_2 P^2 + C_3 P^3 + \cdots,$$

wo $C_1, C_2, \ldots$ ganze rationale Functionen von $B, B_1, B_2, \ldots$ und daher auch ganze rationale Functionen von x sind, worunter ich immer nur solche Functionen verstehe, in denen x auf einen endlichen Grad steigt. Man kann eine solche Reihe leicht in eine andere

$$\zeta - \alpha = z = D_1 P + D_2 P^2 + D_3 P^3 + \cdots$$

verwandeln, in welcher $D_1, D_2, \ldots$ von niedererem Grade als P sind. In sämmtlichen hier betrachteten ganzen Functionen und auch in den zuletzt erhaltenen D_1, D_2, ... sind die constanten Coefficienten rationale Ausdrücke der in den Functionen P, $\varphi(x, \zeta)$ und α enthaltenen Constanten. Die Bestimmung der Function B_1 setzt voraus, dafs A_1, oder der Werth von $\frac{\partial\varphi}{\partial\zeta}$ für $\zeta = \alpha$, mit P keinen gemeinschaftlichen Factor habe, welche Bedingung darauf hinauskommt, dafs, wenn man in der Gleichung $\varphi(x, \zeta) = 0$ für x die Wurzeln der Gleichung $P = 0$ setzt, für keinen dieser Werthe von x die Gleichungen $\varphi(x, \zeta) = 0$ zwei gleiche Wurzeln ζ erhalten. Hat P den Factor $(x - x_1)^{\mu}$, so mufs nicht blofs α für $x = x_1$ den Werth einer Wurzel ζ erhalten, sondern es müssen auch die ersten $\mu - 1$ Differentialquotienten von α den diesem Werthe entsprechenden Differentialquotienten $\frac{d\zeta}{dx}$, $\frac{d^2\zeta}{dx^2}$, ..., $\frac{d^{\mu-1}\zeta}{dx^{\mu-1}}$ gleich werden, wodurch α in allen Fällen bestimmt wird.

§. 6.

Anwendung auf logarithmische Functionen, exponentielle Functionen und Potenzen von beliebigem Exponenten.

Die hier gebrauchte Methode bleibt anwendbar, wenn die als endliche ganze Functionen von x eingeführten Ausdrücke solche unendliche Reihen sind, welche in der angegebenen Art nach ganzen positiven Potenzen von P fortschreiten und ganze rationale Functionen von x zu Coefficienten haben. So kann die hier für die Entwickelung einer algebraischen Function gegebene Methode auch angewandt werden, wenn die zwischen x und ζ gegebene Gleichung die Form

$$\varphi + \varphi_1 P + \varphi_2 P^2 + \cdots \text{ in inf.} = 0$$

hat, wo φ, φ_1, ... ganze rationale Functionen von x und ζ sind. Auch für diesen Fall werden die Constanten, welche in den gesuchten Entwickelungscoefficienten $(n-1)^{\text{ten}}$ Grades enthalten sind, durch die Constanten des ersten Entwickelungscoefficienten α rational ausgedrückt werden. Dagegen hört im Allgemeinen die Anwendbarkeit der im vorigen Paragraphen für die Entwickelung algebraischer Functionen gegebenen Methode auf, wenn es sich um die Entwickelung von *transcendenten* Functionen handelt. Man wird aber in vielen Fällen durch ein anderes recurrirendes Verfahren aus dem ersten Gliede der Entwickelung alle Polynome nach einander durch algebraische Operationen ableiten können, so daſs auch in diesen wieder die Constanten rationale Functionen der in dem ersten enhaltenen werden.

Um hiervon ein Beispiel zu geben, will ich die Aufgabe stellen, den *Logarithmus* eines gegebenen endlichen oder unendlichen Ausdrucks

$$a + a_1 P + a_2 P^2 + a_3 P^3 + \cdots,$$

in welchem a, a_1, ... Polynome niedereren Grades als P sind, in eine ähnliche Reihe zu entwickeln. Es sei diese Reihe

$$\alpha + \alpha_1 P + \alpha_2 P^2 + \alpha_3 P^3 + \cdots = \log(a + a_1 P + a_2 P^2 + a_3 P^3 + \cdots),$$

so erhält man durch Differentiation

$$\begin{aligned} &a' + a_1' P + a_2' P^2 + \cdots + P'(a_1 + 2a_2 P + 3a_3 P^2 + \cdots) \\ (1) \qquad &= \{a + a_1 P + a_2 P^2 + a_3 P^3 + \cdots\} \left\{ \begin{array}{l} \alpha' + \alpha_1' P + \alpha_2' P^2 + \alpha_3' P^3 + \cdots \\ + P'(\alpha_1 + 2\alpha_2 P + 3\alpha_3 P^2 + \cdots) \end{array} \right\}, \end{aligned}$$

wo durch den oberen Accent der nach x genommene Differentialquotient bezeichnet wird. Es sei

$$(2) \qquad a_i P' = b_i + c_i P; \quad \alpha_i P' = \beta_i + \gamma_i P,$$

wo b_i, β_i die Reste der Division von $a_i P'$, $\alpha_i P'$ durch P und c_i, γ_i die respectiven Quotienten bedeuten; es sei ferner

$$(3) \qquad a_i' + i c_i + (i+1) b_{i+1} = e_i; \quad \alpha_i' + i\gamma_i + (i+1)\beta_{i+1} = \varepsilon_i.$$

Da die Functionen a_i gegeben sind, so sind auch die Functionen e_i gegebene Polynome vom $(n-1)^{\text{ten}}$ Grade. Durch Substitution der Gleichungen (2) und (3) verwandelt sich die Gleichung (1) in die folgende:

$$\begin{aligned} &e + e_1 P + e_2 P^2 + e_3 P^3 + \cdots \\ (4) \qquad &= (a + a_1 P + a_2 P^2 + a_3 P^3 + \cdots)(\varepsilon + \varepsilon_1 P + \varepsilon_2 P^2 + \varepsilon_3 P^3 + \cdots). \end{aligned}$$

Setzt man

$$(5) \qquad a\varepsilon_i + a_1 \varepsilon_{i-1} + a_2 \varepsilon_{i-2} + \cdots + a_i \varepsilon = \zeta_i + \eta_i P,$$

wo ζ_i und η_i ganze Functionen vom $(n-1)^{\text{ten}}$ und $(n-2)^{\text{ten}}$ Grade sind, so giebt die Gleichung (4) zwischen diesen unbekannten Functionen die Relation

(6) $$e_i = \gamma_{i,i-1} + \zeta_i.$$

Ich will jetzt annehmen, daſs die Entwickelungscoefficienten $a, a_1, \ldots, a_i$ bereits bekannt sind. Man kennt dann auch vermöge (2), (3) die Functionen $\varepsilon, \varepsilon_1, \ldots, \varepsilon_{i-1}$ und vermöge (5) die Function $\gamma_{i,i-1}$. Es ist daher durch die vorstehende Gleichung (6) auch ζ_i gegeben; vermöge (2) ist auch γ_i gegeben. Setzt man daher

(7) $$a(a_i' + i\gamma_i) + a_1\varepsilon_{i-1} + a_2\varepsilon_{i-2} + \cdots + a_i\varepsilon - \zeta_i = \vartheta_i,$$

so ist auch ϑ_i gegeben. Die Gleichungen (3), (5) und (7) geben

(8) $$(i+1)a\beta_{i+1} + \vartheta_i = \gamma_{i,i}P,$$

oder, wenn man den Werth

$$\beta_{i+1} = a_{i+1}P' - \gamma_{i+1}P$$

substituirt,

(9) $$\{(i+1)a\gamma_{i+1} + \gamma_{i,i}\}P - (i+1)aP'a_{i+1} = \vartheta_i.$$

Setzt man in dieser Gleichung

(10) $$aP' = Q + fP, \quad (i+1)a\gamma_{i+1} + \gamma_{i,i} - (i+1)fa_{i+1} = k_{i+1},$$

wo Q den Rest der Division von aP' durch P, f den Quotienten dieser Division bedeutet, so verwandelt sie sich in die folgende:

(11) $$k_{i+1}P - (i+1)a_{i+1}Q = \vartheta_i.$$

In dieser Gleichung sind die ganzen Functionen P, Q, ϑ_i gegeben, die ganzen Functionen k_{i+1} und a_{i+1} unbekannt, von denen die letztere der auf die gegebenen zunächst folgende Entwickelungscoefficient ist. Um denselben aus der Gleichung (11) zu bestimmen, sucht man ein für allemal nach den bekannten Vorschriften die beiden Functionen K und L vom $(n-1)^{\text{ten}}$ Grade, für welche

$$KP - LQ = 1$$

ist. Nach gleichfalls bekannten Regeln wird dann $(i+1)a_{i+1}$ der Rest der Division von $L\vartheta_i$ durch P.

Auf diese Weise kann man aus a nach und nach alle folgenden Coefficienten $a_1, a_2, \ldots$ finden.

Als zweites Beispiel soll die Entwickelung einer Function dienen, deren Logarithmus gegeben ist. Sind $a, a_1, \ldots$ gegebene ganze Functionen $(n-1)^{\text{ten}}$ Grades, und setzt man

$$e^{a+a_1P+a_2P^2+\cdots} = \alpha+\alpha_1P+\alpha_2P^2+\cdots,$$

wo $\alpha, \alpha_1, \ldots$ wieder ganze Functionen $(n-1)^{\text{ten}}$ Grades sein sollen, so kann man aus α die übrigen Coefficienten $\alpha_1, \alpha_2, \ldots$ finden. Man kann nämlich allgemein, wenn $\alpha, \alpha_1, \ldots, \alpha_i$ gegeben sind, den nächst höheren Coefficienten α_{i+1} folgendermaſsen bestimmen.

Bedient man sich der Bezeichnungen (2) und (3), so hat man die Gleichung

$$(e+e_1P+e_2P^2+\cdots)(\alpha+\alpha_1P+\alpha_2P^2+\cdots) = \varepsilon+\varepsilon_1P+\varepsilon_2P^2+\cdots$$

Kennt man $\alpha, \alpha_1, \ldots, \alpha_i$ und also auch $\varepsilon, \varepsilon_1, \ldots, \varepsilon_{i-1}$, so giebt diese Gleichung ε_i und daher wegen (3) auch β_{i+1}, wodurch man mittelst (2) auch α_{i+1} erhalten kann. Kennt man nämlich die beiden Functionen M und N vom $(n-1)^{\text{ten}}$ und $(n-2)^{\text{ten}}$ Grade, für welche

$$MP'-NP = 1,$$

so wird α_{i+1} der Rest der Division von $M\beta_{i+1}$ durch P.

Dieselben Betrachtungen lassen sich auf die Entwickelung *einer beliebigen Potenz* anwenden, wobei ich der Kürze wegen wieder von den obigen Bezeichnungen Gebrauch machen will. Für *irgend einen* Exponenten k sei

$$(a+a_1P+a_2P^2+\cdots)^k = \alpha+\alpha_1P+\alpha_2P^2+\cdots,$$

so erhält man

$$k(e+e_1P+e_2P^2+\cdots)(\alpha+\alpha_1P+\alpha_2P^2+\cdots)$$
$$= (a+a_1P+a_2P^2+\cdots)(\varepsilon+\varepsilon_1P+\varepsilon_2P^2+\cdots).$$

Kennt man $\alpha, \alpha_1, \ldots, \alpha_i$, so giebt diese Gleichung den Werth von ζ_i, woraus man mittelst (7) den Werth von ϑ_i und dann wieder, wie im ersten Beispiel, mittelst der Function L den Werth von $(i+1)\alpha_{i+1}$ als Rest der Division von $L\vartheta_i$ durch P findet.

§. 7.

Anwendung auf den Fall einer durch eine Quadratur definirten Function.

Die im Vorstehenden angewandte Methode beruht auf der Benutzung der Differentialgleichung erster Ordnung, welcher die zu entwickelnde Function Genüge leistet. Dieselbe Methode kann in allen Fällen angewandt werden, in welchen man bei einer gewöhnlichen nach den Potenzen von x fortschreitenden Reihe durch eine Differentialgleichung, welcher sie genügt, lineare Relationen zwischen ihren Coefficienten erhält. Betrachtet man den einfachsten Fall, in welchem eine Reihe von der gegebenen Art zu integriren ist und das Integral wieder auf dieselbe Form gebracht werden soll, so kann man jeden Term derselben auf den unmittelbar vorhergehenden zurückführen, so dafs man, wenn der erste Term gegeben ist, nach und nach alle übrigen finden kann. Der erste Term des gesuchten Integrals mufs aber durch andere Betrachtungen gefunden werden.

Es sei nämlich

$$\int f(x)\,dx = \int (a + a_1 P + a_2 P^2 + \cdots)\,dx = A + A_1 P + A_2 P^2 + \cdots$$

Sind wieder $x_1, x_2, \ldots, x_n$ die Wurzeln der Gleichung $P = 0$ und ist x_0 die untere Grenze, von welcher an das Integral genommen werden soll, so ist A als eine Function des $(n-1)^{\text{ten}}$ Grades zu bestimmen, welche für $x = x_1, x_2, \ldots, x_n$ respective die Werthe

$$\int_{x_0}^{x_1} f(x)\,dx, \quad \int_{x_0}^{x_2} f(x)\,dx, \ldots, \quad \int_{x_0}^{x_n} f(x)\,dx$$

erhält. Es sei B_i der Rest der Division von $A_i P'$ durch P und C_i der Quotient dieser Division, so dafs

$$A_i P' = B_i + C_i P.$$

Man hat dann

$$a_i = i C_i + A'_i + (i+1) B_{i+1}.$$

Kennt man daher A_i und den Quotienten C_i der Division von $A_i P'$ durch P, so ist durch die vorstehende Formel auch B_{i+1} gegeben. Man hat dann auf die bekannte Art zwei ganze Functionen A_{i+1} und C_{i+1}, respective vom

$(n-1)^{\text{ten}}$ und $(n-2)^{\text{ten}}$ Grade, von der Beschaffenheit zu suchen, dafs

$$A_{i+1}P'-C_{i+1}P = B_{i+1}.$$

Man findet diese Functionen mittelst der beiden Hülfsfunctionen M und N vom $(n-1)^{\text{ten}}$ und $(n-2)^{\text{ten}}$ Grade, welche der Gleichung

$$MP'-NP = 1$$

genügen, als die Reste der Division von MB_{i+1} durch P und von NB_{i+1} durch P'. Es werden daher, wenn man A_i und C_i kennt, die Functionen A_{i+1} und C_{i+1} respective die Reste der Division von

$$\frac{1}{i+1}M(a_i-A'_i-iC_i) \quad \text{durch} \quad P$$

und von

$$\frac{1}{i+1}N(a_i-A'_i-iC_i) \quad \text{durch} \quad P'.$$

Auf diese Weise kann man aus A nach und nach alle folgenden Coefficienten A_1, A_2, ... finden.*)

*) Ich bemerke bei dieser Gelegenheit, dafs, wenn man das Product zweier den $(n-1)^{\text{ten}}$ Grad nicht übersteigenden Functionen F und G durch eine Function n^{ten} Grades

$$P = p+p_1x+p_2x^2+\cdots+p_nx^n$$

zu dividiren hat, es vortheilhaft sein kann, dem einen Factor die Form

$$f(p_1+p_2x+\cdots+p_nx^{n-1})+f_1(p_2+p_3x+\cdots+p_nx^{n-2})+\cdots+f_{n-2}(p_{n-1}+p_nx)+f_{n-1}p_n = F$$

zu geben, in welcher $f, f_1, \ldots, f_{n-1}$ Constanten bedeuten. Man kann dann nämlich den Rest und den Quotienten der Division unmittelbar hinschreiben. Um die Function F auf diese Form zu bringen, bedarf es nur der leichten Auflösung solcher linearer Gleichungen, von welchen jede folgende eine Unbekannte weniger enthält. Wenn für mehrere ähnliche Operationen, wie im Vorhergehenden, der eine Factor derselbe bleibt, wird der erreichte Vortheil noch wesentlich vermehrt. Es sei

$$P_m = p_m+p_{m+1}x+\cdots+p_nx^{n-m},$$
$$P^{(m)} = p+p_1x+\cdots+p_{m-1}x^{m-1},$$

so dafs

$$P = P^{(m)}+x^mP_m$$

und

$$F = fP_1+f_1P_2+\cdots+f_{n-1}P_n.$$

Ist der andere Factor

$$G = g+g_1x+g_2x^2+\cdots+g_{n-1}x^{n-1},$$

§. 8.

Modification für den Fall, wo die ganze Function P, nach deren Potenzen entwickelt wird, lineare Factoren in höherer als der ersten Potenz enthält.

Das hier gebrauchte Verfahren muſs für den Fall, daſs P und P' einen gemeinschaftlichen Factor haben, eine wesentliche Modification erleiden.

Es sei P durch die Factoren $x-x_1$, $x-x_2$, ... respective μ_1-, μ_2-, ... mal theilbar, so wird

$$F = (x-x_1)^{\mu_1-1}(x-x_2)^{\mu_2-1}\dots$$

der gemeinschaftliche Factor von P und P', und setzt man $P = FQ$, so wird Q durch $(x-x_1)$, $(x-x_2)$, ..., aber durch jeden dieser linearen Factoren von F nur *einmal* theilbar.

Aus der Gleichung

$$A_i P' = B_i + C_i P$$

folgt, daſs auch alle Gröſsen B_i diesen Factor F haben. Setzt man daher

$$P = FQ, \quad P' = FQ_1, \quad B_i = FD_i,$$

so hat man

$$A_i Q_1 = D_i + C_i Q.$$

Ist f der Grad von F, so werden Q und Q_1 vom $(n-f)^{\text{ten}}$ und $(n-f-1)^{\text{ten}}$ Grade; es werden daher A_i und C_i als Functionen vom $(n-1)^{\text{ten}}$ und $(n-2)^{\text{ten}}$

---

so setze man in ähnlicher Weise

$$G_m = g_m + g_{m+1}x + \dots + g_{n-1}x^{n-m-1},$$

$$G^{(m)} = g + g_1 x + \dots + g_{m-1}x^{m-1},$$

so daſs

$$G^{(m)} + x^m G_m = G.$$

Setzt man

$$\frac{FG}{P} = Q + \frac{R}{P},$$

so hat man den Quotienten der Division

$$Q = fG_1 + f_1 G_2 + \dots + f_{n-2}G_{n-1}$$

und den Rest

$$R = f(G'P_1 - G_1 P') + f_1(G''P_2 - G_2 P'') + \dots + f_{n-2}(G^{(n-1)}P_{n-1} - G_{n-1}P^{(n-1)}) + f_{n-1}P_n G,$$

wie sich unmittelbar aus den vorstehenden Formeln ergiebt.

Grade nicht mehr mittelst der vorstehenden Gleichung durch Q, Q_1 und D_i bestimmt, sondern, wenn (A_i) und (C_i) in der vorstehenden Gleichung die Functionen vom $(n-f-1)^{\text{ten}}$ und $(n-f-2)^{\text{ten}}$ Grade bedeuten, welche dieser Gleichung genügen, so kann man zu (A_i) und (C_i) respective die Ausdrücke $R_i Q$ und $R_i Q_1$, wo R_i *eine beliebige Function* vom $(f-1)^{\text{ten}}$ Grade ist, hinzufügen und

$$A_i = (A_i) + R_i Q, \qquad C_i = (C_i) + R_i Q_1$$

setzen. Nach Vorausschickung dieser Bemerkungen will ich zeigen, wie man in dem hier betrachteten Falle aus der Gröfse A_i die folgende A_{i+1} finden kann.

Die oben gegebene Gleichung

$$a_i = iC_i + A'_i + (i+1)B_{i+1}$$

zeigt, dafs die bereits gefundene Function A_i so beschaffen sein mufs, dafs der Ausdruck $a_i - iC_i - A'_i$ durch F theilbar wird, weil alle Functionen B_i durch F theilbar sind. Setzt man in der vorstehenden Gleichung $B_{i+1} = FD_{i+1}$, so erhält man

$$(i+1)D_{i+1} = \frac{1}{F}\{a_i - iC_i - A'_i\}.$$

Aus D_{i+1}, Q und Q_1 erhält man die Functionen (A_{i+1}) und (C_{i+1}) vom $(n-f-1)^{\text{ten}}$ und $(n-f-2)^{\text{ten}}$ Grade, welche der Gleichung

$$(A_{i+1})Q_1 = D_{i+1} + (C_{i+1})Q$$

genügen, und aus diesen

$$A_{i+1} = (A_{i+1}) + RQ; \qquad C_{i+1} = (C_{i+1}) + RQ_1,$$

wo R eine noch zu bestimmende Function des $(f-1)^{\text{ten}}$ Grades ist. Die Bestimmung von R erhält man daraus, dafs der Ausdruck

$$a_{i+1} - (i+1)C_{i+1} - A'_{i+1}$$

durch F theilbar sein mufs. Setzt man

$$a_{i+1} - (i+1)(C_{i+1}) - (A_{i+1})' = b_{i+1}, \qquad Q' + (i+1)Q_1 = Q_i,$$

so wird der vorstehende Ausdruck, wenn $\frac{dR}{dx} = R'$,

$$H = b_{i+1} - Q_i R - Q R'.$$

Es kommt daher darauf an, *eine Function R vom $(f-1)^{ten}$ Grade so zu bestimmen, dass der Ausdruck H durch eine gegebene Function vom f^{ten} Grade*

$$F = (x-x_1)^{\mu_1-1}(x-x_2)^{\mu_2-1}\ldots$$

theilbar wird, deren lineare Factoren die Function Q einmal und nicht öfter theilen.

Soll der Ausdruck H durch $(x-x_1)^{\mu_1-1}$ theilbar sein, so mufs derselbe und seine μ_1-2 ersten Differentialquotienten für $x=x_1$ verschwinden. Aber in jedem Differentialquotienten von H ist der höchste von R in Q multiplicirt, welches für $x=x_1$ verschwindet, so dafs für $x=x_1$ in dem $(\mu_1-2)^{ten}$ Differentialquotienten von H die Differentialquotienten von R ebenfalls nur bis zum $(\mu_1-2)^{ten}$ steigen. Man erhält daher, indem man H und seine μ_1-2 ersten Differentialquotienten gleich 0 setzt, nachdem man darin den Werth $x=x_1$ substituirt hat, μ_1-1 Gleichungen, aus denen man successive die Werthe findet, welche R und seine μ_1-2 ersten Differentialquotienten für $x=x_1$ annehmen. Umgekehrt wird H durch $(x-x_1)^{\mu_1-1}$ theilbar, wenn man die Werthe von R und seinen μ_1-2 ersten Differentialquotienten auf die angegebene Art bestimmt hat. Ebenso erhält man aus der Bestimmung, dafs H auch durch $(x-x_2)^{\mu_2-1}$ theilbar sein soll, die Bestimmung der Werthe, welche R und seine μ_2-2 ersten Differentialquotienten für $x=x_2$ annehmen, und Aehnliches gilt in Bezug auf jeden der linearen Factoren, durch deren höhere Potenzen P theilbar ist, und deren um 1 niedrigere Potenzen die Factoren von F bilden.

Kennt man auf diese Weise sowohl die Werthe, welche R selbst für $x=x_1$, $x=x_2$, ... annimmt, als auch die Werthe, welche seine μ_1-2 ersten Differentialquotienten für $x=x_1$, seine μ_2-2 ersten Differentialquotienten für $x=x_2$ u. s. f. erhalten, so kennt man auch die Zähler der Partialbrüche, in welche sich der Bruch

$$\frac{R}{F} = \frac{R}{(x-x_1)^{\mu_1-1}(x-x_2)^{\mu_2-1}\ldots}$$

nach den gewöhnlichen Regeln zerfällen läfst, und erhält durch Multiplication mit F die gesuchte Function R selbst. Hat man R gefunden, so ist der gesuchte Coefficient $A_{i+1} = (A_{i+1}) + RQ$ vollkommen bestimmt. Man kann daher auch in dem Falle, daſs das Polynom P gleiche Factoren hat, jeden Coefficienten der gesuchten Entwickelung des Integrals aus dem unmittelbar vorhergehenden ableiten und so aus dem ersten A nach und nach die übrigen finden. Die Bestimmung von A ergiebt sich aber daraus, daſs A für $x = x_1, x_2, \ldots$ die Werthe

$$\int_{x_0}^{x_1} f(x)\,dx, \quad \int_{x_0}^{x_2} f(x)\,dx, \ldots$$

erhält, und daſs von der Function

$$A - \int a\,dx$$

die $\mu_1 - 1$ ersten Differentialquotienten für $x = x_1$, die $\mu_2 - 1$ ersten für $x = x_2$ etc. verschwinden.

Auf ganz ähnliche Art ist das bei den im §. 6 behandelten Beispielen angewandte Verfahren, um aus dem ersten Entwickelungscoefficienten die folgenden abzuleiten, für den Fall, wenn P mehrere gleiche Factoren hat, zu modificiren.

(Berlin, im Juli 1847.)

ZAHLENTHEORETISCHE ABHANDLUNGEN.

DE RESIDUIS CUBICIS COMMENTATIO NUMEROSA.

Crelle Journal für die reine und angewandte Mathematik, Bd. 2 p. 66—69.

1.

Theorema fundamentale de residuis quadraticis postquam pluribus demonstrationibus egregiis comprobaverat, Cl. Gaufs, iam ex longo temporis intervallo, de residuis cubicis et biquadraticis quaestionem moverat, nec non quae ea de re theoremata struxerit, communicaturum se cum arithmeticis pollicitus est. Ante biennium fere Vir ille Clarissimus commentationem primam de residuis biquadraticis conscriptam societati Gottingensi tradidit, quae tamen diu desiderata nondum lucem vidit. Quam ne nimis graviter ferant arithmetici moram, ipse praecipua, quae ibi adornaverat, theoremata iam tum temporis publici iuris facere voluit (vid. *Göttingische gelehrte Anzeigen*, *Vol.* I, 1825). Versari comperimus ea theoremata cum in aliis rebus gravissimis tum in explorandis indiciis, quibus cognoscatur, numerum 2 dati numeri primi esse residuum biquadraticum. Equidem dum ad egregia Viri inventa probe intelligenda animum bene praeparatum esse volebam, hisce quaestionibus intentus casu, ut fit, in methodum satis generalem incidi, cuius ope plurima de residuis dignitatum theoremata investigare, vel undecunque cognita comprobare posse mihi videor. Cuius ope eruta de residuis cubicis theoremata fundamentalia arithmeticis iam proponam.

2.

Quaestio de residuis dignitatum gravissima in eo maxime versatur, ut, proposito numero q, omnes numeri primi p formae $\lambda n+1$ assignandi sint tales, ut congruentia $x^\lambda \equiv q \pmod{p}$ resolvi queat, sive, quod idem est, ut sit

$$q^{\frac{p-1}{\lambda}} \equiv 1 \pmod{p};$$

quo casu dicetur, numerum q esse residuum λ^{tae} dignitatis, respectu numeri primi p. Sit $\lambda = 3$ sive p formae $3n+1$, notum est (v. *Disquisitiones Arithmeticae*, *Sectio ultima*), semper eiusmodi numeros L, M eosque unico tantum modo assignari posse, ut sit

$$LL + 27MM = 4p.$$

Numerum q in theorematibus fundamentalibus proponendis et ipsum primum statuemus; distinguendum autem nobis est inter casum, quo q erit formae $6n+1$, et casum, quo q formae $6n-1$.

Casu primo, quo q formae $6n+1$, notum est, semper resolvi posse congruentiam

$$xx+3 \equiv 0 \pmod{q}.$$

Quibus positis, proponamus theorema sequens genuina forma, qua inventum est — varie enim transformare licet hoc et alterum —:

Theorema I. „Sint et p et q numeri primi formae $6n+1$, sit

$$4p = LL + 27MM,$$

sit porro

$$xx+3 \equiv 0 \pmod{q},$$

erit q residuum cubicum, respectu numeri primi p, quoties

$$\frac{p(L+3Mx)}{2}$$

sive etiam

$$\frac{L+3Mx}{L-3Mx}$$

residuum cubicum respectu numeri primi q; sin minus, non erit.“

3.

Altero casu, quo q formae $6n-1$, theorema fundamentale longius repetendum erit. Eo enim casu confugiendum est ad theoriam prorsus novam, nempe ad considerationem radicum imaginariarum congruentiarum. Casu nostro, quo q formae $6n-1$, notum est, congruentiam $x^{q+1} \equiv 1 \pmod{q}$ duas tantum habere radices reales ± 1, at reliquas, quarum $q-1$ numerus, sub forma imaginaria $a+b\sqrt{-3}$, ubi

$$aa+3bb \equiv 1 \pmod{q},$$

assignare licet omnes. Nec non inter eas rursus *radices primitivas* distinguere licet, quarum idem numerus est atque numerorum numero $q+1$ minorum et ad ipsum $q+1$ primorum. De quibus et ipsis valet, quod de radicibus primitivis vulgo dictis, ut radices congruentiae omnes tamquam unius radicis primitivae dignitates repraesentari possint. Modum eiusmodi congruentiae radices exhibendi expeditissimum alibi tradam; adnotabo tantummodo, ubi $q+1 = mn$, atque r radix primitiva congruentiae $x^{q+1} \equiv 1 \pmod{q}$, fieri congruentiae $x^m \equiv 1 \pmod{q}$ radices: $1, r^n, r^{2n}, r^{3n}, \ldots, r^{(m-1)n}$.

Jam omnes radices congruentiae $x^{\frac{q+1}{3}} \equiv 1 \pmod{q}$, quippe quae sunt cubi radicum congruentiae $x^{q+1} \equiv 1 \pmod{q}$, denominemus in sequentibus *residua cubica* numeri primi q. Quibus positis, theorema sequens enuntiare licet:

Theorema II. „Sit p numerus primus formae $6n+1$, atque

$$4p = LL + 27MM;$$

sit porro q numerus primus formae $6n-1$: erit q residuum cubicum numeri primi p, quoties est

$$\frac{L+M\sqrt{-3}}{L-M\sqrt{-3}}$$

residuum cubicum numeri primi q; sin minus, non erit."

4.

Haec duo theoremata fundamentalia tamquam primae lineae theoriae residuorum cubicorum amplissimae consideranda sunt. Eorum ope adornari poterit tabula, cuius initium hic exhibemus:

q	Congruentiae conditionales respectu moduli q, ut sit q R.C. moduli p; $(4p = LL + 27MM)$
2	$M \equiv 0$
3	$M \equiv 0$
5	$L \equiv 0$; $M \equiv 0$
7	$L \equiv 0$; $M \equiv 0$
11	$L \equiv 0$; $M \equiv 0$; $L \equiv \pm 4M$
13	$L \equiv 0$; $M \equiv 0$; $L \equiv \pm M$
17	$L \equiv 0$; $M \equiv 0$; $L \equiv \pm 3M$ $L \equiv \pm 9M$
19	$L \equiv 0$; $M \equiv 0$; $L \equiv \pm 3M$ $L \equiv \pm 9M$
23	$L \equiv 0$; $M \equiv 0$; $L \equiv \pm 8M$; $L \equiv \pm 2M$ $L \equiv \pm 11M$
29	$L \equiv 0$; $M \equiv 0$; $L \equiv \pm M$; $L \equiv \pm 11M$ $L \equiv \pm 2M$; $L \equiv \pm 13M$
31	$L \equiv 0$; $M \equiv 0$; $L \equiv \pm 5M$; $L \equiv \pm 6M$ $L \equiv \pm 7M$; $L \equiv \pm 11M$
37	$L \equiv 0$; $M \equiv 0$; $L \equiv \pm 3M$; $L \equiv \pm 7M$; $L \equiv \pm 8M$ $L \equiv \pm 9M$; $L \equiv \pm 12M$
	etc. etc.

Ubi e congruentiis, quas conditionales diximus, una aliqua locum habet, erit q residuum cubicum numeri primi p; sin minus, non erit. Congruentias eas, quarum numerus $\frac{1}{3}(q \pm 1)$, ita disposuimus, ut binarum

$$L \equiv \pm aM,$$
$$L \equiv \pm bM$$

coëfficientes a, b in se ducti fiant $\pm 27 \pmod{q}$. Ubi singulae inveniuntur, quod semper fit, ubi q est formae $12n \pm 1$, erit coëfficientis quadratum $\equiv 27 \pmod{q}$.

Additamentum. Cl. Gaufs loco laudato (*Göttingische gelehrte Anzeigen*) theorema egregium annunciavit sequens:

„Sit p numerus primus $= 4k + 1$, atque resolvatur in duo quadrata $ee + ff$, designante ee quadratum impar, ff quadratum par, fore $\pm e$ residuum minimum (quod inter $-\frac{1}{2}p$ et $+\frac{1}{2}p$ continetur) numeri

$$\frac{1}{2}\,\frac{(k+1)(k+2)(k+3)\ldots 2k}{1.2.3\ldots k},$$

per p divisi; hoc insuper residuum minimum, per 4 divisum, semper residuum $+1$ relinquere; ita ut sit aut numerus negativus formae $-(4n+3)$, aut positivus formae $4n+1$."

Cuius insignis theorematis demonstrandi periculum faciens, in fontem uberrimum incidi, e quo inter alia et demanare sequentia theoremata vidi, illius simillima:

„Sit p numerus primus $= 3n+1$, ac ponatur, quod fieri posse constat,

$$4p = LL + 27MM,$$

erit L residuum minimum numeri

$$-\frac{(n+1)(n+2)\ldots 2n}{1.2\ldots n},$$

per p divisi, quod residuum, per 3 divisum, semper relinquet $+1$ residuum."

„Sit p numerus primus $= 7n+1$, ac ponatur, quod licet,

$$p = LL + 7MM,$$

erit L residuum minimum numeri

$$\frac{1}{2}\,\frac{(2n+1)(2n+2)\ldots 3n}{1.2\ldots n},$$

per p divisi, quod residuum, per 7 divisum, semper relinquet $+1$ residuum."

D. 22. m. Junii, a. 1827.

BEANTWORTUNG DER AUFGABE SEITE 212 DES 3TEN BANDES DES CRELLESCHEN JOURNALS: „KANN $a^{\mu-1}-1$, WENN μ EINE PRIMZAHL UND a EINE GANZE ZAHL UND KLEINER ALS μ UND GRÖSSER ALS 1 IST, DURCH $\mu\mu$ THEILBAR SEIN?"

Crelle Journal für die reine und angewandte Mathematik, Bd. 3 p. 301—302.

Veranlaſst durch vorstehende interessante Aufgabe, ersuchte ich einen meiner Freunde hierselbst, Hrn. Busch, die Congruenz

$$x^{\mu-1} \equiv 1$$

in Bezug auf den Modul $\mu\mu$ für die Primzahlen bis 37 nach allen ihren Wurzeln aufzulösen. Das Resultat dieser Arbeit enthält die unten stehende Tabelle. Es ist darin den Wurzeln die Form $a + \mu a'$ gegeben, wo a und a' positive Zahlen sind, die kleiner sind als μ; zu dem a, das in der ersten Verticalreihe steht, giebt sie für $\mu = 3, 5, 7, 11, 13, 17, 19, 23, 29, 31, 37$, welche Zahlen sich in der obersten Horizontalreihe befinden, das entsprechende a', damit $a + \mu a'$ eine Wurzel sei. So z. B. sind die Wurzeln von $x^{36} \equiv 1$ (mod. 37^2)

$$1, \quad 2 + 2.37, \quad 3 + 17.37, \quad 4 + 8.37, \quad 5 + 24.37, \quad \text{etc.}$$

Ist $a' = 0$, so ist eine in der Aufgabe verlangte Zahl gefunden. Die Tabelle giebt $a' = 0$ für

μ	a
11	3 und 9
29	14
37	18

Die einfachste Lösung giebt $3^5 = 243 = 2.11^2 + 1$; also auch $3^{10} = 1$, wenn man die Vielfachen von 121 fortläſst.

	3	5	7	11	13	17	19	23	29	31	37
a	a'	a'	a'	a'	a'	a'	a'	a'	a'	a'	a'
1	0	0	0	0	0	0	0	0	0	0	0
2	2	1	4	10	6	9	6	11	2	12	2
3		3	4	0	11	13	16	5	16	20	17
4		4	2	7	11	2	5	21	8	17	8
5			2	2	5	9	3	1	2	14	24
6			6	8	1	2	12	20	9	14	3
7				3	11	4	15	15	22	27	25
8				10	7	6	15	17	24	20	24
9				0	1	10	1	7	9	27	28
10				10	1	12	17	11	14	26	21
11					6	14	3	8	21	13	21
12					12	7	3	14	1	7	18
13						14	6	11	22	23	13
14						3	15	15	0	14	27
15						7	13	5	28	18	9
16						16	2	7	6	12	27
17							12	2	27	16	11
18							18	21	7	7	0
19								1	14	23	36
20								17	19	17	25
21								11	4	4	9
22								22	6	3	27
23									19	10	9
24									26	3	23
25									20	16	18
26									12	16	15
27									26	13	15
28									28	10	8
29										18	12
30										30	11
31											33
32											12
33											28
34											19
35											34
36											36

OBSERVATIO ARITHMETICA DE NUMERO CLASSIUM DIVISORUM QUADRATICORUM FORMAE $yy+Azz$, DESIGNANTE A NUMERUM PRIMUM FORMAE $4n+3$.

Crelle Journal für die reine und angewandte Mathematik, Bd. 9 p. 189—192.

Notum est, divisores numerorum, qui forma $yy+Azz$ continentur, sub formis quadraticis exhiberi posse

$$ayy+byz+czz,$$

in quibus $4ac-bb=A$, quoties b impar, sive $ac-\frac{1}{4}bb=A$, quoties b par, easque formas semper revocari posse ad tales, in quibus b ipsis a et c minor est, quae formae *reductae* vocantur; formas reductas autem alias in alias transformari non posse. Unde formas omnes

$$ayy+byz+czz,$$

quas divisores numeri $yy+Azz$ induere possunt, in varias classes discerpere licet, ita ut quaevis classis omnes amplectatur formas, quae in eandem *reductam* transformari possunt; quarum igitur classium idem est numerus atque formarum reductarum.

Statuamus, A esse numerum primum formae $4n+3$, inveni legem singularem, per quam classium illarum sive formarum reductarum numerum exprimere licet. Definimus autem eo casu formas reductas ita, ut pro n pari statuatur b impar, pro n impari sit b par, uti a Cl°. Legendre factum est in tab. V *Theoriae numerorum.* Sit enim P summa residuorum quadraticorum numeri primi A, Q summa non-residuorum, ipsis residuis et non-residuis in numeris minimis positivis exhibitis; inveni, numerum illum, quem per N denotemus, dari per formulam

$$2N-1 = \frac{Q-P}{A}.$$

Sit e. g. $A = 23$, erunt formae reductae (Legendre, *Théorie des nombres*, *Tab.* V)

$$yy + 23zz, \quad 3yy + 2yz + 8zz,$$

ideoque $N = 2$; fit porro

$$P = 1 + 2 + 3 + 4 + 6 + 8 + 9 + 12 + 13 + 16 + 18 = 92,$$
$$Q = 5 + 7 + 10 + 11 + 14 + 15 + 17 + 19 + 20 + 21 + 22 = 161,$$

ideoque

$$2N-1 = \frac{161-92}{23} = 3,$$

uti fieri debet.

Eorum in usum, qui theorema antecedens exemplis probare volunt, adiungam e tabula V *Theoriae numerorum* Cl[i]. Legendre formas reductas pro numeris primis formae $4n+3$ usque ad 103:

A	N		A	N	
7	1	$yy + 7zz$	67	1	$yy + yz + 17zz$
11	1	$yy + yz + 3zz$	71	4	$yy + 71zz$
19	1	$yy + yz + 5zz$			$3yy + 2yz + 24zz$
23	2	$yy + 23zz$			$9yy + 2yz + 8zz$
		$3yy + 2yz + 8zz$			$5yy + 4yz + 15zz$
31	2	$yy + 31zz$	79	3	$yy + 79zz$
		$5yy + 4yz + 7zz$			$5yy + 2yz + 16zz$
43	1	$yy + yz + 11zz$			$11yy + 6yz + 8zz$
47	3	$yy + 47zz$	83	2	$yy + yz + 21zz$
		$3yy + 2yz + 16zz$			$3yy + yz + 7zz$
		$7yy + 6yz + 8zz$	103	3	$yy + 103zz$
59	2	$yy + yz + 15zz$			$13yy + 2yz + 8zz$
		$3yy + yz + 5zz$			$7yy + 6yz + 16zz.$

Nec non addam tabulam pro residuis quadraticis numeri primi A, inde ab $A = 19$ usque ad $A = 103$; moduli A in facie positi; in margine sunt residui in valoribus minimis exhibiti, quorum signum + aut − in tabula appositum est.

	19	23	31	43	47	59	67	71	70	83	103
1	+	+	+	+	+	+	+	+	+	+	+
2	−	+	+	−	+	−	−	+	+	−	+
3	−	+	−	−	+	+	−	+	−	+	−
4	+	+	+	+	+	+	+	+	+	+	+
5	+	−	+	−	−	+	−	+	+	−	−
6	+	+	−	+	+	−	+	+	−	−	−
7	+	−	+	−	+	+	−	−	−	+	+
8	−	+	+	−	+	−	−	+	+	−	+
9	+	+	+	+	+	+	+	+	+	+	+
10	·	−	+	+	−	−	+	+	+	+	−
11	·	−	−	+	−	−	−	−	+	+	−
12	·	·	−	−	+	+	−	+	−	+	−
13	·	·	−	+	−	−	−	−	+	−	+
14	·	·	+	+	+	−	+	−	−	−	+
15	·	·	−	+	−	+	+	+	−	−	+
16	·	·	·	+	+	+	+	+	+	+	+
17	·	·	·	+	+	+	+	−	−	+	+
18	·	·	·	−	+	−	−	+	+	−	+
19	·	·	·	−	−	+	+	+	+	−	+
20	·	·	·	−	−	+	−	+	+	−	−
21	·	·	·	+	+	+	+	−	+	+	−
22	·	·	·	·	−	+	+	−	+	−	−
23	·	·	·	·	−	−	+	−	+	+	+
24	·	·	·	·	·	−	+	+	−	−	−
25	·	·	·	·	·	+	+	+	+	+	+
26	·	·	·	·	·	+	+	−	+	+	+

	19	23	31	43	47	59	67	71	79	83	103
27	·	·	·	·	·	+	−	+	−	+	−
28	·	·	·	·	·	+	−	−	−	+	+
29	·	·	·	·	·	+	+	+	−	+	+
30	·	·	·	·	·	·	−	+	−	+	+
31	·	·	·	·	·	·	−	−	+	+	−
32	·	·	·	·	·	·	−	+	+	−	+
33	·	·	·	·	·	·	+	−	−	+	+
34	·	·	·	·	·	·	·	−	−	−	+
35	·	·	·	·	·	·	·	−	−	−	−
36	·	·	·	·	·	·	·	·	+	+	+
37	·	·	·	·	·	·	·	·	−	+	−
38	·	·	·	·	·	·	·	·	+	+	+
39	·	·	·	·	·	·	·	·	−	−	−
40	·	·	·	·	·	·	·	·	·	+	−
41	·	·	·	·	·	·	·	·	·	+	+
42	·	·	·	·	·	·	·	·	·	·	−
43	·	·	·	·	·	·	·	·	·	·	−
44	·	·	·	·	·	·	·	·	·	·	−
45	·	·	·	·	·	·	·	·	·	·	−
46	·	·	·	·	·	·	·	·	·	·	+
47	·	·	·	·	·	·	·	·	·	·	−
48	·	·	·	·	·	·	·	·	·	·	−
49	·	·	·	·	·	·	·	·	·	·	+
50	·	·	·	·	·	·	·	·	·	·	+
51	·	·	·	·	·	·	·	·	·	·	−

Ut invenias numerum P, qui est summa residuorum quadraticorum numeri primi A, in valoribus minimis positivis exhibitorum, pro quolibet A primum summandi sunt numeri in serie verticali positi usque ad $\frac{1}{2}(A-1)$, singulis tributis signis $+$ aut $-$, quae in tabula apposita sunt; sit ea summa SA; sit deinde numerus residuorum, quae signum habent negativum, m; patet, fore

$$P = A(m+S);$$

nam ut residua minima signo negativo affecta valores minimos positivos obtineant, singulis addendus est A.

Fit porro $P+Q$ aequale summae numerorum usque ad $A-1$, sive

$$P+Q=A\,\frac{A-1}{2},$$

unde

$$2N-1=\frac{A-1}{2}-2(m+S)$$

sive, posito $A=4n+3$,

$$N=n+1-m-S.$$

Observo, numerum $n+1-S$ semper parem esse. Sit enim summa residuorum, quae signum habent negativum, $-T$, erit $AS+2T$ aequale summae numerorum usque ad $\frac{1}{2}(A-1)$, sive

$$(4n+3)S+2T=\frac{(A-1)(A+1)}{8}=(2n+1)(n+1),$$

unde videmus, numeros S et $n+1$ simul aut pares aut impares esse, quod probari debuit. Unde etiam, cum sit $N+m=n+1-S$, facile patet, ipsos m, N simul aut pares aut impares esse. Quod exemplis facile probatur; valores enim ipsorum N, m erunt, ut e tabulis antecedentibus patet,

A	7	11	19	23	31	43	47	59	67	71	79	83	103
m	1	1	3	4	6	9	9	10	15	14	17	16	23
N	1	1	1	2	2	1	3	2	1	4	3	2	3.

Numerum N etiam pro numeris primis A satis magnis sine negotio computari, notum est. Quoties enim n par, ponuntur pro b numeri omnes impares $<\sqrt{\frac{A}{3}}$, quoties n impar, ponuntur pro b numeri omnes pares $<\sqrt{\frac{A}{3}}$; et pro singulis b discerpitur aut $\frac{1}{4}(A+bb)$ aut $A+\frac{1}{4}bb$ in factores a, c, e quibus ii tantum eliguntur, qui ipso b non minores sunt; quo facto, N erit numerus valorum, qui ipsis a, b, c conveniunt, casibus non numeratis, qui e commutatione ipsorum a, c proveniunt.

Per computationem numeri N obtines solutionem problematis elegantis, a Cl°. Lejeune-Dirichlet olim in *Diario Crelliano* (*Vol.* III, p. 407) propositi, videlicet determinandi casus, quibus productum $1.2.3.4\ldots\frac{A-1}{2}$, per A divisum, relinquat $+1$ aut -1 residuum. Alterum notum est fieri, quoties numerus residuorum quadraticorum minimorum ipsius A, quae signo negativo affecta sunt, est par; alterum, quoties idem numerus impar est; sive, reiectis multiplis numeri primi A, est

$$1.2.3.4\ldots\frac{A-1}{2} = (-1)^m.$$

Unde etiam e lege antecedentibus proposita, reiectis multiplis ipsius A, fit

$$1.2.3.4\ldots\frac{A-1}{2} = (-1)^N.$$

Regiom. 13. Julii 1832.

P. S. In exemplis antecedentibus omissus est valor $A = 3$, quippe qui est exceptionis casus.

DE COMPOSITIONE NUMERORUM E QUATUOR QUADRATIS.

Crelle Journal für die reine und angewandte Mathematik, Bd. 12 p. 167—172.

1.

In *Diario Crelliano*, Vol. III p. 191 (cfr. T. I p. 245 huius editionis), proposui olim theorema sequens:

„*Sit n datus numerus quilibet impar positivus, sint porro w, x, y, z numeri impares positivi, numerus solutionum aequationis*

$$4n = ww + xx + yy + zz$$

aequatur summae factorum ipsius n."

Hoc theorema vel ipso intuitu liquet, comparando inter se formulas, quas in *Fundamentis novis theoriae functionum ellipticarum*, p. 106, (35) et p. 184, (7) (T. I p. 162, (35) et p. 235, (7) huius editionis) demonstravi. In gratiam autem virorum arithmeticorum, non advocatis evolutionibus analyticis, loco citato propositis, rem hic demonstrabo, unice profectus e theorematis, quae de compositione numerorum in duo quadrata circumferuntur. Quam demonstrationem sine magno negotio elicis ex analysi, qua usi sumus l. c. p. 109 (T. I p. 165 huius editionis). Quod eo minus celo, quod aliis fortasse ansam praebere possit, methodum, qua in sequentibus utor, ulterius excolendi.

Utor in sequentibus theoremate auxiliari noto, seu quod e notis facile deducitur, sequenti:

„*Si numeri primi omnes, qui datum numerum imparem n metiuntur, forma* $4m+1$ *gaudent, numerus solutionum aequationis*

$$2n = yy + zz$$

aequatur numero factorum ipsius n."

Idem erit numerus solutionum aequationis

$$2nQQ = yy + zz,$$

si numeri primi, qui numerum imparem Q metiuntur, omnes forma $4m+3$ gaudent. Neque enim huius aequationis aliae dantur solutiones, nisi quae e solutionibus aequationis praecedentis proveniunt, utroque numero y, z per Q multiplicato.

Dato numero impari quolibet p, quaeramus numerum factorum eius, qui formam $4m+1$ habent, et numerum factorum eius, qui formam $4m+3$ habent. Quem in finem, sicuti etiam in sequentibus, elementis graecis sine plagula adiecta denotabimus numeros formae $4m+1$; plagula adiecta, numeros formae $4m+3$. Elementis latinis minusculis denotabimus perinde utriusque formae numeros impares; maiusculis numeros quoslibet impares aut pares. Qmnes porro numeros accipimus positivos. Quae in sequentibus bene teneas.

Sit numerus p in factores inter se primos resolutus

$$p = \alpha^A \beta^B \gamma^C \ldots \alpha'^{A'} \beta'^{B'} \gamma'^{C'} \ldots,$$

notum est, obtineri factores omnes ipsius p per evolutionem producti

$$\begin{array}{l} 1+\alpha+\alpha^2+\cdots+\alpha^A \\ 1+\beta+\beta^2+\cdots+\beta^B \\ 1+\gamma+\gamma^2+\cdots+\gamma^C \\ \cdot\quad\cdot\quad\cdot\quad\cdot\quad\cdot\quad\cdot\quad\cdot \\ 1+\alpha'+\alpha'^2+\cdots+\alpha'^{A'} \\ 1+\beta'+\beta'^2+\cdots+\beta'^{B'} \\ 1+\gamma'+\gamma'^2+\cdots+\gamma'^{C'}. \end{array}$$

Statuamus in hoc producto

$$\begin{aligned} \alpha &= \beta = \gamma = \cdots = 1, \\ \alpha' &= \beta' = \gamma' = \cdots = -1; \end{aligned}$$

in evolutione producti singuli termini seu fiunt $+1$, si formam $4m+1$ habent, seu fiunt -1, si formam $4m+3$. Unde evadit valor producti idem atque excessus numeri factorum ipsius p formae $4m+1$ supra numerum factorum ipsius p formae $4m+3$. Invenitur autem valor producti

$$(1+A)(1+B)(1+C)\ldots\frac{1+(-1)^{A'}}{2}\,\frac{1+(-1)^{B'}}{2}\,\frac{1+(-1)^{C'}}{2}\ldots,$$

qui est evanescens omnibus casibus, quibus non simul sunt omnes numeri A', B', C', ... pares; hoc autem casu fit ille

$$(1+A)(1+B)(1+C)\ldots$$

sive idem atque numerus factorum ipsius

$$\alpha^A\beta^B\gamma^C\ldots$$

Hinc excessus assignatus est 0, nisi p formam habet

$$p = nQQ,$$

ubi n est numerus impar, qui per alios numeros primos non dividitur, nisi qui formam $4m+1$ habent, Q numerus impar, qui per alios numeros primos non dividitur, nisi qui formam $4m+3$ habent; hoc autem casu excessus ille aequabit numerum factorum ipsius n. Hinc, cum etiam discerptionem numeri $2p$ in duo quadrata imparia nullam dari constet, nisi p formam assignatam habet, pro forma autem illa e theoremate auxiliari numerus solutionum aequationis

$$2p = yy+zz$$

idem sit atque numerus factorum ipsius n, theorema illud hoc modo enunciare licet:

„*Dato quolibet numero p impari, numerus solutionum aequationis*

$$2p = yy+zz$$

idem est atque excessus numeri factorum ipsius p formae $4m+1$ supra numerum factorum ipsius p formae $4m+3$."

Hoc theorema sponte patet, si *Fundamentorum* formulas p. 103, (5) et p. 184, (7) (T. I p. 159, (5) et p. 235, (7) huius editionis) inter se comparas. Ratiocinia antecedentia l. c. p. 107 (T. I p. 163 huius editionis) breviter indicavimus.

In sequentibus, ut numerum solutionum aequationis propositae denotemus, ipsam aequationem uncis includemus, iisque praefigemus characterem N. Ita significabimus ex. gr. numerum solutionum aequationis

$$2p = yy + zz$$

per signum

$$N[2p = yy + zz].$$

Hinc numerus factorum ipsius p, qui formam $4m+1$ habent, e significandi ratione, supra a nobis proposita, erit

$$N[p = a\alpha];$$

numerus factorum ipsius p, qui formam $4m+3$ habent, erit

$$N[p = a\alpha'].$$

Unde theorema propositum exhibere licet per formulam sequentem:

$$(1) \qquad N[2p = xx + yy] = N[p = a\alpha] - N[p = a\alpha'].$$

Iam ad discerptionem numeri $4p$ in quatuor quadrata imparia transeamus.

2.

Discerpamus datum numerum $2p$ omnibus modis, quibus fieri potest, in duos numeros impares p' et p'', ita ut sit

$$(2) \qquad 2p = p' + p''.$$

Deinde singulos $2p'$ et $2p''$ omnibus modis, quibus fieri potest, resolvamus in duo quadrata, quae erunt imparia, ita ut sit

$$(3) \qquad 2p' = ww + xx, \qquad 2p'' = yy + zz,$$

ideoque

$$(4) \qquad 4p = ww + xx + yy + zz.$$

Pro iisdem numeris p' et p'', in quos $2p$ discerpitur, est numerus solutionum aequationis huius (4) aequalis producto e numero solutionum utriusque aequationis (3); ideoque totus numerus solutionum aequationis (4) aequivalet summae

$$\Sigma(N[2p' = ww + xx]\, N[2p'' = yy + zz]),$$

extensae ad valores numerorum p', p'' imparium omnes, qui aequationi (2) satisfaciunt. Iam e (1) habetur

$$N[2p' = ww + xx] = N[p' = a\alpha] - N[p' = a\alpha'],$$
$$N[2p'' = yy + zz] = N[p'' = b\beta] - N[p'' = b\beta'].$$

Quibus in se ductis, nanciscimur productum, e quatuor terminis constans,

$$N[p' = a\alpha]N[p'' = b\beta] + N[p' = a\alpha']N[p'' = b\beta']$$
$$-N[p' = a\alpha]N[p'' = b\beta'] - N[p'' = b\beta]N[p' = a\alpha'].$$

Habemus autem, si summam extendimus ad valores ipsorum p', p'' omnes, qui aequationi (2) satisfaciunt,

$$\Sigma(N[p' = a\alpha]N[p'' = b\beta]) = N[2p = a\alpha + b\beta],$$
$$\Sigma(N[p' = a\alpha']N[p'' = b\beta']) = N[2p = a\alpha' + b\beta'],$$
$$\Sigma(N[p' = a\alpha]N[p'' = b\beta']) = N[2p = a\alpha + b\beta'],$$
$$\Sigma(N[p'' = b\beta]N[p' = a\alpha']) = N[2p = b\beta + a\alpha'].$$

Hinc prodit

$$(5) \qquad N[4p = ww + xx + yy + zz]$$
$$= N[2p = a\alpha + b\beta] + N[2p = a\alpha' + b\beta'] - N[2p = a\alpha + b\beta'] - N[2p = b\beta + a\alpha'].$$

In sequentibus brevitatis causa loco

$$N[2p = u]$$

simpliciter scribemus

$$N[u] = N[2p = u].$$

Porro ponemus numerum quaesitum solutionum aequationis propositae (4)

$$N[4p = ww + xx + yy + zz] = N.$$

Quibus statutis, aequatio (5) ita exhiberi potest:

$$(6) \quad N = N[a\alpha + b\beta] + N[a\alpha' + b\beta'] - N[a\alpha + b\beta'] - N[b\beta + a\alpha'].$$

Observo, in hac expressione terminos duos negativos inter se aequales esse, cum alter ex altero prodeat, elementis a, b nec non α, β et α', β' commutatis. Unde simplicius habes

$$(7) \qquad N = N[a\alpha + b\beta] + N[a\alpha' + b\beta'] - 2N[a\alpha + b\beta'].$$

Consideremus seorsim casus, quibus

$$\alpha = \beta; \qquad \alpha' = \beta';$$

pro reliquis statuere licet $\beta > \alpha$, $\beta' > \alpha'$, si numerus eorum duplicatur. Hinc, si ponimus

$$\beta = \alpha + 4A, \qquad \beta' = \alpha' + 4A,$$

aequationem (7) ita repraesentare possumus:

$$N = N[\alpha(a+b)] + N[\alpha'(a+b)] - 2N[a\alpha + b\beta'] \\ + 2N[(a+b)\alpha + 4bA] + 2N[(a+b)\alpha' + 4bA].$$

Iam cum casus, quibus numerus formae $4m+1$ et quibus $4m+3$ est, omnes casus amplectantur, quibus numerus est impar, in expressione antecedente binos terminos in unum contrahere licet, ita ut habeatur

$$(8) \qquad N = N[(a+b)c] + 2N[(a+b)c + 4bA] - 2N[a\alpha + b\beta'].$$

Ponamus in termino secundo

$$c = d + 4AB,$$

ubi $d < 4A$, atque B aut 0 aut numerus quilibet positivus; erit

$$(9) \quad N = N[(a+b)c] + 2N[(a+b)d + 4A(b + B(a+b))] - 2N[a\alpha + b\beta'].$$

Numeri autem

$$a+b, \qquad b + B(a+b)$$

simul designare possunt, alter numerum quemlibet parem, alter numerum quemlibet imparem, idque unico tantum modo, sive, datis illis, etiam a, b, B determinati erunt; unde statuere licet

$$a+b = 2C, \qquad b + B(a+b) = e.$$

Quibus in secundo termino substitutis, habemus

$$(10) \qquad N = N[(a+b)c] + 2N[2Cd + 4Ae] - 2N[a\alpha + b\beta'],$$

ubi $d < 4A$.

Quod attinet tertium terminum, habemus

$$2N[a\alpha + b\beta'] = N[a\alpha + b\beta'] + N[a\beta' + b\alpha].$$

In expressione ad dextram rursus statuere licet $b > a$, siquidem simul valor duplicatur; casus $a = b$ locum habere non potest, cum expressiones uncis inclusae eo casu fiant per 4 divisibiles, numerus autem $2p$, cui aequantur, sit impariter par. Hinc, si statuimus in expressione ad dextram

$$b = a + 2C,$$

aequationem antecedentem hoc modo exhibere possumus:

$$(11)\quad N[a\alpha+b\beta'] = N[a(\alpha+\beta')+2\beta'C]+N[a(\alpha+\beta')+2\alpha C]$$

sive, posito

$$(12)\quad \alpha+\beta' = 4A,$$

sequenti modo:

$$(13)\quad N[a\alpha+b\beta'] = N[2\alpha C+4Aa]+N[2\beta' C+4Aa],$$

ubi e (12) fieri debent α et β' uterque $< 4A$. Terminos duos ad dextram eadem ratione, atque supra, in unum contrahere possumus

$$(14)\quad N[a\alpha+b\beta'] = N[2Cd+4Aa],$$

ubi $d < 4A$. Qua aequatione substituta in (10), termini secundus et tertius se invicem destruunt; unde simpliciter obtinetur

$$(15)\quad N = N[(a+b)c] = N[2p = (a+b)c].$$

In hac formula fieri potest c factor quilibet ipsius p, neque alios valores induere potest; unde, posito $p = cf$, aequationis

$$(16)\quad 2p = (a+b)c$$

solutiones omnes obtinentur, si pro quolibet ipsius p factore c omnibus modis, quibus fieri potest, resolvitur aequatio

$$2f = a+b.$$

Cuius dantur solutiones numero f. Unde pro quolibet valore ipsius c dantur aequationis (16) solutiones numero $\frac{p}{c}$, unde numerus totus solutionum aequationis (16) aequivalet summae factorum ipsius p. Hinc etiam e (15) fit numerus quaesitus

$$N = N[4p = ww+xx+yy+zz]$$

aequalis summae factorum ipsius p. *Quod erat demonstrandum.*

Specimen tantum novae ac plane singularis methodi editurus, non agam hic de larga copia theorematum similium propositi, quae ex evolutionibus in *Fundamentis* traditis profluunt.

Scr. 14. Febr. 1834.

ÜBER DEN STEINERSCHEN SATZ VON DEN PRIMZAHLEN IM 13TEN BANDE DES CRELLESCHEN JOURNALS.

Crelle Journal für die reine und angewandte Mathematik, Bd. 14 p. 64—65.

Es sei p eine Primzahl, $a_1, a_2, \ldots, a_n$ andere durch p nicht theilbare Zahlen, welche durch p dividirt verschiedene Reste lassen; es sei ferner

$$\begin{aligned}
(a_1-a_2)(a_1-a_3)\ldots(a_1-a_n) &= A_1,\\
(a_2-a_1)(a_2-a_3)\ldots(a_2-a_n) &= A_2,\\
\cdot\quad\cdot\quad\cdot\quad\cdot\quad\cdot\quad &\cdot\quad\cdot\quad\cdot\\
(a_n-a_1)(a_n-a_2)\ldots(a_n-a_{n-1}) &= A_{n-1},
\end{aligned}$$

wo also $A_1, A_2, \ldots, A_n$ nicht durch p theilbar sind. Setzt man

$$\frac{1}{(x-a_1)(x-a_2)\ldots(x-a_n)} = \frac{P}{x^n} + \frac{P'}{x^{n+1}} + \frac{P''}{x^{n+2}} + \cdots,$$

so wird bekanntlich $P^{(m)}$ die Summe der Combinationen mit Wiederholung zu m aus den Elementen $a_1, a_2, \ldots, a_n$. Andererseits hat man den bekannten Ausdruck

$$P^{(m)} = \frac{a_1^{n+m-1}}{A_1} + \frac{a_2^{n+m-1}}{A_2} + \cdots + \frac{a_n^{n+m-1}}{A_n}$$

und, wenn $k = 0$ oder kleiner als $n-1$ ist,

$$0 = \frac{a_1^k}{A_1} + \frac{a_2^k}{A_2} + \cdots + \frac{a_n^k}{A_n}.$$

Es sei nun

$$n+m-1 = k+\beta(p-1),$$

oder

$$m = \beta(p-1)-(n-1)+k,$$

so lassen

$$a_1^{n+m-1}, \quad a_2^{n+m-1}, \quad \ldots, \quad a_n^{n+m-1},$$

durch p dividirt, respective dieselben Reste, wie

$$a_1^k, \quad a_2^k, \quad \ldots, \quad a_n^k,$$

und daher

$$A_1 A_2 \ldots A_n . P^{(m)}$$

denselben Rest, wie

$$A_1 A_2 \ldots A_n \left(\frac{a_1^k}{A_1} + \frac{a_2^k}{A_2} + \cdots + \frac{a_n^k}{A_n}\right) = 0,$$

wenn k immer kleiner als $n-1$ ist, oder $P^{(m)}$ geht durch p auf. Wenn man daher dem k nach und nach die Werthe $0, 1, 2, \ldots, n-2$ giebt, so hat man für $\beta = 1$ den Satz:

„Wenn p eine Primzahl ist, und man n durch p nicht theilbare Zahlen nimmt, welche, durch p dividirt, lauter verschiedene Reste lassen, so sind die Summen ihrer Combinationen mit Wiederholungen, zu $p-n$, zu $p-n+1$, zu $p-n+2$, ..., zu $p-2$ genommen, jede durch p theilbar."

Zu den Zahlen $p-n$, $p-n+1$, $p-n+2$, ..., $p-2$ kann man auch noch $\beta(p-1)$ addiren, wo β irgend eine ganze positive Zahl bedeutet.

Den 22. Febr. 1835.

ÜBER DIE KREISTHEILUNG UND IHRE ANWENDUNG AUF DIE ZAHLENTHEORIE.

(Auszug aus einem Schreiben an die Akademie der Wissenschaften zu Berlin vom 16. October 1837.)

Monatsbericht der Akademie der Wissenschaften zu Berlin, October 1837 p. 127—136.
Crelle Journal für die reine und angewandte Mathematik, Bd. 30 p. 166—182.

Ist x eine Wurzel der Gleichung

$$\frac{x^p-1}{x-1} = 0,$$

wo p eine Primzahl ist, und g eine primitive Wurzel von p, und setzt man

$$F(\alpha) = x + \alpha x^g + \alpha^2 x^{g^2} + \cdots + \alpha^{p-2} x^{g^{p-2}},$$

wo α irgend eine Wurzel der Gleichung

$$\frac{\alpha^{p-1}-1}{\alpha-1} = 0$$

bedeutet, so hat man

$$F(\alpha) F(\alpha^{-1}) = \alpha^{\frac{p-1}{2}} p.$$

Setzt man

$$F(\alpha^m) F(\alpha^n) = \psi(\alpha) F(\alpha^{m+n}),$$

so wird $\psi(\alpha)$ ein Ausdruck, der bloſs die Potenzen von α in ganze Zahlen multiplicirt enthält; es ist ferner *)

$$\psi(\alpha)\psi(\alpha^{-1}) = p.$$

*) Die Fälle, wo α^m, α^n oder α^{m+n} der Einheit gleich sind, werden hier ausgenommen.

Bedeutet r eine primitive Wurzel der Gleichung $r^{p-1} = 1$, und setzt man in der Function

$$\psi(r) = \frac{F(r^{-m})F(r^{-n})}{F(r^{-m-n})}$$

für r die Zahl g, so wird, wenn m und n positive Zahlen bedeuten, die kleiner als $p-1$ sind,

$$\psi(g) \equiv -\frac{\Pi(m+n)}{\Pi(m)\Pi(n)} \pmod{p},$$

wo $\Pi(n) = 1.2.3\ldots n$. Wenn also $m+n > p-1$, wird $\psi(g) \equiv 0 \pmod{p}$, welches letztere sich in den Anwendungen als einer der wichtigsten Sätze der Zahlentheorie erweist. Der Fall $m+n = p-1$ wird hier ausgenommen. Diese Sätze habe ich vor mehr als zehn Jahren Gaufs mitgetheilt.

Ich bemerke noch, dafs, wenn

$$2 \equiv g^{m}, \quad 3 \equiv g^{m'} \pmod{p},$$

man die beiden merkwürdigen Formeln hat

$$F(-1)F(\alpha^2) = \alpha^{2m}F(\alpha)F(-\alpha),$$
$$F(\alpha)F(\gamma\alpha)F(\gamma^2\alpha) = \alpha^{-3m'}p\,F(\alpha^3),$$

in deren letzterer γ eine imaginäre Cubikwurzel der Einheit ist. Ist λ ein ungerader Factor von $p-1$, so kann man durch die erste der beiden Formeln diejenigen Functionen $F(\alpha)$, in welchen α eine $(2\lambda)^{\text{te}}$ Wurzel der Einheit ist, rational auf die Functionen $F(\alpha)$ zurückführen, in denen α eine λ^{te} Wurzel der Einheit ist. Man erhält so für $F(-\gamma)$ den Ausdruck

$$F(-\gamma) = \sqrt{p}\sqrt[3]{\gamma^{-B}\frac{A-B\sqrt{-3}}{A+B\sqrt{-3}}},$$

wo

$$A^2 + 3B^2 = p.$$

Mit Hülfe derselben Formel findet man, wenn α eine primitive 8te Wurzel der Einheit ist, und

$$p = aa + bb = cc + 2dd, \quad a \equiv c \equiv -1 \pmod{4}$$

gesetzt wird,

$$F(\alpha) = \sqrt{(-1)^{\frac{1}{4}(c+1)}(c+d\sqrt{-2})\sqrt{(a+b\sqrt{-1})\sqrt{p}}},$$

ferner

$$F(a)\,F(a^2) = (-1)^{\frac{c+1}{4}+\frac{p-1}{8}}(a+b\sqrt{-1})\,F(a^3),$$

$$F(a)\,F(a^3) = (-1)^{\frac{p-1}{8}}(c+d\sqrt{-2})\,F(-1).$$

Man erhält ferner mit Hülfe der beiden Formeln, wenn γ und α imaginäre cubische und biquadratische Wurzeln der Einheit sind,

$$F(\gamma\alpha) = \frac{F(\alpha)\,F(\gamma)}{a'+b'\alpha} = \frac{\sqrt{(a+b\alpha)\sqrt{p}}\;\sqrt[3]{\frac{L+M\sqrt{-3}}{2}\sqrt{p}}}{a'+b'\alpha},$$

wo

$$p = aa+bb = a'a'+b'b' = \frac{LL+3MM}{4},$$

$$a \equiv -1 \pmod{4},$$

$$a' \equiv -L \equiv -1 \pmod{3},$$

$$M \equiv 0 \pmod{3},$$

$$\frac{a'}{b'} \equiv \frac{a}{b} \pmod{p}.$$

Die zweifelhaften Zeichen werden immer durch Congruenzen *bestimmt* oder, wo sie von der Wahl der primitiven Wurzel g abhängen, wird diese Abhängigkeit auf eine einfache Weise angegeben; die Art dieser Abhängigkeit bildet die wichtigste Grundlage der Anwendung auf die Theorie der Potenzreste. Ich bemerke noch, daſs, wenn $p = cc+2dd$ von der Form $8n+1$ ist, c der absolut kleinste Rest ist, den die Zahl

$$-\tfrac{1}{2}\,\frac{\frac{p+1}{2}\cdot\frac{p+3}{2}\cdots\frac{5(p-1)}{8}}{1.2.3\ldots\frac{p-1}{8}}$$

durch p dividirt läſst, und daſs dieser absolut kleinste Rest immer positiv oder negativ ist, je nachdem er, abgesehen vom Zeichen, die Form $4n+3$ oder $4n+1$ hat. Die Functionen $F(\alpha)$, welche man nur bestimmt hatte, wenn α eine quadratische, cubische, biquadratische Wurzel der Einheit ist, sind durch die obigen Formeln nun auch bestimmt, wenn α eine 6te, 8te, 12te Wurzel der Einheit ist; man kann also *a priori* die Wurzeln der Gleichungen vom 6ten, 8ten, 12ten Grade, die in der Kreistheilung vorkommen, vollständig auflösen und braucht hierzu nur die Zerfällung von p in die drei Formen

$$xx+yy, \quad xx+2yy, \quad xx+3yy.$$

Für die Primzahlen bis 12000 habe ich diese Zerfällungen meiner Arbeit beigefügt.

Eine allgemeine Formel von großer Wichtigkeit auch in der Anwendung der Kreistheilung auf die Theorie der quadratischen Formen ist folgende.

Es sei p von der Form $\lambda n+1$, β eine primitive λ^{te} Wurzel der Einheit, α *irgend eine* Wurzel der Gleichung $a^{p-1}=1$; es sei ferner $\lambda \equiv g^m$ (mod. p), so wird, wenn λ ungerade ist,

$$F(\alpha)F(\beta\alpha)F(\beta^2\alpha)\ldots F(\beta^{\lambda-1}\alpha) = \alpha^{-\lambda m}p^{\frac{\lambda-1}{2}}F(\alpha^\lambda);$$

wenn λ gerade ist,

$$F(\alpha)F(\beta\alpha)F(\beta^2\alpha)\ldots F(\beta^{\lambda-1}\alpha) = (-1)^{\frac{(p-1)(\lambda-2)}{8}}p^{\frac{\lambda-2}{2}}F(-1)F(\alpha^\lambda),\text{*)}$$

wo, wie immer,

$$F(-1) = \sqrt{(-1)^{\frac{p-1}{2}}p}$$

ist.

Wenn die Functionen ψ im Zusammenhange mit den Binomialcoefficienten oder den Eulerschen Integralen erster Gattung stehen, wie die Congruenz

$$\psi(g) \equiv -\frac{\Pi(m+n)}{\Pi(m)\Pi(n)} \quad (\text{mod. } p)$$

zeigt, so scheint die Vergleichung mit der Formel

$$\psi(r) = \frac{F(r^{-m})F(r^{-n})}{F(r^{-m-n})}$$

darauf hinzudeuten, daſs zwischen den Functionen F und den Eulerschen Integralen zweiter Gattung eine ähnliche Beziehung stattfinden muſs, in der Art, daſs $-\frac{1}{\Pi(n)}$ der Function $F(r^{-n})$ entspricht. Aber ich habe lange diese Beziehung vergeblich gesucht, bis ich sie in folgendem Satze fand.

In dem Ausdruck von $F(\alpha)$ setze man für jeden Exponenten g^μ den

*) Dieser Satz ist einem Gaufsschen über die Eulerschen Integrale analog, von welchem neuerdings Dirichlet einen merkwürdigen Beweis gegeben hat.

ihm in Bezug auf p congruenten kleinsten positiven Rest g_μ, wodurch

$$F(x, \alpha) = x + \alpha x^{g_1} + \alpha^2 x^{g_2} + \cdots + \alpha^{p-2} x^{g_{p-2}}$$

wird. Es seien ferner x und α nicht Wurzeln der Einheit, sondern x eine unbestimmte Variable und α eine Zahl $\equiv g^{p-1-m} \pmod{p}$. Setzt man $x = 1 + y$ und bezeichnet mit Y_n die Entwickelung von

$$\{\log(1+y)\}^n,$$

wenn man die y^{p-1} übersteigenden Potenzen von y fortwirft, so wird für die verschiedenen Zahlen α, welche man für die verschiedenen Werthe von m erhält,

$$F(1+y, \alpha) \equiv -\frac{Y_m}{\Pi(m)} \pmod{p},$$

wo die Congruenz für ein unbestimmtes y in Bezug auf die einzelnen Coefficienten der Potenzen von y stattfindet. Dies ist die gesuchte Beziehung, aus welcher durch Multiplication zweier Functionen F die obige zwischen den Functionen ψ und den Binomialcoefficienten folgt. Ich bemerke noch den Satz, dafs in der Entwickelung der $(2m)^{\text{ten}}$ Potenz von $\log(1+y)$ der Coefficient von y^p, wenn p eine Primzahl und $> 2m+1$ ist, immer ein Vielfaches von p zum Zähler erhält, wenn man ihn auf seinen kleinsten Ausdruck bringt.

Die bisher noch nirgends angegebene wahre Form der Wurzeln der Gleichung $x^p = 1$ ist folgende. Man kann, wie bekannt, diese Wurzeln leicht durch blofse Addition aus den Functionen $F(\alpha)$ zusammensetzen. Ist λ ein Factor von $p-1$ und $\alpha^\lambda = 1$, so ist ferner bekannt, dafs $\{F(\alpha)\}^\lambda$ eine blofse Function von α ist. Man braucht aber nur diejenigen Werthe von $F(\alpha)$ zu kennen, für welche λ Potenz einer Primzahl ist. Es sei nämlich $\lambda\lambda'\lambda'' \ldots$ ein Factor von $p-1$; ferner seien $\lambda, \lambda', \lambda'', \ldots$ Potenzen verschiedener Primzahlen und $\alpha, \alpha', \alpha'', \ldots$ primitive $\lambda^{\text{te}}, \lambda'^{\text{te}}, \lambda''^{\text{te}}, \ldots$ Wurzeln der Einheit, so wird

$$F(\alpha\alpha'\alpha'' \ldots) = \frac{F(\alpha) F(\alpha') F(\alpha'') \ldots}{\psi(\alpha, \alpha', \alpha'', \ldots)},$$

wo $\psi(\alpha, \alpha', \alpha'', \ldots)$ eine ganze rationale Function von $\alpha, \alpha', \alpha'', \ldots$ bedeutet, deren Coefficienten ganze Zahlen sind. Es kommen daher, wenn man immer die $(p-1)^{\text{ten}}$ Wurzeln der Einheit als gegeben ansieht, in dem Ausdruck von x nur Wurzelgrößsen, deren Exponenten Potenzen von Primzahlen sind, und die Producte solcher Wurzelgrößsen vor. Wenn $\lambda = \mu^n$ und μ eine Primzahl ist, findet man die Function $F(\alpha)$ auf folgende Art. Man setze

$$F(\alpha)F(\alpha^i) = \psi_i(\alpha)F(\alpha^{i+1}),$$

so wird

$$F(\alpha) = \sqrt[\mu]{\psi_1(\alpha)\psi_2(\alpha)\ldots\psi_{\mu-1}(\alpha).F(\alpha^\mu)},$$

$$F(\alpha^\mu) = \sqrt[\mu]{\psi_1(\alpha^\mu)\psi_2(\alpha^\mu)\ldots\psi_{\mu-1}(\alpha^\mu).F(\alpha^{\mu^2})}$$

u. s. w., zuletzt*)

$$F(\alpha^{\mu^{n-1}}) = \sqrt[\mu]{\psi_1(\alpha^{\mu^{n-1}})\psi_2(\alpha^{\mu^{n-1}})\ldots\psi_{\mu-1}(\alpha^{\mu^{n-1}}).(-1)^{\frac{p-1}{\mu}}p}.$$

Die $\mu-1$ Functionen ψ bestimmen nicht nur sämmtliche Größsen unter den Wurzelzeichen, sondern auch die gegenseitige Abhängigkeit der Wurzelgrößsen selbst. Setzt man nämlich für α die verschiedenen Potenzen von α, so kann man vermittelst der so erhaltenen Werthe dieser Functionen alle μ^n-1 Functionen $F(\alpha^i)$ durch die Potenzen von $F(\alpha)$ rational ausdrücken, indem alle μ^n-1 Größsen

$$\frac{[F(\alpha)]^i}{F(\alpha^i)}$$

immer einem Product aus den Werthen mehrerer der $\mu-1$ Functionen $\psi(\alpha)$ gleich werden. Hierin besteht einer der größsten Vorzüge der hier angegebenen Methode vor der Gaufsschen, indem in dieser die Auffindung der Abhängigkeit der verschiedenen Wurzelgrößsen eine ganz besondere, wegen ihrer grofsen Mühseligkeit selbst für kleine Primzahlen nicht mehr ausführbare, Arbeit verursacht, während die Einführung der Functionen ψ *gleichzeitig* die Größsen unter den Wurzelzeichen und die Abhängigkeit der Wurzelgrößsen giebt. Die Bildung der Functionen ψ geschieht nach einem überaus einfachen Algorithmus, der nur erfordert, dafs man sich aus der Tabelle für die Reste von g^m eine andere bildet, welche

$$g^{m'} \equiv 1 + g^m \pmod{p}$$

*) Wenn $n = 1$, lassen sich die $\mu-1$ Functionen immer auf den 6ten Theil unmittelbar zurückführen. Ich habe sogar durch eine bis $\mu = 31$ fortgesetzte Induction gefunden, dafs sich alle Functionen ψ immer durch die Werthe einer einzigen ausdrücken lassen.

giebt. Nach diesen Regeln hat jetzt einer meiner Zuhörer in einer von der hiesigen Universität gekrönten Preisschrift die Gleichungen $x^p = 1$ für alle Primzahlen p bis 103 vollständig aufgelöst*).

Einer der für die Zahlentheorie fruchtbarsten Sätze ist folgender.

Es seien die Zahlen $m, m', m'', \ldots$ positiv und kleiner als $p-1$; es werden durch $m_i, m'_i, m''_i, \ldots$ die kleinsten positiven Reste bezeichnet, welche $im, im', im'', \ldots$ durch $p-1$ dividirt ergeben; es sei

$$m_i + m'_i + m''_i + \cdots = n_i(p-1) + s_i,$$

wo s_i ebenfalls positiv und kleiner als $p-1$; ist ν die kleinste unter den Zahlen $n_1, n_2, \ldots, n_{p-1}$, und setzt man

$$F(r^{-m})F(r^{-m'})F(r^{-m''})\ldots = \chi(r)F(r^{-s}),$$

so werden die ganzzahligen Coefficienten in $\chi(r)$ alle durch p^ν theilbar und durch keine höhere Potenz von p; setzt man $\chi(r) = p^\nu \chi'(r)$ und in $\chi'(r)$ für r die primitive Wurzel g, so wird

$$\chi'(g) \equiv \pm \frac{\Pi(s)}{\Pi(m)\Pi(m')\Pi(m'')\ldots} \quad (\text{mod.}\, p).$$

Die Anwendung dieses Satzes giebt eigenthümliche Theoreme, von denen ich vor einer Reihe von Jahren ein Specimen im Crelleschen Journal (cf. p. 240 dieses Bandes) mitgetheilt habe, die Zahl der reducirten quadratischen Formen der Theiler von $yy + pzz$ betreffend, wenn p eine Primzahl von der Form $4n+3$ ist**). Wenn ich diesen Theoremen die Allgemeinheit gegeben haben werde, deren sie fähig scheinen, werde ich mir die Ehre geben, sie ebenfalls der Akademie vorzulegen. Sie bilden gewissermaſsen ein Verbin-

---

*) Bei dieser Gelegenheit hat derselbe (Herr Rosenhain) den merkwürdigen Satz bewiesen, dafs, wenn α die 5te, γ die 3te Wurzel der Einheit, p von der Form $30n+1$, $24 \equiv g^{m}$ (mod. p) ist, immer

$$F(\alpha)F(-\gamma) = \alpha^m \cdot \frac{A + B\sqrt{-3}}{2} F(-\alpha\gamma)$$

wird, wo

$$A \equiv -2, \quad B \equiv 0 \quad (\text{mod. } 5),$$
$$AA + 3BB = 4p.$$

**) Für die Primzahlen von der Form $4n+1$ findet ein ganz analoger Satz statt; die Zahl der quadratischen Reste zwischen 0 und $\frac{1}{2}p$ giebt hier die Zahl der Formen.

dungsglied zwischen den beiden Haupttheilen der höheren Arithmetik, der Kreistheilung und der Theorie der quadratischen Formen.

Die hauptsächlichste Anwendung der Kreistheilung habe ich auf die Theorie der cubischen und biquadratischen Reste gemacht, und mit großer Leichtigkeit und Einfachheit den schönen Gaufsschen Satz in seiner zweiten Abhandlung über die biquadratischen Reste, dessen bisher noch nicht bekannt gemachten Beweis derselbe als ein *mysterium maxime reconditum* bezeichnet, wahrscheinlich auf ganz verschiedenem Wege abgeleitet*). Die höchste Einfachheit hat der Reciprocitätssatz für cubische Reste, dessen Beweis sich fast mit einem Striche aus den bekannten Formeln der Kreistheilung findet. Sind nämlich

$$\frac{L+M\sqrt{-3}}{2} \quad \text{und} \quad \frac{L'+M'\sqrt{-3}}{2},$$

wo M und M' durch 3 aufgehen (auch 0 sein können), zwei complexe Primzahlen, und bezeichnet man durch

$$\left(\frac{x+y\sqrt{-3}}{\frac{1}{2}(L+M\sqrt{-3})}\right)$$

diejenige der Gröfsen

$$1, \quad \frac{-1+\sqrt{-3}}{2}, \quad \frac{-1-\sqrt{-3}}{2},$$

welche in Bezug auf den Modul $\frac{L+M\sqrt{-3}}{2}$ der Potenz

$$(x+y\sqrt{-3})^{\frac{\frac{1}{4}(LL+3MM)-1}{3}}$$

congruent ist, so wird geradezu

$$\left(\frac{\frac{1}{2}(L'+M'\sqrt{-3})}{\frac{1}{2}(L+M\sqrt{-3})}\right) = \left(\frac{\frac{1}{2}(L+M\sqrt{-3})}{\frac{1}{2}(L'+M'\sqrt{-3})}\right).$$

Die Beweise dieser Sätze konnten in den vergangenen Wintervorlesungen ohne Schwierigkeit meinen Zuhörern mitgetheilt werden**).

---

*) Dieser Satz betrifft die biquadratische Reciprocität zwischen zwei complexen Primzahlen $a+b\sqrt{-1}$ und $c+d\sqrt{-1}$; den ebenfalls zuerst von Gaufs aufgestellten Satz über deren quadratische Reciprocität hat Dirichlet bewiesen.

**) Diese aus vielfach verbreiteten Nachschriften der oben erwähnten Vorlesungen auch den Herren

Die Anwendung des Legendreschen Reciprocitätssatzes auf die Untersuchung, ob eine Primzahl von einer anderen quadratischer Rest oder Nichtrest sei, erfordert bekanntlich die Zerfällung der successiv gefundenen Reste in Primfactoren und die besondere Behandlung jedes derselben. Gaufs hat die Theorie der quadratischen Reste wesentlich vervollkommnet, indem er durch einen ihm eigenthümlichen Satz diese Untersuchung, ohne Factorenzerfällung nöthig zu haben, auf die Verwandlung eines Bruchs in einen Kettenbruch zurückgeführt hat. Ich habe die gleiche Vollkommenheit der Theorie der biquadratischen und cubischen Reste gegeben, wozu es nur einer leicht sich ergebenden Verallgemeinerung der Reciprocitätssätze bedurfte. Ist nämlich, um diese Verallgemeinerung für die quadratischen Reste anzudeuten, p irgend eine ungerade Zahl gleich $f\,f'f'' \ldots$, wo $f, f', f'', \ldots$ gleiche oder verschiedene Primzahlen bedeuten, so dehne ich die schöne Legendresche Bezeichnung auf zusammengesetzte Zahlen p in der Art aus, dafs ich mit

$$\left(\frac{x}{p}\right),$$

wenn x zu p Primzahl ist, das Product

$$\left(\frac{x}{f}\right)\left(\frac{x}{f'}\right)\left(\frac{x}{f''}\right)\ldots$$

bezeichne. Sind p und p' zwei ungerade Zahlen, die keinen gemeinschaftlichen Theiler haben, beide positiv, oder auch eine positiv, die andere negativ, so hat man, ganz wie bei Primzahlen,

$$\left(\frac{p'}{p}\right) = (-1)^{\frac{p-1}{2}\cdot\frac{p'-1}{2}}\left(\frac{p}{p'}\right),$$

$$\left(\frac{2}{p}\right) = (-1)^{\frac{p^2-1}{8}},$$

$$\left(\frac{-1}{p}\right) = (-1)^{\frac{p-1}{2}},$$

Professoren Dirichlet und Kummer seit mehreren Jahren bekannten Beweise sind neuerdings von Herrn Dr. Eisenstein im 27ten Bande des Crelleschen Journals S. 289 und im 28ten Bande desselben Journals S. 53 publicirt worden. Der S. 41 des 28ten Bandes von Herrn Dr. Eisenstein gegebene Beweis des quadratischen Reciprocitätssatzes ist der nämliche, welchen ich im Jahre 1827 Legendre mitgetheilt und dieser in die 3te Ausgabe seiner Zahlentheorie aufgenommen hat.

Die oben erwähnten auf die quadratischen Formen bezüglichen Sätze sind jetzt Theile einer grofsen von Dirichlet gegründeten Theorie geworden.

October 1845. *J.*

und diese Formeln geben den Werth von $\left(\frac{p'}{p}\right)$ vermittelst der gewöhnlichen Verwandlung von $\frac{p'}{p}$ in einen Kettenbruch durch eine von der Gaufsschen wesentlich verschiedene und einfachere Regel. Auf diese Weise erfordert die Bestimmung von $\left(\frac{p'}{p}\right)$ nur die Untersuchung, ob p und p' wirklich, wie die Definition verlangt, keinen gemeinschaftlichen Theiler haben. Genau dasselbe läfst sich bei den biquadratischen und cubischen Resten anwenden, für welche ich ähnliche Bezeichnungen eingeführt habe. Die Anwendung des so verallgemeinerten Zeichens $\left(\frac{x}{p}\right)$ gewährt bei einiger Übung die angenehmsten Erleichterungen.

Mit den Resten der 8ten und 5ten Potenzen, welche ganz neue Principien nöthig machen, bin ich ziemlich weit vorgerückt; sobald ich den betreffenden Reciprocitätsgesetzen die wünschenswerthe Vollendung gegeben habe, werde ich sie der Akademie mittheilen. Das Wichtigste hierbei dürfte die Aussicht sein, welche diese Principien auf eine dereinstige Verallgemeinerung und Vereinfachung der höheren Arithmetik gewähren.

Eine meiner frühesten Anwendungen der Kreistheilung betrifft die cyclometrische Auflösung der Pellschen Aufgabe. Aus einer vor mir liegenden, von dem jetzt am Danziger Gymnasium angestellten Oberlehrer Czwalina angefertigten, Nachschrift einer von mir vor mehreren Jahren gehaltenen Vorlesung entnehme ich folgende Sätze.

Es sei p eine Primzahl von der Form $4n+1$; bezeichnet man mit a ihre quadratischen Reste zwischen 0 und $\frac{1}{2}p$, so wird

$$\sqrt{p}\{\sqrt{p}\,y+x\} = 2^{\frac{p+1}{2}}\,\Pi \sin^2\frac{a\pi}{p},$$

wo $x^2-py^2 = -4$, und durch das vorgesetzte Π das Product aus sämmtlichen Factoren $\sin^2\frac{a\pi}{p}$ bezeichnet wird.

Es sei q eine Primzahl von der Form $8n+3$; bezeichnet man mit a ihre quadratischen Reste, so wird

$$x+y\sqrt{q} = \sqrt{2}\;\Pi \sin\left(\frac{a\pi}{q}+\frac{\pi}{4}\right),$$

wo $x^2-qy^2 = -2$.

Es seien q und q' zwei Primzahlen von der Form $4n+3$, q quadratischer

Rest von q'; es seien ferner respective a und a' die kleinsten positiven quadratischen Reste von q und von q', so wird

$$2^{\frac{q-1}{2}\cdot\frac{q'-1}{2}}\,\Pi\sin\left(\frac{a\pi}{q}+\frac{a'\pi}{q'}\right)=\sqrt{q}\,x+\sqrt{q'}\,y,$$

wo $qx^2-q'y^2=4$, u. s. w.

Wenn x und y nicht gerade sind, giebt die Cubirung der Gleichungen

$$x^2-py^2=-4,\qquad qx^2-q'y^2=4$$

die Lösung der Gleichungen

$$u^2-pv^2=-1,\qquad qu^2-q'v^2=+1.$$

I. Tabelle für die Zerfällung der Primzahlen p von der Form $4n+1$ in die Summe zweier Quadrate*).

$$p = a^2 + b^2.$$

p	a	b	p	a	b	p	a	b	p	a	b	p	a	b	p	a	b
5	1	2	401	1	20	881	25	16	1409	25	28	1993	43	12	2549	7	50
13	3	2	409	3	20	929	23	20	1429	23	30	1997	29	34	2557	21	46
17	1	4	421	15	14	937	19	24	1433	37	8	2017	9	44	2593	17	48
29	5	2	433	17	12	941	29	10	1453	3	38	2029	45	2	2609	47	20
37	1	6	449	7	20	953	13	28	1481	35	16	2053	17	42	2617	51	4
41	5	4	457	21	4	977	31	4	1489	33	20	2069	25	38	2621	11	50
53	7	2	461	19	10	997	31	6	1493	7	38	2081	41	20	2633	43	28
61	5	6	509	5	22	1009	15	28	1549	35	18	2089	45	8	2657	49	16
73	3	8	521	11	20	1013	23	22	1553	23	32	2113	33	32	2677	39	34
89	5	8	541	21	10	1021	11	30	1597	21	34	2129	23	40	2689	33	40
97	9	4	557	19	14	1033	3	32	1601	1	40	2137	29	36	2693	47	22
101	1	10	569	13	20	1049	5	32	1609	3	40	2141	5	46	2713	3	52
109	3	10	577	1	24	1061	31	10	1613	13	38	2153	37	28	2729	5	52
113	7	8	593	23	8	1069	13	30	1621	39	10	2161	15	44	2741	25	46
137	11	4	601	5	24	1093	33	2	1637	31	26	2213	47	2	2749	43	30
149	7	10	613	17	18	1097	29	16	1657	19	36	2221	45	14	2753	7	52
157	11	6	617	19	16	1109	25	22	1669	15	38	2237	11	46	2777	29	44
173	13	2	641	25	4	1117	21	26	1693	37	18	2269	37	30	2789	17	50
181	9	10	653	13	22	1129	27	20	1697	41	4	2273	47	8	2797	51	14
193	7	12	661	25	6	1153	33	8	1709	35	22	2281	45	16	2801	49	20
229	15	2	673	23	12	1181	5	34	1721	11	40	2293	23	42	2833	23	48
233	13	8	677	1	26	1193	13	32	1733	17	38	2297	19	44	2837	41	34
241	15	4	701	5	26	1201	25	24	1741	29	30	2309	47	10	2857	51	16
257	1	16	709	15	22	1213	27	22	1753	27	32	2333	43	22	2861	19	50
269	13	10	733	27	2	1217	31	16	1777	39	16	2341	15	46	2897	31	44
277	9	14	757	9	26	1229	35	2	1789	5	42	2357	41	26	2909	53	10
281	5	16	761	19	20	1237	9	34	1801	35	24	2377	21	44	2917	1	54
293	17	2	769	25	12	1249	15	32	1861	31	30	2381	35	34	2953	53	12
313	13	12	773	17	22	1277	11	34	1873	33	28	2389	25	42	2957	29	46
317	11	14	797	11	26	1289	35	8	1877	41	14	2393	37	32	2969	37	40
337	9	16	809	5	28	1297	1	36	1889	17	40	2417	49	4	3001	51	20
349	5	18	821	25	14	1301	25	26	1901	35	26	2437	49	6	3037	11	54
353	17	8	829	27	10	1321	5	36	1913	43	8	2441	29	40	3041	55	4
373	7	18	853	23	18	1361	31	20	1933	13	42	2473	13	48	3049	45	32
389	17	10	857	29	4	1373	37	2	1949	43	10	2477	19	46	3061	55	6
397	19	6	877	29	6	1381	15	34	1973	23	38	2521	35	36	3089	55	8

*) Ich lasse hier die Tabellen folgen, die ich in dem vorstehenden Aufsatze erwähnt habe. Die Berechnung der Tabellen I und II verdanke ich der Gefälligkeit des Herrn Director Zornow.

Oct. 1845. J.

p	*a*	*b*	*p*	*a*	*b*	*p*	*a*	*b*	*p*	*a*	*b*	*p*	*a*	*b*	*p*	*a*	*b*
3109	47	30	3917	61	14	4793	13	68	5669	65	38	6481	9	80	7433	53	68
3121	39	40	3929	35	52	4801	65	24	5689	75	8	6521	11	80	7457	41	76
3137	1	56	3989	25	58	4813	67	18	5693	43	62	6529	65	48	7477	9	86
3169	55	12	4001	49	40	4817	41	56	5701	15	74	6553	37	72	7481	85	16
3181	45	34	4013	13	62	4861	69	10	5717	71	26	6569	13	80	7489	33	80
3209	53	20	4021	39	50	4877	61	34	5737	51	56	6577	81	4	7517	11	86
3217	9	56	4049	55	32	4889	67	20	5741	29	70	6581	41	70	7529	77	40
3221	55	14	4057	59	24	4909	3	70	5749	57	50	6637	61	54	7537	79	36
3229	27	50	4073	37	52	4933	33	62	5801	5	76	6653	53	62	7541	71	50
3253	57	2	4093	27	58	4937	29	64	5813	73	22	6661	81	10	7549	85	18
3257	11	56	4129	23	60	4957	69	14	5821	75	14	6673	63	52	7561	75	44
3301	49	30	4133	17	62	4969	37	60	5849	35	68	6689	17	80	7573	87	2
3313	57	8	4153	43	48	4973	67	22	5857	9	76	6701	35	74	7577	59	64
3329	25	52	4157	59	26	4993	63	32	5861	31	70	6709	25	78	7589	65	58
3361	15	56	4177	9	64	5009	65	28	5869	45	62	6733	3	82	7621	15	86
3373	3	58	4201	51	40	5021	11	70	5881	75	16	6737	31	76	7649	55	68
3389	5	58	4217	11	64	5077	71	6	5897	11	76	6761	19	80	7669	87	10
3413	7	58	4229	65	2	5081	59	40	5953	57	52	6781	75	34	7673	83	28
3433	27	52	4241	65	4	5101	51	50	5981	59	50	6793	67	48	7681	25	84
3449	43	40	4253	53	38	5113	53	48	6029	77	10	6829	77	30	7717	81	34
3457	39	44	4261	65	6	5153	23	68	6037	41	66	6833	47	68	7741	75	46
3461	31	50	4273	57	32	5189	17	70	6053	47	62	6841	21	80	7753	3	88
3469	45	38	4289	65	8	5197	29	66	6073	77	12	6857	61	56	7757	19	86
3517	59	6	4297	61	24	5209	5	72	6089	67	40	6869	55	62	7789	83	30
3529	35	48	4337	49	44	5233	7	72	6101	25	74	6917	79	26	7793	7	88
3533	13	58	4349	43	50	5237	71	14	6113	73	28	6949	15	82	7817	61	64
3541	25	54	4357	1	66	5261	19	70	6121	45	64	6961	81	20	7829	73	50
3557	49	34	4373	23	62	5273	67	18	6133	7	78	6977	71	44	7841	79	40
3581	59	10	4397	61	26	5281	41	60	6173	53	58	7001	35	76	7853	67	58
3593	53	28	4409	53	40	5297	71	16	6197	71	34	7013	17	82	7873	57	68
3613	43	42	4421	65	14	5309	53	50	6217	21	76	7057	1	84	7877	49	74
3617	41	44	4441	29	60	5333	73	2	6221	61	50	7069	75	38	7901	85	26
3637	39	46	4457	19	64	5381	65	34	6229	73	30	7109	47	70	7933	43	78
3673	37	48	4481	65	16	5393	73	8	6257	79	4	7121	55	64	7937	89	4
3677	59	14	4493	67	2	5413	63	38	6269	37	70	7129	27	80	7949	35	82
3697	49	36	4513	47	48	5417	59	44	6277	79	6	7177	11	84	7993	53	72
3701	55	26	4517	49	46	5437	69	26	6301	75	26	7193	67	52	8009	85	28
3709	53	30	4549	65	18	5441	71	20	6317	29	74	7213	83	18	8017	31	84
3733	57	22	4561	31	60	5449	43	60	6329	77	20	7229	85	2	8053	87	22
3761	25	56	4597	41	54	5477	1	74	6337	71	36	7237	81	26	8069	65	62
3769	13	60	4621	61	30	5501	5	74	6353	73	32	7253	23	82	8081	41	80
3793	33	52	4637	59	34	5521	65	36	6361	69	40	7297	39	76	8089	67	60
3797	41	46	4649	5	68	5557	9	74	6373	17	78	7309	35	78	8093	37	82
3821	61	10	4657	39	56	5569	63	40	6389	55	58	7321	61	60	8101	1	90
3833	53	32	4673	7	68	5573	47	58	6397	59	54	7333	63	58	8117	89	14
3853	3	62	4721	25	64	5581	35	66	6421	39	70	7349	25	82	8161	81	40
3877	31	54	4729	45	52	5641	75	4	6449	7	80	7369	85	12	8209	55	72
3881	59	20	4733	37	58	5653	73	18	6469	63	50	7393	47	72	8221	11	90
3889	17	60	4789	55	42	5657	61	44	6473	43	68	7417	19	84	8233	77	48

p	*a*	*b*	*p*	*a*	*b*	*p*	*a*	*b*	*p*	*a*	*b*	*p*	*a*	*b*	*p*	*a*	*b*
8237	29	86	8821	89	30	9413	97	2	10037	89	46	10657	81	64	11329	95	48
8269	13	90	8837	1	94	9421	45	86	10061	35	94	10709	103	10	11353	93	52
8273	23	88	8849	65	68	9433	93	28	10069	87	50	10729	27	100	11369	37	100
8293	47	78	8861	5	94	9437	91	34	10093	93	38	10733	83	62	11393	103	28
8297	91	4	8893	53	78	9461	25	94	10133	23	98	10753	103	12	11437	51	94
8317	91	6	8929	73	60	9473	97	8	10141	85	54	10781	91	50	11489	55	92
8329	75	52	8933	47	82	9497	61	76	10169	13	100	10789	95	42	11497	101	36
8353	87	28	8941	29	90	9521	89	40	10177	31	96	10837	89	54	11549	107	10
8369	25	88	8969	35	88	9533	53	82	10181	95	34	10853	97	38	11593	107	12
8377	51	76	9001	51	80	9601	95	24	10193	97	28	10861	45	94	11597	19	106
8389	17	90	9013	87	38	9613	3	98	10253	83	58	10889	67	80	11617	49	96
8429	77	50	9029	95	2	9629	5	98	10273	87	52	10909	53	90	11621	65	86
8461	19	90	9041	95	4	9649	57	80	10289	17	100	10937	11	104	11633	103	32
8501	55	74	9049	93	20	9661	69	70	10301	101	10	10949	65	82	11657	29	104
8513	7	92	9109	55	78	9677	29	94	10313	43	92	10957	99	34	11677	21	106
8521	85	36	9133	93	22	9689	35	92	10321	95	36	10973	37	98	11681	41	100
8537	91	16	9137	71	64	9697	81	56	10333	27	98	10993	57	88	11689	5	108
8573	43	82	9157	79	54	9721	75	64	10337	79	64	11057	89	56	11701	105	26
8581	65	66	9161	85	44	9733	97	18	10357	39	94	11069	85	62	11717	79	74
8597	89	26	9173	73	62	9749	55	82	10369	63	80	11093	103	22	11777	31	104
8609	53	80	9181	91	30	9769	45	88	10429	5	102	11113	77	72	11789	83	70
8629	23	90	9209	53	80	9781	41	90	10433	97	32	11117	61	86	11801	101	40
8641	71	60	9221	95	14	9817	99	4	10453	7	102	11149	93	50	11813	47	98
8669	85	38	9241	5	96	9829	15	98	10457	101	16	11161	69	80	11821	61	90
8677	81	46	9257	59	76	9833	37	92	10477	99	26	11177	19	104	11833	13	108
8681	91	20	9277	21	94	9857	89	44	10501	49	90	11197	91	54	11897	109	4
8689	15	92	9281	95	16	9901	99	10	10513	73	72	11213	67	82	11909	97	50
8693	73	58	9293	77	58	9929	85	52	10529	23	100	11257	21	104	11933	107	22
8713	93	8	9337	11	96	9941	71	70	10589	85	58	11261	5	106	11941	95	54
8737	41	84	9341	85	46	9949	43	90	10597	79	66	11273	53	92	11953	17	108
8741	79	50	9349	95	18	9973	57	82	10601	101	20	11317	9	106	11969	65	88
8753	17	92	9377	79	56	10009	3	100	10613	103	2	11321	85	64	11981	109	10
8761	75	56	9397	71	66												

II. Tabelle für die Zerfällung der Primzahlen p von der Form $6n+1$ in ein Quadrat und das Dreifache eines anderen Quadrats.

$$p = A^2 + 3B^2.$$

p	A	B	p	A	B	p	A	B	p	A	B	p	A	B	p	A	B
7	2	1	439	14	9	1021	7	18	1609	29	16	2221	47	2	2851	52	7
13	1	2	457	5	12	1033	29	8	1621	13	22	2239	34	19	2857	53	4
19	4	1	463	10	11	1039	26	11	1627	40	3	2251	8	27	2887	2	31
31	2	3	487	22	1	1051	32	3	1657	35	12	2269	41	14	2917	53	6
37	5	2	499	16	9	1063	14	17	1663	34	13	2281	43	12	2953	35	24
43	4	3	523	4	13	1069	31	6	1669	37	10	2287	10	27	2971	28	27
61	7	2	541	23	2	1087	2	19	1693	41	2	2293	29	22	3001	53	8
67	8	1	547	20	7	1093	11	18	1699	32	15	2311	38	17	3019	44	19
73	5	4	571	8	13	1117	23	14	1723	20	21	2341	37	18	3037	55	2
79	2	5	577	23	4	1123	16	17	1741	17	22	2347	32	21	3049	43	20
97	7	4	601	13	12	1129	19	16	1747	40	7	2371	28	23	3061	19	30
103	10	1	607	10	13	1153	31	8	1753	5	24	2377	5	28	3067	52	11
109	1	6	613	5	14	1171	32	7	1759	26	19	2383	14	27	3079	14	31
127	10	3	619	16	11	1201	1	20	1777	7	24	2389	19	26	3109	53	10
139	8	5	631	22	7	1213	25	14	1783	14	23	2437	43	14	3121	7	32
151	2	7	643	20	9	1231	34	5	1789	41	6	2467	40	17	3163	56	3
157	7	6	661	19	10	1237	35	2	1801	37	12	2473	11	28	3169	49	16
163	4	7	673	25	4	1249	7	20	1831	34	15	2503	50	1	3181	47	18
181	13	2	691	4	15	1279	14	19	1861	43	2	2521	13	28	3187	40	23
193	1	8	709	11	14	1291	28	13	1867	28	19	2539	4	29	3217	55	8
199	14	1	727	22	9	1297	23	16	1873	41	8	2551	26	25	3229	23	30
211	8	7	733	25	6	1303	34	7	1879	2	25	2557	23	26	3253	35	26
223	14	3	739	8	15	1321	11	20	1933	31	18	2593	49	8	3259	44	21
229	11	6	751	26	5	1327	2	21	1951	38	13	2617	43	16	3271	2	33
241	7	8	757	13	14	1381	37	2	1987	20	23	2647	50	7	3301	43	22
271	14	5	769	1	16	1399	34	9	1993	35	16	2659	28	25	3307	28	29
277	13	6	787	28	1	1423	10	21	1999	26	21	2671	22	27	3313	31	28
283	16	3	811	28	3	1429	29	14	2011	44	5	2677	35	22	3319	38	25
307	8	9	823	26	7	1447	38	1	2017	17	24	2683	40	19	3331	8	33
313	11	8	829	23	10	1453	1	22	2029	1	26	2689	31	24	3343	34	27
331	16	5	853	29	2	1459	28	15	2053	5	26	2707	52	1	3361	17	32
337	17	4	859	28	5	1471	38	3	2083	44	7	2713	19	28	3373	49	18
349	7	10	877	17	14	1483	20	19	2089	19	24	2719	14	29	3391	58	3
367	2	11	907	20	13	1489	17	20	2113	41	12	2731	52	3	3433	19	32
373	19	2	919	26	9	1531	32	13	2131	16	25	2749	7	30	3457	55	12
379	4	11	937	13	16	1543	26	17	2137	37	16	2767	38	21	3463	14	33
397	17	6	967	10	17	1549	31	14	2143	46	3	2791	46	15	3469	1	34
409	19	4	991	22	13	1567	22	19	2161	31	20	2797	47	14	3499	56	11
421	11	10	997	5	18	1579	16	21	2179	44	9	2803	44	17	3511	58	7
433	1	12	1009	31	4	1597	25	18	2203	4	27	2833	49	12	3517	7	34

p	A	B	p	A	B	p	A	B	p	A	B	p	A	B	p	A	B
3529	59	4	4327	38	31	5179	64	19	6073	61	28	6883	16	47	7789	17	50
3541	29	30	4339	64	9	5197	65	18	6079	2	45	6907	80	13	7867	8	51
3547	32	29	4357	5	38	5209	59	24	6091	4	45	6949	59	34	7873	31	48
3559	26	31	4363	16	37	5227	52	29	6121	77	8	6961	7	48	7879	26	49
3571	52	17	4423	34	33	5233	71	8	6133	29	42	6967	82	9	7927	58	39
3583	50	19	4441	37	32	5281	47	32	6151	74	15	6991	38	43	7933	89	2
3607	58	9	4447	58	19	5323	56	27	6163	40	39	6997	83	6	7951	62	37
3613	55	14	4483	40	31	5347	28	39	6199	34	41	7027	20	47	7963	76	27
3631	38	27	4507	20	37	5407	70	13	6211	68	23	7039	58	35	7993	85	16
3637	13	34	4513	25	36	5413	11	42	6217	67	24	7057	73	24	8011	44	45
3643	56	13	4519	62	15	5419	64	21	6229	77	10	7069	71	26	8017	47	44
3673	59	8	4549	43	30	5431	62	23	6247	58	31	7129	77	20	8053	61	38
3691	4	35	4561	47	28	5437	73	6	6271	14	45	7159	46	41	8059	16	51
3697	25	32	4567	2	39	5443	20	41	6277	53	34	7177	37	44	8089	83	20
3709	41	26	4591	22	37	5449	61	24	6301	73	18	7207	2	49	8101	53	42
3727	58	11	4597	67	6	5479	74	1	6337	23	44	7213	79	18	8161	7	52
3733	61	2	4603	64	13	5503	74	3	6343	74	17	7219	4	49	8167	70	33
3739	8	35	4621	17	38	5521	73	8	6361	77	12	7237	85	2	8179	56	41
3769	61	4	4639	46	29	5527	22	41	6367	62	29	7243	56	37	8191	46	45
3793	55	16	4651	68	3	5557	35	38	6373	5	46	7297	65	32	8209	49	44
3823	50	21	4657	65	12	5563	4	43	6379	52	35	7309	31	46	8221	89	10
3847	62	1	4663	10	39	5569	41	36	6397	7	46	7321	83	12	8233	11	52
3853	49	22	4723	56	23	5581	17	42	6421	61	30	7333	85	6	8263	86	17
3877	43	26	4729	29	36	5623	74	7	6433	79	8	7351	74	25	8269	79	26
3889	1	36	4759	14	39	5641	29	40	6451	76	15	7369	59	36	8287	22	51
3907	32	31	4783	26	37	5647	10	43	6469	11	46	7393	71	28	8293	91	2
3919	62	5	4789	67	10	5653	19	42	6481	41	44	7411	28	47	8311	82	23
3931	16	35	4801	1	40	5659	56	29	6529	73	20	7417	85	8	8317	55	42
3943	26	33	4813	65	14	5683	64	23	6547	80	7	7459	16	49	8329	91	4
3967	38	29	4831	34	35	5689	67	20	6553	59	32	7477	83	14	8353	89	12
4003	56	17	4861	23	38	5701	37	38	6571	32	43	7489	41	44	8377	67	36
4021	61	10	4903	70	1	5737	43	36	6577	65	28	7507	68	31	8389	91	6
4027	52	21	4909	47	30	5743	14	43	6607	50	37	7537	25	48	8419	88	15
4051	28	33	4933	59	22	5749	61	26	6619	64	29	7549	7	50	8431	2	53
4057	13	36	4951	58	23	5779	76	1	6637	17	46	7561	67	32	8443	4	53
4093	25	34	4957	25	38	5791	46	35	6661	37	42	7573	35	46	8461	31	50
4099	64	1	4969	13	40	5821	23	42	6673	79	12	7591	82	17	8467	92	1
4111	2	37	4987	68	11	5827	28	41	6679	46	39	7603	20	49	8521	61	40
4129	49	24	4993	65	16	5839	74	11	6691	8	47	7621	11	50	8527	10	53
4153	61	12	4999	46	31	5851	76	5	6703	34	43	7639	86	9	8539	92	5
4159	22	35	5011	56	25	5857	7	44	6709	19	46	7669	13	50	8563	44	47
4177	17	36	5023	50	29	5869	49	34	6733	49	38	7681	73	28	8581	91	10
4201	43	28	5059	4	41	5881	53	32	6763	80	11	7687	22	49	8599	82	25
4219	56	19	5077	67	14	5923	76	7	6781	73	22	7699	56	39	8623	14	53
4231	58	17	5101	49	30	5953	65	24	6793	61	32	7717	37	46	8629	77	30
4243	64	7	5107	8	41	6007	38	39	6823	14	47	7723	80	21	8641	23	52
4261	53	22	5113	35	36	6037	77	6	6829	79	14	7741	71	30	8647	38	49
4273	65	4	5119	38	35	6043	44	37	6841	67	28	7753	29	48	8677	85	22
4297	35	32	5167	62	21	6067	32	41	6871	82	7	7759	86	11	8689	89	16

p	A	B	p	A	B	p	A	B	p	A	B	p	A	B	p	A	B
8707	92	9	9181	41	50	9739	44	51	10321	47	52	10867	100	17	11443	80	41
8713	91	12	9187	68	39	9769	19	56	10333	71	42	10891	104	5	11467	32	59
8719	86	21	9199	94	11	9781	67	42	10357	83	34	10903	34	57	11491	104	15
8731	68	37	9241	83	28	9787	92	21	10369	31	56	10909	103	10	11497	107	4
8737	25	52	9277	23	54	9811	8	57	10399	82	35	10939	56	51	11503	86	37
8761	43	48	9283	80	31	9817	77	36	10429	41	54	10957	47	54	11527	70	47
8779	52	45	9319	46	49	9829	59	46	10453	19	58	10987	92	29	11551	74	45
8803	40	49	9337	35	52	9859	28	55	10459	4	59	10993	89	32	11587	100	23
8821	67	38	9343	94	13	9871	38	53	10477	95	22	11047	62	49	11593	59	52
8839	94	1	9349	43	50	9883	76	37	10501	101	10	11059	104	9	11617	47	56
8863	94	3	9391	62	43	9901	49	50	10513	49	52	11071	86	35	11677	73	46
8887	62	41	9397	77	34	9907	52	49	10531	28	57	11083	100	19	11689	83	40
8893	89	18	9403	40	51	9931	88	27	10567	58	49	11113	85	36	11701	13	62
8923	80	29	9421	97	2	9949	89	26	10597	43	54	11119	26	59	11719	94	31
8929	71	36	9433	5	56	9967	98	11	10627	88	31	11131	52	53	11731	92	33
8941	79	30	9439	58	45	9973	35	54	10639	14	59	11149	49	54	11743	106	13
8971	92	13	9463	70	39	10009	91	24	10651	92	27	11161	19	60	11779	52	55
9001	77	32	9511	94	15	10039	74	39	10657	103	4	11173	101	28	11821	17	62
9007	70	37	9547	92	19	10069	61	46	10663	86	33	11197	103	14	11827	68	49
9013	61	42	9601	97	8	10093	1	58	10687	98	19	11239	106	1	11833	61	52
9043	76	33	9613	95	24	10099	32	55	10711	94	25	11251	68	47	11839	26	61
9049	91	16	9619	88	25	10111	98	13	10723	64	47	11257	43	56	11863	46	57
9067	88	21	9631	98	3	10141	7	58	10729	77	40	11287	82	39	11887	38	59
9091	4	55	9643	64	43	10159	94	21	10753	95	24	11299	64	49	11923	4	63
9103	26	53	9649	89	24	10177	97	16	10771	32	57	11317	35	58	11941	43	58
9109	19	54	9661	73	38	10243	100	9	10789	101	14	11329	23	60	11953	71	48
9127	50	47	9679	98	5	10267	88	29	10831	82	37	11353	91	32	11959	86	39
9133	95	6	9697	17	56	10273	89	28	10837	67	46	11383	106	7	11971	8	63
9151	74	35	9721	53	48	10303	50	51	10861	97	22	11437	97	26	12007	10	63
9157	53	46	9733	91	22												

III. Tabelle für die Zerfällung der Primzahlen von der Form $8n+1$ in ein Quadrat und das Doppelte eines anderen Quadrats*).

$$p = c^2 + 2d^2.$$

p	c	d	p	c	d	p	c	d	p	c	d	p	c	d	p	c	d
17	3	2	857	27	8	1777	25	24	2753	21	34	3793	61	6	4801	47	36
41	3	4	881	9	20	1801	1	30	2777	27	32	3833	39	34	4817	57	28
73	1	6	929	27	10	1873	35	18	2801	51	10	3881	3	44	4889	69	8
89	9	2	937	17	18	1889	33	20	2833	41	24	3889	19	42	4937	63	22
97	5	6	953	21	16	1913	39	14	2857	47	18	3929	27	40	4969	19	48
113	9	4	977	3	22	1993	29	24	2897	3	38	4001	63	4	4993	49	36
137	3	8	1009	19	18	2017	37	18	2953	19	36	4049	57	20	5009	3	50
193	11	6	1033	31	6	2081	27	26	2969	9	38	4057	23	42	5081	9	50
233	15	2	1049	9	22	2089	17	30	3001	43	24	4073	45	32	5113	71	6
241	13	6	1097	33	2	2113	31	24	3041	27	34	4129	59	18	5153	69	14
257	15	4	1129	29	12	2129	9	32	3049	49	18	4153	25	42	5209	41	42
281	9	10	1153	1	24	2137	43	12	3089	39	28	4177	55	24	5233	25	48
313	5	12	1193	15	22	2153	43	8	3121	23	36	4201	49	30	5273	69	16
337	7	12	1201	7	24	2161	19	30	3137	33	32	4217	57	22	5281	59	30
353	15	8	1217	33	8	2273	15	32	3169	37	30	4241	3	46	5297	57	32
401	3	14	1249	31	12	2281	47	6	3209	3	40	4273	41	36	5393	39	44
409	11	12	1289	33	10	2297	27	28	3217	25	36	4289	33	40	5417	3	52
433	19	6	1297	35	6	2377	35	24	3257	57	2	4297	65	6	5441	21	50
449	21	2	1321	13	24	2393	9	34	3313	55	12	4337	45	34	5449	29	48
457	13	12	1361	3	26	2417	45	14	3329	21	38	4409	39	38	5521	61	30
521	3	16	1409	21	22	2441	33	26	3361	47	24	4441	43	36	5569	31	48
569	21	8	1433	9	26	2473	49	6	3433	29	36	4457	15	46	5641	67	24
577	17	12	1481	33	14	2521	37	24	3449	57	10	4481	63	16	5657	75	4
593	9	16	1489	29	18	2593	1	36	3457	53	18	4513	65	12	5689	71	18
601	23	6	1553	39	4	2609	51	2	3529	1	42	4561	67	6	5737	47	42
617	15	14	1601	33	16	2617	5	36	3593	45	28	4649	51	32	5801	51	40
641	21	10	1609	31	28	2633	51	4	3617	27	38	4657	7	48	5849	21	52
673	5	18	1657	37	12	2657	33	28	3673	55	18	4673	21	46	5857	5	54
761	27	4	1697	27	22	2689	49	12	3697	13	42	4721	39	40	5881	7	54
769	11	18	1721	39	10	2713	11	36	3761	57	16	4729	11	48	5897	45	44
809	3	20	1753	41	6	2729	51	8	3769	59	12	4793	69	4	5953	11	54

*) Der verstorbene Director des altstädtischen Gymnasiums in Königsberg i. Pr., Dr. Struve, einer der geistreichsten Philologen, machte mir sehr umfangreiche Papiere zum Geschenk, welche die Zerfällungen aller geraden Zahlen bis 12000 in drei Quadrate enthalten. Aus diesen ist die vorstehende Tabelle entnommen. Leider sind in diesen Berechnungen, welche von ihm zur Zerstreuung in einer schweren Krankheit unternommen wurden, bisweilen einige der oft sehr zahlreichen Zerfällungen einer Zahl ausgelassen, wodurch der Werth dieser mühevollen und interessanten Arbeit verringert wird.

IV. Tabelle der Zahlen m' für das Argument m *).

$$1 + g^m \equiv g^{m'} \pmod{p}.$$

p	7	11	13	17	19	23	29	31	37	41	43	47	53	59	61	67	71	73	79	83	89	97	101	103
g	3	2	6	10	10	10	10	17	5	6	18	10	26	10	10	12	62	5	29	50	30	10	2	35
m																								
0	2	1	5	10	17	8	11	12	11	26	39	30	25	35	47	29	58	8	50	3	72	86	1	70
1	4	8	7	13	6	3	23	8	9	39	25	27	27	45	45	23	69	14	77	56	57	82	69	74
2	1	4	11	8	4	18	3	29	24	32	6	38	33	43	35	61	43	67	18	72	4	76	24	60
3	*	6	4	2	13	14	17	18	35	27	20	22	15	54	28	56	59	53	51	52	66	26	38	100
4	5	9	2	7	12	5	8	6	16	17	22	24	46	33	12	37	20	47	73	25	55	1	30	16
5	3	*	8	9	16	9	26	9	7	11	14	12	24	21	32	6	52	23	66	76	80	40	82	96
6	.	5	*	1	3	21	24	26	20	20	11	43	13	1	57	25	33	16	70	81	76	33	90	36
7	.	3*	3	5	14	13	9	23	25	23	33	23	28	9	6	21	24	32	29	23	40	39	11	49
8	.	2	10	*	9	20	13	22	5	3	10	6	5	42	49	47	37	6	23	38	3	61	37	76
9	.	7	1	14	*	19	15	28	28	34	1	4	50	19	2	58	4	55	36	22	26	64	3	53
10	.	.	9	11	1	17	20	5	27	18	37	11	1	48	56	44	61	27	56	68	69	12	93	99
11	.	.	6	4	7	*	27	21	34	7	40	39	40	8	22	43	53	40	39	44	48	88	91	88
12	.	.	.	3	15	7	19	13	6	22	28	45	8	27	17	52	30	9	42	4	43	21	65	35
13	.	.	.	15	11	10	25	24	3	4	12	21	45	37	55	4	10	54	3	77	45	56	71	31
14	.	.	.	6	8	12	*	17	15	29	7	17	37	31	29	41	6	33	20	40	20	92	86	4
15	.	.	.	12	10	6	12	*	10	12	38	25	17	28	31	3	54	11	74	42	34	69	62	72
16	.	.	.	.	2	15	7	3	29	9	31	34	22	30	20	24	25	1	63	61	15	57	21	79
17	.	.	.	.	5	4	16	11	21	5	36	2	16	6	30	15	40	39	49	31	24	85	98	43
18	.	.	.	.	.	1	10	1	*	19	21	14	4	12	52	2	46	49	7	66	71	5	49	19
19	.	.	.	.	.	11	6	10	4	21	32	5	39	39	38	45	50	45	72	69	41	90	51	51
20	.	.	.	.	.	16	5	25	13	*	8	29	30	56	10	30	13	62	24	57	81	31	74	84
21	.	.	.	.	.	2	2	19	31	2	*	15	3	3	24	18	32	20	62	19	11	63	63	66
22	.	.	.	.	.	.	18	14	1	1	30	35	14	26	48	11	7	59	34	2	47	73	36	50
23	.	.	.	.	.	.	21	16	26	28	13	*	18	11	21	36	35	58	60	28	14	29	8	52
24	.	.	.	.	.	.	4	20	30	33	3	13	35	23	1	20	38	12	55	9	82	7	70	15
25	.	.	.	.	.	.	14	4	23	37	19	40	9	32	43	42	3	4	33	59	54	70	13	59
26	.	.	.	.	.	.	1	2	17	15	15	9	*	18	40	31	45	56	13	17	38	46	78	40
27	.	.	.	.	.	.	22	15	19	31	23	32	36	49	36	65	21	3	44	51	62	87	45	7
28	.	.	.	.	.	.	.	27	33	10	35	42	11	5	7	35	15	64	21	60	44	50	76	67
29	.	.	.	.	.	.	.	7	18	36	41	31	47	*	23	9	8	34	26	39	1	37	95	21
30	.	.	.	.	.	.	.	.	14	8	16	18	44	35	*	12	26	2	35	36	9	34	39	8

*) Diese Tabelle ist während der Wintervorlesungen 1886—87 von meinen Zuhörern berechnet worden. Vermittelst des seitdem von mir herausgegebenen *Canon Arithmeticus* (Berlin 1889 bei Dümmler) kann dieselbe leicht auf alle Primzahlen unter 1000 ausgedehnt werden. Setzt man nämlich für eine Primzahl p unter 1000 eine Zahl der dort mit *Indices* überschriebenen Tabelle gleich m, so wird die unmittelbar folgende der Tabelle der entsprechende Werth von m'.

p	37	41	43	47	53	59	61	67	71	73	79	83	89	97	101	103
g	5	6	28	10	26	10	10	12	62	5	29	50	30	10	2	35
m																
31	2	25	29	10	34	22	54	16	5	38	45	43	39	24	33	24
32	12	35	27	3	10	50	39	60	22	21	11	15	50	16	55	101
33	32	16	34	8	20	7	9	*	34	24	58	29	10	47	40	71
34	22	14	2	33	38	57	14	28	36	28	43	35	23	49	44	17
35	8	6	26	28	51	46	18	51	*	15	54	46	21	30	27	90
36	.	13	5	1	6	4	37	48	2	*	10	54	49	94	64	9
37	.	24	9	41	2	40	58	46	1	52	38	8	64	65	12	62
38	.	30	18	44	23	36	26	7	60	66	40	79	68	48	25	41
39	.	38	17	16	32	20	3	38	44	63	*	20	36	75	96	86
40	.	.	4	37	48	52	50	5	66	61	2	47	86	59	56	46
41	.	.	24	7	29	47	19	17	49	7	1	*	5	17	61	37
42	.	.	.	20	43	14	34	62	57	44	52	7	84	67	15	27
43	.	.	.	19	41	13	13	13	64	5	19	63	28	13	60	22
44	.	.	.	36	49	17	4	55	19	36	9	41	*	62	41	20
45	.	.	.	26	21	24	16	63	48	48	25	53	73	44	79	56
46	.	.	.	.	7	15	15	10	14	30	57	18	42	84	89	48
47	.	.	.	.	19	55	42	26	12	51	14	11	52	3	6	10
48	.	.	.	.	42	38	5	50	55	60	5	1	46	*	67	61
49	.	.	.	.	12	10	11	64	11	35	75	78	85	52	99	54
50	.	.	.	.	31	34	46	8	63	37	71	65	30	38	*	83
51	.	.	.	.	26	2	53	54	31	71	17	12	27	95	50	*
52	.	.	.	.	.	53	41	27	28	42	65	6	13	18	19	33
53	.	.	.	.	.	16	59	57	23	26	8	10	74	66	59	5
54	.	.	.	.	.	29	51	40	9	31	31	32	77	25	43	13
55	.	.	.	.	.	51	27	32	39	22	37	24	65	72	34	65
56	.	.	.	.	.	41	8	34	62	57	12	73	18	19	97	2
57	.	.	.	.	.	44	25	49	67	68	41	34	8	36	17	11
58	.	.	.	.	.	.	33	39	18	19	4	67	67	10	73	78
59	.	.	.	.	.	.	44	14	42	41	53	5	60	28	20	81
60	.	.	.	.	.	.	.	19	51	69	67	62	16	58	16	87
61	.	.	.	.	.	.	.	1	65	29	32	80	35	91	57	98
62	.	.	.	.	.	.	.	33	29	17	47	37	12	15	87	6
63	.	.	.	.	.	.	.	53	17	46	59	50	29	14	75	47
64	.	.	.	.	.	.	.	59	27	70	6	48	58	80	28	3
65	.	.	.	.	.	.	.	22	47	25	68	14	79	89	92	25
66	.	.	.	.	.	.	.	.	16	10	30	45	25	4	10	75
67	.	.	.	.	.	.	.	.	56	18	28	27	78	8	7	55
68	.	.	.	.	.	.	.	.	41	43	46	26	61	22	23	85
69	.	.	.	.	.	.	.	.	68	50	27	64	22	60	2	38
70	.	.	.	.	.	.	.	.	.	65	15	74	53	20	9	69

p	73	79	83	89	97	101	103
g	5	29	50	30	10	2	35
m							
71	13	22	33	7	45	66	95
72	:	64	58	87	79	48	80
73	.	61	13	19	6	18	94
74	.	69	30	6	51	52	39
75	.	48	16	32	42	88	82
76	.	16	75	31	11	46	14
77	.	76	71	37	71	85	34
78	.	.	21	59	83	14	93
79	.	.	49	17	68	42	29
80	.	.	70	83	41	54	28
81	.	.	55	33	54	32	45
82	.	.	.	70	78	31	64
83	.	.	.	75	43	81	32
84	.	.	.	51	9	5	1
85	.	.	.	63	77	47	26
86	.	.	.	2	2	72	63
87	.	.	.	56	55	58	57
88	.	.	.	.	53	53	92
89	.	.	.	.	32	80	18
90	.	.	.	.	27	83	23
91	.	.	.	.	35	94	77
92	.	.	.	.	93	29	89
93	.	.	.	.	23	4	44
94	.	.	.	.	74	84	68
95	.	.	.	.	81	77	42
96	.	.	.	.	.	26	30
97	.	.	.	.	.	35	91
98	.	.	.	.	.	22	12
99	.	.	.	.	.	68	97
100	.	.	.	.	.	.	58
101	.	.	.	.	.	.	73
102	.	.	.	.	.	.	.

ÜBER DIE COMPLEXEN PRIMZAHLEN, WELCHE IN DER THEORIE DER RESTE DER 5TEN, 8TEN UND 12TEN POTENZEN ZU BETRACHTEN SIND.

(Gelesen in der Akademie der Wissenschaften zu Berlin am 16. Mai 1839.)

Monatsbericht der Akademie der Wissenschaften zu Berlin, Mai 1839 p. 86—91.
Crelle Journal für die reine und angewandte Mathematik, Bd. 19 p. 314—318.

Gauſs hat in seinen Untersuchungen über die biquadratischen Reste die complexen Zahlen von der Form $a+b\sqrt{-1}$ als Moduln oder Divisoren eingeführt. Indem er dieses that, konnte er über den biquadratischen Character zweier complexen Primzahlen von der Form $a+b\sqrt{-1}$ in Bezug auf einander ein Reciprocitätsgesetz von solcher Einfachheit und Vollendung aufstellen, wie das berühmte Fundamentaltheorem über quadratische Reste, das von ihm so genannte Kleinod der höheren Arithmetik, besitzt. Aber wie einfach jetzt auch eine solche Einführung der complexen Zahlen als *Moduln* erscheinen mag, so gehört sie nichts desto weniger zu den tiefsten Gedanken der Wissenschaft; ja ich glaube nicht, daſs zu einem so verborgenen Gedanken die Arithmetik allein geführt hat, sondern daſs er aus dem Studium der elliptischen Transcendenten geschöpft worden ist, und zwar der besonderen Gattung derselben, welche die Rectification von Bogen der Lemniscata giebt. In der Theorie der Vervielfachung und Theilung von Bogen der Lemniscata spielen nämlich die complexen Zahlen von der Form $a+b\sqrt{-1}$ genau die Rolle gewöhnlicher Zahlen. Wie man durch rationale Ausdrücke die trigonometrischen Functionen des n-fachen Kreisbogens darstellt, so kann man vermittelst rationaler Formeln den Bogen der Lemniscata mit einer complexen Zahl $a+b\sqrt{-1}$ multipliciren; wie man den Kreisbogen durch Auflösung einer Gleichung vom n^{ten} Grade in n Theile theilt, so theilt man den Bogen der Lemniscata in $a+b\sqrt{-1}$ Theile durch Auflösung einer Gleichung vom Grade $aa+bb$. So wie man einen Kreisbogen, wenn man ihn in 15 Theile theilen soll, in 3 und in 5 Theile theilt und aus beiden Theilungen die gesuchte findet, so hat man einen Bogen der Lemniscata, um ihn in 17 Theile zu theilen, in $1+4\sqrt{-1}$ und in $1-4\sqrt{-1}$ Theile zu theilen, und setzt die Theilung in 17 Theile aus beiden zusammen. So wird man bei Untersuchung jener besonderen Gattung elliptischer Integrale, wenn man nur einigermaſsen in ihre Natur eindringt, mit Nothwendigkeit darauf hingedrängt, die Zahlen $a+b\sqrt{-1}$ als *Divisoren* einzuführen. Mögen nun auch jene Untersuchungen der Integralrechnung viel complicirter und schwieriger erscheinen, als jener einfache Gedanke der Zahlenlehre, so ist es doch nicht immer das Einfache, welches sich zuerst darbietet. Gauſs versichert in den *Disquisitiones arithmeticae*, die Methode seiner Kreistheilung auf die Theilung der ganzen Lemniscata anwenden zu können, und verspricht hierüber ein *amplum opus* zu einer Zeit, in welcher er sich sicher noch nicht, seinen eigenen späteren Angaben zufolge, mit den biquadratischen Resten beschäftigt hatte. Auch ist es nicht unwahrscheinlich, daſs er die Fundamentaltheoreme über biquadratische Reste aus dieser Quelle geschöpft hat. Erst Abel hat dieses Versprechen von Gauſs eingelöst, indem er wenigstens die ersten Grundzüge dieser Ausdehnung der Gauſsschen Methoden der Kreistheilung auf die Theilung der Lemniscata in seinen ersten, im Crelleschen Journal publicirten, Arbeiten über die elliptischen Transcendenten gab. Eine eben so interessante als schwierige Aufgabe dürfte es sein, dieser Theilung des Lemniscatenbogens in $a+b\sqrt{-1}$ Theile und der Zusammensetzung der p^{ten} Theile des Bogens aus seiner Theilung in $a+b\sqrt{-1}$ und in $a-b\sqrt{-1}$ Theile einen geometrischen Sinn abzugewinnen. Die Geometrie hat in neuerer Zeit mit Glück dem Imaginären auch auf ihrem Gebiete einen Platz angewiesen; es ist zu erwarten, daſs sie bei dem bewundernswürdigen Aufschwung, welchen sie unter Steiner's Händen genommen hat, sich auch dieser abstruseren Ideen bemächtigen wird.

Es hat keines neuen Gedankens bedurft, um die *cubischen* Reciprocitätsgesetze zu finden; man hatte hierzu nur nöthig, auf ganz analoge Weise complexe Zahlen von der Form $\frac{a+b\sqrt{-3}}{2}$, oder solche, die aus den Cubikwurzeln der Einheit zusammengesetzt sind, als Moduln oder Divisoren einzuführen. Auch diese Untersuchungen kann man mit der Theorie besonderer elliptischer Integrale in Verbindung setzen. Das Reciprocitätsgesetz für cubische Reste, welches ich in einer früheren Note (cfr. p. 254 dieses Bandes) mitgetheilt habe, ist noch einfacher, wie das von Gaufs für die biquadratischen Reste aufgestellte, und ergiebt sich ganz unmittelbar aus bekannten Formeln der Kreistheilung.

Nachdem Gaufs in seiner zweiten Abhandlung über biquadratische Reste die Elemente der complexen Zahlen von der Form $a+b\sqrt{-1}$ abgehandelt, bleibt es übrig, unter den Methoden und Resultaten der Arithmetik diejenigen auszumitteln, welche auch für diese complexen Zahlen ihre Gültigkeit haben. So zum Beispiel sieht man leicht, dafs die Lagrangesche Methode, die quadratischen Formen zu reduciren, auch auf solche Ausdrücke

$$pyy+qyz+rzz$$

sich ausdehnen läfst, in welchen p, q, r, y, z complexe Zahlen der angegebenen Art bedeuten. Um die einfachste complexe Form zu nehmen,

$$yy-\sqrt{-1}\,zz,$$

kann man beweisen, dafs jede Zahl $a+b\sqrt{-1}$, welche solche Form theilt, wiederum dieselbe Form haben müsse, und der Beweis ist vollkommen dem Beweise des bekannten Satzes analog, dafs jede Zahl, welche die Form $yy+zz$ theilt, wiederum die Summe zweier Quadrate ist. Ist $p=aa+bb$ eine Primzahl von der Form $8n+1$, so beweist man aus den Elementen der Theorie dieser complexen Zahlen sogleich, dafs $\sqrt{-1}$ quadratischer Rest von $a+b\sqrt{-1}$ ist, oder, was dasselbe ist, dafs $a+b\sqrt{-1}$ Theiler der Form $yy-\sqrt{-1}\,zz$ ist, also nach dem eben bemerkten Satze selbst diese Form hat. Zertheilt man diese Form in die beiden Factoren $y+\sqrt[4]{-1}\,z$ und $y-\sqrt[4]{-1}\,z$ und setzt

$$y=y'+y''\sqrt{-1},\quad z=z'+z''\sqrt{-1},$$

wo y', y'', z', z'' reelle ganze Zahlen bedeuten, so erhält man $a+b\sqrt{-1}$ in zwei Factoren

$$y'+y''\sqrt{-1}+\sqrt[4]{-1}\,[z'+z''\sqrt{-1}],$$
$$y'+y''\sqrt{-1}-\sqrt[4]{-1}\,[z'+z''\sqrt{-1}]$$

zerfällt, das ist in zwei complexe Zahlen, welche aus den 8ten Wurzeln der Einheit zusammengesetzt sind. Schreibt man α für die 8te Wurzel der Einheit oder für $\sqrt[4]{-1}$ und setzt

$$\varphi(\alpha) = y' + y''\alpha^2 + z'\alpha + z''\alpha^3,$$

so wird

$$a + b\sqrt{-1} = a + b\alpha^2 = \varphi(\alpha)\,\varphi(\alpha^5),$$

und, wenn man α^3 für α setzt,

$$a - b\sqrt{-1} = a - b\alpha^2 = \varphi(\alpha^3)\,\varphi(\alpha^7).$$

Die Primzahl $p = aa + bb$ von der Form $8n+1$ ist daher immer das Product der vier complexen Zahlen

$$\varphi(\alpha)\,\varphi(\alpha^3)\,\varphi(\alpha^5)\,\varphi(\alpha^7).$$

Man sieht leicht, dafs das Product $\varphi(\alpha)\,\varphi(\alpha^3)$ die Form $c + d\sqrt{-2}$ und das Product $\varphi(\alpha)\,\varphi(\alpha^7)$ die Form $e + f\sqrt{2}$ erhält. Die drei Arten, auf welche man die vier Factoren in zwei Paare ordnen kann, geben daher die Darstellungen derselben Primzahl in den drei Formen $a^2 + b^2$, $c^2 + 2d^2$, $e^2 - 2f^2$, welche hier aus einer gemeinschaftlichen Quelle abgeleitet sind, so dafs die sechs Zahlen a, b, c, d, e, f auf rationale Art durch vier andere Zahlen y', y'', z', z'' ausgedrückt werden. Man kann diese Zerfällung der Primzahlen von der Form $8n+1$ in vier complexe Factoren, welche aus achten Wurzeln der Einheit zusammengesetzt sind, auch durch die gewöhnlichen Methoden der Arithmetik ableiten. Ganz durch dieselben Methoden beweist man auch, dafs die Primzahlen von der Form $12n+1$ sich in vier complexe Factoren zerfällen lassen, welche aus 12ten Wurzeln der Einheit zusammengesetzt sind; die drei verschiedenen Arten, wie man diese vier Factoren zu zwei Paaren ordnen kann, geben die Darstellungen der Primzahl durch die drei Formen $a^2 + b^2$, $c^2 + 3d^2$, $e^2 - 3f^2$. Man kann für die Auffindung dieser Zerfällungen leichte Vorschriften angeben, nach welchen Herr Oberlehrer Zornow in Königsberg mir für die Primzahlen von der Form $8n+1$ und $12n+1$ bis 1000 diese Zerfällungen zu berechnen die Güte gehabt hat.

Zu gleicher Zeit, als ich diese Betrachtungen anstellte, richtete ich meine Aufmerksamkeit auf gewisse Eigenschaften der complexen Zahlen, auf welche die Theorie der Kreistheilung führt. Ich habe in der erwähnten

Note bemerkt, dafs, wenn λ ein Theiler von $p-1$ ist, sich die Primzahl p, und in der Regel auf mehrere verschiedene Arten, als Product zweier complexen Zahlen darstellen läfst, welche aus λ^{ten} Wurzeln der Einheit zusammengesetzt sind. Es ereignet sich nun, und man kann dies durch die Theorie der Kreistheilung selbst beweisen, dafs man mehrere dieser complexen Zahlen mit einander multipliciren und das Product wieder durch andere complexe Zahlen derselben Art dividiren kann, so dafs der Quotient ebenfalls eine ganze complexe Zahl wird, ohne dafs man sieht, wie die complexen Zahlen des Nenners sich gegen die des Zählers fortheben. Eine genaue Betrachtung dieses merkwürdigen Umstandes führte mich zu der Ueberzeugung, dafs diese complexen Factoren der Primzahl p im Allgemeinen selbst wieder zusammengesetzt sein müssen, so dafs, wenn man sie in die wahren complexen *Primzahlen* auflöst, die complexen Primzahlen, welche die Factoren des Nenners bilden, gegen die Primfactoren des Zählers sich einzeln aufheben lassen. Da ich auf ganz anderem Wege zu diesem Resultate bereits für $\lambda = 8$ und $\lambda = 12$ gekommen war, so wagte ich den etwas mühsamen Versuch mit $\lambda = 5$, und in der That gelang es mir für die Primzahlen von der Form $5n+1$, mit welchen ich den Versuch anstellte, jeden ihrer beiden aus 5ten Wurzeln der Einheit zusammengesetzten Factoren noch einmal in zwei ganze Factoren derselben Art zu zerfällen; worauf es dann nicht schwer war, einen allgemeinen Beweis für diese Zerfällbarkeit zu finden. So lassen sich also die Primzahlen von der Form $5n+1$, $8n+1$, $12n+1$ als Producte von vier ganzen complexen Zahlen darstellen, welche respective aus 5ten, 8ten, 12ten Wurzeln der Einheit zusammengesetzt sind. Es erhellt übrigens, dafs für die Primzahlen von der Form $5n+1$ durch eine andere paarweise Verbindung der vier Factoren ihre Darstellung in der Form a^2-5b^2 erhalten wird.'

Die neuen Factoren sind nothwendig Primzahlen. Ist nämlich $f(\alpha)$ einer derselben, wo α für die drei Arten Primzahlen respective eine primitive 5te, 8te, 12te Wurzel der Einheit ist, so kann $f(\alpha)$ nicht als Product zweier ganzen complexen Zahlen derselben Art $\varphi(\alpha)$ und $\psi(\alpha)$ dargestellt werden, wenn nicht eine derselben so beschaffen ist, dafs das Product ihrer vier Werthe der Einheit gleich ist. Denn man sieht leicht, dafs das Product der vier Werthe von $f(\alpha)$, $\varphi(\alpha)$, $\psi(\alpha)$ eine reelle Zahl ist; und da das Product der vier Werthe von $f(\alpha)$ eine Primzahl ist, so können nicht die beiden anderen

Producte reelle Zahlen geben, welche beide zugleich von der Einheit verschieden sind, da ihr Product der Primzahl gleich wird.

Zwischen diesen Primzahlen $f(\alpha)$ hat man in der Theorie der Reste der 5ten, 8ten und 12ten Potenzen die Reciprocitätsgesetze aufzusuchen, und es würde vielleicht thunlich sein, dieselben durch bloſse Induction zu finden, nachdem man ihre wahre Form kennt, wenn nicht solche Induction überaus beschwerlich wäre. Wenn man die Reciprocitätsgesetze auf zusammengesetzte Zahlen ausdehnt, ganz ähnlich, wie ich es in der früher der Akademie mitgetheilten Note in Bezug auf die quadratischen, cubischen und biquadratischen Reste gethan habe, so können unmittelbar aus der Theorie der Kreistheilung die einfachen Reciprocitätssätze, in Bezug auf die Reste der 5ten, 8ten und 12ten Potenzen, für den besonderen Fall abgeleitet werden, wenn die eine Zahl reell ist. Ob es möglich sein wird, vermittelst neuer Kunstgriffe aus derselben Quelle die allgemeineren Sätze für je zwei complexe Zahlen abzuleiten, muſs späteren Untersuchungen zu entscheiden vorbehalten bleiben.

ELEMENTARER BEWEIS EINER MERKWÜRDIGEN ANALYTISCHEN FORMEL, NEBST EINIGEN AUS IHR FOLGENDEN ZAHLENSÄTZEN.

Crelle Journal für die reine und angewandte Mathematik, Bd. 21 p. 13—32.

Das erste Beispiel einer nach aufsteigenden Potenzen fortschreitenden Reihe, in welcher die Exponenten eine arithmetische Progression zweiter Ordnung bilden, hat Euler in der *Introductio in analysin infinitorum* gegeben. Er findet nämlich in dem Kapitel *de partitione numerorum*, T. I §. 323, durch Induction, dafs die Entwickelung des unendlichen Productes

$$(1-x)(1-x^2)(1-x^3)\ldots$$

eine Reihe giebt, deren allgemeines Glied

$$(-1)^m x^{\frac{3m^2 \pm m}{2}}$$

ist. Man hat also, da $3m^2 - m$ aus $3m^2 + m$ erhalten wird, wenn man $-m$ statt $+m$ setzt,

$$(1-x)(1-x^2)(1-x^3)\ldots = \sum_{m=-\infty}^{m=+\infty} (-1)^m x^{\frac{3m^2+m}{2}}.$$

Dies interessante Resultat, welches Euler später in den Schriften der Petersburger Akademie höchst scharfsinnig bewiesen hat, ist eine unmittelbare Folge der Entwickelungen, welche die Theorie der elliptischen Functionen darbietet. (Siehe *Fundamenta nova theoriae functionum ellipticarum*, §. 66, Gleichung (6); Bd. I p. 237 dieser Ausgabe.) Die Theorie der elliptischen Functionen giebt aber nicht allein die Entwickelung des obigen unendlichen Productes, sondern sie giebt auch die Entwickelung des Cubus dieses Productes und zwar für denselben eine Reihe, in welcher die Exponenten ebenfalls eine arithmetische Progression zweiter Ordnung, die Trigonalzahlen, bilden, nämlich die Reihe

$$\sum_{n=0}^{n=\infty} (-1)^n (2n+1) x^{\frac{n^2+n}{2}}.$$

Es geht hieraus das merkwürdige und in der Analysis bis jetzt einzig dastehende Resultat hervor

$$\{1-x-x^2+x^5+x^7-\cdots\}^3 = 1-3x+5x^3-7x^6+\cdots,$$

oder

$$(1) \qquad \left\{\sum_{m=-\infty}^{m=+\infty} (-1)^m x^{\frac{3m^2+m}{2}}\right\}^3 = \sum_{n=0}^{n=\infty} (-1)^n (2n+1) x^{\frac{n^2+n}{2}}.$$

(Siehe *Fundamenta nova theoriae functionum ellipticarum*, §. 66, Gleichung (7); Bd. I p. 237 dieser Ausgabe). Es ist mir wenigstens keine Reihe, in welcher die Exponenten der Potenzen eine arithmetische Progression 2ter Ordnung bilden, bekannt, von welcher der Cubus oder eine andere Potenz wieder eine solche Reihe gäbe. Je merkwürdiger aber diese Formel sein dürfte, desto mehr, glaube ich, wird es der Mühe werth sein, zu zeigen, daſs sich dieselbe unabhängig von jeder anderen Theorie auf ganz elementarem Wege beweisen läſst.

Nehmen wir in der Gleichung (1) von beiden Seiten die Logarithmen, differentiiren nach x und multipliciren mit $2x$, so ergiebt sich

$$\frac{3\Sigma(-1)^m(3m^2+m)x^{\frac{3m^2+m}{2}}}{\Sigma(-1)^m x^{\frac{3m^2+m}{2}}} = \frac{\Sigma(-1)^n(2n+1)(n^2+n)x^{\frac{n^2+n}{2}}}{\Sigma(-1)^n(2n+1)x^{\frac{n^2+n}{2}}},$$

oder, wenn wir die Nenner fortschaffen und Alles auf eine Seite bringen,

$$(2) \qquad \Sigma\Sigma(-1)^{m+n}(2n+1)\{3(3m^2+m)-(n^2+n)\}x^{\frac{3m^2+m}{2}+\frac{n^2+n}{2}} = 0,$$

in welcher Gleichung für n alle ganzen Zahlen von 0 inclusive bis $+\infty$ und für m alle ganzen Zahlen von $-\infty$ bis $+\infty$ zu setzen sind. Der Ausdruck

$$3(3m^2+m)-(n^2+n)$$

läſst sich in die beiden Factoren

$$3m-n, \qquad 3m+n+1$$

zerlegen. Wir können ferner, da die Gleichung (2) für jeden Werth von x bestehen soll, für x irgend eine Potenz von x setzen und auch die ganze Gleichung mit einer Potenz von x multipliciren. Wenn man auf diese Weise x^{24} für x schreibt, so wird der Exponent von x im allgemeinen Gliede

$$36m^2+12m+3(4n^2+4n) = (6m+1)^2+3(2n+1)^2-4;$$

multipliciren wir nun noch mit x^4, so geht die Gleichung (2) über in

$$\Sigma\Sigma(-1)^{m+n}(2n+1)(3m-n)(3m+n+1)\,x^{(6m+1)^2+3(2n+1)^2} = 0.$$

Setzen wir hierin

(3) $$6m+1 = a, \qquad 2n+1 = b,$$

so dafs

$$3m+n+1 = \frac{a+b}{2}, \qquad 3m-n = \frac{a-b}{2},$$

$$(-1)^{m+n} = (-1)^{3m-n} = (-1)^{\frac{a-b}{2}}$$

wird, so erhalten wir

(4) $$\Sigma(-1)^{\frac{a-b}{2}}\,b(a^2-b^2)\,x^{a^2+3b^2} = 0,$$

welche Summation sich auf alle *positiven* und *negativen* Zahlen a der Form $6m+1$ und auf alle *positiven* ungeraden Zahlen b bezieht.

So wie wir jetzt die Gleichung (4) aus der Gleichung (1) abgeleitet haben, eben so erhält man (1) als Folge von (4), wenn man denselben Weg umgekehrt geht. Wir haben daher nur unser Augenmerk auf die Verification der Gleichung (4) zu richten, indem durch dieselbe zugleich die Gleichung (1) bewiesen wird.

Da die Gleichung (4) für jeden Werth von x bestehen soll, so müssen diejenigen Glieder, für welche a^2+3b^2 denselben Werth erhält, für sich genommen verschwinden. Wir werden sehen, dafs dies in der That geschieht, und zwar so, dafs immer zwei Glieder denselben Coefficienten mit entgegengesetztem Zeichen erhalten und daher einander aufheben. Da nämlich a und b ungerade sind, so giebt die Formel

$$a^2+3b^2 = \left(\frac{a\mp 3b}{2}\right)^2+3\left(\frac{a\pm b}{2}\right)^2$$

zwei neue Paare ganzzahliger Werthe a', b', für welche $a'^2+3b'^2$ denselben Werth erhält wie a^2+3b^2, und zwar

$$a' = \frac{a-3b}{2}, \qquad b' = \frac{a+b}{2},$$

$$a' = \frac{a+3b}{2}, \qquad b' = \frac{a-b}{2}.$$

Da aber a' und b' eben so gut negativ als positiv sein können, so hat man im Ganzen acht Paare von Werthen der Zahlen a' und b', welche in den beiden Formeln enthalten sind

$$(5) \qquad a' = \pm\frac{a-3b}{2}, \qquad b' = \pm\frac{a+b}{2},$$

$$(6) \qquad a' = \pm\frac{a+3b}{2}, \qquad b' = \pm\frac{a-b}{2}.$$

Aber damit diese Formeln auf ein neues Glied der Reihe (4) führen, müssen a' und b' denselben Bedingungen unterworfen sein, wie a und b; es muſs nämlich a' durch 6 dividirt den Rest $+1$ lassen, und b' ungerade und positiv sein. Es wird sich zeigen, daſs von den acht Paaren von Werthen, welche in (5) und (6) enthalten sind, nur ein einziges diesen Bedingungen zugleich genügt.

In der That, da die Summe der beiden Zahlen $\frac{a+b}{2}$ und $\frac{a-b}{2}$ gleich a, und a ungerade ist, so muſs eine dieser Zahlen gerade, die andere ungerade sein. Wir wollen die ungerade mit $\frac{a+\varepsilon b}{2}$ bezeichnen, so daſs $\varepsilon=+1$, wenn $\frac{a+b}{2}$ ungerade, $\frac{a-b}{2}$ gerade, $\varepsilon=-1$, wenn $\frac{a+b}{2}$ gerade, $\frac{a-b}{2}$ ungerade ist, oder in Zeichen

$$\varepsilon = (-1)^{\frac{a-b}{2}}.$$

Hiernach muſs

$$b' = \pm\frac{a+\varepsilon b}{2}$$

sein, damit die Bedingung, daſs b' eine ungerade Zahl sei, erfüllt werde. Zu diesem Werthe von b' gehört der Werth von $a'=\pm\frac{a-3\varepsilon b}{2}$, also haben wir

$$a' = \pm\frac{a-3\varepsilon b}{2}, \qquad b' = \pm\frac{a+\varepsilon b}{2}.$$

Von den vier Paaren von Werthen, die in diesen Formeln enthalten sind, können wir sogleich wieder zwei ausscheiden; denn da b' positiv sein soll, so müssen wir das $\pm$-Zeichen vor $\frac{a+\varepsilon b}{2}$ so bestimmen, daſs $\pm\frac{a+\varepsilon b}{2}$ positiv wird. Man bestimme daher ε' so gleich ± 1, daſs $\varepsilon'\frac{a+\varepsilon b}{2}$ positiv werde, so ist $b'=\varepsilon'\frac{a+\varepsilon b}{2}$, also haben wir

$$a'=\pm\frac{a-3\varepsilon b}{2},\qquad b'=\varepsilon'\frac{a+\varepsilon b}{2}.$$

Ueber die jetzt noch übrige Zweideutigkeit des Zeichens können wir leicht entscheiden; die Formel für a' zeigt nämlich, daſs, je nachdem das obere oder das untere Zeichen genommen wird, $2a'-a$ oder $2a'+a$ durch 3 theilbar ist; aber da $a'=6m'+1$ sein soll und a von derselben Form ist, so kann nur $2a'+a$ durch 3 theilbar sein, während $2a'-a$ den Rest 1 läſst, es gilt also das untere Zeichen, und wir haben

$$a'=-\frac{a-3\varepsilon b}{2}.$$

Daſs durch diese Formel a' wirklich von der Form $6m'+1$ wird, ist leicht zu zeigen; denn hierzu ist nur nöthig, daſs es sowohl bei der Division durch 2, als bei der Division durch 3 den Rest 1 läſst. Das Letztere haben wir so eben gezeigt; das Erstere geht daraus hervor, daſs zufolge der Formel für b'

$$a'=-\varepsilon'b'+2\varepsilon b$$

ist, denn hiernach ist a' mit b' zugleich ungerade. Wir haben demnach a' und b' durch die Formeln

$$(7)\qquad a'=-\frac{a-3\varepsilon b}{2},\qquad b'=\varepsilon'\frac{a+\varepsilon b}{2}$$

zu bestimmen, wo $\varepsilon=(-1)^{\frac{-b}{2}}$ und $\varepsilon'=+1$ oder $=-1$, je nachdem $\frac{a+\varepsilon b}{2}$ positiv oder negativ ist; alsdann sind a' und b' ein Paar von neuen Werthen, welche a und b in der Summe (4) annehmen können, und für welche der Exponent a^2+3b^2 seinen Werth unverändert beibehält.

Lösen wir die Gleichungen (7) nach a und b auf, so ergiebt sich

$$(8)\qquad a=-\frac{a'-3\varepsilon'b'}{2},\qquad b=\varepsilon\frac{a'+\varepsilon'b'}{2},$$

welche Gleichungen genau von der Form der Gleichungen (7) sind, nur daſs ε und ε' ihre Rollen vertauscht haben. Dies Resultat ist sehr wichtig, denn es zeigt uns erstens, daſs ε' ebenso von a' und b' abhängt, wie ε von a und b. Da nämlich b ungerade ist, so folgt aus der Gleichung

$$b = \varepsilon\frac{a'+\varepsilon'b'}{2},$$

daſs $\varepsilon' = +1$, wenn $\frac{a'+b'}{2}$ ungerade, also $\frac{a'-b'}{2}$ gerade ist, und daſs $\varepsilon' = -1$, wenn $\frac{a'-b'}{2}$ ungerade, also $\frac{a'+b'}{2}$ gerade ist. Es ist also

$$\varepsilon' = (-1)^{\frac{a'-b'}{2}}.$$

Die Gleichungen (8) zeigen ferner, daſs dieselbe Operation, durch welche a' und b' aus a und b abgeleitet worden sind, von den Werthen a' und b' zu a und b geführt haben würde. Die beiden Werthepaare a, b und a', b' stehen also in einer reciproken Beziehung zu einander, und man würde durch Fortsetzung desselben Verfahrens nur wieder zu den früheren Werthen zurückkehren. Die Gleichung (4) ist verificirt, sobald wir beweisen können, daſs die beiden Coefficienten von $x^{a^2+3b^2} = x^{a'^2+3b'^2}$, welche den Werthen a, b und a', b' entsprechen, einander aufheben. Dieser Beweis läſst sich aber ohne Schwierigkeit führen. Die Summe dieser beiden Coefficienten ist nämlich

$$(-1)^{\frac{a-b}{2}} b(a^2-b^2) + (-1)^{\frac{a'-b'}{2}} b'(a'^2-b'^2);$$

aber durch Substitution der Werthe von a', b' aus (7) erhält man

$$a'^2-b'^2 = \frac{(a-3\varepsilon b)^2-(a+\varepsilon b)^2}{4} = -2\varepsilon ab + 2b^2 = -2\varepsilon b(a-\varepsilon b),$$

und daher

$$b'(a'^2-b'^2) = -\varepsilon\varepsilon' b(a^2-b^2);$$

folglich wird die Summe der beiden Coefficienten

$$\left\{(-1)^{\frac{a-b}{2}} - \varepsilon\varepsilon'(-1)^{\frac{a'-b'}{2}}\right\} b(a^2-b^2).$$

Nun ist

$$\varepsilon = (-1)^{\frac{a-b}{2}}, \qquad \varepsilon' = (-1)^{\frac{a'-b'}{2}},$$

folglich

$$(-1)^{\frac{a-b}{2}} - \varepsilon\varepsilon'(-1)^{\frac{a'-b'}{2}} = (-1)^{\frac{a-b}{2}} - (-1)^{\frac{a-b}{2}} = 0.$$

Die beiden betrachteten Glieder heben sich also in der That auf, und somit ist die Gleichung (4) verificirt.

Es könnte der Fall eintreten, daſs $a' = a$ und $b' = b$; in diesem Falle muſs der Coefficient von $x^{a^2+3b^2}$, welcher in der Summe (4) aus den Werthen von a und b erhalten wird, sich selbst entgegengesetzt sein oder verschwinden. In der That ergiebt sich, wenn $a' = a$, aus der ersten der Gleichungen (7)

$$3a = 3\varepsilon b,$$

also

$$a = \pm b.$$

Da nun der Coefficient der Reihe (4) den Factor $a^2 - b^2$ hat, so wird derselbe in diesem Fall gleich Null.

Da sich die Formel (1) auf so elementarem Wege beweisen läſst, so ist es nicht ohne Interesse, die Sätze der Zahlentheorie, auf welche sie führt, näher anzugeben. Setzen wir in (1) wieder x^{24} für x und multipliciren auf beiden Seiten der Gleichung mit x^8, so erhalten wir

$$(9) \qquad \{\Sigma(-1)^m x^{(6m+1)^2}\}^3 = \Sigma(-1)^n (2n+1)\, x^{3(2n+1)^2}.$$

In dieser Gleichung bedeutet m alle ganzen positiven oder negativen Zahlen, während n nur die Werthe von positiven ganzen Zahlen annimmt, in beiden Fällen die Null mit eingeschlossen. Setzt man $(6m+1)^2 = a^2$ und läſst a immer positiv sein, so wird a von der Form $6k+1$, wenn m positiv ist, dagegen von der Form $6k-1$, wenn m negativ ist. Man kann daher die Gleichung (9) auch so schreiben

$$(10) \qquad \{\Sigma \pm x^{aa}\}^3 = \Sigma(-1)^{\frac{b-1}{2}}\, b x^{3bb},$$

wenn b alle ungeraden positiven, a alle positiven Zahlen von der Form $6k \pm 1$ bedeutet, oder alle ungeraden positiven Zahlen, welche nicht durch 3 theilbar sind. Das Vorzeichen von x^{aa} in der ersten Summe ist positiv zu nehmen, wenn a die Form $12k \pm 1$, und negativ, wenn a die Form $12k \pm 5$ hat.

Da wir die Gleichung (9) oder (10) aus der Gleichung (1) dadurch abgeleitet haben, daſs wir x^{24} statt x gesetzt und hierauf mit x^8 multiplicirt haben, so folgt von selbst, da die Exponenten in (9) ganze Zahlen sind, dafs in (10) der Exponent jedes Termes in der Entwickelung des Cubus von

$$\Sigma \pm x^{aa}$$

die Form $24k+3$ haben mufs. In der That wird jeder Exponent in der Entwickelung des Cubus dieser Reihe die Summe dreier ungeraden Quadrate, von denen keines durch 3 aufgeht; und da jedes ungerade Quadrat die Form $8k+1$ hat, so mufs die Summe dreier ungeraden Quadrate durch 8 dividirt den Rest 3 lassen. Es ist ferner jedes Quadrat, das nicht durch 3 aufgeht, von der Form $3k+1$, und die Summe dreier Quadrate, von denen keines durch 3 aufgeht, mufs daher selbst durch 3 aufgehen. Die Summe dreier ungeraden Quadrate, von welchen keines durch 3 aufgeht, läfst daher durch 8 dividirt den Rest 3 und geht durch 3 auf, oder hat die Form $24k+3$. Umgekehrt kann man zeigen, dafs, wenn man irgend eine Zahl von der Form $24k+3$ in drei Quadrate zerfällt, jedes der 3 Quadrate ungerade und nicht durch 3 theilbar, oder seine Wurzel von der Form $6k\pm 1$ sein mufs, wenn man nur für den Fall, dafs die Zahl durch 9 aufgeht, die Zerfällungen, in denen jedes Quadrat ebenfalls durch 9, oder seine Wurzel durch 3 theilbar ist, ausschliefst. Denn wenn man eine ungerade Zahl in drei Quadrate zerfällt, so können entweder nur eines oder alle drei ungerade sein. Da ein ungerades Quadrat die Form $4k+1$ hat, und die geraden Quadrate durch 4 aufgehen, so mufs die Zahl im ersten Falle die Form $4k+1$ haben; jede Zahl von der Form $4k+3$ kann daher nur in drei ungerade Quadrate zerfällt werden. Wenn man ferner eine durch 3 theilbare Zahl in drei Quadrate zerfällt, so kann keines derselben durch 3 aufgehen, wenn nicht jedes durch 3 theilbar ist. Denn da ein Quadrat durch 3 dividirt entweder aufgeht, oder $+1$ zum Rest läfst, so ist die Summe dreier Quadrate, je nachdem keines derselben, eines, zwei oder alle drei durch 3 theilbar sind, im ersten und letzten Falle durch 3 theilbar, im zweiten Falle läfst sie durch 3 dividirt den Rest $+2$, im dritten den Rest $+1$. Wenn man daher den Fall ausschliefst, in welchem *jedes* der drei Quadrate durch 3 und also auch durch 9 theilbar ist, welcher nur eintreten kann, wenn die vorgelegte Zahl selbst durch 9 theilbar ist, so kann eine durch 3 theilbare Zahl nur in drei Quadrate zerfällt werden, von denen *keines* durch 3 theilbar ist. Da nun eine

Zahl von der Form $24k+3$ sowohl die Form $4k+3$ hat, als auch durch 3 theilbar ist, so kann sie dem eben Bewiesenen zufolge nur in drei ungerade Quadrate zerfällt werden, von denen keines durch 3 aufgeht, wenn man für den Fall, dafs die Zahl durch 9 aufgeht, die Zerfällungen in solche drei Quadrate ausschliefst, von denen jedes durch 3 theilbar ist.

Wenn man nach den bekannten Regeln die Reihe

$$\Sigma \pm x^{aa}$$

in die 3te Potenz erhebt und den Coefficienten von x^p aufsucht, wo p die Form $24k+3$ hat, so giebt jede Zerfällung von p in drei Quadrate, von denen keines durch 3 theilbar ist, entweder die Zahl ± 6, wenn die drei Quadrate alle ungleich sind, oder die Zahl ± 3, wenn zwei der Quadrate gleich sind, oder die Zahl ± 1, wenn die Quadrate alle drei einander gleich sind, als den der besonderen Zerfällung entsprechenden Theil des Totalcoefficienten. Im ersten Falle ist das positive Zeichen zu nehmen, wenn die Wurzel nur eines Quadrats oder die Wurzeln aller drei Quadrate die Form $12k\pm 1$ haben, dagegen das negative Zeichen, wenn keine Wurzel oder wenn zwei die Form $12k\pm 1$ haben. In den beiden anderen Fällen, wo $p = aa+2a'a'$ oder $p = 3aa$, ist das positive oder negative Zeichen zu wählen, je nachdem a entweder die Form $12k\pm 1$ oder die Form $12k\pm 5$ hat.

Es sei C_p der Coefficient von x^p in der Entwickelung des Cubus der vorgelegten Reihe, so dafs

$$\{\Sigma \pm x^{aa}\}^3 = \left\{\sum_{-\infty}^{+\infty}(-1)^m x^{(6m+1)^2}\right\}^3 = \Sigma C_p x^p,$$

wo p, wie wir gesehen haben, nur die Form $24k+3$ haben kann. Nennt man nun, wenn p irgend eine Zahl von der Form $24k+3$ ist,

A die Anzahl aller Zerfällungen von p in drei ungleiche, durch 3 nicht theilbare Quadrate, welche entweder sämmtlich Wurzeln von einer der beiden Formen $12k+1$, $12k-1$ haben, oder von denen eines eine Wurzel von einer der beiden Formen $12k+1$, $12k-1$, die beiden anderen dagegen Wurzeln von einer der beiden Formen $12k+5$, $12k-5$ haben;

A' die Anzahl aller Zerfällungen von p in drei ungleiche, durch 3 nicht theilbare Quadrate, welche entweder sämmtlich Wurzeln von einer der beiden Formen $12k+5$, $12k-5$ haben, oder von denen eines eine

Wurzel von einer der beiden Formen $12k+5$, $12k-5$, die beiden anderen dagegen Wurzeln von einer der beiden Formen $12k+1$, $12k-1$ haben;

B die Anzahl aller Zerfällungen von p in die Form $aa+2a'a'$, in welcher a und a' durch 3 nicht aufgehen und von einander verschieden sind, und a eine der beiden Formen $12k+1$, $12k-1$ hat;

B' die Anzahl aller Zerfällungen von p in die Form $aa+2a'a'$, in welcher a und a' durch 3 nicht theilbar und von einander verschieden sind, und a eine der Formen $12k+5$, $12k-5$ hat;

so ist zufolge der früher gemachten Bemerkungen, wenn p nicht das Dreifache eines durch 3 nicht theilbaren Quadrats ist,

$$C_p = 6(A-A')+3(B-B').$$

Wenn p das Dreifache eines durch 3 nicht theilbaren Quadrats ist, so kommt zu dem Ausdrucke rechts noch $+1$ oder -1 hinzu, je nachdem die Wurzel dieses Quadrats eine der Formen $12k+1$, $12k-1$, oder eine der Formen $12k+5$, $12k-5$ hat. Aber die Gleichung (10)

$$\{\Sigma \pm x^{aa}\}^3 = \Sigma (-1)^{\frac{b-1}{2}} b x^{3bb},$$

in welcher b jede positive ungerade Zahl bedeutet, zeigt, daſs, wenn p nicht das Dreifache eines ungeraden Quadrats ist, der Term x^p in der Entwickelung des Cubus der vorgelegten Reihe gar nicht vorkommt, oder daſs $C_p = 0$ ist. Wir erhalten hieraus, *wenn p nicht das Dreifache eines ungeraden Quadrats ist*, die Formel

(11) $$2A+B = 2A'+B',$$

welche eine merkwürdige Eigenschaft der Zahlen von der Form $24k+3$ in Bezug auf ihre Zerfällung in drei Quadrate ausdrückt. Diese Formel enthält nämlich folgendes

Theorem I.

„Man zerfälle eine Zahl p von der Form $24k+3$, welche nicht das Dreifache eines Quadrats ist, auf alle möglichen Arten in drei Quadrate von der Form $(6m\pm 1)^2$ und zähle diese Zerfällungen in der Weise, daſs man immer die Fälle, in welchen alle drei Quadrate von einander verschieden sind, doppelt rechnet, so wird man für die Zerfällungen, in denen eine oder drei der Gröfsen m gerade sind, eben dieselbe Zahl wie für die Zerfällungen erhalten, in denen eine oder drei der Gröfsen m ungerade sind."

Einige Beispiele, welche diesen Satz erläutern können, giebt die folgende Tabelle, in welcher A, A', B, B' die oben angegebene Bedeutung haben, und daher immer

$$2A+B = 2A'+B'$$

sein mufs:

$p = 51 =$	$1+2.25$	$= 49+2.1$,	$A = A' = 0$,	$B = B' = 1$;
$p = 99 =$	$1+2.49$	$= 49+2.25$,	$A = A' = 0$,	$B = B' = 1$;
$p = 123 =$	$121+2.1$	$= 25+2.49$,	$A = A' = 0$,	$B = B' = 1$;
$p = 171 =$	$169+2.1$	$= 121+2.25$		
		$= 1+49+121$,	$A = 0$, $A' = 1$,	$B = 2$, $B' = 0$;
$p = 195 =$	$1+25+169$	$= 25+49+121$,	$A = A' = 1$,	$B = B' = 0$;
$p = 219 =$	$169+2.25$	$= 121+2.49$		
		$= 1+49+169$,	$A = 0$, $A' = 1$,	$B = 2$, $B' = 0$;
		u. s. w.	u. s. w.	

Wir wollen jetzt den Fall betrachten, wenn p das Dreifache eines Quadrats bb ist, für welchen die Gleichung (10) den Werth von C_p ergiebt

$$C_p = (-1)^{\frac{b-1}{2}} b.$$

Andererseits hat man, wenn b nicht durch 3 theilbar ist,

$$C_p = 6(A-A')+3(B-B')\pm 1,$$

wo das obere oder das untere Zeichen zu nehmen ist, je nachdem b die Form $12k\pm 1$ oder die Form $12k\pm 5$ hat. Wenn b durch 3 theilbar ist, bleibt die frühere Formel

$$C_p = 6(A-A')+3(B-B')$$

unverändert. Denn die zu dem Werthe des Coefficienten hinzukommende Gröfse ± 1 wurde aus den Cuben der einzelnen Terme der Reihe

$$\Sigma \pm x^{(6m+1)^2}$$

erhalten. Da aber die Cuben dieser einzelnen Terme $\pm x^{3(6m+1)^2}$ oder $\pm x^{3(6m-1)^2}$

sind, so wird der Term x^p aus dem Cubus eines Terms der vorgelegten Reihe nur dann erhalten, wenn p das Dreifache eines nicht durch 3 theilbaren Quadrats ist. Wenn man die beiden für C_p angegebenen Ausdrücke mit einander vergleicht, so erhält man, wenn p das Dreifache eines ungeraden Quadrats ist, die Formel

$$(12) \qquad 2(A-A')+B-B' = (-1)^{\frac{b-1}{2}}\frac{b+\varepsilon}{3},$$

in welcher ε eine der Gröfsen 0, +1, −1 bedeutet, und zwar diejenige dieser Gröfsen, für welche $\frac{b+\varepsilon}{3}$ eine ganze Zahl wird. Man kann daher das Theorem I durch folgendes Theorem ergänzen:

Theorem II.

„Wenn p das Dreifache eines ungeraden Quadrats $p = 3bb$ ist, so sind die beiden Zahlen, welche im Theorem I einander gleich waren, dieses nicht mehr, sondern die erste ist gröfser als die zweite, wenn b von der Form $4k+1$ ist, und hinwiederum ist die zweite gröfser als die erste, wenn b von der Form $4k+3$ ist; der Ueberschufs der einen über die andere aber ist $\frac{1}{3}b$, wenn b durch 3 aufgeht, oder, wenn b nicht durch 3 aufgeht, die dem $\frac{1}{3}b$ nächst gleiche ganze Zahl.“

Zur Erläuterung dieses Theorems durch Beispiele kann die folgende Tabelle dienen, in welcher die Zahlen A, A', B, B' der Formel (12) genügen müssen:

	b	$\frac{b+\varepsilon}{3}$	A	A'	B	B'
$3 = 3.1$	1	0	0	0	0	0
$27 = 25+2.1$	3	1	0	0	0	1
$75 = 3.25 = 1+25+49$	5	2	1	0	0	0
$147 = 3.49 = 1+25+121$	7	2	0	1	0	0
$243 = 1+2.121 = 25+49+169$	9	3	1	0	1	0
u. s. w.	u. s. w.					

Ich will über die Zerfällungen von p in die Form $aa+2a'a'$, in welcher a nicht durch 3 theilbar ist, noch folgende Bemerkungen hinzufügen.

Es sei 3^i die höchste Potenz von 3, durch welche p theilbar ist, so dafs

$\frac{p}{3^i}$ eine ganze, durch 3 nicht theilbare Zahl ist, welche ich mit

$$p' = \frac{p}{3^i}$$

bezeichnen will. Es sei

$$p' = \alpha\alpha + 2\alpha'\alpha',$$

so wird eine der beiden ganzen Zahlen α oder α' durch 3 aufgehen; denn wenn weder α noch α' durch 3 aufgingen, würde sowohl $\alpha\alpha$ als $\alpha'\alpha'$ durch 3 dividirt den Rest $+1$ lassen, und daher $p' = \alpha\alpha + 2\alpha'\alpha'$ durch 3 theilbar sein, was gegen die Voraussetzung ist. Es sei

$$(1+\sqrt{-2})^i = \beta + \beta'\sqrt{-2},$$

wo β und β' wieder ganze Zahlen bedeuten, deren Werthe man leicht aus der bekannten Formel für die Potenz eines Binoms erhält, nämlich

$$\beta = 1 - 2\frac{i(i-1)}{1.2} + 2^2\frac{i(i-1)(i-2)(i-3)}{1.2.3.4} - \ldots,$$

$$\beta' = i - 2\frac{i(i-1)(i-2)}{1.2.3} + 2^2\frac{i(i-1)(i-2)(i-3)(i-4)}{1.2.3.4.5} - \ldots$$

Wenn man in der vorstehenden Gleichung $-\sqrt{-2}$ statt $\sqrt{-2}$ schreibt, so erhält man

$$(1-\sqrt{-2})^i = \beta - \beta'\sqrt{-2},$$

und, wenn man die beiden Formeln mit einander multiplicirt,

$$3^i = \beta\beta + 2\beta'\beta'.$$

Setzt man

$$(\alpha+\alpha'\sqrt{-2})(\beta+\beta'\sqrt{-2}) = a + a'\sqrt{-2},$$

$$(\alpha+\alpha'\sqrt{-2})(\beta-\beta'\sqrt{-2}) = b + b'\sqrt{-2},$$

wo a, a', b, b' wieder ganze Zahlen bedeuten, nämlich

$$a = \alpha\beta - 2\alpha'\beta', \qquad b = \alpha\beta + 2\alpha'\beta',$$

$$a' = \alpha'\beta + \alpha\beta', \qquad b' = \alpha'\beta - \alpha\beta',$$

und ändert in jeder der beiden Formeln das Zeichen der Wurzelgröfse, so erhält man auch

$$(\alpha-\alpha'\sqrt{-2})(\beta-\beta'\sqrt{-2}) = a - a'\sqrt{-2},$$

$$(\alpha-\alpha'\sqrt{-2})(\beta+\beta'\sqrt{-2}) = b - b'\sqrt{-2};$$

und wenn man von diesen Formeln je zwei, welche durch Aenderung des Zeichens der Wurzelgröfse aus einander abgeleitet worden sind, mit einander multiplicirt,

$$3^{\iota}(\alpha\alpha + 2\alpha'\alpha') = 3^{\iota}p' = aa + 2a'a',$$
$$3^{\iota}(\alpha\alpha + 2\alpha'\alpha') = 3^{\iota}p' = bb + 2b'b',$$

oder

$$p = aa + 2a'a' = bb + 2b'b'.$$

Man erhält so aus einer Zerfällung der Zahl p' in die Form $\alpha\alpha + 2\alpha'\alpha'$ zwei Zerfällungen der Zahl p in dieselbe Form; und diese beiden Zerfällungen sind immer von einander verschieden, ausgenommen wenn p' ein Quadrat gleich $\alpha\alpha$ ist, und man die beiden Zerfällungen von p aus der Zerfällung $p' = \alpha\alpha$, für welche $\alpha' = 0$ ist, ableitet. Für diesen Fall sieht man aus den für a, b, a', b' angegebenen Werthen leicht, dafs

$$a = b, \qquad a' = -b'$$

wird, und dafs daher $aa + 2a'a'$, $bb + 2b'b'$ dieselbe Zerfällung ist. Dafs aber nur für diesen Fall die beiden Zerfällungen dieselben sind, erhellt folgendermafsen. Es mufs hierzu entweder $a = b$ oder $a = -b$ sein, und die für a und b angegebenen Werthe zeigen, dafs dies nur geschehen kann, wenn entweder $\alpha\beta$ oder $\alpha'\beta'$ verschwindet, d. h. eine der Zahlen $\alpha, \alpha', \beta, \beta'$ gleich Null ist. Nun ist aber weder β noch β' gleich Null; es kann ferner nicht $\alpha = 0$ sein, weil sonst $p' = 2\alpha'\alpha'$ eine gerade Zahl wäre; es ist aber die Zahl p' ungerade, weil sie mit 3^{ι} multiplicirt die ungerade Zahl p ergiebt. Die beiden Zerfällungen können daher nur, wenn α' verschwindet, übereinkommen, was zu beweisen war.

Dafs keine der beiden Zahlen β und β' verschwindet, folgt unter Anderem auch daraus, dafs keine von beiden durch 3 aufgehen kann. Es sei

$$(f + f'\sqrt{-2})(g + g'\sqrt{-2}) = h + h'\sqrt{-2},$$

also

$$fg - 2f'g' = h,$$
$$fg' + f'g = h'.$$

Wenn f und f', und eben so g und g', durch 3 dividirt denselben Rest lassen, so lassen die Zahlen $f'g'$, fg', $f'g$ denselben Rest wie fg, und es lassen daher beide Zahlen h und h' durch 3 dividirt denselben Rest als $-fg$. Denn die Zahl h läfst denselben Rest wie $fg - 2fg = -fg$, und die Zahl h' läfst denselben Rest wie $fg + fg = 2fg = 3fg - fg$ und also auch denselben Rest wie $-fg$. Es folgt hieraus, dafs, wenn

$$(f + f'\sqrt{-2})(g + g'\sqrt{-2}) = h + h'\sqrt{-2},$$

und f und f', so wie g und g', durch 3 dividirt denselben Rest lassen, und keine dieser Zahlen durch 3 theilbar ist, auch die beiden Zahlen h und h' durch 3 dividirt denselben Rest lassen und durch 3 nicht theilbar sind. Denn da die Zahlen h und h' durch 3 dividirt denselben Rest wie $-fg$ lassen, so können sie nur durch 3 theilbar sein, wenn es eine der beiden Zahlen f und g ist, was der Voraussetzung zuwider ist. Wenn man zu den beiden Factoren nach und nach mehrere von derselben Form und denselben Eigenschaften hinzufügt, und jedesmal den eben gefundenen Satz anwendet, so erhält man den allgemeineren Satz, dafs, wenn i Factoren

$$f_1 + f_1'\sqrt{-2}, \quad f_2 + f_2'\sqrt{-2}, \ldots, \quad f_i + f_i'\sqrt{-2}$$

gegeben sind, in deren jedem $f + f'\sqrt{-2}$ die beiden Gröfsen f und f' ganze Zahlen bedeuten, welche durch 3 nicht theilbar sind, aber durch 3 dividirt denselben Rest lassen, das Product sämmtlicher Factoren, dem man wieder die Form

$$F + F'\sqrt{-2}$$

geben kann, in welcher F und F' ganze Zahlen bedeuten, wieder dieselbe Eigenschaft hat, dafs weder F noch F' durch 3 aufgeht, beide aber durch 3 dividirt denselben Rest lassen. Es folgt ferner aus dem gefundenen Satze, dafs dieser Rest derselbe ist, wie der Rest, welchen die Zahl

$$(-1)^{i-1} f_1 f_2 \ldots f_i = -(-f_1)(-f_2)\ldots(-f_i)$$

läfst. Sind alle Factoren einander gleich, so folgt aus dem Vorhergehenden, dafs, wenn f und f' durch 3 dividirt beide $+1$ oder beide -1 zum Rest lassen, und man die i^{te} Potenz des Ausdrucks $f + f'\sqrt{-2}$ in die Form

$$F + F'\sqrt{-2} = (f + f'\sqrt{-2})^i$$

bringt, die Zahlen F und F' beide denselben Rest lassen wie $-(-f)^i$. Ist daher die Potenz eine gerade, also i eine gerade Zahl, so werden F und F'

durch 3 dividirt immer den Rest -1 lassen, ist dagegen i ungerade, so wird F denselben Rest $+1$ oder -1 lassen wie f. In unserem Falle, in welchem

$$(1+\sqrt{-2})^i = \beta + \beta'\sqrt{-2}$$

war, also $f = f' = 1$, werden daher β und β' durch 3 dividirt beide den Rest $+1$ oder beide den Rest -1 lassen, je nachdem i ungerade oder gerade ist, und es kann niemals eine dieser Zahlen durch 3 aufgehen, noch weniger also verschwinden.

Man kann diese Eigenschaften der Zahlen β und β' auch aus ihren oben angegebenen, aus dem binomischen Lehrsatz abgeleiteten Werthen folgern. In diesen Werthen finden sich nämlich die Binomial-Coefficienten von i mit den Potenzen von -2 multiplicirt; betrachtet man nur die Reste, welche diese Werthe durch 3 dividirt lassen, so kann man $+1$ statt -2 setzen, woraus folgt, daſs β und β' durch 3 dividirt dieselben Reste lassen wie die Zahlen

$$1 + \frac{i(i-1)}{1.2} + \frac{i(i-1)(i-2)(i-3)}{1.2.3.4} + \cdots,$$

$$i + \frac{i(i-1)(i-2)}{1.2.3} + \frac{i(i-1)(i-2)(i-3)(i-4)}{1.2.3.4.5} + \cdots$$

Diese Zahlen sind aber gleich den beiden Ausdrücken

$$\tfrac{1}{2}\{(1+1)^i + (1-1)^i\} = 2^{i-1},$$

$$\tfrac{1}{2}\{(1+1)^i - (1-1)^i\} = 2^{i-1},$$

so daſs β und β' durch 3 dividirt denselben Rest wie 2^{i-1}, oder, was dasselbe ist, wie $(-1)^{i-1}$ lassen; was mit dem vorhin Gefundenen übereinstimmt.

Die beiden Zerfällungen von p, welche wir aus einer Zerfällung von p' in die Form $\alpha\alpha + 2\alpha'\alpha'$ abgeleitet haben, nämlich

$$p = aa + 2a'a' = bb + 2b'b',$$

gehören zu den Zerfällungen, welche hier betrachtet werden, indem keine der Zahlen a, a', b, b' durch 3 aufgeht. Dieses erhellt sogleich aus den oben für diese Zahlen gegebenen Werthen

$$a = \alpha\beta - 2\alpha'\beta', \qquad b = \alpha\beta + 2\alpha'\beta',$$

$$a' = \alpha'\beta + \alpha\beta', \qquad b' = \alpha'\beta - \alpha\beta',$$

in welchen a und a' zwei Zahlen bedeuten, von denen die eine durch 3 theilbar ist, die andere aber nicht, β und β' dagegen zwei Zahlen, von denen keine durch 3 theilbar ist. Man kann aber aus der Form der Werthe von a und b noch folgende Schlüsse ziehen.

Da a und b ungerade sind, wie aus der Gleichung

$$p = aa + 2a'a' = bb + 2b'b'$$

erhellt, in der p eine ungerade Zahl von der Form $24k + 3$ bedeutet, und a und b nicht durch 3 aufgehen, so sind sie in ddn vier Formen $12k \pm 1$, $12k \pm 5$ enthalten. Es wird daher auch ihr Product ab eine dieser vier Formen haben und zwar eine der beiden Formen $12k \pm 1$, wenn a und b beide in den Formen $12k \pm 1$ oder beide in den Formen $12k \pm 5$ enthalten sind, dagegen wird ab die Form $12k \pm 5$ haben, wenn die eine der beiden Zahlen a und b in den Formen $12k \pm 1$, die andere in den Formen $12k \pm 5$ enthalten ist. Aus den für a und b angegebenen Werthen

$$a = \alpha\beta - 2\alpha'\beta', \qquad b = \alpha\beta + 2\alpha'\beta'$$

folgt aber

$$ab = \alpha^2\beta^2 - 4\alpha'^2\beta'^2.$$

Geht α' durch 3 auf, so ist $\alpha\beta$ eine ungerade, durch 3 nicht theilbare Zahl; denn α und β sind immer ungerade, wie aus den Gleichungen

$$3^{i} = \beta\beta + 2\beta'\beta', \qquad p' = \alpha\alpha + 2\alpha'\alpha'$$

erhellt, und wenn α' durch 3 theilbar ist, so ist α durch 3 nicht theilbar; die Zahlen β und β' sind aber niemals durch 3 theilbar. Es folgt hieraus, dafs $\alpha^2\beta^2$, sowohl durch 4 als durch 3 dividirt, den Rest $+1$ läfst, also die Form $12k+1$ hat. Die Zahl $4\alpha'^2\beta'^2$ ist ferner, wenn α' durch 3 theilbar ist, durch 12 theilbar. Es wird daher, wenn α' durch 3 theilbar ist, die Zahl

$$ab = \alpha^2\beta^2 - 4\alpha'^2\beta'^2$$

die Form $12k+1$ haben. Wenn α durch 3 theilbar ist, so ist α' und daher auch $\alpha'\beta'$ durch 3 nicht theilbar; es hat daher $\alpha'^2\beta'^2$ die Form $3k+1$ und $4\alpha'^2\beta'^2$ die Form $12k+4$. Es hat ferner β^2 die Form $12k+1$, weil β^2, sowohl durch 4 als durch 3 dividirt, den Rest $+1$ läfst; α ist eine durch 3 theilbare ungerade Zahl und hat also eine der beiden Formen $12k+3$,

$12k+9$, sein Quadrat α^2 hat daher immer die Form $12k+9$; und da β^2 die Form $12k+1$ hat, so wird auch $\alpha^2\beta^2$ die Form $12k+9$ haben. Wenn also a durch 3 theilbar ist, so hat $4\alpha'^2\beta'^2$ die Form $12k+4$, ferner $\alpha^2\beta^2$ die Form $12k+9$, und daher

$$ab = \alpha^2\beta^2 - 4\alpha'^2\beta'^2$$

die Form $12k+5$. Es wird daher ab die Form $12k+1$ oder die Form $12k+5$ haben, je nachdem a' oder a durch 3 aufgeht. Läſst man die Zeichen von a und b, welche durch die Zerfällung von p in die Formen $aa+2a'a'$, $bb+2b'b'$ nicht bestimmt werden, willkürlich, so wird man doch immer sagen können, daſs ab eine der Formen $12k\pm1$ oder eine der Formen $12k\pm5$ hat, je nachdem a' oder a durch 3 aufgeht. Theilt man daher die Zerfällungen von p in die Form $aa+2a'a'$, in welcher a und a' nicht durch 3 aufgehen, in zwei Classen, von denen die erste die Zerfällungen umfaſst, in denen a eine der beiden Formen $12k\pm1$ hat, und die zweite die Zerfällungen, in denen a eine der beiden Formen $12k\pm5$ hat, so werden die beiden Zerfällungen von p, welche man auf die angegebene Art aus einer Zerfällung von p' in die Form $aa+2a'a'$ ableitet, zu derselben oder zu verschiedenen Classen gehören, je nachdem a' oder a durch 3 theilbar ist.

Wenn p', welches jede ungerade, durch 3 nicht theilbare Zahl bedeuten kann, auf mehrere Arten in die Form $aa+2a'a'$ zerfällt werden kann, so wird doch in allen diesen Zerfällungen a', oder in allen a durch 3 theilbar sein. Im ersten Falle hat nämlich p' die Form $ff+18f'f'$, im zweiten Falle die Form $9gg+2g'g'$; und da p' und also auch f und g' durch 3 nicht theilbar sind, also ff und $2g'g'$ durch 3 dividirt die Reste $+1$ und $+2$ lassen, so können die erste Form nur die Zahlen p' von der Form $3k+1$, die zweite Form nur die Zahlen p' von der Form $3k+2$ haben. Je nachdem also p' die Form $3k+1$ oder $3k+2$ hat, werden die beiden Zerfällungen von $p=3^i p'$, welche wir aus einer Zerfällung von p' abgeleitet haben, zu derselben oder zu verschiedenen Classen gehören.

Es bleibt noch zu zeigen übrig, daſs jede Zerfällung von p in die Form $aa+2a'a'$, in welcher a nicht durch 3 theilbar ist, wirklich aus einer Zerfällung von p' durch die angegebenen Formeln abgeleitet werden kann.

Man kann dieses so beweisen. Da p durch 3^t theilbar und

$$a^2\beta^2-4a'^2\beta'^2 = a^2(\beta^2+2\beta'^2)-2\beta'^2(a^2+2a'^2) = 3^t aa-2p\beta'\beta'$$

ist, so mufs auch die Zahl

$$a^2\beta^2-4a'^2\beta'^2 = (a\beta+2a'\beta')(a\beta-2a'\beta')$$

durch 3^t theilbar sein. Von den beiden Factoren $a\beta+2a'\beta'$ und $a\beta-2a'\beta'$ kann aber nur der eine durch 3 theilbar sein; denn wären sie beide durch 3 theilbar, so wäre auch ihre Summe $2a\beta$ durch 3 theilbar, was unmöglich ist, weil weder a noch β durch 3 theilbar ist. Da nun das Product der beiden Factoren durch 3^t theilbar ist, der eine Factor aber durch 3 nicht theilbar ist, so mufs der andere Factor allein durch 3^t theilbar sein. Es sei $a\beta+2a'\beta'$ dieser Factor, was man immer annehmen kann, da über das Zeichen von a' nichts bestimmt worden ist, vielmehr dieses Zeichen, wenn man a unverändert läfst, durch diese Bedingung erst bestimmt wird. Multiplicirt man diesen Factor mit β' und setzt für $2\beta'\beta'$ seinen Werth $3^t-\beta\beta$, so erhält man

$$\beta'(a\beta+2a'\beta') = -\beta(a'\beta-a\beta')+3^t a',$$

und aus dieser Gleichung folgt, weil $a\beta+2a'\beta'$ durch 3^t theilbar, aber β durch 3 nicht theilbar ist, dafs auch $a'\beta-a\beta'$ durch 3^t theilbar ist. Es sei

$$\frac{a\beta+2a'\beta'}{3^t} = \alpha, \qquad \frac{a'\beta-a\beta'}{3^t} = \alpha',$$

so wird

$$\frac{(a+a'\sqrt{-2})(\beta-\beta'\sqrt{-2})}{3^t} = \alpha+\alpha'\sqrt{-2},$$

und dem eben Bewiesenen zufolge sind die Gröfsen α und α' ganze Zahlen. Aendert man das Zeichen der Wurzelgröfse und multiplicirt die dadurch entstehende neue Gleichung mit der vorstehenden, so erhält man

$$\frac{(aa+2a'a')(\beta\beta+2\beta'\beta')}{3^{2t}} = \frac{p}{3^t} = p' = \alpha\alpha+2\alpha'\alpha',$$

welches die verlangte Zerfällung von p' ist. Von dieser Zerfällung aus gelangt man wieder zu der gegebenen Zerfällung von $p = aa+2a'a'$ durch die Gleichung

$$(\alpha + \alpha'\sqrt{-2})(\beta + \beta'\sqrt{-2}) = a + a'\sqrt{-2}.$$

Man sieht also, dafs man jede Zerfällung von p in die Form $aa + 2a'a'$, in welcher a nicht durch 3 theilbar ist, immer aus einer Zerfällung von $\frac{1}{3^i}p = p'$ auf die oben angegebene Art ableiten kann. Man wird also *alle* Zerfällungen von p, welche die verlangte Form haben, aus den Zerfällungen von p' erhalten.

Wir haben gesehen, dafs man aus jeder Zerfällung von p' zwei Zerfällungen von p erhält, welche zu derselben oder zu verschiedenen Classen gehören, je nachdem p' die Form $3k+1$ oder $3k+2$ hat; ferner, dafs die so erhaltenen Zerfällungen von p *alle* hier betrachteten ergeben. Wir nannten aber oben B die Anzahl aller Zerfällungen von p von der ersten Classe und B' die aller Zerfällungen von p von der zweiten Classe; wobei jedoch, wenn $p' = \alpha\alpha$, die Zerfällung

$$p = 3^i p' = \alpha\alpha\beta\beta + 2\alpha\alpha\beta'\beta'$$

nicht mitgerechnet ist, welche nur stattfindet, wenn p das Dreifache eines Quadrats ist, da i ungerade sein mufs, wenn $p = 3^i aa$ die Form $24k+3$ haben soll. Hat p' die Form $3k+2$, so enthalten die erste und zweite Classe gleich viel Zerfällungen, weil aus jeder Zerfällung von p' sich für jede der beiden Classen eine Zerfällung von p ergiebt. Man hat daher, wenn $p' = \frac{1}{3^i}p$ die Form $3k+2$ hat,

$$B = B',$$

wodurch sich die Formel (11) auf

$$A = A' \tag{13}$$

reducirt. Wenn p' die Form $3k+1$ hat, werden B und B' gerade Zahlen sein, wenn nicht p das Dreifache eines Quadrats ist, weil sich aus jeder Zerfällung von p' zwei Zerfällungen von p ergeben, die zu derselben Classe gehören.

Man kann aus der oben gefundenen Formel

$$\{\Sigma(-1)^m x^{(6m+1)^2}\}^3 = \Sigma(-1)^{\frac{b-1}{2}} b x^{3bb},$$

in welcher m alle positiven und negativen Zahlen, b alle positiven ungeraden Zahlen bedeutet, noch Folgerungen ganz anderer Art ziehen, die ich kurz andeuten will. Man sieht durch diese Formel, daſs man das Dreifache eines ungeraden Quadrats immer auf mehrere Arten in drei Quadrate von der Form $(6m+1)^2$ zerfällen kann, so daſs, wenn N irgend eine ungerade Zahl ist, man immer der Gleichung

$$3NN = (6m+1)^2 + (6m'+1)^2 + (6m''+1)^2$$

genügen kann, und zwar auf mehrere Arten, so daſs man, den Fall $b = 1$ ausgenommen, nie allein die Zerfällung in drei gleiche Quadrate hat. Aus der vorstehenden Gleichung folgt

$$3NN = (6m+1)^2 + 2(3m'+3m''+1)^2 + 18(m'-m'')^2,$$

und daher

$$NN = \{2(m+m'+m'')+1\}^2 + 2(2m-m'-m'')^2 + 6(m'-m'')^2.$$

Eine ähnliche Formel würde aus jeder Zerfällung von $p = 24k+3$ in die Form

$$(6m+1)^2 + (6m'+1)^2 + (6m''+1)^2$$

für $\frac{1}{3}p = 8k+1$ gefunden werden. Es sei

$$2(m+m'+m'')+1 = n, \quad 2m-m'-m'' = n', \quad m'-m'' = n'',$$

so hat man

$$NN = nn + 2n'n' + 6n''n'',$$

und daher

$$\frac{NN-nn}{2} = n'n' + 3n''n''.$$

Da man immer voraussetzen kann, daſs die Zahlen m, m', m'' nicht alle drei einander gleich sind, so wird man auch immer in der vorstehenden Gleichung annehmen können, daſs n' und n'' nicht alle beide verschwinden. Es wird also immer $N > n$ sein.

Von der Summe und der Differenz zweier ungeraden Zahlen ist die eine immer durch 4 theilbar, während die andere durch 4 dividirt den Rest 2 läſst. Ich will annehmen, daſs $N-n$ durch 4 theilbar sei; wäre $N+n$ durch 4 theilbar, so hätte man im Folgenden nur $-n$ statt n zu setzen.

Man betrachte jetzt den besonderen Fall, wo N eine *Primzahl* ist, in welchem $\frac{N-n}{2}$ und $\frac{N+n}{2}$ und daher auch die Zahlen $\frac{N-n}{4}$ und $\frac{N+n}{2}$ keinen gemeinschaftlichen Factor haben. Da beide Zahlen zu einander Primzahlen und Theiler einer Zahl von der Form $n'n' + 3n''n''$ sind, so hat, nach sonst bekannten Sätzen der Arithmetik, jede dieser Zahlen $\frac{N-n}{4}$ und $\frac{N+n}{2}$ dieselbe Form. Man kann daher setzen

$$\frac{N+n}{2} = \alpha\alpha + 3\gamma\gamma,$$

$$\frac{N-n}{4} = \beta\beta + 3\delta\delta,$$

woraus für jede Primzahl N die Gleichung

$$N = \alpha\alpha + 2\beta\beta + 3\gamma\gamma + 6\delta\delta$$

folgt, in welcher α, β, γ, δ ganze Zahlen sind. Zufolge der bekannten Verallgemeinerung eines Eulerschen Satzes produciren Zahlen von der Form

$$\alpha\alpha + B\beta\beta + C\gamma\gamma + BC\delta\delta$$

wieder diese Form, wenn man sie mit einander multiplicirt. Die Form, in welche wir jede Primzahl N zerfällt haben, gehört aber offenbar dieser Form an. Da nun auch die Primzahl 2 dieselbe Form hat, und man jede Zahl als Product von Primzahlen betrachten kann, so kann man auch jeder Zahl die Form

$$\alpha\alpha + 2\beta\beta + 3\gamma\gamma + 6\delta\delta$$

geben, in welcher α, β, γ, δ ganze Zahlen sind.

Ganz ähnliche Betrachtungen, wie ich in dieser Abhandlung angestellt habe, kann man an andere Formeln der *Fundamenta* anknüpfen.

BEWEIS DES SATZES, DASS JEDE NICHT FÜNFECKIGE ZAHL EBEN SO OFT IN EINE GERADE ALS UNGERADE ANZAHL VERSCHIEDENER ZAHLEN ZERLEGT WERDEN KANN.

Crelle Journal für die reine und angewandte Mathematik, Bd. 32 p. 164—175.

Wenn man eine ganze positive Zahl P auf alle mögliche Arten aus anderen von einander verschiedenen ganzen positiven Zahlen durch Addition zusammensetzt, so wird die Anzahl dieser Zusammensetzungen der Coefficient von q^P in der Entwickelung des unendlichen Productes

$$(1+q)(1+q^2)(1+q^3)(1+q^4)\ldots$$

Darf bei den Zusammensetzungen dieselbe Zahl wiederholt angewandt werden, so wird ihre Anzahl der Coefficient von q^P in der Entwickelung des Bruches

$$\frac{1}{(1-q)(1-q^2)(1-q^3)(1-q^4)\ldots},$$

wie man sogleich sieht, wenn man jeden Factor

$$\frac{1}{1-q},\ \frac{1}{1-q^2},\ \ldots$$

besonders entwickelt und die erhaltenen Reihen mit einander multiplicirt. Die letztere Betrachtung veranlaſste Euler, den Nenner dieses Bruches durch wirkliche Ausführung der Multiplication zu bilden, und er entdeckte, daſs in dem erhaltenen Producte nur solche Potenzen von q übrig bleiben, deren Exponenten die in der Formel $\frac{1}{2}(3ii \pm i)$ enthaltenen, sogenannten fünfeckigen, Zahlen sind; daſs sich ferner die Coefficienten dieser Potenzen immer auf die Einheit reduciren, und zwar auf die positive, wenn i gerade, auf die negative, wenn i ungerade ist. Man findet diese merkwürdige Induction in dem 16ten Kapitel des 1ten Theiles seiner *Introductio in analysin infinitorum*, welches von der Theilung der Zahlen handelt und mit wenigen Abänderungen und Auslassungen aus einer Abhandlung gleichen Inhaltes entnommen ist, welche Euler im 3ten Bande der *Neuen Petersburger Commentarien* für die Jahre 1750 und 51 (S. 155 ff.) publicirt hat. Er hatte aber diese glückliche Bemerkung bereits im Jahre 1740 gemacht, wie aus einem von Herrn Staatsrath von Fuſs publicirten Briefe Daniel Bernoulli's vom 28ten Januar 1741 erhellt*). Euler erlangte hierdurch für die Entwickelungscoefficienten des obigen Bruches eine einfache Recursionsscale und, indem er das unendliche Product und die ihr gleiche Reihe logarithmisch differentiirte, später auch eine ähnliche Recursionsscale für die Factorensumme der auf einander folgenden natürlichen Zahlen. S. die Abhandlung *Observatio de summis divisorum* im 5ten Bande der *Neuen Commentarien* für die Jahre 1754 und 55, S. 59—74. Aber diese Anwendungen muſsten gegen den Umstand ganz unbedeutend erscheinen, daſs hier zum ersten Male in der Analysis eine Entwickelung auftrat, in welcher die Exponenten eine *arithmetische Reihe zweiter Ordnung* bilden. Einen einfachen Beweis des von ihm durch Induction gefundenen Resultates gab Euler bereits in dem zuletzt genannten Bande der *Neuen Commentarien* in einer Abhandlung *Demonstratio theorematis circa ordinem in summis divisorum observatum* (S. 75—83). Derselbe Beweis wurde von ihm fünf und zwanzig Jahre später, wenige Jahre vor seinem Tode, in dem 1ten Theile des 4ten Bandes der *Acta der Petersburger Akademie* für das Jahr 1780 in der Abhandlung *Evolutio producti infiniti* $(1-x)(1-x^2)(1-x^3)(1-x^4)\ldots$

*) *Correspondance Mathématique et Physique de quelques célèbres Géomètres du 18ième siècle, T. II p. 467*: „Das *problema de combinandis numeris datam summam efficientibus* ist *in casibus particularibus* gar leicht: einige Circumstanzen machen, daſs man die *regulam generalem* nicht siehet, doch aber kann man die *methodum generalem* anzeigen. Den *calculum* von Ihrem Exempel *de numero 50 in 7 partes dividendo* habe ich nicht gemacht, solches aber meinem Vetter Nicolas Bernoulli gegeben, welcher eben die Zahl gefunden, die Ew. herausgebracht. Das ander *problema, transformare expressionem*

$$\left(1-\frac{1}{n}\right)\left(1-\frac{1}{n^2}\right)\left(1-\frac{1}{n^3}\right)\cdots \textit{ in seriem } 1-\frac{1}{n}-\frac{1}{n^2}+\frac{1}{n^5}+\frac{1}{n^7}-\frac{1}{n^{12}}-\frac{1}{n^{15}}+\text{etc.},$$

kommt auch leicht *per inductionem* heraus, wenn man viele *factores* von der *proposita expressione actu multipliciret*."

in seriem simplicem etwas modificirt, so wie er auch in demselben Bande in der Abhandlung *De mirabilibus proprietatibus numerorum pentagonalium* die Anwendung auf die rücklaufende Bildung der Factorensummen wiederholt hat. In den *Philosophical Transactions* vom Jahre 1788 (S. 388—394) hat Eduard Waring in der Abhandlung *Some Properties of the Sum of the Divisors of Numbers* diese letztere Arbeit Euler's wiedergegeben, ohne etwas hinzuzufügen und ohne den Eulerschen Beweis des Entwickelungsgesetzes des unendlichen Productes mitzutheilen. Von diesem Beweise findet man nur in dem Wörterbuche des gelehrten Klügel unter dem Artikel *Pentagonalzahlen* Erwähnung gethan, bis ich im Jahre 1829 in meinen *Fundamentis novis theoriae functionum ellipticarum* wieder auf denselben aufmerksam gemacht habe. Die dort bewiesenen Theoreme geben Entwickelungen unendlicher Producte in Reihen, in denen die Exponenten eine *beliebige* Reihe zweiter Ordnung bilden. Setzt man nämlich in den in den *Fundamentis* gegebenen Formeln q^n statt q und $z = \pm q^m$, so erhält man die Gleichungen

$$(1-q^{n-m})(1-q^{n+m})(1-q^{2n})(1-q^{3n-m})(1-q^{3n+m})(1-q^{4n})\ldots = \sum_{-\infty}^{+\infty}(-1)^i q^{nii+mi},$$

$$(1+q^{n-m})(1+q^{n+m})(1-q^{2n})(1+q^{3n-m})(1+q^{3n+m})(1-q^{4n})\ldots = \sum_{-\infty}^{+\infty} q^{nii+mi},$$

deren erste für $n = \frac{3}{2}$, $m = \frac{1}{2}$ die Eulersche Formel giebt. Gaufs hat im 1ten Bande der *Göttinger Commentarien* für die Jahre 1808—11 in seiner Abhandlung *Summatio quarumdam serierum singularium* zuerst wieder nach Euler das Beispiel einer ähnlichen Entwickelung eines unendlichen Productes gegeben, welches der zweiten der beiden vorstehenden allgemeinen Formeln für die Werthe $m = \frac{1}{2}$, $n = \frac{1}{2}$ entspricht. Ob er das Eulersche Resultat gekannt hat, läfst sich aus seiner Arbeit nicht ersehen. Legendre hat in der *dritten* Ausgabe seiner *Théorie des Nombres*, T. II S. 128, einen Beweis der Eulerschen Formel gegeben, der von dem Eulerschen Beweise verschieden ist. Da er bei dieser Gelegenheit nur der ersten Arbeiten Euler's über diesen Gegenstand in der *Introductio* und dem Bande III der *Novi Commentarii* Erwähnung thut, wo das Resultat durch Induction gefunden wird, so scheint Legendre den *Beweis*, den später Euler selbst gegeben hat, nicht gekannt zu haben.

Obgleich ich in den *Fundamentis novis* zwei einfache Beweise der allgemeinen Formeln mitgetheilt habe, und insbesondere der zweite dieser Beweise einen ganz elementaren Character hat, so scheint es mir doch nicht ohne Interesse, auf jenen schönen Eulerschen, den Mathematikern fast unbekannt gebliebenen Beweis der speciellen Formel zurückzukommen. Ich werde daher im Folgenden den Eulerschen Beweis seinem wesentlichen Gedankengange nach reproduciren, den Resultaten aber dadurch eine gröfsere Allgemeinheit geben, dafs ich die von Euler gebrauchte Methode auf begrenzte Producte anwende. Ich werde ferner hierbei der Eulerschen Formel den correspondirenden Satz über die Theilung der Zahlen substituiren und diesen Satz selbst ohne Vermittelung von unendlichen Producten oder Reihen beweisen.

Aus der Eulerschen Formel folgt nämlich der nachstehende Satz, von welchem sie selbst wieder eine unmittelbare Folge ist:

> Jede Zahl, welche nicht die Form $\frac{1}{2}(3ii \pm i)$ hat, kann eben so oft in eine gerade als in eine ungerade Menge anderer von einander verschiedener Zahlen zerlegt werden; Zahlen von der Form $\frac{1}{2}(3ii \pm i)$ aber können in eine gerade Menge *einmal* mehr oder weniger als in eine ungerade zerlegt werden, und zwar das eine oder das andere, je nachdem i gerade oder ungerade ist.

Diesen aus der Eulerschen Formel sich ergebenden Satz bemerkt auch Legendre am angeführten Orte. Es wird dadurch eine elementare Operation, das Abzählen, wie oft eine Zahl aus einer geraden oder ungeraden Menge anderer von einander verschiedener durch Addition zusammengesetzt werden kann, in eine Beziehung zu der *Dreitheilung der elliptischen Integrale* gesetzt, welcher die Eulersche Formel in der Theorie der elliptischen Functionen entspricht. Ich wende mich jetzt zu dem Beweise selbst.

Wenn man eine Gröfse P auf alle mögliche Arten aus anderen, welche unter sich und von Null verschieden sind und aus der Zahl gegebener Elemente $\alpha, \beta, \gamma, \ldots$ genommen werden sollen, durch Addition zusammensetzt, ohne dabei ein Element wiederholt anzuwenden, so will ich den Überschufs der Anzahl derjenigen Zusammensetzungen, in welchen die Zahl der angewandten Elemente gerade ist, über die Anzahl derjenigen, in welchen diese Zahl ungerade ist, durch

$$(P, \alpha, \beta, \gamma, \ldots)$$

bezeichnen, wobei ich unter Überschufs sowohl eine positive als eine negative Gröfse verstehen werde. Wenn die gegebenen Elemente $\alpha, \beta, \gamma, \ldots$ alle positiv sind, so kann der Werth von P nicht kleiner als das kleinste derselben und nicht gröfser als die Summe aller sein, widrigenfalls die Gröfse $(P, \alpha, \beta, \gamma, \ldots)$ verschwindet. Die Ordnung, in welcher die Elemente $\alpha, \beta, \gamma, \ldots$ geschrieben werden, ist, wie man sieht, gleichgültig.

Um den nachfolgenden Sätzen eine allgemeine Gültigkeit zu geben, will ich ferner festsetzen, dafs für $P = 0$ das Zeichen $(P, \alpha, \beta, \gamma, \ldots)$ den angegebenen Überschufs *noch um 1 vermehrt* bedeute, und dafs die Gröfse $(P, \alpha, \beta, \gamma, \ldots)$ verschwinde, sowie eines der Elemente $\alpha, \beta, \ldots$ gleich Null wird.

Wenn man den im Vorhergehenden bezeichneten Überschufs nur in Bezug auf diejenigen Zusammensetzungen von P betrachtet, in welchen das Element α nicht vorkommt, so wird dieser Theil desselben $(P, \beta, \gamma, \ldots)$. Jeder Zusammensetzung ferner, in welcher α unter den Elementen vorkommt, entspricht eine andere von $P-\alpha$ aus den übrigen gegebenen Elementen. Aber da die Anzahl der Elemente, die bei der Zusammensetzung verwendet werden, um *eines* geringer geworden ist, ist zugleich aus einer geraden immer eine ungerade, aus einer ungeraden eine gerade Anzahl geworden. Es wird daher der andere Theil des Überschusses, welcher sich auf die Zusammensetzungen von P bezieht, bei welchen das Element α concurrirt, durch $-(P-\alpha, \beta, \gamma, \ldots)$ ausgedrückt. Hieraus folgt die Formel

$$(1)\qquad (P, \alpha, \beta, \gamma, \ldots) = (P, \beta, \gamma, \ldots) - (P-\alpha, \beta, \gamma, \ldots),$$

welche, wie man sich leicht überzeugt, unter den festgesetzten Bestimmungen auch auf diejenigen Fälle ausgedehnt werden kann, in welchen P oder $P-\alpha$ oder eines der Elemente $\alpha, \beta, \gamma, \ldots$ verschwindet.

Für *ein* Element α wird in Folge der gegebenen Definitionen $(P, \alpha) = 0, 1$ oder -1, je nachdem P von α und 0 verschieden, gleich 0 oder gleich α ist; es wird ferner $(P, \alpha) = 0$, wenn $P = \alpha = 0$. *Wenn man daher mit*

$$[N]$$

eine Grösse bezeichnet, welche gleich 1 *ist, wenn N verschwindet, und gleich* 0 *ist, wenn N von* 0 *verschieden ist*, so wird in allen Fällen

$$(2)\qquad (P, \alpha) = [P] - [P-\alpha].$$

Auf den Formeln (1) und (2) beruht die ganze nachstehende Untersuchung.

Ich betrachte das Aggregat

$$(b_0, a) + (b_1, a, a_1) + (b_2, a, a_1, a_2) + \cdots + (b_{m-1}, a, a_1, \ldots, a_{m-1}),$$

in welchem die Elemente $a, a_1, \ldots, a_{m-1}$ *eine beliebige arithmetische Reihe und die Zahlen* $b_0, b_1, \ldots, b_{m-1}, b_m$ *eine arithmetische Reihe mit der Differenz* $-a$ *bilden.* Dieses Aggregat verwandelt sich mittelst (1) in folgendes:

$$(3)\quad \begin{aligned} &(b_0, a) + (b_1, a_1) + (b_2, a_1, a_2) + (b_3, a_1, a_2, a_3) + \cdots + (b_{m-1}, a_1, a_2, \ldots, a_{m-1}) \\ &\qquad - (b_2, a_1) - (b_3, a_1, a_2) - \cdots - (b_{m-1}, a_1, a_2, \ldots, a_{m-2}) \\ &\qquad - (b_m, a_1, a_2, \ldots, a_{m-1}). \end{aligned}$$

In diesem Ausdrucke reducire man je zwei unter einander stehende Terme mittelst der aus (1) folgenden Formel

$$(P, a_1, a_2, \ldots, a_{i+1}) - (P, a_1, a_2, \ldots, a_i) = -(P - a_{i+1}, a_1, a_2, \ldots, a_i).$$

Wenn man

$$c_i = b_{i+1} - a_{i+1}$$

setzt und die aus (2) sich ergebende Gleichung

$$(b_0, a) + (b_1, a_1) = [b_0] - [c_0]$$

zu Hülfe ruft, so erhält man hierdurch

$$(4)\quad \begin{aligned} &(b_0, a) + (b_1, a, a_1) + (b_2, a, a_1, a_2) + \cdots + (b_{m-1}, a, a_1, \ldots, a_{m-1}) \\ &\qquad = [b_0] - [c_0] - (b_m, a_1, a_2, \ldots, a_{m-1}) \\ &- \{(c_1, a_1) + (c_2, a_1, a_2) + (c_3, a_1, a_2, a_3) + \cdots + (c_{m-2}, a_1, a_2, \ldots, a_{m-2})\}. \end{aligned}$$

Da

$$c_{i+1} - c_i = -a - a_{i+2} + a_{i+1} = -a_1,$$

so bilden die Gröſsen $c_0, c_1, c_2, \ldots$ eine arithmetische Reihe mit der constanten Differenz a_1. Bestimmt man nach und nach die $k-1$ Gröſsen $d_i, e_i, \ldots, z_i$ durch die ähnlichen Gleichungen

$$d_i = c_{i+1} - a_{i+1},\quad e_i = d_{i+1} - a_{i+1},\quad f_i = e_{i+1} - a_{i+1},\ \ldots,\quad z_i = y_{i+1} - a_{i+1},$$

so werden die Gröſsen $d_i, e_i, f_i, \ldots, y_i, z_i$ arithmetische Reihen bilden, welche respective die Gröſsen $-a_2, -a_3, \ldots, -a_{k-1}, -a_k$ zu ihrer constanten Differenz haben. Setzt man

$$
\begin{aligned}
&(b_0, a) + (b_1, a, a_1) + (b_2, a, a_1, a_2) + \cdots + (b_{m-1}, a, a_1, a_2, \ldots, a_{m-1}) = A_1, \\
&(c_1, a_1) + (c_2, a_1, a_2) + (c_3, a_1, a_2, a_3) + \cdots + (c_{m-2}, a_1, a_2, a_3, \ldots, a_{m-2}) = A_2, \\
&(d_2, a_2) + (d_3, a_2, a_3) + (d_4, a_2, a_3, a_4) + \cdots + (d_{m-3}, a_2, a_3, a_4, \ldots, a_{m-3}) = A_3, \\
&\ldots\ldots\ldots\ldots\ldots\ldots \\
&(y_{k-1}, a_{k-1}) + (y_k, a_{k-1}, a_k) + (y_{k+1}, a_{k-1}, a_k, a_{k+1}) + \cdots + (y_{m-k}, a_{k-1}, a_k, \ldots, a_{m-k}) = A_k,
\end{aligned}
$$

so wird durch (4) das Aggregat A_1 auf A_2 zurückgeführt. Da aber die Aggregate $A_1, A_2, \ldots, A_k$ alle auf dieselbe Art gebildet sind, so kann man durch analoge Formeln A_2 auf A_3, A_3 auf A_4 etc. zurückführen. Wenn man nämlich nach und nach c und d für b und c, d und e für c und d u. s. f., ferner immer $m-2$ für m setzt und jedesmal alle Indices um 1 vergrößert, so giebt die Formel (4) das folgende System Gleichungen:

$$
\begin{aligned}
A_1 + A_2 &= [b_0] - [c_0] - (b_m, a_1, a_2, \ldots, a_{m-1}), \\
A_2 + A_3 &= [c_1] - [d_1] - (c_{m-1}, a_2, a_3, \ldots, a_{m-2}), \\
A_3 + A_4 &= [d_2] - [e_2] - (d_{m-2}, a_3, a_4, \ldots, a_{m-3}), \\
&\ldots\ldots\ldots\ldots \\
A_{k-1} + A_k &= [x_{k-2}] - [y_{k-2}] - (x_{m-k+2}, a_{k-1}, a_k, \ldots, a_{m-k+1}).
\end{aligned}
$$

Wenn man in der 2ten, 4ten etc. Gleichung alle Zeichen ändert und dann sämmtliche Gleichungen addirt, so erhält man hieraus

$$
(5) \quad
\begin{aligned}
A_1 + (-1)^k A_k = \; & [b_0] - [c_1] + [d_2] - \cdots + (-1)^k [x_{k-2}] \\
& - [c_0] + [d_1] - [e_2] + \cdots - (-1)^k [y_{k-2}] \\
& - (b_m, a_1, a_2, \ldots, a_{m-1}) + (c_{m-1}, a_2, a_3, \ldots, a_{m-2}) - \cdots \\
& - (-1)^k (x_{m-k+2}, a_{k-1}, a_k, \ldots, a_{m-k+1}).
\end{aligned}
$$

Da im letzten Aggregate mit jedem folgenden Term sich die Zahl der Elemente um zwei verringert, so ist der gröfste Werth, welchen k annehmen kann, je nachdem m gerade oder ungerade ist, $k = \frac{1}{2} m$ oder $k = \frac{1}{2}(m+1)$. Für den ersten Werth von k reducirt sich der oben für A_k gegebene Ausdruck auf

$$
\begin{aligned}
(y_{k-1}, a_{k-1}) + (y_k, a_{k-1}, a_k) &= (y_{k-1}, a_{k-1}) + (y_k, a_k) - (y_{k+1}, a_k) \\
&= [y_{k-1}] - [z_{k-1}] - (y_{k+1}, a_k),
\end{aligned}
$$

oder auf

$$A_{\frac{1}{2}m} = [y_{\frac{1}{2}m-1}] - [z_{\frac{1}{2}m-1}] - (y_{\frac{1}{2}m+1}, a_{\frac{1}{2}m});$$

für den zweiten Werth von k wird derselbe

$$A_{\frac{1}{2}(m+1)} = (y_{\frac{1}{2}(m-1)}, a_{\frac{1}{2}(m-1)}) = [y_{\frac{1}{2}(m-1)}] - [z_{\frac{1}{2}(m-3)}].$$

Man erhält daher aus (5), wenn man dem Index k seinen gröfsten Werth giebt,

$$(6)\quad \begin{aligned}(b_0, a) + (b_1, a, a_1) + (b_2, a, a_1, a_2) + \cdots + (b_{m-1}, a, a_1, \ldots, a_{m-1})\\ = \Delta - (b_m, a_1, a_2, \ldots, a_{m-1}) + (c_{m-1}, a_2, a_3, \ldots, a_{m-2}) - \cdots,\end{aligned}$$

wo man den Ausdruck rechts bis

$$(-1)^{\frac{1}{2}m}(y_{\frac{1}{2}m+1}, a_{\frac{1}{2}m})$$

oder bis

$$(-1)^{\frac{1}{2}(m-1)}(x_{\frac{1}{2}(m+3)}, a_{\frac{1}{2}(m-1)}, a_{\frac{1}{2}(m+1)})$$

fortsetzen mufs, je nachdem m gerade oder ungerade ist. Es wird ferner

$$(7)\qquad \Delta = [b_0] - [c_0] - [c_1] + [d_1] + [d_2] - [e_2] - \cdots,$$

welchen Ausdruck man, je nachdem m gerade oder ungerade, bis

$$(-1)^{\frac{1}{2}m-1}[y_{\frac{1}{2}m-1}] + (-1)^{\frac{1}{2}m}[z_{\frac{1}{2}m-1}]$$

oder bis

$$(-1)^{\frac{1}{2}(m-1)}[y_{\frac{1}{2}(m-1)}] + (-1)^{\frac{1}{2}(m+1)}[z_{\frac{1}{2}(m-3)}]$$

fortzusetzen hat, *in welchem letzteren Ausdruck das zweite Glied dadurch von dem allgemeinen Bildungsgesetze abweicht, dass sein Index um 1 verringert ist.* Da zufolge der oben gegebenen Definition $[N] = 1$ oder 0, je nachdem $N = 0$ oder von 0 verschieden ist, so wird Δ im Allgemeinen nur 0 oder ± 1 werden.

Die Gröfsen b_m, c_{m-1}, d_{m-2}, ... in (6) bilden eine arithmetische Reihe zweiter Ordnung, deren erste Differenzenreihe

$$-a_m, -a_{m-1}, -a_{m-2}, \ldots$$

ist. Die Gröfsen $b_0, c_1, d_2, e_3, \ldots, y_{k-1}$ und $c_0, d_1, e_2, \ldots, z_{k-1}$ in (7) bilden ebenfalls arithmetische Reihen zweiter Ordnung, deren erste Differenzenreihen respective

$$-(a_2+2a),\quad -(a_3+2a_1),\ \ldots,\ -(a_k+2a_{k-2}),$$
$$-(2a_1+a_2),\quad -(2a_2+a_3),\ \ldots,\ -(2a_{k-1}+a_k)$$

sind, von denen man die erstere auch so darstellen kann:

$$-(a+2a_1),\quad -(a_1+2a_2),\quad -(a_2+2a_3),\ \ldots,\ -(a_{k-2}+2a_{k-1}),$$

wo immer $k=\frac{1}{2}m$ oder $\frac{1}{2}(m+1)$. Setzt man

$$s_i = a_1+a_2+a_3+\cdots+a_i,$$

so werden diese beiden Reihen zweiter Ordnung

$$b_0,\ b_1-2s_1,\ b_1-s_1-2s_2,\ b_1-s_2-2s_3,\ \ldots,\ b_1-s_{k-2}-2s_{k-1},$$
$$b_1-s_1,\ b_1-2s_1-s_2,\ b_1-2s_2-s_3,\ \ldots,\ b_1-2s_{k-2}-s_{k-1},\ b_1-2s_{k-1}-s_k.$$

Die in diesen beiden Reihen enthaltenen Gröfsen machen alle aus, welche in den Ausdruck (7) von Δ eingehen, wenn man noch für den Fall eines ungeraden m zu dem letzten Terme der zweiten Reihe a_k addirt, wodurch er sich in

$$b_1-3s_{k-1}$$

verwandelt. *Wenn keine dieser Grössen verschwindet, verschwindet Δ; wenn aber eine dieser Grössen verschwindet, wird Δ abwechselnd $+1$ und -1; ist nämlich $b_1=s_{i-1}+2s_i$ oder $b_1=2s_{i-1}+s_i$, so wird der Werth von Δ durch $(-1)^i$ bestimmt.*

In dem besonderen Falle, wenn *zwei* von den angegebenen Gröfsen verschwinden, hat man auf jede derselben die vorstehende Regel anzuwenden und erhält dann für Δ einen der drei Werthe 0, $+2$, -2.

Da man nach dem Vorhergehenden die Gröfse Δ als gegeben ansehen kann, so reducirt sich durch die Formel (6) das vorgelegte Aggregat auf ein anderes, das nur aus der *halben* Zahl von Termen besteht. Sind die Gröfsen a, a_1, a_2, ... alle positiv, so bilden die Gröfsen b_m, c_{m-1}, d_{m-2}, ... eine abnehmende Reihe, da alle Glieder ihrer ersten Differenzenreihe $-a_m$, $-a_{m-1}$, $-a_{m-2}$, ... negativ sind. In diesem Falle bietet daher die Formel (6) noch dadurch eine andere Reduction des vorgelegten Aggregates dar, dafs die kleineren Elemente, welche die gröfste Zahl der Zusammensetzungen hervorbringen, allmählich fortfallen und die durch Addition der gegebenen Elemente zu bildenden Zahlen selbst kleiner werden. Wenn man aber noch aufserdem die Zahl m so grofs annimmt, daſs $b_m = b_0 - ma$ kleiner als das kleinste der Elemente $a_1, a_2, \ldots, a_{m-1}$ wird, in welchem Falle *a fortiori* auch die Gröſsen $c_{m-1}, d_{m-2}, \ldots$ kleiner als diese Elemente werden, so verschwinden in (6) alle Terme des Aggregates rechts vom Gleichheitszeichen, und der vorgelegte Ausdruck reducirt sich lediglich auf die Gröſse Δ. Nimmt man noch an, daſs die Elemente $a, a_1, a_2, \ldots$ eine *wachsende* Reihe bilden, so hat man den folgenden Satz:

Es seien b_0 und a positive Gröſsen, ma ein die Gröſse b_0 übertreffendes Vielfaches von a; es sei $b_0, b_1, b_2, \ldots$ eine abnehmende arithmetische Reihe mit der constanten Differenz $-a$ und $a, a_1, a_2, \ldots$ eine beliebige wachsende arithmetische Reihe; ferner sei

$$s_i = a_1 + a_2 + a_3 + \cdots + a_i,$$

so wird das Aggregat

$$(b_0, a) + (b_1, a, a_1) + (b_2, a, a_1, a_2) + \cdots + (b_{m-1}, a, a_1, \ldots, a_{m-1})$$

verschwinden, auſser wenn b_1 einer der Gröſsen

$$s_{i-1} + 2s_i \quad \text{oder} \quad 2s_{i-1} + s_i$$

gleich wird, und in diesem Falle den Werth $(-1)^i$ erhalten.

Da nach der gemachten Voraussetzung $b_1 < (m-1)a$, $s_i > ia$ ist, so kann b_1 nur die Werthe von solchen Gröſsen $s_{i-1} + 2s_i$, $2s_{i-1} + s_i$ annehmen, welche unter den oben angegebenen enthalten sind. Es gilt also der vorstehende Satz ohne eine Beschränkung für die Werthe von i. Man braucht ferner den einen nicht in der allgemeinen Form enthaltenen Werth $3s_{\frac{1}{2}(m-1)}$ nicht in Betracht zu ziehen, da ihn b_1 nicht erreichen kann.

Für $a = 0$ verschwindet das vorgelegte Aggregat. Setzt man für diesen Fall in der Formel (6)

$$b_0 = b_1 = \cdots = b_m = P, \quad c_{m-1} = P_1, \quad d_{m-2} = P_2, \ldots$$

und $a_i = i$, was der Allgemeinheit keinen Eintrag thut, so bilden $P, P_1, P_2, \ldots$ eine arithmetische Reihe zweiter Ordnung, deren erste Differenzenreihe $-m$, $-m+1$, $-m+2$, ... ist, so daſs allgemein

$$(8) \qquad P_i = P - im + \tfrac{1}{2}i(i-1) = P - \tfrac{1}{2}i(2m - i + 1)$$

wird. Es wird ferner

$$s_{i-1} = \tfrac{1}{2}i(i-1), \qquad s_i = \tfrac{1}{2}i(i+1)$$

und

$$b_i - 2s_{i-1} - s_i = P - \tfrac{1}{2}i(3i-1), \qquad b_i - s_{i-1} - 2s_i = P - \tfrac{1}{2}i(3i+1).$$

Die Formel (6) reducirt sich daher für diese besondere Annahme auf

$$(9) \quad (P, 1, 2, \ldots, m-1) - (P_1, 2, 3, \ldots, m-2) + (P_2, 3, 4, \ldots, m-3) - \cdots = \Delta,$$

wo der Ausdruck links vom Gleichheitszeichen, je nachdem m gerade oder ungerade ist, bis

$$(-1)^{\frac{1}{2}(m-2)}(P_{\frac{1}{2}(m-2)}, \tfrac{1}{2}m)$$

oder

$$(-1)^{\frac{1}{2}(m-3)}(P_{\frac{1}{2}(m-3)}, \tfrac{1}{2}(m-1), \tfrac{1}{2}(m+1)),$$

d. h. bis

$$(-1)^{\frac{1}{2}(m-2)}(P - \tfrac{1}{8}(m-2)(3m+4), \tfrac{1}{2}m)$$

oder

$$(-1)^{\frac{1}{2}(m-3)}(P - \tfrac{1}{8}(m-3)(3m+5), \tfrac{1}{2}(m-1), \tfrac{1}{2}(m+1))$$

fortzusetzen ist, *und, wenn* P *eine der Zahlen* $\tfrac{1}{2}(3ii \pm i)$ *bis* $\tfrac{1}{8}m(3m-2)$ *oder* $\tfrac{1}{8}(m-1)(3m-1)$ *ist,* $\Delta = (-1)^i$, *wenn* P *den Werth* $\tfrac{3}{8}(mm-1)$ *annimmt,* $\Delta = (-1)^{\frac{1}{2}(m+1)}$, *und endlich, wenn* P *keine dieser Zahlen ist,* $\Delta = 0$ *wird.*

Wenn $P \leqq m-1$, so werden $P_1, P_2, \ldots$ negativ, und es reducirt sich daher der erste Theil der Gleichung (9) auf seinen ersten Term. Da ferner die Zusammensetzungen von $P = m-1$ aus den Zahlen $1, 2, \ldots, m-1$ alle möglichen Zusammensetzungen von P aus ganzen positiven Zahlen sind, so erhält man aus (9), wenn man $P = m-1$ setzt, den zu beweisenden Satz:

> Der Ueberschufs der Anzahl der Zusammensetzungen einer Zahl P aus einer geraden Zahl über die Anzahl ihrer Zusammensetzungen aus einer ungeraden Zahl verschiedener ganzer positiver Zahlen ist, wenn P eine fünfeckige Zahl $\tfrac{1}{2}(3ii \pm i)$ ist, gleich $(-1)^i$ und verschwindet für alle übrigen Werthe von P.

Es sind nämlich alle Werthe $\tfrac{1}{2}(3ii \pm i)$, welche $P \leqq m-1$ annehmen kann, in den Werthen bis $\tfrac{1}{8}(3mm-2m)$ oder $\tfrac{1}{8}(m-1)(3m-1)$ enthalten, und den besonderen Werth $\tfrac{3}{8}(m-1)(m+1)$ kann eine Zahl, welche $\leqq m-1$ ist, nicht annehmen.

So wie der vorstehende Satz der Eulerschen Formel

$$(10)\qquad (1-q)(1-q^2)(1-q^3)(1-q^4)\ldots = \sum_{-\infty}^{+\infty}(-1)^i q^{\frac{1}{2}(3ii+i)}$$

entspricht, so entsprechen auch die anderen im Vorhergehenden gefundenen Sätze analytischen Formeln. Setzt man die constante Differenz der Reihe $a, a_1, a_2, \ldots$ der *Einheit* gleich, ferner

$$q^a = z$$

und

$$f_m(z) = (1-z)+z(1-z)(1-qz)+z^2(1-z)(1-qz)(1-q^2z)+\cdots$$
$$+z^{m-1}(1-z)(1-qz)\ldots(1-q^{m-1}z),$$

so entspricht der Satz (4) der Formel

$$(11)\quad f_m(z) = 1-qz^2-q^2z^3f_{m-2}(qz)-z^m(1-qz)(1-q^2z)\ldots(1-q^{m-1}z).$$

Dem Satze (6) entsprechen, je nachdem m gerade oder ungerade ist, die Formeln

$$(12^a)\quad \begin{aligned} f_m(z) &= 1+\sum_1^{\frac{1}{2}m}(-1)^i q^{\frac{1}{2}(3ii-i)}z^{3i-1}+\sum_1^{\frac{1}{2}m-1}(-1)^i q^{\frac{1}{2}(3ii+i)}z^{3i} \\ &-\sum_0^{\frac{1}{2}m-1}(-1)^i q^{\frac{1}{2}i(2m-i+1)}z^{m+i}(1-q^{i+1}z)(1-q^{i+2}z)\ldots(1-q^{m-i-1}z) \end{aligned}$$

$$(12^b)\quad \begin{aligned} f_m(z) &= 1+\sum_1^{\frac{1}{2}(m-1)}(-1)^i q^{\frac{1}{2}(3ii-i)}z^{3i-1}+\sum_1^{\frac{1}{2}(m-1)}(-1)^i q^{\frac{1}{2}(3ii+i)}z^{3i} \\ &+(-1)^{\frac{1}{2}(m+1)}q^{\frac{1}{8}(mm-1)}z^{\frac{1}{2}(3m-1)} \\ &-\sum_0^{\frac{1}{2}(m-3)}(-1)^i q^{\frac{1}{2}i(2m-i+1)}z^{m+i}(1-q^{i+1}z)(1-q^{i+2}z)\ldots(1-q^{m-i-1}z). \end{aligned}$$

Setzt man in (12^a) $m=2n$, $z=r^n$, $q=r^{-1}$, so verschwindet die zweite Horizontalreihe, da jedes der unter dem Summenzeichen enthaltenen Producte den verschwindenden Factor $1-q^{\frac{1}{2}m}z$ enthält. Die Formel (12^a) verwandelt sich daher für diese Annahme in die folgende:

$$(13)\quad \begin{aligned} &(1-r^n)+r^n(1-r^n)(1-r^{n-1})+r^{2n}(1-r^n)(1-r^{n-1})(1-r^{n-2})+\cdots \\ &\qquad +r^{n(n-1)}(1-r^n)(1-r^{n-1})\ldots(1-r) \\ &= 1+\sum_1^n(-1)^i r^{\frac{1}{2}(3i-1)(2n-i)}+\sum_1^{n-1}(-1)^i r^{\frac{1}{2}i(6n-3i-1)} \\ &= 1-r^{2n-1}-r^{3n-2}+r^{5n-5}+r^{6n-7}-r^{8n-12}-\cdots+(-1)^n r^{\frac{1}{2}(3nn-n)}. \end{aligned}$$

Dieselbe Formel erhält man auch aus (12^b), sowohl wenn man $m = 2n-1$, als wenn man $m = 2n+1$ setzt.

Setzt man immer $z = r^n$, $q = r^{-1}$, so bleibt, wenn nur $n < m$ genommen wird, der Werth von $f_m(z)$ derselbe, wie in der vorstehenden Formel (13),

$$(1-r^n)+r^n(1-r^n)(1-r^{n-1})+\cdots+r^{n(n-1)}(1-r^n)(1-r^{n-1})\dots(1-r).$$

Es mufs daher auch die rechte Seite in (12^a) und (12^b), wenn man darin $z = r^n$, $q = r^{-1}$ setzt, für alle Werthe von m, welche $> n$ sind, denselben Werth behalten.

Für $z < 1$ und $m = \infty$ erhält man aus (12) die Formel

$$\begin{aligned}
&(1-z)+z(1-z)(1-qz)+z^2(1-z)(1-qz)(1-q^2z)+\cdots \text{ in inf.}\\
(14)\quad &= 1-qz^2-q^2z^3+q^5z^5+q^7z^6-q^{12}z^8-q^{15}z^9+\cdots \text{ in inf.}\\
&= 1+\sum_1^\infty(-1)^i q^{\frac{1}{2}(3ii-i)}z^{3i-1}+\sum_1^\infty(-1)^i q^{\frac{1}{2}(3ii+i)}z^{3i}.
\end{aligned}$$

Setzt man in (12) zuerst $z = 1$ und dann $m = \infty$, so erhält man die Euler-sche Formel (10).

Ich will bei dieser Gelegenheit die beiden Formeln beweisen, welche ich in meinen *Fundamentis* § 66, (9) und (10), (cfr. Bd. I p. 237 dieser Ausgabe) ohne Beweis mitgetheilt habe.

Es sei

$$\begin{aligned}
\varphi(z) = 1 &- \frac{q(1-z^2)}{1-q^2}+\frac{q^4(1-z^2)(1-q^2z^2)}{(1-q^2)(1-q^4)}-\frac{q^9(1-z^2)(1-q^2z^2)(1-q^4z^2)}{(1-q^2)(1-q^4)(1-q^6)}+\cdots\\
&+\frac{z}{q}\left\{q-\frac{q^4(1-z^2)}{1-q^2}+\frac{q^9(1-z^2)(1-q^2z^2)}{(1-q^2)(1-q^4)}-\frac{q^{16}(1-z^2)(1-q^2z^2)(1-q^4z^2)}{(1-q^2)(1-q^4)(1-q^6)}+\cdots\right\}.
\end{aligned}$$

Da

$$\frac{1-q^{2m}z^2}{1-q^{2m+2}}-\frac{z}{q} = \frac{(1+q^{2m+1}z)(1-q^{-1}z)}{1-q^{2m+2}},$$

$$q^{mm}+q^{(m+1)^2}\frac{z}{q} = q^{mm}(1+q^{2m}z),$$

so kann man die Function $\varphi(z)$ noch auf folgende beide Arten darstellen:

$$\begin{aligned}
\varphi(z) = 1 &- \frac{q(1+qz)(1-q^{-1}z)}{1-q^2}+\frac{q^4(1-z^2)(1+q^3z)(1-q^{-1}z)}{(1-q^2)(1-q^4)}\\
&-\frac{q^9(1-z^2)(1-q^2z^2)(1+q^5z)(1-q^{-1}z)}{(1-q^2)(1-q^4)(1-q^6)}+\cdots,
\end{aligned}$$

$$\varphi(z) = 1+z-\frac{q(1-z^2)(1+q^2z)}{1-q^2}+\frac{q^4(1-z^2)(1-q^2z^2)(1+q^4z)}{(1-q^2)(1-q^4)}$$
$$-\frac{q^9(1-z^2)(1-q^2z^2)(1-q^4z^2)(1+q^6z)}{(1-q^2)(1-q^4)(1-q^6)}+\cdots,$$

woraus

$$\varphi(z) = (1+z)\varphi(qz)$$

folgt. Diese Gleichung giebt

$$\frac{\varphi(z)}{\varphi(0)} = \frac{\varphi(z)}{\varphi(qz)}\cdot\frac{\varphi(qz)}{\varphi(q^2z)}\cdot\frac{\varphi(q^2z)}{\varphi(q^3z)}\cdots \text{ in inf.}$$
$$= (1+z)(1+qz)(1+q^2z)(1+q^3z)\ldots$$

Für $z=1$ reducirt sich die vorgelegte Function $\varphi(z)$ auf 2. Es wird daher, wenn man die vorstehende Gleichung durch

$$\frac{1}{2}\frac{\varphi(1)}{\varphi(0)} = \frac{1}{\varphi(0)} = (1+q)(1+q^2)(1+q^3)\ldots$$

dividirt,

$$\varphi(z) = \frac{(1+z)(1+qz)(1+q^2z)(1+q^3z)\ldots}{(1+q)(1+q^2)(1+q^3)(1+q^4)\ldots}.$$

Setzt man in diesem und dem oben für $\varphi(z)$ angegebenen Ausdrucke $-z$ für z und nimmt die halbe Summe und Differenz von $\varphi(z)$ und $\varphi(-z)$, so erhält man die beiden in den *Fundamentis* gegebenen Formeln. Für $z=-q$ giebt dieselbe Formel die Entwickelung

$$\frac{(1-q)(1-q^2)(1-q^3)(1-q^4)\ldots}{(1+q)(1+q^2)(1+q^3)(1+q^4)\ldots} = 1-2q+2q^4-2q^9+2q^{16}-\cdots$$

Für $z=0$ erhält man

$$\frac{1}{(1+q)(1+q^2)(1+q^3)(1+q^4)\ldots}$$
$$= 1-\frac{q}{1-q^2}+\frac{q^4}{(1-q^2)(1-q^4)}-\frac{q^9}{(1-q^2)(1-q^4)(1-q^6)}+\cdots$$

Aus der von Euler in der *Introductio* (T. I Cap. XVI §. 313) gegebenen Formel

$$\frac{1}{(1-qz)(1-q^2z)(1-q^3z)\ldots} = 1+\frac{qz}{1-q}+\frac{q^2z^2}{(1-q)(1-q^2)}+\frac{q^3z^3}{(1-q)(1-q^2)(1-q^3)}+\cdots$$

würde man für dieselbe Gröſse den Ausdruck

$$1-\frac{q}{1-q}+\frac{q^3}{(1-q)(1-q^2)}-\frac{q^6}{(1-q)(1-q^2)(1-q^3)}+\cdots$$

erhalten.

Berlin, den 12. Mai 1846.

ÜBER DIE REDUCTION DER QUADRATISCHEN FORMEN AUF DIE KLEINSTE ANZAHL GLIEDER.

(Auszug aus einer in der Akademie der Wissenschaften zu Berlin am 9. November 1848 gelesenen Abhandlung.)

Monatsbericht der Akademie der Wissenschaften zu Berlin, November 1848 p. 414—417.
Crelle Journal für die reine und angewandte Mathematik, Bd. 39 p. 290—292.

Die quadratischen Formen von einer beliebigen Anzahl Variabeln können durch lineare Substitutionen, deren Determinante ± 1 ist, auf unendlich viele Arten in andere *äquivalente* verwandelt werden. Man kann die Coefficienten, welche die Substitutionen enthalten, zur *Reduction* der Form benutzen. Im Allgemeinen pflegt man bei Reduction der Functionen vor Allem bemüht zu sein, die Argumente, von welchen die Functionen abhängen, auf die möglich kleinste Anzahl zu bringen und dieselben dann in möglichst enge Grenzen einzuschliefsen. Bei der Reduction der quadratischen Formen hat man nur den letzteren Gesichtspunkt verfolgt und unter allen Formen, welche einer gegebenen äquivalent sind, diejenige als die *reducirte Form* betrachtet, deren Coefficienten in solchen Grenzen eingeschlossen sind, dafs keine andere äquivalente Form denselben Grenzbedingungen genügen kann. Es ist gleichwohl auch hier von Interesse, nach der kleinsten Anzahl Glieder zu fragen, auf welche jede quadratische Form von einer gegebenen Anzahl Variabeln gebracht werden kann.

Es ist einleuchtend, dafs bei den quadratischen Formen von zwei Variabeln, oder den *binären* quadratischen Formen, keine derartige Reduction möglich ist, oder im Allgemeinen keines ihrer drei Glieder wird zum Verschwinden gebracht werden können. *Die quadratischen Formen von mehr als zwei Variabeln dagegen können immer auf eine kleinere Anzahl Glieder gebracht werden.* Während die Anzahl der Glieder der *vollständigen* quadratischen Formen mit der Zahl der Variabeln wie die *dreieckigen* Zahlen 1, 3, 6, 10, 15 etc. wächst, wird diese Anzahl bei den *auf die kleinste Anzahl der Glieder reducirten quadratischen Formen* wie die *ungeraden* Zahlen 1, 3, 5, 7, 9 etc. wachsen; so dafs man bei quadratischen Formen von 3, 4, 5 etc. Variabeln resp. 1, 3, 6 etc. Coefficienten zum Verschwinden bringen kann.

Man kann nämlich für jede gegebene quadratische Form von n Variabeln eine *äquivalente Form* finden, welche aufser den Quadraten derselben nur noch $n-1$ Producte enthält, und zwar diejenigen, welche bei einer angenommenen Reihenfolge der Variabeln durch Multiplication jeder Variabeln in die *nächst folgende* erhalten werden. Man wird also jede quadratische Form von n Variabeln auf eine andere äquivalente der folgenden Art:

$$a w w + a_1 w w_1 + a_2 w_1 w_1 + a_3 w_1 w_2 + a_4 w_2 w_2$$
$$+ a_5 w_2 w_3 + a_6 w_3 w_3 + \cdots + a_{2n-3} w_{n-2} w_{n-1} + a_{2n-2} w_{n-1} w_{n-1}$$

reduciren können.

Das Mittel zur Bewerkstelligung solcher Reduction der quadratischen Formen von mehr als zwei Variabeln besteht darin, dafs man für gegebene lineare Ausdrücke

$$\alpha_1 x_1 + \alpha_2 x_2 + \cdots + \alpha_i x_i,$$

in welchen $\alpha_1, \alpha_2, \ldots, \alpha_i$ ganze Zahlen sind, einen einzigen Term $f.u$ einführt, in welchem f den gemeinschaftlichen Theiler von $\alpha_1, \alpha_2, \ldots, \alpha_i$ bedeutet, oder dafs man für $x_1, x_2, \ldots, x_i$ ein anderes äquivalentes System Gröfsen von der Beschaffenheit einführt, dafs, wenn u eine derselben und f der gröfste gemeinschaftliche Theiler von $\alpha_1, \alpha_2, \ldots, \alpha_i$ ist, die Gleichung

$$\alpha_1 x_1 + \alpha_2 x_2 + \cdots + \alpha_i x_i = f.u$$

erhalten wird.

Man nennt hierbei zwei Systeme Gröfsen *äquivalent*, welche auf solche Art von einander abhängen, dafs, wenn für die Gröfsen eines der beiden Systeme *beliebige* ganze Zahlen gesetzt werden, immer auch die Gröfsen des anderen Systems ganze Zahlen werden. Wenn zwei Systeme Gröfsen in diesem Sinne äquivalent sein sollen, müssen die Gröfsen des einen Systems lineare Functionen der des anderen sein; es müssen ferner die Coefficienten dieser Functionen ganze Zahlen und ihre Determinante gleich 1 sein. Es werden dann auch umgekehrt immer die Gröfsen des anderen Systems lineare Functionen der des ersteren, deren Coefficienten ganze Zahlen sind, und die Determinante dieser Coefficienten wird wieder gleich 1 werden. Man sieht leicht die Möglichkeit ein, für $x_1, x_2, \ldots, x_i$ äquivalente Systeme von der verlangten Beschaffenheit zu finden, und ich werde hierfür bei einer anderen Gelegenheit mehrere Methoden angeben*).

Nach diesen Bemerkungen ist es sehr leicht, eine gegebene quadratische Form in eine andere äquivalente von der angegebenen Beschaffenheit zu reduciren.

Es sei nämlich V eine quadratische Form von n Variabeln $x_1, x_2, \ldots, x_n$ und darin das Aggregat der in x_n multiplicirten Glieder

$$x_n(a_1 x_1 + a_2 x_2 + \cdots + a_{n-1} x_{n-1}) + a_n x_n^2.$$

Für $x_1, x_2, \ldots, x_{n-1}$ führe man ein äquivalentes System Gröfsen $x'_1, x'_2, \ldots, x'_{n-1}$ von der Beschaffenheit ein, dafs

$$a_1 x_1 + a_2 x_2 + \cdots + a_{n-1} x_{n-1} = f_1 \cdot x'_{n-1},$$

wo f_1 den gemeinschaftlichen Theiler von $a_1, a_2, \ldots, a_{n-1}$ bedeutet. Man erhält dann

$$V = a_n x_n^2 + f_1 x_n x'_{n-1} + V_1,$$

wo V_1 eine quadratische Form der $n-1$ Gröfsen $x'_1, x'_2, \ldots, x'_{n-1}$ ist. Es sei in V_1 das Aggregat der in x'_{n-1} multiplicirten Glieder

$$x'_{n-1}(a'_1 x'_1 + a'_2 x'_2 + \cdots + a'_{n-2} x'_{n-2}) + a'_{n-1} x'^2_{n-1}.$$

*) Schwieriger ist die Aufgabe, wenn man die Coefficienten der gesuchten Ausdrücke gewissen Grenzbedingungen unterwirft, welche die Aufgabe zu einer weniger unbestimmten machen. Die hierzu erforderlichen Algorithmen, welche ich seit längerer Zeit zum Gegenstande meiner Untersuchungen gemacht habe, sind von der gröfsten Wichtigkeit für die Arithmetik so wie für die Analysis überhaupt. Wendet man sie auf die Auflösung der Gleichungen von höherem als dem zweiten Grade an, so werden diese Algorithmen periodisch und geben die entsprechenden complexen Zahlen, deren Norm der Einheit gleich ist, auf ähnliche Art wie dies bei der Anwendung der Algorithmen der Kettenbrüche auf die Auflösung der quadratischen Gleichungen der Fall ist.

Für $x'_1, x'_2, \ldots, x'_{n-2}$ führe man ein äquivalentes System Grössen $x''_1, x''_2, \ldots, x''_{n-2}$ von der Beschaffenheit ein, dass

$$a'_1 x'_1 + a'_2 x'_2 + \cdots + a'_{n-2} x'_{n-2} = f_2 . x''_{n-2},$$

wo f_2 den grössten gemeinschaftlichen Theiler von $a'_1, a'_2, \ldots, a'_{n-2}$ bedeutet. Man erhält dann

$$V = a_n x_n^2 + f_1 x_n x'_{n-1} + a'_{n-1} x'^2_{n-1} + f_2 x'_{n-1} x''_{n-2} + V_2,$$

wo V_2 eine quadratische Form der $n-2$ Grössen $x''_1, x''_2, \ldots, x''_{n-2}$ ist. Fährt man auf diese Weise fort, so erhält man zuletzt

$$\begin{aligned} V = a_n x_n^2 + a'_{n-1} x'^2_{n-1} + a''_{n-2} x''^2_{n-2} + \cdots + a_1^{(n-1)} x_1^{(n-1)\,2} \\ + f_1 x_n x'_{n-1} + f_2 x'_{n-1} x''_{n-2} + f_3 x''_{n-2} x'''_{n-3} + \cdots \\ + f_{n-1} x_2^{(n-2)} x_1^{(n-1)}, \end{aligned}$$

welches eine Form der Variabeln

$$x_n, \quad x'_{n-1}, \quad x''_{n-2}, \ldots, \quad x_2^{(n-2)}, \quad x_1^{(n-1)}$$

von der verlangten reducirten Art ist.

ÜBER DIE ZUSAMMENSETZUNG DER ZAHLEN AUS GANZEN POSITIVEN CUBEN; NEBST EINER TABELLE FÜR DIE KLEINSTE CUBENANZAHL, AUS WELCHER JEDE ZAHL BIS 12000 ZUSAMMENGESETZT WERDEN KANN.

Crelle Journal für die reine und angewandte Mathematik, Bd. 42 p. 41—69.

In den *Meditationes Algebraicae* von Eduard Waring (S. 349 der 3ten Ausgabe, Cambridge 1782) wird der Satz ausgesprochen, *dass zur Zusammensetzung der Zahlen aus (ganzen positiven) Cuben deren nie mehr als* 9, *zur Zusammensetzung der Zahlen aus (ganzen) Biquadraten deren nie mehr als* 19 *erfordert werden.*

Der Satz, dafs jede ganze Zahl die Summe von 9 oder weniger ganzen positiven Cuben ist, wird durch eine im 14ten Bande des Crelleschen Journals mitgetheilte Tabelle bestätigt, welche für jede Zahl bis 3000 die kleinste Anzahl von ganzen positiven Cuben angiebt, aus welchen sie durch Addition zusammengesetzt werden kann. Diese Tabelle ergab zugleich den merkwürdigen Umstand, dafs die Zahlen, zu deren Zusammensetzung 9 oder 8 Cuben erfordert werden, sehr bald aufhören, und dafs die Zahlen, zu deren Zusammensetzung 7 Cuben gebraucht werden, gegen das Ende der Tabelle so spärlich vorkommen, dafs es wahrscheinlich wurde, auch sie würden über eine gewisse Grenze nicht hinausreichen, oder dafs alle Zahlen, welche diese Grenze übersteigen, aus 6 oder weniger ganzen positiven Cuben zusammengesetzt werden können. Ja selbst diejenigen Zahlen, zu deren Zusammensetzung man 6 Cuben braucht, kommen bereits gegen das Ende dieser Tabelle weniger häufig vor. Sollten auch diese Zahlen einmal gänzlich aufhören, so würde der Satz gelten, *dass alle Zahlen, welche eine gewisse Grenze übersteigen, die Summen von* 5 *oder weniger ganzen positiven Cuben sind.*

Die Anwesenheit des durch seine bewundernswürdige Fertigkeit und Sicherheit berühmten Rechners Dahse veranlafste mich vor einigen Jahren, denselben aufzufordern, eine ähnliche Tabelle, wie die erwähnte, in gröfserem Umfange, für alle Zahlen bis 12000, zu berechnen, wobei sich denn mehrere Fehler der früheren Tabelle ergaben. So wurde gefunden, dafs nicht blofs die eine Zahl 23, sondern auch noch eine zweite 239 zu ihrer Zusammensetzung 9 Cuben erfordert. Es waren ferner unter den 15 Zahlen, die nach Herrn Dahse's Rechnung aus *acht* und keiner kleineren Anzahl Cuben zusammengesetzt werden können, nämlich

15 22 50 114 167 175 186 212
231 238 303 364 420 428 454,

die beiden Zahlen 231 und 303 nicht als solche aufgeführt, und dagegen die Zahl 239 irrthümlich darunter angegeben worden.

Die Zahlen, zu deren Zusammensetzung *sieben* Cuben erfordert werden, sind die folgenden:

7	14	21	42	47	49	61	77	85	87	103	106	111	112	113
122	140	148	159	166	174	178	185	204	211	223	229	230
237	276	292	295	300	302	311	327	329	337	340	356	363
390	393	401	412	419	427	438	446	453	465	491	510	518
553	616	634	635	644	670	671	679	735	787	806	833	850
852	894	913	950	958	976	1021	1122	1148	1174	1175	1210	
1236	1239	1300	1337	1452	1453	1454	1489	1580	1634	1671		
1679	1697	1912	1938	1957	1965	2039	2110	2166	2183	2299		
2426	2660	3020	3172	3452	3659	3685	3964	4306	4369	4388		
4703	4775	4882	4982	5279	5305.	5306	5818	8042.				

Die Anzahl dieser Zahlen bis 3000 beträgt 103, von welchen in der früheren Tafel 29 fehlen, während bei 4 Zahlen irrthümlich die Cubenanzahl 7 angegeben ist. Man sieht daher, dafs auch in Bezug auf das früher berechnete Intervall von 1 bis 3000 die von Herrn Dahse berechnete Tafel als ganz neu zu betrachten ist.

In der früheren Tafel waren unter den im Vorstehenden angegebenen Zahlen die drei Zahlen 2299, 2426, 2660 ausgelassen, und deshalb in einem Intervall von über 800 Zahlen keine mehr gefunden worden, deren Zusammensetzung 7 Cuben erforderte; man hielt es daher für wahrscheinlich, dafs 2183 die letzte von diesen Zahlen sei. Aber man sieht, dafs es es nach derselben noch 21 Zahlen giebt, die aus nicht weniger als 7 Cuben zusammengesetzt werden können. Nach der Zahl 5818 findet sich erst nach einem Intervall von über 2000 Zahlen eine solche Zahl (8042) wieder, und nach dieser ist, in einem Intervall von fast 4000 Zahlen, keine weiter gefunden worden, so daſs es sehr wahrscheinlich ist, *dass alle Zahlen, welche die Zahl 8042 an Grösse übertreffen, die Summe von 6 oder weniger Cuben sind.*

Um am leichtesten übersehen zu können, wie sich die Zahlen, zu deren Zusammensetzung 2, 3, 4 etc. Cuben erfordert werden, vertheilen, habe ich ihre Anzahl für jedes Intervall zwischen 2 auf einander folgenden Cuben von 1 bis 22^3 in der folgenden Tabelle angegeben.

Tabelle für die Anzahl der zwischen je zwei auf einander folgenden Cuben von 1 bis 22^3 enthaltenen Zahlen, welche in 2, 3, 4, ..., 9 und in nicht weniger Cuben zerlegt werden können.

	2	3	4	5	6	7	8	9
1 ... 8	1	1	1	1	1	1	0	0
8 ... 27	2	3	3	3	2	2	2	1
27 ... 64	3	5	7	8	8	4	1	.
64 ... 125	3	7	11	14	15	9	1	.
125 ... 216	5	12	21	24	15	9	4	.
216 ... 343	6	14	24	33	31	14	3	1
343 ... 512	6	22	42	48	32	14	4	.
512 ... 729	8	26	59	70	44	9	.	.
729 ... 1000	7	32	74	92	54	11	.	.
1000 ... 1331	9	39	96	115	62	9	.	.
1331 ... 1728	10	44	112	142	78	10	.	.
1728 ... 2197	10	52	132	175	91	8	.	.
2197 ... 2744	13	61	175	204	90	3	.	.
2744 ... 3375	11	73	215	238	91	2	.	.
3375 ... 4096	14	81	231	280	110	4	.	.
4096 ... 4913	13	85	280	323	109	6	.	.
4913 ... 5832	16	98	316	371	112	5	.	.
5832 ... 6859	17	117	371	416	105	0	.	.
6859 ... 8000	15	121	417	474	113	0	.	.
8000 ... 9261	19	144	479	517	100	1	.	.
9261 ... 10648	18	152	538	562	116	0	.	.
	206	1189	3604	4110	1379	121	15	2

Nach der früher für die Argumente von 1 bis 3000 berechneten Tabelle befanden sich von den Zahlen, deren Zusammensetzung *sechs* Cuben fordert, in dem Intervalle 12^3 bis 13^3 noch 75, dagegen zwischen 13^3 und 14^3 nur noch 64, während in der That nach der obigen Tabelle davon in dem ersten Intervalle 91, in dem zweiten 90 vorhanden sind; was eine viel geringere Abnahme dieser Zahlen ergiebt. Die Anzahl dieser Zahlen in den Intervallen zwischen je zwei auf einander folgenden Cuben von 12^3 bis 22^3 beträgt, wie man aus der obigen Tabelle sieht,

91 90 91 110 109 112 105 113 100 116

und fährt daher im Ganzen noch immer zu wachsen fort. Man wird aber, mit nur zwei Ausnahmen, lauter abnehmende Werthe erhalten, wenn man die vorstehenden Zahlen durch die Anzahl aller in den entsprechenden Intervallen befindlichen Zahlen dividirt, was die folgenden Brüche giebt:

$$\frac{1}{5\frac{2}{13}}, \quad \frac{1}{6\frac{7}{90}}, \quad \frac{1}{6\frac{85}{91}}, \quad \frac{1}{6\frac{61}{110}}, \quad \frac{1}{7\frac{54}{109}},$$

$$\frac{1}{8\frac{23}{112}}, \quad \frac{1}{9\frac{82}{105}}, \quad \frac{1}{10\frac{11}{113}}, \quad \frac{1}{12\frac{61}{100}}, \quad \frac{1}{11\frac{111}{116}}.$$

Es ist daher wohl kein Zweifel, dafs die Zahlen, zu deren Zusammensetzung *sechs* Cuben erforderlich sind, immer seltener werden; doch mögen sie erst sehr spät gänzlich aufhören.

Aus der obigen Tabelle ersieht man auch, dafs die Anzahl der Zahlen, zu deren Zusammensetzung *drei* Cuben hinreichen, für das Intervall von 1 bis 6000 kleiner ist, als die Anzahl der Zahlen, zu deren Zusammensetzung *sechs* Cuben erforderlich sind, während in der zweiten Hälfte der Tafel beständig das Gegentheil stattfindet.

Die Anzahl der Zahlen, zu deren Zusammensetzung *fünf* Cuben erforderlich sind, übertrifft beständig die Anzahl der Zahlen, zu deren Zusammensetzung nur *vier* Cuben erfordert werden. Aber der Ueberschufs der einen Anzahl über die andere nimmt gegen das Ende der Tafel ab. Es fragt sich, ob in der Folge die zweite Anzahl der ersteren sich immer mehr nähern, oder vielleicht dieselbe von einer gewissen Grenze an sogar übertreffen wird.

Man hat der Haupttafel eine aus derselben leicht zu entnehmende Tabelle der Zahlen bis 12000 hinzugefügt, welche die Summen von *zwei* oder *drei* Cuben sind. Da alle Cuben, durch 9 dividirt, nur die Reste 0 und ± 1 lassen, so folgt, daſs die Summen von *zwei* Cuben, durch 9 dividirt, nur die Reste 0, ± 1, ± 2, und die Summen von *drei* Cuben, durch 9 dividirt, nur die Reste 0, ± 1, ± 2, ± 3 lassen können. Erst die Summen von *vier* Cuben können, durch 9 dividirt, *alle* Reste lassen. Das Gleiche gilt, wenn einer oder mehrere der Cuben negativ genommen werden.

Construction der Tafel, welche für jede Zahl die kleinste Anzahl der ganzen positiven Cuben angiebt, aus welchen dieselbe durch Addition zusammengesetzt werden kann.

Es wird nicht überflüssig sein, über die leichteste Construction der Tafel einige Bemerkungen hinzuzufügen, da sie auch bei der Construction anderer Tafeln von Nutzen sein können, und sich oft erst, nachdem ihre Berechnung ganz oder zum Theil vollendet ist, diejenigen einfachen Betrachtungen darbieten, durch welche, wenn sie von Anfang an gemacht worden wären, eine wesentliche Erleichterung oder Abkürzung der Arbeit hätte erzielt werden können.

Die Zahlen, zu deren Zusammensetzung m Cuben erfordert werden, werde ich mit (m) bezeichnen. Die auf einander folgenden Zahlen, welche in die kleinste Cubenzahl zu zerlegen sind, sollen die *Argumente* der Tafel bilden und ihre *Felder* diese kleinste Cubenanzahl enthalten. Es werden demnach die Zahlen (1), (2), (3) etc. die Argumente sein, deren zugehörige Felder respective die Zahlen 1, 2, 3 etc. enthalten.

Sind bereits die Zahlen $1, 2, \ldots, m$ in ihre Felder eingetragen und daher die Zahlen $(1), (2), \ldots, (m)$ bekannt, *so hat man* $m+1$ *bei allen Argumenten* $(m)+x^3$ *einzutragen, bei denen noch leere Felder angetroffen werden.* Denn alle Zahlen $(m)+x^3$ sind die Summen von $m+1$ Cuben, weil die Zahlen (m) die Summen von m Cuben sind; und sie können nicht die Summen von weniger Cuben sein, wenn bei ihnen ein leeres Feld angetroffen wird, weil alle Felder, in welche kleinere Zahlen als $m+1$ einzutragen sind, der gemachten Voraussetzung gemäſs, bereits ausgefüllt sein sollen. Man kann nach dieser Regel nach und nach alle Felder der Tafel ausfüllen, indem man damit anfängt, die Zahl 1 in alle Felder einzutragen, deren Argumente die Cubikzahlen selbst sind. Es versteht sich, dafs die Additionen immer nur so weit fortgesetzt werden, als die Summe nicht die der Tafel vorgesteckte Grenze (hier 12000) überschreitet.

Es soll bei diesen Additionen der Cuben zu den Argumenten (m) ein für allemal festgesetzt werden, dafs mit den kleineren Cuben begonnen und derselbe Cubus zuvor zu allen Argumenten (m) addirt werde, ehe man dazu übergeht, den nächst gröfseren Cubus zu denselben Argumenten zu addiren. Ist M eine der Zahlen (m), und findet man bei dem Argumente $M+x^3$, welches ich mit M' bezeichnen will, ein noch leeres Feld, so ist dies nicht nur, wie im Vorhergehenden gezeigt worden, ein Zeichen, dafs M' eine der Zahlen $(m+1)$ ist, sondern *es ist auch, unter den gemachten Voraussetzungen, der Cubus x^3 der kleinste von allen, welche bei irgend einer der verschiedenen möglichen Zerfällungen von M' in $m+1$ Cuben vorkommen können.* Denn könnte irgend ein kleinerer Cubus bei einer dieser Zerfällungen vorkommen, so müfste das dem Argumente M' zugehörige Feld bereits bei den Additionen dieses kleineren Cubus zu den Argumenten (m) ausgefüllt worden sein.

Es folgt hieraus, *dass x^3 auch nicht kleiner als irgend ein bei einer Zerfällung von M in m Cuben vorkommender Cubus sein kann*; denn jede solche Zerfällung giebt durch Hinzufügung von x^3 eine der Zerfällungen von M' in $m+1$ Cuben. Da hiernach immer, wenn man bei dem Argumente $M' = M+x^3$ ein noch leeres Feld finden soll, $M \geqq mx^3$ sein mufs, *so wird es umgekehrt hinreichen, bei der Addition von x^3 zu den Argumenten (m) von solchen Argumenten anzufangen, welche $\geqq mx^3$ sind.* Wenn man nämlich x^3 zu irgend einem Argumente M, welches $< mx^3$ ist, addirt, so kann man, dem Vorhergehenden zufolge, mit Bestimmtheit voraus wissen, dafs das zu dem Argumente $M+x^3$ gehörige Feld bereits mit $m+1$ oder einer kleineren Zahl besetzt ist.

Man kann eine noch gröfsere Abkürzung der Arbeit erlangen, *wenn man jedesmal, so oft bei einem durch die Addition von x^3 erhaltenen Argumente ein leeres Feld angetroffen wird, in dasselbe, ausser der Cubenanzahl, auch die Wurzel x einträgt.* Es sei nach dieser Regel bei einem Argumente M die Wurzel a eingetragen, so ist, wenn bei dem Argumente $M+x^3$ ein noch leeres Feld angetroffen wird, dem Vorhergehenden zufolge, immer

$$a \geqq x.$$

Es folgt hieraus, *dass, wenn man zu den Argumenten* (m), *um daraus die Argumente* $(m+1)$ *abzuleiten, einen Cubus* x^3 *zu addiren hat, diese Addition immer erspart werden kann, wenn die bei dem Argumente* (m) *neben der Cubenanzahl befindliche Zahl kleiner als* x *ist.* Sollte man nämlich x^3 zu einem solchen Argumente addiren, so würde man ein Argument erhalten, bei welchem ein schon ausgefülltes Feld ist, und also eine unnütze Operation gemacht haben.

Wenn nach vollendeter Eintragung der Zahlen 1, 2, ..., m nur noch wenig Felder leer bleiben, so wird man besser thun, von den Argumenten, bei welchen die Felder noch leer sind, die Cuben *abzuziehen*, wobei man wieder erst nach Ausführung aller Subtractionen desselben Cubus zu dem nächst gröfseren übergeht. *Bedeutet* N *ein Argument, bei welchem das Feld noch leer ist, so wird man die Subtractionen des Cubus* x^3 *von solchen Argumenten* N *anfangen, welche* $\geqq (m+1)x^3$ *sind; und wenn sich bei dem Argumente* $N-x^3$ *die Cubenanzahl* m *eingetragen findet, wird man bei* N *die Cubenanzahl* $m+1$ *eintragen.* Es wird dies umgekehrte Verfahren mit Vortheil angewandt, um die Argumente (7), (8), (9) nach einander aus den Argumenten (6), (7), (8) abzuleiten. Um die Argumente (6) aus den Argumenten (5) zu erhalten, würde man beide Methoden der Additionen und Subtractionen etwa mit gleichem Vortheil anwenden.

Man kann aber auch, indem man das für die Construction der Tafel angegebene Verfahren in allem Übrigen unverändert läfst, die Additionen oder Subtractionen, welche nöthig sind, um für ein gegebenes x je zwei Argumente M und $M+x^3$ aus einander zu finden, ganz oder zum bei weitem gröfsten Theil durch ein rein mechanisches Verfahren ersetzen. Man theile nämlich die Tafel in mehrere Theile und construire jeden dieser Theile der Tafel auf einem besonderen Streifen, so kann für ein gegebenes x die Bestimmung je zweier Argumente M und $M+x^3$ aus einander, ohne eine Addition oder Subtraction, durch blofses Nebeneinanderlegen der Streifen geschehen.

Für unseren Fall wird jeder dieser Streifen ohne Unbequemlichkeit 1000 Felder umfassen können, wenn man die Argumente so ordnet, dafs in *zwei* Verticalcolumnen am Rande die *Einer* von 1 bis 50 und 51 bis 100 und in einer oberen Horizontalreihe die 10 *Hunderte* gefunden werden; wie dies in der unten mitgetheilten Tafel der Fall ist. Man bezeichne die Streifen, welche die Argumente von 1 bis 1000, von 1001 bis 2000, von 2001 bis 3000 etc. umfassen, respective mit S_1, S_2, S_3 etc., und nenne A_i die auf dem Streifen S_i enthaltenen Argumente. Wenn ein gegebener Cubus x^3 zwischen $a.1000$ und $(a+1).1000$ enthalten ist, so werden die sämmtlichen Argumente $A_i - x^3$ auf den beiden Streifen S_{i-a} und S_{i-a-1} zu finden sein. Um daher für ein gegebenes x die Argumente A_i und $A_i - x^3$ aus einander ohne Rechnung zu finden, wird man nur nöthig haben, neben die beiden Streifen S_{i-a} und S_{i-a-1}, welche man sich hierbei fest mit einander verbunden denken mag, den Streifen S_i so zu legen, dafs die zu je zwei Argumenten A_i und $A_i - x^3$ gehörigen Felder in dieselbe Horizontallinie zu liegen kommen. Um dies für alle 1000 Argumente A_i zu bewirken, braucht man, wie leicht zu sehen, S_i neben S_{i-a-1} und S_{i-a} nur in *zwei* verschiedene Lagen zu bringen. Die eine Lage bringt die erste Horizontalreihe von S_i, die mit dem Argumente $(i-1).1000+1$ beginnt, in die Linie, in welcher in S_{i-a-1} das Argument $(i-1).1000+1-x^3$ angetroffen wird; in der anderen Lage kommt die letzte Horizontalreihe von S_i, die mit dem Argumente $i.1000$ schliefst, in dieselbe Linie, in welcher sich in S_{i-a} das Argument $i.1000-x^3$ findet.

Wenn $x=10$ oder $x=20$ ist, braucht man S_i nur seiner ganzen Länge nach neben den einen Streifen S_{i-1} oder S_{i-8} zu legen. Wenn $x<10$ ist, wird S_{i-a} der Streifen S_i selbst. Man mufs in diesem Falle S_i neben dem einen Streifen S_{i-1} in seine beiden Lagen bringen und aufserdem die auf demselben Streifen befindlichen, den Argumentenpaaren (m) und $(m)+x^3$ angehörigen Felder aufsuchen. Um diese Argumentenpaare, wenn sie auf demselben Streifen sind, aus einander zu finden, bedarf es zwar wieder der Addition oder Subtraction, doch geht in eben diesem Falle die Vergleichung der Felder, wegen der Beschränkung auf einen kleinen Raum, leicht und bequem von statten; auch kann man ihr dadurch eine gröfsere Sicherheit geben, dafs man in den Argumenten (m) und $(m)+x^3$ mit denselben Differenzen fortschreitet und von Zeit zu Zeit durch Addition von x^3 eine Prüfung vornimmt.

Wenn die Streifen gehörig neben einander liegen, so werden für jede ihrer beiden Lagen die zweien Argumenten A_i und $A_i - x^3$ zugehörigen Felder in derselben Horizontallinie, aber in der Regel jedes auf seinem Streifen in verschiedenen *Verticallinien* liegen. Diese Verticallinien behalten jedoch für jede der beiden Lagen immer denselben Abstand, so daſs ein rascher Überblick genügen wird, alle Felder zu ermitteln, welche zweien Argumenten $A_i - x^3$ und A_i zugehören, von denen gleichzeitig das erstere die Cubenanzahl m enthält und das letztere leer ist, in welches dann die Cubenanzahl $m+1$ eingetragen wird. Man wird hierbei entweder zuerst die mit m ausgefüllten Felder in S_{i-a} und S_{i-a-1} in's Auge fassen und zu ihnen die entsprechenden leeren in S_i suchen, oder umgekehrt zu den leeren Feldern in S_i die entsprechenden, mit m ausgefüllten Felder in S_{i-a} und S_{i-a-1} suchen, je nachdem die Anzahl der mit m ausgefüllten Felder in S_{i-a} und S_{i-a-1}, oder die Anzahl der leeren Felder in S_i geringer ist; was der Wahl entspricht, die man zwischen den beiden Operationen des Addirens und Subtrahirens treffen kann.

Es wird wieder hinreichen, von denjenigen Argumenten $A_i - x^3$, welche $\geqq m x^3$, oder den Argumenten A_i, welche $\geqq (m+1)x^3$ sind, anzufangen. Trägt man in jedes Feld neben die kleinste Cubenanzahl auch die Wurzel des kleinsten Cubus ein, der in den verschiedenen Zerfällungen des Arguments in diese kleinste Cubenanzahl vorkommt, welches immer der nämliche Cubus ist, auf welchen sich die Operation bezieht, durch welche die Cubenanzahl selbst gefunden worden ist, so kann man auf den Streifen S_{i-a-1} und S_{i-a} alle Felder übergehen, in denen neben die Cubenanzahl m eine kleinere Zahl als x eingetragen ist.

Anwendung der Tafel auf die Aufgabe, die sämmtlichen Zerlegungen einer gegebenen Zahl in die kleinste Anzahl ganzer positiver Cuben zu finden.

Obgleich die unten gegebene Tafel nur die kleinste Cubenanzahl anzeigt, in welche eine gegebene Zahl zerlegt werden kann, so kann sie doch auch mit Vortheil dazu angewandt werden, diese Zerfällungen selbst aufzufinden.

Will man, *ohne irgend ein Hülfsmittel zu besitzen*, die sämmtlichen Zerfällungen einer Zahl in irgend eine gegebene Anzahl von Cuben aufsuchen, so kann man dies in der Regel sehr mühsame Geschäft folgendermaſsen auf eine passende Art anordnen, die auch bei allen ähnlichen Aufgaben angewandt werden kann.

Es sei N die gegebene Zahl, n die Anzahl der Cuben, in welche sie zerfällt werden soll. Man bilde n Verticalcolumnen mit den Überschriften

$$n,\ n-1,\ n-2,\ \ldots,\ 1,$$

in deren erste die gegebene Zahl N selbst zu setzen ist. Von den in diese Columnen zu schreibenden Zahlen wird man nach und nach die verschiedenen Cuben abziehen, jeden n-mal wiederholt, indem man von den kleinsten anfängt und erst dann, wenn alle mit denselben auszuführenden Subtractionen beendigt sind, zu den nächst gröfseren übergeht. Die Wurzel des abgezogenen Cubus wird jedesmal am Rande bemerkt und der erhaltene Rest jeder in einer der Columnen befindlichen Zahl in die nächst folgende Columne gerückt, mit Ausnahme der in der letzten Columne 1 befindlichen Zahlen, von denen nichts mehr abgezogen wird. Jeder *von den früheren verschiedene Cubus* wird von *sämmtlichen*, aufser den in der letzten Columne befindlichen, Zahlen abgezogen. Wenn man dagegen *denselben* Cubus wiederholt abzieht, so thut man dies nur von denjenigen Zahlen, *welche zuletzt durch das Abziehen des nämlichen Cubus erhalten worden sind.* Wenn x^3 der abzuziehende Cubus ist, so kann man respective in jeder mit i überschriebenen Columne alle Zahlen verwerfen, welche $< ix^3$ sind, so dafs in Bezug auf diese Zahlen nicht weiter operirt wird. Hat man durch fortgesetztes Abziehen gleicher oder gröfserer Cuben und durch gleichzeitiges Fortrücken in die nächstfolgende Columne Alles in die letzte Columne gebracht, so dafs die Operation nicht weiter fortgesetzt werden kann, so hat man so viel *von einander verschiedene* Zerfällungen, als sich in der letzten Columne Cubikzahlen vorfinden, und man erhält aus diesen Cubikzahlen leicht rückwärts durch successives Addiren der Cuben der respective am Rande angemerkten Zahlen die Zerfällungen selbst. Man addirt nämlich zu einer in der letzten Columne befindlichen Cubikzahl den Cubus, durch dessen Abziehen dieselbe erhalten und dessen Wurzel neben ihr am Rande bemerkt worden ist; zu der Summe addirt man wieder denjenigen Cubus, dessen Wurzel neben ihr am Rande bemerkt ist, u. s. f. Befindet sich am Ende der Operation in der letzten Columne gar keine Cubikzahl, so ist es nicht möglich, die Zahl in die verlangte Cubenanzahl zu zerlegen.

Will man die *kleinste* Cubenanzahl, in welche eine gegebene Zahl zerlegt werden kann, und auch die sämmtlichen Zerfällungen in diese kleinste Cubenanzahl finden, so hat man aufzumerken, wann zuerst bei den angestellten Subtractionen eine Cubikzahl sich ergiebt, und die Columne, in der sich dieselbe befindet, als die letzte anzusehen, bis sich ein Cubus in einer früheren Columne zeigt, welche man dann wieder so lange als die letzte ansieht, bis sich etwa ein Cubus in einer noch früheren Columne zeigt, u. s. f. In jeder i^{ten} Columne, vor der jedesmal als letzte betrachteten, kann man vor dem Abziehen eines Cubus x^3 alle Zahlen verwerfen, welche $< ix^3$ sind. Ist auf diese Art und durch fortgesetztes Rücken der Zahlen in die folgende Columne Alles in *eine* Columne gebracht, so wird diese schliefslich als die letzte anzusehen sein, und es werden in keiner früheren Cubikzahlen gefunden werden können. Die Anzahl der Columnen bis zu dieser letzten ist die kleinste Cubenanzahl, in welche man die gegebene Zahl zerfällen kann, und jede Cubikzahl, welche man in dieser letzten Columne antrifft, giebt eine besondere Zerfällung in diese kleinste Cubenanzahl, welche man wiederum durch die umgekehrte Operation des successiven Addirens der Cuben der respective am Rande bemerkten Zahlen erhält.

Hat man eine Tafel, wie die unten mitgetheilte, welche für jede Zahl die kleinste Cubenanzahl, aus der sie zusammengesetzt werden kann, anzeigt, so kann man die im Vorhergehenden angegebenen Operationen abkürzen. Wenn man nämlich bei der gegebenen Zahl N in der Tafel die Cubenanzahl n findet, so weifs man zuvörderst, dafs die n^{te} Columne die mit 1 zu bezeichnende letzte ist. *Man kann ferner nach jeder Subtraction aus jeder mit i bezeichneten Columne alle Zahlen fortlassen, welche nicht die Summe von i Cuben sein können, oder bei welchen nicht in der Tafel die Cubenanzahl i eingetragen ist.*

Vor dem Beginn der Operationen wird man gut thun, für jeden Cubus x^3, der $< N$, zu untersuchen, ob in der Tafel bei $N-x^3$, $N-2x^3$ etc. respective die Cubenanzahl $n-1$, $n-2$ etc. steht, bis man auf einen Rest $N-kx^3$ kommt, bei welchem sich in der Tafel eine gröfsere Cubenanzahl als $n-k$ eingetragen findet. Man weifs dann im Voraus, dafs die Subtraction dieses Cubus x^3 nur $(k-1)$-mal zu wiederholen ist. Wenn schon bei $N-x^3$ sich die Cubenanzahl $n-1$ nicht eingetragen findet, so ist dies ein Zeichen, dafs der Cubus x^3 überhaupt unter den abzuziehenden Cuben fortgelassen werden kann. Es sei $k-1 = r_x$, so dafs x^3 nur r_x-mal hinter einander abzuziehen ist, so erhält man die Reihenfolge der nach und nach abzuziehenden Cuben, wenn man r_1-mal hintereinander 1, r_2-mal den Cubus von 2, r_3-mal den Cubus von 3 u. s. f. schreibt. Hat man einen Cubus dieser Reihe abzuziehen und addirt zu diesem die $i-1$ folgenden Cuben derselben Reihe, so wird die Summe dieser i Cuben der kleinste Werth, den man von den in der Columne i enthaltenen Zahlen im Verlauf aller noch übrigen Operationen abzuziehen hat, und man kann daher vor der anzustellenden Subtraction und bei allen ferneren Operationen aus der Columne alle Zahlen, die kleiner als diese Summe sind, fortlassen. Alle übrigen Vorschriften bleiben ganz dieselben, wie die oben gegebenen.

Das im Vorhergehenden angegebene Verfahren, um alle Zerfällungen einer Zahl in die kleinste Cubenanzahl zu finden, mit Benutzung derjenigen Erleichterungen und Abkürzungen der Rechnung, welche die Tafel gestattet, will ich durch das Beispiel der Zahl

$$5818$$

erläutern, zu deren Zusammensetzung man, zufolge der Tafel, 7 Cuben nöthig hat. In dem hier unten folgenden Schema, in welchem die 7 Columnen mit

VII, VI, V, IV, III, II, I

bezeichnet sind, ist die ganze Rechnung enthalten, welche zur Auffindung der sämmtlichen Zerfällungen dieser Zahl in 7 Cuben erfordert wird. Nach der oben gegebenen Vorschrift erhält man die folgende Reihe der nach und nach abzuziehenden Cuben:

$$1,\ 1,\ 1,\ 2^3,\ 2^3,\ 2^3,\ 3^3,\ 3^3,\ 3^3,\ 4^3,\ 4^3,\ 4^3,\ 5^3,\ 5^3,\ 5^3,$$
$$6^3,\ 7^3,\ 7^3,\ 9^3,\ 10^3,\ 10^3,\ 11^3,\ 12^3,\ 13^3,\ 13^3,\ 14^3,\ 14^3,\ 15^3,\ 16^3,\ 17^3.$$

Wenn man von den Cuben

$$9^3,\ 10^3,\ 10^3,\ 11^3,\ 12^3,\ 13^3,\ 13^3,\ 14^3$$

die 6 oder die 7 ersten summirt, so werden die Summen respective

$$7985,\ 10182,$$

und daher gröfser als die respective in den Columnen VI, VII enthaltenen Zahlen; addirt man die 5 ersten, so ist die Summe

$$5788$$

grölser als die in der Columne V auf die vierte Zahl 5790 folgenden Zahlen; weshalb man der oben gegebenen Regel zufolge bei der Subtraction des Cubus 9^3 und bei allen folgenden Operationen die Columnen VII und VI überhaupt nicht, und von der Columne V die auf 5790 folgenden Zahlen nicht weiter zu berücksichtigen hat. Da ferner

$$10^3 + 10^3 + 11^3 + 12^3 = 5059,$$

so braucht man beim Abziehen des ersten Cubus 10^3 nur diejenigen Zahlen der Columne IV zu berücksichtigen, welche $\geqq 5059$ sind. Da

$$11^3 + 12^3 + 13^3 = 5256$$

ist, so braucht man 11^3 nur von denjenigen Zahlen der Columne III abzuziehen, welche $\geqq 5256$ sind, und man wird bei allen folgenden Operationen die Columne III gar nicht mehr zu berücksichtigen brauchen, da

$$12^3 + 13^3 + 13^3 = 6122$$

gröfser als alle in III enthaltenen Zahlen ist. Man sieht aus dem folgenden Schema, dafs, wenn man bei dem Abziehen des Cubus 10^3 angelangt ist, die Operation von da an reifsend schnell zu Ende geht.

Rechnungsschema für die Aufsuchung der sämmtlichen Zerfällungen der Zahl 5818 in 7 Cuben.

	VII	VI	V	IV	III	II	I		IV	III	II	I
0	5818							9	5087	5065	5038	4913
1		5817							5080	5046	4940	4096
1			5816						5073	4948	4921	
1				5815					5061	4929	4706	
2		5810	5809							4831	4439	
2			5802							4714	4394	
2				5794						4782	4375	
3		5791	5790	5789	5788					4744	4312	
			5783	5782	5767					4737	4160	
				5775						4718	4123	
3			5764							4655		
3				5737						4503		
4		5754	5753	5752	5725					4466		
			5746	5738						4402		
			5727	5726						4395		
				5700						4376		
4			5690	5663	5636					4339		
4				5626	5599	5572			5059	4187		
5		5693	5685	5677	5669	5642		10		4815	4472	4096
			5666	5658	5650					4782	4439	3375
			5629	5621	5613					4737	4394	
5			5568	5560	5552	5488				4473	4123	
				5504	5496					4466	4104	
5				5443	5435	5427				4447	4097	
6		5602	5601	5600	5599	5572				4440	3744	
			5575	5574	5573					4421	3718	
			5538	5511						4131	3402	
7		5475	5474	5473	5472	5256				4124	3376	
			5467	5466	5446	5256				4105		
			5448	5447	5439					4087		
			5411	5440	5394					4061		
			5259	5421	5320			10			3473	2744
				5384	5283						3087	
				5347	5257					5256		
				5258	5168			11			4394	4096
				5232							4221	3375
				5195							4104	
7			5132	5131	5130	5129	4913			6122		
				5124	5123	5103	4913					
				5105	5104	5096		12				3375
				5068	5097	4977						2744
				4916	5041	4940					4394	
					5004	4914						
					4915	4825		13				3375
					4889							3375
					4852							2197
												2197
	10182	7985	5788									2197
											5488	2744
								14				2744

Die 17 Cubikzahlen, die man in I antrifft, geben die 17 verschiedenen Zerlegungen von 5818 in 7 Cuben, die überhaupt möglich sind, und zwar auf folgende Art. Man findet zuerst in I dreimal den Cubus $4913 = 17^3$ und man ersieht aus den am Rande beigefügten Zahlen, dafs die Operation, durch welche man schliefslich zu demselben gelangt ist, die beiden ersten Male in dem *zweimaligen* Abziehen von 7^3 besteht. Man wird daher die Summe $4913 + 686 = 5599$ bilden, welche Zahl sich in III an zwei verschiedenen Orten findet. Die in III befindliche Zahl 5599 ist, wie man aus den Zahlen am Rande ersieht, zuletzt durch *dreimaliges* Abziehen von 4^3 erhalten worden. Man wird daher die Summe $5599 + 192 = 5791$ bilden, welche Zahl in VI befindlich und durch *einmaliges* Abziehen von 3^3 erhalten worden ist. Die Summe, die nun zu bilden ist, $5791 + 27$, ist die vorgelegte Zahl 5818 selbst, von der man auf diese Weise eine Zerfällung in 7 Cuben

$$17^3 + 2.7^3 + 3.4^3 + 3^3 = 5818$$

erhält. Die aufserdem noch einmal in III enthaltene Zahl 5599 ist zuletzt durch *einmaliges* Abziehen von 6^3, die Zahl $5599 + 216 = 5815$ in IV durch *dreimaliges* Abziehen von 1 erhalten worden. Man hat daher eine zweite Zerfällung

$$17^3 + 2.7^3 + 6^3 + 3.1^3 = 5818.$$

Auf ähnliche Art erhält man aus dem dritten Auftreten von 17^3 und aus den übrigen in I enthaltenen Cubikzahlen, indem man den zu ihnen führenden Weg, welcher durch die am Rande befindlichen Zahlen bezeichnet ist, zurückgeht, die anderen hier angegebenen Zerfällungen:

$$\begin{aligned}
5818 &= 4913 + 686 + 216 + 3 \\
&= 4913 + 686 + 192 + 27 \\
&= 4913 + 729 + 125 + 27 + 24 \\
&= 4096 + 729 + 686 + 216 + 64 + 27 \\
&= 4096 + 1000 + 686 + 27 + 8 + 1 \\
&= 4096 + 1331 + 375 + 16 \\
&= 3375 + 1000 + 729 + 686 + 27 + 1 \\
&= 3375 + 1331 + 729 + 375 + 8 \\
&= 3375 + 1728 + 686 + 27 + 2 \\
&= 3375 + 2197 + 216 + 27 + 3 \\
&= 3375 + 2197 + 192 + 54 \\
&= 2744 + 2000 + 729 + 343 + 2
\end{aligned}$$

$$\begin{aligned}
5818 &= 2744 + 1728 + 1000 + 343 + 3\\
&= 5488 + 250 + 64 + 16\\
&= 4394 + 1331 + 64 + 27 + 2\\
&= 4394 + 1000 + 343 + 81\\
&= 4394 + 729 + 686 + 8 + 1,
\end{aligned}$$

oder

$$\begin{aligned}
5818 &= 17^3 + 2.7^3 + 6^3 + 3.1^3\\
&= 17^3 + 2.7^3 + 3.4^3 + 3^3\\
&= 17^3 + 9^3 + 5^3 + 3^3 + 3.2^3\\
&= 16^3 + 9^3 + 2.7^3 + 6^3 + 4^3 + 3^3\\
&= 16^3 + 10^3 + 2.7^3 + 3^3 + 2^3 + 1^3\\
&= 16^3 + 11^3 + 3.5^3 + 2.2^3\\
&= 15^3 + 10^3 + 9^3 + 2.7^3 + 3^3 + 1^3\\
&= 15^3 + 11^3 + 9^3 + 3.5^3 + 2^3\\
&= 15^3 + 12^3 + 2.7^3 + 3^3 + 2.1^3\\
&= 15^3 + 13^3 + 6^3 + 3^3 + 3.1^3\\
&= 15^3 + 13^3 + 3.4^3 + 2.3^3\\
&= 14^3 + 2.10^3 + 9^3 + 7^3 + 2.1^3\\
&= 14^3 + 12^3 + 10^3 + 7^3 + 3.1^3\\
&= 2.14^3 + 2.5^3 + 4^3 + 2.2^3\\
&= 2.13^3 + 11^3 + 4^3 + 3^3 + 2.1^3\\
&= 2.13^3 + 10^3 + 7^3 + 3.3^3\\
&= 2.13^3 + 9^3 + 2.7^3 + 2^3 + 1^3.
\end{aligned}$$

Kennt man auf irgend eine Art die sämmtlichen Zerlegungen einer Zahl N in ihre kleinste Cubenanzahl n, so hat man damit zugleich auch die sämmtlichen Zerlegungen mehrerer anderer Zahlen in ihre kleinste Cubenanzahl. Sind nämlich die Cuben der gleichen oder verschiedenen Zahlen $a_1, a_2, \ldots, a_i$ in p verschiedenen Zerlegungen von N enthalten, so werden durch das Fortlassen dieser i Cuben aus diesen p Zerlegungen von N unmittelbar auch p verschiedene Zerlegungen der Zahl

$$N - a_1^3 - a_2^3 - \cdots - a_i^3 = N_0$$

in eine Anzahl von $n-i$ Cuben gegeben, welche die kleinste Cubenanzahl ist, in welche man diese Zahl zerlegen kann, und die so gefundenen p Zerlegungen sind alle Zerlegungen von N_0 in $n-i$ Cuben, welche es giebt, und alle von einander verschieden.

Durch das im Vorhergehenden berechnete Beispiel erhält man aus den 17 Zerlegungen von 5818 in 7 Cuben zugleich die sämmtlichen Zerlegungen einer sehr grofsen Menge von Zahlen in ihre kleinste Cubenanzahl. Man ersieht die grofse Anzahl dieser Zahlen schon daraus, dafs darunter alle in dem obigen Schema vorkommenden Zahlen nebst ihren Ergänzungen zu 5818 enthalten sein müssen. So ergiebt sich, dafs die Zahlen

$5818-1$	auf 9 Arten,
$5818-2^3,\ -9^3$	auf 6 Arten,
$5818-3^3,\ -7^3$	auf 10 Arten,
$5818-4^3,\ -10^3,\ -13^3,\ -15^3$	auf 5 Arten,
$5818-5^3$	auf 4 Arten,
$5818-6^3,\ -11^3,\ -14^3,\ -16^3,\ -17^3$	auf 3 Arten,
$5818-12^3$	auf 2 Arten

in 6 Cuben zerlegt werden können. Man sieht ferner, dafs folgende 46 Zahlen, welche die Summe von *fünf* und nicht weniger Cuben sind,

$5818-1-4^3$,	$-1-11^3$,	$-1-16^3$,	$-1-17^3$,	
$5818-2^3-4^3$,	-2^3-10^3,	-2^3-13^3,	-2^3-14^3,	-2^3-15^3,
				-2^3-17^3,
$5818-3^3-5^3$,	-3^3-11^3,	-3^3-12^3,		
$5818-4^3-5^3$,	-4^3-6^3,	-4^3-9^3,	-4^3-11^3,	-4^3-14^3,
		-4^3-15^3,	-4^3-16^3,	-4^3-17^3,
$5818-5^3-14^3$,	-5^3-15^3,	-5^3-16^3,	-5^3-17^3,	
$5818-6^3-9^3$,	-6^3-13^3,	-6^3-15^3,	-6^3-16^3,	-6^3-17^3,
$5818-9^3-11^3$,	-9^3-13^3,	-9^3-14^3,	-9^3-16^3,	-9^3-17^3,
$5818-10^3-10^3$,	-10^3-12^3,	-10^3-13^3,	-10^3-15^3,	-10^3-16^3,
$5818-11^3-13^3$,	-11^3-15^3,	-11^3-16^3,		
$5818-12^3-14^3$,	-12^3-15^3,			
$5818-14^3-14^3$,				

oder, wenn man sie der Gröfse nach ordnet, die Zahlen

176, 330, 391, 689, 715, 722, 780, 841, 897, 904, 993, 1112, 1346, 1443, 1506, 1597, 1658, 1721, 2227, 2290, 2318, 2345, 2379, 2435, 2621, 2892, 2949, 3010, 3066, 3090, 3405, 3613, 3758, 3818, 4063, 4423, 4460, 4486, 4810, 4873, 5025, 5538, 5629, 5666, 5746, 5753

nur *auf eine einzige Art* in fünf Cuben zerlegt werden können.

Dies folgt daraus, daſs, wenn a^3 und b^3 die beiden Cuben sind, welche man von 5818 abzuziehen hat, um eine dieser 46 Zahlen zu erhalten, unter sämmtlichen Zerfällungen von 5818 immer nur eine einzige die beiden Cuben a^3 und b^3 zugleich enthält.

Ueber die Einrichtung einer Tafel, mit deren Hülfe ohne alle Versuche die sämmtlichen Zerlegungen einer gegebenen Zahl in die kleinste Cubenanzahl gefunden werden können.

Man hat aus dem im Vorhergehenden berechneten Beispiele gesehen, daſs ungeachtet des Gebrauchs, welchen man von der unten gegebenen Tafel machen kann, um das Aufsuchen aller Zerlegungen einer gegebenen Zahl in die kleinste Cubenzahl zu erleichtern, dies doch noch ein mühsames Geschäft bleibt. Es wäre daher wünschenswerth, diese Tafel, ohne ihren Umfang zu sehr zu vergröſsern, so zu vervollständigen, daſs das Geschäft auf das möglich kleinste Maaſs der Arbeit zurückgeführt wird. Um eine solche vollständige Hülfstafel zu erhalten, in welcher alle Elemente beisammen sind, deren man bedarf, um die Zerfällungen selbst ohne Versuche und überflüssige Subtractionen zu finden, ist erforderlich und wird es hinreichen, *bei jedem Argumente zu der kleinsten Cubenanzahl noch die Wurzeln aller Cuben hinzuzufügen, welche in den verschiedenen Zerlegungen des Arguments in die kleinste Cubenanzahl respective die kleinsten sind;* z. B. bei dem Argumente 5818 zur Cubenanzahl 7, wie die gefundenen Zerfällungen zeigen, die Zahlen 1, 2, 3. Wenn man eine solche Hülfstafel anwendet, reducirt sich die ganze zur Auffindung aller Zerfällungen nöthige Rechnung genau auf dieselbe Rechnung, welche die Prüfung der bereits bekannten Zerfällungen erfordern würde, wenn man dieselbe so anstellt, daſs man von der gegebenen Zahl nach und nach die verschiedenen Cuben abzieht, wie sie in den einzelnen Zerfällungen der Gröſse nach auf einander folgen.

Es sei eine der Zerfällungen einer Zahl N in die kleinste Cubenanzahl

$$N = a^3 + b^3 + \cdots + w^3 + x^3 + \cdots + z^3,$$

wo

$$a \leqq b \leqq \ldots \leqq w \leqq x \leqq \ldots \leqq z.$$

Hat man von N nach und nach bereits die Cuben $a^3, b^3, \ldots, w^3$ abgezogen und ist dadurch auf den Rest

$$R = N - a^3 - b^3 - \cdots - w^3$$

gekommen, so ist der zunächst abzuziehende Cubus x^3 der kleinste in einer der Zerfällungen von R in die kleinste Cubenanzahl und zugleich $\geqq w^3$. Um daher den Werth oder die Werthe von x zu erhalten, — denn es wird x häufig mehrere Werthe haben — entnehme man aus der Hülfstafel alle bei dem Argumente R zur kleinsten Cubenanzahl hinzugefügten Zahlen, welche $\geqq w$ sind. Auf diese Weise giebt die Hülfstafel nach und nach die Wurzeln der einzelnen Cuben in der Ordnung, wie sie in den verschiedenen Zerfällungen der Gröſse nach auf einander folgen.

Um den Gebrauch der Tafel zu erläutern, will ich das folgende Fragment derselben hersetzen, welches bei den Zerfällungen von 5818 in 7 Cuben zur Anwendung kommt, und leicht rückwärts aus diesen Zerfällungen abgeleitet werden konnte. Die Zahlen n geben die kleinste Cubenanzahl, in welche die Zahlen R zerfällt werden können, und die Zahlen r die Wurzeln der Cuben, welche in den verschiedenen Zerfällungen von R in n Cuben die kleinsten sind.

R	n	r	R	n	r	R	n	r	R	n	r
3744	2	10	5427	2	11	5613	3	5	5788	3	6
4375	2	10	5435	3	9	5636	3	4	5789	4	1,4,7
4394	2	13	5439	3	7	5642	2	9	5790	5	1,2,7
4472	2	12	5446	3	7	5663	4	3,4	5791	6	1,2,3,4
4706	2	11	5447	4	1,2,7	5677	4	2,4,5	5794	4	3
4744	3	10	5466	4	3,7	5685	5	2,5	5802	5	2,4,5
4825	2	9	5472	3	6,10	5700	4	4	5809	5	3,7
5096	2	10	5473	4	1,3,9	5725	3	11	5810	6	1,2,5
5103	2	12	5488	2	14	5727	5	1,3,4,6	5815	4	3,6,7
5104	3	1,2,9	5511	4	7	5737	4	7	5816	5	1,3,7
5123	3	3,9	5552	3	4,5	5738	4	5	5817	6	1,2,3
5168	3	7	5560	4	2,5	5764	5	3,4	5818	7	1,2,3.
5256	2	7	5572	2	13	5767	3	5			
5394	3	10	5599	3	3,7	5782	4	7			

Die Rechnung, welche mit Benutzung dieser Tafel zur Auffindung der Zerfällungen von 5818 in 7 Cuben zu machen ist, läſst sich nach dem unten folgenden Schema anordnen. Es sind in demselben:

Die in der ersten Columne befindlichen Zahlen *s* die Wurzeln der nach und nach von 5818 abgezogenen Cuben.

Die in der zweiten Columne enthaltenen Zahlen *R* die nach diesen Subtractionen übrig bleibenden Reste.

Die in der dritten Columne stehenden Zahlen alle aus der Tafel entnommenen, zum Argumente *R* gehörigen Werthe von *r*, welche nicht kleiner als die gröſste (erste) der daneben stehenden Zahlen *s* sind.

Das Schema besteht aus 6 Gruppen, welche sich durch die Anzahl der in der ersten Columne stehenden Zahlen *s* unterscheiden. Die Zahlen *R* jeder Gruppe werden aus den Zahlen *R* der unmittelbar vorhergehenden Gruppe durch das Abziehen der Cuben der neben den letzteren stehenden Zahlen *r* gefunden. Es wird daher die Anzahl der Horizontalreihen jeder Gruppe der Anzahl aller zu der vorhergehenden Gruppe gehörenden Zahlen *r* gleich. So findet man z. B. die Zahlen *R* der 4ten Gruppe, wenn man 1 von 5816, 2^3 von 5802, 3^3 von 5809, 5816 und 5764, 4^3 von 5802, 5764 und 5727, 5^3 von 5802 und 5685, 6^3 von 5727, 7^3 von 5816, 5809 und 5790 abzieht. Die Zahlen *R* der letzten Gruppe sind die Summen zweier Cuben; in der dritten Columne hat man zu der aus der Hülfstafel entnommenen Wurzel des kleinsten dieser beiden Cuben noch die Wurzel des anderen Cubus hinzugefügt, so daſs die verschiedenen Horizontalreihen der letzten Gruppe die Wurzeln der in den verschiedenen Zerfällungen von 5818 enthaltenen 7 Cuben geben, von denen die 5 kleinsten in der ersten und die beiden gröſsten in der dritten Columne stehen.

s	R	r	s	R	r	s	R	r	s	R	r
	1. Gruppe			4. Gruppe			5. Gruppe			6. Gruppe	
	5818	1,2,3	1,1,1	5815	3,6,7	3,1,1,1	5788	6	4,4,4,3,3	5572	13,15
			2,2,2	5794	3	3,2,2,2	5767	5	5,3,2,2,2	5642	9,17
	2. Gruppe		3,1,1	5789	4,7	4,3,1,1	5725	11	5,5,4,2,2	5488	14,14
1	5817	1,2,3	3,2,1	5782	7	4,4,3,3	5636	4	5,5,5,2,2	5427	11,16
2	5810	2,5	3,3,3	5737	7	4,4,4,3	5599	7	6,3,1,1,1	5572	13,15
3	5791	3,4	4,2,2	5738	5	5,4,2,2	5613	5	7,4,4,4,3	5256	7,17
			4,3,3	5700	4	5,5,2,2	5552	5	7,6,1,1,1	5256	7,17
	3. Gruppe		4,4,3	5663	4	5,5,5,2	5435	9	7,7,3,1,1	5103	12,15
1,1	5816	1,3,7	5,2,2	5677	5	6,1,1,1	5599	7	7,7,3,2,1	5096	10,16
2,1	5809	3,7	5,5,2	5560	5	7,1,1,1	5472	10	7,7,6,4,3	4825	9,16
2,2	5802	2,4,5	6,4,3	5511	7	7,3,1,1	5446	7	9,5,5,5,2	4706	11,15
3,1	5790	7	7,1,1	5473	9	7,3,2,1	5439	7	9,7,7,2,1	4394	13,13
3,3	5764	3,4	7,2,1	5466	7	7,3,3,3	5394	10	9,7,7,3,1	4375	10,15
4,3	5727	4,6	7,3,1	5447	7	7,6,4,3	5168	7	10,7,1,1,1	4472	12,14
5,2	5685	5				7,7,2,1	5123	9	10,7,3,3,3	4394	13,13
						7,7,3,1	5104	9	10,9,7,1,1	3744	10,14
						9,7,1,1	4744	10	11,4,3,1,1	4394	13,13

Die Hülfstafel kann auf ganz ähnliche Art wie diejenige construirt werden, welche bloſs die kleinste Cubenanzahl, in welche man eine gegebene Zahl zerfällen kann, angiebt. Man nehme wieder an, die Construction der Hülfstafel sei für alle Zahlen

$$(1),\ (2),\ \ldots,\ (m)$$

beendigt, so daſs, wenn i eine der Zahlen $1, 2, \ldots, m$ und I eine der Zahlen (i) ist, bei jeder Zahl I auſser der kleinsten Cubenanzahl i noch die Wurzeln aller derjenigen Cuben angegeben sind, welche in den verschiedenen Zerlegungen von I in i Cuben respective die kleinsten sind. Es sollen durch Addition einer Cubikzahl zu den Zahlen (m) die Argumente, bei welchen die kleinste Cubenanzahl $m+1$ einzutragen ist, und die Zahlen, welche neben dieselbe einzutragen sind, gefunden werden. Ist x der zu addirende

Cubus, so addirt man x^3 nur dann zu einem Argumente (m), wenn x kleiner oder nicht gröfser als die gröfste der bei diesem Argumente neben m eingetragenen Zahlen ist. Ist dies der Fall, und findet man bei dem Argumente $(m) + x^3$ ein leeres Feld, so trägt man darin die Cubenanzahl $m + 1$ und neben diese die Wurzel x ein, oder wenn sich in das Feld schon die Cubenanzahl $m + 1$ und eine oder mehrere andere Zahlen eingetragen finden, so fügt man letzteren noch die Wurzel x hinzu. Es geschieht hierbei von selbst, dafs die Addition von x^3 zu den Zahlen (m) nur von solchen Zahlen (m) an begonnen wird, welche $\geqq mx^3$ sind.

Man kann auf diese Weise fortfahren, bis die Construction der Hülfstafel beendigt ist; doch wird man wieder gut thun, wenn m den Werth 5 oder 6 erreicht hat, und daher nur noch wenige Felder auszufüllen bleiben, das umgekehrte Verfahren zu befolgen. Ist nämlich N ein Argument, bei welchem sich ein noch leeres Feld findet, so trägt man in dasselbe immer die kleinste Cubenanzahl $m + 1$ und die Wurzel x ein, wenn bei dem Argumente $N - x^3$ die kleinste Cubenanzahl m gefunden wird. Wenn das Feld bei dem Argumente N bereits mit der kleinsten Cubenanzahl $m + 1$ und einer oder mehreren anderen Zahlen erfüllt ist, so fügt man letzteren die Zahl x hinzu, wenn x kleiner oder nicht gröfser als die gröfsten der bei $N - x^3$ neben m eingetragenen Zahlen ist. Die Additionen und Subtractionen kann man wieder, wie oben, zum bei weitem gröfsten Theile durch ein blofses Aneinanderfügen der einzelnen Theile der Tafel ersetzen.

Wenn man nicht blofs die Zerfällungen in die *kleinste* Anzahl von Cuben, sondern überhaupt die Zerfällungen in eine *gegebene* Anzahl von Cuben haben will, so kann man auch hierfür ganz ähnliche Hülfstafeln construiren, von denen jede sich auf die besondere gegebene Cubenanzahl bezieht und in ihren Feldern alle Zahlen enthält, welche in den verschiedenen Zerfällungen des Arguments in die *gegebene* Cubenanzahl respective die Wurzeln der kleinsten Cuben sind. Hat man die Hülfstafel $[m]$ für die Zerlegungen in m Cuben construirt, so erhält man daraus die Hülfstafel $[m+1]$ für die Zerlegungen in $m + 1$ Cuben ganz in der früheren Art, wenn man die verschiedenen Cuben x^3 zu allen Argumenten M der Tafel $[m]$, welche $\geqq mx^3$ sind, addirt und jedesmal, wenn x nicht gröfser als die gröfste der bei M in $[m]$ eingetragenen Zahlen ist, bei dem Argumente $M + x^3$ in $[m+1]$ die

Zahl x einträgt. Die frühere Construction unterscheidet sich von dieser nur dadurch, daſs in derselben auch noch alle Argumente $M+x^3$, bei welchen eine kleinere Cubenanzahl als $m+1$ eingetragen war, oder welche auch die Summe von weniger als $m+1$ Cuben sein konnten, übergangen wurden, was jetzt nicht der Fall ist. Bei der Construction der Hülfstafeln aus einander wird es rathsam sein, wenn man dieselben (wenigstens bei der zuletzt besprochenen Tafel) alle Argumente umfassen läſst, indem man die Felder leer läſst, welche Argumenten zugehören, die nicht in die gegebene Cubenanzahl zerfällt werden können. Man kann dann durch ein bloſses Nebeneinanderlegen der verschiedenen Theile je zweier Hülfstafeln $[m]$ und $[m+1]$ in der oben angegebenen Art alle Additionen ersetzen.

Tafel für die kleinste Anzahl von Cuben, aus welchen die Zahlen bis 12000 zusammengesetzt werden können.

Die am Rande befindlichen Zahlen sind die Einer von 1 bis 100; die Zahlen in der obersten Horizontalreihe sind die 10 Hunderte; in der Ecke oben links befinden sich die Tausende.

	0	1	2	3	4	5	6	7	8	9
1	1	5	5	6	7	5	4	3	3	5
2	2	6	6	7	4	6	5	4	4	3
3	3	7	6	8	5	4	3	5	5	4
4	4	6	7	4	6	4	4	4	5	5
5	5	6	4	5	3	5	5	5	6	6
6	6	7	4	6	4	5	6	6	7	6
7	7	4	5	3	2	6	6	6	5	5
8	1	4	5	4	3	5	6	6	5	4
9	2	5	5	5	4	6	5	4	4	4
10	3	6	6	6	5	7	6	5	4	4
11	4	7	7	7	6	5	4	4	3	5
12	5	7	8	5	7	1	5	4	4	6
13	6	7	5	6	4	2	4	3	5	7
14	7	8	5	3	5	3	5	4	4	5
15	8	5	6	4	3	4	6	5	5	6
16	2	5	1	5	4	5	7	5	5	5
17	3	6	2	4	5	6	6	5	5	4
18	4	3	3	5	6	7	5	4	5	3
19	5	4	4	6	7	6	5	5	4	3
20	6	5	5	5	8	2	4	5	3	4
21	7	6	6	6	5	3	4	4	4	4
22	8	7	6	4	5	4	5	5	5	5
23	9	6	7	5	4	4	3	6	6	6
24	3	6	2	5	4	5	4	6	6	6
25	4	1	3	5	5	5	5	6	6	5
26	5	2	4	6	6	6	6	5	4	4
27	1	3	5	7	7	5	6	6	5	4
28	2	2	6	6	8	3	5	2	4	5
29	3	3	7	7	5	4	5	1	5	4
30	4	4	7	5	6	4	4	2	6	5
31	5	5	8	5	5	5	4	3	6	6
32	4	6	3	6	2	3	5	4	6	6
33	5	2	4	6	3	4	6	5	7	6
34	6	3	5	4	3	5	7	6	5	5
35	2	4	6	5	4	4	7	7	6	5
36	3	3	6	6	5	4	6	3	5	4
37	4	4	7	7	6	5	2	2	5	5
38	5	5	8	6	7	5	3	3	4	6
39	6	6	9	6	4	2	4	4	4	5
40	5	7	4	7	3	3	3	4	5	6
41	6	3	5	2	4	4	4	5	5	6
42	7	4	6	3	4	5	5	6	6	6
43	3	5	2	1	5	5	6	6	5	6
44	4	4	3	2	6	5	7	4	6	3
45	5	4	4	3	6	6	3	3	6	2
46	6	5	5	4	7	6	4	4	5	3
47	7	6	6	5	5	3	5	5	4	4
48	6	7	5	6	4	4	3	4	5	5
49	7	4	6	3	5	5	4	5	6	6
50	8	5	2	4	5	5	4	3	7	7
	0	1	2	3	4	5	6	7	8	9

	0	1	2	3	4	5	6	7	8	9
51	4	6	3	2	5	6	5	4	6	5
52	5	2	4	3	6	6	6	5	7	4
53	6	3	3	4	7	7	4	4	3	3
54	2	4	4	5	8	6	5	5	2	4
55	3	3	5	6	6	4	5	3	2	5
56	4	4	4	7	5	5	4	2	3	5
57	5	5	5	4	6	3	4	3	3	6
58	6	6	3	5	6	4	5	4	4	7
59	5	7	4	3	3	2	6	5	5	6
60	6	3	5	4	4	3	5	6	6	5
61	7	4	4	5	4	4	5	5	4	4
62	3	5	5	6	5	5	6	3	3	5
63	4	4	6	7	6	5	6	4	3	5
64	1	5	5	8	6	5	3	3	4	5
65	2	6	6	5	7	4	4	4	4	6
66	3	7	4	6	3	3	5	5	5	4
67	4	8	5	4	4	3	4	5	6	5
68	5	4	6	3	2	4	5	5	6	6
69	6	5	5	4	3	5	6	6	5	5
70	4	6	3	2	4	6	7	4	4	6
71	5	5	4	3	3	6	7	5	4	4
72	2	5	5	4	4	6	4	4	5	3
73	3	6	6	5	5	5	5	4	5	4
74	4	7	5	6	4	4	6	5	5	5
75	5	8	6	3	5	4	4	3	4	6
76	6	5	7	4	3	2	5	4	5	7
77	7	6	3	5	4	3	5	4	6	6
78	5	7	4	3	5	4	6	5	5	4
79	6	3	5	4	4	5	7	6	5	3
80	3	4	2	5	5	6	5	5	4	3
81	3	5	3	5	6	6	6	5	3	4
82	4	4	4	6	5	5	4	4	3	4
83	5	5	5	4	6	5	5	3	4	4
84	6	6	6	5	4	3	3	4	4	5
85	7	7	4	6	5	4	4	5	5	5
86	6	8	5	4	4	3	2	6	6	5
87	7	4	6	5	5	4	3	7	4	4
88	4	5	3	6	5	5	4	6	5	4
89	4	2	4	6	6	6	5	4	4	5
90	5	3	5	7	6	6	5	5	4	5
91	2	4	6	5	7	4	4	4	5	4
92	3	3	7	6	5	4	4	3	5	5
93	4	4	5	7	4	3	5	2	6	5
94	5	5	6	5	5	4	3	3	7	6
95	6	5	7	4	3	5	4	4	5	5
96	5	6	4	5	3	4	5	5	6	5
97	5	3	4	3	4	5	6	5	5	6
98	6	4	5	4	4	6	6	6	5	5
99	3	5	6	5	5	5	5	5	6	4
100	4	4	7	6	4	5	5	4	4	1
	0	1	2	3	4	5	6	7	8	9

1	0	1	2	3	4	5	6	7	8	9
1	2	5	5	5	5	5	4	3	3	6
2	3	6	6	6	5	5	5	4	4	4
3	4	5	5	5	3	5	4	5	5	5
4	5	4	5	4	4	4	5	5	6	6
5	5	4	4	3	4	5	5	6	5	5
6	4	5	4	4	5	5	6	4	6	5
7	4	4	5	4	3	6	6	5	4	3
8	2	5	5	5	4	6	4	4	4	4
9	3	6	6	5	5	6	5	4	4	5
10	4	6	7	6	6	4	4	4	5	5
11	5	6	6	6	4	5	3	5	4	6
12	5	5	6	5	4	2	4	5	5	7
13	6	5	4	4	4	3	5	4	6	6
14	5	6	5	4	4	4	6	5	5	6
15	5	4	5	4	3	5	6	5	5	4
16	3	5	2	5	4	6	5	5	5	5
17	4	6	3	5	5	6	5	5	4	3
18	5	4	4	6	6	5	5	5	5	4
19	6	5	5	6	5	5	4	6	3	4
20	6	5	6	5	5	3	5	5	4	4
21	7	6	5	5	5	4	5	5	5	5
22	6	7	5	4	3	3	6	6	5	5
23	6	5	5	4	4	4	4	6	6	5
24	2	5	3	5	5	5	5	6	5	4
25	3	2	4	5	6	6	6	5	5	4
26	4	3	5	5	6	6	6	5	4	4
27	2	4	5	6	6	6	5	6	4	4
28	3	3	6	6	6	4	5	1	4	5
29	3	4	5	6	5	5	5	2	5	5
30	4	5	5	5	4	4	5	3	6	6
31	5	5	6	1	4	5	4	4	5	6
32	3	5	4	2	3	4	5	5	6	5
33	4	3	5	3	4	5	6	5	5	5
34	5	4	6	4	4	6	7	6	5	4
35	3	4	6	5	5	5	5	5	5	5
36	4	3	7	6	5	3	6	2	5	5
37	4	4	6	7	6	4	3	3	6	6
38	5	5	6	5	5	5	4	3	5	7
39	6	6	7	2	5	3	5	4	5	6
40	4	6	3	3	4	4	4	5	6	6
41	5	4	2	3	5	4	5	6	6	6
42	5	5	3	4	4	5	6	6	6	5
43	4	5	3	2	5	5	6	6	2	5
44	4	4	4	3	6	4	6	3	3	2
45	5	5	4	4	6	5	4	4	4	3
46	5	6	5	5	6	6	5	4	4	4
47	5	6	6	3	5	2	4	5	5	5
48	5	7	4	4	5	3	4	5	6	6
49	6	3	3	4	4	4	5	6	6	6
50	6	4	3	5	5	5	5	4	6	6
1	0	1	2	3	4	5	6	7	8	9

1	0	1	2	3	4	5	6	7	8	9
51	3	5	4	3	6	6	6	5	3	5
52	4	3	5	4	7	5	6	4	4	3
53	5	4	4	5	7	6	5	3	2	4
54	3	4	5	6	7	6	6	4	3	4
55	4	4	6	4	6	3	5	2	3	5
56	4	5	5	5	2	4	5	3	3	6
57	5	4	4	5	3	4	5	4	4	7
58	6	5	4	2	2	5	5	4	5	6
59	4	6	5	3	3	3	6	5	4	6
60	5	4	5	4	4	4	6	5	5	4
61	5	3	4	5	5	5	4	4	3	5
62	4	4	4	6	6	6	5	4	4	5
63	5	4	5	5	6	4	6	3	4	6
64	2	5	5	6	3	5	4	4	4	6
65	3	5	5	4	4	5	5	4	4	7
66	4	6	5	3	3	4	5	5	5	5
67	5	6	4	3	4	4	5	6	5	6
68	6	5	3	4	3	5	6	6	6	3
69	4	4	4	4	4	6	5	5	4	4
70	3	5	4	3	5	6	6	5	3	3
71	3	5	5	4	4	5	7	4	4	3
72	2	6	5	4	4	6	3	5	5	4
73	3	6	6	5	5	6	4	5	5	5
74	4	7	4	4	4	3	2	5	6	5
75	5	7	5	4	5	4	3	4	5	6
76	6	4	4	5	4	3	4	5	6	4
77	5	5	4	4	5	4	5	5	5	5
78	4	6	5	4	5	5	6	6	4	3
79	4	4	5	5	4	6	7	5	4	4
80	3	5	3	5	5	7	4	4	3	4
81	4	5	4	6	6	3	5	5	4	4
82	5	5	5	5	5	4	3	3	4	5
83	5	6	6	5	3	3	4	4	4	5
84	6	5	5	6	4	3	4	5	5	5
85	6	6	5	3	3	4	5	5	6	6
86	5	6	4	4	4	4	3	5	5	4
87	5	5	4	5	5	5	4	6	5	5
88	3	4	3	6	6	5	5	5	4	5
89	4	3	4	6	7	4	6	5	5	5
90	5	4	5	6	5	5	4	4	3	5
91	3	5	6	6	4	4	5	5	4	5
92	4	4	6	5	4	4	5	2	5	6
93	4	5	6	4	4	4	6	3	6	6
94	5	5	5	4	5	5	4	4	6	5
95	6	4	4	2	4	6	5	5	6	4
96	4	4	4	3	4	5	6	6	5	5
97	4	3	5	4	5	5	7	4	4	4
98	4	3	6	5	5	6	5	5	4	4
99	3	4	6	5	5	5	4	3	5	5
100	4	4	7	6	5	4	5	3	5	2
1	0	1	2	3	4	5	6	7	8	9

2	0	1	2	3	4	5	6	7	8	9
1	3	5	5	6	4	5	5	4	4	5
2	4	6	5	5	4	6	4	5	5	5
3	5	4	5	4	3	4	5	5	5	6
4	5	5	4	3	4	4	3	6	6	4
5	4	5	2	4	5	5	4	5	5	4
6	5	4	3	5	6	6	5	5	4	5
7	5	5	4	5	4	5	5	4	5	4
8	3	5	5	6	5	6	5	4	2	5
9	4	6	6	5	5	5	4	2	3	5
10	5	7	6	4	5	5	4	3	4	4
11	6	5	5	4	4	4	4	4	5	5
12	6	5	4	4	4	3	4	5	6	4
13	5	5	3	4	2	4	5	5	6	5
14	6	4	4	4	3	5	6	6	4	4
15	4	5	5	4	4	6	5	5	5	4
16	4	6	3	5	5	6	6	4	3	4
17	3	6	4	6	6	5	5	3	4	4
18	4	5	5	5	6	6	5	4	5	5
19	5	6	6	5	4	5	4	5	4	5
20	6	5	5	5	5	4	5	5	4	5
21	6	6	4	4	3	3	5	6	5	6
22	5	5	5	2	4	4	6	6	5	5
23	5	4	4	3	5	5	5	6	5	4
24	3	3	2	4	5	6	6	5	4	5
25	4	3	3	3	6	6	6	4	4	3
26	5	4	4	4	7	5	5	3	5	2
27	3	5	5	5	5	5	5	4	4	3
28	4	4	5	6	5	4	5	2	5	4
29	4	5	5	5	4	4	3	3	6	5
30	5	5	6	3	4	4	4	4	6	6
31	6	5	5	2	5	5	4	5	6	5
32	4	4	3	3	4	5	5	5	5	5
33	5	4	4	4	5	6	6	5	5	3
34	4	5	5	5	5	6	6	4	3	3
35	4	3	6	6	5	6	5	5	3	4
36	5	4	6	6	5	4	4	3	4	4
37	5	5	6	5	5	5	4	4	4	5
38	6	6	6	4	5	3	5	4	5	6
39	7	6	5	3	5	4	5	5	6	5
40	5	5	2	4	3	2	5	6	6	6
41	6	5	3	4	4	3	6	6	5	4
42	4	4	4	5	5	4	6	5	4	4
43	5	4	4	3	6	5	6	5	3	5
44	4	4	5	4	6	5	5	1	4	3
45	5	5	5	5	6	6	5	2	4	4
46	6	6	6	5	5	4	4	3	5	5
47	6	6	6	4	3	3	4	4	5	4
48	4	6	3	5	4	3	5	5	6	5
49	5	4	4	3	5	4	5	6	6	5
50	5	5	4	4	4	5	6	5	5	5
2	0	1	2	3	4	5	6	7	8	9

2	0	1	2	3	4	5	6	7	8	9
51	4	4	3	4	5	6	6	6	4	6
52	5	4	4	4	6	6	6	2	5	4
53	5	5	5	5	5	6	5	3	3	3
54	4	5	6	6	6	5	5	4	4	4
55	5	5	6	3	4	4	5	3	4	5
56	5	6	4	4	3	4	4	3	4	6
57	6	5	5	4	2	5	5	4	5	6
58	6	6	5	3	3	6	5	5	6	6
59	3	5	4	4	4	4	6	6	5	4
60	2	3	4	4	5	5	7	3	6	2
61	3	4	2	5	6	6	5	4	4	3
62	4	4	3	6	6	6	2	5	4	4
63	5	5	4	4	5	5	3	4	5	5
64	3	6	5	5	4	5	4	4	4	6
65	4	6	4	3	3	4	3	5	5	6
66	5	7	5	4	4	5	4	6	6	6
67	4	5	3	4	4	3	5	6	4	5
68	3	4	4	4	4	4	4	4	5	3
69	3	5	3	5	5	5	5	5	2	3
70	4	5	4	4	6	6	3	6	3	4
71	2	5	5	5	5	4	4	2	4	4
72	3	6	6	5	5	3	4	3	3	4
73	4	5	5	4	4	4	3	3	4	5
74	5	6	5	5	4	4	3	4	5	5
75	5	6	4	5	5	4	4	5	5	6
76	4	5	3	4	5	4	5	5	6	4
77	4	6	4	5	3	5	6	5	3	4
78	5	5	4	5	4	6	4	6	3	4
79	3	5	5	5	5	5	5	3	4	5
80	4	6	4	6	4	4	5	4	4	4
81	4	6	5	5	5	4	4	4	4	5
82	5	6	6	4	4	3	4	4	5	6
83	6	7	5	5	4	3	5	4	3	6
84	5	4	4	5	3	4	5	5	4	5
85	5	3	4	4	4	4	6	6	4	5
86	4	3	5	3	5	5	4	6	4	5
87	3	3	3	4	5	6	5	3	5	3
88	4	4	3	5	5	5	6	4	5	4
89	5	4	4	4	6	5	3	3	4	4
90	6	5	5	5	4	4	4	4	4	3
91	4	6	6	5	5	4	5	5	4	4
92	5	5	5	4	4	5	4	3	5	5
93	4	4	5	5	5	5	4	4	5	6
94	5	4	4	4	5	4	5	5	5	3
95	4	4	4	3	5	5	5	4	6	4
96	4	3	4	4	5	6	5	5	3	4
97	5	1	5	5	6	6	4	4	4	4
98	3	2	6	6	5	5	4	3	4	4
99	4	3	7	6	6	4	4	4	4	5
100	5	4	6	5	5	5	4	3	5	3
2	0	1	2	3	4	5	6	7	8	9

3	0	1	2	3	4	5	6	7	8	9
1	4	5	4	4	5	3	4	5	5	5
2	4	5	5	4	2	4	5	6	6	5
3	4	4	4	3	3	3	6	6	5	4
4	5	5	5	4	4	4	4	5	5	5
5	3	5	3	5	5	5	5	5	5	4
6	4	5	4	6	6	4	4	4	5	5
7	5	5	5	5	5	5	4	5	3	4
8	4	6	6	6	4	3	4	5	3	5
9	5	6	5	4	5	4	5	3	4	6
10	5	6	4	4	3	4	5	4	5	5
11	5	5	4	4	4	4	5	5	5	5
12	6	4	3	4	5	4	4	6	6	5
13	4	4	4	5	3	5	5	5	5	4
14	4	3	5	5	4	5	5	5	4	3
15	5	4	4	5	5	5	5	5	4	4
16	4	4	4	6	5	4	5	3	3	5
17	4	5	5	5	5	4	6	4	4	5
18	5	5	5	5	4	4	3	2	5	6
19	6	4	5	5	5	4	4	3	5	6
20	7	5	4	3	6	3	5	4	5	5
21	4	5	3	4	4	4	6	5	5	5
22	5	4	4	3	5	5	6	5	5	4
23	5	3	5	4	6	6	6	4	5	5
24	3	4	3	5	5	5	5	4	4	4
25	4	4	4	4	6	5	3	5	5	2
26	5	5	4	5	5	5	4	3	4	3
27	4	5	5	6	5	3	5	4	5	4
28	5	5	5	4	4	2	4	3	5	5
29	5	6	4	5	3	3	4	4	6	6
30	5	4	5	4	3	4	5	5	6	5
31	6	4	6	3	4	5	5	5	5	6
32	4	4	4	4	5	6	6	5	4	4
33	4	5	5	4	6	5	4	4	5	3
34	5	6	5	5	5	6	5	4	4	3
35	5	4	6	5	5	4	4	5	4	4
36	5	5	6	5	5	3	5	4	5	5
37	5	6	5	4	4	3	5	5	5	6
38	6	5	4	5	3	4	6	5	6	6
39	5	5	4	4	2	5	5	6	6	5
40	5	5	3	5	3	3	6	6	5	5
41	5	4	4	5	4	4	5	5	4	4
42	5	3	5	6	5	5	5	5	5	4
43	5	4	5	4	6	5	5	4	3	5
44	5	5	5	5	6	4	5	2	4	4
45	6	6	6	5	4	4	4	3	5	5
46	6	5	5	4	4	5	4	4	4	6
47	6	6	5	4	3	4	5	5	5	5
48	5	5	4	4	4	4	5	6	5	6
49	6	4	5	4	5	5	6	6	5	5
50	4	4	4	5	5	6	6	4	6	4
3	0	1	2	3	4	5	6	7	8	9

3	0	1	2	3	4	5	6	7	8	9
51	3	3	4	5	6	6	6	5	4	3
52	3	4	5	5	7	5	4	3	4	3
53	4	5	5	6	5	5	3	4	4	4
54	4	6	6	5	5	4	4	5	5	5
55	5	6	5	4	4	3	3	4	5	5
56	6	6	2	5	2	4	4	4	5	6
57	6	5	3	5	3	5	5	5	6	5
58	4	5	4	4	4	5	6	5	5	5
59	2	4	5	5	5	5	7	6	5	4
60	3	4	5	5	6	6	5	4	5	3
61	4	5	3	6	6	6	4	5	5	4
62	5	5	4	6	5	5	3	5	5	5
63	6	5	5	5	5	4	4	5	4	6
64	4	6	3	5	3	3	5	5	5	7
65	5	6	4	4	4	4	4	6	6	6
66	5	6	5	5	3	5	5	6	6	5
67	3	5	4	4	4	4	6	6	5	5
68	4	5	4	5	5	5	5	3	5	3
69	4	4	3	6	6	5	5	4	3	4
70	5	5	4	5	6	5	4	5	4	5
71	3	6	5	6	5	3	5	3	3	5
72	4	7	4	6	3	4	3	4	4	5
73	5	6	5	5	2	5	4	4	5	6
74	6	3	5	5	3	5	4	5	6	6
75	4	4	3	1	4	5	5	6	5	6
76	5	3	4	2	5	5	5	4	6	4
77	5	4	4	3	4	6	6	5	4	5
78	4	4	5	4	5	6	5	4	4	4
79	4	5	5	5	6	4	5	4	4	4
80	5	5	5	6	4	5	4	4	4	5
81	5	6	6	3	3	3	5	4	5	6
82	6	4	6	4	4	4	4	3	6	6
83	5	5	3	2	3	4	5	4	4	6
84	4	3	4	3	4	4	6	5	5	4
85	3	4	4	4	4	5	7	6	5	3
86	3	3	5	4	5	6	4	5	5	4
87	2	4	4	5	6	5	5	4	2	4
88	3	5	4	6	5	6	4	3	3	5
89	4	5	5	4	4	4	3	4	4	3
90	5	5	5	4	5	5	4	4	5	4
91	5	6	4	3	4	2	5	5	5	5
92	5	4	5	4	5	3	5	4	6	5
93	4	5	5	5	4	4	5	5	4	3
94	4	4	5	4	4	5	5	6	5	4
95	3	5	5	4	5	6	6	4	3	4
96	4	4	4	5	6	5	4	4	4	4
97	5	2	5	5	5	4	4	4	5	4
98	4	3	6	5	6	3	4	4	4	4
99	4	4	4	4	4	3	4	3	5	5
100	5	5	5	4	2	4	5	4	6	4
3	0	1	2	3	4	5	6	7	8	9

4	0	1	2	3	4	5	6	7	8	9
1	4	5	4	5	4	4	5	5	4	6
2	5	3	3	5	3	5	6	6	5	4
3	5	3	4	4	4	3	5	7	4	5
4	4	2	5	5	4	4	5	5	3	4
5	4	3	4	6	5	4	4	5	4	5
6	5	4	5	7	5	5	4	2	5	3
7	6	5	6	5	4	4	5	3	4	4
8	5	6	4	5	5	4	2	4	4	5
9	5	5	4	5	5	5	3	4	4	6
10	6	4	4	4	4	5	3	5	5	5
11	5	4	5	4	5	4	4	6	5	4
12	3	3	4	2	5	5	5	4	4	4
13	4	4	5	3	4	5	5	5	4	1
14	5	4	4	4	5	6	4	3	4	2
15	4	5	5	5	5	4	4	4	3	3
16	4	5	5	6	4	5	3	4	4	4
17	5	5	5	6	4	4	4	5	5	5
18	5	4	5	4	3	5	4	3	6	6
19	6	5	6	4	4	3	5	4	6	5
20	4	4	5	3	5	4	5	5	5	5
21	5	5	2	4	3	5	6	5	5	2
22	5	5	3	4	4	4	5	4	5	3
23	4	2	4	5	5	5	5	5	4	4
24	4	3	3	6	5	4	4	5	3	5
25	5	4	4	4	5	5	4	5	2	3
26	6	5	5	5	4	4	5	4	3	4
27	5	6	4	4	5	4	5	5	4	5
28	5	5	4	4	5	3	4	4	5	5
29	5	4	3	5	4	4	5	5	6	3
30	5	4	3	5	4	4	5	5	5	4
31	5	3	4	4	5	5	5	5	3	4
32	4	4	4	4	6	5	5	6	4	5
33	5	5	5	5	6	6	5	3	3	4
34	6	6	6	5	5	5	4	4	4	4
35	6	5	5	5	5	5	3	4	5	5
36	6	6	5	4	5	3	4	4	5	6
37	6	4	4	5	3	4	4	3	5	4
38	5	5	4	5	4	5	5	4	6	5
39	4	3	5	3	2	6	6	5	4	5
40	3	4	4	4	3	4	5	5	5	2
41	4	3	5	5	4	5	5	4	4	2
42	5	4	6	6	5	5	5	4	4	3
43	5	5	5	5	5	4	4	5	4	4
44	6	6	6	5	5	4	4	3	5	5
45	6	5	5	5	4	4	5	4	6	5
46	6	6	5	3	4	4	5	5	4	6
47	5	4	5	4	3	5	5	5	5	6
48	4	5	3	5	4	5	6	6	5	3
49	4	4	4	4	5	5	5	5	5	3
50	3	3	5	5	5	6	6	5	5	3
4	0	1	2	3	4	5	6	7	8	9

4	0	1	2	3	4	5	6	7	8	9
51	4	4	4	6	6	5	4	6	4	3
52	4	5	5	5	5	4	5	4	3	4
53	4	6	6	5	5	5	4	5	4	4
54	5	6	5	4	4	5	3	6	5	5
55	6	5	5	4	4	4	3	5	6	6
56	5	5	3	5	3	5	4	5	6	4
57	4	5	3	4	4	5	5	6	6	4
58	4	4	4	5	3	6	6	6	4	4
59	3	4	5	5	4	6	5	5	3	4
60	4	2	6	6	5	5	6	4	4	4
61	3	3	4	6	5	5	4	4	5	5
62	4	4	5	5	5	4	4	5	4	6
63	5	5	6	5	4	4	4	5	5	6
64	5	5	4	5	4	3	5	4	6	5
65	5	4	4	5	5	4	5	5	5	5
66	5	4	4	4	3	5	6	6	5	5
67	4	4	5	5	4	4	6	6	4	3
68	5	3	3	6	5	5	5	4	4	3
69	4	4	4	7	6	5	5	4	4	4
70	5	5	5	6	6	5	5	3	4	4
71	4	6	6	6	4	4	5	4	4	5
72	5	6	5	6	2	4	3	5	5	6
73	6	5	5	4	3	4	4	5	5	6
74	6	4	5	5	4	5	4	6	6	6
75	2	4	4	2	5	5	5	7	5	4
76	3	4	4	3	6	6	6	5	5	4
77	4	4	4	4	5	6	5	5	5	2
78	5	5	5	5	6	6	5	4	5	3
79	5	6	6	6	5	5	5	4	4	4
80	5	6	4	6	3	5	4	4	5	5
81	6	6	5	4	4	4	4	5	6	6
82	6	5	6	4	4	5	4	3	7	7
83	3	5	4	3	4	4	5	4	5	5
84	4	4	4	4	4	5	6	5	6	3
85	4	3	3	5	4	6	6	6	5	3
86	4	4	4	5	5	5	5	5	4	4
87	3	3	5	6	6	3	5	3	3	5
88	4	4	4	7	4	4	3	4	4	6
89	5	5	5	5	5	5	4	5	3	4
90	6	6	5	3	5	5	5	4	4	5
91	4	6	3	4	5	3	6	5	5	6
92	5	5	4	5	5	4	5	5	6	4
93	4	4	4	4	4	5	6	6	5	4
94	5	5	4	2	5	5	6	6	5	4
95	4	4	4	3	6	4	6	4	4	4
96	1	5	5	4	5	5	4	5	5	5
97	2	3	6	5	4	3	4	4	4	4
98	3	4	6	4	5	4	5	5	5	4
99	4	5	4	3	3	4	4	4	6	5
100	5	3	4	4	3	4	5	5	6	5
4	0	1	2	3	4	5	6	7	8	9

5	0	1	2	3	4	5	6	7	8	9
1	5	5	3	5	4	5	5	5	5	5
2	5	3	4	5	4	6	6	5	5	5
3	4	2	5	5	5	4	6	5	3	5
4	3	3	6	6	5	4	5	3	4	3
5	3	4	5	7	6	5	5	4	5	4
6	4	5	6	7	3	4	5	3	5	4
7	5	5	6	5	4	5	4	4	5	5
8	6	6	5	5	4	5	3	5	5	6
9	5	4	4	4	4	5	4	5	5	6
10	6	4	5	4	5	4	4	6	6	6
11	4	3	4	4	5	4	5	6	4	5
12	4	4	5	3	5	5	6	4	5	4
13	4	4	5	4	5	6	3	4	5	2
14	4	5	5	5	4	5	4	4	5	3
15	4	6	6	5	5	3	3	5	4	3
16	5	6	6	4	5	4	4	5	5	4
17	5	5	5	5	4	4	5	4	6	5
18	6	5	3	4	4	4	4	4	7	4
19	5	4	4	3	5	4	5	5	5	5
20	4	3	4	3	6	5	6	5	6	4
21	5	4	3	4	4	6	4	4	5	3
22	5	4	4	5	5	5	4	5	4	4
23	5	3	5	6	5	4	4	5	5	3
24	5	4	4	4	5	5	5	4	2	4
25	5	4	5	5	2	5	5	3	3	4
26	6	5	4	4	3	5	4	4	4	5
27	5	5	4	4	2	4	4	5	5	6
28	5	4	3	4	3	4	5	5	5	4
29	5	2	4	5	4	5	5	5	4	4
30	5	3	4	6	5	5	5	4	4	4
31	4	4	4	5	6	4	5	4	3	4
32	4	5	4	5	6	5	4	5	1	5
33	5	5	5	6	3	4	5	4	2	5
34	5	6	5	5	4	5	5	4	3	5
35	6	6	5	5	3	4	4	5	4	6
36	5	5	4	4	4	4	3	5	5	5
37	5	3	5	3	4	5	4	4	5	3
38	2	4	5	4	5	5	5	4	5	4
39	3	4	5	4	3	5	6	5	4	3
40	4	5	5	5	4	5	4	4	2	3
41	3	4	6	5	4	5	3	5	3	3
42	4	5	6	6	5	4	2	5	4	4
43	5	6	6	4	4	5	3	5	5	5
44	6	5	5	5	4	4	4	4	6	6
45	6	4	4	3	4	5	5	5	6	4
46	3	5	5	4	3	5	6	5	5	5
47	4	4	5	4	4	6	6	5	5	4
48	4	5	4	4	5	6	5	5	3	4
49	3	5	4	5	5	6	4	4	4	3
50	4	4	5	6	6	3	3	5	4	4
5	0	1	2	3	4	5	6	7	8	9

5	0	1	2	3	4	5	6	7	8	9
51	5	5	5	5	5	4	4	5	3	4
52	5	5	6	5	3	3	5	4	4	4
53	5	5	5	4	3	4	3	5	5	5
54	4	6	3	5	3	3	4	6	5	5
55	5	5	4	5	4	4	4	6	5	5
56	5	3	2	5	4	5	5	6	4	4
57	4	3	3	5	5	6	5	5	4	2
58	5	4	4	5	4	4	4	5	3	3
59	4	5	5	6	5	5	5	6	2	4
60	5	3	6	6	4	4	5	5	3	3
61	4	4	5	5	4	4	4	4	4	4
62	5	5	4	6	4	4	4	5	5	5
63	6	3	5	5	4	5	4	6	5	6
64	5	4	3	4	5	4	5	5	5	4
65	3	4	4	5	5	5	6	5	5	3
66	3	4	5	5	4	5	5	4	4	4
67	4	3	6	6	5	5	5	3	3	4
68	4	3	4	6	5	5	4	3	4	4
69	4	4	5	6	5	5	3	4	4	5
70	5	5	5	5	4	5	3	3	5	5
71	5	4	6	4	5	4	4	4	5	6
72	6	5	4	4	3	2	4	5	6	5
73	4	5	5	4	4	3	5	6	6	4
74	4	4	5	5	5	4	5	5	5	5
75	3	4	5	3	6	5	4	4	4	5
76	4	4	5	4	6	6	5	4	5	4
77	5	5	5	5	6	4	4	5	5	3
78	5	6	6	6	5	4	4	4	4	4
79	5	5	7	4	4	4	4	5	5	4
80	4	6	5	5	4	3	4	5	6	5
81	5	6	4	3	4	4	5	5	6	5
82	5	5	4	4	5	5	5	4	6	5
83	4	4	3	4	5	5	5	5	5	4
84	5	3	3	4	5	6	6	5	5	3
85	5	4	4	5	5	5	5	5	4	3
86	5	5	5	6	6	5	5	5	3	4
87	4	4	6	5	5	4	5	4	4	4
88	5	5	4	5	2	4	4	3	3	5
89	6	5	5	4	3	5	5	4	4	5
90	6	4	5	4	4	6	5	5	5	6
91	5	4	4	5	3	4	5	6	5	5
92	4	4	4	4	4	5	6	6	4	4
93	4	3	4	5	5	6	6	5	4	4
94	5	4	4	3	6	6	6	4	4	5
95	5	4	5	4	6	5	5	4	4	5
96	2	5	5	5	3	5	4	4	2	4
97	3	4	6	5	4	4	3	4	3	5
98	4	5	6	5	5	5	4	5	4	5
99	4	5	4	4	4	3	5	5	5	6
100	5	4	5	4	4	4	4	5	5	3
5	0	1	2	3	4	5	6	7	8	9

6	0	1	2	3	4	5	6	7	8	9	6	0	1	2	3	4	5	6	7	8	9
1	4	4	4	3	5	6	5	5	5	5	51	5	6	6	5	4	4	4	3	4	4
2	5	4	3	4	5	5	5	5	5	4	52	6	5	3	3	4	4	4	4	4	5
3	4	3	4	4	6	5	5	5	4	3	53	5	4	4	4	4	3	4	5	5	5
4	4	4	5	5	5	5	5	4	4	3	54	5	3	4	5	4	4	5	6	5	5
5	4	5	6	6	5	5	5	3	3	4	55	5	4	5	5	4	5	4	6	5	5
6	5	6	6	5	4	5	6	4	4	5	56	3	3	3	5	5	6	5	3	3	4
7	6	6	4	5	5	5	4	5	4	6	57	4	4	4	3	5	5	4	4	3	3
8	4	5	4	3	3	5	4	5	5	5	58	5	5	4	4	5	5	4	3	4	4
9	5	4	4	4	4	3	5	6	6	5	59	5	6	5	5	5	4	5	4	1	5
10	5	4	4	5	5	4	5	5	5	5	60	5	4	4	4	3	3	5	5	2	4
11	4	4	5	5	5	5	6	6	4	4	61	5	5	5	5	4	2	5	4	3	5
12	4	3	5	4	6	4	5	4	4	4	62	4	4	5	4	3	3	5	5	4	6
13	4	4	5	5	6	5	4	4	4	3	63	5	4	5	4	4	4	4	6	5	5
14	5	5	6	6	5	5	4	4	3	4	64	4	4	3	4	5	5	5	4	4	5
15	5	6	5	4	6	4	4	5	4	4	65	4	4	4	4	4	6	5	5	4	3
16	5	6	4	4	4	4	5	4	5	5	66	4	5	4	5	5	6	4	3	5	3
17	5	5	3	5	5	4	4	5	6	6	67	4	3	5	5	5	5	5	4	2	4
18	5	4	4	5	3	3	4	5	6	5	68	4	4	5	5	4	4	3	4	3	4
19	4	2	5	4	4	4	5	5	3	5	69	5	5	6	3	3	3	3	4	4	5
20	5	3	4	3	5	5	6	5	4	4	70	5	5	6	4	4	4	4	4	5	6
21	5	4	4	4	4	5	5	5	5	4	71	6	5	3	3	5	5	5	5	5	5
22	4	3	5	5	5	5	5	5	4	5	72	5	5	3	4	4	3	5	5	5	4
23	5	4	6	5	5	5	5	5	5	2	73	5	3	4	5	5	4	6	6	5	3
24	4	5	5	5	5	4	4	5	3	3	74	4	4	5	5	5	5	5	4	5	4
25	5	4	4	4	3	5	3	4	4	4	75	3	2	6	4	6	6	5	5	3	5
26	6	5	5	5	4	4	4	5	5	5	76	4	3	6	5	5	5	4	4	4	5
27	4	3	4	4	3	5	5	5	4	6	77	5	4	6	4	4	4	4	3	5	4
28	5	4	4	4	4	5	6	5	5	5	78	6	5	5	5	5	5	4	4	4	5
29	4	3	4	5	5	5	6	4	5	4	79	6	6	4	4	5	5	4	5	5	4
30	5	4	5	5	5	6	5	5	4	4	80	5	5	4	4	4	4	5	5	6	5
31	5	4	4	6	6	5	3	5	3	3	81	5	4	4	4	5	5	5	6	4	4
32	5	5	5	5	5	4	4	4	2	4	82	3	4	4	4	4	4	5	5	5	4
33	6	5	5	5	4	4	4	4	3	5	83	4	3	4	4	5	5	6	4	4	5
34	5	5	5	5	3	5	4	4	4	4	84	3	4	4	4	6	6	5	4	4	2
35	5	4	5	3	4	5	5	5	5	5	85	4	5	5	5	5	4	4	4	4	3
36	5	5	5	3	5	4	3	6	6	5	86	5	4	6	6	6	5	3	5	2	4
37	3	4	4	4	5	5	4	4	5	4	87	5	5	5	5	4	3	3	5	3	3
38	3	5	5	4	6	6	5	5	5	5	88	5	6	5	5	3	3	4	4	4	4
39	4	4	3	5	4	5	4	5	4	4	89	5	5	5	4	4	4	4	5	5	5
40	3	5	4	6	5	5	5	5	2	4	90	4	4	5	5	5	5	5	6	6	5
41	4	5	5	5	5	5	2	5	3	4	91	5	4	4	3	4	3	6	5	4	6
42	5	6	5	4	4	5	3	5	4	5	92	4	5	4	4	5	4	6	5	5	3
43	5	5	5	4	5	4	4	5	5	6	93	5	4	2	5	6	5	5	4	5	4
44	5	5	2	2	5	5	4	5	6	4	94	5	4	3	4	4	4	4	4	3	5
45	4	5	3	3	4	4	5	5	6	5	95	5	5	4	5	5	4	4	5	4	4
46	4	3	4	4	4	5	5	6	4	4	96	3	6	5	4	4	4	4	5	3	5
47	4	4	4	4	5	6	5	6	4	5	97	4	5	6	4	4	5	4	5	4	6
48	2	4	5	5	5	6	6	5	3	5	98	5	5	4	4	4	5	5	5	5	5
49	3	4	5	6	4	4	3	5	4	4	99	5	5	4	4	4	4	6	6	5	5
50	4	5	5	5	5	4	4	2	5	3	100	5	3	3	4	5	5	4	6	6	4
6	0	1	2	3	4	5	6	7	8	9	6	0	1	2	3	4	5	6	7	8	9

7	0	1	2	3	4	5	6	7	8	9	7	0	1	2	3	4	5	6	7	8	9
1	4	4	4	4	6	6	6	5	5	4	51	4	5	5	5	4	5	4	4	5	5
2	5	3	2	5	6	6	4	4	4	5	52	5	6	4	3	4	3	3	5	5	5
3	5	4	3	5	5	5	4	5	4	3	53	6	3	5	4	3	4	4	6	5	5
4	5	5	4	5	6	4	4	5	3	4	54	5	4	4	4	4	5	5	6	5	6
5	5	6	5	5	5	5	4	4	4	5	55	5	3	5	4	5	6	5	5	4	5
6	5	5	5	5	4	3	5	5	5	6	56	3	4	4	5	5	5	5	4	4	4
7	6	5	5	5	5	4	5	5	5	4	57	4	4	5	4	6	5	2	5	4	4
8	5	5	4	4	4	5	5	5	5	5	58	5	5	5	5	4	5	3	4	5	4
9	5	3	5	4	5	4	4	6	4	5	59	5	6	5	5	5	4	4	5	2	5
10	5	2	3	5	6	5	5	5	4	4	60	6	5	5	4	4	2	4	6	3	5
11	3	3	4	5	6	6	5	4	5	4	61	5	4	5	5	4	3	5	4	4	6
12	4	4	5	5	6	5	5	4	4	4	62	5	4	3	5	4	4	6	5	5	4
13	5	5	6	6	4	5	5	3	5	4	63	5	2	4	5	5	5	5	6	5	5
14	4	6	6	5	5	4	4	3	3	5	64	4	3	4	4	6	6	6	5	4	4
15	5	5	5	4	4	5	3	4	4	5	65	4	4	5	4	5	6	3	4	5	4
16	5	6	3	4	4	4	4	4	5	5	66	5	4	3	5	5	6	4	4	4	4
17	6	4	4	4	5	4	5	5	5	6	67	5	4	4	6	6	5	4	5	3	4
18	6	3	4	4	3	4	5	6	5	4	68	5	5	4	4	5	3	4	4	4	5
19	4	3	4	5	4	5	6	5	4	4	69	5	5	5	4	4	3	4	3	5	6
20	5	4	5	4	5	6	5	5	5	5	70	6	5	4	3	5	4	4	4	6	5
21	4	5	5	5	5	5	4	3	5	5	71	5	3	4	2	2	5	5	5	6	5
22	3	4	6	5	6	5	3	4	4	4	72	4	4	4	3	3	4	6	6	5	3
23	4	5	5	5	5	4	4	5	5	3	73	3	4	5	4	4	5	4	5	3	4
24	5	6	4	5	5	5	3	5	4	4	74	4	3	4	5	5	6	5	4	4	5
25	6	5	5	4	4	4	4	5	5	5	75	2	3	5	5	6	3	3	5	4	5
26	6	4	5	3	4	4	5	6	6	5	76	3	4	5	5	6	4	4	3	5	5
27	5	4	3	3	4	5	6	5	5	5	77	4	5	5	5	4	4	4	4	5	5
28	4	5	4	4	5	6	6	4	5	4	78	5	5	4	4	4	4	5	4	4	6
29	4	4	3	5	5	6	5	4	5	4	79	6	4	5	3	3	4	4	5	5	5
30	4	5	4	4	6	6	4	5	5	4	80	5	4	4	4	4	5	5	5	5	4
31	5	5	5	4	6	4	4	5	4	3	81	4	4	5	4	4	5	5	6	4	5
32	5	6	5	5	4	5	4	5	3	4	82	4	4	4	5	4	5	6	3	4	5
33	6	6	6	5	5	4	4	5	4	5	83	3	3	5	5	5	4	4	4	3	3
34	6	4	4	4	4	4	4	5	5	5	84	4	4	5	5	5	5	3	4	4	3
35	4	5	3	4	3	3	5	6	6	5	85	5	5	6	6	4	4	3	4	5	4
36	5	4	4	4	4	4	4	5	5	5	86	4	5	5	5	5	4	4	5	3	5
37	4	3	4	5	5	5	5	5	5	4	87	5	5	5	4	4	3	3	6	4	4
38	4	3	4	5	6	5	5	5	4	5	88	6	5	3	5	4	2	4	5	4	5
39	5	3	4	5	5	5	4	4	3	4	89	5	4	4	5	5	3	5	6	5	5
40	4	4	5	6	5	5	5	4	3	5	90	4	3	3	4	5	4	6	4	5	5
41	5	5	5	4	5	5	3	4	4	5	91	4	4	3	4	5	4	5	4	4	4
42	6	5	5	5	5	4	4	5	5	5	92	5	5	4	5	6	5	4	5	3	4
43	5	4	4	4	4	4	4	5	5	6	93	3	5	3	5	5	5	4	4	4	5
44	5	5	3	3	5	5	5	6	6	5	94	4	5	4	5	5	5	4	5	4	5
45	5	4	4	4	4	3	6	6	6	4	95	5	5	5	5	4	4	4	5	4	4
46	5	4	4	5	5	4	5	5	4	5	96	4	6	4	5	3	3	5	4	4	5
47	4	4	4	5	6	5	5	4	3	4	97	5	5	5	4	4	4	5	5	5	5
48	3	4	5	6	6	4	5	4	4	5	98	4	4	4	3	3	5	5	5	6	4
49	4	5	5	5	5	5	4	4	4	5	99	4	4	4	4	4	4	6	5	5	4
50	5	5	6	5	3	5	4	3	4	4	100	4	3	3	5	5	5	4	4	4	1
7	0	1	2	3	4	5	6	7	8	9	7	0	1	2	3	4	5	6	7	8	9

8	0	1	2	3	4	5	6	7	8	9
1	2	4	4	5	6	6	5	3	4	5
2	3	4	3	5	5	4	4	3	3	4
3	4	5	4	5	5	5	3	4	3	4
4	5	5	5	4	4	3	4	3	4	5
5	6	5	5	5	4	4	4	4	5	5
6	5	6	4	5	3	4	5	4	5	4
7	5	5	5	4	3	5	5	5	6	5
8	2	4	4	5	3	6	6	5	4	5
9	3	4	5	4	4	5	5	4	5	5
10	4	3	4	5	5	5	5	4	4	5
11	4	4	5	6	6	4	4	5	4	4
12	5	4	5	5	5	2	4	3	5	5
13	5	5	6	5	3	3	5	4	5	5
14	5	5	5	4	4	4	3	4	4	5
15	6	5	5	3	4	5	4	4	5	6
16	3	5	2	3	4	5	5	5	5	5
17	4	5	3	3	5	4	5	5	6	4
18	4	4	4	4	4	5	5	5	5	4
19	4	4	3	4	5	5	4	6	4	3
20	4	4	4	4	6	3	5	4	4	4
21	3	5	5	5	4	4	4	4	4	3
22	4	5	5	5	5	5	4	5	4	4
23	5	5	5	4	5	5	4	5	5	4
24	4	5	3	4	4	5	4	5	5	5
25	5	2	4	4	5	5	5	6	6	4
26	5	3	4	4	5	5	5	6	4	5
27	2	4	4	4	5	6	5	5	4	4
28	3	3	5	5	5	4	6	3	4	4
29	2	4	4	6	5	5	4	2	4	4
30	3	5	5	5	5	5	4	3	4	3
31	4	6	5	5	5	4	3	4	5	4
32	5	6	3	5	3	4	4	5	4	5
33	6	3	4	5	4	3	5	5	4	5
34	6	4	4	5	4	4	5	6	5	5
35	3	5	4	5	4	3	6	6	5	5
36	4	4	5	5	4	4	5	4	5	5
37	3	4	4	6	5	5	3	3	4	5
38	4	4	5	5	6	4	4	4	3	4
39	5	4	5	6	5	3	4	4	4	5
40	5	5	4	6	4	4	3	5	4	5
41	6	4	5	3	3	3	4	5	5	6
42	7	5	5	4	4	4	5	5	6	5
43	4	5	3	2	4	4	5	6	6	6
44	5	5	4	3	5	5	6	4	6	4
45	4	4	3	4	5	4	4	4	5	3
46	5	4	4	5	6	5	5	5	4	4
47	4	4	5	5	6	4	5	5	4	3
48	4	5	5	6	4	5	4	5	5	4
49	5	5	6	4	4	4	5	4	5	5
50	6	4	3	5	4	5	5	4	5	5
8	0	1	2	3	4	5	6	7	8	9

8	0	1	2	3	4	5	6	7	8	9
51	5	5	4	3	5	5	3	4	6	5
52	6	3	5	3	5	4	4	5	5	5
53	5	4	4	4	4	5	5	5	4	4
54	3	3	3	5	5	4	6	5	3	5
55	4	4	4	5	5	5	6	4	3	4
56	3	5	3	6	5	6	5	3	4	5
57	4	4	4	4	5	4	3	4	4	4
58	5	5	4	5	5	4	4	3	5	5
59	5	6	4	4	4	3	4	4	3	6
60	5	4	5	4	5	3	4	5	4	5
61	6	5	5	5	4	4	5	5	5	4
62	4	4	4	5	5	4	5	4	4	5
63	4	3	5	5	5	5	5	5	3	4
64	2	4	4	4	6	6	4	4	4	5
65	3	5	5	5	5	5	4	4	4	5
66	4	5	4	5	4	4	4	4	4	5
67	5	5	5	5	5	4	4	5	4	5
68	5	5	5	4	3	3	5	4	5	6
69	6	3	6	3	4	4	5	4	5	5
70	5	4	4	3	4	5	5	5	5	5
71	5	3	5	3	3	6	6	5	4	5
72	3	4	4	3	4	5	5	5	5	4
73	4	5	5	4	5	5	5	5	4	5
74	5	4	4	5	5	5	5	5	5	4
75	3	4	5	4	5	4	4	4	5	5
76	4	5	6	5	4	2	5	4	4	6
77	5	4	4	4	4	3	5	5	5	6
78	6	5	5	4	3	4	4	5	4	5
79	6	4	4	4	4	5	5	5	5	4
80	4	5	3	4	5	5	6	6	5	4
81	3	4	4	4	5	5	4	4	4	5
82	4	4	5	5	5	6	5	4	4	5
83	4	4	4	5	6	5	4	4	4	4
84	5	5	5	5	4	3	4	4	4	4
85	4	5	5	4	5	4	4	4	5	4
86	5	6	5	3	4	4	3	5	4	5
87	4	4	5	4	5	2	4	6	5	5
88	5	4	2	5	5	3	5	4	5	3
89	4	3	3	5	5	4	5	5	5	4
90	5	2	4	5	3	5	6	5	4	4
91	3	3	4	5	4	5	5	5	3	5
92	4	2	5	6	5	4	5	3	4	5
93	3	3	4	5	5	4	4	3	5	5
94	4	4	4	4	3	5	4	4	5	4
95	5	5	5	4	4	3	4	5	5	5
96	5	4	3	4	4	4	5	5	5	4
97	4	4	4	4	4	4	6	6	5	5
98	5	3	4	4	4	5	6	6	4	5
99	4	4	5	4	5	4	5	6	4	5
100	3	3	4	5	5	5	5	3	4	2
8	0	1	2	3	4	5	6	7	8	9

9	0	1	2	3	4	5	6	7	8	9
1	3	4	5	6	5	5	4	4	4	4
2	4	5	4	6	4	4	3	4	4	5
3	5	6	5	4	4	5	2	4	4	5
4	5	5	4	4	5	3	2	4	5	6
5	6	5	5	3	5	4	3	5	6	5
6	4	5	4	4	4	5	4	5	5	4
7	5	4	2	3	4	6	5	6	5	3
8	3	5	3	4	4	5	5	5	4	4
9	2	5	4	5	5	6	5	4	4	4
10	3	4	5	6	5	4	4	4	5	4
11	4	5	5	5	5	3	3	4	5	4
12	5	5	5	4	4	3	3	4	4	5
13	6	4	4	4	3	4	4	5	5	5
14	5	5	4	4	4	4	4	5	5	5
15	4	4	3	3	4	5	4	5	5	4
16	4	5	3	3	4	6	5	5	5	5
17	3	5	4	4	5	5	6	4	4	4
18	4	5	5	5	5	5	5	5	4	3
19	4	5	4	5	6	4	3	3	3	4
20	5	3	5	5	5	4	4	4	3	3
21	4	4	5	5	4	3	5	5	4	4
22	5	5	5	5	4	4	5	5	5	5
23	5	5	4	4	3	3	5	5	6	5
24	3	5	4	4	4	4	5	6	5	5
25	4	3	3	2	5	5	5	5	4	4
26	5	4	4	3	4	6	6	5	2	4
27	3	5	5	4	5	5	4	4	3	4
28	4	4	6	5	5	5	5	2	4	2
29	3	5	5	5	5	4	4	3	5	3
30	4	6	6	5	4	5	3	4	5	4
31	5	5	5	2	4	4	3	4	5	5
32	4	6	4	3	4	4	4	4	5	6
33	5	4	4	3	4	4	5	5	5	5
34	6	3	3	4	5	5	6	6	3	4
35	4	4	4	4	5	4	5	5	4	4
36	3	4	5	4	5	4	4	3	5	3
37	3	4	5	5	5	5	4	4	3	4
38	4	5	5	5	5	4	4	3	4	5
39	5	5	6	3	5	4	4	4	5	6
40	5	5	4	4	4	5	4	5	5	6
41	6	5	3	4	4	3	5	6	6	6
42	5	4	4	4	4	4	5	4	4	5
43	5	4	4	3	5	5	6	5	3	5
44	4	5	5	4	5	5	5	4	4	3
45	4	4	4	5	6	5	5	5	4	4
46	4	4	5	6	6	5	4	4	4	3
47	4	4	6	4	6	3	4	5	4	3
48	5	5	5	5	5	4	4	5	5	4
49	5	4	4	5	4	4	5	4	4	5
50	5	5	4	4	3	3	4	5	5	5
9	0	1	2	3	4	5	6	7	8	9

9	0	1	2	3	4	5	6	7	8	9
51	4	5	5	4	4	4	4	5	4	3
52	4	4	4	3	5	5	5	5	5	4
53	4	5	4	4	4	6	6	4	3	5
54	4	4	4	5	5	5	5	5	3	4
55	4	5	5	5	6	4	5	3	4	3
56	2	6	4	6	3	5	5	4	4	4
57	3	5	5	5	4	5	4	3	5	5
58	4	6	5	3	3	4	4	4	6	5
59	5	6	4	4	4	4	4	5	4	4
60	5	5	5	3	5	4	5	6	5	4
61	5	4	1	4	5	5	5	5	4	5
62	5	4	2	5	6	5	6	5	4	4
63	4	4	3	5	4	4	5	4	4	4
64	3	5	4	5	4	5	5	5	4	5
65	4	5	5	5	5	5	5	4	5	5
66	5	6	5	4	4	5	4	4	4	4
67	6	6	5	4	5	4	3	5	5	5
68	6	6	4	4	4	3	3	5	6	4
69	5	4	2	4	5	4	4	5	5	5
70	4	4	3	4	5	5	5	6	4	4
71	4	4	3	4	4	5	6	5	5	4
72	3	5	3	4	5	6	4	4	4	5
73	3	5	4	5	5	6	5	2	5	4
74	4	5	5	5	5	4	3	3	5	4
75	4	5	6	4	5	4	4	4	5	5
76	5	5	5	5	5	3	4	5	5	5
77	6	5	3	5	2	4	5	6	6	6
78	5	4	4	5	3	5	5	6	5	4
79	4	5	4	4	4	6	5	5	5	4
80	4	5	4	4	5	6	5	5	4	5
81	4	3	5	5	5	4	5	3	4	5
82	5	4	6	6	[illegible]	5	4	4	4	4
83	3	5	5	5	4	4	4	4	4	5
84	4	4	6	5	5	3	5	4	4	4
85	5	5	4	3	3	4	5	3	5	5
86	5	5	5	2	4	5	4	4	5	5
87	5	5	5	3	4	3	5	5	5	5
88	3	5	2	4	4	4	5	5	5	4
89	4	4	3	3	5	5	6	4	5	3
90	5	3	4	4	4	5	5	5	3	2
91	4	4	5	5	5	5	5	5	4	3
92	5	3	6	6	5	4	5	3	5	3
93	4	4	5	4	4	5	3	4	4	4
94	5	5	5	3	3	5	4	5	5	5
95	6	5	5	3	4	4	4	5	6	5
96	4	5	3	4	5	5	5	5	6	5
97	5	4	4	4	4	5	6	5	4	4
98	4	4	4	5	5	6	6	6	3	3
99	3	3	4	3	6	5	5	4	4	4
100	4	4	5	4	4	4	4	3	5	3
9	0	1	2	3	4	5	6	7	8	9

10	0	1	2	3	4	5	6	7	8	9	10	0	1	2	3	4	5	6	7	8	9	11	0	1	2	3	4	5	6	7	8	9	11	0	1	2	3	4	5	6	7	8	9
1	4	5	5	5	3	4	4	4	4	4	51	5	5	4	4	4	5	4	5	5	4	1	5	5	5	5	4	3	4	4	3	5	51	4	4	4	5	5	5	5	5	5	3
2	5	6	5	5	4	3	4	3	5	5	52	5	4	4	4	5	6	5	3	4	4	2	5	6	6	5	3	3	4	4	4	6	52	4	4	5	5	6	5	5	4	5	4
3	6	5	6	5	4	4	3	4	4	5	53	3	5	4	5	4	5	5	3	4	4	3	5	5	5	4	4	3	4	5	5	5	53	3	5	3	6	5	5	4	3	4	4
4	6	5	5	3	4	4	3	5	5	5	54	3	5	5	5	5	4	5	4	4	5	4	6	3	5	4	3	4	4	5	5	6	54	4	5	4	5	5	3	5	4	5	4
5	5	5	3	4	5	5	4	5	5	5	55	4	5	6	4	5	3	5	4	5	2	5	4	4	3	5	4	4	5	5	5	4	55	3	6	5	5	5	4	4	4	5	3
6	4	4	3	4	5	5	5	5	5	4	56	3	6	5	5	4	4	2	4	5	3	6	5	5	3	4	5	5	5	5	6	5	56	4	5	3	5	3	5	3	5	5	4
7	5	5	3	4	5	6	6	5	5	4	57	4	5	6	5	3	5	3	4	5	4	7	4	4	3	5	5	5	4	5	4	4	57	5	3	3	5	4	4	4	5	5	5
8	4	5	4	5	5	6	4	5	3	5	58	5	5	4	4	4	4	4	5	5	5	8	5	5	4	6	5	4	5	4	4	4	58	5	4	4	4	2	5	5	6	6	5
9	3	5	5	5	4	5	5	3	3	4	59	4	5	5	3	4	5	5	5	5	5	9	4	5	5	5	5	4	5	4	4	5	59	3	5	3	4	3	6	6	5	5	4
10	4	5	6	5	4	4	4	4	4	4	60	3	4	5	4	5	5	6	4	5	3	10	5	5	5	5	4	4	4	5	4	4	60	4	2	4	5	4	6	5	5	5	4
11	4	6	6	5	5	4	4	5	4	5	61	4	5	2	5	5	5	6	4	5	3	11	5	6	5	5	5	4	5	4	5	5	61	4	3	3	4	5	6	5	4	5	4
12	5	5	5	4	5	4	4	2	5	5	62	4	4	3	4	6	5	3	5	4	4	12	6	4	4	4	4	4	5	3	5	6	62	4	4	4	4	5	4	4	5	5	3
13	6	5	4	4	3	4	5	3	6	4	63	5	4	4	5	4	4	4	5	5	3	13	5	4	4	5	4	4	5	4	6	5	63	4	5	5	5	5	5	3	5	4	4
14	5	4	4	5	4	4	4	4	5	5	64	4	5	5	6	5	5	3	4	2	4	14	4	3	4	5	5	4	5	5	5	4	64	5	6	4	5	4	4	2	5	3	5
15	4	3	3	3	5	5	5	5	6	4	65	5	6	5	4	4	4	4	4	3	5	15	5	4	4	4	6	5	5	6	5	5	65	6	4	4	5	5	3	3	4	4	6
16	3	3	4	4	4	5	5	4	4	5	66	6	6	5	4	5	4	4	4	4	5	16	3	3	5	5	5	5	4	4	4	4	66	5	5	5	5	3	4	4	5	5	6
17	3	4	5	5	5	5	4	3	4	5	67	5	4	4	4	4	4	4	5	5	5	17	4	4	6	4	6	5	5	4	4	5	67	4	5	4	5	3	3	5	6	6	5
18	4	4	4	6	5	5	5	4	5	4	68	4	5	5	4	4	4	4	5	6	4	18	3	4	5	5	5	5	4	3	5	5	68	5	3	5	5	4	4	5	4	6	4
19	4	5	5	4	4	5	3	3	4	5	69	4	3	3	5	5	4	5	5	3	4	19	3	4	6	5	5	5	4	4	5	6	69	4	4	4	5	4	5	4	4	4	4
20	5	4	6	5	5	4	4	3	4	4	70	4	4	4	5	6	5	4	5	3	5	20	4	5	5	3	5	4	4	3	5	5	70	5	5	4	5	5	5	5	4	4	3
21	5	5	5	5	4	4	5	4	5	5	71	3	4	3	5	5	5	5	3	4	4	21	5	5	4	3	4	5	5	4	6	6	71	4	3	4	6	6	4	4	4	4	4
22	5	5	4	3	4	5	5	5	6	5	72	4	5	4	5	5	4	4	3	3	5	22	5	4	4	4	4	3	5	5	6	5	72	5	4	5	6	4	5	3	2	4	5
23	4	4	4	4	4	4	6	6	6	5	73	4	6	5	5	5	5	4	2	4	5	23	4	4	5	4	4	4	5	5	5	3	73	5	5	5	4	3	4	4	3	5	6
24	4	4	3	5	5	5	6	5	5	5	74	5	6	6	5	5	5	4	3	5	5	24	4	4	3	5	5	5	5	5	5	4	74	6	4	6	5	3	5	3	4	5	5
25	4	3	4	3	6	6	5	4	4	4	75	5	5	5	5	5	4	2	4	5	5	25	4	4	4	4	5	5	4	5	5	3	75	5	5	4	2	4	4	3	5	6	6
26	5	4	3	4	5	4	5	4	3	3	76	4	5	4	5	5	4	3	3	6	4	26	4	5	4	5	5	5	4	4	4	4	76	5	4	5	3	5	5	4	4	6	5
27	4	5	4	5	5	5	4	4	4	4	77	5	4	4	5	3	3	4	4	4	5	27	4	4	5	6	5	4	4	4	4	5	77	5	4	4	2	4	4	4	5	5	5
28	5	4	5	6	4	4	4	3	4	3	78	5	4	4	5	4	4	5	5	4	5	28	5	5	5	4	5	3	4	3	4	4	78	5	4	4	3	5	5	5	5	4	4
29	4	5	5	5	4	4	4	4	5	4	79	4	4	4	4	5	5	5	4	5	5	29	5	5	4	4	4	4	4	4	5	5	79	5	4	4	4	6	5	4	5	4	2
30	5	6	5	4	4	4	4	4	5	5	80	4	4	5	5	5	5	4	4	4	5	30	5	4	5	4	4	4	5	5	6	6	80	3	4	4	5	5	6	4	3	3	3
31	5	4	4	3	4	4	4	5	5	5	81	4	4	6	6	6	5	4	3	4	5	31	5	4	4	3	4	4	4	6	6	4	81	4	5	5	4	4	4	5	4	4	4
32	4	5	4	3	4	5	5	4	6	5	82	5	5	5	5	5	4	5	4	5	3	32	3	5	4	3	5	5	5	4	4	5	82	4	5	4	4	4	4	4	4	5	4
33	4	4	4	3	5	5	5	5	5	4	83	4	6	6	5	5	4	3	4	4	4	33	4	5	4	4	6	5	5	5	4	4	83	4	5	4	3	4	3	4	4	5	5
34	4	4	2	4	5	5	5	5	4	3	84	5	5	5	5	4	4	4	3	5	5	34	5	5	3	3	6	6	5	5	5	4	84	5	4	4	4	5	4	3	4	6	5
35	4	4	3	4	6	5	5	5	4	3	85	5	4	3	4	3	4	5	4	5	5	35	4	5	4	4	6	5	4	5	5	4	85	4	4	3	3	3	5	4	5	5	4
36	4	4	4	5	5	5	4	4	4	3	86	5	4	4	3	4	5	5	5	5	6	36	5	5	5	5	6	4	5	4	3	4	86	4	4	4	4	4	4	5	6	4	4
37	4	5	5	5	5	5	4	3	3	4	87	4	4	4	3	4	4	4	4	6	4	37	5	6	5	5	5	4	5	4	4	5	87	3	3	5	4	5	5	5	5	3	3
38	5	6	6	3	5	3	4	4	4	5	88	4	5	3	4	5	5	5	5	5	4	38	5	5	4	4	4	4	5	4	5	6	88	3	4	4	5	5	6	5	4	4	3
39	6	5	5	4	5	4	5	3	5	6	89	4	4	4	3	6	6	4	4	5	2	39	6	5	4	4	3	5	5	4	6	5	89	4	4	5	4	5	5	4	3	3	3
40	5	5	3	3	3	3	5	4	4	5	90	5	4	4	4	5	5	5	5	4	3	40	4	5	4	4	4	4	6	5	5	6	90	5	5	5	5	5	5	4	4	4	4
41	5	4	4	4	4	4	4	5	5	5	91	5	5	5	5	5	4	4	5	3	2	41	5	4	4	5	3	5	4	5	5	5	91	5	5	5	4	5	3	3	5	4	3
42	3	4	3	4	4	5	5	5	4	4	92	5	4	5	5	5	2	5	4	4	3	42	4	4	4	4	4	6	5	6	5	5	92	6	5	5	5	6	3	4	4	5	4
43	4	4	4	4	5	6	5	5	4	4	93	5	5	4	5	4	3	4	4	5	4	43	4	4	5	5	5	6	5	5	4	4	93	5	5	4	4	4	3	5	5	5	4
44	4	3	5	5	5	5	5	2	4	4	94	6	4	4	4	4	4	5	5	5	4	44	4	4	5	5	6	4	5	3	4	4	94	5	5	5	5	4	4	5	5	5	5
45	4	4	5	6	6	5	5	2	4	5	95	5	5	5	4	5	5	5	5	6	4	45	4	5	6	6	4	5	5	3	4	5	95	4	4	5	4	5	5	5	5	4	4
46	5	5	6	4	5	4	4	3	3	4	96	4	4	4	4	5	5	6	5	4	5	46	4	5	5	5	4	4	4	4	4	5	96	4	5	4	4	5	4	5	5	5	4
47	5	5	6	5	4	4	4	4	4	4	97	4	2	4	4	5	6	5	4	4	3	47	5	5	5	4	4	4	4	4	5	5	97	5	3	5	5	6	5	5	4	3	4
48	5	5	4	4	4	4	1	5	4	5	98	4	3	3	5	6	6	5	4	3	4	48	5	5	4	4	4	4	2	4	5	5	98	5	4	3	4	5	4	5	5	4	5
49	6	5	5	4	5	4	2	5	5	6	99	4	4	4	4	6	5	5	4	4	3	49	6	5	4	4	4	4	3	5	6	6	99	5	5	4	5	5	4	4	3	5	4
50	4	5	4	5	3	4	3	6	4	4	100	4	5	5	5	5	3	5	3	5	4	50	4	4	5	5	4	4	4	5	5	4	100	5	6	5	5	3	4	5	3	4	5
10	0	1	2	3	4	5	6	7	8	9	10	0	1	2	3	4	5	6	7	8	9	11	0	1	2	3	4	5	6	7	8	9	11	0	1	2	3	4	5	6	7	8	9

Tabelle für die Zahlen bis 12000, welche Summen von 3 Cuben sind.

3	3	3	3	3	3	3	3	3	3	3	3	3	3	3
3	359	731	1073	1464	1880	2287	2726	3060	3466	3871	4257	4733	5123	5554
10	368	736	1080	1466	1890	2288	2729	3067	3471	3888	4268	4737	5130	5571
17	371	738	1088	1468	1907	2304	2736	3071	3474	3895	4285	4744	5137	5580
24	375	745	1091	1483	1917	2323	2746	3085	3481	3924	4291	4770	5156	5599
29	378	750	1099	1485	1945	2325	2753	3086	3483	3926	4313	4782	5157	5608
36	397	755	1126	1513	1952	2330	2755	3088	3501	3933	4320	4787	5160	5613
43	405	757	1128	1520	1968	2332	2756	3095	3503	3934	4339	4804	5163	5625
55	408	762	1133	1522	1970	2339	2760	3114	3508	3951	4346	4815	5167	5636
62	415	764	1136	1536	1971	2343	2772	3123	3520	3952	4376	4824	5168	5641
66	433	775	1149	1539	1978	2349	2773	3142	3527	3960	4383	4826	5184	5643
73	434	783	1152	1548	2001	2355	2779	3151	3529	3968	4390	4831	5193	5650
80	440	792	1161	1555	2008	2358	2787	3174	3536	3985	4395	4833	5201	5653
81	459	794	1189	1559	2017	2365	2789	3176	3537	3989	4399	4852	5218	5669
92	466	801	1197	1574	2024	2386	2792	3184	3540	3993	4402	4859	5221	5670
99	469	811	1198	1576	2027	2395	2798	3186	3555	4012	4418	4887	5228	5697
118	471	820	1217	1581	2059	2403	2800	3198	3564	4040	4421	4889	5254	5704
127	476	853	1224	1583	2061	2414	2809	3205	3571	4050	4437	4906	5257	5706
129	495	856	1240	1584	2064	2421	2816	3212	3581	4059	4440	4915	5264	5725
134	496	857	1242	1611	2068	2440	2834	3221	3592	4061	4447	4921	5283	5767
136	514	862	1243	1637	2069	2447	2835	3224	3598	4076	4456	4925	5284	5768
141	521	863	1249	1672	2072	2456	2843	3240	3599	4083	4458	4929	5312	5770
153	528	881	1250	1675	2079	2458	2853	3257	3618	4087	4466	4942	5319	5788
155	531	882	1268	1682	2087	2465	2870	3261	3625	4098	4473	4948	5320	5803
160	540	902	1280	1686	2098	2477	2872	3264	3653	4102	4480	4949	5337	5825
179	547	918	1288	1701	2124	2484	2877	3269	3655	4103	4499	4950	5345	5831
190	557	919	1305	1730	2125	2512	2878	3275	3661	4105	4500	4951	5375	5834
192	560	944	1333	1737	2135	2521	2883	3283	3672	4112	4503	4967	5381	5841
197	566	946	1340	1738	2160	2538	2896	3303	3689	4124	4519	4968	5394	5848
218	567	953	1341	1744	2185	2541	2925	3320	3709	4131	4528	4978	5406	5851
225	577	972	1344	1753	2186	2547	2927	3322	3716	4139	4536	4984	5426	5858
232	584	979	1347	1756	2187	2548	2933	3331	3719	4141	4564	4985	5428	5860
244	586	980	1351	1763	2196	2567	2934	3377	3726	4150	4587	5004	5433	5867
251	593	1002	1359	1782	2199	2572	2944	3381	3728	4161	4591	5005	5435	5886
253	603	1009	1366	1793	2206	2582	2953	3384	3745	4168	4597	5039	5439	5888
258	623	1016	1367	1799	2213	2583	2962	3392	3752	4185	4609	5041	5446	5897
270	638	1025	1370	1800	2216	2604	2968	3403	3768	4187	4610	5046	5452	5904
277	640	1028	1385	1801	2225	2629	2969	3410	3771	4197	4616	5049	5453	5914
281	645	1029	1396	1819	2232	2663	2987	3413	3782	4200	4635	5065	5454	5915
288	648	1032	1403	1844	2242	2665	2990	3429	3788	4202	4654	5066	5472	5921
307	664	1035	1407	1851	2248	2670	2994	3430	3799	4222	4655	5075	5489	5923
314	684	1051	1415	1854	2251	2673	3000	3438	3807	4224	4672	5097	5491	5937
342	687	1054	1422	1855	2262	2674	3005	3440	3808	4229	4688	5102	5496	5939
345	694	1065	1432	1856	2267	2689	3024	3447	3816	4230	4707	5104	5515	5940
349	701	1070	1457	1861	2269	2710	3051	3457	3843	4248	4714	5111	5550	5941
352	713	1072	1459	1870	2276	2717	3052	3464	3869	4256	4718	5120	5552	5949
3	3	3	3	3	3	3	3	3	3	3	3	3	3	3

3	3	3	3	3	3	3	3	3	3	3	3	3	3	3
5958	6335	6824	7171	7589	8037	8370	8758	9234	9584	9991	10387	10809	11207	11663
5960	6336	6831	7174	7596	8054	8371	8792	9241	9587	9992	10389	10826	11224	11665
5965	6345	6833	7175	7615	8056	8372	8793	9263	9602	9998	10401	10837	11234	11672
5977	6352	6841	7183	7622	8065	8386	8800	9270	9605	10000	10413	10846	11253	11674
5984	6357	6848	7190	7624	8072	8406	8802	9271	9611	10009	10440	10865	11256	11675
5985	6369	6856	7200	7641	8075	8407	8803	9272	9612	10016	10450	10869	11257	11684
6000	6371	6857	7203	7652	8081	8408	8838	9277	9619	10017	10457	10870	11259	11691
6021	6391	6861	7210	7658	8091	8413	8854	9289	9630	10042	10477	10872	11261	11712
6037	6408	6868	7216	7665	8093	8432	8855	9296	9631	10053	10485	10891	11285	11718
6038	6418	6875	7227	7675	8100	8441	8859	9305	9667	10054	10502	10898	11298	11720
6040	6425	6887	7229	7684	8110	8468	8863	9307	9668	10056	10538	10926	11320	11728
6049	6427	6894	7235	7685	8126	8471	8891	9315	9674	10060	10540	10928	11321	11744
6056	6434	6896	7244	7687	8128	8478	8919	9316	9693	10071	10555	10934	11331	11745
6075	6460	6903	7262	7713	8133	8490	8922	9326	9719	10115	10577	10935	11332	11753
6082	6462	6904	7266	7714	8152	8494	8930	9332	9729	10116	10593	10936	11334	11773
6084	6469	6913	7288	7721	8154	8504	8945	9333	9736	10125	10600	10956	11376	11780
6096	6488	6924	7290	7750	8163	8513	8947	9339	9738	10144	10603	10960	11378	11789
6103	6509	6931	7291	7769	8169	8520	8988	9343	9755	10169	10604	10961	11383	11799
6112	6518	6950	7293	7776	8171	8533	9001	9352	9757	10198	10619	10963	11385	11800
6120	6553	6957	7300	7782	8189	8535	9008	9358	9774	10205	10650	10982	11402	11801
6121	6560	6965	7326	7804	8191	8539	9010	9360	9781	10206	10657	10990	11404	11836
6127	6562	6966	7327	7814	8193	8541	9017	9385	9785	10207	10662	10992	11439	11864
6129	6569	6973	7344	7832	8198	8559	9024	9387	9792	10215	10664	10997	11441	11880
6146	6572	6985	7352	7839	8200	8560	9027	9389	9800	10224	10676	10999	11456	11887
6154	6587	6987	7370	7840	8202	8568	9029	9394	9819	10226	10683	11016	11459	11889
6156	6588	6992	7372	7847	8217	8577	9036	9395	9820	10235	10702	11018	11466	11897
6167	6591	7021	7379	7860	8219	8584	9037	9399	9827	10240	10709	11019	11467	11923
6173	6625	7022	7398	7867	8224	8588	9057	9413	9834	10242	10713	11032	11473	11925
6176	6631	7048	7418	7873	8232	8595	9064	9423	9837	10261	10717	11053	11474	11951
6183	6636	7056	7435	7883	8243	8603	9072	9450	9843	10269	10719	11055	11485	11955
6200	6642	7073	7450	7886	8245	8614	9073	9456	9853	10271	10720	11059	11500	11962
6202	6649	7076	7453	7892	8250	8631	9083	9458	9854	10285	10728	11080	11501	11970
6217	6668	7083	7472	7903	8254	8637	9088	9478	9890	10288	10737	11087	11502	11980
6219	6669	7093	7479	7923	8256	8640	9099	9485	9898	10298	10739	11088	11503	11987
6245	6686	7102	7496	7931	8280	8652	9120	9494	9907	10304	10746	11104	11522	11988
6252	6687	7109	7498	7972	8289	8657	9125	9504	9918	10315	10752	11114	11528	11989
6256	6705	7111	7506	7983	8296	8686	9134	9511	9920	10322	10753	11116	11554	11991
6264	6752	7118	7515	7984	8315	8701	9181	9512	9929	10325	10771	11157	11565	
6271	6756	7119	7545	8001	8326	8702	9190	9521	9936	10331	10772	11161	11567	
6272	6758	7137	7552	8009	8327	8704	9192	9523	9944	10332	10774	11168	11583	
6294	6766	7138	7561	8016	8341	8712	9199	9541	9946	10333	10776	11171	11591	
6300	6777	7139	7568	8022	8344	8718	9208	9547	9947	10338	10781	11187	11592	
6301	6805	7153	7569	8028	8351	8730	9215	9550	9951	10340	10784	11197	11593	
6308	6814	7155	7575	8030	8352	8737	9216	9568	9953	10359	10800	11205	11649	
6320	6819	7164	7587	8035	8369	8756	9225	9576	9989	10386	10808	11206	11656	
3	3	3	3	3	3	3	3	3	3	3	3	3	3	3

Tabelle für die Zahlen bis 12000, welche Summen von 1 oder 2 Cuben sind.

1	2	2	2	2	2
1	2	1064	3059	5642	8512
8	9	1072	3087	5824	8576
27	16	1125	3197	5833	8587
64	28	1216	3256	5840	8729
125	35	1241	3376	5859	9000
216	54	1332	3383	5896	9009
343	65	1339	3402	5913	9056
512	72	1343	3439	5957	9207
729	91	1358	3456	6048	9262
1000	126	1395	3473	6119	9269
1331	128	1456	3500	6175	9288
1728	133	1458	3528	6244	9325
2197	152	1512	3591	6293	9331
2744	189	1547	3718	6344	9386
3375	217	1674	3744	6561	9477
4096	224	1729	3887	6641	9603
4913	243	1736	3925	6750	9604
5832	250	1755	4075	6832	9728
6859	280	1792	4097	6840	9773
8000	341	1843	4104	6860	9826
9261	344	1853	4123	6867	9928
10648	351	1944	4160	6886	9990
	370	2000	4221	6923	10197
	407	2060	4312	6984	10234
	432	2071	4375	7075	10261
	468	2198	4394	7110	10592
	513	2205	4439	7163	10649
	520	2224	4472	7202	10656
	539	2240	4608	7371	10675
	559	2261	4706	7471	10712
	576	2322	4825	7560	10744
	637	2331	4914	7588	10745
	686	2413	4921	7657	10773
	728	2457	4940	7859	10864
	730	2540	4941	8001	10955
	737	2662	4977	8008	10989
	756	2709	5038	8027	10991
	793	2728	5096	8029	11160
	854	2745	5103	8064	11375
	855	2752	5129	8125	11377
	945	2771	5256	8190	11458
	1001	2808	5425	8192	11648
	1008	2869	5427	8216	11664
	1024	2926	5488	8288	11772
	1027	2960	5572	8343	11979
1	2	2	2	2	2

ÜBER DIE AUFLÖSUNG DER GLEICHUNG

$$\alpha_1 x_1 + \alpha_2 x_2 + \cdots + \alpha_n x_n = f u.$$

(Aus den hinterlassenen Papieren C. G. J. Jacobi's mitgetheilt durch E. Heine.)

Borchardt Journal für die reine und angewandte Mathematik, Bd. 69 p. 1—28.

§. 1. Die Aufgabe wird gestellt.

In dieser Gleichung bedeuten die Grössen

$$x_1, \quad x_2, \ldots, \quad x_n$$

beliebige ganze positive oder negative Zahlen und die Coefficienten

$$\alpha_1, \quad \alpha_2, \ldots, \quad \alpha_n$$

des aus ihnen gebildeten linearen Ausdrucks *gegebene* ganze positive oder negative Zahlen, ferner f den allen diesen Coefficienten gemeinschaftlichen Theiler, wenn sie einen dergleichen haben, oder die Einheit, wenn sie mit keinem gemeinschaftlichen Theiler behaftet sind.

Es soll für die Grössen

$$x_1, \quad x_2, \ldots, \quad x_n$$

mittelst linearer Substitutionen eine gleiche Anzahl anderer Grössen eingeführt werden, welche ebenfalls jede beliebige ganze Zahl werden können, wenn man für $x_1, x_2, \ldots, x_n$ *entsprechende Werthe setzt, und es soll eine derselben durch die Gleichung*

$$\alpha_1 x_1 + \alpha_2 x_2 + \cdots + \alpha_n x_n = f u$$

gegeben sein.

Ich will zuerst einige Bemerkungen über die Beschaffenheit der anzuwendenden Substitutionen vorausschicken.

Man nenne zwei Systeme Gröfsen, von denen jedes durch das andere mittelst linearer (homogener) Gleichungen definirt wird, und welche, wie es hier der Fall sein soll, die Eigenschaft haben, dass immer, wenn man für die Gröfsen eines von ihnen ganze positive oder negative Zahlen setzt, auch die Gröfsen des anderen Systems ganze positive oder negative Zahlen werden, *äquivalente Systeme Grössen.* Man nenne ferner *reciproke Systeme Gleichungen* zwei Systeme linearer Gleichungen, von denen das eine ein System Gröfsen (B) durch ein anderes System Gröfsen (A), das andere umgekehrt die Gröfsen (A) durch die Gröfsen (B) ausdrückt. Nach einem Satze der Algebra haben die Determinanten zweier Systeme von linearen Gleichungen, welche durch Umkehrung aus einander erhalten werden, reciproke Werthe, oder *es haben reciproke Gleichungen reciproke Determinanten.*

Man erhält zwei äquivalente Systeme von Gröfsen (A) und (B), wenn man für die Gröfsen (B) solche lineare Ausdrücke der Gröfsen (A) setzt, in denen die Coefficienten beliebige ganze Zahlen sind, deren Determinante ± 1 ist. Denn weil die Coefficienten dieser Ausdrücke ganze Zahlen sind, so werden immer die Gröfsen (B) ganze Zahlen, wenn man für die Gröfsen (A) ganze Zahlen setzt. Wenn man ferner die Gleichungen, welche die Gröfsen (B) durch die Gröfsen (A) ausdrücken, auflöst, so wird ihre Determinante, zufolge der für die algebraische Auflösung linearer Gleichungen bekannten Formeln, der gemeinschaftliche Nenner, mit welchem in den durch die Auflösung erhaltenen reciproken Gleichungen die Coefficienten der Gröfsen (B) behaftet werden. Da nun nach der Voraussetzung diese Determinante ± 1 ist, so werden auch die Coefficienten der reciproken Gleichungen ganze Zahlen. Es müssen daher immer auch die Gröfsen (A) ganze Zahlen werden, wenn man für die Gröfsen (B) ganze Zahlen setzt, oder es sind die Gröfsen (A) und (B) äquivalent, was zu beweisen war.

Auf die im Vorstehenden angegebene Art erhält man *alle* einem gegebenen Systeme Gröfsen äquivalenten Systeme, oder es gilt auch der umgekehrte Satz, *dass die Coefficienten der Gleichungen, welche ein System Grössen durch ein anderes äquivalentes ausdrücken, ganze Zahlen sein müssen, deren Determinante den Werth ± 1 hat.* Dies ergiebt sich durch folgende Betrachtungen.

In den Gleichungen, welche die Gröfsen (B) durch äquivalente Gröfsen (A) ausdrücken, setze man eine der Gröfsen (A) der *Einheit* und alle übrigen der *Null* gleich, so werden die Coefficienten dieser Gröfsen in den verschiedenen Gleichungen die Werthe, welche die Gröfsen (B) für eine solche Bestimmung der Gröfsen (A) annehmen. Wenn man für die gleich 1 gesetzte Gröfse nach und nach alle verschiedenen desselben Systems nimmt, werden auf diese Weise sämmtliche Coefficienten Werthe, welche die Gröfsen des einen Systems annehmen, wenn man für die Gröfsen eines äquivalenten ganze positive Zahlen (hier 0 und 1) setzt. Es müssen daher zufolge der Definition äquivalenter Systeme die Coefficienten der Gleichungen, welche die Gröfsen (B) durch andere äquivalente Gröfsen (A) ausdrücken, ganze Zahlen sein. Aus demselben Grunde folgt, dafs auch die Coefficienten der reciproken Gleichungen, welche die Gröfsen (A) durch die Gröfsen (B) ausdrücken, ganze Zahlen sein müssen. Es werden hiernach auch die Determinanten der beiden reciproken Systeme Gleichungen, welche die Gröfsen (B) durch die Gröfsen (A) und welche die Gröfsen (A) durch die Gröfsen (B) ausdrücken, ganze Zahlen, da die Determinanten ganze Functionen der Coefficienten sind, und zwar müssen sie zufolge des oben angeführten Satzes solche ganze Zahlen werden, welche reciproke Werthe haben. Es ist aber ± 1 die einzige ganze Zahl, deren reciproker Werth auch wieder eine ganze Zahl ist, und es müssen daher diese Determinanten den Werth ± 1 haben.

Dem Vorstehenden zufolge kommt die vorgelegte Aufgabe mit der Aufgabe überein, *wenn eine Reihe von n Zahlen*

$$a_1, \quad a_2, \quad \ldots, \quad a_n$$

gegeben ist, deren gemeinschaftlicher Theiler f ist, $n-1$ andere Reihen von n Zahlen von der Beschaffenheit zu finden, dass die Determinante der n^2 Zahlen gleich $\pm f$ wird. Unter dieser Form hat neulich Herr Hermite die vorgelegte Aufgabe in einer lehrreichen Abhandlung behandelt*).

Ich werde jetzt, nachdem ich diese Bemerkungen über die anzuwendenden Substitutionen zur Erläuterung der Aufgabe vorausgeschickt habe, mehrere Auflösungen derselben mittheilen. Die beiden ersten Auflösungen setzen voraus, dafs man zwischen den Gröfsen $x_1, x_2, \ldots, x_n$ nach Belieben eine ge-

*) Liouville, Journal de Mathématiques, T. XIV, année 1849, p. 21—30.

wisse Reihenfolge annimmt, und man wird, je nachdem man diese oder jene Ordnung, in welcher sie auf einander folgen sollen, festgesetzt hat, die verschiedensten Resultate erhalten können. Die dritte Auflösung ist von dieser Willkür grofsen Theils befreit und behandelt die Gröfsen $x_1, x_2, \ldots, x_n$ auf mehr gleichmäfsige Weise. Diese drei Auflösungen beruhen auf der wiederholten Anwendung des Verfahrens, durch welches der gemeinschaftliche Theiler zweier gegebenen Zahlen gesucht wird. Es giebt aber noch eine andere Auflösungsmethode, welche sich anderer Algorithmen bedient, die mannigfaltigster Anwendungen auf Arithmetik und Analysis fähig sind; diese Methode wird hier als die vierte mitgetheilt.

§. 2. Die Aufgabe wird auf eine einfachere zurückgeführt.

Da f der gröfste gemeinschaftliche Theiler der Zahlen $a_1, a_2, \ldots, a_n$ ist, so werden die Zahlen

$$\frac{a_1}{f}, \quad \frac{a_2}{f}, \ldots, \quad \frac{a_n}{f}$$

keinen gemeinschaftlichen Theiler haben. Man kann daher die vorgelegte Gleichung mittelst Division durch f immer auf eine andere zurückführen, in welcher $f = 1$ ist oder die Coefficienten der Gleichung keinen gemeinschaftlichen Theiler haben. Es kann dann der Fall eintreten, dafs auch eine kleinere Anzahl dieser Coefficienten keinen gemeinschaftlichen Theiler hat. Dieser Fall wird sogar die Regel bilden, da schon für ein mäfsig grofses n die n Coefficienten sehr grofse Werthe haben müfsen, wenn je $n-1$ derselben einen gemeinschaftlichen Theiler haben sollen. Es läfst sich aber in diesem Falle die Gleichung auf eine andere zurückführen, welche eine geringere Anzahl von Variabeln enthält.

Wenn nämlich von den n Coefficienten schon eine kleinere Anzahl, z. B. die Coefficienten

$$a_1, \quad a_2, \ldots, \quad a_m,$$

keinen gemeinschaftlichen Theiler haben, so zerfällt die Gleichung

$$a_1 x_1 + a_2 x_2 + \cdots + a_n x_n = u$$

in zwei andere

$$a_1 x_1 + a_2 x_2 + \cdots + a_m x_m = v,$$

$$v = u - a_{m+1} x_{m+1} - a_{m+2} x_{m+2} - \cdots - a_n x_n.$$

Die Aufgabe kommt dann bloſs auf die Auflösung der ersten Gleichung zurück. Hat man nämlich $x_1, x_2, \ldots, x_m$ durch ein äquivalentes System von m anderen Gröſsen, von denen eine die Gröſse v ist,

$$z_1,\ z_2,\ \ldots,\ z_{m-1},\ v$$

ausgedrückt, so hat man nur nöthig in diesen Ausdrücken für v seinen Werth aus der zweiten Gleichung zu substituiren. Man hat dann die gegebenen Gröſsen $x_1, x_2, \ldots, x_n$ durch die Gröſsen

$$z_1,\ z_2,\ \ldots,\ z_{m-1},\ u,\ x_{m+1},\ x_{m+2},\ \ldots,\ x_n$$

ausgedrückt, und diese Gröſsen bilden, wie verlangt wird, ein den gegebenen Gröſsen $x_1, x_2, \ldots, x_n$ äquivalentes System, zu welchem die durch die gegebene Gleichung bestimmte Gröſse u gehört. Denn wenn nach der Voraussetzung die Gröſsen $x_1, x_2, \ldots, x_m$ und $z_1, z_2, \ldots, z_{m-1}, v$ äquivalent sind, d. h. wenn die Gröſsen $z_1, z_2, \ldots, z_{m-1}, v$ immer ganze Zahlen werden, sobald $x_1, x_2, \ldots, x_m$ ganze Zahlen sind, und umgekehrt, so werden auch die Gröſsen $z_1, z_2, \ldots, z_{m-1}, u, x_{m+1}, x_{m+2}, \ldots, x_n$ immer ganze Zahlen, wenn $x_1, x_2, \ldots, x_n$ ganze Zahlen sind, und umgekehrt, und es werden daher auch diese beiden Systeme Gröſsen äquivalent sein.

Giebt es mehrere Gruppen von Coefficienten, welche keinen gemeinschaftlichen Theiler haben, so kann man jede solche Gruppe für die Coefficienten $a_1, a_2, \ldots, a_m$ nehmen und sich begnügen, in Bezug auf dieselben das obige Verfahren anzuwenden, nach welchem nur für die Variabeln, in welche die Coefficienten der gewählten Gruppe multiplicirt sind, neue Variabeln eingeführt werden. Je nachdem man diese oder jene Gruppe erwählt, wird man ganz andere Lösungen erhalten. Um auf die einfachste Art zu einer allgemeinen Lösung zu gelangen, wird man hierbei diejenige Gruppe wählen, welche die kleinste Anzahl Coefficienten, die keinen gemeinschaftlichen Theiler haben, umfaſst, weil man dann eine gröſsere Anzahl von den gegebenen Variabeln beibehalten kann, als dies bei einer anderen Wahl der Fall sein würde. Ist einer der Coefficienten, z. B. a_1, gleich 1, so hat man die Gröſsen $u, x_2, x_3, \ldots, x_n$ selbst als das einfachste, den Gröſsen $x_1, x_2, \ldots, x_n$ äquivalente System Gröſsen, so daſs man hier nur für eine Variable x_1 eine andere einzuführen hat, um die einfachste Lösung zu erhalten.

Aus dem Vorhergehenden erhellt, was von Wichtigkeit für die dritte

Lösung ist, *dass man die Aufgabe immer auf die Auflösung einer Gleichung*

$$\alpha_1x_1+\alpha_2x_2+\cdots+\alpha_nx_n=u$$

zurückführen kann, in welcher die Coefficienten so beschaffen sind, dass es keine Zahl giebt, welche sie sämmtlich theilt, während je $n-1$ derselben einen gemeinschaftlichen Theiler haben.

§. 3. Die Aufgabe wird in einem besonderen Falle gelöst.

Ehe ich die verschiedenen Lösungen der allgemeinen Aufgabe mittheile, will ich mich zuerst mit dem leichtesten und einfachsten Falle *zweier* Variabeln beschäftigen, nämlich mit der Gleichung $a_1x_1+a_2x_2=fu$, da die Lösung derselben das Element bildet, aus dem die Lösung der allgemeinen Aufgabe zusammengesetzt werden kann.

Da nach der Voraussetzung

$$\frac{a_1}{f} \text{ und } \frac{a_2}{f}$$

ganze Zahlen sind, welche keinen gemeinschaftlichen Theiler haben, so kann man zwei positive oder negative ganze Zahlen β und γ bestimmen, welche der Gleichung

$$\gamma\frac{a_1}{f}-\beta\frac{a_2}{f}=1$$

genügen. Multiplicirt man diese Gleichung mit fu, so erhält man

$$a_1\gamma u-a_2\beta u=fu,$$

oder allgemeiner

$$a_1\left\{\gamma u-\frac{a_2}{f}z\right\}+a_2\left\{\frac{a_1}{f}z-\beta u\right\}=fu,$$

wo z eine beliebige ganze positive oder negative Zahl bedeutet. Man kann daher

$$x_1=\gamma u-\frac{a_2}{f}z,$$

$$x_2=-\beta u+\frac{a_1}{f}z$$

setzen. Diese Gleichungen enthalten die verlangte Auflösung der vorgelegten Gleichung. Denn, da die Ausdrücke rechts ganze Zahlen zu Coefficienten haben, deren Determinante

$$\gamma \frac{\alpha_1}{f} - \beta \frac{\alpha_2}{f}$$

der Einheit gleich ist, so ist das System der Gröfsen u und z, von denen eine die durch die vorgelegte Gleichung bestimmte Gröfse u ist, dem Systeme der Gröfsen x_1 und x_2 äquivalent.

Durch Umkehrung erhält man aus diesen beiden Gleichungen

$$\alpha_1 x_1 + \alpha_2 x_2 = fu,$$
$$\beta x_1 + \gamma x_2 = z,$$

von denen die erste die vorgelegte Gleichung selbst ist.

§. 4. Erste Auflösung der Gleichung $\alpha_1 x_1 + \alpha_2 x_2 + \cdots + \alpha_n x_n = fu$.

Es sei f_2 der gemeinschaftliche Theiler von α_1 und α_2, so kann man zufolge der im Vorhergehenden gelösten Aufgabe für die Gröfsen x_1 und x_2 ein äquivalentes System anderer Gröfsen z_1 und y_2 von der Beschaffenheit einführen, dafs

$$\alpha_1 x_1 + \alpha_2 x_2 = f_2 y_2.$$

Es sei ferner f_3 der gemeinschaftliche Theiler von f_2 und α_3, so kann man für die Gröfsen y_2 und x_3 ein äquivalentes System anderer Gröfsen z_2 und y_3 von der Beschaffenheit einführen, dafs

$$f_2 y_2 + \alpha_3 x_3 = f_3 y_3.$$

Führt man so fort und nennt allgemein f_i den gemeinschaftlichen Theiler von f_{i-1} und α_i, so hat man das folgende System von Gleichungen:

$$(1) \qquad \begin{aligned} \alpha_1 x_1 + \alpha_2 x_2 &= f_2 y_2, \\ f_2 y_2 + \alpha_3 x_3 &= f_3 y_3, \\ f_3 y_3 + \alpha_4 x_4 &= f_4 y_4, \\ &\cdots\cdots \\ f_{n-2} y_{n-2} + \alpha_{n-1} x_{n-1} &= f_{n-1} y_{n-1}, \\ f_{n-1} y_{n-1} + \alpha_n x_n &= f_n y_n. \end{aligned}$$

Da f_i der gemeinschaftliche Theiler von f_{i-1} und α_i, f_{i-1} der gemeinschaftliche Theiler von f_{i-2} und a_{i-1} u. s. f., f_3 der gemeinschaftliche Theiler von f_2 und a_3, endlich f_2 der gemeinschaftliche Theiler von a_1 und a_2 ist, so wird f_i der gemeinschaftliche Theiler der Zahlen $a_1, a_2, \ldots, a_i$. Es ist daher f_n der gemeinschaftliche Theiler aller Zahlen $a_1, a_2, \ldots, a_n$, und daher *ist f_n der Theiler f selbst. Es kommt also y_n mit u überein.*

Da z_1 und y_2 ein den Gröfsen x_1 und x_2, ferner z_2 und y_3 ein den Gröfsen y_2 und x_3 äquivalentes System bilden, so sind z_1, y_2, z_2, y_3 den Gröfsen x_1, x_2, y_2, x_3 äquivalent, oder es ist z_1, z_2, y_3 ein den Gröfsen x_1, x_2, x_3 äquivalentes System. Ebenso ergiebt die Zusammenstellung aller Substitutionen, aus welchen die Gleichungen (1) erhalten worden sind, dafs

$$z_1,\ y_2,\ z_2,\ y_3,\ z_3,\ y_4,\ \ldots,\ z_{n-2},\ y_{n-1},\ z_{n-1},\ u$$

ein den Gröfsen

$$x_1,\ x_2,\ y_2,\ x_3,\ y_3,\ x_4,\ \ldots,\ y_{n-2},\ x_{n-1},\ y_{n-1},\ x_n$$

äquivalentes System von Gröfsen bilden, woraus folgt, wenn man die beiden Systemen gemeinschaftlichen Gröfsen fortläfst, dafs das System der Gröfsen

$$z_1,\ z_2,\ z_3,\ \ldots,\ z_{n-2},\ z_{n-1},\ u$$

dem System der gegebenen Gröfsen

$$x_1,\ x_2,\ x_3,\ \ldots,\ x_{n-2},\ x_{n-1},\ x_n$$

äquivalent ist. Da nun aus (1) die Gleichung

$$a_1x_1+a_2x_2+\cdots+a_{n-1}x_{n-1}+a_nx_n=fu$$

folgt, so haben wir für die Gröfsen $x_1, x_2, \ldots, x_n$ ein äquivalentes System anderer Gröfsen eingeführt, von denen eine die durch die vorgelegte Gleichung bestimmte Gröfse u ist, was die Aufgabe verlangt.

Um die Substitutionen selbst zu erhalten, durch welche im Vorhergehenden für die gegebenen Variabeln nach und nach andere äquivalente eingeführt worden sind, suche man solche positive oder negative ganze Zahlen

$$\beta_1,\ \gamma_1;\ \beta_2,\ \gamma_2;\ \ldots;\ \beta_{n-1},\ \gamma_{n-1},$$

welche den Gleichungen genügen

$$
(2)\qquad
\begin{aligned}
a_1\gamma_1-a_2\beta_1 &= f_2,\\
f_2\gamma_2-a_3\beta_2 &= f_3,\\
&\cdots\cdots\\
f_{n-1}\gamma_{n-1}-a_n\beta_{n-1} &= f_n.
\end{aligned}
$$

Man wird alsdann, zufolge der von der Elementaraufgabe gegebenen Lösung, die Gleichungen

$$
(3)\qquad
\begin{aligned}
x_1 &= \gamma_1 y_2-\frac{a_2}{f_2}z_1, & x_2 &= -\beta_1 y_2+\frac{a_1}{f_2}z_1,\\
y_2 &= \gamma_2 y_3-\frac{a_3}{f_3}z_2, & x_3 &= -\beta_2 y_3+\frac{f_2}{f_3}z_2,\\
&\cdots\cdots & &\cdots\cdots\\
y_{n-1} &= \gamma_{n-1} y_n-\frac{a_n}{f_n}z_{n-1}, & x_n &= -\beta_{n-1} y_n+\frac{f_{n-1}}{f_n}z_{n-1}
\end{aligned}
$$

haben, von denen je zwei in derselben Horizontalreihe befindliche die entsprechende von den Gleichungen (1) ergeben. Ausserdem erhält man noch durch Auflösung von je zwei in derselben Horizontalreihe befindlichen Gleichungen die folgenden:

$$
(4)\qquad
\begin{aligned}
z_1 &= \beta_1 x_1+\gamma_1 x_2,\\
z_2 &= \beta_2 y_2+\gamma_2 x_3,\\
&\cdots\cdots\\
z_{n-1} &= \beta_{n-1} y_{n-1}+\gamma_{n-1} x_n.
\end{aligned}
$$

Umgekehrt wird man aus den Gleichungen (1) und (4) die Gleichungen (3) erhalten.

Mittelst der Gleichungen (1), (3), (4) kann man leicht durch Elimination der $n-2$ Hülfsgröfsen

$$y_2,\ y_3,\ \ldots,\ y_{n-1}$$

die beiden äquivalenten Systeme von Gröfsen

$$x_1,\ x_2,\ \ldots,\ x_n \quad \text{und} \quad z_1,\ z_2,\ \ldots,\ z_{n-1},\ y_n$$

unmittelbar durch einander ausdrücken. Man kann nämlich aus den Gleichungen (1) durch successive Substitution, indem man die letzte Gleichung fortläfst, die Hülfsgröfsen

$$y_2,\ y_3,\ \ldots,\ y_{n-1}$$

durch $x_1, x_2, \ldots, x_{n-1}$ ausdrücken. Die Substitution dieser Ausdrücke in (4) und in die letzte der Gleichungen (1) giebt dann die verlangten Ausdrücke von $z_1, z_2, \ldots, z_{n-1}, y_n$ durch $x_1, x_2, \ldots, x_n$. Auf ähnliche Art werden aus dem ersten System der Gleichungen (3), indem man von der untersten Gleichung anfängt und die erste fortläfst, durch successive Substitutiton die Ausdrücke der Hülfsgröfsen $y_2, y_3, \ldots, y_{n-1}$ durch $y_n, z_{n-1}, z_{n-2}, \ldots, z_2$ gefunden, deren Substitution in die übrigen Gleichungen (3) die Ausdrücke von $x_1, x_2, \ldots, x_n$ durch $z_1, z_2, \ldots, z_{n-1}, y_n$ giebt.

Aus den Gleichungen

$$\begin{aligned} f_2y_2 &= \alpha_1x_1+\alpha_2x_2, \\ f_3y_3 &= f_2y_2+\alpha_3x_3, \\ &\cdots\cdots\cdots \\ f_{n-1}y_{n-1} &= f_{n-2}y_{n-2}+\alpha_{n-1}x_{n-1} \end{aligned}$$

erhält man nach und nach

$$(5)\qquad \begin{aligned} y_2 &= \frac{\alpha_1}{f_2}x_1+\frac{\alpha_2}{f_2}x_2, \\ y_3 &= \frac{\alpha_1}{f_3}x_1+\frac{\alpha_2}{f_3}x_2+\frac{\alpha_3}{f_3}x_3, \\ &\cdots\cdots\cdots\cdots\cdots \\ y_{n-1} &= \frac{\alpha_1}{f_{n-1}}x_1+\frac{\alpha_2}{f_{n-1}}x_2+\frac{\alpha_3}{f_{n-1}}x_3+\cdots+\frac{\alpha_{n-1}}{f_{n-1}}x_{n-1}. \end{aligned}$$

Substituirt man diese Ausdrücke in die Gleichungen

$$\begin{aligned} z_1 &= \beta_1x_1+\gamma_1x_2, \\ z_2 &= \beta_2y_2+\gamma_2x_3, \\ &\cdots\cdots\cdots \\ z_{n-1} &= \beta_{n-1}y_{n-1}+\gamma_{n-1}x_n, \\ y_n &= \frac{f_{n-1}}{f_n}y_{n-1}+\frac{\alpha_n}{f_n}x_n, \end{aligned}$$

so erhält man die folgenden Ausdrücke der neuen Variabeln

$$z_1,\quad z_2,\quad \ldots,\quad z_{n-1},\quad u$$

durch die gegebenen $x_1, x_2, \ldots, x_n$:

$$
(6)\quad
\begin{aligned}
z_1 &= \beta_1 x_1 + \gamma_1 x_2,\\
z_2 &= \frac{\beta_2}{f_2}(\alpha_1 x_1 + \alpha_2 x_2) + \gamma_2 x_3,\\
z_3 &= \frac{\beta_3}{f_3}(\alpha_1 x_1 + \alpha_2 x_2 + \alpha_3 x_3) + \gamma_3 x_4,\\
&\dots\dots\dots\dots\\
z_{n-1} &= \frac{\beta_{n-1}}{f_{n-1}}(\alpha_1 x_1 + \alpha_2 x_2 + \cdots + \alpha_{n-1} x_{n-1}) + \gamma_{n-1} x_n,\\
u &= \frac{1}{f_n}(\alpha_1 x_1 + \alpha_2 x_2 + \alpha_3 x_3 + \cdots + \alpha_n x_n).
\end{aligned}
$$

Die letzte von diesen Gleichungen ist die vorgelegte Gleichung selbst.

Aus den Gleichungen

$$
\begin{aligned}
y_{n-1} &= \gamma_{n-1} y_n - \frac{\alpha_n}{f_n} z_{n-1},\\
y_{n-2} &= \gamma_{n-2} y_{n-1} - \frac{\alpha_{n-1}}{f_{n-1}} z_{n-2},\\
&\dots\dots\dots\\
y_2 &= \gamma_2 y_3 - \frac{\alpha_3}{f_3} z_2
\end{aligned}
$$

erhält man nach und nach, wenn man mit Γ_i^k das Product

$$\gamma_i \gamma_{i+1} \cdots \gamma_k = \Gamma_i^k$$

bezeichnet, die folgenden Werthe der Hülfsgröſsen $y_2, y_3, \ldots, y_{n-1}$, durch die neuen Variabeln ausgedrückt:

$$
(7)\quad
\begin{aligned}
y_{n-1} &= \Gamma_{n-1}^{n-1} y_n - \frac{\alpha_n z_{n-1}}{f_n},\\
y_{n-2} &= \Gamma_{n-2}^{n-1} y_n - \Gamma_{n-2}^{n-2} \frac{\alpha_n z_{n-1}}{f_n} - \frac{\alpha_{n-1} z_{n-2}}{f_{n-1}},\\
y_{n-3} &= \Gamma_{n-3}^{n-1} y_n - \Gamma_{n-3}^{n-2} \frac{\alpha_n z_{n-1}}{f_n} - \Gamma_{n-3}^{n-3} \frac{\alpha_{n-1} z_{n-2}}{f_{n-1}} - \frac{\alpha_{n-2} z_{n-3}}{f_{n-2}},\\
&\dots\dots\dots\dots\\
y_2 &= \Gamma_2^{n-1} y_n - \Gamma_2^{n-2} \frac{\alpha_n z_{n-1}}{f_n} - \cdots - \Gamma_2^2 \frac{\alpha_4 z_3}{f_4} - \frac{\alpha_3 z_2}{f_3}.
\end{aligned}
$$

Wenn man diese Werthe in die folgenden Gleichungen substituirt, welche in dem System der Gleichungen (3) enthalten sind:

$$(7^*)\quad \begin{aligned} x_n &= -\beta_{n-1}y_n+\frac{f_{n-1}z_{n-1}}{f_n},\\ x_{n-1} &= -\beta_{n-2}y_{n-1}+\frac{f_{n-2}z_{n-2}}{f_{n-1}},\\ &\ldots\ldots\ldots\ldots\\ x_2 &= -\beta_1y_2+\frac{\alpha_1z_1}{f_2},\\ x_1 &= \gamma_1y_1-\frac{\alpha_2z_1}{f_2}, \end{aligned}$$

so erhält man, wenn man u für y_n setzt,

$$(8)\quad \begin{aligned} x_n &= -\beta_{n-1}u+\frac{f_{n-1}z_{n-1}}{f_n},\\ x_{n-1} &= \beta_{n-2}\left\{-\Gamma_{n-1}^{n-1}u+\frac{\alpha_nz_{n-1}}{f_n}\right\}+\frac{f_{n-2}z_{n-2}}{f_{n-1}},\\ x_{n-2} &= \beta_{n-3}\left\{-\Gamma_{n-2}^{n-1}u+\Gamma_{n-2}^{n-2}\frac{\alpha_nz_{n-1}}{f_n}+\frac{\alpha_{n-1}z_{n-2}}{f_{n-1}}\right\}+\frac{f_{n-3}z_{n-3}}{f_{n-2}},\\ &\ldots\ldots\ldots\ldots\ldots\ldots\ldots\ldots\\ x_2 &= \beta_1\left\{-\Gamma_2^{n-1}u+\Gamma_2^{n-2}\frac{\alpha_nz_{n-1}}{f_n}+\cdots+\Gamma_2^2\frac{\alpha_4z_3}{f_4}+\frac{\alpha_3z_2}{f_3}\right\}+\frac{\alpha_1z_1}{f_2},\\ x_1 &= \Gamma_1^{n-1}u-\Gamma_1^{n-2}\frac{\alpha_nz_{n-1}}{f_n}-\cdots-\Gamma_1^2\frac{\alpha_4z_3}{f_4}-\Gamma_1^1\frac{\alpha_3z_2}{f_3}-\frac{\alpha_2z_1}{f_2}. \end{aligned}$$

Die Gleichungen (6) und (8), welche zu einander reciprok sind, haben dieselbe charakteristische Form. In jedem dieser beiden Systeme von Gleichungen enthalten nämlich die beiden letzten rechts alle Glieder, und jede vorhergehende Gleichung immer ein Glied weniger, so dafs die erste Gleichung rechts vom Gleichheitszeichen nur zwei Glieder hat. *Wenn man ferner in einer beliebigen Gleichung rechts das letzte Glied fortlässt, so giebt das lineare Aggregat der übrigen Variabeln, wenn man dasselbe mit verschiedenen constanten Factoren multiplicirt, die linearen Aggregate derselben Variabeln in den folgenden Gleichungen.*

Ich bemerke noch, dafs, abgesehen von den zwischen den Gröfsen α_i, β_i, γ_i, f_i stattfindenden Relationen (2), die Determinante sowohl der Gleichungen (6) als der Gleichungen (8) durch dasselbe Product

$$\frac{\alpha_1\gamma_1-\alpha_2\beta_1}{f_2}\cdot\frac{f_2\gamma_2-\alpha_3\beta_2}{f_3}\cdots\frac{f_{n-1}\gamma_{n-1}-\alpha_n\beta_{n-1}}{f_n}$$

dargestellt werden kann. Die einzelnen Factoren dieses Productes werden zufolge der Gleichungen (2) der *Einheit* gleich, weshalb auch, wie es bei reciproken Gleichungen zwischen zwei äquivalenten Systemen von Gröſsen nach dem oben angeführten Satze der Fall sein muſs, die beiden Determinanten selbst der *Einheit* gleich werden.

Dieselbe Rechenoperation, welche zur successiven Auffindung der Zahlen $f_2, f_3, \ldots, f_n$ dient, führt zugleich auch zur Bestimmung der Zahlen β_i und γ_i. Denn wenn man von dem Kettenbruch, in den man den Bruch

$$\frac{\alpha_{i+1}}{f_i}$$

zu entwickeln hat, um den gröſsten Theiler f_{i+1} von f_i und α_{i+1} zu finden, den letzten Partialbruch fortläſst und den übrig bleibenden Kettenbruch von hinten berechnet, so giebt der Zähler und Nenner des so erhaltenen Bruches die Werthe von β_i und γ_i, welche die Gleichung

$$\frac{f_i}{f_{i+1}}\gamma_i-\frac{\alpha_{i+1}}{f_{i+1}}\beta_i=1$$

erfüllen. Es können also die Zahlen β_i und γ_i immer so angenommen werden, daſs, abgesehen vom Zeichen,

$$\beta_i<\tfrac{1}{2}\frac{f_i}{f_{i+1}},\qquad \gamma_i<\frac{\alpha_{i+1}}{f_{i+1}}$$

wird. Hieraus folgt, daſs in den Gleichungen (6), welche die statt der Gröſsen $x_1, x_2, \ldots, x_n$ einzuführenden Gröſsen mittelst der Formel

$$z_i=\frac{\beta_i}{f_i}\alpha_1x_1+\frac{\beta_i}{f_i}\alpha_2x_2+\cdots+\frac{\beta_i}{f_i}\alpha_ix_i+\gamma_ix_{i+1}$$

geben, die Coefficienten von $x_1, x_2, \ldots, x_{i+1}$ ihrem absoluten Werthe nach respective kleiner als die Zahlen

$$\tfrac{1}{2}\frac{\alpha_1}{f_{i+1}},\quad \tfrac{1}{2}\frac{\alpha_2}{f_{i+1}},\quad\ldots,\quad \tfrac{1}{2}\frac{\alpha_i}{f_{i+1}},\quad \frac{\alpha_{i+1}}{f_{i+1}}$$

werden. Dagegen können die Gleichungen (8), welche direct angeben, welche

Ausdrücke der neuen Größsen man für die Größsen $x_1, x_2, \ldots, x_n$ zu substituiren hat, sehr grofse Coefficienten erhalten, da z. B. u in dem Ausdrucke von x_1 die Zahl Γ_1^{n-1} oder das Product $\gamma_1\gamma_2\ldots\gamma_{n-1}$ zum Coefficienten hat. Es wird daher eine zweite Lösung wünschenswerth sein, welche solche Ausdrücke von $x_1, x_2, \ldots, x_n$ durch die für dieselben einzuführenden Gröfsen giebt, in denen die Coefficienten möglichst kleine Zahlen werden.

§. 5. Zweite Lösung.

Wenn es blofs darauf ankommt, für ein gegebenes u Zahlen $x_1, x_2, \ldots, x_n$ zu finden, welche die Gleichung

$$\frac{a_1}{f}x_1+\frac{a_2}{f}x_2+\cdots+\frac{a_n}{f}x_n=u$$

erfüllen, so reichen hierzu die Gleichungen (1) hin, welche die Stelle der gegebenen Gleichung vertreten. Schreibt man nämlich die Gleichungen (1) in verkehrter Ordnung, indem man zugleich f und u für f_n und y_n setzt, so erhält man

$$(9)\qquad \begin{aligned}
\frac{f_{n-1}}{f}y_{n-1}+\frac{a_n}{f}x_n&=u,\\
\frac{f_{n-2}}{f_{n-1}}y_{n-2}+\frac{a_{n-1}}{f_{n-1}}x_{n-1}&=y_{n-1},\\
\ldots\ldots\ldots&\ldots\\
\frac{f_2}{f_3}y_2+\frac{a_3}{f_3}x_3&=y_3,\\
\frac{a_1}{f_2}x_1+\frac{a_2}{f_2}x_2&=y_2.
\end{aligned}$$

Aus diesen Gleichungen kann man nach und nach die Zahlen

$$x_n \text{ und } y_{n-1},\quad x_{n-1} \text{ und } y_{n-2},\quad \ldots,\quad x_3 \text{ und } y_2,\quad x_2 \text{ und } x_1$$

finden und dieselben so bestimmen, dafs, wenn $i \geqq 2$ und f_1 statt a_1 gesetzt wird, vom Zeichen abgesehen, immer

$$x_i < \tfrac{1}{2}\frac{f_{i-1}}{f_i}$$

wird. Die Grenze von x_1 würde von der Gröfse von u abhängen und am leichtesten aus der vorgelegten Gleichung selbst entnommen werden.

Allgemeine Ausdrücke, welche, für $x_1, x_2, \ldots, x_n$ gesetzt, der vorgelegten Gleichung genügen, und in denen zugleich die Coefficienten verhältnifsmäfsig kleine Zahlen sind, wird man aus denselben Gleichungen (9) ableiten, wenn man jede derselben nach der zu Anfang entwickelten Vorschrift auflöst und immer die kleinsten Werthe nimmt, welche man für die Coefficienten der für die beiden Variabeln jedesmal zu substituirenden Ausdrücke erhalten kann.

Aus der ersten Gleichung (9)

$$\frac{f_{n-1}}{f}y_{n-1}+\frac{a_n}{f}x_n=u$$

erhält man nämlich, wenn man die Zahlen a' und b' durch die Gleichung

$$\frac{f_{n-1}}{f}a'+\frac{a_n}{f}b'=1$$

bestimmt, die allgemeinen Ausdrücke

$$x_n=b'u+\frac{f_{n-1}}{f}u',$$

$$y_{n-1}=a'u-\frac{a_n}{f}u',$$

wo u' eine beliebige ganze Zahl bedeutet. Nach Substitution dieses Ausdrucks von y_{n-1} wird die zweite Gleichung (9)

$$\frac{f_{n-2}}{f_{n-1}}y_{n-2}+\frac{a_{n-1}}{f_{n-1}}x_{n-1}=a'u-\frac{a_n}{f}u'.$$

Bestimmt man *vier* ganze Zahlen a'', b'' und a''_1, b''_1 durch die Gleichungen

$$\frac{f_{n-2}}{f_{n-1}}a''+\frac{a_{n-1}}{f_{n-1}}b''=a',$$

$$\frac{f_{n-2}}{f_{n-1}}a''_1+\frac{a_{n-1}}{f_{n-1}}b''_1=-\frac{a_n}{f},$$

so erhält man für x_{n-1} und y_{n-2} die allgemeinen Ausdrücke

$$x_{n-1}=b''u+b''_1u'+\frac{f_{n-2}}{f_{n-1}}u'',$$

$$y_{n-2}=a''u+a''_1u'-\frac{a_{n-1}}{f_{n-1}}u'',$$

wo u'' ebenfalls eine beliebige ganze Zahl bedeutet. Fährt man so fort, so erhält man die Gleichungen

$$
(10)\quad
\begin{aligned}
x_n &= b'u + \frac{f_{n-1}}{f}u',\\
x_{n-1} &= b''u + b''_1u' + \frac{f_{n-2}}{f_{n-1}}u'',\\
x_{n-2} &= b'''u + b'''_1u' + b'''_2u'' + \frac{f_{n-3}}{f_{n-2}}u''',\\
&\cdots\cdots\cdots\cdots\\
x_2 &= b^{(n-1)}u + b_1^{(n-1)}u' + b_2^{(n-1)}u'' + \cdots + b_{n-2}^{(n-1)}u^{(n-2)} + \frac{a_1}{f_2}u^{(n-1)},\\
x_1 &= a^{(n-1)}u + a_1^{(n-1)}u' + a_2^{(n-1)}u'' + \cdots + a_{n-2}^{(n-1)}u^{(n-2)} - \frac{a_2}{f_2}u^{(n-1)},
\end{aligned}
$$

wo die Zahlen $a_k^{(i)}$ und $b_k^{(i)}$ aus den Zahlen $a_k^{(i-1)}$ und $b_k^{(i-1)}$ durch die Formeln

$$
(11)\quad
\begin{aligned}
\frac{f_{n-i}}{f_{n-i+1}}a^{(i)} + \frac{a_{n-i+1}}{f_{n-i+1}}b^{(i)} &= a^{(i-1)},\\
\frac{f_{n-i}}{f_{n-i+1}}a_1^{(i)} + \frac{a_{n-i+1}}{f_{n-i+1}}b_1^{(i)} &= a_1^{(i-1)},\\
&\cdots\cdots\\
\frac{f_{n-i}}{f_{n-i+1}}a_{i-2}^{(i)} + \frac{a_{n-i+1}}{f_{n-i+1}}b_{i-2}^{(i)} &= a_{i-2}^{(i-1)},\\
\frac{f_{n-i}}{f_{n-i+1}}a_{i-1}^{(i)} + \frac{a_{n-i+1}}{f_{n-i+1}}b_{i-1}^{(i)} &= -\frac{a_{n-i+2}}{f_{n-i+2}}
\end{aligned}
$$

gefunden werden. Man erhält ferner

$$
(12)\qquad y_{n-i} = a^{(i)}u + a_1^{(i)}u' + \cdots + a_{i-1}^{(i)}u^{(i-1)} - \frac{a_{n-i+1}}{f_{n-i+1}}u^{(i)}.
$$

Die Zahlen $b_k^{(i)}$ können immer so bestimmt werden, daſs, abgesehen vom Zeichen,

$$
b_k^{(i)} < \tfrac{1}{2}\frac{f_{n-i}}{f_{n-i+1}}
$$

wird.

Man sieht, daſs auch in den Gleichungen (10) die Zahl der Glieder rechts nur in den beiden letzten Gleichungen vollständig ist und in den vorhergehenden immer um Eins abnimmt. Aber es wird dies nicht mehr bei den zu (10) reciproken Gleichungen der Fall sein, deren jede im Allgemeinen sämmtliche Variabeln x_i enthält. Dafs bei dieser Lösung auch die Zahlen $a_k^{(n-1)}$, welche die Coefficienten des für x_1 gefundenen Ausdrucks bilden, niemals sehr grofs werden, erhellt aus den Gleichungen

$$(12^*)\quad \begin{aligned} a^{(n-1)} &= -\frac{1}{a_1}\left\{a_2 b^{(n-1)} + a_3 b^{(n-2)} + \cdots + a_n b' - f\right\}, \\ a_k^{(n-1)} &= -\frac{1}{a_1}\left\{a_2 b_k^{(n-1)} + a_3 b_k^{(n-2)} + \cdots + a_{n-k} b_k^{(k+1)} + a_{n-k+1}\frac{f_{n-k}}{f_{n-k+1}}\right\}, \end{aligned}$$

in welchen k die Werthe $1, 2, \ldots, n-2$ annehmen kann. Diese Gleichungen ergeben sich aus (10) durch die Betrachtung, dafs sich durch Substitution der für $x_1, x_2, \ldots, x_n$ gefundenen Ausdrücke das Aggregat

$$a_1x_1 + a_2x_2 + \cdots + a_nx_n$$

auf den einen Term fu reduciren mufs.

Da sowohl das System der Gröfsen $u, z_1, z_2, \ldots, z_{n-1}$ als das System der Gröfsen $u, u', u'', \ldots, u^{(n-1)}$ dem Systeme der Gröfsen $x_1, x_2, \ldots, x_n$ äquivalent ist, so müssen diese beiden Systeme von Gröfsen auch einander äquivalent sein. Denn zwei Systeme von Gröfsen, welche einem dritten äquivalent sind, sind auch unter einander äquivalent. Man findet die Gleichungen, welche die Variabeln $z_1, z_2, \ldots, z_{n-1}$ durch die Variabeln $u, u', u'', \ldots, u^{(n-1)}$ ausdrücken, und mittelst deren man die beiden im Vorhergehenden gegebenen Lösungen auf einander zurückführen kann, auf folgende Art:

Zufolge (2) genügen die Zahlen β_{n-i} und γ_{n-i} der Gleichung

$$\frac{f_{n-i}}{f_{n-i+1}}\gamma_{n-i} - \frac{a_{n-i+1}}{f_{n-i+1}}\beta_{n-i} = 1,$$

und zufolge (11) die Zahlen $a_k^{(i)}$ und $b_k^{(i)}$ der Gleichung

$$\frac{f_{n-i}}{f_{n-i+1}}a_k^{(i)} + \frac{a_{n-i+1}}{f_{n-i+1}}b_k^{(i)} = a_k^{(i-1)},$$

wo

$$a_{i-1}^{(i-1)} = -\frac{a_{n-i+2}}{f_{n-i+2}}$$

gesetzt wird. Es folgt hieraus, dafs man immer

$$(13)\qquad \begin{aligned} a_k^{(i)} &= \gamma_{n-i}a_k^{(i-1)} - \frac{a_{n-i+1}}{f_{n-i+1}}\lambda_k^{(i)},\\ b_k^{(i)} &= -\beta_{n-i}a_k^{(i-1)} + \frac{f_{n-i}}{f_{n-i+1}}\lambda_k^{(i)} \end{aligned}$$

setzen kann, wo $\lambda_k^{(i)}$ eine ganze Zahl bedeutet. Hieraus folgt

$$\begin{aligned} x_{n-i+1} &= b^{(i)}u + b_1^{(i)}u' + \cdots + b_{i-1}^{(i)}u^{(i-1)} + \frac{f_{n-i}}{f_{n-i+1}}u^{(i)}\\ &= -\beta_{n-i}\{a^{(i-1)}u + a_1^{(i-1)}u' + \cdots + a_{i-1}^{(i-1)}u^{(i-1)}\}\\ &\quad + \frac{f_{n-i}}{f_{n-i+1}}\{\lambda^{(i)}u + \lambda_1^{(i)}u' + \cdots + \lambda_{i-1}^{(i)}u^{(i-1)} + u^{(i)}\}. \end{aligned}$$

In dieser Gleichung ist zufolge (12) der in $-\beta_{n-i}$ multiplicirte Ausdruck gleich y_{n-i+1}; es ist ferner zufolge (7*)

$$x_{n-i+1} = -\beta_{n-i}y_{n-i+1} + \frac{f_{n-i}}{f_{n-i+1}}z_{n-i},$$

und es wird daher

$$(14)\qquad z_{n-i} = \lambda^{(i)}u + \lambda_1^{(i)}u' + \cdots + \lambda_{i-1}^{(i)}u^{(i-1)} + u^{(i)}.$$

Durch diese allgemeine Formel können die beiden Lösungen auf einander zurückgeführt werden, nachdem man für jedes i die Zahlen $\lambda_k^{(i)}$ aus einer der Gleichungen (13) bestimmt hat.

Beide im Vorhergehenden gegebene Lösungen hängen von der willkürlichen Anordnung der Zahlen $a_1, a_2, \ldots, a_n$ ab und führen je nach der verschiedenen Reihenfolge, die man zwischen diesen Zahlen annimmt, zu verschiedenen Systemen von Gröfsen, welche man für die gegebenen $x_1, x_2, \ldots, x_n$ einzuführen hat. Eine mehr symmetrische Lösung ist die folgende.

§. 6. Dritte Lösung.

Es soll im Folgenden angenommen werden, dafs die Coefficienten der vorgelegten Gleichung von einem gemeinsamen Theiler befreit sind, oder dafs $f=1$. Man kann ferner voraussetzen, dafs je $n-1$ der Zahlen $a_1, a_2, \ldots, a_n$ einen gemeinsamen Theiler haben, weil, wenn dies nicht der Fall ist, die

Aufgabe, wie man oben im §. 2 gesehen hat, immer auf eine einfachere zurückgeführt werden kann, in welcher diese Voraussetzung stattfindet.

Es sei h_i die gröfste Zahl, welche alle Zahlen $a_1, a_2, \ldots, a_n$ aufser a_i theilt, so werden je zwei von den Zahlen $h_1, h_2, \ldots, h_n$ zu einander relative Primzahlen sein. Denn ein gemeinsamer Theiler von h_i und h_k müfste alle Zahlen $a_1, a_2, \ldots, a_n$ aufser a_i und auch alle Zahlen $a_1, a_2, \ldots, a_n$ aufser a_k theilen; da zu den letzteren Zahlen auch a_i gehört, so müfste derselbe alle Zahlen $a_1, a_2, \ldots, a_n$ theilen, die doch keinen gemeinschaftlichen Theiler haben sollen. Umgekehrt ist a_i durch alle Zahlen $h_1, h_2, \ldots, h_n$ aufser h_i theilbar, und da keine zwei von diesen Zahlen einen gemeinsamen Theiler haben, so mufs a_i auch durch das Product aller Zahlen $h_1, h_2, \ldots, h_n$ aufser h_i theilbar sein. Wenn man daher

$$(15)\qquad h_1h_2\ldots h_n = H, \qquad a_i = \frac{H}{h_i}\,m_i$$

setzt, so wird m_i eine ganze Zahl, und es kann diese ganze Zahl keinen gemeinschaftlichen Theiler mit h_i haben, weil dieser wieder gegen die Voraussetzung alle Zahlen $a_1, a_2, \ldots, a_n$ theilen müfste.

Da h_i alle Zahlen $a_1, a_2, \ldots, a_n$ aufser a_i theilt, so folgt aus der vorgelegten Gleichung, dafs x_i einer Gleichung von der Form

$$(16)\qquad a_ix_i + h_iw_i = u$$

genügen mufs. Bestimmt man daher zwei positive oder negative ganze Zahlen c_i und d_i durch die Gleichung

$$(17)\qquad a_ic_i + h_id_i = 1,$$

so wird, wie man weifs, der allgemeine Werth von x_i die Form

$$(18)\qquad x_i = c_iu + h_iv_i$$

erhalten, in welchem, abgesehen vom Zeichen,

$$c_i < \tfrac{1}{2}h_i$$

angenommen werden kann und v_i eine ganze Zahl bedeutet.

Wenn man die vorgelegte Gleichung

$$a_1x_1 + a_2x_2 + \cdots + a_nx_n = u$$

durch H dividirt, so erhält sie nach Substitution der Gleichungen (15) die Form

$$\frac{m_1x_1}{h_1}+\frac{m_2x_2}{h_2}+\cdots+\frac{m_nx_n}{h_n}=\frac{u}{H}. \tag{19}$$

Substituirt man in diese Gleichung für $x_1, x_2, \ldots, x_n$ ihre durch die Formel (18) gegebenen Werthe

$$x_i=c_iu+h_iv_i$$

und setzt

$$\frac{1}{H}-\left\{\frac{m_1c_1}{h_1}+\frac{m_2c_2}{h_2}+\cdots+\frac{m_nc_n}{h_n}\right\}=g, \tag{20}$$

so erhält man

$$m_1v_1+m_2v_2+\cdots+m_nv_n=gu. \tag{21}$$

In dieser Gleichung (21) ist g eine ganze Zahl. Multiplicirt man nämlich die Gleichung, durch welche g bestimmt ist, mit H, so erhält man vermöge (15)

$$1-\{a_1c_1+a_2c_2+\cdots+a_nc_n\}=gH.$$

Es ist aber die Gröfse links eine ganze Zahl, welche durch jede der Zahlen $h_1, h_2, \ldots, h_n$ theilbar ist. Denn es theilt jede dieser Zahlen h_i nach der Voraussetzung alle Zahlen $a_1, a_2, \ldots, a_n$ mit Ausnahme von a_i und vermöge (17) auch die Zahl $1-a_ic_i$ und mithin die Zahl

$$1-\{a_1c_1+a_2c_2+\cdots+a_nc_n\}.$$

Es wird daher die letztere Zahl auch durch das Product $H=h_1h_2\ldots h_n$ theilbar sein, da je zwei von den Zahlen $h_1, h_2, \ldots, h_n$ relative Primzahlen zu einander sind; und da diese Zahl gleich gH ist, so wird gH eine ganze durch H theilbare Zahl, und mithin g eine ganze Zahl sein.

Durch die vorhergehenden Betrachtungen wird die vorgelegte Gleichung

$$a_1x_1+a_2x_2+\cdots+a_nx_n=u,$$

in welcher $a_1, a_2, \ldots, a_n$ keinen gemeinschaftlichen Theiler haben, aber je $n-1$ von diesen Zahlen mit einem gemeinschaftlichen Theiler behaftet sind, auf die Gleichung

$$m_1v_1+m_2v_2+\cdots+m_nv_n=gu$$

zurückgeführt. Hat man nämlich ein den Gröfsen $v_1, v_2, \ldots, v_n$ äquivalentes System von Gröfsen, von welchen eine die durch die Gleichung (21) bestimmte Gröfse gu ist, gefunden und setzt die für $v_1, v_2, \ldots, v_n$ zu substituirenden Ausdrücke in die Werthe von $x_1, x_2, \ldots, x_n$, welche durch die Gleichung (18)

$$x_i = c_i u + h_i v_i$$

gegeben sind, so hat man die für $x_1, x_2, \ldots, x_n$ zu substituirenden Ausdrücke, welche der vorgelegten Aufgabe Genüge leisten.

Die Gleichung (21) unterscheidet sich von der vorgelegten Gleichung in mehreren Punkten. Zunächst bemerkt man, dafs an die Stelle von u die Gröfse gu getreten ist, so dafs in den für $v_1, v_2, \ldots, v_n$ zu substituirenden Ausdrücken die Coefficienten von u immer den Factor g haben müssen. Denn es hat g keinen Theiler mit sämmtlichen Zahlen $m_1, m_2, \ldots, m_n$ gemein, weil diese Zahlen überhaupt keinen gemeinschaftlichen Theiler haben, indem sonst, wie aus (15) erhellt, auch sämmtliche Zahlen $a_1, a_2, \ldots, a_n$ einen gemeinschaftlichen Theiler haben müfsten, was gegen die Voraussetzung ist. Aber die Gleichung (21) unterscheidet sich von der vorgelegten Gleichung wesentlich dadurch, dafs es unter den Zahlen $m_1, m_2, \ldots, m_n$ auch keine $n-1$ giebt, welche einen gemeinschaftlichen Theiler haben. Denn hätten z. B. die $n-1$ Zahlen $m_1, m_2, \ldots, m_{n-1}$ einen gemeinschaftlichen Theiler p, so würde aus den Gleichungen

$$a_1 = \frac{H}{h_1} m_1, \quad a_2 = \frac{H}{h_2} m_2, \quad \ldots, \quad a_{n-1} = \frac{H}{h_{n-1}} m_{n-1}$$

folgen, dafs sämmtliche Zahlen $a_1, a_2, \ldots, a_{n-1}$ durch $p h_n$ theilbar sind, was der Voraussetzung, dafs h_n der *grösste* gemeinschaftliche Theiler von $a_1, a_2, \ldots, a_{n-1}$ sein soll, zuwider ist.

Aus dem Vorhergehenden folgt, dafs man unter den Zahlen $m_1, m_2, \ldots, m_n$ immer $n-1$ oder weniger wird angeben können, welche keinen gemeinschaftlichen Theiler haben. Es wird dies sogar auf mehrere, wenigstens auf n Arten geschehen können. Es kann daher nach der im Anfang gemachten Bemerkung die Gleichung (21) unmittelbar auf eine andere zwischen nur ν Variabeln zurückgeführt werden, wo $\nu < n$, und man kann in dieser Gleichung, wie es in der vorgelegten vorausgesetzt worden ist, wieder annehmen, dafs zwar alle ν Coefficienten keinen gemeinschaftlichen Theiler haben, aber je $\nu - 1$ derselben mit einem gemeinschaftlichen Theiler behaftet sind. Denn gäbe es unter den ν Variabeln $\nu - 1$, deren Coefficienten keinen gemeinschaftlichen Theiler haben, so würde man die Gleichung (21) auf eine zwischen diesen $\nu - 1$ Variabeln stattfindende Gleichung zurückführen können.

Die Zurückführung der vorgelegten Gleichung auf die Gleichung (21) wird hiernach immer eine wirkliche Vereinfachung gewähren, indem die Gleichung (21) sich unmittelbar auf eine der vorgelegten ganz ähnliche Gleichung zwischen weniger Variabeln reducirt. Diese letztere hat man dann wieder einer ähnlichen Reduction zu unterwerfen und so fortzufahren, bis man auf eine Gleichung kommt, in welcher einer der Coefficienten der *Einheit* gleich ist, in welchem Falle, wie man im §. 2 gesehen hat, die Lösung unmittelbar gegeben ist.

Das Verfahren, durch welches die vorgelegte Gleichung auf die Gleichung (21) zurückgeführt worden ist, bezog sich auf alle Variabeln $x_1, x_2, \ldots, x_n$ auf eine vollkommen gleichmäſsige Art. Aber in Betreff der weiteren Reduction findet eine gewisse Willkür statt, indem sich, wie man gesehen hat, aus den Zahlen $m_1, m_2, \ldots, m_n$ immer auf mehrere verschiedene Arten Gruppen solcher Zahlen auswählen lassen, welche keinen gemeinschaftlichen Theiler haben; jeder solcher besonderen Gruppe aber wird immer ein besonderer Verlauf der ferneren Rechnung entsprechen. Wenn es unter diesen Gruppen eine giebt, welche aus einer kleineren Anzahl von Coefficienten als alle übrigen besteht, so wird man in der Regel vorzugsweise diese auswählen.

Die Gleichung (21) bietet auch noch dadurch eine wesentliche Reduction der vorgelegten Gleichung, daſs in ihr die Coefficienten im Verhältniſs zu ihren ursprünglichen Werthen immer überaus verkleinert sind. Ist z. B. $n = 5$, so sind die kleinsten Werthe, welche die fünf ursprünglichen Coefficienten annehmen können, wenn nach der gemachten Voraussetzung keine vier ohne einen gemeinschaftlichen Factor sein sollen,

$$210\,m_1,\quad 330\,m_2,\quad 462\,m_3,\quad 770\,m_4,\quad 1155\,m_5.$$

Man sieht hieraus, wie viel kleiner die Zahlen m_1, m_2 etc. oder die Coefficienten der reducirten Gleichung (21) als die Coefficienten der vorgelegten Gleichung a_1, a_2 etc. werden müssen. Es wird daher in der Regel eine der Zahlen m_1, m_2 etc. der Einheit gleich werden, in welchem Falle die Aufgabe gelöst ist. Wenn z. B. $m_n = 1$, so hat man nur nöthig, in der Gleichung

$$x_n = c_n u + h_n v_n$$

für v_n seinen Werth aus (21)

$$v_n = gu - \{m_1 v_1 + m_2 v_2 + \cdots + m_{n-1} v_{n-1}\}$$

einzuführen, wodurch man

$$x_n = (c_n + g h_n) u - h_n \{m_1 v_1 + m_2 v_2 + \cdots + m_{n-1} v_{n-1}\}$$

erhält. Es bilden dann $u, v_1, v_2, \ldots, v_{n-1}$ das für $x_1, x_2, \ldots, x_n$ einzuführende äquivalente System von Gröſsen, durch welche $x_1, x_2, \ldots, x_n$ mittelst der vorstehenden Gleichung aus den Gleichungen (18) ausgedrückt werden.

§. 7. Vierte Lösung.

Im 2ten Bande der *Opuscula Analytica* von Euler S. 91 (wieder abgedruckt im 2ten Bande von Leonhardi Euleri *Commentationes Arithmeticae collectae*, Petersburg 1849, S. 99) findet man in einer Abhandlung *De relatione inter ternas pluresve quantitates instituenda* eine Methode, um einen Ausdruck

$$aA + bB + cC,$$

in welchem A, B, C gegebene Gröſsen sind, durch möglichst kleine ganze positive oder negative Zahlen a, b, c der *Null* gleich zu machen, wenn A, B, C rational sind, oder, wenn dies nicht der Fall ist, dieses näherungsweise zu erreichen, oder auch, wenn zwischen den irrationalen Gröſsen A, B, C eine solche lineare Relation

$$aA + bB + cC = 0,$$

in welcher a, b, c ganze Zahlen sind, stattfindet, diese zu entdecken. Die Methode ist der der successiven Division bei ganzen Zahlen analog, indem man die beiden gröſseren von den gegebenen Gröſsen immer durch die Reste ersetzt, die sie durch die kleinste dividirt übrig lassen, so daſs der kleinste Rest der nächste Divisor wird.

Euler setzt die erwähnte Methode an mehreren Beispielen auseinander, wobei er zeigt, wie man für die zu suchenden ganzen Zahlen allgemeine Formeln finden kann. Es soll hier genügen, die beiden ersten Beispiele zu wiederholen, wobei nur, ohne den Gang der Eulerschen Rechnung zu ändern, auf der rechten Seite statt 0 allgemeiner u gesetzt werden soll, damit man sogleich sieht, wie diese Methode auch auf das hier behandelte Problem Anwendung findet.

Erste Aufgabe. *Solche ganze positive oder negative Zahlen a, b, c zu finden, dass*

$$49a+59b+75c=0.$$

Die Eulerschen Rechnungen lösen die allgemeinere Aufgabe, für a, b, c solche Ausdrücke äquivalenter Gröfsen, von denen eine u ist, zu finden, dafs

$$49a+59b+75c=u.$$

Nach der allgemeinen Regel hat man zu setzen:

$$(22)\quad \begin{array}{ll} a+b+c=d, & 10b+26c+49d=u \\ b+2c+4d=e, & 6c+9d+10e=u, \\ c+d+e=f, & 3d+4e+6f=u, \\ d+e+2f=g, & e+3g=u. \end{array}$$

Euler bricht die Rechnung früher ab, indem er, was für seine Aufgabe, in welcher $u=0$, verstattet ist, sogleich $3e$ für e setzt, wodurch auch eine geringe Modification in den folgenden Zahlen herbeigeführt wird.

Aus dem zweiten Systeme der vorstehenden Gleichungen folgt nach und nach

$$\begin{aligned} e &= u-3g, \\ d &= -u+4g-2f, \\ c &= -g+3f, \\ b &= 5u-17g+2f \end{aligned}$$

und aus der ersten Gleichung des ersten Systems

$$a=-6u+22g-7f,$$

und man sieht in der That, wenn man die vorstehenden, für a, b, c gefundenen Ausdrücke substituirt, dafs die Gleichung

$$49(-6u+22g-7f)+59(5u-17g+2f)+75(-g+3f)=u$$

identisch erfüllt wird. Die Eulerschen Werthe von a, b, c werden aus den vorstehenden erhalten, wenn man $u=0$ und $f-2e$ und $-e$ für f und g setzt.

Die vorstehende Lösung hat die Eigenschaft, *dass sämmtliche Coefficienten des in die grösste Zahl multiplicirten Ausdrucks die absolut kleinsten Werthe erhalten, nämlich die Werthe* 0, -1, 3.

Wollte man dieselbe Aufgabe nach den früher angegebenen Methoden lösen, so würde man

$$\begin{aligned}59b+75c &= y = u-49a,\\ b &= 14y+75z = 14u-686a+75z,\\ c &= -11y-59z = -11u+539a-59z\end{aligned}$$

zu setzen haben, und man sieht, mit wie grofsen Coefficienten in den Ausdrücken von b und c man den Vortheil erkaufen mufs, die eine Gröfse a unverändert zu lassen, oder für die eine Gleichung blofs $a=a$ zu setzen.

Man findet ferner aus dem ersten Systeme der Gleichungen (22)

$$\begin{aligned}f &= e+d+c = 5d+3c+b = 8c+6b+5a,\\ g &= 2f+e+d = 3e+3d+2c = 15d+8c+3b = 23c+18b+15a.\end{aligned}$$

Es werden demnach die beiden reciproken Systeme von Gleichungen zwischen den beiden äquivalenten Systemen der Gröfsen a, b, c und u, f, g

$$\begin{aligned}a &= -6u-7f+22g, & u &= 49a+59b+75c,\\ b &= 5u+2f-17g, & f &= 5a+6b+8c,\\ c &= 3f-g, & g &= 15a+18b+23c.\end{aligned}$$

Aus dem zweiten Systeme dieser Gleichungen ersieht man, dafs die Aufgabe, zu der Reihe der Zahlen 49, 59, 75 zwei andere Reihen von 3 Zahlen zu finden, so dafs die Determinante aller 9 Zahlen der Einheit gleich wird, durch die Zahlen

$$\begin{matrix}49 & 59 & 75\\ 5 & 6 & 8\\ 15 & 18 & 23\end{matrix}$$

gelöst wird.

Wegen der Neuheit dieser Methode, die, obgleich seit 1775 publicirt, doch niemals angewendet worden zu sein scheint, will ich noch ein anderes, von Euler gegebenes complicirteres Beispiel, jedoch wieder in seiner allgemeineren Form, hinzufügen.

Zweite Aufgabe. *Die Grössen a, b, c durch andere äquivalente, von denen eine u ist, auszudrücken, so dass*

$$1\,000\,000\,a + 1\,414\,214\,b + 1\,732\,051\,c = u$$

wird.

Die in b und c multiplicirten Zahlen, durch den Coefficienten von a dividirt, sind hier die Näherungswerthe von $\sqrt{2}$ und $\sqrt{3}$.

Man erhält zufolge der Eulerschen Rechnung nach und nach

$$\begin{array}{rrrcl@{\qquad}rrrcl}
a + & b + & c & = & d, & 414214b + & 732051c + & 1000000d & = & u,\\
b + & c + & 2d & = & e, & 317837c + & 171572d + & 414214e & = & u,\\
d + & c + & 2e & = & f, & 146265c + & 71070e + & 171572f & = & u,\\
e + & 2c + & 2f & = & g, & 4125c + & 29432f + & 71070g & = & u,\\
c + & 7f + & 17g & = & h, & 557f + & 945g + & 4125h & = & u,\\
f + & g + & 7h & = & i, & 388g + & 226h + & 557i & = & u,\\
g + & h + & 2i & = & k, & 162g + & 105i + & 226k & = & u,\\
g + & i + & 2k & = & l, & 57g + & 16k + & 105l & = & u,\\
3g + & k + & 6l & = & m, & 9g + & 9l + & 16m & = & u,\\
g + & l + & m & = & n, & & 7m + & 9n & = & u,\\
& m + & n & = & p, & & 2n + & 7p & = & u,\\
& n + & 3p & = & q, & & p + & 2q & = & u,\\
& p + & 2q & = & u. & & & & &
\end{array}$$

Euler, welcher $u = 0$ hat, setzt die Rechnung nur bis zur Gleichung

$$9g + 9l + 16m = 0$$

fort, die er durch die Annahme

$$g = 1, \quad l = -1, \quad m = 0$$

erfüllt, wofür er nach und nach findet

$$k = 3, \quad i = -8, \quad h = 18, \quad f = -135, \quad c = 946, \quad e = -1621,$$
$$d = 2161, \quad b = -6889, \quad a = 8104.$$

Mittelst der vorstehenden Gleichungen kann man durch successive einfache Substitutionen leicht a, b, c durch l, q, u, oder umgekehrt l, q, u durch a, b, c ausdrücken, wovon das eine hinreicht. Das Letztere wird dadurch eine Erleichterung gewähren, daſs man den Ausdruck von u schon kennt, da er durch die vorgelegte Gleichung gegeben wird; dagegen wird man bei der Aufgabe, a, b, c durch l, q, u auszudrücken, mit kleineren Zahlen zu thun haben.

Man erhält nach und nach

$$\begin{aligned} q &= n+3p = 3m+4n = 4g+4l+7m = 25g+7k+46l;\\ q-46l &= 25g+7k = 32g+7h+14i = 14f+46g+105h\\ &= 105c+749f+1831g = 1831e+3767c+4411f\\ &= 4411d+8178c+10653e = 10653b+18831c+25717d\\ &= 25717a+36370b+44548c;\\ l &= g+i+2k = 3g+2h+5i = 5f+8g+37h = 37c+264f+637g\\ &= 637e+1311c+1538f = 1538d+2849c+3713e\\ &= 3713b+6562c+8964d = 8964a+12677b+15526c. \end{aligned}$$

Hieraus ergeben sich durch Substitution zwischen den Gröſsen a, b, c und u, l, q die folgenden Gleichungen:

$$\begin{aligned} u &= 1000000a+1414214b+1732051c,\\ 49l-q &= 1175a+1661b+2030c,\\ l &= 8964a+12677b+15526c, \end{aligned}$$

welche man durch die Eulerschen Werthe

$$u=0,\quad q=0,\quad l=-1,$$
$$a=8104,\quad b=-6889,\quad c=946$$

prüfen kann. Durch Umkehrung dieser Gleichungen erhält man die Ausdrücke von a, b, c durch u, q, l; doch ist diese Umkehrung, da sie die Bildung von 18 Producten erfordert, beschwerlicher, als wenn man die Ausdrücke von a, b, c durch u, q, l direct durch die successiven Substitutionen sucht.

Durch die im Vorhergehenden befolgte, von Euler gegebene Regel, immer durch den kleinsten der drei Coefficienten zu dividiren, wird in dem zweiten Beispiel, wie man sieht, der Gang der Rechnung unregelmäſsig, indem die zuerst eingeführten Gröſsen nicht auch immer zuerst wieder eliminirt werden, und nicht jeder der Ausdrücke, für welchen eine neue Gröſse gesetzt wird, aus den zuletzt eingeführten Gröſsen besteht. So kommt die Gröſse c in fünf Gleichungen, die Gröſse g gar in sieben Gleichungen vor, dagegen d, e, h, i, k nur in drei Gleichungen, während bei einer regelmäſsigen Ordnung jede Gröſse, die ersten und letzten ausgenommen, in vier Gleichungen vorkommen müsste, wie f. *Um einen regelmässigen Gang der Rechnung zu erhalten, muss man immer durch den Coefficienten derjenigen Grösse dividiren, welche in der Reihenfolge, wie sie zuerst eingeführt worden, vorangeht.* Um aus drei positiven Coefficienten α, β, γ Gröſsen, von denen die erste α kleiner als die dritte γ ist, die nächst folgenden α', β', γ' zu erhalten, nimmt man

$$\alpha' = \beta - m\alpha, \qquad \beta' = \gamma - n\alpha, \qquad \gamma' = \alpha,$$

wo m und n resp. die ganzen Zahlen bedeuten, welche zunächst kleiner als die Brüche $\frac{\beta}{\alpha}$ und $\frac{\gamma}{\alpha}$ sind. Man wird also, wenn $\alpha > \beta$ ist, $m = 0$, $\alpha' = \beta$ erhalten. Die drei ersten Coefficienten oder die Coefficienten des gegebenen Ausdrucks kann man der Gröſse nach ordnen, wie dies in den beiden gegebenen Beispielen geschehen ist.

Wendet man diese Regel auf das zweite Beispiel an, so werden die successiven Reductionsformeln für *die allgemeine Auflösung der Gleichung*

$$1\,000\,000 a + 1\,414\,214 b + 1\,732\,051 c = u$$

die folgenden:

$$\begin{aligned}
a + b + c &= d, & 414214 b + 732051 c + 1000000 d &= u,\\
b + c + 2d &= e, & 317837 c + 171572 d + 414214 e &= u,\\
c + e &= f, & 171572 d + 96377 e + 317837 f &= u,\\
d + f &= g, & 96377 e + 146265 f + 171572 g &= u,\\
e + f + g &= h, & 49888 f + 75195 g + 96377 h &= u,\\
f + g + h &= i, & 25307 g + 46489 h + 49888 i &= u,\\
g + h + i &= k, & 21182 h + 24581 i + 25307 k &= u,\\
h + i + k &= l, & 3399 i + 4125 k + 21182 l &= u,\\
i + k + 6l &= m, & 726 k + 788 l + 3399 m &= u,\\
k + l + 4m &= n, & 62 l + 495 m + 726 n &= u,\\
l + 7m + 11n &= p, & 61 m + 44 n + 62 p &= u,\\
m + p &= q, & 44 n + p + 61 q &= u,\\
n + q &= r, & p + 17 q + 44 r &= u,\\
p + 17q + 44r &= u.
\end{aligned}$$

Aus diesen Formeln erhält man, wenn man von den letzten ausgeht, durch successive Substitutionen die Ausdrücke von a, b, c durch u, r, q, oder, wenn man von den ersten Gleichungen ausgeht, die reciproken Ausdrücke von u, r, q durch a, b, c. Ich will hier nur die ersteren suchen. Man erhält die Coefficienten von u in den Ausdrücken von a, b, c, wenn man in den vorstehenden Formeln $u = 1$, $r = 0$, $q = 0$ setzt; die Coefficienten von r, wenn man in denselben Formeln $u = 0$, $r = 1$, $q = 0$ setzt, die Coefficienten von q, wenn man $u = 0$, $r = 0$, $q = 1$ setzt. Auf diese Weise erhält man nach und nach,

wenn $u = 1$, $r = 0$, $q = 0$:

$$p = 1,\ n = 0,\ m = -1,\ l = 8,\ k = -4,\ i = -45,\ h = 57,\ g = -16,$$
$$f = -86,\ e = 159,\ d = 70,\ c = -245,\ b = 264,\ a = 51;$$

wenn $u = 0$, $r = 1$, $q = 0$:

$$p = -44,\ n = 1,\ m = 44,\ l = -363,\ k = 188,\ i = 2034,\ h = -2585,\ g = 739,$$
$$f = 3880,\ e = -7204,\ d = -3141,\ c = 11084,\ b = -12006,\ a = -2219;$$

wenn $u = 0$, $r = 0$, $q = 1$:

$$p = -17,\ n = -1,\ m = 18,\ l = -132,\ k = 59,\ i = 751,\ h = -942,\ g = 250,$$
$$f = 1443,\ e = -2635,\ d = -1193,\ c = 4078,\ b = -4327,\ a = -944.$$

Hiernach werden die gesuchten Formeln

$$a = 51u - 2219r - 944q,$$
$$b = 264u - 12006r - 4327q,$$
$$c = -245u + 11084r + 4078q.$$

Um aus denselben die Eulerschen Werthe

$$a = 8104,\quad b = -6889,\quad c = 946$$

abzuleiten, hat man

$$u = 0,\quad r = 24,\quad q = -65$$

zu setzen.

Um die einfachsten Formeln zu haben, mufs man nicht, wie im Vorhergehenden, bei der Gleichung

$$p + 17q + 44r = u$$

stehen bleiben, sondern muſs noch die folgenden hinzufügen:

$$\begin{aligned} q+2r&=s, & p+10r+17s&=u,\\ r+s&=t, & p+7s+10t&=u,\\ s+t&=v, & p+3t+7v&=u,\\ t+2v&=w, & p+v+3w&=u. \end{aligned}$$

Aus diesen Gleichungen folgt nach und nach

$$t=w-2v,\quad s=3v-w,\quad r=2w-5v,\quad q=13v-5w.$$

Die Substitution der Werthe von r und q in die obigen Ausdrücke von a, b, c giebt die viel einfacheren

$$\begin{aligned} a&=51u-1177v+282w,\\ b&=264u+3779v-2377w,\\ c&=-245u-2406v+1778w. \end{aligned}$$

Man erhält hieraus, wenn man $u=0$, $v=0$, $w=1$ setzt, die Werthe

$$a=282,\quad b=-2377,\quad c=1778,$$

welche kleiner als die von Euler gegebenen sind; diese letzteren gehen aus den vorstehenden Formeln hervor, wenn man

$$u=0,\quad v=-10,\quad w=-13$$

setzt.

Über die im Vorstehenden durch ein Beispiel erläuterten Algorithmen lassen sich, wie man aus der folgenden Abhandlung ersehen wird, analoge Betrachtungen wie bei der Theorie der Kettenbrüche anstellen. Ich will mich dabei, wie in dem vorhergehenden Beispiele, auf Ausdrücke von drei Gröſsen beschränken, obgleich dieselben Betrachtungen ohne Schwierigkeit auf Ausdrücke von jeder Anzahl von Gröſsen ausgedehnt werden können.

ALLGEMEINE THEORIE DER KETTENBRUCHÄHNLICHEN ALGORITHMEN, IN WELCHEN JEDE ZAHL AUS DREI VORHERGEHENDEN GEBILDET WIRD.

(Aus den hinterlassenen Papieren C. G. J. Jacobi's mitgetheilt durch E. Heine.)

Borchardt Journal für die reine und angewandte Mathematik, Bd. 69 p. 29—64.

Beziehungen unter den Ausdrücken, welche an die Stelle der Zähler und Nenner von Näherungsbrüchen treten.

§. 1.

Es seien

$$a, \quad a_1, \quad a_2$$

unbestimmte Zahlen, dagegen

$$l, \quad m, \quad l_1, \quad m_1, \quad l_2, \quad m_2, \ldots$$

gegebene Gröſsen; ferner

$$(1) \qquad \begin{aligned} a + l\, a_1 + m\, a_2 &= a_3, \\ a_1 + l_1 a_2 + m_1 a_3 &= a_4, \\ &\cdots\cdots \\ a_i + l_i a_{i+1} + m_i a_{i+2} &= a_{i+3}, \end{aligned}$$

so kann man durch successive Substitutionen sowohl a_{i+3}, a_{i+2}, a_{i+1} durch a, a_1, a_2, als auch umgekehrt a, a_1, a_2 durch a_{i+1}, a_{i+2}, a_{i+3} ausdrücken. Bei diesen successiven Substitutionen, in denen man immer jede der allgemeinen Gröſsen a_k entweder durch die vorhergehenden oder durch die folgenden ausdrückt, hat man niemals eine Division auszuführen, weil in der

Gleichung, welche zur Elimination einer Gröfse angewandt wird, diese Gröfse immer den Coefficienten 1 hat. Setzt man daher

$$(2)\qquad \begin{aligned} a &= p_i a_i + q_i a_{i+1} + r_i a_{i+2}, \\ a_1 &= p_i' a_i + q_i' a_{i+1} + r_i' a_{i+2}, \\ a_2 &= p_i'' a_i + q_i'' a_{i+1} + r_i'' a_{i+2} \end{aligned}$$

und umgekehrt

$$(3)\qquad \begin{aligned} a_i &= P_i\ a + P_i'\ a_1 + P_i''\ a_2, \\ a_{i+1} &= P_{i+1} a + P_{i+1}' a_1 + P_{i+1}'' a_2, \\ a_{i+2} &= P_{i+2} a + P_{i+2}' a_1 + P_{i+2}'' a_2, \end{aligned}$$

so werden in beiden Systemen von Gleichungen die Coefficienten ganze rationale Functionen der Gröfsen l_k und m_k, und es werden daher, wenn l_k und m_k ganze Zahlen sind, auch die Coefficienten in (2) und (3) ganze Zahlen. Hieraus folgt nach dem im §. 1 der vorhergehenden Abhandlung (cfr. pag. 355 dieses Bandes) bewiesenen Satze, dafs in beiden Systemen von Gleichungen die Determinante gleich ± 1 sein mufs, was natürlich auch allgemein statthat, wenn für l_k und m_k *beliebige* Zahlen gesetzt werden. Denn keine ganze rationale Function mehrerer Gröfsen kann für unendlich viele Systeme von Werthen dieser Gröfsen einen bestimmten Werth annehmen, wenn sie sich nicht identisch auf diesen Werth reducirt.

Fügt man zu (3) die Gleichung

$$a_{i+3} = P_{i+3} a + P_{i+3}' a_1 + P_{i+3}'' a_2$$

hinzu und substituirt die Werthe von a_i, a_{i+1}, a_{i+2}, a_{i+3} in die zwischen diesen vier Grössen stattfindende Gleichung

$$a_{i+3} = m_i a_{i+2} + l_i a_{i+1} + a_i,$$

so erhält man eine lineare Gleichung zwischen den Gröfsen a, a_1, a_2, die identisch sein mufs, da a, a_1, a_2 ganz beliebige Gröfsen bedeuten. Es können daher die Coefficienten von a, a_1, a_2 auf beiden Seiten der Gleichung einander gleich gesetzt werden, was darauf hinauskommt, dafs man von den Gröfsen a, a_1, a_2 zwei gleich 0 und die dritte gleich 1 setzt. Man erhält hieraus die folgenden Gleichungen, welche zeigen, wie man jede der Gröfsen

P_i, P'_i, P''_i aus drei vorhergehenden oder drei folgenden bilden kann:

$$(4)\qquad \begin{aligned} P_{i+3} &= m_i P_{i+2} + l_i P_{i+1} + P_i, \\ P'_{i+3} &= m_i P'_{i+2} + l_i P'_{i+1} + P'_i, \\ P''_{i+3} &= m_i P''_{i+2} + l_i P''_{i+1} + P''_i. \end{aligned}$$

Setzt man ferner in (2) $i+1$ für i und substituirt für a_{i+3} seinen Werth

$$a_{i+3} = m_i a_{i+2} + l_i a_{i+1} + a_i,$$

so erhält man für jede der Gröfsen a, a_1, a_2 einen doppelten Ausdruck durch a_i, a_{i+1}, a_{i+2} und daher drei Gleichungen zwischen a_i, a_{i+1}, a_{i+2}, welche identisch sein müfsen, da auch a_i, a_{i+1}, a_{i+2} beliebige Gröfsen sein können. Setzt man die beiden Ausdrücke von a einander gleich, so erhält man

$$p_i a_i + q_i a_{i+1} + r_i a_{i+2} = r_{i+1} a_i + (p_{i+1} + l_i r_{i+1}) a_{i+1} + (q_{i+1} + m_i r_{i+1}) a_{i+2},$$

und daher

$$(5)\qquad p_i = r_{i+1}, \quad q_i = p_{i+1} + l_i r_{i+1}, \quad r_i = q_{i+1} + m_i r_{i+1},$$

oder umgekehrt

$$(6)\qquad p_{i+1} = q_i - l_i p_i, \quad q_{i+1} = r_i - m_i p_i, \quad r_{i+1} = p_i.$$

Diese Gleichungen zeigen, wie man aus den Gröfsen p_i, q_i, r_i die nächst folgenden oder nächst vorhergehenden bilden kann. Man hat ferner aus (6)

$$(7)\qquad q_{i+1} = p_{i-1} - m_i p_i = p_{i+2} + l_{i+1} p_{i+1},$$

und daher

$$(8)\qquad p_{i+2} = p_{i-1} - m_i p_i - l_{i+1} p_{i+1}.$$

Vermittelst dieser Gleichung kann man jede Gröfse p_i aus den drei vorhergehenden oder drei folgenden bilden; die Gröfsen q_i und r_i werden dann aus den Gröfsen p_i mittelst der Gleichungen (7) und der Gleichung $r_i = p_{i-1}$ erhalten. Ganz dieselben Relationen erhält man zwischen den analogen, mit einem oder zwei oberen Accenten versehenen Gröfsen.

§. 2.

Man beweist leicht aus den allgemeinen Eigenschaften der Determinanten, dafs die Determinante der Gleichungen

$$(9)\qquad \begin{aligned} a &= p_i a_i + q_i a_{i+1} + r_i a_{i+2},\\ a_1 &= p_i' a_i + q_i' a_{i+1} + r_i' a_{i+2},\\ a_2 &= p_i'' a_i + q_i'' a_{i+1} + r_i'' a_{i+2} \end{aligned}$$

unverändert bleibt, wenn man den Index i um eine Einheit vermehrt, oder dafs sie der Determinante der Gleichungen

$$(10)\qquad \begin{aligned} a &= p_{i+1} a_{i+1} + q_{i+1} a_{i+2} + r_{i+1} a_{i+3},\\ a_1 &= p_{i+1}' a_{i+1} + q_{i+1}' a_{i+2} + r_{i+1}' a_{i+3},\\ a_2 &= p_{i+1}'' a_{i+1} + q_{i+1}'' a_{i+2} + r_{i+1}'' a_{i+3} \end{aligned}$$

gleich wird. Um die Determinante vollkommen zu bestimmen, will ich annehmen, dafs immer das Product der Coefficienten, welche in derjenigen Diagonale sich befinden, die von oben links nach unten rechts sich erstreckt, das positive Zeichen haben soll. Eine Eigenschaft der Determinante besteht darin, dafs sie (auch in Bezug auf das Zeichen) unverändert bleibt, wenn man die Coefficienten einer Verticalreihe mit demselben Factor multiplicirt zu den Coefficienten einer anderen Verticalreihe hinzufügt. Wenn man daher in (10) die Coefficienten der dritten Verticalreihe, respective mit l_i und m_i multiplicirt, zu den Coefficienten der ersten und zweiten Verticalreihe addirt, so bleibt die Determinante unverändert. Diese Veränderung der Coefficienten wird auch erhalten, wenn man für a_{i+3} seinen Werth

$$a_{i+3} = m_i a_{i+2} + l_i a_{i+1} + a_i$$

substituirt. Die Relationen zwischen den Coefficienten, welche sich auf den Index i, und den Coefficienten, welche sich auf den Index $i+1$ beziehen, sind aber so bestimmt worden, dafs durch die Substitution dieses Werthes von a_{i+3} die Gleichungen (10) sich in die Gleichungen

$$\begin{aligned} a &= q_i a_{i+1} + r_i a_{i+2} + p_i a_i,\\ a_1 &= q_i' a_{i+1} + r_i' a_{i+2} + p_i' a_i,\\ a_2 &= q_i'' a_{i+1} + r_i'' a_{i+2} + p_i'' a_i \end{aligned}$$

verwandeln. Diese Gleichungen kommen mit (9) überein, nur dafs die Verticalreihen alle eine Stelle nach links gerückt sind, und die erste die letzte geworden ist. Hierdurch bleibt das Zeichen der Determinante ungeändert oder geht in das entgegengesetzte über, je nachdem die Zahl der Gleichungen ungerade oder gerade ist. Die Determinante, welche in der Theorie der Kettenbrüche, wenn i um eine Einheit wächst, immer das Zeichen ändert, wird also in den hier betrachteten Algorithmen unverändert bleiben.

Dafs auch die Determinante der Gleichungen (3) unverändert bleibt, wenn man in den Coefficienten i um 1 vermehrt, kann man folgendermassen beweisen. Wenn man zu einer Horizontalreihe der Coefficienten die übrigen Horizontalreihen mit verschiedenen Factoren multiplicirt hinzufügt, so bleibt die Determinante auch in Bezug auf das Zeichen unverändert. Wenn man daher in den Gleichungen

$$
(11) \qquad \begin{aligned}
a_i &= P_i a + P'_i a_1 + P''_i a_2, \\
a_{i+1} &= P_{i+1} a + P'_{i+1} a_1 + P''_{i+1} a_2, \\
a_{i+2} &= P_{i+2} a + P'_{i+2} a_1 + P''_{i+2} a_2
\end{aligned}
$$

die zweite Horizontalreihe mit l_i und die dritte mit m_i multiplicirt zur ersten Horizontalreihe hinzufügt, oder, was dasselbe ist, wenn man statt der ersten Gleichung diejenige setzt, welche den Werth von

$$a_{i+3} = m_i a_{i+2} + l_i a_{i+1} + a_i$$

giebt, so bleibt die Determinante ungeändert. Es bleibt also die Determinante ungeändert, wenn man die erste Gleichung durch die Gleichung

$$a_{i+3} = P_{i+3} a + P'_{i+3} a_1 + P''_{i+3} a_2$$

ersetzt, oder, was dasselbe ist, wenn man in (11) $i+1$ für i setzt, die Gleichungen alle um eine Stelle herunterrückt und die letzte zur ersten macht. Durch dieses Verrücken der Gleichungen bleibt aber die Determinante ungeändert oder ändert das Zeichen, je nachdem die Anzahl der Gleichungen ungerade oder gerade ist. Sie wird also in der Theorie der Kettenbrüche, in welcher diese Anzahl 2 beträgt, so oft i um eine Einheit wächst, das Zeichen ändern und in der hier auseinandergesetzten Theorie unverändert bleiben. Man sieht, wie diese Beweise mit Hülfe der allgemeinen Sätze von den Determinanten ohne die geringste Aenderung auch für die allgemeineren

Algorithmen gelten, in welchen jede Gröfse, statt aus drei, aus n vorhergehenden oder folgenden bestimmt wird.

§. 3.

Ich will jetzt die Coefficienten der Gleichungen (9) und (11) für die ersten Werthe von i angeben.

Setzt man in (9) $i = 0$, so müssen sich die Ausdrücke rechts identisch auf a, a_1, a_2 reduciren, wenn man a für a_0 setzt. Es wird demnach

$$\begin{array}{lll} p_0 = 1, & q_0 = 0, & r_0 = 0, \\ p'_0 = 0, & q'_0 = 1, & r'_0 = 0, \\ p''_0 = 0, & q''_0 = 0, & r''_0 = 1. \end{array}$$

Mit Hülfe der Gleichungen (6)

$$p_{i+1} = q_i - l_i p_i, \quad q_{i+1} = r_i - m_i p_i, \quad r_{i+1} = p_i$$

und der ähnlichen, welche für die mit einem oder zwei Accenten versehenen Gröfsen stattfinden, folgt hieraus

$$\begin{array}{lll} p_1 = -l_0, & q_1 = -m_0, & r_1 = 1, \\ p'_1 = 1, & q'_1 = 0, & r'_1 = 0, \\ p''_1 = 0, & q''_1 = 1, & r''_1 = 0, \end{array}$$

und hieraus zufolge derselben Gleichungen

$$\begin{array}{lll} p_2 = -m_0 + l_0 l_1, & q_2 = 1 + l_0 m_1, & r_2 = -l_0, \\ p'_2 = -l_1, & q'_2 = -m_1, & r'_2 = 1, \\ p''_2 = 1, & q''_2 = 0, & r''_2 = 0. \end{array}$$

Aus diesen Werthen leitet man nach und nach die Werthe von p_k, p'_k, p''_k mittelst der Gleichungen

$$\begin{aligned} p_{i+3} &= -l_{i+2}\, p_{i+2} - m_{i+1}\, p_{i+1} + p_i, \\ p'_{i+3} &= -l_{i+2}\, p'_{i+2} - m_{i+1}\, p'_{i+1} + p'_i, \\ p''_{i+3} &= -l_{i+2}\, p''_{i+2} - m_{i+1}\, p''_{i+1} + p''_i \end{aligned}$$

ab, aus welchen sich dann die übrigen Gröfsen mittelst der Gleichungen

$$q_k = p_{k-2} - m_{k-1}\, p_{k-1}, \qquad r_k = p_{k-1},$$
$$q'_k = p'_{k-2} - m_{k-1}\, p'_{k-1}, \qquad r'_k = p'_{k-1},$$
$$q''_k = p''_{k-2} - m_{k-1}\, p''_{k-1}, \qquad r''_k = p''_{k-1}$$

ergeben. Man erhält hieraus

$$\begin{aligned}
p_3 &= -l_0 l_1 l_2 + m_0 l_2 + l_0 m_1 + 1,\\
p'_3 &= \quad l_1 l_2 - m_1,\\
p''_3 &= -l_2,\\
p_4 &= \quad l_0 l_1 l_2 l_3 - m_0 l_2 l_3 - l_0 l_3 m_1 - l_0 l_1 m_2 + m_0 m_2 - l_3 - l_0,\\
p'_4 &= -l_1 l_2 l_3 + m_1 l_3 + l_1 m_2 + 1,\\
p''_4 &= \quad l_2 l_3 - m_2,\\
&\ldots\ldots\ldots
\end{aligned}$$

§. 4.

Man sieht aus den vorstehenden Beispielen, *dass die Determinante der Gleichungen* (9) *für* $i = 0, 1, 2$ *den Werth* 1 *annimmt, welchen sie daher dem Obigen zufolge für jeden Werth von i unverändert behält.*

Setzt man in (11) $i = 0$, so müssen sich die Ausdrücke rechts identisch auf a, a_1, a_2 reduciren. Man erhält daher

$$P_0 = 1, \quad P'_0 = 0, \quad P''_0 = 0,$$
$$P_1 = 0, \quad P'_1 = 1, \quad P''_1 = 0,$$
$$P_2 = 0, \quad P'_2 = 0, \quad P''_2 = 1,$$

woraus sich mittelst der Gleichungen (4)

$$P_{i+3} = m_i\, P_{i+2} + l_i\, P_{i+1} + P_i, \ldots$$

die folgenden Werthe ergeben:

$$\begin{aligned}
P_3 &= 1, & P'_3 &= l_0, & P''_3 &= m_0,\\
P_4 &= m_1, & P'_4 &= l_0 m_1 + 1, & P''_4 &= m_0 m_1 + l_1,\\
P_5 &= m_1 m_2 + l_2, & P'_5 &= l_0 m_1 m_2 + l_0 l_2 + m_2, & P''_5 &= m_0 m_1 m_2 + l_1 m_2 + l_2 m_0 + 1,\\
&\ldots & &\ldots & &\ldots
\end{aligned}$$

Man ersieht aus den vorstehenden Werthen, *dass die Determinante der Gleichungen* (3) *für* $i = 0, 1, 2, 3$ *den Werth* $+1$ *erhält, welchen Werth sie daher dem Obigen zufolge unverändert für jeden Werth von* i *behalten muss.* Man kann auf diese Weise aus den dem Index 0 entsprechenden Werthen auch das Zeichen der Determinante bestimmen, welches die angestellte allgemeine Betrachtung der vorhergehenden Abhandlung unbestimmt lassen mufste, da sie nur den Satz ergab, dafs, wenn die Coefficienten zweier reciproken Systeme von Gleichungen ganze rationale Functionen derselben Gröfsen sind, welche ganze Zahlen zu Coefficienten haben, die Determinanten dieser Gleichungen den Werth ± 1 haben müssen.

§. 5.

Aus der Bildungsweise der hier betrachteten Gröfsen geht hervor, dafs es gestattet ist, in den Gleichungen (9) und (11) die Indices von a, a_1, a_2 um eine beliebige Zahl k zu erhöhen, wenn man in den Coefficienten dieser Gleichungen den Index i um k erniedrigt und hierauf in ihren Ausdrücken durch die Gröfsen l und m die Indices der letzteren sämmtlich um k erhöht. Wenn man daher durch das Einschliefsen in eine Klammer mit unten beigefügtem k andeutet, dafs in den aus den Gröfsen l und m zusammengesetzten Ausdrücken die Indices dieser Gröfsen sämmtlich um dieselbe Zahl k erhöht werden sollen, so hat man aus (9) und (11)

$$a_k = (p_{i-k})_k\, a_i + (q_{i-k})_k\, a_{i+1} + (r_{i-k})_k\, a_{i+2},$$
$$a_{k+1} = (p'_{i-k})_k\, a_i + (q'_{i-k})_k\, a_{i+1} + (r'_{i-k})_k\, a_{i+2},$$
$$a_{k+2} = (p''_{i-k})_k\, a_i + (q''_{i-k})_k\, a_{i+1} + (r''_{i-k})_k\, a_{i+2},$$
$$a_i = (P_{i-k})_k\, a_k + (P'_{i-k})_k\, a_{k+1} + (P''_{i-k})_k\, a_{k+2}.$$

Substituirt man die vorstehenden Ausdrücke von a_k, a_{k+1}, a_{k+2} in die Gleichungen

$$a = p_k\, a_k + q_k\, a_{k+1} + r_k\, a_{k+2},$$
$$a_1 = p'_k\, a_k + q'_k\, a_{k+1} + r'_k\, a_{k+2},$$
$$a_2 = p''_k\, a_k + q''_k\, a_{k+1} + r''_k\, a_{k+2},$$

so giebt die Vergleichung mit (9) selbst

$$(9^*)\quad \begin{aligned} p_k(p_{i-k})_k + q_k(p'_{i-k})_k + r_k(p''_{i-k})_k &= p_i\,,\\ p'_k(p_{i-k})_k + q'_k(p'_{i-k})_k + r'_k(p''_{i-k})_k &= p'_i\,,\\ p''_k(p_{i-k})_k + q''_k(p'_{i-k})_k + r''_k(p''_{i-k})_k &= p''_i \end{aligned}$$

und ähnliche Formeln, welche aus diesen erhalten werden, wenn man rechts vom Gleichheitszeichen und unter der Klammer q für p setzt.

Ebenso erhält man aus dem obigen Ausdruck von a_i, wenn man darin die Gleichung

$$a_k = P_k a + P'_k a_1 + P''_k a_2$$

substituirt und die Vergleichung mit (11) selbst anstellt,

$$(10^*)\quad \begin{aligned} P_i &= P_k(P_{i-k})_k + P_{k+1}(P'_{i-k})_k + P_{k+2}(P''_{i-k})_k\,,\\ P'_i &= P'_k(P_{i-k})_k + P'_{k+1}(P'_{i-k})_k + P'_{k+2}(P''_{i-k})_k\,,\\ P''_i &= P''_k(P_{i-k})_k + P''_{k+1}(P'_{i-k})_k + P''_{k+2}(P''_{i-k})_k\,. \end{aligned}$$

Setzt man $k = 1$, so folgt hieraus

$$p_i = -l_0(p_{i-1})_1 - m_0(p'_{i-1})_1 + (p''_{i-1})_1\,,\quad p'_i = (p_{i-1})_1\,,\quad p''_i = (p'_{i-1})_1\,,$$

$$P_i = (P''_{i-1})_1\,,\quad P'_i = (P_{i-1})_1 + l_0(P''_{i-1})_1\,,\quad P''_i = (P'_{i-1})_1 + m_0(P''_{i-1})_1\,,$$

woraus auch

$$p_i = -l_0(p_{i-1})_1 - m_0(p_{i-2})_2 + (p_{i-3})_3\,,\quad p'_i = (p_{i-1})_1\,,\quad p''_i = (p_{i-2})_2\,,$$

$$P_i = (P''_{i-1})_1\,,\quad P'_i = (P''_{i-2})_2 + l_0(P''_{i-1})_1\,,\quad P''_i = (P''_{i-3})_3 + l_1(P''_{i-2})_2 + m_0(P''_{i-1})_1\,.$$

Dieser Gleichungen kann man sich eben so gut, wie der Gleichungen (4) und (6), zur algebraischen Bildung der Gröfsen p und P bedienen und die Uebereinstimmung beider Bildungsweisen an den im Vorstehenden gegebenen Werthen dieser Gröfsen prüfen. Wenn man in (9*) $k = i-1$ und in (10*) $k = i-3$ setzt, erhält man (6) und (4).

Wenn die Werthe der Gröfsen l und m periodisch wiederkehren, so dafs sie unverändert bleiben, wenn man ihre Indices um eine Zahl k vermehrt, so wird in den Formeln (9*) und (10*)

$$(p_{i-k})_k = p_{i-k}\,,\quad (p'_{i-k})_k = p'_{i-k}\,,\quad (p''_{i-k})_k = p''_{i-k}\,,$$

$$(P_{i-k})_k = P_{i-k}\,,\quad (P'_{i-k})_k = P'_{i-k}\,,\quad (P''_{i-k})_k = P''_{i-k}\,.$$

Setzt man in diesem Falle für i nach und nach Vielfache von k, so kann man mittelst (9*) und (10*) aus den Gröfsen p und P, in welchen der Index die Werthe k, $k+1$, $k+2$ annimmt, die Werthe derjenigen Gröfsen p und P finden, deren Index ein Vielfaches von k ist.

§. 6.

Die Gröfsen l und m sind im Vorhergehenden ganz allgemeine Gröfsen; ich will annehmen, dafs sie ganze positive Zahlen sind, welche folgendermafsen bestimmt werden.

Es seien u_0, v_0, w_0 drei gegebene positive Gröfsen, deren gröfste w_0 ist, aus ihnen bestimme man l_0 und m_0 als die den Brüchen $\frac{v_0}{u_0}$, $\frac{w_0}{u_0}$ nächst kleineren ganzen Zahlen. Setzt man

$$v_0 - l_0 u_0 = u_1, \quad w_0 - m_0 u_0 = v_1, \quad u_0 = w_1,$$

so bestimme man ähnlich l_1 und m_1 als die den Brüchen $\frac{v_1}{u_1}$, $\frac{w_1}{u_1}$ nächst kleineren ganzen Zahlen. Man setzt wieder

$$v_1 - l_1 u_1 = u_2, \quad w_1 - m_1 u_1 = v_2, \quad u_1 = w_2.$$

Allgemein bestimme man aus u_i, v_i, w_i die Gröfsen l_i und m_i als die den Brüchen $\frac{v_i}{u_i}$, $\frac{w_i}{u_i}$ nächst kleineren ganzen Zahlen und mit Hülfe derselben u_{i+1}, v_{i+1}, w_{i+1} durch die Gleichungen

$$(12) \qquad v_i - l_i u_i = u_{i+1}, \quad w_i - m_i u_i = v_{i+1}, \quad u_i = w_{i+1}.$$

Wenn $u_i > v_i$, so wird

$$l_i = 0, \quad v_i = u_{i+1}.$$

Es folgt hieraus, dafs u_i, v_i, w_i positive Gröfsen von der Beschaffenheit sind, dafs

$$u_i < u_{i-1}, \quad v_i < u_{i-1};$$

es wird daher auch, da $u_{i-1} = w_i$,

$$w_i > u_i, \quad w_i > v_i,$$

und mithin w_i immer die gröfste der drei Gröfsen u_i, v_i, w_i.

Die Gröfsen u_i und w_i nehmen mit wachsendem i fortwährend ab. Aus (12) folgt

$$(13) \qquad u_{i+2} = u_{i-1} - m_i u_i - l_{i+1} u_{i+1};$$

es wird daher

$$u_{i+2} < \frac{u_{i-1}}{1+m_i+l_{i+1}},$$

also gewiss $u_{i+2} < \frac{1}{2} u_{i-1}$. Die Gröfsen u_i können daher Null werden, oder der Null so nahe kommen, dass der Unterschied kleiner als jede gegebene noch so kleine Zahl wird.

Die Gröfse v_i wird aus den Gröfsen u_i mittelst der Gleichungen

$$v_i = l_i u_i + u_{i+1} = u_{i-2} - m_{i-1} u_{i-1}$$

bestimmt. Diese Gröfse ist immer kleiner als u_{i-1}; wenn sie auch $< u_i$, so kann der Fall eintreten, dafs $v_{i+1} > v_i$ wird. Es ist dann aber immer $v_{i+2} < v_i$, da $v_{i+2} < u_{i+1}$ und $u_{i+1} = v_i$. Ferner wird in diesem Falle

$$v_{i+3} = u_{i+1} - m_{i+2} u_{i+2} = v_i - m_{i+2} u_{i+2},$$

woraus

$$v_{i+3} < \frac{v_i}{1+m_{i+2}},$$

also gewiss $v_{i+3} < \frac{1}{2} v_i$ folgt. Aus $v_i < u_i$, $v_{i+1} > v_i$ folgt auch $v_{i+1} > u_{i+1}$, da $u_{i+1} = v_i$, wenn $v_i < u_i$; dagegen wird aus $v_i < u_i$, $v_{i+1} < v_i$ wiederum $v_{i+1} < u_{i+1}$ folgen, so dafs es möglich ist, dafs die Gröfsen v_i immer kleiner als u_i bleiben, und daher die Zahlen l_i sämmtlich verschwinden. Ich bemerke noch, dafs immer $m_i \geqq l_i$, dafs ferner nur dann $l_i = 0$ werden kann, wenn $m_{i-1} > l_{i-1}$, niemals aber wenn $m_{i-1} = l_{i-1}$.

Setzt man

$$(14) \qquad U = u_0 a + v_0 a_1 + w_0 a_2,$$

so erhält man durch fortgesetzte Substitution der Gleichungen

$$a_i + l_i a_{i+1} + m_i a_{i+2} = a_{i+3},$$

$$v_i - l_i u_i = u_{i+1}, \qquad w_i - m_i u_i = v_{i+1}, \qquad u_i = w_{i+1}$$

nach und nach

$$\begin{aligned} U &= u_0 a + v_0 a_1 + w_0 a_2 \\ &= u_1 a_1 + v_1 a_2 + w_1 a_3 \\ &= u_2 a_2 + v_2 a_3 + w_2 a_4 \\ &\cdot \quad \cdot \quad \cdot \quad \cdot \quad \cdot \end{aligned}$$

und allgemein

$$U = u_i a_i + v_i a_{i+1} + w_i a_{i+2}. \tag{15}$$

Substituirt man in der Gleichung

$$u_0 a + v_0 a_1 + w_0 a_2 = u_i a_i + v_i a_{i+1} + w_i a_{i+2}$$

für a, a_1, a_2 die Ausdrücke (9) und setzt die Coefficienten von a_i, a_{i+1}, a_{i+2} auf beiden Seiten der so transformirten Gleichung respective einander gleich, oder substituirt man für a_i, a_{i+1}, a_{i+2} die Ausdrücke (11) und setzt respective die Coefficienten von a, a_1, a_2 einander gleich, so erhält man die Gleichungen

$$\begin{aligned} u_i &= p_i u_0 + p_i' v_0 + p_i'' w_0, \\ v_i &= q_i u_0 + q_i' v_0 + q_i'' w_0, \\ w_i &= r_i u_0 + r_i' v_0 + r_i'' w_0 \end{aligned} \tag{16}$$

und die reciproken

$$\begin{aligned} u_0 &= P_i u_i + P_{i+1} v_i + P_{i+2} w_i, \\ v_0 &= P_i' u_i + P_{i+1}' v_i + P_{i+2}' w_i, \\ w_0 &= P_i'' u_i + P_{i+1}'' v_i + P_{i+2}'' w_i. \end{aligned} \tag{17}$$

Alle in den letzteren Gleichungen vorkommenden Gröfsen sind positiv; man hat daher, da $w_i = u_{i-1}$,

$$\frac{u_{i-1}}{u_0} < \frac{1}{P_{i+2}}, \quad \frac{u_{i-1}}{v_0} < \frac{1}{P_{i+2}'}, \quad \frac{u_{i-1}}{w_0} < \frac{1}{P_{i+2}''}, \tag{18}$$

oder auch, wenn man i für $i-1$ setzt und die erste der Gleichungen (16) anwendet,

$$\begin{aligned} p_i + p_i' \frac{v_0}{u_0} + p_i'' \frac{w_0}{u_0} &< \frac{1}{P_{i+3}}, \\ p_i \frac{u_0}{v_0} + p_i' + p_i'' \frac{w_0}{v_0} &< \frac{1}{P_{i+3}'}, \\ p_i \frac{u_0}{w_0} + p_i' \frac{v_0}{w_0} + p_i'' &< \frac{1}{P_{i+3}''}. \end{aligned} \tag{19}$$

Da die Determinanten der Gleichungen (16) und (17) gleich $+1$ sind, so hat man die Gleichungen

$$(20)\quad \begin{array}{lll} q'_i r''_i - q''_i r'_i = P_i, & q''_i r_i - q_i r''_i = P'_i, & q_i r'_i - q'_i r_i = P''_i, \\ r'_i p''_i - r''_i p'_i = P_{i+1}, & r''_i p_i - r_i p''_i = P'_{i+1}, & r_i p'_i - r'_i p_i = P''_{i+1}, \\ p'_i q''_i - p''_i q'_i = P_{i+2}, & p''_i q_i - p_i q''_i = P'_{i+2}, & p_i q'_i - p'_i q_i = P''_{i+2}, \end{array}$$

$$(21)\quad \begin{array}{lll} P'_{i+1} P''_{i+2} - P'_{i+2} P''_{i+1} = p_i, & P''_{i+1} P_{i+2} - P''_{i+2} P_{i+1} = p'_i, & P_{i+1} P'_{i+2} - P_{i+2} P'_{i+1} = p''_i, \\ P'_{i+2} P''_i - P'_i P''_{i+2} = q_i, & P''_{i+2} P_i - P''_i P_{i+2} = q'_i, & P_{i+2} P'_i - P_i P'_{i+2} = q''_i, \\ P'_i P''_{i+1} - P'_{i+1} P''_i = r_i, & P''_i P_{i+1} - P''_{i+1} P_i = r'_i, & P_i P'_{i+1} - P_{i+1} P'_i = r''_i. \end{array}$$

Aus den Gleichungen (16) und (17) folgt ferner

$$(22)\quad \begin{aligned} P_i\, p_i + P'_i\, p'_i + P''_i\, p''_i &= 1, \\ P_{i+1} p_i + P'_{i+1} p'_i + P''_{i+1} p''_i &= 0, \\ P_{i+2} p_i + P'_{i+2} p'_i + P''_{i+2} p''_i &= 0, \end{aligned}$$

zu denen man noch die folgenden hinzufügen kann:

$$(23)\quad \begin{aligned} P_{i+3} p_i + P'_{i+3} p'_i + P''_{i+3} p''_i &= 1, \\ P_{i+4} p_i + P'_{i+4} p'_i + P''_{i+4} p''_i &= m_{i+1}, \\ P_{i-1} p_i + P'_{i-1} p'_i + P''_{i-1} p''_i &= -l_{i-1}, \end{aligned}$$

die sich aus (22) mittelst der Gleichungen (4)

$$P_{i+3} = m_i P_{i+2} + l_i P_{i+1} + P_i, \ldots$$

ergeben.

Aus (17) und (21) folgt

$$(24)\quad \begin{aligned} \frac{v_0}{u_0} &= \frac{P'_{i+2}}{P_{i+2}} + \frac{q''_i u_i - p''_i v_i}{u_0 P_{i+2}}, \\ \frac{w_0}{u_0} &= \frac{P''_{i+2}}{P_{i+2}} - \frac{q'_i u_i - p'_i v_i}{u_0 P_{i+2}}. \end{aligned}$$

Es werden daher die Brüche

$$\frac{P'_{i+2}}{P_{i+2}}, \quad \frac{P''_{i+2}}{P_{i+2}}$$

zwei *mit demselben Nenner* behaftete Näherungswerthe für die Grössen $\frac{v_0}{u_0}$ und $\frac{w_0}{u_0}$.

Entwickelung der reellen Wurzel einer cubischen Gleichung durch kettenbruchähnliche periodische Algorithmen.

§. 7.

Ich will im Folgenden für u_0 eine ganze Zahl und für v_0 und w_0 Ausdrücke von der Form

$$\alpha + \beta x + \gamma x^2$$

setzen, in welchen α, β, γ ganze Zahlen sind, und x eine reelle Wurzel einer irreductibeln cubischen Gleichung bezeichnet, in welcher der Coefficient von x^3 gleich 1 und die Coefficienten der drei übrigen Glieder reelle ganze Zahlen sind. Ein Ausdruck dieser Art kann nicht verschwinden, ohne dafs α, β, γ selbst Null sind; hieraus folgt unmittelbar, dafs eine Gröfse sich nur auf eine einzige Weise durch die Form $\alpha + \beta x + \gamma x^2$ darstellen läfst, also nicht auch gleich $\alpha' + \beta' x + \gamma' x^2$ wird, wenn α', β', γ' gleichfalls ganze Zahlen bedeuten, ohne dafs $\alpha' = \alpha$, $\beta' = \beta$, $\gamma' = \gamma$ ist. Zugleich werde ich aber den Gröfsen u_i, v_i, w_i eine modificirte Bedeutung geben.

Es soll nämlich im Folgenden immer u_i eine *ganze Zahl* sein, während v_i und w_i Ausdrücke von derselben Form wie v_0 und w_0 bedeuten. Einen solchen Ausdruck $\alpha + \beta x + \gamma x^2$, in welchem α, β, γ ganze Zahlen sind, werde ich hier der Kürze halber einen *complexen Ausdruck* und α, β, γ die Coefficienten desselben nennen, und unter *dem Theiler* desselben die grösste ganze Zahl verstehen, welche zugleich alle drei Zahlen α, β, γ theilt.

Es sollen ferner, wie früher, l_i und m_i die den Brüchen

$$\frac{v_i}{u_i}, \quad \frac{w_i}{u_i}$$

nächst kleineren ganzen Zahlen bedeuten, so dass, wenn u_i, v_i, w_i positive Zahlen sind, auch die Grössen

$$v_i - l_i u_i, \quad w_i - m_i u_i, \quad u_i$$

positive Gröfsen werden. Diese letzteren Gröfsen selbst sollen aber nicht mehr, wie im Vorhergehenden, mit u_{i+1}, v_{i+1}, w_{i+1} bezeichnet werden, sondern *ihre Producte durch den einfachsten complexen Factor, welcher $v_i - l_i u_i$ zu einer ganzen Zahl macht, dividirt durch die grösste ganze Zahl, welche alle diese Producte theilt.* Nennt man v_i' und v_i'' die Gröfsen, welche aus v_i entstehen, wenn man für x die beiden anderen Wurzeln x' und x'' der cubischen Gleichung setzt, so wird dieser Factor, den ich mit f_i bezeichnen werde,

$$f_i = \frac{(v_i' - l_i u_i)(v_i'' - l_i u_i)}{g_i},$$

wenn g_i die gröfste ganze Zahl ist, welche die drei Coefficienten des complexen Ausdrucks

$$v_i' v_i'' - l_i u_i (v_i' + v_i'') + l_i^2 u_i^2 = (v_i' - l_i u_i)(v_i'' - l_i u_i)$$

theilt. Bezeichnet man hierauf mit k_i die gröfste ganze Zahl, welche die drei Ausdrücke

$$f_i (v_i - l_i u_i), \quad f_i (w_i - m_i u_i), \quad f_i u_i$$

theilt, so wird

$$k_i u_{i+1} = f_i (v_i - l_i u_i), \quad k_i v_{i+1} = f_i (w_i - m_i u_i), \quad k_i w_{i+1} = f_i u_i.$$

Hieraus folgt, dafs, wenn man mit F_i das Product

$$\frac{f_0}{k_0} \frac{f_1}{k_1} \cdots \frac{f_{i-1}}{k_{i-1}} = F_i$$

bezeichnet, die früher mit u_i, v_i, w_i bezeichneten Gröfsen jetzt durch

$$\frac{u_i}{F_i}, \quad \frac{v_i}{F_i}, \quad \frac{w_i}{F_i}$$

ersetzt werden müssen. Es bleiben daher die Verhältnisse von u_i, v_i, w_i, und daher die Quotienten l_i und m_i, und daher auch alle Gröfsen

$$a_i, \quad p_i, \quad p_i', \quad p_i'', \quad P_i, \quad P_i', \quad P_i''$$

unverändert.

Es folgt hieraus, dafs man in allen im Vorhergehenden aufgestellten Formeln keine weitere Veränderung zu treffen braucht, als dafs man überall $\frac{u_i}{F_i}$, $\frac{v_i}{F_i}$, $\frac{w_i}{F_i}$ für u_i, v_i, w_i setzt. So erhält man, wenn man

$$U_0 = u_0 a + v_0 a_1 + w_0 a_2,$$
$$U_i = u_i a_i + v_i a_{i+1} + w_i a_{i+2}$$

setzt, die Gleichung

$$U_i = F_i U_0.$$

Man wird aus (16) und (17) die Gleichungen

$$(25)\qquad \begin{aligned} \frac{u_i}{F_i} &= p_i u_0 + p'_i v_0 + p''_i w_0, \\ \frac{v_i}{F_i} &= q_i u_0 + q'_i v_0 + q''_i w_0, \\ \frac{w_i}{F_i} &= r_i u_0 + r'_i v_0 + r''_i w_0, \end{aligned}$$

$$(26)\qquad \begin{aligned} F_i u_0 &= P_i u_i + P_{i+1} v_i + P_{i+2} w_i, \\ F_i v_0 &= P'_i u_i + P'_{i+1} v_i + P'_{i+2} w_i, \\ F_i w_0 &= P''_i u_i + P''_{i+1} v_i + P''_{i+2} w_i \end{aligned}$$

erhalten.

§. 8.

Die Factoren f_i sind ihrer Natur nach immer positive Gröfsen; es werden daher auch F_i und u_i, v_i, w_i immer positive Gröfsen sein, wenn man für u_0, v_0, w_0 solche angenommen hat; es wird ferner, wie früher, w_i die gröfste von den drei Gröfsen u_i, v_i, w_i sein, wenn man, wie früher, für w_0 die gröfste der Gröfsen u_0, v_0, w_0 nimmt.

Aus den vorstehenden Gleichungen ergiebt sich

$$\frac{F_i u_0}{w_i} > P_{i+2}, \quad \frac{F_i v_0}{w_i} > P'_{i+2}, \quad \frac{F_i w_0}{w_i} > P''_{i+2},$$

und daher

$$\frac{w_i}{F_i u_0} < \frac{1}{P_{i+2}}, \quad \frac{w_i}{F_i v_0} < \frac{1}{P'_{i+2}}, \quad \frac{w_i}{F_i w_0} < \frac{1}{P''_{i+2}},$$

woraus folgt, *dass die complexe Grösse*

$$p_{i-1} u_0 + p'_{i-1} v_0 + p''_{i-1} w_0 = \frac{w_i}{F_i}$$

kleiner als die Grössen

$$\frac{u_0}{P_{i+2}}, \quad \frac{v_0}{P'_{i+2}}, \quad \frac{w_0}{P''_{i+2}}$$

wird. Es wird daher die complexe Gröfse $\frac{w_i}{F_i}$ mit wachsendem i kleiner als jede gegebene noch so kleine Gröfse.

Wenn man durch successive Ausführung der Multiplication das Product

$$\frac{f_0}{k_0}\frac{f_1}{k_1}\cdots\frac{f_{i-1}}{k_{i-1}} = F_i$$

bildet, so müssen sich, wenn $u_0 = 1$, die Nenner nach jeder Multiplication fortheben. Denn man sieht aus der ersten Gleichung (26), dafs F_i eine complexe Zahl ist, oder ein Ausdruck, in dem die Potenzen der Wurzelgröfse mit ganzen Zahlen multiplicirt sind, und auch die hinzukommende Constante eine ganze Zahl ist. Da

$$k_i w_{i+1} = u_i f_i,$$

und f_i durch keine ganze Zahl theilbar ist, so folgt, *dass k_i immer ein Theiler von u_i ist.* Wenn daher $u_0 = 1$, so ist auch $k_0 = 1$. Wenn u_0 von 1 verschieden ist, so folgt aus derselben Gleichung (26), dafs der complexe Ausdruck F_i niemals einen anderen Nenner als u_0 erhalten kann.

Aus der Gleichung

$$f_i(v_i - l_i u_i) = k_i u_{i+1},$$

oder

$$\frac{k_i}{f_i} = \frac{v_i - l_i u_i}{u_{i+1}}$$

folgt

$$\frac{1}{F_i} = \frac{(v_0 - l_0 u_0)(v_1 - l_1 u_1)\cdots(v_{i-1} - l_{i-1} u_{i-1})}{u_1 u_2 \cdots u_i}, \tag{27}$$

durch welche Gleichung man den inversen Werth von F_i nach und nach bequem als complexen Ausdruck darstellt.

§. 9.

Setzen wir den Fall, dass gleichzeitig

$$u_i = u_0, \quad v_i = v_0, \quad w_i = w_0,$$

so wird die Norm von F_i, d. h. das Product aller Ausdrücke, welche aus F_i erhalten werden, wenn man darin der Wurzelgrösse x ihre verschiedenen Werthe giebt, der Einheit gleich.

Es folgt nämlich in diesem Falle aus (25)

$$(28)\qquad \begin{aligned} 0 &= \left(p_i - \frac{1}{F_i}\right) u_0 + p'_i v_0 + p''_i w_0, \\ 0 &= q_i u_0 + \left(q'_i - \frac{1}{F_i}\right) v_0 + q''_i w_0, \\ 0 &= p_{i-1} u_0 + p'_{i-1} v_0 + \left(p''_{i-1} - \frac{1}{F_i}\right) w_0, \end{aligned}$$

oder aus (26)

$$(29)\qquad \begin{aligned} 0 &= (P_i - F_i) u_i + P_{i+1} v_i + P_{i+2} w_i, \\ 0 &= P'_i u_i + (P'_{i+1} - F_i) v_i + P'_{i+2} w_i, \\ 0 &= P''_i u_i + P''_{i+1} v_i + (P''_{i+2} - F_i) w_i. \end{aligned}$$

Durch Elimination von u_0, v_0, w_0 aus (28), oder von u_i, v_i, w_i aus (29) findet man zwei cubische Gleichungen, deren Wurzeln die drei verschiedenen Werthe sind, welche resp. $\frac{1}{F_i}$ und F_i annehmen, wenn man darin für x successive x' und x'' setzt. Das von $\frac{1}{F_i}$ und F_i freie Glied in der Determinante der Gleichungen (28) und (29) ist die Norm resp. der Gröfse $\frac{1}{F_i}$ und F_i. Dieses Glied der Determinante ist wiederum eine Determinante, welche nach dem Obigen (§. 4) den Werth $+1$ hat.

§. 10.

Man sieht, dafs im Vorhergehenden die Norm eines complexen Ausdrucks auf eine eigenthümliche Weise eingeführt wird, nämlich als das constante Glied der algebraischen Gleichung, deren Wurzel der complexe Ausdruck ist. Ich will diese Gleichung für ein beliebiges F_i aufsuchen, ohne die obige Voraussetzung zu machen, dafs $u_i = u_0$, $v_i = v_0$, $w_i = w_0$.

Da man nach der Voraussetzung jede complexe Zahl als eine lineare homogene Function von u_0, v_0, w_0, deren Coefficienten rationale Zahlen sind, darstellen kann, so sei

$$\begin{aligned} u_i &= \alpha_i u_0, \\ v_i &= \beta_i u_0 + \beta'_i v_0 + \beta''_i w_0, \\ w_i &= \gamma_i u_0 + \gamma'_i v_0 + \gamma''_i w_0. \end{aligned}$$

Man erhält hiernach

$$0 = \left(p_i - \frac{\alpha_i}{F_i}\right)u_0 + \quad p_i' v_0 \quad + \quad p_i'' w_0,$$

$$0 = \left(q_i - \frac{\beta_i}{F_i}\right)u_0 + \left(q_i' - \frac{\beta_i'}{F_i}\right)v_0 + \left(q_i'' - \frac{\beta_i''}{F_i}\right)w_0,$$

$$0 = \left(r_i - \frac{\gamma_i}{F_i}\right)u_0 + \left(r_i' - \frac{\gamma_i'}{F_i}\right)v_0 + \left(r_i'' - \frac{\gamma_i''}{F_i}\right)w_0.$$

Bezeichnet man die Determinante dieser Gleichungen durch Δ, so wird $\frac{1}{F_i}$ eine Wurzel der cubischen Gleichung $\Delta = 0$. Der Coefficient von $\frac{1}{F_i^3}$ in Δ ist $-\alpha_i(\beta_i'\gamma_i'' - \beta_i''\gamma_i')$, und das ganz constante Glied $+1$, also, *wenn man N_i die Norm von F_i nennt*,

$$(80) \qquad N_i = \alpha_i(\beta_i'\gamma_i'' - \beta_i''\gamma_i');$$

oder *es ist die Norm von F_i die Determinante der Gleichungen, welche u_i, v_i, w_i durch u_0, v_0, w_0 ausdrücken.*

Setzt man

$$\beta_i'\gamma_i'' - \beta_i''\gamma_i' = \delta_i, \quad \beta_i''\gamma_i - \beta_i\gamma_i'' = \delta_i', \quad \beta_i\gamma_i' - \beta_i'\gamma_i = \delta_i'',$$

also $N_i = \alpha_i\delta_i$, so wird

$$u_0 = \frac{u_i}{\alpha_i},$$

$$v_0 = \frac{\delta_i' u_i}{\alpha_i\delta_i} + \frac{\gamma_i'' v_i - \beta_i'' w_i}{\delta_i},$$

$$w_0 = \frac{\delta_i'' u_i}{\alpha_i\delta_i} - \frac{\gamma_i' v_i - \beta_i' w_i}{\delta_i}.$$

Hieraus folgt

$$0 = \left(P_i - \frac{F_i}{\alpha_i}\right)u_i + \quad P_{i+1} v_i \quad + \quad P_{i+2} w_i,$$

$$0 = \left(P_i' - \frac{\delta_i' F_i}{\alpha_i\delta_i}\right)u_i + \left(P_{i+1}' - \frac{\gamma_i'' F_i}{\delta_i}\right)v_i + \left(P_{i+2}' + \frac{\beta_i'' F_i}{\delta_i}\right)w_i,$$

$$0 = \left(P_i'' - \frac{\delta_i'' F_i}{\alpha_i\delta_i}\right)u_i + \left(P_{i+1}'' + \frac{\gamma_i' F_i}{\delta_i}\right)v_i + \left(P_{i+2}'' - \frac{\beta_i' F_i}{\delta_i}\right)w_i.$$

Durch Elimination von u_i, v_i, w_i aus diesen Gleichungen erhält man ebenfalls eine Gleichung für F_i, welche die früher gefundenen enthalten muſs.

§. 11.

Wir beschränken uns von hier an auf den Fall, wo $u_0 = 1$ ist, woraus folgt, daſs a eine ganze Zahl und zwar gleich u_i wird. Die Gleichung (30) verwandelt sich durch diese Annahme in

$$(30^*) \qquad N_i = u_i(\beta_i'\gamma_i'' - \beta_i''\gamma_i').$$

Ferner sollen die β_i und γ_i von hier an ganze Zahlen bedeuten, was dadurch von selbst geschieht, daſs man annimmt, die complexen Zahlen v_0 und w_0, von denen man ausging, und welche die Form

$$v_0 = \lambda_0 + \lambda_1 x + \lambda_2 x^2,$$
$$w_0 = \mu_0 + \mu_1 x + \mu_2 x^2$$

haben, seien so beschaffen, daſs

$$\lambda_1\mu_2 - \lambda_2\mu_1 = \pm 1.$$

Alsdann läſst sich nämlich x und x^2 durch die Form $a + bv_0 + cw_0$, oder, da $u_0 = 1$, durch die Form $au_0 + bv_0 + cw_0$ darstellen, wo a, b, c ganze Zahlen sind; folglich nimmt jede complexe Zahl, also auch v_i und w_i diese Form an.

Aus (30*) folgt nun, daſs immer, wenn N_i gleich 1 wird, auch

$$u_i = 1, \quad \beta_i'\gamma_i'' - \beta_i''\gamma_i' = 1$$

ist, und daſs auch umgekehrt, wenn diese Gleichungen erfüllt sind, die Norm von F_i der Einheit gleich wird. *Aber damit die Norm von F_i der Einheit gleich werde, ist die eine Bedingung $u_i = 1$ ausreichend, indem sie die andere $\beta_i'\gamma_i'' - \beta_i''\gamma_i' = 1$ mit sich bringt.* Damit nämlich $\frac{u_i}{F_i}$ eine ganze complexe Zahl

$$p_i + p_i' v_0 + p_i'' w_0$$

ist, muſs auch die Norm von $\frac{u_i}{F_i}$ oder

$$\frac{u_i^3}{N_i} = \frac{u_i^2}{\beta_i'\gamma_i'' - \beta_i''\gamma_i'}$$

eine ganze Zahl, *und daher* u_i^2 *durch* $\beta_i'\gamma_i''-\beta_i''\gamma_i'$ *theilbar sein.* Wenn daher $u_i=1$, so mufs $\beta_i'\gamma_i''-\beta_i''\gamma_i'$ als Theiler von 1 der Einheit gleich sein. Es kann $\beta_i'\gamma_i''-\beta_i''\gamma_i'$ nicht gleich -1 sein, welches ebenfalls ein Theiler von 1 ist, weil f_i immer einen positiven Werth hat, wie aus seiner Definition hervorgeht, woraus folgt, dafs auch F_i, und daher seine Norm $u_i(\beta_i'\gamma_i''-\beta_i''\gamma_i')$ immer positiv ist. *Es muss daher, da* u_i *positiv ist, auch* $\beta_i'\gamma_i''-\beta_i''\gamma_i'$ *immer positiv sein.*

Man kann auch zeigen, *dass* u_i *selbst durch* $\beta_i'\gamma_i''-\beta_i''\gamma_i'$ *theilbar ist.* Denn da*)

$$\frac{u_i}{F_i}=\frac{u_iF_i'F_i''}{N_i}=\frac{F_i'F_i''}{\beta_i'\gamma_i''-\beta_i''\gamma_i'}$$

eine ganze complexe Zahl ist (§. 7), so kann $F_i'F_i''$ durch $\beta_i'\gamma_i''-\beta_i''\gamma_i'$ getheilt werden. Also ist auch, wenn man für die Wurzel einen ihrer beiden anderen Werthe setzt, F_iF_i'' und F_iF_i' durch $\beta_i'\gamma_i''-\beta_i''\gamma_i'$ theilbar, also das Product

$$F_i^2F_i'F_i''=u_iF_i(\beta_i'\gamma_i''-\beta_i''\gamma_i')$$

durch $(\beta_i'\gamma_i''-\beta_i''\gamma_i')^2$, und mithin u_iF_i durch $\beta_i'\gamma_i''-\beta_i''\gamma_i'$. Es wird also u_i multiplicirt mit dem Theiler von F_i durch $\beta_i'\gamma_i''-\beta_i''\gamma_i'$ theilbar sein. Es kann aber F_i keinen Theiler haben. Denn sonst würden alle drei Ausdrücke

$$\begin{aligned} u_i &= F_i(p_i+p_i'v_0+p_i''w_0), \\ v_i &= F_i(q_i+q_i'v_0+q_i''w_0), \\ w_i &= F_i(r_i+r_i'v_0+r_i''w_0) \end{aligned}$$

denselben Theiler besitzen, während doch u_i, v_i, w_i keinen gemeinschaftlichen Theiler haben sollen. Da also F_i ohne Theiler, und u_iF_i durch $\beta_i'\gamma_i''-\beta_i''\gamma_i'$ theilbar ist, mufs u_i durch $\beta_i'\gamma_i''-\beta_i''\gamma_i'$ theilbar sein, w. z. b. w.

Anmerkung. Dafs die Norm von F_i der Einheit gleich ist, wenn $u_i=1$, erhellt auch unmittelbar aus dem allgemeinen Satz, dafs F_i und $\frac{u_i}{F_i}$ oder $\frac{1}{F_i}$ nicht ganze complexe Zahlen sein können, wenn nicht die Norm von F_i entweder $+1$ oder -1 ist. Denn es werden dann die Normen von

---

*) F_i' und F_i'' sind die Werthe, welche F_i annimmt, wenn man darin für x successive die beiden anderen Wurzeln der cubischen Gleichung x' und x'' setzt. Es ist jetzt u_i wieder allgemein und nicht gerade gleich 1.

F_i oder $\frac{1}{F_i}$ ganze Zahlen, welche inverse Werthe haben, welche Eigenschaft nur den ganzen Zahlen $+1$ oder -1 zukommt.

§. 12.

Es soll jetzt gezeigt werden, *dass durch* $\beta'_i\gamma''_i-\beta''_i\gamma'_i$ *nicht bloss* u_i, *sondern auch* $\beta''_i\gamma_i-\beta_i\gamma''_i$ *und* $\beta_i\gamma'_i-\beta'_i\gamma_i$ *theilbar sind.*

Man setze

$$\Phi_i=\frac{u_i}{F_i}=\frac{F'_iF''_i}{\beta'_i\gamma''_i-\beta''_i\gamma'_i}=p_i+p'_iv_0+p''_iw_0,$$

so hat Φ_i keinen Theiler, weil p_i, p'_i, p''_i keinen gemeinschaftlichen Theiler haben können, da sie eine Horizontalreihe der neun Gröſsen bilden, deren Determinante gleich 1 gefunden war. Aus den Gleichungen

$$\frac{u_iv_i}{F_i}=v_i\Phi_i=u_i(q_i+q'_iv_0+q''_iw_0)=(\beta_i+\beta'_iv_0+\beta''_iw_0)\Phi_i,$$

$$\frac{u_iw_i}{F_i}=w_i\Phi=u_i(r_i+r'_iv_0+r''_iw_0)=(\gamma_i+\gamma'_iv_0+\gamma''_iw_0)\Phi_i$$

folgt, daſs die beiden Ausdrücke

$$(\beta_i+\beta'_iv_0+\beta''_iw_0)\Phi_i \quad \text{und} \quad (\gamma_i+\gamma'_iv_0+\gamma''_iw_0)\Phi_i,$$

und mithin auch die beiden Ausdrücke

$$\{-(\beta''_i\gamma_i-\beta_i\gamma''_i)+(\beta'_i\gamma''_i-\beta''_i\gamma'_i)v_0\}\Phi_i,$$

$$\{-(\beta_i\gamma'_i-\beta'_i\gamma_i)+(\beta'_i\gamma''_i-\beta''_i\gamma'_i)w_0\}\Phi$$

durch u_i, und also durch $\beta'_i\gamma''_i-\beta''_i\gamma'_i$ theilbar sind. Es sind also auch die beiden Ausdrücke

$$(\beta''_i\gamma_i-\beta_i\gamma''_i)\Phi_i \quad \text{und} \quad (\beta_i\gamma'_i-\beta'_i\gamma_i)\Phi_i,$$

und mithin, da Φ_i keinen Theiler hat, auch $\beta''_i\gamma_i-\beta_i\gamma''_i$ und $\beta_i\gamma'_i-\beta'_i\gamma$ selbst durch $\beta'_i\gamma''_i-\beta''_i\gamma'_i$ theilbar.

Es folgt hieraus, daſs man immer

$$\beta_i=a_i\beta'_i+b_i\beta''_i,$$

$$\gamma_i=a_i\gamma'_i+b_i\gamma'',$$

und daher (§. 10)

$$v_i = \beta_i'(v_0 + a_i) + \beta_i''(w_0 + b_i),$$
$$w_i = \gamma_i'(v_0 + a_i) + \gamma_i''(w_0 + b_i)$$

setzen kann, wo a_i und b_i ganze Zahlen sind.

Da ein Theiler von v_i alle drei Zahlen β_i, β_i', β_i'' theilt, so theilt er auch $\beta_i'\gamma_i'' - \beta_i''\gamma_i'$, und mithin auch u_i, weil dieses (§. 11) ein Vielfaches von $\beta_i'\gamma_i'' - \beta_i''\gamma_i'$ ist. Ebenso wird jeder Theiler von w_i die Zahlen γ_i, γ_i', γ_i'', $\beta_i'\gamma_i'' - \beta_i''\gamma_i'$ und u_i theilen. *Hieraus folgt, dass v_i und w_i keinen gemeinschaftlichen Theiler haben können,* weil denselben auch u_i haben müſste und keine Zahl zugleich u_i, v_i, w_i theilt.

Es sei h_i der gemeinschaftliche Theiler der Zahlen β_i' und β_i'', der also auch Theiler von

$$v_i, \quad \beta_i'\gamma_i'' - \beta_i''\gamma_i', \quad u_i, \quad v_i - l_i u_i$$

ist. Setzt man

$$v_i - l_i u_i = h_i \varphi_i,$$

wo φ_i keinen Theiler hat, so wird

$$\varphi_i F_{i+1} = \frac{\varphi_i f_i F_i}{k_i} = \frac{u_{i+1}}{h_i} F_i,$$

und mithin, da F_i keinen Theiler hat, h_i Theiler von u_{i+1}. *Es theilt daher h_i sowohl u_i als u_{i+1}, oder es ist u_i sowohl durch h_i als durch h_{i-1} theilbar.*

Setzt man

$$\beta_i'\gamma_i'' - \beta_i''\gamma_i' = C_i$$

und, wie oben,

$$p_i + p_i' v_0 + p_i'' w_0 = \Phi_i,$$

so wird $u_i = F_i \Phi_i$ und, da die Norm von F_i oder

$$F_i F_i' F_i'' = C_i u_i$$

ist,

$$F_i' F_i'' = C_i \Phi_i.$$

Aus der Gleichung

$$f_i' f_i'' = \frac{k_i u_{i+1}}{g_i}(v_i - l_i u_i)$$

folgt, *dass g_i Theiler von $h_i k_i u_{i+1}$ ist.* Bemerkt man die Gleichung

$$\Phi_i(v_i - l_i u_i) = \Phi_i F_i \Phi_{i+1} = u_i \Phi_{i+1},$$

so wird

$$F'_{i+1} F''_{i+1} = C_{i+1} \Phi_{i+1} = \frac{f'_i f''_i}{k_i^2} F'_i F''_i = C_i \Phi_i \frac{u_{i+1}}{k_i g_i}(v_i - l_i u_i) = \frac{C_i u_i u_{i+1}}{k_i g_i} \Phi_{i+1},$$

also

$$C_{i+1} k_i g_i = C_i u_i u_{i+1},$$

oder

$$g_i = C_i \frac{u_i}{k_i} \frac{u_{i+1}}{C_{i+1}}.$$

Es ist also g_i das Product der drei ganzen Zahlen C_i, $\frac{u_i}{k_i}$, $\frac{u_{i+1}}{C_{i+1}}$, oder wenn man will, das Product der vier ganzen Zahlen

$$\frac{k_{i-1} C_i}{u_{i-1}}, \quad \frac{u_{i-1}}{k_{i-1}}, \quad \frac{u_i}{k_i}, \quad \frac{u_{i+1}}{C_{i+1}}.$$

Die erste von diesen vier Gröfsen ist nämlich eine ganze Zahl, weil $\frac{u_{i-1}}{k_{i-1}}$ in w_i aufgeht, und jeder Theiler von w_i, wie in diesem Paragraphen bewiesen wurde, auch C_i theilt. Ferner ist $\frac{u_i}{k_i}$ eine ganze Zahl, weil, wie man oben im § 7 sah, $k_i w_{i+1} = f_i u_i$, und f_i durch keine ganze Zahl theilbar ist, also k_i in u_i aufgehen mufs.

Da g_i ein Theiler von $h_i k_i u_{i+1}$ ist, so folgt hieraus, *dass $\frac{C_i}{h_i} \frac{u_i}{k_i}$ Theiler von $k_i C_{i+1}$ ist.* Aus der Gleichung

$$g_i \frac{k_i C_{i+1}}{u_i} = C_i u_{i+1}$$

ergiebt sich, *dass g_i Theiler von $C_i u_{i+1}$ oder $\frac{g_i}{C_i}$ Theiler von u_{i+1} ist.* Es folgt aus dem Vorstehenden ferner, *dass $\frac{C_i}{h_i}$ Theiler von $k_i \frac{C_{i+1} k_i}{u_i}$ ist.*

Aus $u_i = F_i \Phi_i$ ergiebt sich

$$u_i^2 = u_i F_i \Phi_i = F'_i F''_i \Phi'_i \Phi''_i = C_i \Phi_i \Phi'_i \Phi''_i,$$

und daher

$$\Phi'_i \Phi''_i = \frac{u_i}{C_i} F_i.$$

Es folgen hieraus die Normen von F_i, f_i, Φ_i resp. gleich

$$C_i u\,,\quad k_i^2\frac{u_{i+1}^2}{g_i}\,,\quad \frac{u_i^2}{C_i}.$$

Man ersieht ferner aus diesen Formeln, dafs die Producte

$$F_i' F_i'',\quad f_i' f_i'',\quad \Phi_i'\Phi_i''$$

resp. die Zahlen

$$C_i,\quad \frac{k_i u_{i+1} h_i}{g_i},\quad \frac{u_i}{C_i}$$

zu ihren gröfsten Theilern haben.

Setzt man

$$q_i + q_i' v_0 + q_i'' w_0 = \Psi_i\,,$$

so hat man die Gleichungen

$$\Phi_i v_i = \Psi_i u_i\,,$$
$$\Phi_i w_i = \Phi_{i-1} u_i\,.$$

Es folgt hieraus, dafs die beiden Ausdrücke

$$(\gamma_i'' v_i - \beta_i'' w_i)\Phi_i = C_i(v_0 + a_i)\Phi_i\,,$$
$$(\beta_i' w_i - \gamma_i' v_i)\Phi_i = C_i(w_0 + b_i)\Phi_i$$

durch u_i theilbar sind. Es werden daher die beiden complexen Ausdrücke

$$(v_0 + a_i)\Phi_i\,,\qquad (w_0 + b_i)\Phi_i$$

durch die Zahl $\frac{u_i}{C_i}$ theilbar, und $\frac{u_i}{C_i}$ theilt die Normen von $v_0 + a_i$ und $w_0 + b_i$.

Hieraus ergiebt sich die folgende merkwürdige Eigenschaft der Gröfsen u_i, v_i, w_i. *Es sei*

$$v_i = \beta_i'(v_0 + a_i) + \beta_i''(w_0 + b_i)\,,$$
$$w_i = \gamma_i'(v_0 + a_i) + \gamma_i''(w_0 + b_i)\,,$$

so sind die Zahlen

$$\frac{u_i}{\beta_i'\gamma_i'' - \beta_i''\gamma_i'}$$

so beschaffen, dass in Bezug auf dieselben als Moduln die cubischen Gleichungen, deren Wurzeln v_0 und w_0 sind, gelöst werden können, und es werden resp. $-a_i$ und $-b_i$ die Werthe der Wurzeln dieser Congruenzen. Ist insbesondere

$$v_0 = \sqrt[3]{n}, \qquad w_0 = \sqrt[3]{n^2},$$

so sind die Zahlen $\frac{u_i}{\beta'_i\gamma''_i - \beta''_i\gamma'_i}$ *solche, von denen n cubischer Rest ist, und es werden*

$$a_i^3 + n, \qquad b_i^3 + n^2$$

durch $\frac{u_i}{\beta'_i\gamma''_i - \beta''_i\gamma'_i}$ *theilbar.*

Zur Vervollständigung des vorstehenden Satzes für den Fall, wo $v_0 = x$, $w_0 = x^2$, mufs noch bemerkt werden, *dass auch* $a_i^2 + b_i$ *durch* $\frac{u_i}{C_i}$ *aufgeht.* Da nämlich in diesem Falle die Ausdrücke

$$(a_i + x)\Phi_i, \qquad (b_i + x^2)\Phi_i$$

durch $\frac{u_i}{C_i}$ aufgehen, so ist dies auch der Fall mit

$$\{(a_i - x)(a_i + x) + b_i + x^2\}\Phi_i = (a_i^2 + b_i)\Phi_i,$$

woraus der zu beweisende Satz folgt. Man wird im Allgemeinen zeigen können, *dass die zwischen den Grössen* v_0 *und* w_0 *stattfindende Gleichung zweiten Grades eine Congruenz in Bezug auf den Modul* $\frac{u_i}{C_i}$ *wird, wenn man* v_0 *und* w_0 *resp. durch* $-a_i$ *und* $-b_i$ *ersetzt.*

§. 13.

Ich will jetzt einige allgemeine Betrachtungen über den Fall anstellen, wenn eine aus den Wurzeln einer cubischen Gleichung gebildete Zahl selbst keinen Theiler hat, aber das Product zweier ihrer Werthe durch eine Zahl theilbar ist.

Es seien s, s', s'' die Werthe der complexen Zahl, welche respective aus der ersten, zweiten, dritten Wurzel der Gleichung, oder den Grössen x, x', x'' gebildet werden. Man kann dann mittelst der gegebenen Gleichung das Product $s's''$ durch die erste Wurzel ausdrücken, und es wird dieser Ausdruck wieder eine complexe Zahl, von der ich annehme, dafs sie einen Theiler t habe. Denselben Theiler werden die Producte $s''s$ und ss' besitzen, wenn man dieselben respective durch die zweite und dritte Wurzel ausdrückt. Es wird daher das Product

$$(s - s')(s - s'')(s' - s'') = s's''(s' - s'') + s''s(s'' - s) + ss'(s - s')$$

als eine ganze rationale Function der drei Wurzeln dargestellt werden können, deren Coefficienten ganze, durch t theilbare Zahlen sind.

Es sei

$$s = \alpha + \beta x + \gamma x^2,$$
$$s' s'' = \alpha' + \beta' x + \gamma' x^2.$$

Zufolge der gemachten Voraussetzung sollen α, β, γ keinen gemeinschaftlichen Theiler haben, aber α', β', γ' durch t aufgehen. Substituirt man die Ausdrücke von s' und s'', so erhält man

$$s' - s'' = (x' - x'')\{\beta + \gamma(x' + x'')\} = (x' - x'')(\delta - \gamma x),$$

wo

$$\delta = \beta + \gamma a,$$

wenn a die durch die Gleichung gegebene Summe der drei Wurzeln x, x', x'' bezeichnet. Hieraus folgt, wenn man

$$X = (x - x')(x - x'')(x' - x'')$$

setzt, die Gleichung

$$(s - s')(s - s'')(s' - s'') = X(\delta - \gamma x)(\delta - \gamma x')(\delta - \gamma x'').$$

Es ist ferner

$$s' - s'' + s'' - s + s - s' = 0,$$
$$x(s' - s'') + x'(s'' - s) + x''(s - s') = -\gamma X,$$
$$x^2(s' - s'') + x'^2(s'' - s) + x''^2(s - s') = \beta X,$$

und daher

$$s's''(s' - s'') + s''s(s'' - s) + ss'(s - s') = X(\beta\gamma' - \beta'\gamma).$$

Hieraus ergiebt sich die merkwürdige Gleichung

$$(\delta - \gamma x)(\delta - \gamma x')(\delta - \gamma x'') = \beta\gamma' - \beta'\gamma.$$

Es folgt aus dieser Gleichung, dafs, *wenn t das Product $s's''$, und mithin die beiden Zahlen β' und γ' theilt, die gegebene cubische Gleichung eine in Bezug auf den Modul t lösbare Congruenz ist.*

Zur näheren Erläuterung dieses Satzes bemerke ich, *dass t mit γ keinen gemeinschaftlichen Theiler haben kann.* Es müsste nämlich durch diesen auch das Product

$$(\alpha + \beta x')(\alpha + \beta x'')$$

aufgehen, welches, wenn man mit b die durch die cubische Gleichung gegebene Summe der Amben der drei Wurzeln bezeichnet, dem Ausdrucke

$$\alpha^2 + a\alpha\beta + b\beta^2 - x(\alpha\beta + a\beta^2) + x^2\beta^2$$

gleich wird. Hieraus aber würde folgen, daſs auch α und β einen Theiler mit γ und t gemein haben müssten, was gegen die Voraussetzung ist, daſs α, β, γ keinen gemeinschaftlichen Theiler haben sollen.

Die obige Formel giebt zugleich eine Wurzel der cubischen Congruenz. *Es ist dieselbe die Summe der Wurzeln vermehrt um eine Zahl, welche, mit γ multiplicirt und durch t dividirt, denselben Rest wie β giebt.* Für den besonderen Fall, wenn die complexe Zahl s aus der Cubikwurzel von n gebildet ist, oder $x^3 = n$ die gegebene Gleichung war, folgt, daſs n *cubischer* Rest von t sein muſs.

Ich will im Folgenden den Werth von γ' bestimmen. Stellt man jede der Grössen

$$x'x'', \quad x'^2 + x''^2, \quad x'x''(x' + x''), \quad x'^2x''^2$$

durch einen Ausdruck von der Form

$$\nu x^2 + \nu' x + \nu''$$

dar und nennt die Werthe von ν in diesen vier Ausdrücken resp. ν_1, ν_2, ν_3, ν_4, so wird

$$\gamma' = \beta^2\nu_1 + \alpha\gamma\nu_2 + \beta\gamma\nu_3 + \gamma^2\nu_4.$$

Ist die gegebene cubische Gleichung

$$x^3 - ax^2 + bx - c = 0,$$

so wird

$$\nu_1 = 1, \quad \nu_2 = -1, \quad \nu_3 = a, \quad \nu_4 = b.$$

Durch Substitution dieser Werthe erhält man

$$\gamma' = \beta^2 - \alpha\gamma + a\beta\gamma + b\gamma^2,$$

und hieraus, weil γ' durch t theilbar ist, wenn man wiederum $\delta = \beta + \gamma a$ einführt,

$$\beta\delta - \alpha\gamma + \gamma^2 b \equiv 0 \pmod{t}.$$

Eine Wurzel ρ der Congruenz

$$x^3 - ax^2 + bx - c \equiv 0 \pmod{t}$$

wurde durch die Congruenz

$$\gamma\rho \equiv \delta \equiv \gamma a + \beta \pmod{t}$$

gegeben. Substituirt man in die gefundene Congruenz für δ diesen Werth $\gamma\rho$ und dividirt durch γ, welches (s. o.) keinen Theiler mit t gemein hat, so erhält man

$$\alpha \equiv \beta\rho + \gamma b \equiv \gamma(\rho^2 - a\rho + b) \pmod{t},$$

und daher

$$\alpha\rho \equiv \gamma c \pmod{t}.$$

Wenn die gegebene Gleichung

$$x^3 = n$$

ist, also $a = 0$, $b = 0$, $c = n$, so folgt hieraus

$$\alpha\rho \equiv \gamma n \pmod{t},$$

oder

$$\alpha\beta \equiv n\gamma^2 \pmod{t}.$$

Aus den Congruenzen

$$\alpha\rho \equiv \gamma c, \quad \beta\rho - \alpha \equiv -\gamma b, \quad \gamma\rho - \beta \equiv \gamma a \pmod{t}$$

folgt *die in Bezug auf x identische Congruenz*

$$(\rho - x)(\alpha + \beta x + \gamma x^2) \equiv \gamma(c - bx + ax^2 - x^3) \pmod{t}.$$

Man erhält aus derselben einen Satz, der in dem Falle, dass t eine ungerade Primzahl ist, besonders einfach wird und besagt, *dass die beiden anderen Wurzeln der cubischen Congruenz, wenn dergleichen vorhanden sind, durch die Congruenz*

$$\alpha + \beta x + \gamma x^2 \equiv 0 \pmod{t}$$

gegeben werden, und dass daher die cubische Congruenz in Bezug auf den Modulus t eine oder drei Wurzeln hat, je nachdem die Zahl

$$\beta^2 - 4\alpha\gamma$$

quadratischer Nichtrest oder Rest von t ist.

Setzt man

$$s = \frac{1}{h_i}(v_i - l_i u_i),$$

so wird

$$t = \frac{g_i}{h_i^3}.$$

Es ist daher die cubische Gleichung, aus deren einer Wurzel v_0 und w_0 gebildet sind, in Bezug auf alle Moduln $\frac{g_i}{h_i^3}$ lösbar. Wenn ferner $v_0 = x$, $w_0 = x^2$, so hat man

$$s h_i = \beta_i'(x + a_i) + \beta_i''(x^2 + b_i) - l_i u_i,$$

und es wird

$$\beta h_i = \beta_i', \quad \gamma h_i = \beta_i'';$$

β hat keinen Theiler mit γ gemein, weil h_i der Theiler von β_i' und β_i'' war. Ferner hat γ oder $\frac{\beta_i''}{h_i}$ keinen Theiler mit $t = \frac{g_i}{h_i^3}$ gemein. Man hat in dem speciellen Falle, wenn

$$v_0 = \sqrt[3]{n}, \quad w_0 = \sqrt[3]{n^2},$$

also auch $x^3 = n$ ist,

$$\rho^3 \equiv n \pmod{t},$$

also

$$(\gamma \rho)^3 - n \gamma^3 \equiv 0 \pmod{t},$$

woraus folgt, daß

$$\beta^3 - n \gamma^3 \equiv 0 \pmod{t}.$$

In diesem speciellen Falle ist also n von allen Zahlen $\frac{g_i}{h_i^3}$ cubischer Rest, und immer

$$\frac{1}{h_i^3}(\beta_i'^3 - n \beta_i''^3)$$

theilbar durch $\frac{g_i}{h_i^3}$.

Da ferner g_i ein Theiler von $C_i u_{i+1}$ war (§.12), und C_i und u_{i+1} durch h_i theilbar sind, so ist $\frac{C_i}{h_i}$ ein Theiler von $\frac{g_i}{h_i^3}$. Man hat auch

$$\frac{\gamma_i''^3}{h_i^3}\{\beta_i'^3 - n\beta_i''^3\} = \frac{\beta_i''^3}{h_i^3}(\gamma_i'^3 - n\gamma_i''^3) + \frac{\beta_i'^3 \gamma_i''^3 - \beta_i''^3 \gamma_i'^3}{h_i^3}.$$

Das letzte Glied ist durch

$$\frac{C_i}{h_i} = \frac{\beta_i' \gamma_i'' - \beta_i'' \gamma_i'}{h_i}$$

theilbar, während γ, d. h. $\frac{\beta_i''}{h_i}$, keinen Theiler mit t, also auch keinen mit $\frac{C_i}{h_i}$ gemein hat. Hieraus folgt, *dass auch*

$$\gamma_i'^3 - n\gamma_i''^3$$

theilbar durch $\frac{C_i}{h_i}$ *ist.*

§. 14.

Um mich in diesen Algorithmen näher zu orientiren und zu sehen, ob die Quotienten l_i und m_i, wie bei der Verwandlung einer Quadratwurzel in einen Kettenbruch, periodisch wiederkehren, endlich, ob man hierbei auf complexe Ausdrücke kommt, deren Norm gleich 1 wird, habe ich, als ich zuerst im Jahre 1839 diesen Gegenstand untersuchte, mehrere Beispiele berechnet, welche ich hier mittheilen will, da seitdem mehrere Mathematiker sich mit ähnlichen Untersuchungen zu beschäftigen angefangen haben, denen solche ziemlich mühsame Beispiele zur Aufstellung einer vollständigen Theorie zu Anhaltspunkten dienen können. Das Resultat, dafs man hierbei nach einigen unregelmäfsigen Anfangsgliedern zuletzt wirklich auf Perioden geführt wird, habe ich in damaliger Zeit meinen Freunden Dirichlet und Borchardt mitgetheilt.

Erstes Beispiel.

Entwickelung von $\sqrt[3]{2}$ und $\sqrt[3]{4}$.

($\sqrt[3]{2} = 1,260$; $\sqrt[3]{4} = 1,587$).

$u_0 = 1$ $\qquad$ $l_0 = 1$

$v_0 = \sqrt[3]{2}$ $\qquad$ $m_0 = 1$

$w_0 = \sqrt[3]{4}$ $\qquad$ $f_0 = \sqrt[3]{4} + \sqrt[3]{2} + 1$

$u_1 = f_0(\sqrt[3]{2} - 1) = 1$ $\qquad$ $l_1 = 2$

$v_1 = f_0(\sqrt[3]{4} - 1) = \sqrt[3]{2} + 1$ $\qquad$ $m_1 = 3$

$w_1 = \sqrt[3]{4} + \sqrt[3]{2} + 1$ $\qquad$ $f_1 = \sqrt[3]{4} + \sqrt[3]{2} + 1$

$$u_2 = f_1(\sqrt[3]{2}-1) = 1 \qquad l_2 = 3$$
$$v_2 = f_1(\sqrt[3]{4}+\sqrt[3]{2}-2) = \sqrt[3]{2}+2 \qquad m_2 = 3$$
$$w_2 = \sqrt[3]{4}+\sqrt[3]{2}+1 \qquad f_2 = \sqrt[3]{4}+\sqrt[3]{2}+1$$

$$u_3 = f_2(\sqrt[3]{2}-1) = 1$$
$$v_3 = f_2(\sqrt[3]{4}+\sqrt[3]{2}-2) = \sqrt[3]{2}+2$$
$$w_3 = \sqrt[3]{4}+\sqrt[3]{2}+1.$$

Weiter braucht man die Rechnung nicht fortzusetzen, da u_3, v_3, w_3 dieselben Gröſsen wie u_2, v_2, w_2 sind, und also auch alle folgenden, wenn $i \geqq 2$, dieselben Werthe

$$u_i = 1, \quad v_i = \sqrt[3]{2}+2, \quad w_i = \sqrt[3]{4}+\sqrt[3]{2}+1$$

erhalten. Schreibt man, um die unregelmäſsigen Anfangsglieder zu vermeiden, u_0, v_0, w_0 für u_2, v_2, w_2 und berechnet die ganzen Zahlen p_i, p'_i etc., P_i, P'_i etc. nach den gegebenen Regeln, indem man alle Quotienten l_i und m_i gleich 3 setzt, so erhält man

$$\frac{1}{(\sqrt[3]{4}+\sqrt[3]{2}+1)^i} = (\sqrt[3]{2}-1)^i = p_i + p'_i(\sqrt[3]{2}+2) + p''_i(\sqrt[3]{4}+\sqrt[3]{2}+1),$$
$$\frac{2+\sqrt[3]{2}}{(\sqrt[3]{4}+\sqrt[3]{2}+1)^i} = (\sqrt[3]{2}-1)^i(2+\sqrt[3]{2}) = q_i + q'_i(\sqrt[3]{2}+2) + q''_i(\sqrt[3]{4}+\sqrt[3]{2}+1);$$

ferner

$$(\sqrt[3]{4}+\sqrt[3]{2}+1)^i = P_i + P_{i+1}(\sqrt[3]{2}+2) + P_{i+2}(\sqrt[3]{4}+\sqrt[3]{2}+1),$$
$$(\sqrt[3]{4}+\sqrt[3]{2}+1)(2+\sqrt[3]{2}) = P'_i + P'_{i+1}(\sqrt[3]{2}+2) + P'_{i+2}(\sqrt[3]{4}+\sqrt[3]{2}+1),$$
$$(\sqrt[3]{4}+\sqrt[3]{2}+1)^{i+1} = P''_i + P''_{i+1}(\sqrt[3]{2}+2) + P''_{i+2}(\sqrt[3]{4}+\sqrt[3]{2}+1).$$

Daraus, daſs sich die Quotienten l_i und m_i nicht ändern, wenn man ihre Indices vermehrt, ergiebt sich zufolge der aus den Gleichungen (10*) und (9*) für $k = 1$ abgeleiteten Formeln

$$P''_i = P_{i+1}, \quad P'_i = 3P_i + P_{i-1}, \quad p'_i = p_{i-1}, \quad p''_i = p_{i-2}.$$

Die vorstehenden Formeln geben ein leichtes Mittel, die Potenzen von $\sqrt[3]{4}+\sqrt[3]{2}+1$ zu bilden, indem man sie unter der Form

$$P_i + P_{i+1}(\sqrt[3]{2}+2) + P_{i+2}(\sqrt[3]{4}+\sqrt[3]{2}+1) = (\sqrt[3]{4}+\sqrt[3]{2}+1)^i$$

darstellt, wo

$P_0=1,\ \ P_1=0,\ \ P_2=0,\ \ P_3=1,\ \ P_4=3,\ \ P_5=12,\ \ P_6=46,\ \ P_7=177,\ \ldots$

und immer

$$P_{i+3} = 3(P_{i+2}+P_{i+1})+P_i.$$

Um dies zu prüfen, setze man

$$\sqrt[3]{4}+\sqrt[3]{2}+1 = \frac{1}{\sqrt[3]{2}-1} = x,$$

woraus

$$x\sqrt[3]{2} = x+1, \quad x^3 = 3x^2+3x+1,$$

und daher auch

$$x^{i+3} = 3x^{i+2}+3x^{i+1}+x^i$$

folgt, woraus sich die angegebene recurrirende Bildungsweise von x^i ergiebt.

Unter derselben Form kann man nach dem Vorstehenden leicht auch die positiven Potenzen von $\sqrt[3]{2}-1$ darstellen. Es wird nämlich

$$(\sqrt[3]{2}-1)^i = p_i+p_i'(\sqrt[3]{2}+2)+p_i''(\sqrt[3]{4}+\sqrt[3]{2}+1)$$
$$= p_i+p_{i-1}(\sqrt[3]{2}+2)+p_{i-2}(\sqrt[3]{4}+\sqrt[3]{2}+1),$$

wo

$p_0=1,\ \ p_1=-3,\ \ p_2=6,\ \ p_3=-8,\ \ p_4=3,\ \ p_5=21,\ \ p_6=-80,\ \ldots$

und immer

$$p_{i+3} = -3(p_{i+2}+p_{i+1})+p_i.$$

Auch dies folgt, wenn man

$$\sqrt[3]{2}-1 = y$$

setzt, aus den Gleichungen

$$y^3 = -3y^2-3y+1, \quad y^{i+3} = -3y^{i+2}-3y^{i+1}+y^i.$$

Von p_6 an werden die Gröfsen p_i regelmäfsig das Zeichen wechseln, und jede wird ihrem absoluten Werthe nach ungefähr das Dreifache der vorhergehenden, wie dies auch bei den Gröfsen P_i der Fall ist. Es wird demnach p_i immer absolut kleiner als P_{i+1}.

Die Gleichungen

$$(\sqrt[3]{2}-1)^i = p_i + p_i'(\sqrt[3]{2}+2)+p_i''(\sqrt[3]{4}+\sqrt[3]{2}+1),$$
$$(\sqrt[3]{2}-1)^{i-1} = p_{i-1}+p_{i-1}'(\sqrt[3]{2}+2)+p_{i-1}''(\sqrt[3]{4}+\sqrt[3]{2}+1)$$

geben, wenn man die oben gefundenen Ausdrücke (20) der Gröſsen P durch die Gröſsen p benutzt

$$p_i''(\sqrt[3]{2}-1)^{i-1}-p_{i-1}''(\sqrt[3]{2}-1)^i = -P_{i+1}'+P_{i+1}(\sqrt[3]{2}+2),$$

$$p_i'(\sqrt[3]{2}-1)^{i-1}-p_{i-1}'(\sqrt[3]{2}-1)^i = P_{i+1}''-P_{i+1}(\sqrt[3]{4}+\sqrt[3]{2}+1),$$

oder, da

$$p_i'' = p_{i-2}, \quad p_i' = p_{i-1}, \quad P_{i+1}'' = P_{i+2}, \quad P_{i+1}' = 3P_{i+1}+P_i$$

ist,

$$p_{i-2}(\sqrt[3]{2}-1)^{i-1}-p_{i-3}(\sqrt[3]{2}-1)^i = -P_i + P_{i+1}(\sqrt[3]{2}-1),$$

$$p_{i-1}(\sqrt[3]{2}-1)^{i-1}-p_{i-2}(\sqrt[3]{2}-1)^i = P_{i+2}-P_{i+1}(\sqrt[3]{4}+\sqrt[3]{2}+1).$$

Diese beiden Gleichungen geben für

$$\sqrt[3]{2}-1 = \frac{1}{\sqrt[3]{4}+\sqrt[3]{2}+1}$$

die Näherungswerthe $\frac{P_i}{P_{i+1}}, \frac{P_{i+1}}{P_{i+2}}$ etc. Diese Näherungswerthe werden nach einander

$$\frac{1}{3}, \quad \frac{3}{12}, \quad \frac{12}{46}, \quad \frac{46}{177}, \quad \frac{177}{681}, \quad \ldots$$

Der Näherungswerth $\frac{177}{681}$ beträgt 0,259912, während der wahre Werth 0,259921 ist.

Addirt man die beiden vorstehenden Gleichungen, so erhält man die Reihe der Näherungswerthe für $\sqrt[3]{4}$ durch die Formel

$$(p_{i-1}+p_{i-2})(\sqrt[3]{2}-1)^{i-1}-(p_{i-2}+p_{i-3})(\sqrt[3]{2}-1)^i$$

$$= P_{i+2}-2P_{i+1}-P_{i+1}\sqrt[3]{4}-P_i = P_{i+1}+2P_i+P_{i-1}-P_{i+1}\sqrt[3]{4},$$

woraus annäherungsweise

$$\sqrt[3]{4} = \frac{P_{i+1}+2P_i+P_{i-1}}{P_{i+1}}, \quad \sqrt[3]{4}-1 = \frac{2P_i+P_{i-1}}{P_{i+1}}$$

folgt. Setzt man $2P_i+P_{i-1} = Q_{i-1}$, so wird

$$Q_2 = 2, \quad Q_3 = 7, \quad Q_4 = 27, \quad Q_5 = 104, \quad Q_6 = 400, \quad \ldots$$

und allgemein

$$Q_{i+3} = 3(Q_{i+2}+Q_{i+1})+Q_i.$$

Die successiven Näherungswerthe für $\sqrt[3]{4}-1$ werden

$$\frac{2}{3},\ \frac{7}{12},\ \frac{27}{46},\ \frac{104}{177},\ \frac{400}{681},\ \ldots$$

Der Näherungswerth $\frac{400}{681}$ beträgt 0,58737, während der wahre Werth 0,58740 ist. Das Charakteristische dieser Annäherungen ist, dafs die beiderlei Näherungswerthe für $\sqrt[3]{2}$ und $\sqrt[3]{4}$ Brüche *mit demselben Nenner* sind (cfr. §. 6).

Zweites Beispiel.

Entwickelung von $\sqrt[3]{3}$ und $\sqrt[3]{9}$.

($\sqrt[3]{3} = 1{,}442$; $\sqrt[3]{9} = 2{,}080$).

Wenn

$$v_i - l_i u_i = \alpha\sqrt[3]{9} + \beta\sqrt[3]{3} + \gamma,$$
$$f_i = \alpha'\sqrt[3]{9} + \beta'\sqrt[3]{3} + \gamma'$$

gesetzt wird, so wird nach §. 7

$$g_i\alpha' = \beta^2 - \alpha\gamma, \quad g_i\beta' = 3\alpha^2 - \beta\gamma, \quad g_i\gamma' = \gamma^2 - 3\alpha\beta,$$

wo g_i der gemeinschaftliche Theiler der drei rechter Hand befindlichen Zahlen ist; ferner

$$k_i u_{i+1} = f_i(v_i - l_i u_i) = 3(\beta\alpha' + \alpha\beta') + \gamma\gamma',$$
$$k_i v_{i+1} = f_i(w_i - m_i u_i),$$
$$k_i w_{i+1} = f_i u_i,$$

wo k_i eine Zahl ist, die alle Ausdrücke rechter Hand theilt.

Man setze $\sqrt[3]{3} = x$.

$u_0 = 1$ | $l_0 = 1$ | $g_0 = 1$
$v_0 = x$ | $m_0 = 2$ | $k_0 = 1$
$w_0 = x^2$ | $f_0 = x^2 + x + 1$

$u_1 = 2$ | $l_1 = 0$ | $g_1 = 2$
$v_1 = f_0(x^2 - 2) = -x^2 + x + 1$ | $m_1 = 2$ | $k_1 = 2$
$w_1 = x^2 + x + 1$ | $f_1 = x^2 + x + 2$

$$u_2 = 1 \qquad l_2 = 1 \qquad g_2 = 1$$
$$v_2 = \tfrac{1}{2} f_1(x^2+x-3) = x \qquad m_2 = 5 \qquad k_2 = 1$$
$$w_2 = x^2+x+2 \qquad f_2 = x^2+x+1$$

$$u_3 = 2 \qquad l_3 = 1 \qquad g_3 = 2$$
$$v_3 = f_2(x^2+x-3) = -x^2+x+3 \qquad m_3 = 2 \qquad k_3 = 2$$
$$w_3 = x^2+x+1 \qquad f_3 = x^2+x+2$$

$$u_4 = u_2, \quad v_4 = v_2, \quad w_4 = w_2,$$

so dafs man hier aufhören kann.

Wenn man, um wieder die nicht zur Periode gehörigen Anfangsglieder zu vermeiden, von den Gröfsen

$$u_0 = 1, \quad v_0 = x, \quad w_0 = x^2+x+2$$

ausgeht, wodurch alle unteren Indices um 2 verringert werden müssen, so hat man

$$u_{2\iota} = u_0 = 1, \qquad v_{2\iota} = v_0 = x, \qquad w_{2\iota} = w_0 = x^2+x+2,$$
$$u_{2\iota+1} = u_1 = 2, \qquad v_{2\iota+1} = v_1 = -x^2+x+3, \qquad w_{2\iota+1} = w_1 = x^2+x+1,$$

$$f_{2\iota} = f_0 = x^2+x+1, \qquad l_{2\iota} = l_0 = 1, \qquad m_{2\iota} = m_0 = 5, \qquad k_{2\iota} = k_0 = 1,$$
$$f_{2\iota+1} = f_1 = x^2+x+2, \qquad l_{2\iota+1} = l_1 = 1, \qquad m_{2\iota+1} = m_1 = 2, \qquad k_{2\iota+1} = k_1 = 2,$$

$$F_2 = \frac{f_0 f_1}{2} = 2x^2+3x+4, \qquad F_{2\iota} = F_2^\iota, \qquad F_{2\iota+1} = F_2^\iota f_0,$$

ferner

$$P_{2\iota+3} = 5P_{2\iota+2} + P_{2\iota+1} + P_{2\iota}, \qquad p_{2\iota+3} = -p_{2\iota+2} - 2p_{2\iota+1} + p_{2\iota},$$
$$P_{2\iota+4} = 2P_{2\iota+3} + P_{2\iota+2} + P_{2\iota+1}, \qquad p_{2\iota+4} = -p_{2\iota+3} - 5p_{2\iota+2} + p_{2\iota+1},$$

$$q_{2\iota+1} = p_{2\iota-1} - 5p_{2\iota} = p_{2\iota+2} + p_{2\iota+1},$$
$$q_{2\iota+2} = p_{2\iota} - 2p_{2\iota+1} = p_{2\iota+3} + p_{2\iota+2},$$

in welchen Gleichungen man sämmtlichen Gröfsen auch einen oder zwei Accente geben kann. Aus (24) folgt, dafs die mit demselben Nenner behafteten Brüche

$$\frac{P'_{i+2}}{P_{i+2}}, \quad \frac{P''_{i+2}}{P_{i+2}}$$

Näherungswerthe der Gröfsen $\frac{v_0}{u_0}$, $\frac{w_0}{u_0}$, oder der Gröfsen x und x^2+x+2 sind. Die Anfangswerthe der Gröfsen P und p sind

$$P_0 = 1, \quad P_1 = 0, \quad P_2 = 0, \quad P_3 = 1, \quad P_4 = 2.$$
$$P'_0 = 0, \quad P'_1 = 1, \quad P'_2 = 0, \quad P'_3 = 1, \quad P'_4 = 3,$$
$$P''_0 = 0, \quad P''_1 = 0, \quad P''_2 = 1, \quad P''_3 = 5, \quad P''_4 = 11;$$

$$p_0 = 1, \quad p_1 = -1, \quad p_2 = -4, \quad p_3 = 7, \quad p_4 = 12,$$
$$p'_0 = 0, \quad p'_1 = 1, \quad p'_2 = -1, \quad p'_3 = -1, \quad p'_4 = 7,$$
$$p''_0 = 0, \quad p''_1 = 0, \quad p''_2 = 1, \quad p''_3 = -1, \quad p''_4 = -4.$$

Man kann auf folgende Art die Gröfsen p'_i und p''_i auf p_i und die Gröfsen P'_i und P''_i auf P_i zurückführen und eine recurrirende Gleichung zwischen vier Gröfsen P erhalten, welche die Indices i, $i+2$, $i+4$, $i+6$ haben.

Aus den Formeln (9*) in §. 5 ergeben sich für $k=1$ die allgemeinen Formeln

$$p_i = -l_0(p_{i-1})_1 - m_0(p'_{i-1})_1 + (p''_{i-1})_1,$$
$$p'_i = (p_{i-1})_1, \quad p''_i = (p'_{i-1})_1.$$

Zu diesen Gleichungen mufs man die folgenden hinzufügen, welche sich aus ihnen ergeben, wenn man die Indices der Quotienten um 1 vermehrt,

$$(p_i)_1 = -l_1(p_{i-1})_2 - m_1(p'_{i-1})_2 + (p''_{i-1})_2,$$
$$(p'_i)_1 = (p_{i-1})_2, \quad (p''_i)_1 = (p'_{i-1})_2.$$

Für unseren Fall geben diese Gleichungen

$$p_i = -(p_{i-1})_1 - 5(p'_{i-1})_1 + (p''_{i-1})_1 = -p'_i - 5p_{i-2} + p'_{i-2},$$
$$(p_i)_1 = p'_{i+1} = -p_{i-1} - 2p'_{i-1} + p''_{i-1}, \quad p''_i = p_{i-2}.$$

Es folgen hieraus, wenn man in dem Ausdruck von p'_{i+1} den Index i um 1 erniedrigt und p_{i-4} für p''_{i-2} substituirt, zwischen den Gröfsen p und p' die beiden Gleichungen

$$-p'_i + p'_{i-2} = p_i + 5p_{i-2},$$
$$p'_i + 2p'_{i-2} = -p_{i-2} + p_{i-4},$$

und hieraus

$$3p'_i = -2p_i - 11p_{i-2} + p_{i-4},$$
$$3p'_{i-2} = p_i + 4p_{i-2} + p_{i-4},$$

oder

$$3p'_{i+4} = -2p_{i+4} - 11p_{i+2} + p_i = p_{i+6} + 4p_{i+4} + p_{i+2},$$
$$p_{i+6} = -6(p_{i+4} + 2p_{i+2}) + p_i.$$

In der letzteren Gleichung kann man auch p' oder p'' für p setzen und sieht hieraus, daſs

$$p_{2i},\ p'_{2i},\ p''_{2i},\ p_{2i+1},\ p'_{2i+1},\ p''_{2i+1}$$

die Coefficienten der allgemeinen Glieder in der Entwickelung von Brüchen werden, welche den Nenner

$$(1+2z)^3 - 9z^3$$

haben.

Auf ähnliche Art leitet man aus (10*) die folgenden Gleichungen ab:

$$P_i = (P''_{i-1})_1, \quad P'_i = (P_{i-1})_1 + l_0(P''_{i-1})_1, \quad P''_i = (P'_{i-1})_1 + m_0(P''_{i-1})_1,$$
$$(P_i)_1 = P''_{i-1}, \quad (P'_i)_1 = P_{i-1} + l_1 P''_{i-1}, \quad (P''_i)_1 = P'_{i-1} + m_1 P''_{i-1},$$

aus welchen

$$P'_i = P''_{i-2} + P_i, \quad P''_i = P_{i-2} + P''_{i-2} + 5P_i, \quad P_{i+1} = P'_{i-1} + 2P''_{i-1}$$

folgt. Die letzte dieser Gleichungen giebt

$$P_{i+1} = P''_{i-3} + P_{i-1} + 2P''_{i-1}.$$

Setzt man hierin $i+1$ für i, so hat man zwischen den Gröſsen P und P'' die beiden Gleichungen

$$P''_i - P''_{i-2} = P_{i-2} + 5P_i, \quad 2P''_i + P''_{i-2} = P_{i+2} - P_i,$$

aus welchen

$$3P''_i = P_{i+2} + 4P_i + P_{i-2}, \quad 3P''_{i-2} = P_{i+2} - 11P_i - 2P_{i-2},$$

und daher

$$3P''_{i+2} = P_{i+4} + 4P_{i+2} + P_i = P_{i+6} - 11P_{i+4} - 2P_{i+2},$$
$$3P'_{i+4} = 4P_{i+4} + 4P_{i+2} + P_i = P_{i+6} - 8P_{i+4} - 2P_{i+2},$$
$$P_{i+6} = 12P_{i+4} + 6P_{i+2} + P_i$$

hervorgeht. In der letzten Gleichung kann auch P', P'' für P gesetzt werden. Man sieht aus derselben, dafs die recurrirenden Reihen, deren allgemeine Glieder

$$P_{2i},\quad P'_{2i},\quad P''_{2i},\quad P_{2i+1},\quad P'_{2i+1},\quad P''_{2i+1}$$

sind, aus der Entwickelung von Brüchen hervorgehen, welche den Nenner

$$9-(2+y)^3$$

haben, der aus dem obigen erhalten wird, wenn man $z=\frac{1}{y}$ setzt und mit $-y^3$ multiplicirt.

Die oben aufgestellte allgemeine Theorie ergiebt durch einige leicht anzustellende Betrachtungen, dass diese Nenner jedesmal die resp. mit $-z^3$, $-y^3$ *multiplicirten Determinanten der Grössen*

$$\begin{matrix} p_i-\frac{1}{z}, & p'_i, & p''_i, \\ q_i, & q'_i-\frac{1}{z}, & q''_i, \\ p_{i-1}, & p'_{i-1}, & p''_{i-1}-\frac{1}{z}, \end{matrix} \qquad \begin{matrix} P_i-\frac{1}{y}, & P_{i+1}, & P_{i+2}, \\ P'_i, & P'_{i+1}-\frac{1}{y}, & P'_{i+2}, \\ P''_i, & P''_{i+1}, & P''_{i+2}-\frac{1}{y} \end{matrix}$$

werden, wenn i *der Index der Periode, oder*

$$u_i=u_0,\quad v_i=v_0,\quad w_i=w_0$$

ist. Für unser Beispiel werden diese Determinanten

$$\begin{matrix} -(4+\frac{1}{z}), & -1, & 1, \\ 3, & -(2+\frac{1}{z}), & 0, \\ -1, & 1, & -\frac{1}{z}, \end{matrix} \qquad \begin{matrix} -\frac{1}{y}, & 1, & 2, \\ 0, & 1-\frac{1}{y}, & 3, \\ 1, & 5, & 11-\frac{1}{y}, \end{matrix}$$

und ihre resp. mit $-z^3$, $-y^3$ multiplicirten Ausdrücke geben in der That die im Vorhergehenden gefundenen Nenner.

Ich will noch bemerken, dafs man, *wenn* i *gerade ist*, die Gleichungen

$$-p'_i+p'_{i-2}=p_i+5p_{i-2}=p_{i-3}-p_{i-1},$$
$$P''_i-P''_{i-2}=P_{i-2}+5P_i=P_{i+1}-P_{i-1}$$

hat, aus denen, da

$$p_1=p'_3=-1,\quad P''_0=P_1=0$$

ist, allgemein

$$p'_i = p_{i-1}, \quad P''_i = P_{i+1},$$

oder, wenn man $2i$ für i setzt,

$$p'_{2i} = p_{2i-1}, \quad P''_{2i} = P_{2i+1}$$

folgt.

Der complexe Ausdruck

$$F_2 = 2\sqrt[3]{9} + 3\sqrt[3]{3} + 4$$

hat zufolge des oben gegebenen allgemeinen Satzes, wie man leicht prüft, die Einheit zur *Norm*. Der inverse Werth derselben wird durch die Formel

$$\frac{1}{F_2} = \frac{k_0 k_1}{f_0 f_1} = \frac{(v_0 - l_0 u_0)(v_1 - l_1 u_1)}{u_0 u_1}$$

$$= \frac{(\sqrt[3]{3} - 1)(-\sqrt[3]{9} + \sqrt[3]{3} + 1)}{2} = \sqrt[3]{9} - 2$$

gegeben. Setzt man denselben gleich y, so wird

$$9 - (2 + y)^3 = 0,$$

wo der Ausdruck links der Nenner der Brüche ist, aus deren Entwickelung die recurrirenden Reihen hervorgehen, deren allgemeine Glieder die Größen P_i, P_{i+1}, P'_i etc. sind.

Drittes Beispiel.

Entwickelung von $\sqrt[3]{5}$ und $\sqrt[3]{25}$.

($\sqrt[3]{5} = 1{,}710$; $\sqrt[3]{25} = 2{,}924$).

Man setze $\sqrt[3]{5} = x$.

$u_0 = 1$	$l_0 = 1$	$g_0 = 1$
$v_0 = x$	$m_0 = 2$	$k_0 = 1$
$w_0 = x^2$	$f_0 = x^2 + x + 1$	
$f_0(x - 1) = 4$	$f_0(x^2 - 2) = -x^2 + 3x + 3$	
$u_1 = 4$	$l_1 = 1$	$g_1 = 8$
$v_1 = -x^2 + 3x + 3$	$m_1 = 1$	$k_1 = 4$
$w_1 = x^2 + x + 1$	$f_1 = x^2 + x + 2$	
$f_1(-x^2 + 3x - 1) = 8$	$f_1(x^2 + x - 3) = 4x + 4$	

$u_2 = 2$	$l_2 = 1$	$g_2 = 1$
$v_2 = x + 1$	$m_2 = 3$	$k_2 = 2$
$w_2 = x^2 + x + 2$	$f_2 = x^2 + x + 1$	
$f_2(x - 1) = 4$	$f_2(x^2 + x - 4) = -2x^2 + 2x + 6$	
$u_3 = 2$	$l_3 = 0$	$g_3 = 2$
$v_3 = -x^2 + x + 3$	$m_3 = 2$	$k_3 = 2$
$w_3 = x^2 + x + 1$	$f_3 = 2x^2 + x + 7$	
$f_3(-x^2 + x + 3) = 26$	$f_3(x^2 + x - 3) = 2x^2 + 14x - 6$	
$u_4 = 18$	$l_4 = 0$	$g_4 = 26$
$v_4 = x^2 + 7x - 3$	$m_4 = 1$	$k_4 = 13$
$w_4 = 2x^2 + x + 7$	$f_4 = 2x^2 + x - 1$	
$f_4(x^2 + 7x - 3) = 78$	$f_4(2x^2 + x - 6) = -13x^2 + 13x + 26$	
$u_5 = 6$	$l_5 = 0$	$g_5 = 3$
$v_5 = -x^2 + x + 2$	$m_5 = 1$	$k_5 = 6$
$w_5 = 2x^2 + x - 1$	$f_5 = x^2 + x + 3$	
$f_5(-x^2 + x + 2) = 6$	$f_5(2x^2 + x - 7) = 6x - 6$	
$u_6 = 1$	$l_6 = 0$	$g_6 = 1$
$v_6 = x - 1$	$m_6 = 7$	$k_6 = 1$
$w_6 = x^2 + x + 3$	$f_6 = x^2 + x + 1 = f_0$	
$f_6(x - 1) = 4$	$f_6(x^2 + x - 4) = -2x^2 + 2x + 6$	
$u_7 = 4$	$l_7 = 0$	$g_7 = 8$
$v_7 = -2x^2 + 2x + 6$	$m_7 = 1$	$k_7 = 2$
$w_7 = x^2 + x + 1$	$f_7 = 2x^2 + x + 7 = f_3$	
$f_7(-2x^2 + 2x + 6) = 52$	$f_7(x^2 + x - 3) = 2x^2 + 14x - 6$	
$u_8 = 26$	$l_8 = 0$	$g_8 = 26$
$v_8 = x^2 + 7x - 3$	$m_8 = 1$	$k_8 = 26$
$w_8 = 4x^2 + 2x + 14$	$f_8 = 2x^2 + x - 1 = f_4$	
$f_8(x^2 + 7x - 3) = 78$	$f_8(4x^2 + 2x - 12) = -26x^2 + 26x + 52$	
$u_9 = 3$	$l_9 = 0$	$g_9 = 3$
$v_9 = -x^2 + x + 2$	$m_9 = 2$	$k_9 = 3$
$w_9 = 2x^2 + x - 1$	$f_9 = x^2 + x + 3 = f_5$	
$f_9(-x^2 + x + 2) = 6$	$f_9(2x^2 + x - 7) = 6x - 6$	

$u_{10} = 2$ $\qquad l_{10} = 0$ $\qquad g_{10} = 4$

$v_{10} = 2x - 2$ $\qquad m_{10} = 3$ $\qquad k_{10} = 1$

$w_{10} = x^2 + x + 3$ $\qquad f_{10} = x^2 + x + 1 = f_6$

$f_{10}(2x-2) = 8$ $\qquad f_{10}(x^2 + x - 3) = -x^2 + 3x + 7$

$u_{11} = 8$ $\qquad l_{11} = 1$ $\qquad g_{11} = 8$

$v_{11} = -x^2 + 3x + 7$ $\qquad m_{11} = 1$ $\qquad k_{11} = 8$

$w_{11} = 2x^2 + 2x + 2$ $\qquad f_{11} = x^2 + x + 2 = f_1$

$f_{11}(-x^2 + 3x - 1) = 8$ $\qquad f_{11}(2x^2 + 2x - 6) = 8x + 8$

$u_{12} = 1$ $\qquad l_{12} = 2$ $\qquad g_{12} = 1$

$v_{12} = x + 1$ $\qquad m_{12} = 6$ $\qquad k_{12} = 1$

$w_{12} = x^2 + x + 2$ $\qquad f_{12} = x^2 + x + 1 = f_6$

$f_{12}(x-1) = 4$ $\qquad f_{12}(x^2 + x - 4) = -2x^2 + 2x + 6$

$u_{13} = 4$

$v_{13} = -2x^2 + 2x + 6$

$w_{13} = x^2 + x + 1.$

Da nun

$$u_{13} = u_7, \quad v_{13} = v_7, \quad w_{13} = w_7,$$

so beginnt an dieser Stelle die Periode, und die Rechnung kann demnach hier abgebrochen werden.

ANMERKUNGEN.

DE EVOLUTIONE EXPRESSIONIS $(l+2l'\cos\varphi+2l''\cos\varphi')^{-n}$ ETC.

S. 145, Z. 13—21. Im Crelleschen Journal, Bd. 15 S. 226—227, lautet diese Stelle: „Quae, posito

$$mx = r\cos\varphi, \qquad m'x' = r\sin\varphi,$$

integratione secundum φ extensa a 0 usque ad $\frac{\pi}{2}$, secundum r a 0 usque ad r, abit in hanc:

$$\frac{(-1)^{i+i'}}{mm'}\,\frac{4w^{2n-2}}{\pi^2}\iint\frac{r\,dr\,d\varphi}{r^{2n}} = \frac{(-1)^{i+i'}}{mm'}\,\frac{2}{\pi}\,\frac{1}{2-2n}\left(\frac{w}{r}\right)^{2n-2},$$

quae, cum $\frac{w}{r}$ infinite magnum sit, fit infinite parva, si $n<1$, infinite magna, si $n\geqq 1$. Unde ipsum quoque integrale propositum $p_{i,i'}$, cum ab expressione antecedente tantum quantitate finita discrepet, finitum manet, si $n<1$, valorem infinitum induit, si $n\geqq 1$."

Da der in der vorstehenden Formel für das Doppelintegral angegebene Werth nicht ganz correct ist, so war eine Aenderung des Wortlautes dieser Stelle erforderlich.

ÜBER DIE ENTWICKELUNG DES AUSDRUCKS $(aa-2aa'[\cos\omega\cos\varphi+\sin\omega\sin\varphi\cos(\theta-\theta')]+a'a')^{-\frac{1}{2}}$.

Die Abhandlung Jacobi's: „*Sopra le funzioni di Laplace che risultano dallo sviluppo dell' espressione*

$$(a^2-2aa'[\cos\omega\cos\varphi+\operatorname{sen}\omega\operatorname{sen}\varphi\cos(\theta-\theta')]+a'^2)^{-\frac{1}{2}}\text{“},$$

Giornale Arcadico, T. 98 p. 59—66, 1844, stimmt im Wesentlichen mit der unter dem obigen Titel veröffentlichten Abhandlung überein, nur ist sie etwas weniger ausführlich. Es war daher nicht erforderlich, beide Abhandlungen abdrucken zu lassen.

PROBLÈMES D'ANALYSE.

Unter der Überschrift: „*Aufgaben und Lehrsätze, erstere zu beweisen, letztere aufzulösen*“ haben Plücker, Jacobi, Gudermann und Andere im Crelleschen Journal, Bd. 6 S. 210—214, Aufgaben und Lehrsätze veröffentlicht, von denen die beiden hier aufgenommenen Aufgaben von Jacobi gestellt sind. Unter jenen Aufgaben und Lehrsätzen befindet sich auch ein *Théorème de Géométrie*, welches mit dem Zusatze „*par un anonyme*" erschienen ist, aber ebenfalls von Jacobi herrührt. Dasselbe wird im siebenten Bande dieser Ausgabe bei den geometrischen Abhandlungen abgedruckt werden.

UNTERSUCHUNGEN ÜBER DIE DIFFERENTIALGLEICHUNG DER HYPERGEOMETRISCHEN REIHE.

Über die Entstehung dieser nachgelassenen Abhandlung macht Heine bei der Veröffentlichung derselben in Borchardt's Journal, Bd. 56 S. 149, folgende Mittheilung:

„Die Abhandlung, die ich hier mittheile, verdankt ihre Enstehung einer Handschrift Jacobi's, welche aus einer ziemlich frühen Zeit seines Lebens zu stammen scheint. Nachdem er aus dem reichen Inhalt derselben den Stoff eines Theiles der Abhandlung: „*Formula transformationis integralium definitorum*" (Crelle's Journal Bd. 15; cfr. S. 86 des vorliegenden Bandes), sowie der Abhandlung: „*Über die Entwickelung des Ausdrucks* $(aa-2aa'[\cos\omega\cos\varphi+\sin\omega\sin\varphi\cos(\vartheta-\vartheta')]+a'a')^{-\frac{1}{2}}$" (Crelle's Journal Bd. 26; cfr. S. 148 des vorliegenden Bandes) entnommen hatte, blieb ein noch unbenutzter Theil der Handschrift übrig, welcher die Kugelfunctionen betraf. Die in demselben enthaltenen Untersuchungen wurden von Jacobi im Jahre 1843, indem er sie einer neuen Bearbeitung unterwarf, auf die allgemeine hypergeometrische Reihe ausgedehnt, und ich übernahm es während meiner damaligen Studienzeit, die in solcher Art verallgemeinerten und zu späterer Veröffentlichung bestimmten Ergebnisse zu einem Aufsatz zusammenzustellen, dessen Herausgabe jetzt in einer dem Wesen nach unveränderten Form erfolgt, nachdem eine von Jacobi's Hand beabsichtigte Umgestaltung durch seinen Tod vereitelt worden ist."

S. 190, Z. 5—6. Aus der Formel (2^a) ergiebt sich unmittelbar, dass für den Fall $h = x$ der Ausdruck in der Parenthese für $t = g$ verschwinden und $-(1+\rho)$ positiv sein muss, während hier in Übereinstimmung mit dem Wortlaute im Borchardtschen Journal, Bd. 56 S. 154, Z. 4 v. u., $1-\rho$ statt $-(1+\rho)$ stehen gelassen worden ist. Dieser Fehler wurde nicht berichtigt, da dann auch auf S. 199—202 erhebliche Aenderungen an der von Heine mitgetheilten Fassung der Abhandlung vorzunehmen gewesen wären.

S. 199, Z. 3 v. u. Es muss, der vorhergehenden Bemerkung entsprechend, die Voraussetzung erfüllt sein, dass $n-1-\alpha$ positiv ist, nicht aber, wie hier dem Borchardtschen Journale, Bd. 56 S. 163, Z. 11 v. u., gemäss gedruckt ist, dass $n+1-\alpha$ positiv ist.

S. 200—202. In Folge dessen ist jede der in den einzelnen Absätzen des §. 11 der Abhandlung betrachteten Grössen, für welche Jacobi die Bedingung aufstellt, dass sie positiv sein müssen, um 2 zu verkleinern, wodurch der Fall $n = 0$, den Jacobi am Schlusse jedes Absatzes erörtert, überhaupt nicht eintreten kann.

ÜBER DIE KREISTHEILUNG UND IHRE ANWENDUNG AUF DIE ZAHLENTHEORIE.

S. 255, Z. 10. Die Briefe Jacobi's an Gauss, in denen auch die hier erwähnte Mittheilung enthalten ist, werden im siebenten Bande dieser Ausgabe zum Abdruck gelangen.

S. 265—274. Die vier zahlentheoretischen Tabellen sind in dem Monatsbericht der Berliner Akademie, October 1837, nicht enthalten, sondern von Jacobi der Abhandlung erst bei ihrem Abdruck im Crelleschen Journal, Bd. 30, beigefügt worden.

ÜBER DIE REDUCTION DER QUADRATISCHEN FORMEN AUF DIE KLEINSTE ANZAHL GLIEDER.

Der Wortlaut dieser Abhandlung in dem Monatsberichte der Berliner Akademie, November 1848, weicht vielfach von dem Abdruck derselben im 39. Bande des Crelleschen Journals ab. Es ist hier überall der letztere Text beibehalten worden.

S. 320, Z. 8—9. In der nachgelassenen Abhandlung: „*Über die Auflösung der Gleichung*

$$a_1 x_1 + a_2 x_2 + \cdots + a_n x_n = fu\text{“}$$

(S. 355 des vorliegenden Bandes) giebt Jacobi vier Lösungen für die hier gestellte Aufgabe.

ÜBER DIE ZUSAMMENSETZUNG DER ZAHLEN AUS GANZEN POSITIVEN CUBEN ETC.

In Folge mehrerer Rechenfehler Jacobi's waren grössere Änderungen, namentlich bei dem in der Abhandlung behandelten Zahlenbeispiele, erforderlich. Im Folgenden sind die wesentlichsten Abweichungen des Neudrucks von dem Wortlaute der Abhandlung im 42. Bande des Crelleschen Journals angegeben.

S. 325, Z. 11. An dieser Stelle steht im Crelleschen Journal „mit einer einzigen Ausnahme“, anstatt „mit nur zwei Ausnahmen“. Zur Begründung dieser Änderung siehe die folgende Bemerkung.

S. 325, Z. 15. Der letzte Bruch lautet im Crelleschen Journal $\frac{1}{12\frac{95}{116}}$ statt $\frac{1}{11\frac{111}{116}}$. Der Rechenfehler ist bei Jacobi dadurch entstanden, dass er $\frac{116}{1487}$, anstatt $\frac{116}{1387}$, in jene Form umwandelte.

S. 325, Z. 9—12 v. u. Der Satz erleidet für die Intervalle 1 bis 8 und 8 bis 27 eine Ausnahme, weshalb vor „kleiner“ (im Crelleschen Journal steht irrthümlich „grösser“) das Wort „beständig“ fortgelassen worden ist.

S. 333, Z. 12 v. u., bis S. 334, Z. 8. Jacobi hat übersehen, dass 10^3 nicht nur einmal, sondern zweimal subtrahirt werden kann; ein Irrthum, der in den Sätzen „Nach der oben gegebenen Vorschrift ..... so braucht man beim Abziehen des ersten Cubus 10^3 nur diejenigen Zahlen der Columne IV zu berücksichtigen, welche $\geqq 5059$ sind“ grössere Änderungen bedingte. Die entsprechenden Sätze lauten im Crelleschen Journal, Bd. 42 S. 51 und 52:

„Nach der oben gegebenen Vorschrift erhält man die folgende Reihe der nach und nach abzuziehenden Cuben:

$$1,\ 1,\ 1,\ 2^3,\ 2^3,\ 2^3,\ 3^3,\ 3^3,\ 3^3,\ 4^3,\ 4^3,\ 4^3,\ 5^3,\ 5^3,\ 5^3,$$
$$6^3,\ 7^3,\ 7^3,\ 9^3,\ 10^3,\ 11^3,\ 12^3,\ 13^3,\ 13^3,\ 14^3,\ 14^3,\ 15^3,\ 16^3,\ 17^3.$$

Wenn man von den Cuben

$$9^3,\ 10^3,\ 11^3,\ 12^3,\ 13^3,\ 13^3,\ 14^3$$

die 5 oder 6 ersten oder alle 7 summirt, so werden die Summen

$$6985,\ \ 9182,\ \ 11926,$$

und daher grösser als die respective in den Columnen V, VI, VII enthaltenen Zahlen, weshalb man der oben gegebenen Regel zufolge bei der Subtraction des Cubus 9^3 und bei allen folgenden Operationen diese drei Columnen nicht weiter zu berücksichtigen hat. Da ferner

$$10^3 + 11^3 + 12^3 + 13^3 = 6256$$

grösser als alle in IV enthaltenen Zahlen ist, so braucht man beim Abziehen des Cubus 10^3 und den folgenden Operationen die Columne IV nicht mehr zu berücksichtigen.“

S. 335 und S. 336—337. Die hier getrennt abgedruckten Tabellen waren, wohl aus typographischen Rücksichten, im Crelleschen Journal auf einer Seite (S. 53) vereinigt. Auch in ihnen haben, theils in Folge des in der vorhergehenden Anmerkung angegebenen Irrthums Jacobi's, theils in Folge anderer Rechenfehler, erhebliche Änderungen vorgenommen werden müssen. Jacobi findet nur die folgenden

13 Zerlegungen der Zahl 5818 in eine Summe von 7 Cuben:

$$
\begin{aligned}
5818 &= 17^3 + 2.7^3 + 6^3 + 3.1^3 \\
&= 17^3 + 2.7^3 + 3.4^3 + 3^3 \\
&= 17^3 + 9^3 + 5^3 + 3^3 + 3.2^3 \\
&= 16^3 + 9^3 + 2.7^3 + 6^3 + 4^3 + 3^3 \\
&= 16^3 + 10^3 + 2.7^3 + 3^3 + 2^3 + 1^3 \\
&= 16^3 + 11^3 + 3.5^3 + 2.2^3 \\
&= 15^3 + 11^3 + 9^3 + 3.5^3 + 2^3 \\
&= 15^3 + 12^3 + 2.7^3 + 3^3 + 2.1^3 \\
&= 14^3 + 12^3 + 10^3 + 7^3 + 3.1^3 \\
&= 15^3 + 13^3 + 3.4^3 + 2.3^3 \\
&= 2.13^3 + 11^3 + 4^3 + 3^3 + 2.1^3 \\
&= 2.13^3 + 10^3 + 7^3 + 3.3^3 \\
&= 2.14^3 + 2.5^3 + 4^3 + 2.2^3,
\end{aligned}
$$

während 17 solche Zerlegungen existiren. Auch weiterhin ist daher überall, wenn von den verschiedenen Zerlegungen der Zahl 5818 die Rede ist, 17 statt 13 gesetzt worden.

S. 336, Z. 3. In den Worten „Man findet zuerst in I dreimal den Cubus $4913 = 17^3$" stand bei Jacobi *zweimal* statt *dreimal*. Auf derselben Seite haben noch mehrfache Aenderungen des Jacobischen Textes eintreten müssen.

S. 338, Z. 6—34. Der Abschnitt „So ergiebt sich, dass die Zahlen . . . nur *auf eine einzige Art* in fünf Cuben zerlegt werden können" lautet im Crelleschen Journal, Bd. 42 S. 54—55:

„So ergiebt sich, dass die Zahlen

$5818 - 1,\ - 2^3,\ - 4^3$ . . . . auf 5 Arten,

$5818 - 3^3$ . . . . auf 8 Arten,

$5818 - 5^3$ . . . . auf 4 Arten,

$5818 - 6^3,\ - 12^3,\ - 14^3$ . . . . auf 2 Arten,

$5818 - 7^3$ . . . . auf 7 Arten,

$5818 - 9^3,\ - 10^3,\ - 11^3,\ - 13^3,\ - 15^3,\ - 16^3,\ - 17^3$ auf 3 Arten

in 6 Cuben zerlegt werden können. Man sieht ferner, dass folgende 47 Zahlen, welche die Summe von *fünf* und nicht weniger Cuben sind:

$5818 - 1 - 2^3,\ - 1 - 4^3,\ - 1 - 6^3,\ - 1 - 11^3,\ - 1 - 13^3,\ - 1 - 14^3,\ - 1 - 15^3,\ - 1 - 16^3,\ - 1 - 17^3,$

$5818 - 2^3 - 4^3,\ - 2^3 - 7^3,\ - 2^3 - 10^3,\ - 2^3 - 14^3,\ - 2^3 - 17^3,$

$5818 - 3^3 - 5^3,\ - 3^3 - 9^3,\ - 3^3 - 11^3,$

$5818 - 4^3 - 5^3,\ - 4^3 - 6^3,\ - 4^3 - 7^3,\ - 4^3 - 9^3,\ - 4^3 - 11^3,\ - 4^3 - 14^3,\ - 4^3 - 15^3,\ - 4^3 - 16^3,\ - 4^3 - 17^3,$

$5818 - 5^3 - 14^3,\ - 5^3 - 15^3,\ - 5^3 - 16^3,\ - 5^3 - 17^3,$

$5818 - 6^3 - 16^3,\ - 6^3 - 17^3,$

$5818 - 7^3 - 9^3,\ - 7^3 - 13^3,\ - 7^3 - 14^3,\ - 7^3 - 15^3,$

$5818 - 9^3 - 11^3,\ - 9^3 - 15^3,\ - 9^3 - 16^3,\ - 9^3 - 17^3,$

$5818 - 11^3 - 13^3,\ - 11^3 - 15^3,\ - 11^3 - 16^3,$

$5818 - 12^3 - 14^3,\ - 12^3 - 15^3,$

$5818 - 13^3 - 15^3,$

$5818 - 14^3 - 14^3,$

oder, wenn man sie der Grösse nach ordnet, die Zahlen

176 246 330 391 689 715 780 841 897 904 993 1112 1346 1506 1597 1658 1714 1721 2100 2290 2318 2379 2442 2781 2949 3010 3066 3073 3278 3620 3758 4423 4460 4486 4746 4810 5025 5062 5411 5467 5538 5601 5629 5666 5746 5753 5809

nur *auf eine einzige Art* in fünf Cuben zerlegt werden können."

S. 340. In der auf dieser Seite stehenden Tabelle fehlen bei Jacobi die Zahlen

R	n	r	R	n	r
3744	2	10	5447	4	1, 2, 7
4375	2	10	5466	4	3, 7
4744	3	10	5473	4	1, 3, 9
5104	3	1, 2, 9	5733	3	6
5123	3	3, 9	5790	5	1, 2, 7.

Bei den übrigen Zahlen waren in der Columne r noch die Wurzeln einiger Cuben hinzuzufügen.

S. 342. In der Tabelle auf dieser Seite fehlen im Crelleschen Journal die Zahlen

3. Gruppe			4. Gruppe			5. Gruppe			6. Gruppe		
s	R	r	s	R	r	s	R	r	s	R	r
3, 1	5790	7	7, 1, 1	5473	9	3, 1, 1, 1	5733	6	6, 3, 1, 1, 1	5572	13, 15
			7, 2, 1	5466	7	7, 7, 2, 1	5123	9	9, 7, 7, 2, 1	4394	13, 13
			7, 3, 1	5447	7	7, 7, 3, 1	5104	9	9, 7, 7, 3, 1	4375	10, 15
						9, 7, 1, 1	4744	10	10, 9, 7, 1, 1	3744	10, 14.

ÜBER DIE AUFLÖSUNG DER GLEICHUNG $\alpha_1 x_1 + \alpha_2 x_2 + \cdots + \alpha_n x_n = fu$.

Nach den Bemerkungen, die der Herausgeber dieser nachgelassenen Jacobischen Abhandlung, Heine, dem Abdruck derselben im 69. Bande von Borchardt's Journal S. 1 hinzugefügt hat, ist anzunehmen, dass Jacobi diese Abhandlung verfasste, als er die zuerst in dem Monatsberichte der Berliner Akademie, November 1848, veröffentlichte Note: *„Ueber die Reduction der quadratischen Formen auf die kleinste Anzahl Glieder"* für den Wiederabdruck im Crelleschen Journal redigirte, also spätestens im Anfange des Jahres 1850; denn die in demselben Hefte des Crelleschen Journals folgende Abhandlung Jacobi's trägt das Datum des 17. März 1850. Andererseits ersieht man aus einem in der Abhandlung enthaltenen Citate (S. 377 des vorliegenden Bandes), dass das Manuscript frühestens am Anfange des Jahres 1849 begonnen wurde.

S. 358, Z. 9. Dieser Stelle fügt Heine im Borchardtschen Journal, Bd. 69 S. 4, die folgende Anmerkung hinzu:

„Das Manuscript fährt hier folgendermassen fort: „Da diese mehrerer Entwickelungen bedürfen, so werde ich dieselben an einem anderen Orte mittheilen und hier nur die Auflösungen auseinandersetzen, welche sich an die gewöhnlichen Methoden anschliessen, da es gut schien, diese zuvor mit Sorgfalt zu erörtern." Von diesem ursprünglichen Plane weicht Jacobi ab, indem er nicht nur die vierte Methode, sondern auch jene Anwendungen mittheilt. Ich musste mich daher zu einer Aenderung entschliessen und nahm hier noch die vierte Methode auf. Die Anwendungen sind der Gegenstand der folgenden Arbeit (S. 385 des vorliegenden Bandes), welche den Titel erhalten hat, den ihr Jacobi als Ueberschrift eines Abschnittes gab."

S. 361, Z. 8 v. u. Hier bemerkt Heine (Borchardt's Journal, Bd. 69 S. 7): „Eine spätere Hinzufügung zum Manuscripte machte hier eine Redactionsänderung erforderlich."

ALLGEMEINE THEORIE DER KETTENBRUCHÄHNLICHEN ALGORITHMEN ETC.

S. 398, Z. 3—4. Zu der Ueberschrift: „Entwickelung der reellen Wurzel einer cubischen Gleichung durch kettenbruchähnliche periodische Algorithmen" macht Heine, der Herausgeber dieser nachgelassenen Abhandlung Jacobi's, folgende Anmerkung (Borchardt's Journal, Bd. 69 S. 40):

„An dieser Stelle betrachtet Jacobi allerdings nur solche Ausdrücke von der Form $\alpha + \beta x + \gamma x^2$, in welchen x die reelle dritte Wurzel einer ganzen Zahl n ist. Dem Manuscripte hat er aber, nachträglich, wie es scheint, mehrere lose Blätter hinzugefügt, auf denen x die allgemeinere Bedeutung erhält, die ich ihm hier gleich von vornherein gebe. Ich erlaubte mir diese Aenderung, da sie nur ganz geringe Modificationen erforderte."

Durch diese von Heine vorgenommenen Aenderungen sind aber (vergl. die folgende Bemerkung zu S. 400, Z. 12) einige Incorrectheiten entstanden. Trotz derselben schien es zweckmässig den von Heine veröffentlichten Wortlaut ohne grössere Aenderungen hier beizubehalten.

S. 400, Z. 12. Die Behauptung, dass die Factoren f_i ihrer Natur nach immer positive Grössen seien, ist stets begründet, wenn die cubische Gleichung eine reelle und zwei complexe Wurzeln besitzt, weil dann $v_i' - l_i u_i$ und $v_i'' - l_i u_i$ conjugirt complexe Grössen sind. Dagegen braucht sie nicht stets zuzutreffen, wenn die cubische Gleichung drei reelle Wurzeln hat.

S. 402, Z. 1—3 v. u. Die Grössen α_i, β_i, β_i', β_i'', γ_i, γ_i', γ_i'', und sodann δ_i, δ_i', δ_i'' und a_i, b_i werden im Borchardtschen Journal, Bd. 69 S. 44, zunächst ohne den Index i eingeführt und erhalten denselben erst später gegen Ende des §. 12 und §. 13. Beim Neudruck schien es jedoch zweckmässig den Index i von vornherein hinzuzufügen.

S. 405, Z. 4. Vergl. die Anmerkung zu S. 400, Z. 12.

S. 409, Z. 10 v. u.. Zu dieser Stelle fügt Heine hinzu:

„Wenn ich von den Ausdrücken zu den Normen übergehe, so finde ich, dass das C_i-fache der Normen durch $\frac{u_i}{C_i}$ theilbar ist, kann also das obige Resultat nur unter der Voraussetzung nachweisen, dass C_i zu $\frac{u_i}{C_i}$ relative Primzahl ist. Haben die beiden Grössen den grössten Theiler δ gemein, so kann ich demnach nur schliessen, dass die Normen durch $\frac{u_i}{\delta C_i}$ theilbar sind, wodurch die Resultate bis zum Schluss dieses Paragraphen sich etwas modificiren würden. Dieser Theil des Manuscriptes, der aus einer Reihe von Einschiebungen besteht, befindet sich in einem weniger druckfertigen Zustande, als der frühere, und giebt nicht hinreichende Andeutungen für den Beweis.

Den folgenden Satz erhält man, da die Norm von $a + v_0$ gleich

$$a^3 + a^2(v_0 + v_0' + v_0'') + a(v_0 v_0' + v_0' v_0'' + v_0'' v_0) + v_0 v_0' v_0''$$

ist, und die Coefficienten der Potenzen von a zugleich die Coefficienten der Gleichung für $-v_0$ sind."

Wegen des ersten Theiles dieser Anmerkung von Heine vergl. Bachmann: „*Zur Theorie von Jacobi's Kettenbruch-Algorithmen*", Borchardt's Journal, Bd. 75 p. 84.

S. 425, Z. 16—18. Im Borchardtschen Journal, Bd. 69 S. 63, Z. 8—5 v. u., steht $6x + 6$ statt $6x - 6$, $l_8 = 2$ statt $l_8 = 0$, $v_8 = x + 1$ statt $v_8 = x - 1$.

S. 425, Z. 1 v. u., und S. 426, Z. 1—2. Im Borchardtschen Journal S. 64, Z. 12—14, steht $6x + 6$ statt $6x - 6$, $l_{10} = 2$ statt $l_{10} = 0$, $v_{10} = 2x + 2$ statt $v_{10} = 2x - 2$.

H.

Die erste Abtheilung dieses Bandes enthält die Abhandlungen Jacobi's zur Theorie der bestimmten Integrale und der Reihen, soweit nicht in ihnen algebraische Untersuchungen den hauptsächlichen Inhalt bilden, und sie deshalb schon in den dritten Band aufgenommen worden sind. In der zweiten Abtheilung finden sich die zahlentheoretischen Abhandlungen Jacobi's vereinigt. Die hierher gehörigen nachgelassenen Abhandlungen Jacobi's, welche aber sämmtlich bereits im Crelleschen Journal veröffentlicht sind, stehen am Schlusse der betreffenden Abtheilungen. Ein Neudruck des 1839 von Jacobi herausgegebenen *Canon arithmeticus* erschien gegenwärtig nicht erforderlich, da noch eine hinlängliche Anzahl von Exemplaren desselben vorhanden ist.

Die in diesem Bande enthaltenen Abhandlungen sind vor dem Drucke von den Herren G. Cantor (No. 4, 6, 13, 14, 17), Hettner (No. 15, 26), Mertens (No. 10), Netto (No. 18—25, 27—30), Thomé (No. 1, 2, 3, 5, 7, 8, 9, 11, 12, 16) revidirt worden, und jeder der genannten Herren hat auch eine Correctur der von ihm durchgesehenen Abhandlungen gelesen. Ausserdem war Herr Wangerin für den ganzen Band als Corrector thätig. Die zu den Abhandlungen No. 23 und 28 zugehörigen Zahlentabellen auf den Seiten 265—271 und 346—354 sind vor dem Neudruck nicht geprüft worden.

W.

DRUCKFEHLER IM SECHSTEN BANDE,

zum Theil nur in einigen Exemplaren enthalten.

S. 68, Z. 11 v. u., lies im letzten Gliede α_m statt α.

S. 83, Z. 12 v. u., lies satisfiat statt satisfiant.

S. 186, Z. 3 v. o., lies L_i''' statt L_i.

S. 189, Z. 1 v. u., lies $\int_g^h Wf(t)\,dt$ statt $\int^h Wf(t)\,dt$.

S. 281, Z. 8 v. u., lies $x^{\frac{3m^2+m}{2}}$.

S. 283, Z. 15 v. o., lies $\Sigma(-1)^{\frac{a-b}{2}} b(a^2-b^2)x^{a^2+3b^2} = 0$.

GÖTTINGEN,

DRUCK DER DIETERICHSCHEN UNIVERSITÄTS-BUCHDRUCKEREI.

W. FR. KAESTNER.

Zu Band III, Seite 275 und 276,

von C. G. J. Jacobi's Gesammelten Werken.

Wie schon in den Anmerkungen am Schlusse des fünften Bandes erwähnt worden, ist auf Seite 276 des dritten Bandes in der Abhandlung *Observatiunculae ad theoriam aequationum pertinentes* der erste der Ueberschrift *Observatio de aequatione sexti gradus etc.* folgende Satz durch ein beim Druck vorgekommenes Versehen entstellt worden.

Um die Möglichkeit zu gewähren, die fehlerhafte Stelle zu beseitigen, folgt hier ein berichtigter Abdruck der Seiten 275 und 276 des dritten Bandes, welcher vom Buchbinder an Stelle des entsprechenden Blattes eingeklebt werden kann.

2
3
4

II.

Considerationes generales.

Si accuratius examinamus, quomodo antecedentibus compositae sint expressiones, quibus quatuor elementa repraesentantur, videmus, primum e functione symmetrica elementorum extrahi radicem quadraticam, qua iuncta alteri functioni symmetricae, extrahi radicem cubicam; hanc alteri simili radici cubicae iungi et tertiae functioni symmetricae, quo facto rursus extrahi radicem quadraticam, et tribus eiusmodi radicibus quadraticis simili modo formatis atque nova functione symmetrica omnia quatuor elementa exhiberi. Quae radicum extractiones non nisi indicari possunt, si quantitates sub radicalibus exprimuntur per coëfficientes aequationis quarti gradus, cuius elementa illae radices sunt; si vero quantitates sub radicalibus per ipsa elementa, uti fecimus, exhibentur, videmus, ipsas extractiones praestari posse omnes, iisque varias determinari functiones insymmetricas elementorum, donec ad ipsa tandem singula elementa perveniatur.

Initium videmus in his quaestionibus faciendum esse ab investiganda functione insymmetrica, cuius certa potestas symmetrica fiat. Neque enim aliter per solas radicum extractiones a functionibus symmetricis ad insymmetricas pervenire licet. Eiusmodi autem nulla alia datur functio nisi productum e differentiis elementorum conflatum, quod permutatis elementis duos valores sibi oppositos induere potest, et cuius quadratum functio symmetrica est. Quod igitur quadratum in omnibus solutionibus, antecedentibus traditis, sub ultimo radicali inveniri debet et invenitur, neque igitur radicale ultimum aliud esse potest nisi quadraticum. Idem etiam consideratione sequente patet.

Statuamus enim, coëfficientes aequationis esse functiones quantitatis alicuius t, atque radicem x vocemus; aequationem hunc in modum proponere licet:

$$F(x, t) = 0.$$

Unde differentiale radicis secundum t sumtum, adhibita Lagrangiana notatione, invenimus

$$\frac{dx}{dt} = -\frac{F'(t)}{F'(x)}.$$

Hinc sequitur, si aequatio proposita duas habeat radices inter se aequales, easque pro x eligamus, abire $\frac{dx}{dt}$ in infinitum. Nam pro valore illo denominator $F'(x)$ evanescit. Si igitur x per t ope radicalium exhiberi potest, expressio ita comparata esse debet, ut differentiatione denominatorem nanciscatur, qui evanescit, quoties duae radices inter se aequales fiunt, qui igitur alius esse non potest, nisi quadratum illud producti e differentiis omnium radicum aequationis conflati. Quod igitur quadratum in expressionibus illis sub radicali inveniri debet neque aliis quantitatibus additione iunctum, sive sub ultimo radicali, sicuti etiam in resolutionibus algebraicis aequationum secundi, tertii, quarti gradus vidimus.

Saepius observatum est, si datur resolutio algebraica generalis aequationis n^{ti} gradus, inter cuius radices certae relationes locum non habent, expressionem radicis tot radicalia necessario implicare, ut etiam inferiorum graduum aequationum solutiones algebraicas continere possit. Unde facile coniicis, numerum dimensionum, ad quam expressio sub ultimo radicali ascendit, minorem esse non posse, quam numerum minimum, qui per omnes numeros 2, 3, 4, . . ., n dividatur. Qui pro $n = 2, 3, 4$ fit 2, 6, 12. Et idem casibus illis est numerus dimensionum quadrati producti illius e differentiis radicum aequationis conflati, quod sub ultimo radicali inveniebatur. Sed pro $n = 5$ fit minimus ille numerus, qui per 2, 3, 4, 5 dividatur, $= 60$, dum numerus dimensionum quadrati illius tantum ad 20 sive generaliter ad numerum $n(n-1)$ ascendit. Nec non pro altioribus ipsius n valoribus consensus ille plane deficit.

Observatio de aequatione sexti gradus, ad quam aequationes quinti gradus revocari possunt.

Sint elementa quinque proposita x_1, x_2, x_3, x_4, x_5, ac designemus per symbolum

$$(12345)$$

functionem elementorum rationalem, quae et immutata manet, si elementa x_1, x_2, x_3, x_4, x_5 eodem ordine, quo ea exhibemus, commutamus respective cum his

$$x_2,\quad x_3,\quad x_4,\quad x_5,\quad x_1$$

et inverso ordine cum his

$$x_5,\quad x_1,\quad x_2,\quad x_3,\quad x_4.$$

Statuamus porro

$$(12345)-(13524) = y;$$

demonstravit olim Ill. Lagrange, expressionem y^2 permutatione elementorum x_1, x_2, x_3, x_4, x_5 non plures quam sex valores diversos induere posse, ita ut, data aequatione quinti gradus, cuius radices sint x_1, x_2, x_3, x_4, x_5, expressio y^2 sit radix datae aequationis sexti gradus. Statuamus

www.ingramcontent.com/pod-product-compliance
Lightning Source LLC
Chambersburg PA
CBHW060539220326
41599CB00022B/3543
* 9 7 8 2 0 1 2 6 3 9 0 0 3 *